ENQUETE-KOMMISSION
„SCHUTZ DES MENSCHEN UND DER UMWELT"
DES 13. DEUTSCHEN BUNDESTAGES

Konzept Nachhaltigkeit
Studienprogramm

Springer-Verlag Berlin Heidelberg GmbH

Jürg Minsch · Peter-Henning Feindt
Hans-Peter Meister · Uwe Schneidewind · Tobias Schulz
(Arbeitsgemeinschaft IWÖ-HSG/IFOK)

Institutionelle Reformen für eine Politik der Nachhaltigkeit

Unter Mitarbeit von
Marc Mogalle, Jochen Tscheulin, Jürgen Wüst,
Claus Wepler und Rolf Wüstenhagen

 Springer

Herausgeber:

Enquete-Kommission
„Schutz des Menschen und der Umwelt"
des 13. Deutschen Bundestages
Bundeshaus
D-53113 Bonn

Autoren:

Dr. Jürg Minsch
Peter-Henning Feindt, Dipl.-Vw.
Dr. Hans-Peter Meister
Prof. Dr. Uwe Schneidewind
Tobias Schulz, lic. oec.
(Adressen siehe S. XVIII)

ISBN 978-3-642-63806-0

Die Deutsche Bibliothek – CIP-Einheitsaufnahme
Institutionelle Reformen für eine Politik der Nachhaltigkeit / von Jürg Minsch ... – Berlin; Heidelberg;
New York; Barcelona; Budapest; Hongkong; London; Mailand; Paris; Singapur; Tokio: Springer, 1998
    (Konzept Nachhaltigkeit)
    ISBN 978-3-642-63806-0   ISBN 978-3-642-58966-9 (eBook)
    DOI 10.1007/978-3-642-58966-9

© Springer-Verlag Berlin Heidelberg 1998
Ursprünglich erschienen bei Springer-Verlag Berlin Heidelberg New York 1998
Softcover reprint of the hardcover 1st edition 1998

Umschlaggestaltung: Erich Kirchner, Heidelberg
Satz: Reproduktionsfertige Vorlage der Autoren
SPIN 10682163   30/3136-5 4 3 2 1 0 – Gedruckt auf säurefreiem Papier

Geleitwort

Die langfristige Sicherung der natürlichen Lebensgrundlagen, wirtschaftliche Stabilität und soziale Verträglichkeit bilden drei Dimensionen, die das Leitbild der Nachhaltigkeit zu vereinbaren sucht. Dabei verlangt nachhaltige Entwicklung einen Richtungswechsel, wenn es zukünftig gelingen soll, nicht mehr vom Naturkapital selbst, sondern von den Zinsen zu leben. Die Idee, auch künftigen Generationen eine lebenswerte Umwelt zu hinterlassen, findet breite Zustimmung, doch über das Wie herrscht Unsicherheit.

Wie können die Ziele einer nachhaltigen Entwicklung gefunden werden, und wie sieht ein solcher Weg für Deutschland aus? Welche Voraussetzungen müssen Staat, Wirtschaft und Gesellschaft erfüllen, um die Weichen zu stellen?

Um diese komplexen Fragen zu beantworten, beauftragte die Enquête-Kommission „Schutz des Menschen und der Umwelt" Wissenschaftler und Forschungsinstitute mit der Aufarbeitung einzelner Themenbereiche:

- Nationaler Umweltplan
- Globalisierung und Nachhaltigkeit
- Institutionelle Reformen
- Umweltbewußtsein und -verhalten
- Risiko- und Technikakzeptanz
- Bauen und Wohnen
- Versauerung von Böden

Mit der Veröffentlichung ihres Studienprogramms unter dem Titel „Konzept Nachhaltigkeit" will die Enquête-Kommission die aktuellen Forschungsergebnisse Politik, Wissenschaft, Wirtschaft und nicht zuletzt einer interessierten Öffentlichkeit zur Verfügung stellen. Die in den Studien geäußerten Ansichten müssen nicht mit denen der Enquête-Kommission übereinstimmen. Ich hoffe, daß die Veröffentlichung dazu beträgt, die Diskussion zu beleben, und daß sie Mut macht zu weiteren Schritten in Richtung Nachhaltigkeit.

27. August 1997   Marion Caspers-Merk

Vorsitzende der Enquête-Kommission
„Schutz des Menschen und der Umwelt"

Vorwort

Die vorliegende Studie entstand als Kooperationsprojekt des Instituts für Wirtschaft und Ökologie der Universität St. Gallen (IWÖ) und des Instituts für Organisationskommunikation (IFOK). Die Studiennehmer erlebten den gemeinsamen Forschungs-, Diskussions- und Arbeitsprozeß als einen lebendigen und ermutigenden Beleg für die Notwendigkeit und die Vorteile interdisziplinärer Kooperation über Institutionen-, Disziplinen- und Ländergrenzen hinweg.

Projektbegleitung durch interdisziplinäre Diskussionen

In diesen kooperativen Projektverlauf waren zahlreiche weitere Wissenschaftlerinnen und Wissenschaftler aus verschiedensten Fachdisziplinen eingebunden. So nahmen an den projektbegleitenden Workshops insgesamt 16 Wissenschaftlerinnen und Wissenschaftler teil, denen wir Dank schulden für ihre vielfältigen und wertvollen Anregungen, Hinweise und Rückmeldungen. Darüber hinaus gilt unser besonderer Dank den Herren

- Dr. Titus Bahner, Universität Witten/Herdecke
- Prof. Dr. Carl Böhret, Hochschule für Verwaltungswissenschaften Speyer
- Prof. Dr. Wolfgang Gessenharter, Universität der Bundeswehr Hamburg
- Prof. Dr. Vittorio Hösle, Universität/Gesamthochschule Kassel
- Prof. Dr. Karl Homann, Katholische Universität Eichstätt
- Prof. Dr. Martin Jänicke, Freie Universität Berlin
- Prof. Dr. Hans-J. Nutzinger, Universität/Gesamthochschule Kassel
- Prof. Dr. Ortwin Renn, Akademie für Technikfolgenabschätzung, Stuttgart
- Dipl.-Vw. Andreas Renner, Walter Eucken Institut, Freiburg
- Dr. Klaus Rennings, Zentrum für Europäische Wirtschaftsforschung, Mannheim
- Prof. Dr. Gerhard Scherhorn, Universität Hohenheim
- Dr. Gerhard Wegner, Universität Witten/Herdecke
- Prof. Dr. Ernst Ulrich von Weizsäcker, Wuppertal Institut für Klima, Umwelt, Energie

Sie alle begleiteten unsere Arbeit mit Ihrem Rat, der von ausführlichen Interviews und Gesprächen über die Teilnahme an den Workshops bis hin zu konkreten Anregungen für Reformvorschläge reichte. Ohne Ihre Mithilfe wäre uns die Bearbeitung dieses komplexen Themenfelds innerhalb der vorgegebenen

Zeit (Projektdauer 5 Monate) kaum möglich gewesen. Ihre freundschaftliche und inspirierende Begleitung hat uns in der Hoffnung bestätigt, daß gemeinsame Anstrengungen für eine nachhaltige Entwicklung jenseits partikularer oder individueller Einzelinteressen möglich sind.

Kurzzusammenfassung der Studie

Die vorliegende Studie plädiert für eine grundsätzliche Erweiterung der Debatte um eine Politik der Nachhaltigkeit: Neben das "Was" der Zielkonkretisierung der unterschiedlichen Pole "nachhaltiger Entwicklung" und der instrumentellen Umsetzung dieser Ziele - ein Zugang, der bisher die Arbeit der Enquete-Kommission "Schutz des Menschen und der Umwelt" prägte - muß die Frage nach dem "Wie" der gesellschaftlichen Organisation treten, um eine Politik der Nachhaltigkeit einzuleiten. Nachhaltigkeit ist kein reines "Managementproblem", das sich in klare Ziele fassen und mit geeigneten Instrumenten effizient realisieren läßt. Nachhaltigkeit ist vielmehr ein zukunftsbezogener gesellschaftlicher Lern-, Such- und Gestaltungsprozeß, der durch weitgehendes Unwissen, Unsicherheit und vielfältige Konflikte gekennzeichnet ist. Die Frage nach den institutionellen Reformen für eine Politik der Nachhaltigkeit will klären, wie Politik und Gesellschaft gestaltet werden könnten, um der Nachhaltigkeit - verstanden als eine regulative Idee - näher zu kommen.

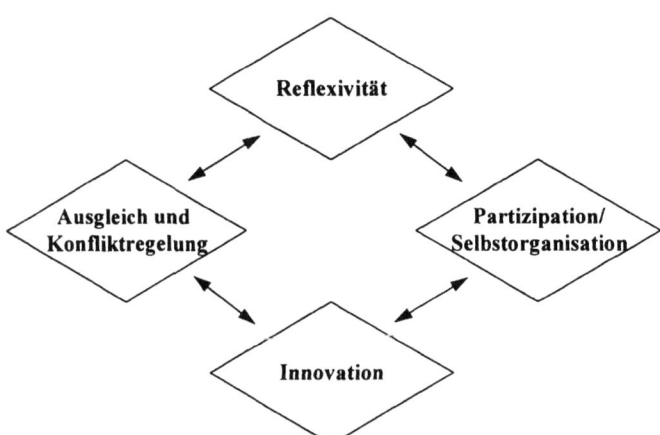

Abb. 1. Basisstrategien für institutionelle Reformen einer Politik der Nachhaltigkeit

Aufbauend auf einer umfassenden gesellschaftstheoretischen und polit-ökonomischen Analyse leitet die Studie vier institutionelle Basisstrategien ab, deren Umsetzung die Pfeiler einer Politik der Nachhaltigkeit darstellen. Die vier Basisstrategien zielen auf eine Erhöhung der gesellschaftlichen Reflexivität, der

Partizipation und Selbstorganisation, auf verbesserte Ausgleichs- und Konfliktregelungsmechanismen sowie eine Stärkung der gesellschaftlichen und
wirtschaftlichen Innovationsfähigkeit. Für jede der Basisstrategien definiert die
Studie Teilstrategien und entwirft konkrete Institutionenvorschläge, um die
Strategien umzusetzen.

Juristische Expertise

Die unterbreiteten Vorschläge wenden sich dabei sowohl an den Bundestag, als
auch an die Bundesregierung, die staatlichen Akteure auf Länder- und
kommunaler Ebene sowie an nicht-staatliche Akteure. Für jede der Akteurgruppen
entwickelt die Studie eine grundlegende strategische Stoßrichtung für
institutionelle Reformen. Dabei ist die Studie selber nur ein Baustein in einem
institutionellen Reformprozeß für eine Politik der Nachhaltigkeit. Sie empfiehlt
der Enquete-Kommission, Katalysator dieses Prozesses zu werden und die
institutionellen Reformbemühungen auf unterschiedlichen Akteurebenen zu
moderieren. Sie liefert mit ihrem Institutionenatlas hierfür die Grundlage und
bietet zudem einen Vorgehensplan, um diese Aufgabe einzulösen.
Eine intensive Zusammenarbeit ergab sich angesichts der Notwendigkeit, die
juristischen Implikationen zahlreicher institutioneller Reformvorschläge zu
überprüfen. In diesem Rahmen erstellte

Herr Professor Dr. Christian Schrader, Fachhochschule Fulda

eine juristische

**„Kurzstudie zur rechtlichen Einbindung von Selbstverpflichtungen,
Verbraucherschutz- und Wettbewerbsrecht in die Umweltpolitik",**

deren Ergebnisse uns ebenfalls wertvolle Hinweise für die Ausgestaltung der
betroffenen Institutionenvorschläge gab. Dank schulden wir auch **Herrn Tilman
Rückert,** Fachbereich Rechtswissenschaft 2 der Universität Hamburg, für seine
Überprüfung und Bewertung zahlreicher Einzelvorschläge aus juristischer Sicht.

Unsere Gesprächspartner äußerten wiederholt die Einschätzung, daß mit dem
Thema der Studie in Teilen wissenschaftliches Neuland betreten werden mußte.
Auch dieses unterstreicht den prozessualen Charakter der Nachhaltigkeit und der
erforderlichen institutionellen Reformen. Wir wünschen der Enquete-
Kommission, daß sie diesen Weg weitergehen und sich als institutionelle
Vorreiterin einer Politik der Nachhaltigkeit in Deutschland erweisen kann.

St. Gallen und Bensheim, den 31. März 1998

Jürg Minsch   Hans-Peter Meister   Peter Henning Feindt   Uwe Schneidewind   Tobias Schulz

Inhaltsverzeichnis

TEIL I: ANALYSE

TEIL II: INSTITUTIONENATLAS

Autorenverzeichnis

Dr. Jürg Minsch
Institut für Wirtschaft und Ökologie (IWÖ-HSG)
Tigerbergstrasse 2
CH - 9000 St.Gallen
Schweiz

Dr. Hans-Peter Meister
Institut für Organisationskommunikation (IFOK)
Lammertsgasse 5
D - 64625 Bensheim
Deutschland

Peter-Henning Feindt, Dipl.-Vw.
Institut für Organisationskommunikation (IFOK)
Lammertsgasse 5
D - 64625 Bensheim

Prof.Dr. Uwe Schneidewind
Carl von Ossietzky-Universitaet
Lehrstuhl fuer Produktionswirtschaft und Umwelt
Birkenweg 5
D - 26111 Oldenburg

Schulz, Tobias, lic.oec.
Institut für Wirtschaft und Ökologie (IWÖ-HSG)
Tigerbergstrasse 2
CH - 9000 St.Gallen

Teil I:

Analyse

1 Einleitende Zusammenfassung

Nachhaltige Entwicklung - eine regulative Idee zur Bekräftigung und Weiterentwicklung gesellschaftlicher Grundwerte

Die Enquete-Kommission "Schutz des Menschen und der Umwelt" versteht Nachhaltigkeit in ihrem aktuellen Zwischenbericht als ein Leitbild, das ökologische, ökonomische und soziale Entwicklungsprozesse berührt und sich aufgrund der Komplexität der Teilbereiche, deren zahlreicher Wechselbeziehungen und der Ungewißheit zukünftiger Entwicklungspfade einer einfachen und endgültigen Zielbestimmung entzieht. Nachhaltigkeit ist nur über eine Willensbildung im Rahmen komplexer Beziehungsgeflechte, Abhängigkeiten und Koordinationsbarrieren zu realisieren. Nachhaltigkeit nimmt von ökologischen Herausforderungen zwar seinen Ausgangspunkt, geht aber über rein umweltpolitische Fragen hinaus und zielt letztlich auf die Bekräftigung und Weiterentwicklung grundsätzlicher gesellschaftlicher Grundwerte.

Nachhaltige Entwicklung: Vom „Was" zum „Wie"

Die bisherige Arbeit der Enquete-Kommission konzentrierte sich schwerpunktmäßig auf die Konkretisierung des "Was" einer nachhaltigen Entwicklung: Sie definierte Umweltqualitäts- und -handlungsziele (zum Beispiel für den Bereich Boden) und entwarf beziehungsweise diskutierte schon in der letzten Legislaturperiode "Managementregeln" sowie Instrumente für die Umsetzung einer nachhaltigen Entwicklung. Um dem Charakter von nachhaltiger Entwicklung als umfassendem Such-, Lern- und Erfahrungsprozeß gerecht zu werden, bedarf dieses durch "Was"-Aspekte geprägte Herangehen einer Ergänzung um die Frage nach dem "Wie" beziehungsweise den Organisationsprinzipien gesellschaftlicher Lernprozesse im Sinne einer nachhaltigen Entwicklung. Neben die Definition von Umweltzielen und deren Operationalisierung durch Instrumente tritt die Interpretation von nachhaltiger Entwicklung als einer regulativen Idee, deren Annäherung über geeignete gesellschaftliche Institutionen zu gewährleisten ist.

Nachhaltigkeit - Antwort auf umfassende gesellschaftliche Herausforderungen an die Politik

Bei der Annäherung an nachhaltige Entwicklung über die "Wie-Perspektive" wird deutlich, daß nicht-nachhaltige Entwicklungstendenzen in der Gesellschaft eng verbunden sind mit grundsätzlichen inneren und äußeren Herausforderungen an die aktuelle Politik: Dazu gehören neben der ökologischen Gefährdung die Beschleunigung des strukturellen Wandels und das Beschäftigungsproblem, die zunehmende Globalisierung, grundsätzliche staatliche Steuerungsprobleme, staatlich induziertes "Marktversagen" oder die Entfremdung des Bürgers vom politischen System. Die Suche nach institutionellen Reformen für eine Politik der Nachhaltigkeit muß an diesen Grundphänomenen ansetzen, um die Herausforderung nachhaltiger Entwicklung annehmen zu können.

Verändertes Politik- und Staatsverständnis

Ein solches Reformprojekt vollzieht sich vor einem im Wandel befindlichen Politik- und Staatsverständnis. Wird unter Politik allgemein die „Bearbeitung gesellschaftlicher Probleme" verstanden, so ist diese Problembearbeitung heute immer weniger auf den Staat beschränkt, das heißt auf die Akteure der Legislative, Exekutive und Judikative auf nationaler, regionaler und lokaler Ebene. Politik findet zunehmend in intermediären, kooperativen und sich zwischen Akteuren selbstorganisierenden Prozessen statt. Institutionen für eine Politik der Nachhaltigkeit müssen dies berücksichtigen und die entsprechenden politischen Potentiale in einer Weise stärken und öffnen, daß eine Füllung der regulativen Idee „nachhaltiger Entwicklung" möglich wird.

Grundsätzliche gesellschaftstheoretische Problemanalyse

Das Nachhaltigkeits- und Politikverständnis der Studie macht es notwendig, die Suche nach institutionellen Reformvorschlägen mit einer grundsätzlichen gesellschaftstheoretischen und politökonomischen Problemanalyse zu starten.

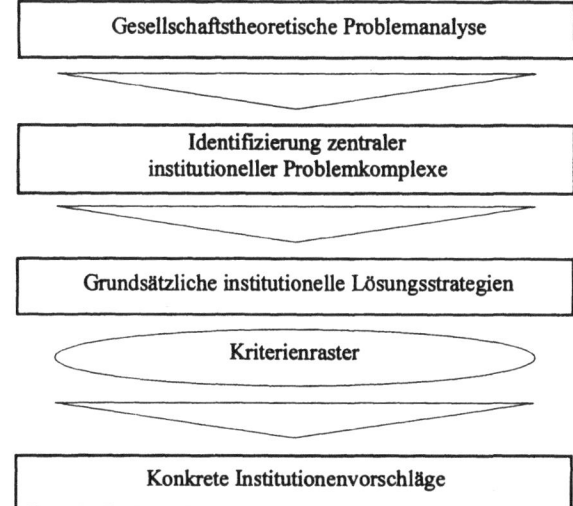

Abb. 2. Aufbau der Studie

Aus dieser Analyse lassen sich die institutionellen Problemkomplexe ableiten, die für eine Politik der Nachhaltigkeit von zentraler Bedeutung sind. Vor dem Hintergrund dieser Problemkomplexe definiert die Studie vier grundsätzliche institutionelle Lösungsstrategien. Die vier Basisstrategien zielen auf eine Erhöhung der gesellschaftlichen Reflexivität, auf die Stärkung von Partizipation und Selbstorganisation, auf verbesserte Ausgleichs- und Konfliktregelungsmechanismen sowie auf die Erhöhung der gesellschaftlichen und wirtschaftlichen Innovationsfähigkeit. Sie bilden die Grundlage für die Formulierung konkreter Institutionenvorschläge in Teil 2 der Studie.

Vier institutionelle Basisstrategien

Die Basisstrategien haben unterschiedliche, sich jedoch ergänzende Stoßrichtungen:

Strategien zur Steigerung der Reflexivität stärken die Sensibilität bei allen Akteuren für die ökologischen, ökonomischen und sozialen Nebenfolgen ihres Handelns. Sie sind eine Antwort auf die zunehmende Komplexität und Ausdifferenzierung gesellschaftlicher und politischer Prozesse. Reflexivitätsstrategien sind auf allen Ebenen und Phasen des politischen Prozesses zu implementieren. Sie bilden häufig den Einstieg und die Grundlage für weitergehende institutionelle Reformen des politischen Prozesses.

Strategien zur Erhöhung der Selbstorganisation und Partizipation sind die Antwort auf die zunehmende Verselbständigung und Loslösung politischer Prozesse von Bürgern und Betroffenen. Selbstorganisation und Partizipation sollen eine Wiedereinbettung von Politik in der Gesellschaft ermöglichen, Betroffene wieder zu politischen Akteuren werden lassen und schlecht organisations- und artikulationsfähigen Interessen, wie zum Beispiel vielen sozialen und ökologischen Interessen, Gehör im politischen Prozeß verschaffen.

Strategien des Ausgleichs und der Konfliktregelung zielen auf den Ausgleich von Macht- und Ressourcenungleichgewichten sowie die konstruktive Lösung von Interessen- und Wertekonflikten, zum Beispiel zwischen dem ökologischen, dem ökonomischen und dem sozialen Pol der Nachhaltigkeit.

Strategien der Innovation schaffen neue gesellschaftliche, politische, ökonomische und technische Handlungspotentiale in der Gesellschaft. Sie bereiten damit den Boden für einen möglichst kreativen Lern- und Suchprozeß der Gesellschaft bei der Verwirklichung des Ziels einer nachhaltigen Entwicklung und tragen dazu bei, Zielkonflikte zwischen unterschiedlichen Polen der Nachhaltigkeit möglichst zu vermeiden.

Institutionenatlas

Für jede der Basisstrategien entwickelt die Studie mehrere Substrategien und entwirft konkrete Institutionenvorschläge. Diese Vorschläge stammen aus der aktuellen theoretischen Diskussion, aus praktischen Anwendungen im In- und Ausland, aus den im Rahmen der Studie veranstalteten Expertenworkshops sowie aus der eigenen Arbeit der Studiennehmer. Insgesamt entwirft die Studie auf diese Weise einen „Atlas" von rund 60 Institutionen, welche die Grundlage für eine Politik der Nachhaltigkeit bilden könnten. Die Studie macht zu jeder der Institutionen konkrete Ausgestaltungsvorschläge, dabei verdeutlicht die Studie jedoch auch, daß die Entscheidung, einzelne Institutionen zu implementieren, immer nur im Rahmen von "Institutionenpaketen" sowie im Hinblick auf die verfolgten Basisstrategien erfolgen kann.

Kriterien zur Definition von Institutionenpaketen

Die Studie liefert ein differenziertes Kriterienraster, das hilft, entsprechende Institutionenpakete zu formulieren. Das Raster basiert auf über 30 Einzelkriterien, die aus der Literatur entnommen oder in den Expertenworkshops und dem Zwischenworkshop mit der Enquete-Kommission entwickelt wurden. Dieses Raster verdichtet die Studie zu vier Grundsatzkriterien: Effektivität, Effizienz, Legitimität und Umsetzbarkeit.

Fünf Akteurgruppen

Vor dem Hintergrund des Institutionenatlases und des Kriterienrasters formuliert die Studie institutionelle Reformstrategien für die fünf Akteurgruppen Bundestag, Bundesregierung, Länder, Kommunen und nicht-staatliche Akteure. Dem Bundestag obliegt dabei die Aufgabe, die Arenen für einen nachhaltigen

Institutionenwandel auf allen Ebenen neu zu definieren. Der Regierung stellt sich die Herausforderung, in ihrem Apparat eine neue Dimension der Reflexivität zu institutionalisieren. Die Länder nehmen im institutionellen Reformprojekt "Nachhaltige Entwicklung" eine wichtige Rolle ein, da sie im Rahmen eines institutionellen Wettbewerbs zwischen den Ländern zur "institutionellen Erneuerung aus der Mitte" beitragen können. Die Kommunen schaffen die Rahmenbedingungen für den institutionellen Wandel von unten und die Intensivierung von Bürgerpartizipation. Die Strategien nicht-staatlicher Akteure flankieren den institutionellen Umbau. Sie stehen jedoch nicht im Vordergrund der vorliegenden Analyse.

Die Enquete-Kommission als Moderator eines institutionellen Wandels für eine Politik der Nachhaltigkeit

Die vorliegende Studie kann nur Grundsatzstrategien für die einzelnen Akteure bzw. Akteurgruppen vorschlagen. Denn sie gibt bestenfalls den Anstoß für einen umfassenden institutionellen Reformprozeß, der selber ein Lernprozeß sein muß, der auf allen Akteurebenen beginnt und adäquat zu begleiten ist. Die Enquete-Kommission bietet sich als Katalysator und Motor für die umfassende Einleitung institutioneller Reformen für eine Politik der Nachhaltigkeit an. Die Studie schließt daher mit einem Entwurf für ein weiteres Vorgehen, mit dem die Kommission diesen Anspruch einlösen könnte.

2 Was leistet die Studie als Teil des politischen Prozesses: Schwerpunkte und Grenzen

Die Enquete-Kommission „Zum Schutz des Menschen und der Umwelt" des 13. Deutschen Bundestages konstatiert in ihrer Ausschreibung für die Studie „Institutionelle Reformen für eine Politik der Nachhaltigkeit" insbesondere folgende Defizite im gesellschaftlichen und politischen Umgang mit Nachhaltigkeit:

- mangelhafte institutionelle Sicherung eines gesellschaftlichen Such-, Lern- und Gestaltungsprozesses im Hinblick auf eine integrative Politik der Nachhaltigkeit
- unzusammenhängende Einzelentscheidungen statt integrativem Vorgehen
- Mängel im Bereich der Zielfindung, Konfliktregelung und Implementation

und beauftragt die Studiennehmer, vor diesem Hintergrund

- vorhandene Handlungsspielräume zur Umsetzung des Leitbilds der Nachhaltigkeit zu untersuchen,
- Optionen für institutionelle Reformen zu ermitteln,
- vorhandene Reformvorschläge zu bewerten sowie
- einen Anforderungskatalog (Kriterien) für institutionelle Reformen zu erstellen.

Reformen für eine Politik der Nachhaltigkeit sind einzubetten in die umfassenden aktuellen Entwicklungen, die derzeit Politik und Gesellschaft betreffen: Angesichts von Einschränkungen der Handlungsoptionen des Staates infolge der Globalisierung der Wirtschaft, der wachsenden Komplexität, Interdisziplinarität und Zersplitterung gesellschaftlicher Probleme und politischer Entscheidungsprozesse sowie einer zunehmenden Gestaltung gesellschaftlicher Prozesse durch Selbstorganisation der Akteure in einer sich entwickelnden „Netzwerkgesellschaft" findet die Entwicklung von Regeln und Regelungsmechanismen zunehmend außerhalb staatlicher Tätigkeiten statt. Zwar wird auch angesichts dieser Veränderungen die Gesamtverantwortung und die Steuerungskompetenz beim Staat verbleiben, jedoch ergibt sich die Notwendigkeit eines Wandels in der Art der Wahrnehmung politischer Verantwortung.

Für die Studie ergeben sich daraus im Hinblick auf eine Politik der Nachhaltigkeit folgende zentralen Fragestellungen:

- Was bedeuten diese Entwicklungen für staatliches Handeln und das zugrundeliegende Politikverständnis?

- Welche Modifikationen für politische Steuerungssysteme und -verfahren ergeben sich?
- Wie kann ein integratives Vorgehen - zum Beispiel durch die Vernetzung von Akteuren, Abläufen und Fachdisziplinen - erreicht werden?
- Wie sieht das dafür erforderliche institutionelle Arrangement aus?

Aufgrund des integrativen Charakters der Nachhaltigkeit mit ihrem Anspruch, Ökologie, Ökonomie und Soziales miteinander zu vereinbaren, eignen sich die angeforderten Reformen für eine Politik der Nachhaltigkeit in besonderem Maße als Katalysator für

- eine systematische Modernisierung von Politik und Verwaltung,
- die Behandlung von Querschnittsaufgaben, die einzelne Politikfelder überschreiten,
- die Behebung grundsätzlicher Defizite durch Desintegration und zu starke Aufsplitterung.

Die Studie zeigt Wege und Verfahren auf, die geeignet sind, in politischen Prozessen Ökologie, Ökonomie und Soziales zu integrieren. Sie konzentriert sich dabei weitgehend - gemäß der Vorgabe der Enquete-Kommission - auf den „ökologischen Zugang zu Nachhaltigkeitsfragen" (Enquete-Kommission 1997): Wie können die derzeit laufenden umweltpolitischen Diskussionen und Fragestellungen so weiterentwickelt, die Institutionen so reformiert werden, daß statt einer Begrenzung auf ökologische Themen der Ansatz der Integration verfolgt wird?[1]

Diese Anforderungen bedürfen entsprechender Anpassungen von Institutionen, die als der systematische Ort der Nachhaltigkeit anzusehen sind. Entsprechend lauten die Ziele der Studie, Institutionen so zu verändern und zu gestalten, daß

- sich die betroffenen Akteure durch ihr Handeln der Nachhaltigkeit schrittweise annähern, ohne eine permanente Feinsteuerung durch gesetzgeberische Eingriffe „von oben" erforderlich zu machen,
- eine Zuordnung der Verantwortung für die Folgen ihres Handelns auf die jeweiligen Entscheidungsträger erreicht wird,
- eine Integration von Ökologie, Ökonomie und Sozialem erfolgt - auch wenn hier zunächst von ökologischen Fragestellungen der Enquete-Kommission ausgegangen wird - und nicht erst im nachhinein die Ökonomie- oder Sozialverträglichkeit ökologisch motivierter Maßnahmen geprüft werden muß,
- langfristige Folgewirkungen von Entscheidungen berücksichtigt werden,

---

[1] Andere Politikbereiche, die aus Nachhaltigkeitsgesichtspunkten ebenfalls der Reform bedürfen - zum Beispiel Wettbewerbs- oder Sozialpolitik (vgl. Siebert 1997) - bleiben wegen des Bezugs auf den von der Enquete-Kommission gewählten ökologischen Zugang an dieser Stelle ausgeklammert.

- politische Prozesse zu kontinuierlichen Verbesserungen (Reflexivität) führen und dabei öffentliche Transparenz von Entscheidungen und ihren Begründungen, vor allem hinsichtlich der zu erwartenden Folgen, realisiert wird.[2]

Die vorliegende Studie arbeitet den Diskussionsstand der relevanten sozialwissenschaftlichen Literatur auf. Dabei greift die Studie auf die unterschiedlichen disziplinären Kompetenzen der beiden Studiennehmer zurück und bindet darüber hinaus Expertise ein von anderen Instituten und Fachdisziplinen durch Workshops, Interviews und kontinuierliche Fachbegleitung (Teilnehmer an Workshops und Begleiter der Studie siehe Anhang).

Aus diesem Vorgehen ergab sich während des Bearbeitungszeitraums der Studie (01.12.1996 - 30.04.1997) folgendes Vorgehen (vgl. Abbildung 3):

Parallel zur konzeptionellen Aufarbeitung und wissenschaftlichen Analyse der beiden Auftragnehmer und der kontinuierlichen juristischen Begleitung fanden drei Workshops mit unterschiedlichen Teilnehmern und unterschiedlichen Zielsetzungen statt:

- 1. Experten-Workshop: Der interdisziplinäre Workshop hatte die Funktion, die von den Auftragnehmern bis dahin recherchierten Vorschläge aus der Wissenschaft für institutionelle Reformen zu kommentieren und zu ergänzen. Außerdem erarbeiteten die Teilnehmer gemeinsam einen Katalog von Kriterien, die aus ihrer Sicht für die Beurteilung derartiger Reformvorschläge bedeutsam sind.
- Workshop mit der Enquete-Kommission „Zum Schutz des Menschen und der Umwelt": Die Studiennehmer erläuterten der Enquete-Kommission ihren zu dieser Zeit vorliegenden Zwischenbericht, ihr grundsätzliches Vorgehen und die Ansätze ihrer Studie. Die Teilnehmer bekamen einen Überblick über die bis dahin vorliegenden Institutionenvorschläge und Kriterien und hatten Gelegenheit, diese zu kommentieren und zu evaluieren.
- 2. Experten-Workshop: IWÖ und IFOK präsentierten den Wissenschaftlern das vollständige Set der Institutionenvorschläge ihrer Studie und stellten diese zur Diskussion.

---

[2] Derartige - aus Sicht der Ordnungspolitik - gute institutionelleRegeln gibt es nach Siebert (1997) bisher nur für den monetären Bereich, nicht jedoch für die Finanz-, Sozial-, Umwelt- oder Lohnpolitik.

> **1.12.1996 Projektbeginn**
> Parallel zur konzeptionellen Aufarbeitung und wissenschaftlichen
> Analyse erfolgte eine kontinuierliche juristische Begleitung

> **18.2.1997 Experten-Workshop**
> Diskussion des Nachhaltigkeitsbegriffs, Konsolidierung des
> Problems, Erarbeitung eines Kriterienkatalogs

> **17.3.1997 Workshop mit der Enquete-Kommission**
> Die Studiennehmer erläutern der Enquete-Kommission den
> Zwischenbericht, grundsätzliches Vorgehen der Studie

> **8.4.1997 Experten-Workshop**
> Präsentation und Diskussion des vollständigen Sets
> von Institutionenvorschlägen

> **30.4.1997 Vorlage des Endberichtes**

Abb. 3. Vorgehen

Die Ergebnisse der Studie beruhen infolgedessen auf Analysen verschiedener Fachdisziplinen der Sozial-, Politik- und Verwaltungswissenschaften sowie der Ökonomie in Bezug auf:

- wissenschaftlich konstatierte Dysfunktionalitäten des politischen Systems und der vorhandenen Institutionen,
- daraus abgeleitete oder ableitbare Empfehlungen zum grundsätzlichen Charakter und zum prinzipiellen Vorgehen von Reformen aus Sicht der jeweiligen Fachwissenschaften,
- konkrete Reformvorschläge aus den genannten wissenschaftlichen Bereichen.

Entsprechend der breiten Analyse begrenzt die Studie sich auch in ihren Empfehlungen nicht auf die Auswahl einzelner wissenschaftlicher Ansätze, sondern leistet eine handlungsorientierte Synthese der unterschiedlichen Blickrichtungen. Auf diese Weise entsteht die Grundstruktur einer Vorgehensweise, die als die Architektur eines Gebäudes zu betrachten ist, das die Konturen einer integrativen Nachhaltigkeit aufweist.

Über diese gesellschaftswissenschaftlichen und ökonomischen Analysen hinaus erforderte die Aufgabenstellung der Studie, juristische Expertise einzubeziehen. Hier gingen die Studiennehmer zweigleisig vor:

• Prof. Dr. Christian Schrader von der Fachhochschule Fulda erhielt einen Unterauftrag zur Frage der "rechtlichen Einbindung von Selbstverpflichtungen, Verbraucherschutz- und Wettbewerbsrecht in die Umweltpolitik" (vgl. den Text des Gutachtens im Anhang). Durch seine umfassende und kritische juristische Evaluation von Selbstverpflichtungen sollten juristische Bedenken dieser Institutionenform offen dargelegt werden, da die Weiterentwicklung des Ansatzes im Rahmen der Studie eine zentrale Bedeutung zukommt. In diesem Fall ergänzt das juristische Gutachten von Prof. Schrader die Analysen der Studiennehmer. Bei den ökologischen Implikationen des Verbraucher- und Wettbewerbsrechtes handelt es sich dagegen um eine ergänzende Betrachtung von spezifisch juristisch geprägten institutionellen Reformvorschlägen. In beiden Rechtsgebieten spielt das Spannungsfeld von ökologischen und ökonomischen (sowie teilweise auch sozialen) Fragen eine bedeutende Rolle. Das Gutachten beleuchtet Perspektiven für eine nachhaltigkeitsorientierte Weiterentwicklung dieser Rechtsgebiete. Im Rahmen der Studie wird auf die Aussagen des Gutachtens von Prof. Schrader an den entsprechenden Stellen Bezug genommen.

• Neben dieser juristischen Expertise zu spezifischen Themengebieten wurde die gesamte Studie juristisch durch Tilman Rückert, Universität Hamburg, Fachbereich Rechtswissenschaft 1, begleitet und begutachtet. Diese Begleitung sollte eine grundlegende juristische Absicherung der Studienaussagen sicherstellen.

Neben der Aufarbeitung vorhandener institutioneller Defizite und Reformvorschläge erarbeitet die Studie als dritte Grundlage für die anschließend unterbreiteten Handlungsvorschläge konkrete Kriterien, mit deren Hilfe diese Handlungsvorschläge bewertet werden können. Die Kriterien beruhen dabei nicht nur auf Vorschlägen wissenschaftlicher Disziplinen, sondern beruhen darüber hinaus auf den Resultaten eines interdisziplinären Diskurses unter diesen Disziplinen anläßlich eines Experten-Workshops sowie einer ersten Bewertung durch die Mitglieder der Enquete-Kommission. Aus diesem interdisziplinären Analyse- und Diskursprozeß abgeleitet liegt damit ein schlüssiger und konsensfähiger Kriterienkatalog vor, der es erlaubt, die Vorschläge zu evaluieren und im Hinblick auf Vor- bzw. Nachteile bzgl. der einzelnen Kriterien zu bewerten.

Auf der Grundlage dieser drei Fundamente werden konkrete Reformvorschläge formuliert. Diese leisten eine fach- und disziplinenübergreifende Synthese. Die Reformvorschläge unterlagen einer Bewertung aus der Sicht der Studiennehmer anhand des vorgelegten Kriterienrasters. Sie geben Hinweise auf möglicherweise zu berücksichtigende Implementierungskonsequenzen aus juristischer Sicht und sind als Empfehlungen an die Enquete-Kommission aus Sicht von IWÖ und IFOK zu verstehen.

Die Ergebnisse der Studie sind als Etappe eines bereits von der Enquete-Kommission ausgelösten und über die Studie hinaus weiter fortzuführenden Prozesses zu verstehen:

- Es hat sich gezeigt, daß sich alle beteiligten Wissenschaftsdisziplinen stärker auf die Analyse vorhandener Probleme (Systemwissen) ausrichten und sich weniger auf die Ausarbeitung konkreter und praktikabler Handlungsempfehlungen konzentrieren (Transformations- bzw. Umsetzungswissen). Entsprechend besteht ein relativ hoher Grad an Übereinstimmung in der Analyse bei den verschiedenen Disziplinen, während die konkreten Politikempfehlungen wissenschaftlich weniger ausgearbeitet und diskutiert sowie insgesamt mehr umstritten sind.

- Um Reformvorschläge für konkrete Politikschritte auszuwählen, sind die vorgeschlagenen Kriterien von Bedeutung. Zudem können IWÖ und IFOK Hilfestellungen als auch Einstufungen aus ihrer Sicht geben. Es bleibt jedoch die Aufgabe der Enquete-Kommission, eine eigene Bewertung vorzunehmen und ggf. Abweichungen von Expertenmeinungen im Diskurs zu begründen.

- Aufgrund des begrenzten Zeit- und Ressourcenbudgets können die Reformvorschläge der Studie einerseits nur exemplarischen Charakter haben. Andererseits bedarf es einer Phase des konkreten, experimentellen Arbeitens mit diesen Vorschlägen, um weitere Erfahrungen zu sammeln. Auf diesem Erfahrungshintergrund kann man dann zu einer sukzessiven Verfeinerung und Verbesserung des Vorgehens gelangen. Darüber hinaus benennt die Studie Themen- und Politikfelder (vgl. Kap. 6), die besonders zentral sind und die im Detail weiter bearbeitet werden sollten.

Damit ergibt sich folgender Aufbau der Studie, die sich insgesamt in 6 Kapitel gliedert:

Teil I

Kapitel 2 = Was leistet die Studie als Teil des politischen Prozesses? Schwerpunkte und Grenzen

Kapitel 3 = Konzeptioneller Schwerpunkt der Studie Von welchem Nachhaltigkeitsbegriff, Politik- und Staatsverständnis gehen wir aus? Was bedeutet der gesellschaftliche Wandel für die Studie?

Kapitel 4 = Was sind Institutionen und welchen Stellenwert besitzen sie für eine nachhaltige Entwicklung?

Kapitel 5 = Welche Kriterien für institutionelle Reformen wurden in den wissenschaftlichen Analysen und im Diskurs der Disziplinen während der Studie erarbeitet?

Kapitel 6 = Empfehlungen für das weitere Vorgehen: Welche Optionen ergeben sich aus der Studie für die Enquete-Kommission, den von ihr angestossenen Prozess weiter fortzuführen?

Teil II

Institutionenatlas: Welche institutionellen Reformen schlagen die Studiennehmer vor?

Abb. 4. Gliederung der Studie

3 Nachhaltig zukunftsfähige Entwicklung: Ziel oder Weg?

Das folgende Kapitel legt die begriffliche und konzeptionelle Grundlage für das weitere Vorgehen und schafft damit die Basis für den institutionellen Zugang der Studie zur Nachhaltigkeitsdiskussion. Ausgehend vom **Nachhaltigkeitsverständnis** der Enquete-Kommission konkretisiert es die Herausforderungen, die sich aus der Idee von "Nachhaltiger Entwicklung" als einem zukunftsbezogenen gesellschaftlichen Lern-, Such- und Gestaltungsprozeß ergeben (3.1). Im zweiten Schritt erläutert das Kapitel das **Politik- und Staatsverständnis** der Studie (3.2). Es wird deutlich, daß Politik heute nicht mehr ausschließlich durch den Staat wahrgenommen wird. In der sich andeutenden "Netzwerkgesellschaft" ist die Rolle des Staates vielmehr grundlegenden Wandlungen unterworfen. Vor dem Hintergrund dieses Begriffsverständnisses einer "*Politik der Nachhaltigkeit*" zeigt das Kapitel in den beiden folgenden Abschnitten in einer gesellschaftstheoretischen (3.3) sowie einer politökonomischen (3.4) Analyse auf, daß die Fragen nachhaltiger Entwicklung eng mit den Organisationsprinzipien der Gesellschaft gekoppelt sind. Es schafft damit die Grundlage für den in Kapitel 4 erläuterten institutionellen Zugang der Studie. Der letzte Abschnitt (3.5) führt die Analysestränge zusammen und leitet vier (institutionelle) Basisstrategien für eine Politik der Nachhaltigkeit ab.

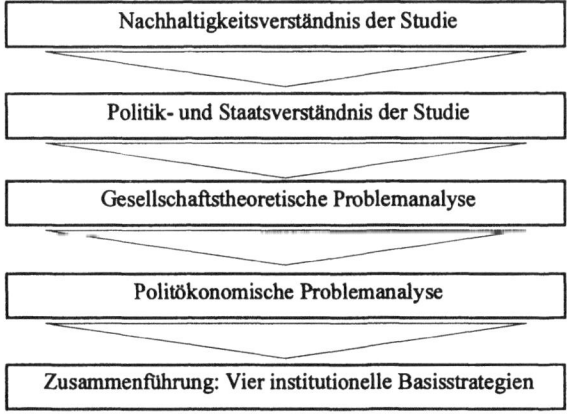

Abb. 5. Aufbau des Kapitels 3

3.1
Nachhaltigkeit: vom „Was" zum „Wie"

Die Enquete-Kommission „Schutz des Menschen und der Umwelt" des 13. Deutschen Bundestages stellt sich in ihrem Zwischenbericht die Aufgabe, das Leitbild einer nachhaltig zukunftsverträglichen Entwicklung in eine „integrative Politik der Nachhaltigkeit" umzusetzen (Enquete-Kommission 1997: 23). Sie führt damit die von der Brundtland-Kommission (Brundtland 1987) begonnene und 1992 vom UNCED-Weltgipfel in Rio de Janeiro auf der internationalen Staatenebene fortgesetzte Entwicklung weiter, „ökologischen, ökonomischen und sozialen Zielsetzungen gleichgewichtig Rechnung zu tragen und damit die ethische Verantwortung für die Gerechtigkeit zwischen den heute lebenden Menschen und zukünftigen Generationen wahrzunehmen" (Enquete-Kommission 1997: 22).

3.1.1
Das integrative Konzept der Nachhaltigkeit

Im Bericht zum Abschluß ihrer ersten Legislaturperiode betont die Enquete-Kommission, daß es nur dann einen „wirklichen Ausweg" aus den derzeitigen Krisen geben könne, „wenn Ökonomie, Ökologie und sozialer Ausgleich als Einheit begriffen werden, wenn politisches wie wirtschaftliches Handeln künftig alle drei Aspekte gleichermaßen ins Kalkül einbezieht, statt sie gegeneinander auszuspielen" (Enquete-Kommission 1994: 54). Dieses integrative Konzept verdeutlicht, daß Nachhaltigkeit als eine gesellschaftliche Herausforderung verstanden werden muß, die nur über die Integration aller drei Pole bewältigt werden kann. Dabei wird die herkömmliche Dualität der Gegenüberstellung von Wirtschaft und Sozialem, also von individuell-ökonomischer und gesellschaftlich-sozialer Rationalität nun durch eine zusätzliche Problem-, beziehungsweise Zieldimension erweitert. Dieses integrative Konzept soll zukünftigen Entscheidungsprozessen zugrunde liegen. Dabei lautet die Zielvorgabe nicht, bloß einen der Situation angemessenen Aus- oder Abgleich zwischen den Zieldimensionen zu erreichen oder die Ökonomie- und Sozialverträglichkeit ökologisch begründeter Maßnahmen anzustreben. Vielmehr soll mit der Integration eine gleichzeitige Förderung aller drei Dimensionen erreicht werden.

3.1.2
Merkpunkte der Umsetzung des integrativen Konzeptes

Bei der Umsetzung eines solchen zunächst notwendigerweise abstrakten, integrativen Konzeptes einer nachhaltigen Entwicklung sind folgende Eckpunkte zu beachten:

- Die angestrebte Integration wird in der politischen und wirtschaftlichen Realität nicht vollständig erreicht werden können. Der Anspruch an eine integrative Politik kann demnach nicht darin bestehen, alle Konflikte zu lösen, oder gar unvermeidliche Konflikte zu vertuschen (vgl. dazu Weiss 1996). Vielmehr bedeutet ein integratives Vorgehen eine grundsätzlich andere Herangehensweise an die Lösung von Problemen oder die Umsetzung von Zielen: Statt ausschließlich eine Zieldimension isoliert zu betrachten und danach zu überlegen, wie zu erwartende *Konflikte* vermieden oder minimiert werden können, erfolgt beim integrativen Ansatz vorerst eine systematische Suche nach „win-win"-Situationen. „Win-win"-Situationen lassen sich im Verlauf von Entscheidungsprozessen kontinuierlich erarbeiten, indem versucht wird, alte Wahrnehmungsmuster aufzubrechen und zu überwinden - an Stelle eines Konfliktes steht hierbei zuerst die Suche nach Konsens im Mittelpunkt und der Versuch, diesen Konsens zu vergrössern. Auf diese Weise können integrative Ansätze zu Lösungen führen, die mit nicht-integrativen Vorgehen schwerlich erreicht werden, auch wenn (Rest-)Konflikte weiter bestehen bleiben. Es ist jedoch nicht damit zu rechnen, daß sich solche Konstellationen in allen relevanten Bereichen in absehbarer Zeit finden lassen. So werden trotz des integrativen Vorgehens Entscheidungen notwendig bleiben, die eine konfliktreiche Abwägung zwischen den Dimensionen erfordern.
- Der integrative Ansatz der Nachhaltigkeit stößt auch auf Mißtrauen. Es wird unter anderem daran gezweifelt, daß eine Politik der nachhaltigen Entwicklung allein aus den *Präferenzen* der heute lebenden Bürger abgeleitet werden kann. Dieses Mißtrauen ist zwar nicht unbegründet, wie weiter unten noch erläutert wird, aber es richtet sich eher gegen die Leistungsfähigkeit des politischen Prozesses, normative Grundsätze umzusetzen, als gegen den Ansatz selbst. Es ist deshalb nicht notwendig, das Konzept der Nachhaltigen Entwicklung zu ersetzen, sondern die heutige Institutionenlandschaft ist gemäß diesem Konzept weiterzuentwickeln.
- Aufgrund der hohen Komplexität der Zusammenhänge zwischen dem ökologischen und dem darin eingebetteten ökonomischen und sozialen System besteht eine große Wissenslücke beziehungsweise eine starke Divergenz der Meinungen darüber, mit welchen politischen Mitteln (Instrumenten) die Zielerreichung effizient gesichert werden kann (Gerken/Renner 1996: 103). Dies läßt sich auf ein grundsätzliches Problem zurückführen, das insbesondere im Zusammenhang mit Fragen der Nachhaltigen Entwicklung relevant wird: die Vorläufigkeit und Begrenztheit des Wissens über die Zusammenhänge zwischen menschlichem Handeln und der Natur. Es ist die Aufgabe der Wissenschaft, einen Beitrag zur Klärung insbesondere der Beziehungen zwischen den Zieldimensionen des integrativen Konzeptes und der Eignung des umweltpolitischen Instrumentariums zur integrativen Zielerreichung zu leisten. Aber auch die Wissenschaft kann dieses Wissensproblem *nicht endgültig* lösen, und die tatsächlichen Folgen von Maßnahmen bleiben daher immer im Ungewissen.

Das zunächst abstrakte Konzept der Integration kann demnach nicht unmittelbar operationalisiert und implementiert werden, da ein **konstitutives Wissensproblem** besteht: Bei der bewußten Gestaltung gesellschaftlicher Regeln ist immer die Gefahr einzukalkulieren, daß die menschlichen Vernunftfähigkeiten überschätzt und Mechanismen etabliert werden, die mehr unerwünschte Nebenfolgen auslösen, als sie zur Problemlösung beitragen. Selbst wenn man einen komplexen, gesamtgesellschaftlichen Regelkatalog gewissermaßen auf dem Reißbrett entwerfen wollte, so erscheint es auch bei der Zugrundelegung einer Einstimmigkeitsregel dennoch sehr fraglich, ob wirklich alle Wechselbeziehungen und Rückwirkungen berücksichtigt werden können (Schmidt/Moser 1992: 199).

3.1.3
Nachhaltige Entwicklung als regulative Idee

Aus diesen Überlegungen folgt, daß sich eine nachhaltige Wirtschaft und Gesellschaft nicht anhand exakter Kriterien abschließend operationalisieren und als detailliertes Zielsystem festhalten läßt. In dieser Studie wird daher von einem zukunftsbezogenen gesellschaftlichen Lern-, Such- und Gestaltungsprozeß ausgegangen, der sich notwendigerweise durch Offenheit und Unsicherheit auszeichnet. Die Gestaltbarkeit und Veränderbarkeit der politischen, wirtschaftlichen und sozialen Lebenswelt durch die Menschen entspricht auch dem zentralen Postulat der Popperschen Konzeption der „offenen Gesellschaft" (Popper 1980). Eine nachhaltige Entwicklung wird demnach nicht im Sinne eines Schöpfungsaktes geschaffen, sondern im Rahmen eines gesellschaftlichen Lernprozesses im „Zusammenspiel von Kreativität, Erfahrung und Gewohnheit" gefunden (Busch-Lüty 1994). Nachhaltige Entwicklung ist ein gesellschaftliches Projekt. Aufgerufen sind sämtliche Akteure in Politik, Wirtschaft, Kultur und Wissenschaft, im Rahmen eines gesellschaftlichen Such-, Lern- und Gestaltungsprozesses zukunftsfähige Formen des Wirtschaftens und Lebens zu finden. Das Konzept der nachhaltigen Entwicklung selbst ist deshalb als eine *regulative Idee* zu verstehen, so wie es etwa auch für die Begriffe Gesundheit, Freiheit, Gerechtigkeit, Wahrheit und Demokratie gilt.

Der Kantsche Begriff der regulativen Idee ist ein erkenntnistheoretisches Konstrukt, also „eigentlich nur ein heuristischer und nicht ostensiver Begriff, und zeigt an, nicht wie ein Gegenstand beschaffen ist, sondern wie wir unter der Leitung desselben die Beschaffenheit und Verknüpfung der Gegenstände der Erfahrung überhaupt *suchen* sollen" (Kant 1787/1910ff., Bd 3, 443; B 699, zit. n. Homann 1996a: 38). Regulative Ideen helfen uns also, unsere Erkenntnis zu organisieren und systematisch mit normativen Elementen zu verknüpfen. „[Sie] lenken die Such-, Forschungs- und Lernprozesse in eine bestimmte Richtung und unter einen bestimmten Fokus und bewahren auf diese Weise davor, zusammenhangslos und zufällig mit der Stange im Nebel herumzustochern. Man braucht wenigstens eine intuitive Vorstellung davon, was man sucht." (Homann 1996a: 38).

3.1.4
Nachhaltige Entwicklung als Such-, Lern- und Gestaltungsprozeß: vom „Was" zum „Wie"

Nachhaltige Entwicklung ist also nur über einen evolvierenden politischen Konkretisierungs- und Willensbildungsprozeß zu erreichen. Entscheidend ist nun, die diesem Prozeß angemessenen Verfahrensnormen zu finden, die garantieren, daß die „unterschiedlichen normativ begründeten Lebensperspektiven der Individuen miteinander koordiniert werden können" (Wink 1996: 449).

Die Beantwortung der Frage nach dem „Was" von Nachhaltigkeit ist demnach zentral. Es ist allerdings ebenso entscheidend, wie man zu diesen Antworten kommen kann, ohne die unwissenheitsbedingte Offenheit der Entwicklung und die Werte einer freiheitlich-pluralistischen Gesellschaft zu gefährden. Es bleibt also zu untersuchen, wie der gesellschaftliche Such- und Lernprozeß auf dem Weg zur Nachhaltigkeit organisiert sein muß und welchen Prinzipien die Mittel zur Zielerreichung genügen müssen, damit sich Nachhaltigkeit und Entwicklungsfähigkeit nicht ausschließen.

Dies setzt zunächst eine Analyse der Bedingungen und Grenzen gesellschaftlicher Zielfindung im Nachhaltigkeitszusammenhang voraus, wie sie in den Abschnitten 3.3. und 3.4 anhand soziologischer, politikwissenschaftlicher und ökonomischer Ansätze vorgenommen wird.

3.1.5
Referenzpositionen für das Leitbild der Nachhaltigkeit

Auch die regulative Idee der Nachhaltigen Entwicklung kann nicht beliebig abstrakt bleiben: Sie muß zwar offen, aber dennoch verpflichtend genug sein, damit eine Orientierung überhaupt gewährleistet werden kann. Es ist also erforderlich, die regulative Idee mit geeigneten Inhalten zu füllen. Da die daraus abzuleitenden Ziele am Ende im politischen Prozeß gefunden werden müssen und da dieser Diskurs selbstverständlich nicht inhaltlich vorweggenommen werden kann, sind möglichst anspruchsvolle Referenzpositionen für jede einzelne Dimension erforderlich, um das kreative Spannungsverhältnis zwischen den durchaus konfliktären Dimensionen aufrecht zu erhalten und der Gefahr einer nichtssagenden Gegenüberstellung der Zieldimensionen vorzubeugen. Die drei Referenzpositionen als erste Konkretisierungen der regulativen Idee fügen sich deshalb zu einem Leitbild für die politische Auseinandersetzung zusammen.

Das Angebot für Referenzpositionen zur Konkretisierung der einzelnen Dimensionen des integrativen Konzeptes der Nachhaltigkeit ist vielfältig. Insofern sollen an dieser Stelle nicht grundsätzlich neue Positionen hinzugefügt werden. Vielmehr wurden die drei aus Sicht der Studiennehmer pointiertesten Referenzpositionen ausgewählt, die die spezifischen Perspektiven jeder der drei Zieldimensionen am ausgeprägtesten verdeutlichen und die entsprechenden Inhalte auf dem Abstraktionsniveau eines Leitbildes konkretisieren:

- Die *soziale Dimension* orientiert sich am Prinzip der Gerechtigkeit. Dieses wird aus unserer Perspektive im positiven Sinne als Solidarität der Menschen untereinander verstanden. In einer Minimalvariante kann es als für alle gleichermassen geltendes Abwehrrecht gegen Eingriffe in die Persönlichkeitssphäre des Individuums interpretiert werden. Regeln oder Institutionen, die sich an der regulativen Idee der Nachhaltigen Entwicklung orientieren, müssen demnach die unten aufgezählten individuellen Rechte berücksichtigen[3] :

  1. *Elementare Persönlichkeitsrechte*:
     Nachhaltige Entwicklung muß ein Leben in Sicherheit und Frieden erhalten oder erst ermöglichen.
  2. *Politische Bürgerrechte*:
     Die Bürger müssen sich im Rahmen ihrer politischen Mitbestimmungsmöglichkeiten aus freien Stücken zu konkretisierten Nachhaltigkeitszielen bekennen und auch jederzeit dazu in der Lage sein, die Entwicklungsrichtung mit zu beeinflussen. Sie müssen also die Möglichkeit zur Teilhabe an der Entwicklung haben. Nachhaltigkeit darf sich nur aus den Bedürfnissen der Mitglieder einer Gesellschaft heraus und nur im Einklang mit ihnen entwickeln. Nachhaltige Entwicklung darf also nicht erzwungen werden oder zu einer allmählichen Entdemokratisierung führen.
  3. *Sozialrechte*:
     Das Recht auf eine Existenzgrundlage, also ein soziales Mindesteinkommen darf durch nachhaltige Entwicklung nicht angetastet werden. Eine Gesellschaft kann also nur nachhaltig sein, wenn sie ihre Mitglieder integriert und nicht von der Teilhabe am gesellschaftlichen Leben ausschließt. Andererseits heißt dies aber auch, daß nachhaltige Entwicklung die entsprechenden ökonomischen Mittel dafür bereitstellen muß.
  4. *Das (moralische) Recht auf Arbeit*:
     Die einzelnen in einer modernen Gesellschaft lebenden Menschen sind nicht nur auf ein existenzsicherndes Mindesteinkommen angewiesen, sondern zudem auf ein sinnvolles Tätigsein, das die Partizipation an der ökonomischen Entwicklung miteinschließt. Sie schöpfen zu einem großen Teil auch ihre Identität aus sinnvoller Arbeit. Diese stellt ein elementares Grundbedürfnis aller Menschen dar und ist Element der Menschenwürde.

---

[3] In Anlehnung an Ulrich 1997, S. 44.

Regeln der Nachhaltigkeit dürfen keine Wirkungen hervorrufen, die in Folge der verlangten erhöhten Anpassungsbereitschaft (Enquete-Kommission 1997) auch nur eines dieser Rechte im Kern beeinträchtigen könnten oder die Gesellschaft hinter diese (hart erkämpften) Werte zurückfallen lassen. Vielmehr müssen sie einen Beitrag zu ihrer Erreichung und Fortentwicklung leisten.
Gerechtigkeit, beziehungsweise die soziale Dimension der Nachhaltigkeit ist durch eine solche „Minimalabgrenzung" aber noch nicht ihrer Funktion entsprechend gewürdigt. Es bestehen selbstverständlich weitere positiv zu formulierende Kriterien der Solidarität, wie beispielsweise ein kreatives soziales Klima, die Fähigkeit zur nachbarlichen Selbsthilfe, nachhaltigkeitsverträgliche Werthaltungen oder verbreitete soziale Praktiken. Eine Politik der nachhaltigen Entwicklung sollte sich nicht nur an den bereits hart definierten sozialrechtlichen Erfordernissen orientieren, sondern sich auch an solchen weichen Faktoren messen lassen.

- Für die *ökologische Dimension* stellt das Konzept der „strong sustainability" das anspruchsvollste, konsequenteste und dadurch auch wirklich ernsthaft am Gedanken der Nachhaltigkeit orientierte Referenzsystem dar. Es geht von einer prinzipiell begrenzten Substituierbarkeit von ökologischem und menschengeschaffenem Kapital aus, was voraussetzt, daß man die Natur als die Grundlage der menschlichen Wirtschaft und als deren unverzichtbaren Input anerkennt. Unter Berücksichtigung des verfügbaren Wissens über ökosystemare Zusammenhänge lassen sich relativ klare Anforderungen an die Eingriffe in Ökosysteme ableiten. Diese werden allgemein als Managementregeln von Ökosystemen bezeichnet (vgl. Enquete-Kommission: 1994). Wir stellen hier folgende „Kernpostulate einer nachhaltigen Entwicklung" zur Diskussion (Minsch u.a. 1996: 27ff):

5. *Erneuerbare Ressourcen*: Die Inanspruchnahme der erneuerbaren Ressourcen (wie zum Beispiel Wald, landwirtschaftlich genutzter Boden und Fischbestände) ist so zu gestalten, daß die Nutzungsrate die natürliche Regenerationsrate nicht übersteigt.

6. *Absorptionsfähigkeit der Ökosysteme*: Bei der Belastung der Umwelt durch Abfälle und Emissionen ist sicherzustellen, daß die Verschmutzungsrate unter der Absorptionsrate der Umwelt liegt.

7. *Ökologische Risiken*: Technologische Großrisiken, deren ökologische Folgen im Störfall die anderen Nachhaltigkeitspostulate verletzen oder die gar nicht abschätzbar sind, sollten gänzlich vermieden werden.

8. *Nicht erneuerbare Ressourcen*: Drei Strategien zur Reduktion des Verbrauchs stehen im Vordergrund.

   – Erhöhung der gesamtwirtschaftlichen Ressourcenproduktivität durch Strategien der Sparsamkeit und der Orientierung am Lebensnotwendigen.

   – Erhöhung der gesamtwirtschaftlichen Ressourcenproduktivität durch technischen und organisatorischen Fortschritt.

– Substitution der nicht erneuerbaren Ressourcen durch erneuerbare Ressourcen.

9. *Gesundhaltung der Biosysteme, Erhaltung der biologischen Vielfalt und Rücksichtnahme auf die Grundprinzipien der natürlichen Evolution*: Dies verlangt die Rücksichtnahme auf die fundamentalen Charakteristika des natürlichen Evolutionsprozesses, insbesondere der relativen Langsamkeit von Veränderungen.

10. *Erhaltung einer lebenswerten, menschenwürdigen Kulturlandschaft*: Die Gestaltung des natürlichen Lebensraumes des Menschen muß sich von der Idee der Menschenrechte leiten lassen. Die Würde des Menschen verlangt eine lebenswerte Kulturlandschaft.

• Für die *ökonomische Dimension* stehen weiterhin die bewährten wirtschaftspolitischen Ziele wie Geldwertstabilität, Vollbeschäftigung, konjunkturelle und außenwirtschaftliche Ausgeglichenheit. Dabei kommt in der heutigen Zeit der Internationalisierung der wirtschaftlichen Tätigkeiten und damit der Wettbewerbsfähigkeit der angesiedelten Unternehmen besondere Bedeutung zu. Dieses Erfordernis darf jedoch nicht nur passiv interpretiert werden, wonach den Unternehmen möglichst wenig Kosten aufgebürdet werden dürfen, sondern kann durchaus auch als Gestaltungsvariable aufgefaßt werden: Durch geeignete institutionelle Lösungsstrategien soll die langfristige Sicherung der Innovationskraft im Rahmen einer marktwirtschaftlichen Ordnung gefördert und sichergestellt werden. In dieser Studie werden Politikkonzeptionen besondere Berücksichtigung finden, die die Ungewißheit und Dynamik der wirtschaftlichen Entwicklung thematisieren und die Bedingungen der Entwicklungsfähigkeit von Marktökonomien mit einbeziehen.

Hinter diesen partiellen Leitbildern stehen unterschiedliche Bedürfnisdimensionen, an denen die Interessen verschiedener gesellschaftlicher Gruppen und gesellschaftlicher Teilsysteme anknüpfen. Das zwischen ihnen bestehende, sehr intensive Konfliktpotential darf weder überdeckt noch geleugnet werden. Im Gegenteil: Gerade durch die Wahl anspruchsvoller Referenzpositionen sollen die Konflikte zwischen den verschiedenen Interessen offengelegt werden. Reformen für eine Politik der Nachhaltigkeit müssen diese Konflikte ernst nehmen und Institutionen auf ihre Eignung hin befragen, sie müssen einen produktiven Konfliktausgleich schaffen und die Konfliktenergien möglichst konstruktiv kanalisieren.

3.2
Formwandel der Politik: Zum Politik- und Staatsverständnis der Studie

Nach dem Nachhaltigkeitsverständnis wird nun in einem zweiten Schritt das Politik- und Staatsverständnis der Studie näher geklärt. Dies ist deshalb notwendig, weil einerseits die abgeleiteten Referenzpositionen der Nachhaltigkeit hohe und neue Herausforderungen an die „Kunst des Möglichen" stellen. Gleichzeitig ist diese Kunst einem fundamentalen Wandel unterworfen, der eine Vielfalt neuer und im Hinblick auf eine Politik der Nachhaltigkeit interessante Steuerungsformen hervorbringt. Diese Formen einer „Politik in der Netzwerkgesellschaft" werden näher vorgestellt und im Hinblick auf ihre prinzipielle Fähigkeit zur integrativen Lösungsfindung im Sinne der dreidimensionalen Nachhaltigkeit befragt.

3.2.1
Politik als Bearbeitung gesellschaftlicher Probleme

Die Studie geht von einem weiten Politikbegriff aus. Politik bezeichnet demnach ganz allgemein die "Bearbeitung gesellschaftlicher Probleme". Diese Definition hat mehrere Implikationen:

- Politik ist nicht auf das Handeln von staatlichen Akteuren beschränkt. Politik als das politische Handeln von staatlichen Akteuren soll vielmehr im folgenden als Politik im engeren Sinn bezeichnet werden.
- Parlamente und Exekutive sind zwar Adressaten gesellschaftlicher Regelungsbedürfnisse, doch läßt sich gerade in jüngerer Zeit beobachten, daß die eigentliche Problembearbeitung immer weniger beim Staat alleine liegt, sondern zunehmend vom Staat in Kooperation mit anderen Akteuren oder sogar ganz in Selbstorganisation durch andere Akteure wahrgenommen wird, wie zum Beispiel durch Unternehmens- oder Branchenverbände. Probleme nachhaltiger Entwicklung erfordern zum einen Verhaltensänderungen, zum anderen ein abgestimmtes Vorgehen verschiedener Akteure, die durch einen „command and control"-Ansatz regulativer Politik alleine nicht zu erreichen sind. Bei institutionellen Reformen für eine Politik der Nachhaltigkeit muß es daher darum gehen, die kooperativen Formen der Problembearbeitung zu entwickeln, die für bestehende Probleme angemessen sind - ohne vorgängige Beschränkung auf staatliche Akteure, aber auch ohne den Maßstab rechtsstaatlicher Prinzipien für solche Arrangements aufzugeben.
- In zeitlicher Hinsicht umfaßt die politische Bearbeitung gesellschaftlicher Probleme nicht nur den Akt der politischen Entscheidung, den parlamentarischen Beratungsprozeß und vielleicht noch das Ausfüllen der Ermessensspielräume durch die Exekutive, sondern den gesamten politischen Prozeß von der Problemwahrnehmung und Problemdefinition, Agendagestaltung, Programmformulierung, Programmimplementation über die Evaluation bis zur Reformulierung oder dem Programmabbruch (vgl. Jones 1970; Jones 1977; Héritier 1989; von Pritwitz 1994). Institutionelle Reformen können an allen Phasen dieses politischen Prozesses ansetzen.

Auch im breiteren Politikverständnis kommt den verschiedenen staatlichen Institutionen weiterhin eine Schlüsselstellung bei der Bearbeitung gesellschaftlicher Probleme zu. Ein Großteil der im folgenden gemachten institutionellen Gestaltungsvorschläge wendet sich daher auch an staatliche Akteure, das heißt an Akteure der Exekutive (Ministerien einschließlich der nachgeordneten Behörden /Administration), der Legislative und der Judikative auf nationaler, regionaler (Länderebene) und lokaler (Kreis- und Gemeinde-) Ebene. Ein Blick über die bundesstaatliche Ebene hinaus ist notwendig, da sich institutionelle Reformen der Nachhaltigkeit auf alle Ebenen beziehen müssen, um den erforderlichen gesellschaftlichen Wandel einzuleiten.

3.2.2
Formwandel der Politik in der Netzwerkgesellschaft

In den letzten zwanzig Jahren ist ein tiefgreifender Formwandel der staatlichen Aufgabenerfüllung zu beobachten. In Abgrenzung vom herkömmlichen staats- und rechtstheoretischen Politikbegriff, der staatliches Handeln als das Fällen verbindlicher Entscheidungen durch die Legislative und deren Um- und Durchsetzung durch die Exekutive beschrieb, wurden bereits in den siebziger Jahren Formen politischer Steuerung beobachtet, die sich diesem Schema entzogen. Der nun entdeckte „verhandelnde Staat" (Ritter 1979) zeichnete sich dadurch aus, daß in den Normen- und Aufgabenvollzug neben der Kontrolle Elemente der Verhandlung zwischen staatlichen Akteuren und Normadressaten einfließen. Als Gründe dafür wurde die Angewiesenheit des Staates auf die Informationen der gesellschaftlichen Akteure und die Notwendigkeit, diese zu aktiven eigenen Leistungen und Verhaltensänderungen zu motivieren, ausgemacht. Dem entspricht eine Veränderung der staatlichen Steuerungsfelder. Neben regulatorische, distributive und redistributive Politik tritt nun die Hilfe bei der Orientierung, Koordination und Moderation der gesellschaftlichen Akteure (Hesse 1987). Der große Trend ist als Übergang von der zentralen Steuerung hin zur Hilfe zur Selbststeuerung beschrieben worden (von Beyme 1991).

Da sich im wesentlichen nicht die Rechts- und Legitimitätsgrundlagen (Art. 20 GG: Alle Staatsgewalt geht vom Volke aus.), sondern die Problemlagen und die Instrumente staatlichen Handelns gewandelt haben, kann man von einem „Formwandel politischer Steuerung" (Mayntz 1995) sprechen. Empirische Untersuchungen einzelner Politikfelder haben in den letzten Jahren eine Vielzahl von Formen politischer Steuerung identifizieren können. Diese reichen von der

- Herausbildung von policy-Netzwerken (Mayntz/Marin 1991, Pappi 1993) und
- Verhandlungssystemen (Mayntz 1993) über
- Mechanismen der positiven und negativen Koordination (Scharpf 1993),
- Akteurskoalitionen, insbesondere advocacy-Koalitionen (Sabatier 1993),
- hermeneutische Gemeinschaften (Haas 1990) bis hin zu
- Diskurskoalitionen (Hajer 1995) und
- partizipatorischen policy-Formen (Fischer 1993c, deLeon 1993).

Diese empirischen Ergebnisse knüpfen an Auseinandersetzungen zwischen der neokorporatistischen und der pluralismustheoretischen Deutung der Staatstätigkeit in westlichen Massendemokratien an. Der pluralismustheoretischen Interpretation zufolge konkurrieren gesellschaftliche Gruppen auf der Input-Seite des politisch-administrativen Systems um Einfluß auf Parteien und über diese auf die bindenden Entscheidungen des gesetzgebenden Parlaments. Der Staat ist aber auf der Output-Seite, bei der Leistungserstellung, unabhängig von Beiträgen gesellschaftlicher Akteure.

Die Neokorporatismus-Theorie hingegen wies angesichts der Erfahrungen der siebziger Jahre darauf hin, daß wesentliche Steuerungsleistungen in Verhandlungssystemen zwischen Staat, Wirtschaftsverbänden und Gewerkschaften erzielt würden, wie sie etwa in der Konzertierten Aktion sichtbar wurden. Die durch die Neokorparatismusdiskussion stimulierten empirischen Forschungen brachten dann aber zutage, daß Steuerungsleistungen durch Verhandlungen und Kooperation

- nicht nur auf der nationalen, sondern auch auf der Ebene von Branchen und Regionen vorzufinden sind („Meso-Korporatismus");
- daß intermediäre Steuerungsformen schon seit langem praktiziert werden und
- daß nicht nur der Bereich der industriellen Beziehungen durch kooperative Steuerungsformen bestimmt wird.

Neuerdings werden im Bereich der Umweltpolitik sogar Ansätze zu einem „Grünen Neokorporatismus" ausgemacht, das heißt die Einbeziehung von Umweltverbänden in die Verhandlungssysteme.

3.2.3
Vielfalt der Steuerungsformen und gesellschaftliche Differenzierung

Die Folge ist, daß sich die traditionelle Gegenüberstellung von Steuerungssubjekt und Steuerungsobjekt (so noch Mayntz 1986) auflöst. Die Vielfalt der Steuerungsformen bestätigt hingegen die These von Renate Mayntz (1987: 107), daß „hochgradig organisierte, lose vernetzte und stark fragmentierte Regelungsfelder ... auch ganz verschiedene Steuerungsanforderungen" stellen.

Es läßt sich beobachten, daß der staatliche Sektor offenbar in Reaktion auf diese ausdifferenzierten Anforderungen eine Binnendifferenzierung entwickelt hat, die mit der gesellschaftliche Differenzierung korrespondiert. So entsprechen dem Rechts-, dem Wirtschafts-, dem Wissenschafts- und dem Erziehungssystem jeweils entsprechende Ministerien auf der Bundes- und/oder Landesebene. Hinzu kommen spezifische Klientelministerien für besonders ausdifferenzierte Wirtschaftsbereiche wie den Landwirtschaftssektor, den Energiesektor den Verkehrs- und den Bausektor sowie eine Reihe von Fachbehörden, die bestimmte Regelungsfelder bearbeiten.

Die gesellschaftliche Komplexität wird damit im politisch-administrativen System abgebildet. Dadurch kann der Staat jeweils komplementäres Steuerungswissen aufbauen. Die Kehrseite ist, daß in den spezialisierten Abteilungen der

Ministerial- und anderer Bürokratien, aber auch den Fachpolitikern die Zusammenhänge, die über das jeweilige Politikfeld hinausgehen, zugunsten einer Binnenorientierung aus den Augen zu geraten drohen. Angesichts gesellschaftlicher Differenzierung steckt der Staat daher in einem Dilemma zwischen der Einengung und der Ausweitung von Regelungsfeldern (so schon Scharpf 1972).

3.2.4
Hindernisse für eine integrative Politik der Nachhaltigkeit auf der Output-Seite des politischen Systems

Zur Identifikation von Handlungsspielräumen und Restriktionen für eine Politik der Nachhaltigkeit sind daher differenzierte Politikfeldanalysen notwendig, die im Rahmen der vorliegenden Studie nicht geleistet werden können. Zwar liegt eine reichhaltige Literatur zu einzelnen Politikfeldern vor. Diese orientieren sich jedoch an den gegebenen Zielsetzungen der verschiedenen Akteure in den Politikfeldern oder an politikfeldbezogenen Leistungskriterien, um die Leistungsfähigkeit der verschiedenen Steuerungsformen zu bestimmen. Nachhaltigkeit als Integrationsaufgabe liegt jedoch quer zu verschiedenen Politikfeldern. Zudem ist die Orientierung am Leitbild der Nachhaltigkeit noch zu neu, um Auswirkungen über diskursive und symbolische Politik hinaus auch in materiellen Politiken zu zeitigen.

In dem Maße, wie sich eine Ausdifferenzierung der staatlichen Institutionen vollzieht, werden Mechanismen der Abstimmung zwischen den Abteilungen herausgebildet. Dominant ist dabei die Abstimmung durch negative Koordination, eine Art von Veto-Recht jeder Abteilung gegen geplante Vorhaben. Die Folge ist eine weitgehende Gestaltungsblockade und die Beschränkung auf inkrementalistische Maßnahmen (so schon Mayntz/Scharpf 1975). In dem Maße, wie politische Gestaltung von Informationen einer solchermaßen ausdifferenzierten Verwaltung abhängig ist, droht eine Verselbständigung der Bürokratie gegenüber dem Primat der Politik - ein Thema, das bereits Max Weber untersucht hat. Hinzu kommt, daß auch die Prozesse politischer Willensbildung horizontal (zwischen den Politikarenen) und vertikal (zwischen den föderalistischen Ebenen) ausdifferenziert sind. Tendenziell gerät Politik damit in eine „Politikverflechtungsfalle" (Scharpf/Benz/Zintl 1992).

Die nachhaltigkeitsorientierte Koordination einer Vielzahl von Politikfeldern stellt daher ein Desiderat dar. Nachhaltigkeit hat in dieser Perspektive den Charakter einer Meta-Policy (Feindt 1997). *Inter policy coordination* (Jänicke 1997) schält sich im Zuge der Nachhaltigkeitsdebatte als Forderung an praktische Politik heraus. Da hier aber erst die ersten Schritte zu einer Implementation entsprechender Institutionen zu beobachten sind, können naturgemäß auch noch keine diesbezüglichen Forschungsergebnisse vorliegen.

3.2.5
Hindernisse für eine integrative Politik der Nachhaltigkeit auf der Input-Seite

Die Herausbildung von Verhandlungssystemen und policy-Netzwerken stellt unter Nachhaltigkeitsgesichtspunkten auch auf der Input-Seite des politisch-administrativen Handelns ein Problem dar, da es zur Stabilisierung solcher Systeme notwendig ist, die Anzahl der Beteiligten relativ gering zu halten und gemeinsame Interessen herauszubilden. Damit wächst die

- Gefahr einer Einigung der Beteiligten auf Kosten Dritter und die
- Tendenz zur Krisenverschiebung.

Grundsätzlich kann eine Gemeinwohlorientierung nicht mit der Berücksichtigung der Partikularinteressen anderer Gruppen gleichgesetzt werden (Mayntz 1992). Die traditionelle staatstheoretische Lösung sieht daher die Immunisierung des Staats als Regulator gegen gesellschaftliche Interessen vor. Gerade die Politikfeldanalyse und die durch die Steuerungsdebatte angeregte neuere staatstheoretische Diskussion (Hesse, Mayntz, Scharpf) schließen diesen Weg aber aufgrund der so nicht zu lösenden Motivations- und Komplexitätsprobleme (vgl. Messner 1995: 123) aus. Hinzu kommt die Gefahr der Entwicklung von Eigeninteressen staatlicher Akteure, wenn diese zu sehr gegen Einfluß aus dem gesellschaftlichen Bereich abgeschirmt werden.

Der Gefahr einer Einigung auf Kosten Dritter kann durch Erhöhung des Potentials der Interessenberücksichtigung zumindest teilweise begegnet werden. Die nachträgliche Korrektur materieller Verhandlungsergebnisse von Netzwerken und Verhandlungssystemen stellt dafür aber im allgemeinen keinen gangbaren Weg dar, weil ein solcher nachträglicher Eingriff die Glaubwürdigkeit des Engagements in derartigen Netzwerken untergraben und die Bereitschaft zur Teilnahme an zukünftigen Beratungen und Verhandlungen unterlaufen muß.

3.2.6
Der argumentierende Staat

Daher kommt Formen der „prozeduralen Regelung" (Offe 1987) besondere Bedeutung zu. Zentral für die Berücksichtigung der Interessen nicht nur etablierter Akteure ist die

- Erhöhung der Transparenz von policy-Netzwerken und Verhandlungssystemen sowie die
- diskursive Öffnung von Normfindungsprozessen.

Wichtig ist insbesondere eine strukturierte Aufbereitung von Informationen, die nachvollziehbar macht, woher Informationen, die späteren Entscheidungen zugrundegelegt werden, stammen, und welche Informationen im Verlauf von Willensbildungsprozessen herausgefiltert wurden. Eine diskursive Gestaltung von

Prozessen der Normfindung und Willensbildung erhöht zudem die Wahrscheinlichkeit, daß nichtintendierte Nebenfolgen argumentativ entdeckt und alternative
Lösungsmöglichkeiten entwickelt werden können (Renn 1991, Feindt/Fröchling
1994, grundlegend Habermas 1981).

Insofern wird neuerdings die Herausbildung einer Form staatlicher Tätigkeit
beobachtet, die die Klärung von Informations- und Wertgrundlagen für kollekti-
ves Handeln in den Mittelpunkt stellt und daher auf rationale Motivation von
Akteuren durch Gründe (vgl. Habermas 1992) zielt. Dafür ist das Bild vom
„argumentierenden Staat" (van den Daele/Neidhardt 1996) vorgeschlagen
worden, der die Reflexivität gesellschaftlichen Handelns erhöht. Dies spielt vor
allem im Bereich der Technikpolitik und der Genehmigungspraxis eine zunehmende Rolle. Es liegt im Wesen technologischer Neuerungen, daß ihre Auswirkungen auf gesellschaftliche und ökologische Belange nur abgeschätzt werden
können. Aus dieser Ungewißheit folgt eine große Ambivalenz der Einschätzungen
und Beurteilungen durch Befürworter und Gegner.

In der massenmedialen Öffentlichkeit werden diese Konflikte herkömmlicherweise durch die Abgabe von Stellungnahmen ausgetragen, die auf die Beeinflussung der öffentlichen Meinung und (direkt und indirekt) der Entscheidungsträger
zielen. Es läßt sich zeigen, daß in diesen Stellungnahmen im allgemeinen „ein
Verlautbarungsstil der Sprecherbeiträge dominiert, der überwiegend der Abwehr
von Gegenpositionen dient, argumentativ wenig differenziert erscheint und eher
zu einer Vergröberung als zur Vermittlung der Kontroversen führt" (van den
Daele/Neidhardt 1996b: 19).

Die Beteiligungsrechte im Rahmen von Genehmigungsverfahren, insbesondere
der Anhörungen von Einwendern, kann schon aufgrund des Bezugs auf
Einzelprojekte nicht die Funktion erfüllen, Gefahren und Chancen einer
Technologie gegeneinander abzuwägen.

Darüber hinaus wird ein konfliktorientierter Kommunikationsstil durch die
Kombination aus einem Kommunikationsprozeß bewirkt, bei dem auf der einen
Seite jeder Bürger Einwände gegen ein Projekt erheben kann, bei dem auf der
anderen Seite zwar öffentlich aufgelistet wird, wie mit diesen Einwänden umgegangen wird; der Umgang selbst aber Fachleuten vorbehalten bleibt. Der so
entstehende konfliktorientierte Kommunikationsstil ist nicht geeignet für eine
Integration unterschiedlicher Aspekte: „Erörterungstermine scheinen vor allem
den Effekt zu haben, ohnehin vorhandene Frustrationen zu verstärken und die
jeweiligen Vorurteile zu festigen" (Bora 1996: 385).

3.2.7
Verhandlungsbasierte (alternative) Konfliktregelungsverfahren

In den letzten Jahren haben sich in verschiedenen westlichen Ländern, insbesondere in den USA, eine Reihe von Verfahren der sogenannten „alternativen
Konfliktregelung" herausgebildet. „Alternativ" bedeutet dabei nicht, daß durch
solche Verfahren bestehende formalisierte Entscheidungsverfahren ersetzt werden

sollen. Vielmehr handelt es sich um Ergänzungen der herkömmlichen politischen Kommunikations- und Entscheidungsprozesse, die im Falle von Interessenkonflikten, die nicht kooperativ in Verhandlungssystemen oder Politiknetzwerken beigelegt werden können, einen „dritten Weg zwischen Konfrontation und förmlichen Verfahren" darstellen können (Weidner 1996a: 222).

Das „klassische" Instrument alternativer Konfliktregelung ist die Mediation, die mittlergestützte partizipative Verhandlung. Weidner (1996a: 211; 1996b: 139) zählt auch „Konsensuskonferenzen, Politikdialoge, Branchendialoge, Schlichtungs- und Moderationsverfahren, Planungszellen, die partizipatorische Rechtsnormentwicklung (regulatory negotiation) sowie Kombinationsformen der genannten Typen" zu den Verfahren der alternativen Konfliktregelung.

Gemeinsam ist diesen Verfahren die Zentrierung der Kommunikation durch Anwesenheit aller Beteiligten. Ihre Funktionen weisen jedoch unterschiedliche Schwerpunkte auf. Politikdialoge, Branchendialoge und Moderationsverfahren wie der Energie-Tisch (Pinkepank 1996) dienen eher der kooperativen und partizipativen Projektentwicklung. Planungszellen zielen auf die Rationalisierung und transparentere Gestaltung von Bewertungsprozessen und indirekt der öffentlichen Meinung durch die Beteiligung von Laien. Kombinierte Verfahren streben an, das Reflexionsniveau zu erhöhen (zum Beispiel mehrstufiges Dialogisches Verfahren).

Während für Fragen der Planung von Einzelprojekten sich das Modell der ⇒ Planungszelle als geeignet erwiesen hat, bietet sich für grundlegende Fragen der Technikbewertung die Konsensuskonferenz an. Rechtliche und demokratietheoretische Bedenken (zum Beispiel Jänicke 1996a) verlieren an Bedeutung, wenn man berücksichtigt, daß verhandlungsbasierte Konfliktregelung die förmlichen Verfahren nicht ersetzen soll und die Ergebnisse weiterhin rechtlich nachprüfbar bleiben.

3.3
Steuerungs- und Kapazitätsprobleme als Hindernis für eine integrative Politik der Nachhaltigkeit

Vor dem Hintergrund tiefgreifender gesellschaftlicher Entwicklungsprozesse, die in der gesellschaftstheoretischen Literatur unter den Kürzeln „funktionale Differenzierung" und „Modernisierung" geführt werden, analysiert der folgende Abschnitt die grundsätzlichen Steuerungs- und Kapazitätsprobleme, die einem integrativen politischen Handeln im Dienste der Nachhaltigkeit entgegenstehen. Der Einstieg in die gesellschaftstheoretische Analyse erfolgt über die Identifizierung dreier grundsätzlicher Herausforderungen an Institutionen als „Medien der gesellschaftlichen Problemlösung". Es sind dies strukturelle Integrationsbarrieren, Risikokonflikte und die gesellschaftliche Problemlösungsfähigkeit. Diese Herausforderungen bilden die inhaltliche Struktur der Analyse. Deren Bogen spannt sich von einer Auseinandersetzung mit dem Phänomen der funktionellen Differenzierung als Hintergrund des Integrationsproblems, mit den Aspekten systemischer Kommunikationsbarrieren, der Entstehung von Partialinteressen und der Verselbständigung von Teilsystemen hin zum Aufzeigen von Ansatzpunkten für eine politische Steuerung in der Netzwerkgesellschaft. Besondere Bedeutung wird dem Aufbau von Handlungskapazitäten gewidmet. Ausführungen zu den Konzepten der Risikogesellschaft und der reflexiven Moderne, zu Wertewandel und Politikverdrossenheit und schließlich zu neuen Trends der gesellschaftlichen Selbstorganisation beschließen die gesellschaftstheoretische Analyse.

3.3.1
Nachhaltigkeit: Die neuen Herausforderungen an die Institutionen

Unter dem Motto „institutions matter"[4] ist in den letzten Jahren die Bedeutung von Institutionen zunehmend zum Thema der wissenschaftlichen Diskussion geworden (Schmalz-Bruns 1990). Insbesondere das Verhältnis zwischen institutionellen Arrangements und materiellen Politikinhalten (policies) steht im Mittelpunkt der Untersuchungen. Dabei haben sich drei Betrachtungsweisen als instruktiv erwiesen (Decker 1994: 95):

1. Institutionen sind ein „Medium gesellschaftlicher Problemlösung". Ihre Funktionsfähigkeit bemißt sich nicht an ihrem *output*, zum Beispiel an der Anzahl von Verordnungen, die eine Behörde erläßt, sondern am *outcome*, an den faktischen Wirkungen, die erzielt werden. Robert Putnam, wohl der meistzitierte Neo-Institutionalist, hat dies auf die Formulierung gebracht: "Institutions are devices for achieving *purposes*, not just for achieving *agreement*. We want government to *do* things, not just *decide* things" (Putnam 1993: 8)[5].

2. "Institutionen ... definieren ... vor allem Handlungs*potentiale* und *-restriktionen*" (Decker 1994: 105). Das heißt, die Akteure, die in Institutionen tätig sind oder mit ihnen zu tun haben, werden durch Institutionen in ihrem Verhalten nicht vollständig festgelegt. Ihnen verbleiben mehr oder minder große Handlungsmöglichkeiten. Das kann dann zum Problem werden, wenn unerwünschte Verhaltensweisen unterbunden werden sollen. Im Zusammenhang mit Nachhaltigkeitsproblemen gerät aber gerade die handlungsermöglichende Funktion von Institutionen in den Blickpunkt. Wenn Institutionen Leistungen erbringen sollen, müssen auch die Handlungskapazitäten dafür aufgebaut werden: *capacity-building* wird insbesondere dann zum Thema, wenn neue Herausforderungen auftauchen, für die sich noch keine Institutionen herausgebildet haben.

3. "Institutionen als annähernd stabile Handlungs- und Verhaltensmuster" (ebenda). Das heißt, Institutionen sollen Erwartungssicherheit erzeugen. Sie bestimmen Regeln (dazu näher Kapitel 4). In dem Maße, wie eine Institutio-

---

[4] „Institutionen machen einen Unterschied."
[5] „Institutionen sind Einrichtungen, um Zwecke zu erreichen, nicht nur, um Übereinkünfte zu erzielen. Wir wollen, daß das Regierungssystem etwas tut, nicht nur, daß es etwas entscheidet.".

nenlandschaft die Leistungen, die gesellschaftlich benötigt werden, nicht mit einer gewissen Zuverlässigkeit erfüllt, erzeugen sie als Reaktion ausweichende Verhaltensmuster, sie werden dysfunktional.

Politische Institutionen entwickeln sich in Auseinandersetzung mit gesellschaftlichen Herausforderungen und Problemlagen. Dabei besteht ein enges Wechselverhältnis zwischen Institutionen und materiellen Politiken:

* "Institutions shape politics ...
* Institutions are shaped by history" (Putnam 1993: 8)[6].

Die Institutionenlandschaft, die wir in der Bundesrepublik vorfinden, ist - kurz gesagt - in Reaktion auf drei große Herausforderungen entstanden:

* die nationale Frage
* die soziale Frage
* die demokratische Frage.

Das ökonomische Subsystem „(soziale) Marktwirtschaft" und das politische Subsystem „Demokratie", beide im nationalstaatlichen Rahmen, stellen in ihrer heutigen institutionellen Konkretisierung Antworten auf diese historischen Herausforderungen unter den Bedingungen der fünfziger und sechziger Jahre dar: Überwindung der Mangelwirtschaft, Garantie der Vollbeschäftigung, Bannung der politischen Gefährdung durch Diktaturen. Beide Projekte waren diesbezüglich sehr erfolgreich. Die neuen Herausforderungen sind zum Teil gerade durch diesen Erfolg bedingt, stellen aber auch gänzlich neue, auf gesellschaftliche Umwälzungen zurückgehende Probleme dar:

* die ökologische Frage, insbesondere die Überforderung der dauerhaften Tragekapazität der ökologischen Systeme (Daly 1992);
* individuelle und gesellschaftliche Anpassungsschwierigkeiten (Streß) durch den beschleunigten gesellschaftlichen und ökonomischen Strukturwandel;
* die Wiederkehr der sozialen Frage durch die wachsende Beschäftigungslosigkeit und neue Armut;
* die Wiederholung der nationalen Frage auf höherer Ebene als europäische Frage im Zuge der politisch-rechtlichen Einigung Europas;
* die Wiederkehr der demokratischen Frage, insbesondere durch die allmähliche Entfremdung des Bürgers vom politischen Leben und durch den Verlust an Steuerungskapazität der demokratisch legitimierten nationalen Regierungen im Zuge der ökonomischen Globalisierung.

Diese vielfachen Krisensymptome addieren sich zu einem komplexen Syndrom. Anders als lange Zeit gewohnt, können Krisen nicht länger von einem Engpaßsektor in einen anderen verschoben werden, weil inzwischen „an allen Fronten" die Grenzen erreicht zu sein scheinen. Sektorale Politiken, die an einzelnen Krisen ansetzen, laufen Gefahr, lediglich eine Krisenverschiebung zu

---

[6] Institutionen formen Politiken. Institutionen sind geschichtlich geformt.

bewirken. Nachhaltigkeit als Integration ökonomischer, ökologischer und sozialer Aspekte bei langfristiger Betrachtung fordert zur gleichzeitigen Betrachtung und Bearbeitung dieser vielfältigen Krisensymptome und -ursachen auf.

Wenn die These stimmt, daß Institutionen eine zentrale Rolle spielen, dann stellt sich die Frage, warum die gesellschaftlichen und politischen Institutionen offenbar nicht ausreichen, um auf die neuen Herausforderungen und die neuen Formen der alten Herausforderungen zu reagieren. Dabei ist zweierlei erklärungs-bedürftig: Erstens die mangelnde Leistungsfähigkeit der Institutionen, um die neuen Probleme erfolgreich anzugehen, und zweitens damit zusammenhängend die mangelnde Anpassungsfähigkeit der Institutionen. Vor allem vier Thesen werden zur Erklärung angeboten:

1. „Marktversagen": Marktmechanismen ignorieren ökologische Kosten und sind indifferent gegen soziale Aspekte. Gefordert sind staatliche Ausgleichsmaß-nahmen.
2. „Staatlich induziertes Marktversagen": Der Markt versagt, weil der Staat die falschen Rahmenbedingungen setzt oder es versäumt, die Rahmenbedingungen neu erkannten Problemlagen gemäß zu verändern. Dies reicht bis zu Strategien der künstlichen Verbilligung knapper Ressourcen. Konkrete Politikbereiche dieser ökologisch kontraproduktiven Wirtschaftsförderung (Subventionierung) sind insbesondere die Energiepolitik, die Rohstoff- und Entsorgungspolitik, die Verkehrspolitik sowie der gesellschaftlich sanktionierte Umgang mit Großge-fährdungen (beispielsweise Haftungsbeschränkungen) (Minsch et. al. 1996; vgl. Kapitel 3.4).
3. „Staatsversagen": Entweder die staatlichen Institutionen sind nicht in der Lage, die Staatsaufgaben zu erfüllen (fehlende Effektivität), oder sie arbeiten ineffizi-ent. Staatsversagen kann aber auch eintreten, wenn die Entscheidungsmecha-nismen eine politische Willensbildung erschweren bzw. verhindern oder Entscheidungen systematisch durch mächtige gesellschaftliche Einflüsse verzerrt werden. Erforderlich ist daher vor allem eine Erhöhung der Hand-lungskapazitäten und der Handlungseffizienz (Jänicke 1986; Jänicke 1993; Wolf 1993).
4. Gesellschaften sind komplexe, dynamische Systeme und daher grundsätzlich nur schwer oder gar nicht steuerbar. Einzelnen, auch staatlichen Akteuren, fehlt die Kapazität, die Vielzahl der anfallenden Informationen schnell genug zu verarbeiten. Interventionen kommen daher immer zu spät. Gesellschaftliche Krisen werden durch staatliche Interventionen noch verschärft oder überhaupt erst hervorgerufen (Wegner 1996).

Nachhaltigkeit wird von der Enquete-Kommission als „Integrationsaufgabe" verstanden. Ökonomische, ökologische und soziale Aspekte sollen von einer Politik der Nachhaltigkeit gemeinsam berücksichtigt werden. Implizit setzt dies das Vorhandensein von Problemen gesellschaftlicher Integration voraus. Tatsächlich enthält der Begriff der Nachhaltigkeit eine grundlegende Kritik am derzeitigen gesellschaftlichen Entwicklungspfad, in dem die einzelnen Zieldimensionen in verschiedenen spezialisierten gesellschaftlichen Teilbereichen nebeneinander verfolgt werden. Die gegenwärtige gesellschaftliche Entwicklung entspricht als Ganzes, darüber herrscht Einigkeit, nicht dem Brundtlandt-Kriterium, so unscharf dieses auch sein mag.

Um einige langfristige Entwicklungstrends auf den Begriff zu bringen und damit den gesellschaftlichen Rahmen für institutionelle Reformen für eine Politik der Nachhaltigkeit abzustecken, werfen wir einen kurzen Blick auf soziologische Theorien der Moderne (Berger 1988)[7].

Im Zusammenhang mit Fragen einer nachhaltigen Entwicklung lassen sich insbesondere drei Charakteristika moderner Gesellschaften problematisieren:

1. *Strukturelle Integrationsbarrieren*: Das Entwicklungsmuster funktioneller Differenzierung, das heißt der Herausbildung relativ autonomer gesellschaftlicher Teilbereiche, die spezifische gesellschaftliche Leistungen erbringen, zieht eine mangelnde Berücksichtigung von Handlungsfolgen außerhalb des jeweiligen gesellschaftlichen Teilsystems nach sich (mangelnde Reflexivität). Außerdem produziert funktionelle Differenzierung systematische Hindernisse für integrative Politikansätze. Diese Hindernisse werden durch Einschränkungen der Fähigkeiten aufgebaut, vom politischen System aus gesellschaftliche Teilbereiche zu steuern (Informationsbarrieren, Herausbildung von Partialinteressen, Verselbständigung).

2. *Risikokonflikte*: Die beispiellose Entwicklungsdynamik moderner Gesellschaften führt zu einem prekären Verhältnis zwischen einerseits dem Bedarf an Vertrauen und andererseits der mangelnden Transparenz der Expertensysteme. Die ausdifferenzierten Teilsysteme (zum Beispiel Medizin, Wirtschaft, Recht, Wissenschaft und Technik) müssen auf seiten ihrer Klientel und anderer Betroffener (zum Beispiel Patienten, Verbraucher, Fluggäste, Anlieger von großtechnischen Anlagen) Vertrauen voraussetzen können, wenn sie weiterhin funktionieren wollen. Andererseits sind diese Teilsysteme nur schwer zu durchschauen, beruhen auf speziellem Expertenwissen und produzieren vielfach ein hohes Maß an Risiko, was den Aufbau von Vertrauen erheblich erschwert. Risikokonflikte um die Zumutbarkeit technologischer Projekte tragen zu verbreiteten Ohnmachtsgefühlen bei, die zum Teil zu einer Verdrossenheit gegenüber der Politik führen.

3. *Ambivalente Entwicklung der gesellschaftlichen Problemlösungsfähigkeit*: Traditionelle lebensweltliche Strukturen gelten als gesellschaftlicher Bereich, in dem die verschiedenen Aspekte gesellschaftlicher Entwicklung vergleichsweise integriert erlebt werden und der daher wichtige Ressourcen für eine

---

[7] Mit der Zuordnung der Bundesrepublik Deutschland zum Gesellschaftstyp „moderne westliche Industriegesellschaft" wird auf eine bestimmte Ausformung gesellschaftlicher Basisinstitutionen verwiesen. „Als prototypische, soziokulturell verankerte *Institutionen der Moderne* werden üblicherweise die Ideale der Aufklärung wie Gleichheit, Rechtsstaatlichkeit und Menschenrechte, moralische Aufwertung individueller Autonomie, wissenschaftlich-technischer Fortschritt und Naturbeherrschung, kapitalistische Industrieproduktion und Marktwirtschaft, formale Demokratie und Zivilgesellschaft angesehen" (Conrad 1997: 53).

integrative gesellschaftliche Entwicklung enthält. Vor dem Hintergrund einer fortschreitenden Individualisierung, das heißt einer allmählichen Herauslösung des Individuums aus seinen sozialen und kulturellen Bindungen, kommt es jedoch zu einer allmählichen Infragestellung traditioneller Strukturen und deren „Degradierung" und „Optionierung" beziehungsweise Einreihung in einen Kontext unüberschaubar vieler, neu geschaffener Wahl- und Handlungs-möglichkeiten (Gross 1995). Dabei führt der Prozeß der „Enttraditionalisierung" zugleich zu einer Relativierung subsidiärer Gemein-schaften und verstärkt somit die Vereinzelung des Individuums, die Anonymi-tät und die Formalisierung der Beziehungen von Individuen einer Gesellschaft. Dies könnte die gesellschaftliche Problemlösungsfähigkeit vermindern und sowohl die Angewiesenheit der Individuen auf die Leistungen ausdifferenzier-ter Teilsysteme wie den Druck auf die politischen Institutionen erhöhen, deren Leistungsfähigkeit und Integration sicherzustellen.

3.3.2
Funktionelle Differenzierung als Hintergrund des Integrationsproblems

Als wesentliche Entwicklungstendenz moderner Gesellschaften gilt eine spezifische Form der Differenzierung der gesellschaftlichen Organisation, die sie von vormodernen Gesellschaften unterscheidet. Anders als in hierarchisch gegliederten Gesellschaften tritt in modernen Gesellschaften ein neuer Typus gesellschaftlicher Ausdifferenzierung hinzu, der als funktionelle Differenzierung bezeichnet wird (Luhmann 1975). Dieses Phänomen wird vor allem von der sogenannten strukturfunktionalen Theorie (Parsons 1951) behandelt. Diese beschreibt moderne Gesellschaften als Systeme, die sich nach funktionalen Kriterien ausdifferenzieren. „Funktion bedeutet dabei einen Wirkungszusammen-hang zwischen einem Element und einem Ganzen, zu dem es gehört" (Mayntz 1972: 836).

Funktionelle Differenzierung bezeichnet einen gesellschaftlichen Entwick-lungsprozeß, während dessen sich gesellschaftliche Teilsysteme herausbilden, die sich auf die Erfüllung bestimmter Funktionen für das gesamtgesellschaftliche System spezialisieren. Damit verbunden ist die Herausbildung spezialisierter Sinn-Zusammenhänge. Dadurch wird die Wahrnehmung von Ereignissen in der Umwelt des Systems im System vorstrukturiert. Die Folge ist, daß Information im System selektiv bearbeitet wird. Es entstehen Muster der Wahrnehmung und der Nichtwahrnehmung von Ereignissen. Dadurch wird auf der Ebene des einzelnen Teilsystems die Komplexität möglicher Ereignisse reduziert - und zwar sowohl der Ereignisse, die aus der Sicht des Systems geschehen, wie auch der Ereignisse, die innerhalb des Systems möglich sind. Dies ermöglicht eine deutliche Erhöhung der Geschwindigkeit der Kommunikations- und Entscheidungsprozesse innerhalb des Systems. Die Folge ist ein Gewinn an Effizienz und Effektivität auf der Ebene solcher Teilsysteme (Luhmann 1984). Auf gesamtgesellschaftlicher Ebene ermöglicht diese funktionelle Ausdifferenzierung eine „Steigerung der Optionen-vielfalt" (Willke 1989: 61-65).

Im allgemeinen werden die Ausdifferenzierung von „Sphären" (Walzer 1992) des Rechts, der Moral, der Wissenschaft, der Technologie, der Politik, der Wirtschaft, der Bildung, der Religion und der Zivilgesellschaft unterschieden. Verschiedene Autoren bieten jedoch unterschiedliche Unterteilungen der gesellschaftlichen Teilsysteme an. Luhmann (1986) zum Beispiel unterscheidet Wirtschaft, Recht, Wissenschaft, Politik, Religion und Erziehung. Weitere Differenzierungen sind in der Literatur verbreitet, zum Beispiel bei Arbeiten über staatsnahe Sektoren (Mayntz/Scharpf 1995a) wie das Gesundheitssystem, das Verkehrssystem oder die Landwirtschaft.

3.3.2.1
Expertensysteme und Professionen

Die zunehmende Angewiesenheit auf die Leistungen von funktionalen Teilsystemen ist ein wesentliches Merkmal moderner Gesellschaften. Unter Bezug auf den Leistungsaspekt schlägt Renate Mayntz (1988: 20) vor, von einem funktionalen Teilsystem erst dann zu sprechen, wenn eine sinnhafte Spezialisierung auf den drei Ebenen

- einzelner Handlungen,
- von Funktionsrollen und
- spezifischer größerer Gebilde (wie Institutionen und Organisationen)

vorzufinden ist. Die meisten der solcherart definierten Teilsysteme haben den Charakter von Expertensystemen (Giddens 1990: 88ff). Expertensysteme sind Bestandteil „abstrakter Institutionen", die aus symbolischen Zeichen wie Geld oder beruflichem Status bestehen und auf hochspezialisiertem Wissen (Recht, Medizin, Technik usw.) aufbauen. Diese Expertensysteme werden durch Professionen getragen, die Berufe sind „mit einer besonders starken Systematik des Wissens und einer ausgeprägten Kollektivorientierung" (Braun 1993: 211). Professionen auszuüben erfordert besonders aufwendige Ausbildungsinvestitionen, wodurch sie relativ hohe Hürden gegenüber Einmischungen von außen besitzen. Beispiele sind Juristen, Mediziner, Wissenschaftler und Techniker/Ingenieure. Angehörige von Professionen nehmen oft Schlüsselfunktionen in der gesellschaftlichen Arbeitsteilung ein.

Der Umgang mit abstrakten Institutionen setzt ein gewisses Vertrauen in das in ihnen implementierte Wissen voraus, das durch „Laien" nicht kontrolliert werden kann. In modernen Gesellschaften ist der vollständige Verzicht auf die Leistung von Expertensystemen - zum Beispiel Wasserversorgung, Geldkreislauf, Medizin - so gut wie unmöglich, auch wenn es Wahlmöglichkeiten innerhalb der einzelnen Systeme gibt (Mineral- statt Leitungswasser trinken, Bundesschatzbriefe statt Aktien kaufen, Heilpraktik statt „Apparatemedizin").

Professionen spielen eine besondere Rolle bei der Herausbildung von nach außen relativ abgeschlossenen Teilsystemen. Braun (1993: 210ff) schätzt die Herausbildung professionalisierter Leistungsrollen als den wichtigsten Mechanismus ein, über den sich teilsystemische Orientierungen reproduzieren. Diese bilden die „Vermittlungsstelle zwischen den handlungsprägenden Ebenen in Teilsystemen und individuell-rationalen Kalkülen von Akteuren in Teilsystemen" (Braun 1993: 211). Sie wirken auf ihre Mitglieder auf drei Ebenen handlungsprägend:

- Auf der Ebene des Teilsystems halten sie zur Akzeptanz des Leitwertes an.
- Auf der „handlungsprägenden Ebene der Institutionen setzen sie Anreize zum Erwerb von Reputation durch Anhäufung von „Leistungssymbolen", deren Bewertung durch ein Kollegium oder ein Publikum vorgenommen wird.
- Auf der Ebene der Akteurkonstellationen setzt die Status-Differenz zwischen Mitgliedern einer Profession einen Wettbewerbsmechanismus um die Sicherung der Ressourcen zum Verbleib und Aufstieg in der Profession in Gang.

Unter dem Gesichtspunkt der Integrationsproblematik sind wiederum die Schließungsmechanismen von Professionen gegenüber Versuchen der Einflußnahme durch Nicht-Professionelle von besonderem Interesse. Hier wirken

- nach außen das Informationsmonopol in den spezifischen Fragen der jeweiligen Profession (von Juristen in Rechtsfragen, von Ärzten in medizinischen Fragen, von Toxikologen in Fragen stofflicher Gefährdungen etc.), das nicht selten sogar eine aktive Einflußnahme auf die öffentliche Meinung ermöglicht, und
- nach innen die Bindung der Mitglieder der Profession durch die erforderlichen Investitionen in Ausbildung, Netzwerkbildung usw., die einen Verstoß gegen die Handlungsorientierungen der Profession nur unter Verzicht auf Karriere oder bei Verlassen der Profession mit entsprechendem Verlust der getätigten Investitionen zulassen.

Gerade das einheitliche Auftreten in Fragen von gesellschaftlichem Interesse wird jedoch nach Beck (1986) zunehmend problematisch, wie das Auftreten von Experten und „Gegenexperten" (Rucht 1988) vor Kameras und Gerichten belegt. Fraglich ist jedoch, ob wie von Beck prognostiziert damit eine generelle Delegitimierung von Expertise einher geht, oder ob nicht bei aller wahrgenommenen Differenz die gesellschaftliche Vereinbarung, in wichtigen Fragen den Rat von Professionellen einzuholen, unangetastet bleibt - man holt jetzt eben mehrere, um sich eine breiter fundierte Meinung zu bilden.

3.3.2.2
Partieller Effizienzgewinn und Nebenfolgen

Die Vorteile gesellschaftlicher Arbeitsteilung - Erhöhung der Effizienz, Bildung von Expertise und Verbesserung der Qualität - gelten seit Adam Smith (1776) als unbestritten. Der Beginn des Prozesses funktioneller Differenzierung und der

Herausbildung moderner Gesellschaften wird ebenfalls im letzten Drittel des 18. Jahrhunderts angesetzt (Eisenstadt 1985). Die Anfänge der Herausbildung getrennter Sphären von privater Marktwirtschaft, bürgerlicher Gesellschaft und Staat wurden hellsichtig von Hegel beschrieben und analysiert.

Als Vorteile gesellschaftlicher Differenzierung gelten in Analogie zu den Vorteilen der Arbeitsteilung Spezialisierung, Dynamisierung, gesteigerte Effizienz und Effektivität. Die Dynamik dieser ausdifferenzierten Teilsysteme bringt aber auch Probleme mit sich:

- Kommunikationsbarrieren;
- die Entstehung von Partialinteressen und die Verselbständigung von Teilsystemen;
- der Verlust von Vertrauen in die als Expertensysteme organisierten Teilsysteme, insbesondere im Zusammenhang mit der Erzeugung von Nebenfolgen und Risikolagen;
- und, in Wechselwirkung damit, ein durch den Wertewandel noch verstärkter Verlust des Vertrauens in die formellen und informellen politischen Institutionen („Politikverdrossenheit").

3.3.3
Problembereich: Kommunikationsbarrieren

In Weiterentwicklung der Arbeiten von Talcott Parsons nimmt Luhmann (1984) die Differenz zwischen System und Systemumwelt als Ausgangspunkt seiner Analyse. Zur Aufrechterhaltung seiner Identität ist demnach für jedes System die Aufrechterhaltung der Grenze zwischen dem System und seiner Umwelt von größter Bedeutung. Die Konsequenz ist, daß die Annahme einer gesamtgesellschaftlichen Perspektive zugunsten einer Vielzahl von System-Umwelt-Unterscheidungen aufgegeben werden muß, die aus der Sicht eines jeden Systems eine andere ist. Damit wird die Annahme einer hierarchischen Spitze innerhalb eines gesellschaftlichen Systems ebenso ausgeschlossen wie die Einnahme eines überlegenen Beobachterstandpunkts. An dessen Stelle tritt eine Vielzahl perspektivischer Beobachtungen.

Unter dem Gesichtspunkt der Integration als Bestandteil des Nachhaltigkeitskonzepts leistet Luhmanns Analyse wesentliche Beiträge. Die Ausdifferenzierung einer Vielzahl gesellschaftlicher Beobachtungen des gesellschaftlichen Systems, die sich nicht ohne weiteres ineinander überführen lassen, bietet einen Erklärungsansatz für Probleme der gesellschaftlichen Kommunikation und Orientierung, die sich in Problemen der Motivation, Implementation und Handlungskoordinierung niederschlagen.

In späteren Arbeiten hat Luhmann seinen Ansatz radikalisiert, indem er die aus der Neurobiologie stammende Theorie autopoietischer Systeme auf gesellschaftliche Systeme übertrug. Luhmann (1984) beschreibt die Kommunikationsprozesse innerhalb der gesellschaftlichen Teilsysteme nun als zirkulär geschlossen

(Konzept der basalen Zirkularität). Dem liegt die Annahme zugrunde, das im Laufe des Prozesses gesellschaftlicher Differenzierung in den gesellschaftliche Teilsystemen korrespondierend zu den je spezifischen Funktionen eigensinnige Handlungsorientierungen entstehen. Luhmann (1986) vertritt die Auffassung, daß diese Handlungsorientierungen sich in der Kommunikation des Systems dadurch niederschlagen, daß alle kommunikativen Prozesse innerhalb des Systems durch den Bezug auf einen jeweils „binären Code" strukturiert werden. So orientiert sich die Kommunikation im Rechtssystem letztlich an dem Code Recht/Unrecht, wissenschaftliche Kommunikation am Code wahr/unwahr, wirtschaftliche Kommunikation am Code Einzahlung/Auszahlung, politische Kommunikation an der Unterscheidung von Regierung und Opposition usw. Ereignisse außerhalb der jeweiligen Teilsysteme erzeugen Luhmann zufolge Resonanz und Reaktionen innerhalb eines Teilsystems nur dann, wenn sie in kommunikative Prozesse übersetzt werden können, die einen Bezug zu der Leitorientierung aufweisen. Ansonsten werden sie als „Rauschen" ignoriert.

Unter Gesichtspunkten der Nachhaltigkeit ist Luhmanns Analyse von großer Bedeutung, da sie eine Erklärung dafür anbietet, warum ökologische Probleme in der gesellschaftlichen Kommunikation wenig Resonanz auslösen (Luhmann 1986). Luhmanns These ist, daß es kein gesellschaftliches Teilsystem gibt, welches ökologische Probleme als Leitunterscheidung enthält. Ökologische Fragen müssen demnach in andere Codes übersetzt und zum Beispiel als moralisches oder wirtschaftliches Problem dargestellt werden. Solange diese Übertragung nicht gelingt, werden ökologische Gefährdungen nicht systematisch registriert und artikulieren sich lediglich als Angstkommunikation, die zum funktionalen Äquivalent von Sinngebung wird (Luhmann 1991).

Nicht nur in Bezug auf Probleme nachhaltiger Entwicklung entsteht aus Luhmanns Beschreibung gesellschaftlicher Kommunikation ein unüberwindbarer Steuerungsskeptizismus. Aus der Kombination von funktioneller Differenzierung und basaler Zirkularität folgt eine weitgehende Resistenz der gesellschaftlichen Teilsysteme gegen systematische Steuerungsversuche von außen. Generell ist eine systematische Beeinflussung gesellschaftlicher Teilsysteme dieser Theorie zufolge bei fortgeschrittener gesellschaftlicher Differenzierung kaum noch möglich. Nimmt man hinzu, daß ökologische und soziale Probleme in keinem funktionellen Teilsystem systematisch bearbeitet und registriert werden, dann folgt keine gute Prognose für die Möglichkeiten, nachhaltige Entwicklung durch politische oder institutionelle Reformen zu fördern.

3.3.3.1
Zur Rolle der Kommunikation in Massenmedien

In den Theorien der Moderne wird immer wieder auf die zentrale Rolle der Kommunikation zwischen den Teilsystemen hingewiesen. Diese herzustellen, gilt als die Funktion des Mediensystems.

Damit werden die Medien zum institutionalisierten, aus funktionalen Gründen akzeptierten Machtfaktor im politischen Willensbildungsprozeß. Aufgabe der Medien ist es, Problemlagen zu identifizieren und für die einzelnen Teilsysteme eine Übersetzungsleistung zu erbringen. Die Gesellschaft besteht in der Theorie Luhmanns nicht aus Menschen, sondern aus Kommunikation zwischen Menschen (Luhmann 1981: 20). Da für die meisten Sachverhalte eine direkte „face-to-face-Kommunikation" mit den Betroffenen nicht möglich ist, erfolgt die Steuerung und Anpassung der verschiedenen Systeme über den medial vermittelten Kommunikationsprozeß. Wenn der Umweltbezug zwischen den Systemen, zwischen Politik und Publikum hauptsächlich über die öffentliche Meinung (Luhmann 1981: 57) läuft, lassen sich folgende Funktionen der Massenmedien im politischen Prozeß identifizieren (Ronneberger 1964):

1. Das Herstellen von Öffentlichkeit, d.h., Erwartungen an das politische System öffentlich zu machen, über politische Entscheidungen zu informieren und diese verständlich zu machen;
2. die Sozialisations- und Integrationsfunktion, d.h., die Vorstellung von Verhaltensnormen und gemeinsamen Zielen durch die Massenmedien, die Herstellung von Vertrauen und Unterstützung wie auch die Hilfe bei der Akzeptanzsicherung von politischen Entscheidungen;
3. die Kontroll- und Kritikfunktion: Die Massenmedien erhöhen gegenüber dem politischen System den Rechtfertigungsdruck für politische Institutionen und den Entscheidungsprozeß, d.h., Medien als vierte Gewalt im Staate;
4. die Bildungs- und Erziehungsfunktion, das heißt auch, daß die Medien zur Meinungs- und Willensbildung beitragen und so erst die Teilnahme der Bürger am politischen Prozeß ermöglichen.

Folgt man dieser Funktionszuschreibung, so muß man Medien nicht nur als wichtigen Mittler zwischen den Teilsystemen, sondern vor allem zwischen den Systemen und einem spezifischen Teil der Systemumwelt, dem Publikum, beschreiben (Marcinkowski 1993: 123f.). In einer komplexen Systemumwelt erfüllen Medien - die als eigenständiges System ebenfalls eigene Handlungslogiken und einen eigenen binären Code (Ereignis/Nicht-Ereignis) entwickelt haben - aber eine doppelte Selektionsleistung: Sie geben nur einen Teil der Ereignisse und Handlungen weiter und führen zu einem Themenbewußtsein und zu einer gesellschaftlichen Konstruktion der Wirklichkeit (Berger/Luckmann 1966, Schulz 1976). Zum zweiten reduzieren sie Komplexität, indem sie unüberschaubare Zusammenhänge und Sachverhalte in der Gesellschaft wie in der Politik vereinfacht darstellen.

Dies hat zum einen Rückwirkungen auf Umfang und Tiefe der vermittelten Information und damit auf das Bild und die Bewertung politischen Handelns beim Rezipienten. Beklagt wird vielfach ein durch die Art der medialen Politikdarstellung vermitteltes Einstellungssyndrom, das folgende Komponenten umfasst:

- sinkendes Vertrauen in die Effektivität und Integrität von Politikern, Regierung und politischen Institutionen;

- das subjektive Gefühl, daß das politische Geschehen immer komplizierter, undurchschaubarer wird;
- das Gefühl, als einzelner keine Einflußmöglichkeit auf politische Entscheidungen zu haben (Holtz-Bacha 1990: 11).

Zum zweiten sind aber auch Rückwirkungen auf die Art und Weise, wie Politik ausgeübt wird, auszumachen. Mittels vielfach nur „symbolischer Politik" (Sarcinelli 1987) und sogenannter Pseudo-Events wird die Handlungslogik des Mediensystems (vgl. die Diskussion zu den Nachrichtenwerten, Schulz 1976, Staab 1990) bewußt für die Inszenierung politischen Handelns eingesetzt. Parteien, Politiker, Wahlkampfmanager inszenieren Ereignisse, planen mediengerechte Veranstaltungen, und versuchen, die politische Realität im Hinblick auf ihre Öffentlichkeitswirksamkeit und ihre Resonanz bei den Journalisten einzurichten. Eine Vielzahl politischer Ereignisse sind nicht "Ereignisse-an-sich", sondern "Ereignisse-für-sich", also im Hinblick auf die Medienberichterstattung intendierte Aktivitäten. Nachrichten werden so aus der Perspektive des politischen Akteurs, der Gegenstand der Berichterstattung werden will, ein knappes Gut, das "in einem Interaktionsprozeß zwischen massenmedialen und außermedialen Akteuren produziert wird" (Lange 1982: 83).

Durch dieses Ereignismanagement wird zum einen die Bedeutung einzelner Akteure hervorgehoben, und zum anderen werden Themen für die öffentliche Diskussion gesetzt. Diese Funktion ist erstens aufgrund der zentralen Bedeutung von Themen in der medienvermittelten Kommunikation von besonderem Interesse: Zahlreiche Untersuchungen haben gezeigt, daß zwischen der Beachtung eines Themas in den Massenmedien und der Einschätzung der Wichtigkeit dieses Themas in der Bevölkerung ein enger Zusammenhang besteht, der nicht durch die tatsächliche Bedeutung des Themas gedeckt sein muß (agenda-setting-Effekt). Die Medien haben beim agenda-building-Prozeß (Herstellen der Liste der in der massenmedialen Öffentlichkeit behandelten Themen) eine Vielzahl von Funktionen. Sie lenken die Aufmerksamkeit der Öffentlichkeit auf ein neues Ereignis, sind dafür zuständig, daß das Problem ge-*framed*, d.h. in einen bereits bestehenden Bezugsrahmen eingeordnet wird, und sie geben den Interessenvertretern die Möglichkeit der Artikulation. Zum zweiten beeinflussen die Themen, die von den Bürgern für wesentlich erachtet werden, deren Bewertung von Politik, Parteien und politischen Akteuren bezüglich ihrer Problemlösungskompetenz. Verschieben sich die thematischen Prioritäten, so ändern sich in der Regel auch die politischen Urteile (Priming-Effekt) (Iyengar/Kinder 1987).

Hier wird die Bedeutung der Medien für die Behandlung ökologischer und sozialer Probleme in den gesellschaftlichen Teilsystemen deutlich. Da diese Fragen in keinem Teilsystem systematisch bearbeitet werden, bedarf es der reflexiven Funktion der Massenmedien, Handlungsdefizite festzustellen und die entsprechenden Themen auf die Agenda zu setzen. Die massenmediale Kommunikation dient unter anderem auch dazu, Anhaltspunkte für die Angemessenheit der Abbildung der verschiedenen Perspektiven in Partei- und Staatsprogrammen zu gewinnen. Die Akteure im politischen System beobachten genau die mediale Berichterstattung und ziehen daraus Schlüsse über die Aussichten, mit ihren Aktionen und Pogrammen Unterstützung und Loyalität zu sichern. Daneben haben sie eigene Formen der Informationsgewinnung nutzbar gemacht - wie Meinungsumfragen - oder entwickelt - wie Anhörungen interessierter Kreise, wissenschaftliche Beiräte und Enquete-Kommissionen (vgl. van den Daele 1996b: 430).

3.3.3.2
Abbildung sozialer Komplexität in Institutionen und Organisationen des politischen Systems

Gesellschaftliche Differenzierung wird zwar zunächst auf der Ebene von Gesamtgesellschaften beschrieben. Gesellschaftliche Ausdifferenzierung wird aber auch auf der Ebene größerer Organisationen abgebildet. Hier entstehen Unterabteilungen, die jeweils spezifische Aspekte der Umwelt einer Institution spiegeln. So finden sich zum Beispiel in jedem größeren Unternehmen spezielle Abteilungen, die den Kontakt und Austausch mit der finanziellen, rechtlichen und politisch-administrativen Umwelt des Unternehmens sicherstellen sollen (vgl. Scott 1981, LaPorte 1975).

In gleicher Weise wird die funktionelle Differenzierung der Gesellschaft in die Institutionen und Organisationen des politisch-administrativen Systems abge-bildet. Bereits die Geschäftsverteilung der Bundes- und Landeskabinette läßt dieses Organisationsmuster erkennen. Es finden sich spezielle Ministerien für Finanzen, Wirtschaft, Recht, Erziehung und Kultur und Sicherheitskräfte (Militär beziehungsweise Polizei). Gerade der Wirtschaftssektor ist aber weiter ausdiffer-enziert in Landwirtschafts-, Verkehrs-, Bau- und Energieministerien. Dies deutet darauf hin, daß es diesen Branchen besser als anderen Wirtschaftszweigen gelungen ist, eine gewisse Autonomie von Anforderungen zu erlangen, die aus anderen gesellschaftlichen Teilsystemen an sie herangetragen werden, und daß sie sozusagen ihre spezielle Schnittstelle zur Regierungspolitik in Form eines Ministeriums etablieren konnten. Damit wird allerdings nicht behauptet, daß der Zuschnitt von Ressorts ausschließlich dem Muster funktioneller Differenzierung folgt. Das Umweltministerium als gewissermaßen problemorientiertes Ressort mit Anspruch auf eine Querschnittsfunktion stellt ein Gegenbeispiel dar. Allerdings dominiert die Ressortbildung nach dem Muster der Spiegelung funktioneller Differenzierung. Dieser Differenzierungsprozeß ist sogar verfassungsrechtlich abgesichert. Das Ressortprinzip ist in Art. 65,2 GG institutionalisiert, wonach jeder Minister in eigener Verantwortung seinen Aufgabenbereich erledigt.

Auch in den Parteien finden sich Untergliederungen, die die verschiedenen Lo-giken gesellschaftlicher Teilsysteme in die innerparteiliche Willensbildung ein-fließen lassen sollen: Wirtschaftsvereinigung, Sozialvereinigung, rechtspolitischer Kreis und so weiter sind Schnittstellen zwischen Parteien und gesellschaftlichen Teilsystemen, die Übersetzungsarbeit in beide Richtungen leisten sollen. Idealerweise ist die Integration der verschiedenen Sichtweisen in einem Parteiprogramm eine der Aufgaben der politischen Parteien. Durch diese Schnittstellenabteilungen, in denen verschiedene Sichtweisen zusammenfließen sollen, sichern sich Parteien und staatliche Stellen ein Stück Reflexivität.

3.3.4
Problembereich: Die Entstehung von Partialinteressen und die Verselbständigung von Teilsystemen

Die politische Konsequenz aus Luhmanns systemtheoretischer Beschreibung der gesellschaftlichen Gegenwart würde Reformen für eine Politik der Nachhaltigkeit überflüssig machen, weil die *Steuerbarkeit* gesellschaftlicher Bereiche infolge ihrer Komplexität und der Kommunikationsbarrieren ausgeschlossen wird. Bemühungen um die Erhöhung der *Steuerungsfähigkeit* (das heißt Strategiefähigkeit der Steuerungsinstanzen und Verfügbarkeit von Steuerungsinstrumenten) des politischen Systems, insbesondere staatlicher Institutionen, würden sich dann erübrigen. Kritiker haben Luhmann denn auch entgegengehalten, daß nach Lektüre seiner Werke erstaunen müsse, daß „in unserer Gesellschaft doch so vieles einigermaßen funktioniert" (Scharpf 1989).

In Auseinandersetzung mit Arbeiten Luhmanns sind daher in den letzten Jahren Forschungsansätze entstanden, die die Problematik ausdifferenzierter gesellschaftlicher Kommunikation aufnehmen, ohne jedoch Luhmanns radikalen Schlüssen zu folgen. Diese Forschungsansätze gingen aus der Unzufriedenheit hervor, daß einerseits die von Luhmann beobachteten Kommunikationsbarrieren plausibel erschienen, andererseits Luhmanns Beschreibung für empirische Überprüfungen unzugänglich blieb. Insbesondere mußte interessieren, unter welchen Umständen die Verselbständigung und politische Steuerbarkeit von gesellschaftlichen Teilsystemen zu- oder abnimmt.

Verschiedene Grade und Ebenen der funktionellen Ausdifferenzierung. Auch wenn man mit Luhmann sinnhafte Spezialisierung (d.h. Verengung, Intensivierung und Abkopplung von Zusatzgesichtspunkten) bestimmter Handlungen und Interaktionen als Kern funktioneller Differenzierung auffaßt, ist in politischer Perspektive der Grad der institutionellen Ausdifferenzierung von erheblicher Bedeutung.

Dabei wird einhellig davon ausgegangen, daß funktionelle Differenzierung auf der Ebene der Codes weitgehend durchgesetzt ist. Auf der Ebene von Institutionen,Organisationen und Individuen ist dies allerdings kaum im gleichen Maße der Fall (vgl. van den Daele 1996b). Mayntz (1988: 20f.) schlägt ein dreistufiges Schema vor: Haben sich verschiedene Sinnorientierungen lediglich auf der Ebene von Einzelhandlungen ausdifferenziert, haben sich bereits dauerhafte Funktionsrollen herausgebildet, oder werden gesellschaftliche Funktionen in darauf spezialisierten Organisationen erfüllt?

Diesem Vorschlag folgend, wurden systemtheoretische Ansätze zunehmend zu akteurtheoretischen Beschreibungen in Beziehung gebracht. Denn gesellschaftliche Teilsysteme sind an sich noch keine Akteure, sondern Strukturen, die die Handlungsmöglichkeiten individueller oder korporativer Akteure zugleich konstituieren und begrenzen.

Funktionelle Differenzierung und Steuerbarkeit gesellschaftlicher Teilsysteme. Die Festlegung, in welchem gesellschaftlichen Teilsystem man sich befindet, bestimmt, was man wollen kann (Schimank 1989). Zum Beispiel kann man im wirtschaftlichen System nur in dem Maße nach politischer Macht streben, wie dies zur Erhöhung des Überschusses der Einnahmen über die Ausgaben dienlich ist. Umgekehrt ist die Akquirierung von Finanzmitteln für politische Akteure wesentlich, aber nicht Selbstzweck. Während Akteure in mehreren gesellschaftlichen Teilsystemen zugleich agieren können, definiert die Verankerung eines Akteurs in einem gesellschaftlichen System gewissermaßen dessen Handlungsorientierung und damit die Einordnung verschiedener Ziele entweder als instrumentelle Zwecke oder als Selbstzwecke. Unter Gesichtspunkten der Nachhaltigkeit ist es daher problematisch, daß weder ökologische Zwecke noch soziale Zwecke in einem ausdifferenzierten Teilsystem verankert sind.

Damit sind zwar Restriktionen für eine Politik der Nachhaltigkeit aufgezeigt, aber noch nicht deren Unmöglichkeit. Denn anders als von Luhmann suggeriert, muß die Steuerbarkeit selbst hochgradig ausdifferenzierter Funktionssysteme als offen angesehen werden. Der Grund dafür ist, daß politische Steuerung unterhalb der Ebene der Leitorientierungen der funktionellen Teilsysteme ansetzt. „Da politische Steuerung in die selbstreproduktiven Prozesse allenfalls lenkend eingreift, aber diese nicht ersetzen muß, ist die unbestrittene Steuerungsresistenz gesellschaftlicher Regelungsfelder nicht der selbstreferentiellen Geschlossenheit von Sinnsystemen zuzuschreiben, sondern den gewachsenen Machtressourcen und der kollektiven Handlungs- und damit auch Widerstandsfähigkeit hochgradig organisierter Akteure" (Gerhardt/Derlien/Scharpf 1994: 43). In komplexen, ausdifferenzierten Gesellschaften entstehen für politische Steuerung neben den von der Systemtheorie in den Mittelpunkt gestellten Wissens- und Steuerbarkeitsproblemen daher auch Probleme der Implementation und der Motivation der Steuerungsadressaten (Mayntz 1987).

3.3.5
Ansatzpunkte für die politische Steuerung

In der politikwissenschaftlichen Diskussion konnte Luhmanns vor-empirischer Steuerungsskeptizismus nicht befriedigen. Politik setzt im landläufigen Verständnis das Vorhandensein von Akteuren voraus, die einen Willen zur Erreichung bestimmter Ziele gegen Widerstände besitzen. In den letzten Jahren wurden daher verstärkt Bemühungen unternommen, systemtheoretische und handlungstheoretische Ansätze (von Beyme 1991) zu verschmelzen (vgl. zu diesem Abschnitt v.a. Braun 1993). Anders als Luhmann und die soziologische Forschung in seinem Gefolge interessiert sich die politikwissenschaftliche Analyse nicht nur für systemische Handlungsrestriktionen (die bei Luhmann bis zur Abwertung des

Handlungsbegriffs als einer Fiktion reichen), sondern auch für die Handlungs-möglichkeiten individueller und korporativer Akteure. Steuerungsadressaten können in diesem Verständnis nicht gesellschaftliche Teilsysteme sein. Diese stellen vielmehr Strukturen dar, durch die hindurch sozusagen Akteure erreicht werden können.

Tatsächlich lassen sich gleich drei Ebenen unterscheiden, auf denen für den einzelnen Akteur die Handlungsbedingungen strukturiert sind, und durch deren Gestaltung gegebenenfalls systematische Veränderungen von Handlungsstruktu-ren erzeugt werden können (vgl. Mayntz/Scharpf 1995b: 55)[8] :

1. Teilsysteme als externe Vorgaben: Auf der Ebene der Teilsysteme wird die Relevanz der Informationen für die Akteure - nach Maßgabe der jeweiligen funktionellen Imperative und normativer Verhaltenserwartungen, die zwischen den Teilsystemen variieren - strukturiert und selektiert.
2. Institutionen als dauerhafte Handlungsorientierung: Auf der darunterliegenden Ebene der Institutionen werden „die Spielregeln [vermittelt], unter denen die Akteure innerhalb der Teilsysteme in Kontakt zueinander treten und [die festlegen,] welche Handlungen akzeptiert oder nicht akzeptiert, positiv oder negativ sanktioniert werden" (Braun 1993: 207). Die so stabilisierten Präferen-zen und internalisierten Normen entscheiden darüber, welche Handlungsmotive und Strategien aktiviert werden.
3. Akteurkoalitionen und situative Handlungsmotive: Auf der Ebene der Akteurkonstellationen entsteht ein vernetztes System von Machtbeziehungen und gegenseitiger Einflußnahme zwischen den Akteuren. Situative Handlungs-ziele (Um-zu-Motive) und Handlungsgründe (Weil-Motive) beeinflussen die Wahl der Verhaltensweisen im einzelnen.

Um dies an einem Beispiel zu erläutern: Forschungseinrichtungen in Wirt-schaftsbetrieben orientieren sich auf der teilsystemischen Ebene am wissenschaft-lichen Diskurs, das heißt an der Produktion wahrer Aussagen, von empirischem Wissen. Der institutionell-organisatorische Rahmen eines Unternehmens (im Unterschied von einer Grundlagenforschungseinrichtung) spezifiziert dergestalt, daß die Forscher sich auf die Suche nach Wissen machen, welches möglichst in Produkte umgesetzt werden kann. Wieweit und in welchen Formen dies geschieht, hängt auf der situativen Ebene von Koalitionen zwischen Forschungsabteilungen, von Sympathie und Aversion zwischen den Mitgliedern der Abteilung usw. ab.

Viele Institutionen und Organisationen liegen im Schnittpunkt mehrerer konkurrierender Orientierungsmuster, wie etwa die gleichzeitige Orientierung an Forschung, Lehre und Patientenbetreuung in Universitätskliniken (Braun 1992). Es kann daher innerhalb von sozialen Organisationen zu Differenzierungen der

---

[8] Der im folgenden dargestellte akteurtheoretische Rahmen bildet eine Brücke zwischen den makrosoziologischen Theorien der funktionellen Differenzierung und den vorwiegend auf der Meso-Ebene ansetzenden politikwissenschaftlichen Untersuchungen zum Verhältnis von politischer Steuerung und gesellschaftlicher Selbstorganisation in staatsnahen Sektoren (Mayntz/Scharpf 1995a).

Eigeninteressen und der Leitorientierung innerhalb der Institution kommen, an denen Steuerungsbemühungen systematisch ansetzen können - aber auch subversive Strategien im Sinne von Subpolitiken (Beck 1993).

Bei dieser Sichtweise entsteht ein wichtiger Ansatzpunkt für politische Steuerung in der Besorgnis der Akteure um die Sicherung der generellen Handlungsspielräume für die Wahrnehmung ihrer Interessen, die Schimank (1992: 174-175) unter dem Begriff der „reflexiven Interessen" faßt. Zur Überwindung der Kommunikationsbarrieren trägt das Vorhandensein solcher reflexiver Interessen bei, weil die Drohung mit Restriktionen oder das Inaussichtstellen von Erweiterungen der Handlungsspielräume eine „Sprache" darstellt, mit der teilsystemübergreifend Signale übermittelt werden können (Schimank 1992). Neben finanziellen Anreizen spielen daher auch die Erweiterung oder Einengung organisatorischer oder rechtlicher Kompetenzen, aber auch die Zuweisung oder der Entzug von gesellschaftlicher Reputation eine wichtige Rolle.

Die Gestaltung dieser Handlungsspielräume kann zum Ansatzpunkt für politische Steuerung werden. Dann muss es aber gelingen, die Abhängigkeit vieler Funktionssysteme von Zuwendungen aus Steuermitteln - Braun (1993) verweist auf die besonders sinnfälligen Beispiele des Bildungs- und Wissenschaftssystems, des Militärs und der Kunst -, aber auch von gesellschaftlicher Anerkennung, geeigneten rechtlichen Rahmenbedingungen und mitunter organisatorischer Hilfestellung in Signale zu übersetzen, die eine Einflußnahme im Sinne politisch gewollter Entwicklungen und Entscheidungen ermöglichen. „Signale" bedeutet dabei, daß nicht immer Maßnahmen tatsächlich ergriffen werden müssen. Es genügt, wenn politische Akteure über die Kapazität zur glaubhaften Ankündigung verfügen (vgl. Mayntz/Scharpf 1995a: 11).

Von besonderer Bedeutung für politische Steuerung sind korporative Akteure. Unter korporativen Akteuren werden allgemein „auf Mitgliederbasis beruhende Organisationen" verstanden, „die rechtlich als autonome Körperschaften anerkannt sind, eigene Ressourcen besitzen und eigene Interessen verfolgen" (Braun 1993: 207), insbesondere Berufs- oder Branchenverbände. Diese stellen gewissermaßen die Schnittstelle zwischen politischen Akteuren und Akteuren in Teilsystemen dar (Braun 1993: 209f.). Gerade am Beispiel korporativer Akteure wird jedoch besonders deutlich, daß aus dem Vorliegen starker gesellschaftlicher Differenzierung und damit verbundener hoher gesellschaftlicher Komplexität ebensowenig auf mangelnde Steuerbarkeit geschlossen werden kann, wie aus dem Vorliegen gut organisierter Interessen. „Der Eigen-Sinn von Akteuren, die organisatorische Einbettung der teilsystemischen Aktivitäten, die Organisierung der Interessen über korporative Akteure und die jeweils historisch kontingenten Akteurkonstellationen bilden zugleich Steuerungsmöglichkeiten wie Steuerungsrestriktionen für die Politik" (Braun 1993: 210). Daraus ergeben sich vier Ansätze für politische Steuerung:

- materielles Streben und ideologischer Eifer, die dazu veranlassen können, im Rahmen der durch die Profession vorgegebenen Handlungsspielräume im Sinne einer politisch gewollten Option zu handeln;
- umverteilende Politik zugunsten „innovativer" Leistungsträger in den Teilsystemen und Institutionen;
- Rekrutierung von Sachverständigen durch die Politik (als Austausch von Reputations- gegen Wissensvermittlung) und
- dauerhafte Verbindungen zwischen politischen und nichtpolitischen Eliten im Sinne einer Netzwerkbildung, die den informellen Austausch von Signalen „hinter dem Rücken der Systeme" ermöglicht.

Dies sind instrumentelle Strategien, mit deren Hilfe eine Politik der Nachhaltigkeit im Rahmen der gegebenen systemischen Restriktionen sektoral die Motive von *professionals* beeinflussen kann. Institutionelle Reformen für eine Politik der Nachhaltigkeit zielen darüberhinaus aber auf die gezielte Erweiterung der Handlungskapazitäten.

3.3.6
Von der sektoralen politischen Steuerung zur Erhöhung der Kapazitäten für eine Politik der Nachhaltigkeit

Das Konzept des capacity-building. Jüngste politikwissenschaftliche Forschungen nähern sich der institutionellen Frage über das Konzept des capacity-building (des Aufbaus von Handlungskapazitäten, vgl. Jänicke 1997). Dieser Ansatz ist bisher zwar erst auf Fragen der Umweltpolitik im engeren Sinne und noch nicht auf eine Nachhaltigkeitspolitik im Sinne der Integration von ökonomischer, ökologischer und sozialer Entwicklung angewendet worden. Er bietet im Hinblick auf institutionelle Reformen für eine Politik der Nachhaltigkeit aber einen guten Zugriff auf die Identifizierung von strukturellen (im Gegensatz zu situativen) Handlungsrestriktionen.

Ein umfassender Vergleich der Umweltpolitik einer großen Anzahl von Ländern (Jänicke 1996b; Jänicke/Weidner 1995, Jänicke/Weidner 1997) führte zu dem Ergebnis, daß in unterschiedlichen Kontexten sehr unterschiedliche Instrumentenkombinationen zu einer erfolgreichen Umweltpolitik führen können. In Auswertung dieser umfangreichen empirischen Studien identifiziert Jänicke (1997: 6ff.) fünf Bündel von Faktoren, deren Konstellationen über den Erfolg einer Umweltpolitik entscheidet:

1. Akteure: Proponenten für und Opponenten gegen umweltpolitische Maßnahmen
2. die Strategien der Akteure
3. strukturelle Rahmenbedingungen
   - kognitiv-informationell
   - politisch-institutionell
   - ökonomisch-technisch

4. der situative Kontext
5. die Art des Problems.

Dabei determinieren die Akteurkonstellationen („die Stärke, Kompetenz und Konfiguration organisierter staatlicher und nichtstaatlicher Proponenten") und die strukturellen Rahmenbedingungen die Kapazität einer Politik; die Art des Problems, der situative Kontext und die Strategien der Akteure entscheiden, in welchem Maße diese Kapazität genutzt wird (Jänicke 1997: 8).

Institutionelle Reformen als Erweiterung der Handlungskapazität in einer funktionell ausdifferenzierten Gesellschaft. Institutionelle Reformen setzen auf der strukturellen Ebene an, bei der Gestaltung der Handlungskapazitäten. Für eine gezielte Vergrößerung der Handlungsspielräume hat sich daher der Begriff des capacity building durchgesetzt. Capacity-building kann ansetzen an:

1. der Veränderung der Akteurkonstellation im Sinne einer Stärkung der Proponenten einer Politik der Nachhaltigkeit;
2. den kognitiv-informationellen Rahmenbedingungen;
3. den politisch-institutionellen Rahmenbedingungen und
4. den ökonomisch-technischen Rahmenbedingungen.

Der Zusammenhang mit den Ergebnissen der Analysen funktioneller Ausdifferenzierung läßt sich dadurch herstellen, daß diesen vier Dimensionen einer Kapazitätspolitik Entsprechungen im allgemeinen differenzierungs- und akteurtheoretischen Rahmen zugeordnet werden:

1. Die Stärkung der Proponenten einer Politik der Nachhaltigkeit setzt auf der Ebene der Akteurkoalitionen an.
2. Die Veränderung der kognitiv-informationellen Rahmenbedingungen setzt an Problemen auf der Ebene der Teilsysteme und Handlungsorientierungen an.
3. Reformen der politisch-institutionellen Rahmenbedingungen zielen auf die Ebene der Spielregeln und internalisierten Normen.
4. Ökonomisch-technologische Faktoren sind eher schwer zu beeinflussen, am ehesten auf dem Wege der Beeinflussung der Marktpreise durch Fiskalpolitik (Jänicke 1997: 7). Die Beeinflussung der ökonomisch-technischen Rahmenbedingungen liegt daher am ehesten auf der institutionellen Ebene.

Die Übersetzung des akteurtheoretischen Theorierahmens in die Sprache des capacity-building-Ansatzes erleichtert die Identifizierung der Probleme, die auf den verschiedenen Handlungsebenen die Kapazität für eine Politik der Nachhaltigkeit beeinträchtigen können:

Tabelle 1. Problemdimensionen nach dem differenzierungstheoretischen und dem Capacity-Building-Ansatz

Handlungstheo-retische Ebene	Ansatz für capacity-building	Problemdimension
teilsystemische Leitorientierung von Handlungen	kognitiv-informationelle Rahmenbedingungen	fehlendes Wissen und fehlende kulturelle Resonanz für reformenlegitimierende Interpretationen
institutionell verankerte Spielregeln	politisch-institutionelle Rahmenbedingungen	fehlende oder falsche Anreizmuster, fehlende Ressourcen zur Veränderung der Anreizmuster
Akteurkoalitionen	Akteure / Proponenten	fehlen handlungsfähiger Koalitionspartner für eine Politik der Nachhaltigkeit in den Teilsystemen
äußere Restriktion	ökonomisch-technische Rahmenbedingungen	fehlende gangbare alternative technisch-ökonomische Optionen

An diesen vier Ansatzpunkten müssen umfassende Strategien für institutionelle Reformen ansetzen. Dabei verweist jede der Problemdimensionen auf eine Reihe möglicher Ursachen:

• Das Fehlen handlungsfähiger Koalitionspartner für eine Politik der Nachhaltig-keit in den Teilsystemen erschwert die Überwindung von Reformwiderständen. Ein solches Fehlen kann dadurch verursacht sein, daß in den Teilsystemen keine oder zu wenige Rollen vorgesehen sind, die dafür sorgen, daß das gesamte Spektrum ökonomischer, ökologischer und sozialer Anliegen ebenso wie die Wirkungen auf künftige Generationen abgeprüft und in dessen Ent-scheidungsprozesse eingebracht werden; aber auch auf mangelnde Vernetzung und Organisation entsprechender Akteure zurückgehen. Neuen Koalitionspart-nern kann durch eine Verbesserung der Partizipationsmöglichkeiten Eingang in die verschiedenen Politikarenen verschafft werden. Dies setzt allerdings das Vorhandensein entsprechender, hinreichend organisierter Akteure voraus. Nachhaltigkeitsanliegen sind als gesellschaftliche Interessen aber insofern vergleichsweise schlecht organisierbar, weil sie die langfristigen Interessen der Gesellschaft als Ganzes widerspiegeln. Weil sie daher prinzipiell verallgemei-nerungsfähig sind, läßt sich mit der Theorie der Zivilgesellschaft (Walzer 1992, Habermas 1992, Schmalz-Bruns 1995) davon ausgehen, daß die Stärkung zivilgesellschaftlicher Strukturen auch die Möglichkeiten zum Gespräch miteinander und damit die Internalisierung von Normen der Gegenseitigkeit stärkt, die als Voraussetzung für die passive Akzeptanz wie den aktiven Einsatz für eine Politik der Nachhaltigkeit gelten können. Daher sollten Lösungsstrate-gien auch die Fähigkeit zur Selbstorganisation stärken. Damit werden aller-dings nicht nur langfristig die Rahmenbedingungen für die Entstehung möglicher Koalitionspartner einer Nachhaltigkeitspolitik in der Gesellschaft gestärkt, sondern diese wird auch in die Lage versetzt, einen größeren Teil ihrer Probleme selbst zu lösen, was die politischen Akteure wiederum von gesellschaftlichen Handlungserwartungen entlastet.

• Fehlendes Wissen verhindert die Wahrnehmung von Problemlagen. Dies gilt für die gesamtgesellschaftliche Ebene ebenso wie für die mangelnde Wahrnehmung von Handlungsfolgen auf der Ebene der Teilsysteme und Institutionen. Dies stellt insbesondere für Fragen der Nachhaltigkeit mit ihrem generationenüberspannenden Zeithorizont eine Hürde dar. Die Ursachen für fehlendes Wissen über Nachhaltigkeitsprobleme reichen auf gesamtgesellschaftlicher Ebene von prinzipiellen Hürden der Prognostizierbarkeit über etablierte Regeln der Erkenntnisgewinnung in den Wissenschaften bis zur Struktur der arbeitsteilig organisierten wissenschaftlichen Forschung und (Politik-) Beratung. Etablierte, kurzfristiger orientierte Wahrnehmungen von Problemen und Bedürfnissen erschweren auch die Entstehung kultureller Resonanz für Interpretationen von Problemlagen, die zur Legitimation und Akzeptanzbeschaffung umfassender Reformen notwendig wären. Auf der Ebene der Institutionen und Teilsysteme bestehen darüber hinaus Kommunikationsbarrieren zwischen den Abteilungen beziehungsweise Teilsystemen, die bewirken, daß vorhandenes Wissen zum Teil hochselektiv aufgenommen und verarbeitet wird. Dadurch kann zum Teil auch die Diskrepanz zwischen Problembewußtsein und Handeln erklärt werden. Problemlösungsstrategien müssen bei einer Erhöhung der Kapazitäten zur - ökonomischen, ökologischen und sozialen - Folgenwahrnehmung und -berücksichtigung ansetzen (vgl. auch Böhret 1990).

• Fehlende oder falsche Anreizmuster lenken die Bemühungen einzelner Akteure in Aktivitäten, die oft nicht nur nachhaltigkeitsgemäßes Verhalten erschweren, sondern Verhalten ermutigen, das geradezu unnachhaltig genannt werden muß, zum Beispiel die Beschleunigung arbeitssparenden technischen Fortschritts durch die Ausgestaltung der Wirtschaftsförderung für Ostdeutschland als Investitionszulage. Da Anreizmuster vorwiegend auf der Ebene von institutionalisierten Spielregeln festgeschrieben sind, verschiebt sich das Problem auf die Frage nach den vorhandenen oder fehlenden Ressourcen zur Veränderung solcher Anreizmuster (was die Kapazität zur Identifizierung solcher Anreizmuster voraussetzt). Die wichtigsten dieser Ressourcen sind Expertise, finanzielle Ressourcen, juristische Klagemöglichkeiten beziehungsweise rechtliche Absicherung von Positionen und Zugang zu politischen Willensbildungsprozessen. Institutionelle Lösungsstrategien müssen daher den systematischen Einbezug aller Betroffenen unter Schaffung von partiellem Ausgleich von Macht- und Ressourcenungleichgewichten sicherstellen. Unter dem Gesichtspunkt der Schaffung möglicher Akteurkoalitionen besteht hier natürlich ein enger Zusammenhang mit den vorgenannten Strategien.

• Das Fehlen gangbarer technisch-ökonomischer Alternativen ist der am schwersten zu beeinflussende Kapazitätsengpaß. Das Entstehen neuer technischer Optionen läßt sich nur langfristig fördern. Bestehen hingegen technische

Möglichkeiten, die aber unter den gegebenen Umständen nicht wirtschaftlich sind, ist der Weg einer Beeinflussung ökonomischer Größen - etwa der Preisverhältnisse mit fiskalischen Mitteln - politisch prinzipiell möglich. Lösungsstrategien, die das Entstehen neuer technisch-ökonomischer Optionen für eine nachhaltige Entwicklung fördern, müssen an der Stimulierung von nachhaltigkeitsorientierten Innovationen ansetzen. Dabei wird in dieser Studie der Innovationsbegriff nicht auf technisch-ökonomische Neuerungen beschränkt.

Die folgende Tabelle gibt einen Überblick über die Zuordnung der Lösungsstrategien zu den verschiedenen Dimensionen des Kapazitätsproblems.

Tabelle 2: Kapazitätsprobleme und Lösungsstrategien

Akteurtheoretischer Ansatz (allg. Policy-Analyse)	Capacity-building-Ansatz	Problemdimension	Lösungsstrategie
Akteurkoalitionen	Akteure / Proponenten	fehlen handlungsfähiger Koalitionspartner für eine Politik der Nachhaltigkeit in den Teilsystemen	Selbstorganisation, Partizipation
teilsystemische Leitorientierung von Handlungen	kognitiv-informationelle Rahmenbedigungen	fehlendes Wissen und fehlende kulturelle Resonanz für reformenlegitimierende Interpretationen	Reflexivität
institutionell verankerte Spielregeln	politisch-institutionelle Rahmenbedingungen	fehlende oder falsche Anreizmuster , fehlende Ressourcen zur Veränderung der Anreizmuster	Konfliktausgleich
äußere Restriktion	ökonomisch-technische Rahmenbedingungen	fehlende gangbare alternative technisch-ökonomische Optionen	Innovationsstrategie

3.3.7
Risikogesellschaft und reflexive Modernisierung

Die Bedrohung des Vertrauens in gesellschaftliche Institutionen und Organisationen steht im Mittelpunkt der These Ulrich Becks (1986, 1993, 1996), die modernen Industriegesellschaften befänden sich im Übergang zu einer „anderen Moderne". Becks zentrales Konzept ist die Konfrontation der Gesellschaft mit den „Nebenfolgen" ihrer Entwicklung. Moderne Gesellschaften erzeugen

Handlungsfolgen, die nicht im Focus ihrer Aufmerksamkeit und Zwecke liegen und daher als „Nebenfolgen" eingestuft werden, auch wenn sie für die Betroffenen möglicherweise das Ausmaß existentieller Katastrophen annehmen können. In dem Maße, wie mit dem Ausmaß solcher „Nebenfolgen" im Zuge der Industrialisierung der Produktion das qualitative und quantitative Ausmaß der Betroffenheit wächst, stoßen Organisationen und Institutionen zunehmend auf die Gegenwehr der Gefährdeten. Mit der Entstehung industrieller Großrisiken tritt die Potentialität von Gefährdungen hervor. Mit dem Begriff des Risikos ist verbunden, daß die Verteilung von Schäden bereits vor ihrem Eintreten zum Gegenstand von Verteilungskonflikten werden kann. Beck (1986) nimmt an, daß die zentralen gesellschaftlichen Verteilungskonflikte sich in Zukunft weniger um die Verteilung von Gütern als um die Verteilung von Risikolagen drehen werden. Damit entstehen neue Konfliktlinien, die quer zum tradierten Rechts-Links-Schema der politischen Landschaft liegen.

Unter dem Gesichtspunkt gesellschaftlicher Entwicklung macht Beck den Übergang in die Risikogesellschaft am Entstehen von nicht versicherbaren Risiken fest. Unter dem Gesichtspunkt der Legitimation beziehungsweise Delegitimation des politischen Systems ist bedeutsam, daß derartige Risiken durch private Akteure routinemäßig und von der Rechtsordnung abgesichert produziert würden. Daher entstünden zunehmend Formen der „Subpolitik". Darunter versteht Beck alle Formen der Gesellschaftsgestaltung „von unten", das heißt außerhalb von Institutionen und innerhalb von Institutionen gegen deren offiziellen Organisationszweck unter strategischer Ausnutzung von Freiräumen. Teil der subpolitischen Strategie ist die Politisierung des Nichtpolitischen, also die Politisierung etwa von Fragen der Gefährdungshaftung und der Internalisierung externer Effekte.

Durch die Subpolitiken entsteht einerseits ein Reformstau, weil etablierte Politikmuster blockiert werden. Andererseits entstehen aber auch neue Formen der Artikulation politischer Kräfte, wie z.B. Neue Soziale Bewegungen, Protestgruppen, spontane Initiativen oder Gegenexperten. Diese neuen politischen Kräfte beginnen mit zunehmender Einführung von direktdemokratischen Entscheidungsformen, den politischen Prozeß mitzuprägen.

Becks zentraler Begriff der reflexiven Modernisierung bezeichnet sowohl eine Diagnose wie eine Strategie. Der Begriff der Reflexivität hat hierbei eine doppelte Bedeutung: Zum einen meint er die Bewußtwerdung von Nebenfolgen, also das Reflektieren über Folgen - in diesem Sinne wird er von den Autoren der vorliegende Studie im Konzept der Problemlösungsstrategien „Erhöhung der gesellschaftlichen Reflexivität" verwendet. Zum anderen bezeichnet Beck mit „reflexiver Modernisierung" eine Modernisierung der Modernisierungsdynamik, also eine Modernisierung zweiter Ordnung. Normative Prinzipien der Moderne - Gleichheit, Aufklärung, Menschenrechte, Verantwortung - sollen in die empirische gesellschaftliche Entwicklung wiedereingebracht werden. Dies weist starke Analogien zum Konzept einer Aufklärung der Aufklärung über sich selbst und ihre „dunklen Seiten" auf (Adorno 1968).

Als Strategie zur Förderung einer „Modernisierung der Moderne" liegt es nahe, eine Verbesserung der Artikulationsmöglichkeiten anzustreben. Beck (1993) scheint die Entstehung von Subpolitiken jedoch - einer konflikttheoretischen Perspektive gesellschaftlicher Entwicklung nahe - als ohnehin im Gange zu betrachten. Ihm geht es vor allem um die Stärkung der Möglichkeiten der Gesellschaft, ihre Anliegen in die ausdifferenzierten funktionalen Expertensysteme einzubringen. Daher empfiehlt er - als Gegenmittel gegen die sinnhafte Spezialisierung und Verengung der teilsystemischen Perspektiven und ihrer Kommunikationscodes - „systemverzahnende Systembildungen" (Beck 1993: 189). Darunter versteht er zum Beispiel (Beck 1993: 189ff, 242f.):

- „Verschmelzungen" teilsystemischer Codes, sogenannte Code-Synthesen, vor allem die Verzahnung von technischem Laborwissen mit einem der Alltagswelt entspringenden Erfahrungswissen;
- politische Entscheidungen durch Foren zivilgesellschaftlicher Selbstgesetzgebung und Selbstverpflichtung nach dem Modell der runden Tische;
- die Verbindung von Politik und Wirtschaft im System der Wirtschaft durch Moralisierung und öffentliche Organisation von Kaufakten (zum Beispiel Shell-Boykott);
- die Subpolitisierung der Expertensysteme durch Eindringen von Alternativität in die Expertenkulturen.

Im vorigen Abschnitt haben wir anhand einer akteurtheoretischen Interpretation funktioneller Differenzierung bereits dargestellt, daß auf der Ebene von Institutionen solche „Systemverzahnungen" ein ganz normales Phänomen darstellen. Auch eher orthodoxe Parsonianer haben die Herausbildung von „Interpenetrationszonen" zwischen den gesellschaftlichen Teilsystemen als wesentlichen Mechanismus zur Sicherstellung einer hinreichenden informationellen Rückkopplung zwischen ausdifferenzierten Teilsystemen dargestellt (Münch 1992). Dabei handelt es sich jedoch nicht um eine „Verschmelzung von Codes", sondern um deren Konfrontation innerhalb von Institutionen oder politischen Arenen.

Kritiker halten Beck denn auch entgegen, daß die Auseinandersetzung mit „Nebenfolgen" für Industriegesellschaften ein ganz normaler Prozeß sei (van den Daele 1995). So habe sich der Sozialstaat in Auseinandersetzung mit der „Nebenfolge" ungeregelter kapitalistischer Entwicklung herausgebildet, und analog dazu sei die Herausbildung eines Umweltstaats in Reaktion auf ökologische Probleme bereits im Gange (van den Daele 1996b). In ähnlicher Weise interpretiert der Sachverständigenrat sein Konzept der Retinität als Ausdehnung des etablierten gesellschaftlichen Verantwortungskonzepts auf ökologische Probleme (SRU 1994). Auch Wolfgang Zapf bezweifelt, „ob das Konzept 'reflexiver Modernisierung' von Ulrich Beck wirklich Neuigkeitswert" besitzt:

Die "Alternativen, die zu einer 'weitergehenden Modernisierung' (Zapf 1991) angeboten werden, sind entweder nur Variationen der Modernisierung oder moralische Wunschgebilde ohne institutionelle Basis. So ist meines Erachtens das

Konzept der 'reflexiven Modernisierung' (Beck 1991, 1995), in der Individuen und Gruppen in ihren Institutionen und Organisationen über die Folgen der ersten Modernisierung nachdenken und ihre Risiken berücksichtigen, in der Modernisierungstheorie von Anfang an angelegt. Marktwirtschaft und Konkurrenzdemokratie sind per se reflexive, d.h. reaktionsfähige und revisionsfähige Basisinstitutionen. Wohlfahrtsstaat und Massenkonsum sind per se Reservemechanismen zur Regulierung und Legitimierung der Lasten des Modernisierungsprozesses." (Zapf 1991: 170)

Zum Zusammenhang von Reflexivität, gesellschaftlicher Dynamik, Risiko und Vertrauen. Nach Giddens (1990) ist Reflexivität sogar eines von drei hervorstechenden Kennzeichen von Institutionen in der Moderne überhaupt. Diese zeichnen sich aus durch:

- Die *Trennung von Raum und Zeit*: Erst die Möglichkeit, die Überwindung größerer räumlicher Distanzen von einem erhöhten Zeitbedarf zu entkoppeln, erlaubt die jeweils funktionsgerechte Reorganisation von raum-zeitlichen Beziehungen und deren Synchronisierung über nahezu beliebige Entfernungen.
- *Dekontextualisierung* („disembedding") ermöglicht die Herauslösung von sozialen Aktivitäten aus lokalisierten Kontexten und die Reorganisation sozialer Beziehungen über große räumliche und zeitliche Entfernung.
- Die *reflexive Aneigung von Wissen* und die damit einhergehende laufende Entwertung traditioneller Wissensbestände setzen einerseits erhebliche Energien, andererseits tiefgreifende Unsicherheiten frei. (Giddens 1990: 53)

In dieser Beschreibung ist Reflexivität eine der Ursachen dafür, daß moderne Gesellschaften eine weit höhere innere Entwicklungsdynamik entfalten als vormoderne. Die reflexive Aneignung von Wissen geschieht vor allem in den ausdiffenzierten Expertensystemen (vgl. oben). Die Einstellung von Laien gegenüber Expertensystemen (und außerhalb der eigenen Profession ist jeder in diesem Sinne Laie) ist durch eine Ambivalenz von Respekt und Mißtrauen geprägt. Das Mißtrauen kann dabei verschiedene Formen annehmen: Zynismus, Disengagement oder Selbsthilfe (Giddens 1990: 90-92).

Das Vertrauen, auf das Expertensysteme zur Erfüllung ihrer Funktion wiederum angewiesen sind, - sonst kommt es zum Börsenkrach, zu Panik und Protest oder zu einer Flut von Gerichtsklagen - ist daher prekär. Eine Schlüsselrolle fällt dabei der Begegnung von Laien und Experten an den „Zugangspunkten" von Expertensystemen (zum Beispiel Gerichtssaal, Arztpraxis, Flugzeug) zu. Hier muß die professionelle Haltung durch Inszenierung glaubhaft gemacht werden. Dies ist jedoch prekär, weil die in komplexen Systemen nicht auszuschließenden üblichen Pannen und „normalen Katastrophen" (Perrow 1988) oder veröffentlichte Berichte über das Innenleben von professionellen Institutionen jederzeit das öffentliche Vertrauen in Expertensysteme und ihre Symbole untergraben können.

Dadurch, daß Expertensysteme häufig umfangreichen Lizensierungs- und Genehmigungsverfahren unterliegen, schlagen Berichte über Experten- und Technikversagen (Katastrophen, Kunstfehler und so weiter) relativ direkt auf die

Legitimität des staatlichen Sektors durch. Für die Legitimität demokratischer Systeme bedarf es zweier Arten von politischer Unterstützung: Einerseits bedarf es einer spezifischen Unterstützung, das heißt einer politischen Unterstützung in Abhängigkeit von Systemleistungen, und andererseits bedarf es einer generalisierten Unterstützung, das heißt eines Vorrats an Vertrauen, das zunächst unabhängig vom politischen Tagesgeschehen ist (vgl. Easton 1979). In dem Maße, wie die Verantwortung für Fehlleistungen von Expertensystemen auch dem politisch-administrativen System angelastet wird, untergraben diese das generalisierte Systemvertrauen.

Im Prozeß der Herstellung und Vernichtung dieses Vertrauens spielen die Medien eine zentrale Rolle. Dieses versucht die Politik in der komplexen Systemumwelt zunehmend durch die Darstellung der sogenannten „symbolischen Politik" (Sarcinelli 1987) zu sichern. Murray Edelmann hat bereits 1964 darauf hingewiesen, daß Politikvermittlung und -wahrnehmung auf zwei Realitätsebenen stattfindet. Nicht allein der *"Nennwert"* politischer und politisierter Ereignisse darf als wesentlich für die Willens- und Vertrauensbildung gelten, sondern Ereignisse müssen ebenso auf ihren dramaturgischen *"Symbolwert"* hin beurteilt werden. Politische Symbolik erweist sich als *"unverzichtbares Steuerungsinstrument eines loyalitätssichernden Politikmanagements, das weniger als Bestandteil von Überzeugungsstrategien zu verstehen ist, die konkrete Politikentscheidungen vermitteln, als vielmehr auf einen von der Entscheidungsebene weitgehend losgelösten 'generalized support' abzielt"* (Sarcinelli 1987: 66).

In der Summe entstehen in modernen Gesellschaften spezifische Milieus von Vertrauen und Risiko (vgl. Giddens 1990: 100-111). Vertrauen basiert in modernen Gesellschaften

- auf persönlichen Beziehungen (Freundschaften und intime Beziehungen),
- auf abstrakten Systemen wie den Medien und dem Recht, die die Stabilisierung von sozialen Beziehungen über weite Distanzen erlauben, und
- auf einer „zukunftsorientierten, kontrafaktischen Denkweise".

Dabei bestehen Wechselwirkungen zwischen allen drei Ebenen. Gefährdet wird Vertrauen durch spezifische Risiken in modernen Gesellschaften. Diese entstehen insbesondere aus der

- Reflexivität der Moderne - also dem Mechanismus laufender Selbstveränderung in Antwort auf Umweltwahrnehmungen -, der
- enormen Gewaltandrohung infolge der Industrialisierung des Kriegswesens, und der
- Gefahr, durch Anwendung des Reflexivitätsprinzips der Moderne auf das Selbst Erfahrungen persönlicher Bedeutungslosigkeit zu machen (Giddens 1990: 102).

Soziologische Forschungen zur Individualisierung von Lebenslagen und Lebensrisiken sehen Gefährdungen der Reproduktion der Vertrauensbasis gesellschaftlichen Zusammenlebens insbesondere in der Verflüssigung der sozialen Milieus und gestiegener Mobilität (Beck/Beck-Gernsheim 1994), die durch die Reflexivität moderner Institutionen mit ermöglicht wird[9]. In dieser Interpretation gewinnt allerdings die Risikoproblematik eine extrem weitreichende Dimension, weil die Bedrohung von Vertrauen in die Funktionsweise von gesellschaftlichen Institutionen grundlegend eingebaut ist. Damit wird eine weit radikalere Reichweite der Risiko- und Vertrauensproblematik sichtbar als in der verbreiteten Auffassung, erst und vor allem das Entstehen großtechnischer Risiken untergrabe das Vertrauen in die modernen Institutionen. Nach Giddens ist die Risikoproblematik dann allerdings weder neu, noch steht ein Ausweg aus ihr offen. Innerhalb moderner Gesellschaften läßt sie sich nicht umgehen, wobei die Verantwortlichkeit für Risiken und ihre Verteilung von institutionellen Regelungen abhängt.

> Die ständige, latente Bedrohung von Vertrauen ist eine zentrale Herausforderung für eine Politik der Nachhaltigkeit. In Auseinandersetzung mit der neuen Institutionentheorie konnte inzwischen empirisch nachgewiesen werden, daß ein relativ hohes Niveau allgemeiner Vertrauensbeziehungen in einer Gesellschaft *die* Schlüsselvariable für den Erfolg institutioneller Arrangements darstellt (Putnam 1993). Im Anschluß an Arbeiten des Soziologen Coleman faßt Putnam dies in dem Konzept des Sozialvermögens zusammen, das die drei Dimensionen generelles Vertrauen, breite und dichte soziale Netzwerke und geteilte Wertüberzeugungen umfaßt. Diese sind wichtige Vorbedingungen für die Fähigkeit einer sozialen Entität (Nation, Region, Kommune, Branche usw.), kollektive Aktionen zur Lösung gemeinsamer Probleme zu ergreifen. Daher kommt der Stärkung der Selbstorganisationskräfte der Gesellschaft eine Schlüsselrolle für eine nachhaltige Entwicklung zu.

3.3.8
Wertewandel, Wandel der politischen Kultur und „Politikverdrossenheit"

Für die Zustimmung, die eine Politik der Nachhaltigkeit erwarten kann, ist die Entsprechung einer solchen Politik in Form und Inhalt mit den gesellschaftlichen Werten von zentraler Bedeutung. Wenn außerdem das allgemeine Vertrauensniveau in einer Gesellschaft einen wichtigen Faktor für die Funktionsfähigkeit von Institutionen darstellt, dann ist die Zustimmung zum politischen System ein

---

[9] Damit wird der Zusammenhang zu einem wesentlichen Diskussionsstrang der Nachhaltigkeitsdebatte hergestellt, der das Spannungsverhältnis zwischen der besonderen Entwicklungsdynamik moderner westlicher Gesellschaften und den Postulaten der Nachhaltigkeit zum Thema hat. Die Beschleunigung des Lebens in der Moderne ist ein Thema der Soziologie seit den Arbeiten von Georg Simmel Anfang des Jahrhunderts, und „Entschleunigung" ist ein Leitmotiv im Nachhaltigkeitsdiskurs (Wuppertal Institut 1996).

wichtiger Indikator für dessen Fähigkeit, gesellschaftliche Aktivitäten durch eine Politik der Nachhaltigkeit zu aktivieren. Daher sollen im folgenden der gesellschaftliche Wertewandel und die Entwicklung einer verbreiteten „Politikverdrossenheit" als Einflußfaktoren für die Handlungs- und Aktivierungsfähigkeit des politischen Systems kurz beleuchtet werden.

Werte gehören zu den zentralen analytischen Konzepten der Sozialwissenschaft. Der Begriff ist allerdings nicht trennscharf. Im allgemeinen versteht man darunter dauerhafte Orientierungen des Individuums in bezug auf das sozial Wünschenswerte. Dabei besitzen sie verhaltenssteuernde Funktion. In der Werteforschung besteht eine gewisse Übereinstimmung dahingehend, daß Werte sowohl persönlichkeitsstrukturell verankert wie auch gesellschaftlich bestimmt sind, ihren Ausdruck in gesellschaftlichen Institutionen finden und vom Individuum über Prozesse der Sozialisation aufgenommen und verankert werden.

In den letzten Jahren hat der „Wertwandel" wie kein anderer Begriff aus der Sozialwissenschaft Eingang in die öffentliche Diskussion gefunden. Geprägt wurde die Debatte um dieses Phänomen im wesentlichen durch die Arbeiten von Ronald Inglehart (1977; 1981). Auf der Grundlage der Motivationstheorie von A. Maslow entfaltet Ingehart die These, daß sich die Werte in modernen Industriegesellschaften im Übergang von materialistischen (wie Wohlstand und Wirtschaftswachstum) zu postmaterialistischen Werten (wie politische Partizipation und Schutz der Umwelt) befinden. Er begründete diesen intergenerationellen Wertwandel mit einer unter veränderten gesellschaftlichen Bedingungen geprägten nachwachsenden Generation. Wenn es stimmt, daß die in den formativen Jahren entstandenen Bedürfnisprioritäten dauerhaft die Wertvorstellungen bestimmen, so orientieren sich die Prioritäten einer Generation, die in materieller Sicherheit aufgewachsen ist, eher an postmateriellen Zielen.

Im Verlauf der langjährigen Diskussion um den Wertwandel wurde Kritik sowohl an der Theorie wie auch der empirischen Basis der Untersuchung Ingleharts geäußert. Vorgeworfen wurde ihm vor allem, den Wertwandel auf die Dimension Materialismus-Postmaterialismus reduziert zu haben. Inglehart reagierte in seiner Folgestudie (1989) auf diese Kritik und erweiterte sowohl die abgefragten Items (er erfaßte dann die Veränderung von Verhaltensmustern im politischen und ökonomischen Bereich, Veränderung traditioneller religiöser Einstellungen und sexueller Normen) als auch die empirische Basis (geographisch wie zeitlich). Inglehart identifiziert in der jüngeren Generation eine Bevorzugung ökologischer gegenüber ökonomischen Fragen, ein Vorrang nicht-institutionalisierter, unkonventioneller Formen politischer Beteiligung, eine Unterstützung neuer sozialer Bewegungen statt aktiver Parteiarbeit.

Zweierlei bleibt anzumerken: Erstens scheint die von Inglehart beschriebene Tendenz mit dem Ausklang der 80er Jahre ihren Höhepunkt überschritten zu haben. Aus methodischer Sicht ist zweitens darauf hinzuweisen, daß auch seine neuen Items lediglich in der Lage sind Einstellungen und nicht Werte zu messen. Bereits mit der Wahl dieser Items und der Anlage als Ranking-Verfahren werden die Ergebnisse beeinflusst. Außerdem werden die Items in verschiedenen

Alterskohorten nicht nur semantisch anders verstanden, sondern auch durch unterschiedliche Rahmenbedingungen anders interpretiert.

In kritischer Auseinandersetzung mit dem Inglehartschen Ansatz entstanden eine Vielzahl von Weiterentwicklungen und Modifizierungen. Allen diesen Ansätzen ist gemeinsam, daß sie in der Veränderung der Wertestruktur deutliche Auswirkungen auf das politische System und der Einstellung zu Institutionen erkennen. Klages und Paulus (1996) identifizieren einen mehrdimensionalen Werteraum, in welchem sich eine Tendenz von Pflicht- und Akzeptanzwerten hin zu Selbstentfaltungwerten abzuzeichnen scheint. Wie sich gesellschaftliche Rahmenbedingungen zyklisch ändern, so erfährt auch ein relativ festes Werteinventar eine zyklische Aktualisierung. Die funktionale Theorie des Wertwandels (Flanagan 1987) begründet den Wandel von Werten auf der individuellen Ebene mit einem nutzentheoretischen Kalkül: Mit der Reduzierung sozialer und institutioneller Zwänge in modernen Gesellschaften ändern sich demnach auch die Werte.

Abhängig von der Einschätzung der Entwicklung und Dynamik des Wertwandels sind die Auswirkungen auf das politische System zu begründen: Handelt es sich bei der beobachteten Veränderung von Wertepräferenzen nicht um einen Lebenszykluseffekt, sondern um einen fortwährenden Wandel mit einer festen Verankerung postmaterieller Werte in der nachwachsenden Generation, und verändern sich die parteipolitischen Zuordnungen nicht entsprechend, so wäre von einem Niedergang der konservativen Parteien auszugehen. Handelt es sich hingegen um einen historischen Wertwandelschub in den 60er/70er Jahren, wie Bürklin/Klein/Ruß (1996) annehmen, wären die Auswirkungen bloß temporär. Oder ist die von Klages vertretene Zwischenposition anzusetzen, die im Wertwandel ein funktionales Korrelat der Modernisierung sieht: Die bisherige relative Stabilität und die Internationalität des Phänomens des Wertwandels sprechen ihm zufolge dafür, daß es sich um einen Megatrend handelt, der zwar durch situative Kräfte wie eine Rezession einzudämmen und durchaus auch in gewissem Maße gestaltbar ist, sich im wesentlichen jedoch in Richtung Selbstentfaltungswerte weiterentwickelt.

Wenn auch keiner dieser Ansätze bislang empirisch ausreichend bestätigt ist, so besitzt die Wertwandeltheorie für eine Politik der Nachhaltigkeit doch einen gewissen Charme. Die in jedem Fall zu konstatierende gelockerte Bindung der Gesellschaft an traditionelle Wertgemeinschaften kann dazu genutzt werden, übergreifende Nachhaltigkeitsthemen auf die Agenda zu setzen. Mit dem Zerfall des Ostblocks verloren auch Wertprägungen „von außen" an Gewicht. Politische Ziele und als verbindlich anzuerkennende Werte müssen in Teilen inhaltlich neu bestimmt werden. Hier kann das Leitbild der Nachhaltigkeit eine wesentliche, integrierende Rolle spielen und den gesellschaftlichen Suchprozeß nach politisch neu zu bestimmenden Grundwerten anleiten. Vor dem Hintergrund der in der Wertwandeltheorie postulierten abnehmenden Akzeptanz überbrachter Institutionen ist allerdings kritisch zu fragen, inwieweit eine Reform vorhandener

Institutionen in der Lage ist, die für ihre Funktionsfähigkeit unabdingbare Akzeptanz zu erhöhen.

3.3.9
Politik- und Parteienverdrossenheit - schleichender Legitimationsverlust des politischen Systems?

Kein geringerer als der damalige Bundespräsident Richard von Weizsäcker löste 1992 mit seiner Kritik an den politischen Parteien und ihrem Einfluß im politischen System Deutschlands (Hofmann/Perger 1992: 137-182) eine Debatte aus, die sich rasch unter dem Stichwort von Politikverdrossenheit zu einem Dauerbrenner der Feuilletons entwickelte. Darunter wurde schon bald alles subsumiert, was sich an Unzufriedenheit mit Politik und Gesellschaft nach dem Abklingen der Euphorie über die deutsche Vereinigung und das Ende des Ost-West-Konflikts angesammelt hatte:

- eine angebliche Dominanz von Partei- statt Sachpolitik;
- die „Unfähigkeit" der politischen Elite;
- die fehlenden Möglichkeiten der Bürgerbeteiligung im Rahmen der Wiedervereinigung.

Als Indikatoren für die These von der Politikverdrossenheit wurde auf

- die Abnahme der Parteibindung,
- die sinkende Wahlbeteiligung und
- die wachsende Zahl der Protestwähler

verwiesen.

Die Diskussion um eine Krise des (partei)politischen Systems der Bundesrepublik ist allerdings keine originäre Erscheinung der 90er Jahre, es handelt sich vielmehr um ein Problem, das so alt ist wie die Parteien selbst und periodisch wiederkehrt (Dittberner/Ebbighausen 1973; Haungs/Jesse 1987). Die Debatte wird dabei keineswegs nur von Dritten, als Diskurs von Wissenschaft und Publizistik über die Defizite des Systems, geführt, sie ist vielmehr in zunehmenden Maße von einer Selbstthematisierung durch die politischen Akteure gekennzeichnet (Hamm-Brücher 1983, 1990; Biedenkopf 1989; Apel 1991). Die Notwendigkeit von Reformen in den Parteien wie im parlamentarischen System insgesamt ist dabei zwar nicht unumstritten, dürfte aber bei der überwiegenden Mehrheit der Politiker Konsens sein (Hamm-Brücher 1993; Rüttgers 1993; Thierse 1993; Greve 1993; Stubbe-Da Luz 1994). Allerdings sind die Ergebnisse der innerparlamentarischen Reformversuche bisher eher bescheiden ausgefallen und haben kaum dazu beigetragen, die Reformfähigkeit unter Beweis zu stellen.

Wenn auch die Kritik an den politischen Parteien, deren beherrschender Stellung im Staat sowie ihren Repräsentanten einen wesentlichen Teil der Politikverdrossenheit ausmacht, weist der Begriff doch auch darüber hinaus. Grundsätzlich ist zu klären, ob dahinter die kritische Auseinandersetzung mit konkreten Defiziten und der aktive Wunsch nach einer Veränderung steht, oder ob dies der Ausdruck eines apolitischen Rückzugs ins Private darstellt. Letzteres wäre für die Zukunft der Gesellschaft die bedenklichere Variante, für die es allerdings keine fundierten empirischen Hinweise gibt. Belegt ist, daß der Anteil der Protest- und Nichtwähler seit den 80er Jahren kontinuierlich angestiegen ist, und daß auch die Zahl derjenigen zugenommen hat, die mit dem System insgesamt unzufrieden sind (Falter/Schumann 1993; Rattinger 1993). Dies deutet allerdings eher auf eine Normalisierung im internationalen Vergleich hin (Starzacher et al. 1992) und kann als ein für westliche Systeme ganz normales Phänomen auf dem Weg in die „postindustrielle Moderne" (Betz 1993) gedeutet werden. Die Rede von der Parteienverdrossenheit weist vielmehr darauf hin, daß in der Wahrnehmung der Bürger die Leistungsgrenzen der politischen Institutionen erreicht sind und es der politischen Klasse nur unzureichend gelingt, ihre Problemlösungskompetenz deutlich zu machen. In Zeiten einer angespannten Wirtschaftslage ist darüber hinaus der Blick besonders kritisch auf die Glaubwürdigkeit im Bereich der Finanzierung gerichtet (Arnim 1991). Die damit verbundenen Affären der 80er Jahre dürften ebenfalls nicht ohne negative Wirkung auf die Wahrnehmung von Politik gewesen sein (Roth 1985; Schily 1986; Richter 1991).

Im Hinblick auf den Wandel der politischen Kultur in Deutschland kann davon gesprochen werden, daß Politik- und Parteienverdrossenheit die Folge einer „partizipatorischen Revolution" sind, auf die das parlamentarische System nur unzureichend reagiert hat und dadurch Frustrationen produzierte (Bürklin 1993). Zum anderen ist der wachsende Wahlerfolg von Gebilden, die als Anti-Parteien auftreten, wie die Hamburger Statt-Partei oder in Österreich die freiheitliche „Bewegung", ein Indikator für die sinkende Bindungswirkung der etablierten Parteien als den dominanten Repräsentanten des politischen Systems. Dies korrespondiert mit den oben diskutierten Erkenntnissen der Wertwandelforschung.

Auch wenn der reale Befund weitaus weniger dramatisch ausfällt, als es die öffentliche Debatte nahegelegt hat, ist sinkende Bindungsfähigkeit des politischen Systems im Hinblick auf die Erfordernisse einer nachhaltigkeitsorientierten Politik ein wichtiges Problem, das erheblichen Reformbedarf signalisiert. Ansätze dafür sind eine größere Transparenz der Entscheidungsprozesse in Parlament und Parteien und eine Stärkung der Partizipationsmöglichkeiten auf den verschiedenen Ebenen des politischen Systems. Auf diesem Weg von der „Zuschauerdemokratie" mit sinkender Akzeptanz zur Bürgergesellschaft mit wachsender Beteiligung (Hamm-Brücher 1993) wären schon aufgrund der Vorbildwirkung der politischen Akteure wesentliche Beiträge zur Erhöhung der gesellschaftlichen Reflexivität, zur Stärkung der Partizipationsmöglichkeiten und zur gesellschaftlichen Konfliktregelung zu erwarten. Auch wenn die innerparteilichen Kommunikations- und Entscheidungsprozesse nicht Gegenstand der vorliegenden Studie sind, sollte nicht übersehen werden, daß Parteien nicht nur eine wichtige Funktion der Bündelung der gesellschaftlichen Interessen und ihrer Übersetzung in den staatlichen Entscheidungsprozeß haben, sondern unübersehbare Signalwirkungen re Signalwirkungen für andere gesellschaftliche Akteure aussenden. Die Reformfähigkeit der Parteien könnte eine wichtige Rahmenbedingung für die Erfolgsaussichten der in dieser Studie vorgeschlagenen institutionellen Reformen sein.

3.3.10
Trends zur gesellschaftlichen Selbstorganisation als Anknüpfungspunkte für eine Politik der Nachhaltigkeit

Neue soziale Bewegungen. Ende der siebziger Jahre setzte sich in der sozialwissenschaftlichen Debatte eine Begrifflichkeit zur Beschreibung von Bewegungen durch, die vornehmlich in den westlichen Demokratien entstanden waren (Brand 1985) und sich anderer Formen der Artikulation und des Protestes bedienten: die neuen sozialen Bewegungen. Zusammengefaßt werden unter diesem Begriff in erster Linie Friedens-, Ökologie- und Frauenbewegung, die dadurch von früheren sozialen Bewegungen abgesetzt werden sollen. Das eigentlich Neue dieser Bewegungen wird unterschiedlich definiert: In Anlehnung an die Theorie des Wertewandels als eine an postmaterialisitschen Wertvorstellungen orientierte Form der politischen Partizipation (Inglehart 1989) und als Ergebnis eines Wandels von einem Verteilungs- zu einem Lebensweiseparadigma als zentralem Wertemuster (Raschke 1980; Habermas 1988: 576). Andere Bestimmungen orientierten sich stärker an organisationstheoretischen Details, wie dem Autonomiegrad der Akteure, der direkten Interessenwahrnehmung und einem Policy-mix von konventionellen und unkonventionellen Verhaltensweisen (Beyme 1986: 31). Umstritten ist auch, ob es sich dabei um postmoderne Bewegungen handelt, die über die Moderne hinausgehen, oder ob nicht vielmehr an prämodernes Gedankengut angeknüpft wird (Brandt et.al. 1986: 272ff.). Rucht (1995) vertritt hingegen in einer materialreichen Studie die Einschätzung, daß neue soziale Bewegungen Träger von Modernisierungsprozessen sind.

Im Hinblick auf die Frage nach dem Reformbedarf und der -fähigkeit von Institutionen ist das Verhältnis von Bewegung und Institution von besonderer Bedeutung. Dieses wird meist im Sinne eines Gegensatzes von Bewegung und Institution verstanden, wobei die Institutionalisierung von Bewegungen als Widerspruch in sich aufgefaßt und als das Ende von Bewegungen gedeutet wird. In der Praxis allerdings gestaltet sich das Verhältnis sehr viel komplexer und zeigt, daß kontinuierlicher Wandel auf der einen und Institutionalisierung auf der anderen Seite durchaus vereinbar sein können (vgl. Roth 1994b). So hat sich schon früh ein Teil des bürgerlichen Protests im Konfliktfeld Ökonomie vs. Ökologie in Form von Bürgerinitiativen institutionalisiert (vgl. Guggenberger/Kempf 1978; Mayer-Tasch 1985).

In den letzten Jahren scheint sich ein Wandel im Bereich der neuen sozialen Bewegungen abzuzeichnen. Dominierte in den 60er und 70er Jahren der Protestcharakter das Erscheinungsbild und die inhaltlichen Debatten, so stehen heute Professionalisierung in Form von Nichtregierungsorganisationen,

Eigenengagement und Selbsthilfe im Vordergrund. Damit soll zwar nicht die Transformation der neuen sozialen Bewegungen zu einer Selbsthilfebewegung (zur Begriffsbestimmung vgl. Runge/Vilmar 1988: 43-50) behauptet werden, doch ist eine Verlagerung der Schwerpunkte zu beobachten. Der mit theoretischen Debatten verknüpfte politische Protest ist einer stärker pragmatischen Grundhaltung gewichen. Damit rückt die Frage nach dem Verhältnis zum Staat und seinen Institutionen in den Blickpunkt des Interesses. Verstanden sich die Protestbewegungen als Opposition in einem konfliktorientierten Verhältnis zum Staat, so scheinen die Bewegungen im Bereich der Selbsthilfe und Eigenorganisation eher an einer partnerschaftlichen Beziehung orientiert zu sein. Sie verstehen ihr Angebot als Ergänzung der staatlichen Leistungen und klagen primär Hilfestellungen der öffentlichen Hand ein. Auch auf der Seite des Staates wird zunehmend die Bedeutung der Förderung dieses Potentials erkannt, wenn auch die Umsetzung noch immer als defizitär empfunden wird. Dies vor allem, da es nicht genügt, einfach nur entsprechende Fördermittel zur Verfügung zu stellen, vielmehr sollten Strukturen geschaffen oder verändert werden, die Eigeninitiative fördern (⇒ Verwaltungsreform; ⇒ Selbsthilfe).

Nichtregierungsorganisationen. Eine andere Form des institutionalisierten Engagements der Bürger stellen die Nichtregierungsorganisationen (NROs) dar, die teilweise aus den neuen sozialen Bewegungen hervorgegangen sind und als deren institutioneller Arm angesehen werden. Seit der Weltkonferenz für Umwelt und Entwicklung in Rio (1992) sind NROs verstärkt als Akteure auf der Ebene der internationalen Politik in Erscheinung getreten, zum Beispiel bei der 2. Weltmenschenrechtskonferenz in Wien (1993), dem Weltsozialgipfel in Stockholm (1994) und der Weltfrauenkonferenz in Beijing (1996). Die NROs haben Inhalt und Ablauf dieser Konferenzen wesentlich mitgeprägt und konnten neue Themen auf die politische Tagesordnung setzen. Trotz der verbesserten Repräsentanz der NROs und der größeren Partizipationsmöglichkeiten bei der UNO und ihren Gremien wird der reale Zuwachs an Einfluß von seiten der NROs skeptisch beurteilt. Während ihr Einfluß im Bereich des Agenda Setting groß ist, spielen sie im politischen Entscheidungsprozeß sowie bei der Umsetzung nach wie vor eine untergeordnete Rolle. Die stärkere Präsenz von NROs in der Weltpolitik ist eng verknüpft mit der Ausbildung von Netzwerken in der Zusammenarbeit zwischen den verschiedenen Gruppen auf nationaler und internationaler Ebene. Die Erfahrungen mit solchen Netzwerken bestätigen deren Notwendigkeit und sind für alle Seiten von Vorteil: Informationen und Aktivitäten werden konzentriert, Synergieeffekte gefördert und die Zugangsmöglichkeiten zur Politik verbessert, da sich die Zahl der Ansprechpartner verringert und nicht jede einzelne Organisation ihre Anliegen in den politischen Prozeß einspeist.

Während im Hinblick auf Fragen einer nachhaltigen Entwicklung der Beitrag von Selbsthilfegruppen eher in der Stärkung der Selbstorganisationskräfte der Gesellschaft und der Staatsentlastung besteht, spielen NROs als innovative Akteure und Koalitionspartner für politische Akteure in verschiedenen Politikarenen eine wichtige Rolle. Neue soziale Bewegungen mit ihrer Nähe zu unkonventionellen Formen der politischen Beteiligung und zu politischem Protest haben hingegen eher die Funktion, vernachlässigte Aspekte der gesellschaftlichen Entwicklung zu artikulieren und damit zur Erhöhung der gesellschaftlichen Reflexivität beizutragen.

3.4
Warum hat es eine Politik der Nachhaltigkeit so schwer? - Erklärungen aus Sicht der politischen Ökonomie

Kapitel 3.3 hat den Prozess der Modernisierung aus gesellschaftstheoretischer Sicht erschlossen. Beschrieben wurden die Antriebskräfte und Mechanismen, die zur heutigen Ausdifferenzierung moderner Gesellschaften in funktionale Subsysteme mit ihren spezifischen Systemrationalitäten führten. Während frühere, wenig differenzierte Gesellschaften auf (im Sinne der individuellen Freiheit) wenig freiheitliche Weise relativ ineffiziente, jedoch integrierte Entscheidungen trafen, so werden in unserer systemisch ausdifferenzierten Gesellschaft unter formal freiheitlichen Bedingungen vergleichsweise effiziente, aber desintegrierte Entscheidungen getroffen (Kirsch 1996: 10). Diese Desintegration führt zu den dargestellten Nebenfolgen, die zunehmend die Stabilität der Gesamtgesellschaft gefährden und - in Form sozialer, ökologischer und ökonomischer Probleme und Sachzwänge - künftig sogar auch die individuelle Freiheit beeinträchtigen könnten.

Es wird also darum gehen, diese der Moderne inhärente Selbstgefährdung durch geeignete Institutionen der gesellschaftlichen Integration zu überwinden. Insofern ist die „was"-Frage erneut gestellt, allerdings auf höherer Ebene: Gegenstand ist nicht ein konkretes operationalisiertes Teilziel im Rahmen der nachhaltigen Entwicklung, sondern die Frage nach der Art der Institutionen beziehungsweise der institutionellen Reformen, die geeignet sind, die geforderte Integrationsleistung zu erbringen. Gleichzeitig stellt sich allerdings die „wie"-Frage: Wie nämlich sollen Institutionen beschaffen sein, damit sie innerhalb der vorgefundenen institutionellen Rahmenbedingungen eingeführt werden können. Dies ist die Frage, der die folgende politökonomische Analyse nachgehen wird.

3.4.1
Einleitung: Die Kunst der institutionellen Reform

Inwiefern also, so die Ausgangsfrage, sind die parlamentarisch verfassten Demokratien in ihrer heutigen institutionellen Ausgestaltung in der Lage, die für eine Nachhaltige Entwicklung notwendigen Reformschritte einzuleiten? - und zwar im Sinne eines gesellschaftlichen Such-, Lern- und Gestaltungsprozesses (vgl. Kap. 3.1), und nicht als blosse Reaktion auf den Sachzwang oder auf das Diktat akuter Krisensituationen.

Ein Blick in die Realität lässt einen gewissen Pessimismus aufkommen, der bis zu einem gewissen Grad durch politologische und polit-ökonomische Analysen im

Rahmen der Implementationsforschung gestützt wird. So konstatiert beispielsweise Gawel in einer neuen Studie (1995b: 15), daß anstelle notwendiger umweltpolitischer Schritte „politischer Inkrementalismus, Ineffizienz und instrumentelle Präferenzen gegen das Marktprinzip zu erwarten" sind, wobei er die Ursache dafür in einigen zentralen Charakteristika der umweltpolitischen Willensbildung ausmacht, insbesondere im stark asymmetrischen Organisationsgrad betroffener Interessen, in den hochgradig selektiven Belastungswirkungen von Umweltpolitik in sektoraler, räumlicher und personeller Hinsicht sowie im deutlichen Auseinanderklaffen von Kosten- und Nutzeninzidenz in personeller und zeitlicher Hinsicht. Gawels Analyse gipfelt in der zugespitzten These, wonach die Wettbewerbsdemokratie zu einer Form gleichsam „institutionalisierten Staatsversagens" in der Ökologiefrage geraten sei (Gawel 1995b: 16). Dies unterstreicht die zentrale Bedeutung einer zweiten Dimension der „wie"-Frage - nämlich der Frage, wie sich als sinnvoll erkannte Institutionen im politischen Prozeß überhaupt einführen lassen. Dies ist die Kunst der institutionellen Reform: Die adäquate Beantwortung der Frage nach den geeigneten Institutionen sowie dem "Wie" ihrer Einführung.

> *Die Kunst der institutionellen Reform*: Es gilt, Institutionen der gesellschaftlichen Integration zu finden und zu implementieren,
>
> - mit denen die inhärente Selbstgefährdung der Moderne überwunden und eine Entwicklung in Richtung Nachhaltigkeit eingeleitet werden kann;
> - die mit den Grundprinzipien einer freiheitlich-demokratischen und solidarischen Gesellschaftsordnung kompatibel sind und
> - die innerhalb der vorgegebenen institutionellen Rahmenbedingungen tatsächlich auch implementiert werden können.

3.4.2
Nochmals zur wie-Frage: Der polit-ökonomische Zugang

In Kapitel 3.3 wurde auf die ungenügende und unsystematische Berücksichtigung ökologischer Anliegen im politischen Prozeß hingewiesen (ungenügende Ausstattung der gesellschaftlichen Akteure mit autoritativen Ressourcen wie Macht und/oder formale Rechte), was in entsprechende Herausforderungen an Institutionen beziehungsweise institutionelle Reformen mündete. Hier setzen die folgenden Ausführungen an. Konkret wird auf die Erkenntnisse der (polit-)-ökonomisch fundierten Implementationsforschung eingegangen mit dem Ziel, nähere Einsichten in die zentralen Faktoren zu gewinnen, die eine Politik der Nachhaltigkeit erschweren oder behindern. Im Zentrum des Interesses stehen die wichtigsten politischen Akteure beziehungsweise Akteursgruppen mit ihren spezifischen Interessen und ihrem Gewicht, das ihnen innerhalb der relevanten

Handlungssysteme (Interaktionssysteme) bei der Interessendurchsetzung zukommt.

Wenngleich das Anliegen der Studie die Nachhaltigkeit in ihrer Dreidimensionalität ist (vgl. Kapitel 3.1), so konzentrieren sich die folgenden Ausführungen aus drei Gründen auf den ökologischen Problemzugang:

1. weil die ökologischen Anliegen verglichen mit den sozialen und ökonomischen Nachhaltigkeitsdimensionen bezüglich Implementation die grössten Herausforderungen darstellen (hervorgehoben seien an dieser Stelle der hoch asymmetrische Organisationsgrad betroffener Interessen, die stark selektiven Belastungswirkungen der Umweltpolitik sowie die zum Teil extreme Dissoziation von Kosten- und Nutzeninzidenz). Die in diesem Problemfeld gewonnenen Erkenntnisse werden deshalb beim Institutionendesign für eine Politik der Nachhaltigkeit wegleitend sein. Ja, der vergleichsweise einfachen Implementationsfähigkeit sozialer und ökonomischer Nachhaltigkeitsanliegen wird, wie zu zeigen ist, zentrale Katalysatorfunktion bei der Umsetzung einer umfassenden dreidimensionalen Nachhaltigkeit zukommen können. Das „pièce de résistence" für die erfolgreiche Generierung von „Nachhaltigkeits-Institutionen" ist die ökologische Problemkomponente.

2. weil die Idee der Nachhaltigkeit als dreidimensionales Gesamtpaket relativ neu und bisher kaum in die Politik eingeflossen ist. Darum sah sich die politökonomische Analyse bislang theoretisch nicht genötigt und empirisch nicht in der Lage, dieses Phänomen näher zu untersuchen. Politökonomische Analysen zur Umsetzung einer Umweltpolitik liegen dagegen zahlreich vor.

3. weil die Enquete-Kommission selbst für ihre gesamte Arbeit den ökologischen Problemeinstieg gewählt hat (vgl. Kap. 2 und Enquete-Kommission 1997).

Die hier referierte Analyse steht in der Tradition der Neuen Politischen Ökonomie (NPÖ) sowie der Neuen Institutionellen Ökonomie (NIÖ). Befruchtet von der sozialwissenschaftlich-politologischen Implementationsforschung wird ein komplexes politisch-administratives Interaktionssystem (Implementationssystem) nach dem ökonomischen Paradigma *rationaler individueller Eigennutzorientierung* untersucht (Gawel 1995b: 18 ff.; Endres/Finus 1996: 35 ff.). Die zugrundeliegende Annahme der Eigennutzorientierung der Akteure bedarf einer Klärung. Denn unbestreitbar ist menschliches Verhalten zu komplex, als daß es vollständig auf eine rationale Orientierung auf den Eigennutz reduziert werden könnte. Hierzu bietet die Geschichte Beispiele genug und die politische Analyse entsprechende Erklärungsansätze. Der NPÖ-Ansatz ermöglicht es, gesellschaftliche Anreizstrukturen sichtbar zu machen, die von den vorgefundenen politischen Institutionen auf die einzelnen Akteure ausgehen und für deren Handeln in hohem Maß bestimmend sind. Die folgende Analyse überzeichnet durch ihre vereinfachenden Akteursannahmen dadurch zwangsläufig das Handeln einzelner Akteurgruppen. Dieser Zugang ermöglicht es jedoch, grundsätzliche Anreiz- und Konfliktmuster herauszuarbeiten und Institutionen im Hinblick auf eine erfolgreiche Implementierung zu konzipieren.

Kapitel 3.4 gliedert sich nach folgendem Aufbau: Zuerst wird ein allgemeiner Überblick über die Akteure und ihre Beziehungen im politisch-ökonomischen Prozeß geboten. Dann folgt als theoretischer Exkurs eine kurze Auseinandersetzung über den Stand von Theorie und Empirie der umweltpolitökonomischen Implementationsforschung, gefolgt von einer detaillierteren Vorstellung der Akteure beziehungsweise der Akteursgruppen mit ihren tendenziellen Interessen bezüglich einer Politik der Nachhaltigkeit, ergänzt mit Aussagen zu ihrem politischen Gewicht. Der Analyseteil wird mit empirisch fundierten Aussagen über die Tendenzen des (aggregierten) politökonomischen Prozesses bezüglich Nachhaltigkeit abgerundet. Den Schluß bildet eine zusammenfassende Auflistung der „Wie-Herausforderungen" und der entsprechenden Lösungsprinzipien.

3.4.3
Das nachhaltigkeitspolitische Interaktionssystem im Überblick: Die Akteure und ihre Beziehungen

Gegenstand der folgenden politökonomischen Darstellung ist das politische Entscheidungssystem im Hinblick auf Fragen der nachhaltigen Entwicklung, wie es in Abbildung 6 schematisch wiedergegeben ist. Danach wird zunächst eine spezifische Problemsicht durch Problemwahrnehmung und -verarbeitung geformt, dann zu Programmaussagen verdichtet und schliesslich in einem mehrstufigen Entscheidungs- und Umsetzungsprozeß in gesellschaftliche Realität transformiert. In jeder dieser *Entscheidungs-Phasen* sind gesellschaftliche *Akteure* mit ihren spezifischen Interessen (und Ressourcenausstattungen) beteiligt. Jede dieser Phasen ist in ein spezifisches *regelgeleitetes Interaktionsmuster* eingebettet (Interaktionssystem), das die Bedingungen (Handlungsräume) der Interessendurchsetzung durch die Akteure festlegt. Vor diesem Hintergrund des jeweils spezifischen Interaktionssystems - *Stimmenmarkt, Lobbying* und *Vollzug* - formuliert die politökonomische Analyse wichtige qualitative Tendenzaussagen bezüglich der politischen Chancen von ökologischen Nachhaltigkeitsanliegen. Daraus lassen sich zentrale Herausforderungen für das Institutionendesign ableiten.

Im Zentrum der folgenden schematischen Analyse stehen sechs Akteure beziehungsweise Akteursgruppentypen (vgl. beispielsweise Frey 1992: 134; Gawel 1992 und 1995b; Benkert 1994; insbesondere Endres/Finus 1996: 41 ff.): Der Zustand der natürlichen Umwelt, die wirtschaftliche und allgemein gesellschaftliche Situation sowie die (umwelt)politischen Maßnahmen der Regierung werden im politökonomischen Modell von Wähler wahrgenommen, im Hinblick auf ihre Auswirkungen auf Wohlstand und Wohlfahrt bewertet und schlagen sich in entsprechendem Verhalten im *Stimmenmarkt,* also bei Wahlen (und Abstimmungen) nieder (Pfeil 1). Die Wahrnehmung selbst kann als autonomer Akt souveräner Individuen verstanden werden. Wahrscheinlich jedoch wird sie mehr oder weniger durch Informationsaktivitäten von Interessengruppen (und anderen Akteuren) mitbestimmt (Pfeil 2). Wenn es sich bei den Interessengruppen um

Umweltschutzverbände handelt, dann werden ihre Aktivitäten andererseits wiederum durch die Wähler (nun in der Rolle von tatsächlichen oder potentiellen Verbandsmitgliedern) positiv oder negativ sanktioniert (Pfeil 3). Die politischen Instanzen, insbesondere die Regierung, bestimmen die Vorgaben (Pfeil 4), die von der Verwaltung - Ministerialbürokratie - (zum Beispiel Umweltverwaltung) in die Politik umgesetzt werden. Dabei erhält die Bürokratie nicht nur Weisungen von der Politik, sondern nimmt selbst aktiv an der Politikgestaltung teil (Pfeil 5). So beraten Ministerien und Bundesbehörden die Regierung, bereiten Gesetzestexte vor und beantworten Anfragen der Opposition oder von Bürgern an die Regierung (Benkert 1994: 52). Neben Regierung und Ministerialbürokratie treten in der Phase der (umwelt)politischen Programmgenerierung die Interessenverbände als dritter Akteur auf. Die Adressaten ihrer *Lobbying*-Aktivitäten sind dabei gleichermassen Regierung (Pfeil 6) und Ministerialbürokratie (Pfeil 7). Das Interaktionssystem des *Vollzugs* (Vollzug im engeren Sinne) kennt auch drei zentrale Akteure. Die Ministerialbürokratie, die von dieser mit dem Vollzug beauftragten (Pfeil 8) Vollzugsbehörden sowie die Adressaten der umweltpolitischen Maßnahmen (Normadressaten), die im Hinblick auf eine „adäquate" Konkretisierung beziehungsweise Instrumentalisierung des Vollzugs (zum Beispiel Aushandlung von branchenspezifischen Grenzwerten, Ausnahmeregelungen oder Übergangsfristen, Definition des Standes der Technik u.s.w.) bei der Ministerialbürokratie (Pfeil 9) und vor allem bei den Vollzugsbehörden (Pfeil 10) ihren Einfluss geltend machen. Pfeil 11 schliesslich signalisiert die Beziehungen zwischen den Normadressaten und ihren Interessenverbänden.

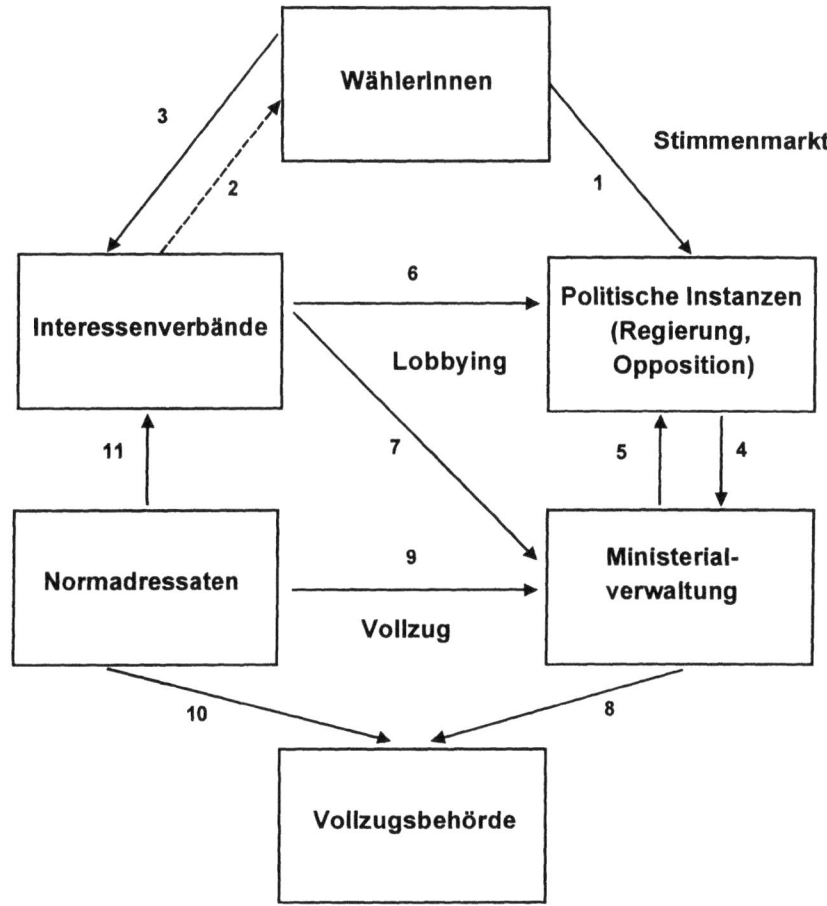

Abb. 6. Schematische Darstellung der Akteure und ihrer Interaktionsprozesse (in Anlehnung an Gawel 1995b: 33 und Endres/Finus 1996: 43)

Weitere wichtige Akteure, die jedoch in der Abbildung nicht wiedergegeben und im folgenden auch nicht weiter besprochen werden, sind die Wissenschaftler-Innen beziehungsweise die Universitäten, weitere Forschungsinstitutionen, Institutionen der Forschungsförderung und wissenschaftliche Vereinigungen und Akademien. Aus dem Kreis der wissenschaftlichen Akteure hervorzuheben wäre etwa der Rat von Sachverständigen für Umweltfragen, der die Bundesregierung berät und ein eigentliches „Sprachrohr" darstellt, welches der wissenschaftlichen Politikberatung einen gewissen umweltpolitischen Einfluß einräumt (Endres/Finus 1996: 46). Ebenfalls unberücksichtigt bleiben in dem obigen Modell die Gerichte, denen bei der Auslegung der Gesetzgebung eine wichtige Rolle zukommt. Schliesslich bleiben all jene Akteure ausgeblendet, die nur mittelbar (über andere

Akteure) auf die Politik der Nachhaltigkeit einwirken, beispielsweise die Medien, die Kirchen oder die Kulturschaffenden.

Diese Ausblendungen bedeuten eine Einengung der analytischen Perspektive auf die mehr oder weniger unmittelbar im politischen System aktiven Akteure - eine Einengung, die sich aus Gründen der Praktikabilität aufdrängt. Wie ein Blick in die Literatur offenbart, ist sogar obiges Schema noch zu anspruchsvoll, um in seiner Gesamtheit und Komplexität Gegenstand einer vertieften Analyse zu sein. So haben Endres und Finus (1996: 120) in ihrer ausführlichen Auseinandersetzung mit den verschiedenen Ansätzen zur Erklärung der Interaktion zwischen den Akteuren Regierung, Wähler, Interessengruppen und Verwaltung mehrere zentrale Forschungsdefizite identifiziert. Es wird festgestellt, daß es bisher kein Modell gibt, welches neben Politiker alle drei oben genannten Gruppen simultan berücksichtigt. Ausserdem zeichnen sich bestehende Ansätze auch durch spezifische Defizite aus, wenn es darum geht, sie auf den Bereich der Umwelt- oder Nachhaltigkeitspolitik anzuwenden. Die sogenannten bürokratietheoretischen Modelle zum Beispiel operieren mit einer im Bereich Umweltpolitik fragwürdigen Annahme der starren Verknüpfung von Budget und Output. Ausserdem modellieren alle bestehenden Modelle nur das Verhältnis von Regierung zu einer Vollzugsbehörde, das Verhältnis zur Ministerialbürokratie findet praktisch keine Beachtung. Als Fazit formulieren Endres und Finus (1996: 121): In Zukunft müssen noch erhebliche Anstrengungen im theoretischen Bereich unternommen werden, um Modelle zu entwickeln, die eine Integration aller umweltpolitischen Akteure erlauben.

Für die vorliegende Analyse ist dieses Theoriedefizit jedoch relativ unproblematisch, da sich auch mit den bisherigen Kenntnissen wichtige Grundprinzipien für ein anreizkompatibles Institutionendesign entwerfen lassen. Im folgenden werden deshalb die wichtigsten Aussagen zusammengefasst, die im Rahmen der polit-ökonomische Analyse erarbeitet wurden und sich in einer „beinahe unüberschaubaren Anzahl von Veröffentlichungen" (Endres/Finus 1996: 47) niedergeschlagen haben. Diese Aussagen gilt es dann nach Möglichkeit der Politik - konkret dem Design von Institutionen für eine Politik der Nachhaltigkeit - zugänglich zu machen.

3.4.4
Die Akteure, ihre Interessen und ihr politisches Gewicht

Die Ausführungen sind gezwungenermassen allgemein und reflexiv gehalten: Sie verstehen sich als qualitative Aussagen zur grundsätzlichen Interessenlage bezüglich des ökologischen Eckpfeilers der Nachhaltigkeit. Für die praktische Politik der Nachhaltigkeit beziehungsweise für die Generierung von Institutionen stellen sie deshalb keine starren Leitplanken dar, die Möglichkeit oder Unmöglichkeit einer Politik der Nachhaltigkeit festlegen, sondern Konstruktionshinweise, die beim Institutionendesign im konkreten Einzelfall adäquat zu berücksichtigen sind.

3.4.4.1
Wähler

Ausgangspunkt der politökonomischen Analyse des Verhaltens von WählerInnen ist die Wahrnehmung und die Gewichtung von Problemen der ökologisch, sozial und ökonomisch nicht nachhaltigen Entwicklung. So gibt es eine Vielzahl von Studien zur Frage des Umweltbewußtseins und dessen Veränderung. Wenn sie sich auch in der Methodik unterscheiden, so kommen sie doch übereinstimmend zum Schluß, daß das Umweltbewußtsein der Bevölkerung in Deutschland seit den frühen siebziger Jahre mehr oder weniger kontinuierlich zugenommen hat. Sprunghafte Zunahmen sind in den Jahren 1971 und 1982 zu verzeichnen gewesen, was verschiedene Autoren unter anderem mit dem Erscheinen des ersten Berichts an den Club of Rome zu den Grenzen des Wachstums (Meadows 1972) und der Veröffentlichung des ersten Umweltberichts der Bundesregierung 1982 in Zusammenhang brachten (vgl. Horbach 1992: 119 ff.). Andererseits waren auch Rückschläge, allerdings auf hohem Niveau, zu verzeichnen, vor allem in Zeiten konjektureller oder (neuerdings) struktureller wirtschaftlicher Probleme, also immer dann, wenn sich neue drängende Probleme ergaben und diese als in Konflikt zu den Anliegen der Umweltpolitik stehend wahrgenommen wurden.

Trotz des relativ hohen Umweltbewußtseins haben es umweltpolitische Anliegen relativ schwer, von den Wähler auf dem Stimmenmarkt entsprechend artikuliert zu werden. Der Grund liegt bei der Annahme eigennutzmaximierender Wähler darin, daß es sich bei der Verbesserung der Umweltqualität beziehungsweise bei der Realisierung einer Nachhaltigen Entwicklung um ein Gut mit hohem Öffentlichkeitsgrad handelt. Damit ist die Frage der Offenbarung individueller Präferenzen für öffentliche Güter bei den Wahlentscheidung von Individuen angesprochen. Die ökonomische Literatur zeigt, daß tendenziell auf dem Stimmenmarkt eher Leistungen nachgefragt werden, die für die Wähler mit der Versorgung von privaten Gütern verbunden sind. Im Hinblick auf ökologische Anliegen bedeutet dies, daß umweltpolitische Maßnahmen zwar zu einer Verbesserung der Umwelt- und Lebensqualität führen, aufgrund des öffentlichen-Gut-Charakters dieser Verbesserung jedoch für den einzelnen Wähler kein (starker) Anreiz besteht, derjenigen Partei die Stimme zu geben, die dieses Gut verstärkt anbietet beziehungsweise anzubieten verspricht (vgl. zum Beispiel Horbach 1992: 254). Es besteht deshalb häufig der stärkere Anreiz, sich bei der Auswahl der Parteien und dann bei den Wahlentscheidungen primär von den angebotenen privaten politischen Gütern leiten zu lassen, und erst sekundär, gewissermassen als Zusatznutzen, auch das politische Angebot an öffentlichen Gütern zu berücksichtigen. Der hohe Stimmenanteil der Grünen bei Wahlen verdeutlicht jedoch, daß es einen bedeutenden Anteil von Wähler gibt, die sich bei ihrer Stimmenabgabe nicht primär vom Angebot an privaten politischen Gütern leiten lassen.

Noch deutlicher wird das Primat privater Güter gemäß der politökonomischen Analyse, wenn öffentliche Güter - zum Beispiel Umweltanliegen - in Konflikt mit anderen politischen Gütern niedrigeren Öffentlichkeitsgrades stehen oder auch nur wenn ein solcher Konflikt vermutet wird. Dann sinkt das öffentliche Gut in der Regel in der Gunst der (am Eigennutz orientierten, rational entscheidenen) Wähler. So besitzt etwa die Sicherung der eigenen Beschäftigung Vorrang vor einer Politik der Nachhaltigkeit, die der Allgemeinheit - und künftigen Generationen - zugute kommt. Empirische Untersuchungen zeigen (Margedant 1987: 26), daß sich die Bedeutung des Umweltschutzes und der Arbeitsplatzsicherung für die Bevölkerung von 1973 bis 1980 gegenläufig entwickelte, was auf einen Konflikt zwischen Ökonomie (Arbeitsplatzsicherheit) und Ökologie hinweist. Die Sorge um Arbeitsplätze nimmt denn auch während der Ölkrise 1973-75 und während der Rezession Ende der siebziger Jahre an Bedeutung zu, während die Sorge um den Umweltschutz zur gleichen Zeit zurückgeht (Endres/Finus 1996: 101). Horbach (1992: 132 ff.) stellt fest, daß in Regionen mit relativ hoher Arbeitslosigkeit deutlich weniger Stimmen für stark ökologisch ausgerichtete Parteien abgegeben werden.

Je nachdem, welche „Informationsverarbeitungskapazitäten" man Wähler unterstellt, können neben dem groben Gegensatzpaar beziehungsweise Konfliktmuster zwischen öffentlichen und privaten Gütern verfeinerte Überlegungen - oder aber auch nur Vermutungen und Vorurteile - bezüglich der individuellen Wohlfahrtswirkungen von umweltpolitischen Maßnahmen entscheidungsrelevant werden. Gerade wegen der hohen Komplexität dieser Frage, ist sie wohl kaum von einzelnen Individuen kompetent zu beantworten, so daß massenmedial verbreitete Meinungen von Interessengruppen hier eine besonders günstige Aufnahme finden dürften. Besonderes Gewicht kommt deshalb auch den (relativ wenigen) wissenschaftlichen Untersuchungen zu den Verteilungswirkungen der Umweltpolitik zu. Nachteilig für die Beliebtheit umweltpolitischer Maßnahmen dürfte sich dabei die Tatsache auswirken, daß sie gesamthaft wahrscheinlich eher regressiv wirken, das heisst stärker die unteren Einkommensschichten belasten, ohne daß insgesamt ein kompensierender Nutzeneffekt gegenübersteht (Zimmermann 1981: 512 f.; Yandle 1989: 137). Unter der Voraussetzung, daß es nicht gelingt, einen entsprechenden Nutzeneffekt ausserhalb der ökologischen Sphäre (im ökonomischen und/oder sozialen Bereich) zu generieren (beispielsweise via Vernetzungsstrategien oder Entlastungsmassnahmen; vgl. unten), ist Umweltqualität ein Luxus-Gut, welches tendenziell von den oberen Einkommensschichten mehr nachgefragt wird als von mittleren und unteren Einkommen (Seel 1993: 90).

Wahrnehmung und Bewertung der Umwelt- beziehungsweise der Nachhaltigkeitsfrage sind wichtige Elemente, die die Wahlbeteiligung und das Wahlverhalten - und damit das politische Gewicht der Wähler - (mit)bestimmen. Um eine systematische Abschätzung der tatsächlichen Wahlbeteiligung bemüht, unterscheidet die sog. ökonomische Theorie des Wählens zwischen Investitionsmotiv und Konsummotiv (vgl. beispielsweise Kurz et.al., 1996: 135f.). Entscheidend für die Wahlbeteiligung unter dem Gesichtspunkt des Investitionsmotivs sind vor allem (Tullock 1983: 39):

- das Parteiendifferential (die Differenz des Nutzenerwartungswertes für einen Wähler/eine Wählerin, falls die gewünschte Partei gewinnt),
- die Stichhaltigkeit der Wählereinschätzung,
- der Einfluss der Wählerin/des Wählers auf die Wahlentscheidung und
- die Wahlbeteiligungskosten.

Vor diesem Hintergrund lassen sich zu den bereits erwähnten ergänzend noch weitere Argumente für eine systematische Benachteiligung umweltpolitischer Maßnahmen im politischen Prozeß benennen:

Der hohe Öffentlichkeitsgrad von Umweltpolitik und damit verbunden das Primat privater politischer Güter auf dem Stimmenmarkt, die hohe Komplexität und die schwer abschätzbare Tragweite einer Politik der Nachhaltigkeit beeinträchtigen die Faktoren Parteiendifferential und Stichhaltigkeit der Wählereinschätzung. Dies lässt tendenziell (bestenfalls) umweltpolitisches Desinteresse und Wahlabstinenz vermuten. Diese Beeinträchtigung von Parteiendifferential und Stichhaltigkeit wird in einem repräsentativen Regierungssystem noch dadurch verstärkt, daß nicht über einzelne (umweltpolitische) Programme abgestimmt wird, sondern personale Mandatsträger mit relativ vage umrissenen und in den Themen gemischten Programmbündeln gewählt werden (Gawel 1995b: 24). Die ökologischen Elemente der Parteiprogramme drohen damit zu einem Element mehr oder weniger sekundären Zusatznutzens zu werden - beziehungsweise sind dies heute. Hier kann allerdings auch eine Chance für umweltpolitische Anliegen identifiziert werden: Dann nämlich, wenn es gelingt, die ökologischen Aspekte nicht als isolierten - und damit als öffentliches Gut marginalisierten - Zusatznutzen zu konzipieren (der traditionellen Politik gewissermassen *additiv* beigegeben, aber im Grunde ohne Schaden für die anderen Politikbereiche *verzichtbar*), sondern wenn die ökologischen Aspekte im Sinne der dreidimensionalen Nachhaltigkeit als integraler Bestandteil in eine sozial, ökonomisch und ökologisch vernetzte Politikstrategie eingebaut sind (*integraler Bestandteil* eines Ganzen, auf den *nicht ohne Schaden für das Ganze verzichtet werden kann*).

Bezüglich der Kriterien „Einfluss der Wählerin/des Wählers auf die Wahlentscheidung" und „Wahlbeteiligungskosten" sind vor allem die unterschiedlichen Chancen der Wähler-Mobilisierung verglichen mit der Mobilisierung anderer Interessengruppen bedeutsam. Eine grosse, inhomogene und damit schwer organisierbare Gruppe (Olson 1965/1968), wie es bei den an Umweltpolitik interessierten Wählerkreisen in der Regel der Fall ist, steht einer kleinen homogenen und damit relativ leicht organisierbaren Gruppe an „Regelungsbetroffenen" (Verursacher) gegenüber - vgl. hierzu unsere Ausführungen zu den Interessenverbänden.

Das von der ökonomischen Theorie des Wählens diskutierte Konsummotiv besagt, daß die Wahlbeteiligung den Wähler auch unabhängig vom Wahlausgang Nutzen stiften kann. Dies, weil soziale Nebenziele realisiert werden können und weil im Einklang mit staatsbürgerlichem Bewusstsein gehandelt wird. Inwiefern dieses Motiv zum Tragen kommt, hängt stark vom (ökologischen) Bildungsgrad und Informationsstand, vor allem aber von der Sensibilität der Wähler bezüglich ökologischer Fragestellungen ab.

3.4.4.2
Politische Instanzen / PolitikerInnen

Den Wähler auf der Nachfrageseite des Handlungssystems „Stimmenmarkt" stehen auf der Angebotsseite die Politiker gegenüber. Diese durch Wahlen legitimierte Repräsentanten des demokratischen Souveräns agieren zwar im politischen Auftrag der „Gesamtheit der Bürger" (des Prinzipals), verfolgen dabei jedoch genuine Eigeninteressen (Agent). In der Literatur werden hier insbesondere die Erlangung der Macht beziehungsweise ihr Erhalt erwähnt und, wenn möglich, die Mehrung des Einflusses, deren Anbindung an die Wählerinteressen durch Vermarktung politischer Programme oder symbolischer Repräsentanzen derselben auf Stimmenmärkten erfolgt (Gawel 1995b: 23f.). Die Wahl beziehungsweise Wiederwahl stellt gemäß der politökonomischen Analyse deshalb das entscheidende Zwischenziel für Politiker dar. Hierzu eignen sich insbesondere solche politischen Aktivitäten, die folgende Merkmale aufweisen (Kurz u.a. 1996: 137 ff.; Frey 1971/92; Frey/Kirchgässner 1981/94):

• Stiftung kurzfristigen Nutzens für die Wähler (idealerweise kurz vor der Wahl)
• Der Nutzen muß für die Wähler leicht wahrnehmbar und der politischen Aktion beziehungsweise dem Politiker möglichst eindeutig zurechenbar sein
• Die Lasten sollten geringstmögliche Merklichkeit verursachen und wenn möglich
• erst später anfallen - günstigstenfalls zur Zeit künftiger Generationen, die heute noch kein Wahlrecht besitzen.

Folgt man dieser Charakterisierung, so ergibt sich daraus, daß Maßnahmen im Dienste des Umweltschutzes im engeren Sinne und der Nachhaltigkeit allgemein, deren Nutzen sich nicht in kurzer Frist offenbart, sondern erst in Zukunft, deren Lasten jedoch schon in der Gegenwart anfallen, ein wenig reizvolles Instrument für rationale Politiker darstellen (Kurz u.a. 1996). Erschwerend kommt hinzu, daß Wählerstimmengewinne oftmals nur durch neue Maßnahmen erzielt werden können. Falls diese nun an budgetäre Grenzen stossen, ist zu erwarten, daß Mittelkürzungen zugunsten der neuen Maßnahmen vor allem in jenen Aktivitäts-bereichen vorgenommen werden, wo mit verhältnismässig geringen Stimmenein-bussen gerechnet werden muß (Petersen 1989: 246). Kurz u.a. (1996: 138) fassen deshalb zusammen, daß aufgrund ihrer relativ geringen politischen Attraktivität eine Politik der Nachhaltigkeit zu jenen Feldern gehören wird, in denen finanzpolitisch unabwendbare Mittelkürzungen von rationalen Politikern relativ gefahrlos vorgenommen werden können. Dies gilt vor allem für eine Umweltpolitik im traditionellen Sinne, die eine Verbesserung der Umweltqualität (darauf wurde oben bereits hingewiesen) als additives Zusatznutzen stiftendes öffentliches Gut konzipiert. Gelingt es jedoch, die Verbesserung der Umweltqualität als notwendiges Element einer auch bereits in der kurzen oder doch mittleren Frist soziale und ökonomische Ziele realisierenden Gesamtstrategie zu nutzen, dann kann die Schlußfolgerung gar positiv ausfallen: Das Engagement im Rahmen einer Politik der Nachhaltigkeit kann für Politiker im Lichte ihrer genuinen Eigeninteressen interessant(er) werden.

Obige Kriterien lassen allerdings auch umweltpolitische Aktivitäten im traditionellen Sinne zu. Trotzdem bleibt natürlich der „Kriterienfilter" wirksam: Konkret wird vor allem solchen umweltpolitischen Aktivitäten (ohne negative Sanktion von Seiten des Stimmenmarktes) Beachtung geschenkt, die sich durch kurzfristige Nutzenstiftung, geringe Merklichkeit und leichte Nutzenzurechenbarkeit auszeichnen. Es sind dies vornehmlich Maß der Beseitigung beziehungsweise der Korrektur akuter Umweltschäden. Das Kriterium der Nutzenzurechenbarkeit präferiert ganz allgemein Maßnahmen der umweltpolitischen Feinsteuerung (Minsch u.a. 1996), die an konkreten Problemlagen oder Symptomphänomenen ansetzen. Überspitzt formuliert besteht eine systematische Vorliebe für eine unmittelbar Wirkung zeitigende Politik der isolierten Bekämpfung immer wieder neu entstehender „Schadstoffen der Woche" (Schmidt-Bleek 1994: 62 ff.). Auch bezüglich der Auswahl umweltpolitischer Instrumente lassen sich spezifische Vorlieben bezeichnen: Insbesondere kurzfristige Nutzenstiftung, relativ geringe Merklichkeit und leichte Nutzenzurechenbarkeit sprechen für Ordnungsrecht und allenfalls für Subventionslösungen aber tendenziell gegen marktwirtschaftliche Instrumente wie Umweltabgaben oder Zertifikate. Deren Nutzen ergibt sich unmittelbar aus dem Marktprozeß, kann deshalb nur schwer den verantwortlichen Politiker zugeschrieben werden (Kurz 1996: 138; Frey 1971/91: 137), und ausserdem bietet sich relativ wenig Spielraum für „Nachverhandlungen" auf der Vollzugsebene (Gawel 1995b).

Die unmittelbar Beteiligten am Handlungssystem „Stimmenmarkt" agieren allerdings nicht unabhängig von den anderen gesellschaftlichen Akteuren. Gemäss unserer schematischen Abbildung, die selbstverständlich eine Komplexitätsreduktion darstellt und nur die wesentlichsten Zusammenhänge offenlegt, wird der Stimmenmarkt auch wesentlich vom Handlungssystem „Lobbying" mitgeprägt. Eine zentrale Rolle kommt hierbei den Interessenverbänden zu. Durch ihren Einfluß zum Beispiel wird die oben erwähnte Tendenz zu ineffizientem Instrumenteneinsatz (Ordnungsrecht statt marktwirtschaftliche Instrumente) verstärkt.

3.4.4.3
Interessenverbände / Interessengruppen

Die zentralen Akteure im Lobby-System der politökonomischen Analyse sind die Interessensverbände. Als Träger sachspezifischen Know-Hows bieten sich ihnen zwei wichtige Aktivitätsfelder. Erstens (ausserhalb des eigentlichen Lobbying) können sie unmittelbar auf die Wähler einwirken, indem sie über geeignete Informations- beziehungsweise Kommunikationsaktivitäten politische „Interpretationshilfe" bezüglich Parteiprogrammen und Politiker anbieten. Diese Strategie wird flankiert durch eine zweite, die sich an die PolitikerInnen und an die mit der Vorbereitung von Maßnahmenprogrammen und Gesetzesvorlagen befassten Ministerialbürokratie richtet. Dieses Lobbying im engeren Sinne gewinnt mit zunehmender Komplexität der anstehenden Probleme beziehungsweise Problemlösungen an Bedeutung. In solchen Fällen - und dies trifft auf den Problemkomplex Nachhaltigkeitspolitik in geradezu paradigmatischer Weise zu - ist Politik und Ministerialverwaltung existenziell auf den gebündelten Sachverstand von Interessenverbänden angewiesen.

Inwiefern hierbei auf die Wissensressourcen von Umweltverbänden oder von anderen Verbänden zurückgegriffen wird, hängt beim derzeitigen Institutionenset entscheidend von der Organisations- und Durchsetzungsfähigkeit der Interessiertenkreise ab - jedoch spielen auch Zufälligkeitsfaktoren, wie zum Beispiel das Ausmaß persönlicher Kontakte, angesichts der derzeit zu konstatierenden unsystematischen Einbeziehung von Betroffenen und Beteiligten eine wesentlich Rolle. Nach der ökonomischen Theorie der Gruppenbildung (Olson 1965/68) bestimmt primär die Grösse und Homogenität einer Gruppe, inwiefern sie sich (relativ zu den Organisationskosten) organisieren lässt. Dabei gilt, daß je grösser und heterogener eine Gruppe (Interessiertenkreis) ist, desto schwieriger ist ihre Organisation. Andererseits gilt es, den entgegengesetzten, von Becker (zit. in Endres/Finus 1996: 103 f.) als „scale economies in the production of pressure" in die Diskussion gebrachten Effekt zu beachten, wonach großen Gruppen aufgrund ihrer potentiell grossen Anzahl an Wählerstimmen von den Politiker eine höhere Bedeutung beigemessen wird als kleinen Gruppen.

Neben der Größe der Gruppe bestimmen noch weitere Faktoren die Höhe der Organisationskosten. Nach Olson (1965/68: 31) wirkt sich insbesondere die Erfüllung folgender Kriterien günstig auf die Gruppenbildung aus (vgl. auch Kurz u.a. 1996: 139):

- Möglichst großer Nutzen einer Interessenvertretung für die Vertretenen
- Möglichst große Durchsetzungsfähigkeit der Interessensvertretung im politischen Prozeß
- Möglichst hoher Nutzen selektiver Anreize (zum Beispiel spezielle, exklusive Leistungen, die sich auf die Gruppenmitglieder beschränken lassen)
- Möglichst hohe Produktivität des Ressourceneinsatzes (Personen-, Güter- und Zeiteinsatz) zugunsten der Interessenvertretung (inklusive Produktivität bei der Erzeugung selektiver Anreize)
- Möglichst wenig Aussenwirkungen der Interessenvertretung für Nichtmitglieder (keine positiven Exernalitäten).

Folgende Interessenverbände beziehungsweise Interessengruppen sind für die Belange einer nachhaltigen Entwicklung bedeutsam und werden nun vor dem Hintergrund obiger Ausführungen im Hinblick auf ihre Interessenorientierung und ihr politisches Gewicht kurz vorgestellt: die Umweltverbände, die durch Umweltregelungen belasteten Industrien, die von Umweltregelungen profitierenden Industrien (Pro-Umweltschutzindustrie), die KonsumentInnen sowie die Gewerkschaften. Auch diese Gruppeneinteilung ist nicht umfassend. Sie klammert zum Beispiel alle die Industrien (zum Beispiel Handel, Banken und Versicherungen) aus, die häufig von Umweltregelungen selber kaum betroffen sind, aber z.T. erheblichen Einfluss auf die Ökologisierung von Wertschöpfungsketten oder anderen Akteuren nehmen.

Umweltverbände

Maßnahmen zur Verbesserung der Umweltqualität entsprechen definitionsgemäss den Interessen der Umweltverbände und schlagen sich deshalb in einer entsprechenden Unterstützung jener Politiker beziehungsweise Parteien oder Programmen nieder, die dem Umweltschutz hohe Priorität einräumen. Was das politische Gewicht von Umweltverbänden anbetrifft, so sind folgende Aspekte zu berücksichtigen:

Bei den Umwelt-Interessierten handelt es sich grundsätzlich um eine grosse, heterogene Gruppe, was die Organisationsfähigkeit erschwert. Solange sich der Umweltschutz auf Projekte des konkreten lokalen („insulären") Objektschutzes beschränkt, fällt dieses Argument weniger ins Gewicht; der Erfolg des traditionellen Naturschutzes belegt dies eindrücklich. Sobald sich jedoch ökologische Anliegen im Sinne der nachhaltigen Entwicklung weiter den Merkmalen eines öffentlichen Gutes annähern, was dann im Extremfall erreicht ist, wenn vor allem zukünftige Generationen die Nutzniesser sind, dann allerdings stellt sich das Organisationsproblem dramatisch (beispielsweise Regens/Rycroft 1989: 122). Erschwerend kommen hinzu (Endres/Finus 1996: 106 f.), daß:

- viele Umweltverbände noch nicht lange bestehen und oft noch keine „schlagkräftige" Organisation aufbauen konnten; dazu gehört auch das weitgehende Fehlen von etablierten Kontakten zu Politik und Verwaltung. „Ein Äquivalent zu den 'Gesprächen am runden Tisch' im Kanzleramt mit Vertretern der Industrie gibt es im Umweltschutzbereich bisher noch nicht" (Endres/Finus 1996: 107);
- es äusserst schwierig ist, selektive materielle Anreize zu bieten (im Gegensatz etwa zu Industrieverbänden oder Gewerkschaften); meist beschränken sie sich zum Beispiel auf Mitgliederzeitschriften, neuerdings kommen gewisse Netzwerkdienste dazu;
- infolge der relativen Kleinheit der Organisationen die Ressourcenproduktivität oft noch relativ gering ist, was auch damit zusammenhängt;
- Umweltverbände über vergleichsweise geringe finanzielle Mittel verfügen mit entsprechend beschränkten Möglichkeiten, ihrem Anliegen in der Politik Nachdruck zu verschaffen;
- sie im Gegensatz zu den Emittenten kaum einen Informationsvorsprung gegenüber Regierung und Ministerialbürokratie haben, was sie als deren potentielle Partner entsprechend schwächt;

- sie nicht über eine Marktmacht verfügen wie zum Beispiel die Gewerkschaften oder die Industrieverbände; erfolgreiche Aufrufe zum Konsumboykott mit Breitenwirkung bleiben bislang seltene Ausnahmen.

Unterstützend für die ökologischen Anliegen wirkt sich jedoch die Gründung einer Partei aus, die den „grünen Interessen" im politischen Raum Gehör verschafft. Ähnlich eingeschätzt werden kann die Gründung eines eigenständigen Umweltministeriums im Jahre 1986, was die Vertretung der Umweltinteressen im Kabinett erlaubt. Obige Erwägungen gesamthaft gewürdigt lassen den Schluß zu, daß eine ganze Reihe ungünstiger Faktoren das politische Gewicht der Umweltverbände mindern. Richtig eingeschätzt werden kann dieser Effekt allerdings erst im Vergleich zum Gewicht anderer Interessensgruppen, die sich gegen spezifische Umweltregulierungen aussprechen.

Durch Umweltregulierungen belastete Industrien

Unmittelbare Kontrahentin der Umweltverbände im Handlungssystem des Lobbying sind die Industrien, die durch Umweltregulierungen ökonomisch belastet werden. Dabei ist festzustellen, daß selbst innerhalb dieser Industrien und oft sogar innerhalb einzelner Unternehmen häufig ein unterschiedlicher Grad an Betroffenheit vorliegt, z.T. sogar Befürworter und Gegner einer Umweltregulierung im selben Haus zu finden sind. In Übereinstimmung mit der relevanten Literatur (stellvertretend Endres/Finus 1996: 86) kann jedoch grundsätzlich davon ausgegangen werden, daß durch Umweltregelungen belastete Industrien per se nicht an einer Erhöhung des Umweltschutzniveaus gelegen ist, daß also „eine Erhöhung des Umweltschutzniveaus in der Regel zu einem Rückgang der politischen Unterstützung" seitens dieser Industrien beziehungsweise ihrer Interessenorganisationen führt. Daran ändert (vorläufig) auch die von verschiedenen Studien belegte Tatsche wenig, daß der Anteil der Umweltschutzinvestitionen an den gesamten Investitionen der deutschen Industrie nur etwa bei 4 bis 5% liegt und Umweltschutzausgaben etwa 1.4% des Bruttosozialprodukts ausmachen (vgl. beispielsweise Wicke 1993: 562). Dies kann begründet werden, denn die Interessenverbände der Industrie verfolgen selbst genuine Eigeninteressen. Konkret: Will ein Verband nicht an politischem Einfluß einbüßen, dann muß er gemäß der politökonomischen Analyse darauf bedacht sein, sich im Namen möglichst vieler Mitglieder (Industrien), im Idealfall im Namen der Industrie schlechthin im politischen Prozeß einzubringen. Dies aber gelingt nur, wenn Erosionstendenzen bei der Unterstützung von seiten der Mitglieder vorgebeugt wird. Innerhalb des Mitgliederkreises sollte sich deshalb wenn immer möglich niemand infolge politischer Maßnahmen oder Programme als Verlierer fühlen dürfen. Es besteht also ein starker Anreiz, daß Industrieverbände die spezifischen Interessen der durch Umweltregulierungen belasteten Industrie ernst nehmen - und bezüglich Umweltpolitik generell eine entsprechend bremsende Position vertreten.

Wo schon umweltpolitische Maßnahmen beziehungsweise Programme beschlossen sind, äussert sich dieser Anreiz zum Beispiel an einem generell höheren Interesse an ordnungsrechtlichem Umweltschutz (bei gleichzeitiger Abneigung gegenüber marktwirtschaftlichen Lösungen), um auf der Ebene des Vollzugs Verhandlungsspielräume im Sinne der Normadressaten ausnützen zu können.

Hilfreich bei der Durchsetzung ihrer Anliegen ist das relativ (zu den Umweltschutzverbänden) hohe politische Gewicht der Industrieverbände. Hierfür bestimmend ist der Literatur folgend:

- daß die zu organisierende Gruppe im Verhältnis zu jener der Umweltinteressierten vergleichsweise klein und sehr viel homogener ist, ihre Mitglieder aber vor allem auch durch andere, ältere Interessen (Verbandsziele) verbunden sind;
- die Industrieverbände können deshalb bereits auf eine lange Tradition zurückblicken und besitzen daher eine leistungsfähige Organisationsstruktur mit etablierten Beziehungen zu Politik und Verwaltung (zum Beispiel 'Gespräche am runden Tisch' im Kanzleramt, das Wirtschaftsministerium als starker „Bündnispartner" im Bundeskabinett);
- zudem fällt es sehr viel leichter, selektive Anreize zu generieren;
- die finanzielle Ausstattung ist relativ groß;
- weiterhin ist davon auszugehen, daß Industrieverbände einen wichtigen Informationsvorsprung gegenüber Regierung und Verwaltung haben (zum Beispiel über mögliche Vermeidungstechnologien). Solche Kenntnisse können auf dem „Lobbying-Markt" unter Berücksichtigung eigener Interessen gegen die Begrenzung beziehungsweise Unterlassung umweltpolitischer Maßnahmen „eingetauscht" werden. Dies allerdings nur dann, wenn die umweltpolitische Instrumentierung entsprechendes Wissen voraussetzt - dann jedoch kann von einer strukturellen Abhängigkeit der Politik und der Verwaltung vom Know-How der Industrieverbände gesprochen werden. Konkret ist dies dann gegeben, wenn Nachhaltigkeitspolitik im Sinne einer ökologischen Feinsteuerung (vgl. oben) konzipiert würde, das heißt als traditionelles umweltpolitisches Einzelfallmanagement auf der Basis des ordnungsrechtlichen Instrumentariums - und sich nicht im Sinne einer ökologischen Grobsteuerung auf einige wenige Schlüsselfaktoren konzentriert bei primärem Einsatz von marktwirtschaftlichen Instrumeten (vgl. Minsch u.a. 1996).

Den Industrieverbänden geht es konkret hier um die Einflussnahme auf die Definition dessen, was im Hinblick auf Wirtschaftsverträglichkeit und technische Machbarkeit „realistische" umweltpolitische Ziele sein sollen, und auf die konkrete Ausgestaltung der Maßnahmen. Die Analyse zeigt, daß aus der Sicht dieser Interessen marktwirtschaftliche Instrumente äusserst unbeliebt erscheinen. Im Gegensatz zu ordnungsrechtlichen Lösungen sind die Restemissionen hier nicht kostenlos. Zudem ist bei marktwirtschaftlichen Instrumenten der Spielraum für konkretisierende „Nachverhandlungen" auf Vollzugsebene geringer als beispielsweise bei ordnungsrechtlichen Lösungen. Das sogenannte Rent-seeking-Potential ist bei der traditionellen ordnungsrechtlichen Umweltpolitik sehr viel grösser als bei einer marktwirtschaftlichen Umweltpolitik. Marktwirtschaftliche Umweltpolitik entwertet mithin politisches Einflußpotential der betroffenen Industrien und vernichtet Rent-seeking-Potential. In diesen Fällen teilt eine durch Umweltregelungen betroffene Industrie ihre systematische Vorliebe für ordnungsrechtliche Feinsteuerung mit der Verwaltung (vgl. unten). Denn auch diese ist zur Verfolgung ihrer genuinen Eigeninteressen auf möglichst grosse Verhandlungs- und Handlungsspielräume (insbesondere im Vollzugsbereich) angewiesen. Diese sichert sowohl der Verwaltung (siehe unten) als auch der Industrie möglichst grosse Handlungsspielräume.

Das Know-How der Industrie ist nicht nur eine Ressource im Rahmen des Lobbying, sondern lässt sich auch zur Beeinflussung der Öffentlichkeit direkt oder via Medien einsetzen;

• schliesslich kann die Marktmacht der Industrieverbände als hoch eingeschätzt werden, und zwar nicht nur auf dem Gütermarkt, sondern vor allem auch auf dem Arbeitsmarkt.

Das politische Gewicht der Industrieverbände verglichen mit jenem der Umweltverbände kann daher grundsätzlich als hoch eingeschätzt werden. Wobei die professionelle Lobby-Arbeit einzelner Umweltverbände dazu führt, daß die Machtverhältnisse sich in Einzelfällen auch umgekehrt darstellen können.

Von Umweltregelungen profitierende Industrien

Insbesondere zwei Industriebereiche profitieren in der Regel von einer intensivierten Umweltpolitik (Weck-Hannemann 1994: 104): die *Umweltschutzindustrie* im engeren Sinne (Unternehmungen, die beispielsweise in der Reinigungstechnologie, in der Isolationstechnik, im Meßwesen, in der Konzeption und Herstellung integrierter Produktionsprozesse sowie in der Landschaftspflege u.s.w. tätig sind) und die *Substitutionsgüterindustrie* (es handelt sich dabei um jene Branchen oder Unternehmenseinheiten, die aufgrund des Substitutionseffekts zwischen unökologischen und ökologisch(er)en Produkten oder Diensten profitieren). Diese Branchen stehen umweltpolitischen Anstrengungen gemäß der politökonomischen Analyse grundsätzlich positiv gegenüber.

Ihr politisches Gewicht wird von der Literatur allerdings (noch) als relativ gering eingeschätzt (Endres/Finus 1996: 109), denn es handelt sich (insbesondere bei der Umweltschutzindustrie i.e.S.) meist um kleinere Betriebe, die entweder gar nicht in den großen Verbänden organisiert oder in diesen untervertreten sind (vgl. beispielsweise Sprenger u.a. 1987: 64, zit. in Wicke 1993: 484); wobei durchaus auch einzelne große Umwelttechnikunternehmen in Deutschland existieren.

Hinzu kommt, daß die von Umweltschutzregulierungen profitierende Industrie aus einem großen Anteil neuer Betriebe besteht, die sich erst zu organisieren begonnen haben. Empirische Untersuchungen in den Vereinigten Staaten zur Umsetzung des Clean Water Acts bestätigen die politische Benachteiligung neuer Betriebe. Es konnte festgestellt werden, daß die Umweltbehörde EPA bei der individuellen Festlegung der Standards, wo sie einen gewissen Handlungsspielraum hat, stark auf Druck von aussen reagierte. Dabei gelang es den bestehenden Betrieben viel besser ihre Forderungen durchzusetzen als den neugegründeten (Magat u.a. 1986).

Daneben existieren zahlreiche Unternehmen, die nicht den beiden o.g. Gruppen zugeordnet werden können und sich dennoch ökologisch proaktiv verhalten. Erste Ansätze für einen eigenständigen Interessenverband dieser Unternehmen lassen sich auch in Deutschland beobachten; hingewiesen sei beispielsweise auf BAUM (Bundesarbeitskreis umweltbewusstes Management) und future e.V. - Umweltinitiative von Unternehme(r)n. Noch scheinen diese Initiativen zu klein zu sein, um die „scale economies in the production of pressure" für sich zu nutzen (Endres/Finus 1996: 110). Immerhin könnte ihnen demnächst Unterstützung von seiten der Banken und Versicherungen zuwachsen (vgl. Schmidheiny 1996). Ihre umweltpolitische Positionierung ist gegenwärtig noch ambivalent, eine verstärkte ökologische Sensibilisierung ist neuestens jedoch unverkennbar. Dennoch ist das politische Gewicht der Pro-Umweltschutzindustrie gesamthaft heute noch als relativ gering einzuschätzen.

Konsumenten

Wenn man bei der Erfassung beziehungsweise Abschätzung der KonsumentInneninteressen eng auf die marktlich vermittelten (Konsum-)Güter abstellt (wie es gegenwärtig in der politökonomischen Literatur beinahe ausschliesslich der Fall ist), dann wird man ihre Position gegenüber ökologischen Anliegen tendenziell als ablehnend bestenfalls als neutral vermuten. Verschärfte Umweltpolitik, so die Argumentation, dürfte sich in steigenden Preisen bei bestimmten Gütern niederschlagen, was als negativ bewertet würde. Der Umfang der tatsächlichen Wohlstandseffekte auf die KonsumentInnen hängt von den Angebots- und Nachfrageelastizitäten auf den Gütermärkten ab. Studien zu dieser Frage haben nun allerdings ergeben, daß das Preisniveau nur unwesentlich durch erhöhte Anforderungen im Umweltschutz beeinträchtigt wurde.

Bei der Abschätzung des politischen Gewichts gerät die politökonomische Literatur in Bedrängnis: Sie geht meist davon aus, daß KonsumentInnen ihre Interessen sehr schlecht im politischen Raum durchsetzen können. Mag dies auch tendenziell für den kontinentaleuropäischen Raum (noch) gelten (Frey 1981: 185 ff.), so demonstrieren beispielsweise die Lobbyaktivitäten der US-amerikanischen Verbraucherverbände, daß hier durchaus Strategie-Innovationen möglich sind. Trotzdem: Grundsätzlich wirken die meisten Faktoren, wie sie bereits bei den Umweltverbänden als „gewichtsmindernd" behandelt wurden, analog für die KonsumentInnen beziehungsweise die KonsumentInnenverbände.

Gewerkschaften

Eine zur Industrie analoge Zweiteilung der ökologisch relevanten Interessen wie in der Industrie (durch Umweltregelungen belastete und davon profitierende Industrien) besteht bei den Interessen der in den jeweiligen Industrien beschäftigten ArbeitnehmerInnen. Geht man davon aus, daß das Interesse der ArbeitnehmerInnen in starkem Maße auf die Erhaltung des individuellen Arbeitsplatzes (bei möglichst hoher Entlöhnung, sinnvoller Betätigung und angenehmem Arbeitsklima i.w.S.) gerichtet ist, dann kann von einer gewissen Parallelität von Industrie- und ArbeitnehmerInneninteressen ausgegangen werden. Denn verschlechtert - oder verbessert - sich die Gewinnsituation einer Unternehmung infolge umweltpolitischer Maßnahmen, so ist mit Einkommenseinbussen oder gar Arbeitsplatzverlust - beziehungsweise Lohnerhöhungen und Neueinstellungen - zu rechnen. Dies wird von den Beschäftigen wahrgenommen und äussert sich in einer prinzipiellen Ablehnung beziehungsweise Unterstützung umweltpolitischer Anliegen. Die Interessensvertretung der ArbeitnehmerInnen wird von den Gewerkschaften wahrgenommen.

Mit gleicher Begründung kommt die politökonomische Analyse zu den Schlußfolgerungen, die bereits im Zusammenhang mit den Industrieverbänden festgehalten wurden: Das Gewicht derjenigen ArbeitnehmerInnen, die Umweltschutzregulierungen befürworten, ist innerhalb der traditionellen grossen Gewerkschaften vergleichsweise gering (Endres/Finus 1996: 111). Diese Aussage deckt sich jedoch allerdings nur teilweise mit den derzeit real im Deutschen Gewerkschaftsbund (DGB) ausgetragenen Diskussionen. Hier scheint die Bedeutung der eine ökologisch Neugestaltung der Rahmenbedingungen (zum Beispiel eine ökologische Steuerreform) befürwortenden Gewerkschaften im DGB ständig zuzunehmen.

Das politische Gewicht der Gewerkschaften selbst ist als hoch einzuschätzen. Dafür sprechen insbesondere (wiederum ähnlich wie bei den Industrieverbänden)

- die bereits bestehende leistungsfähige Organisationsstruktur mit etablierten Beziehungen zu Politik und Verwaltung (mit dem Arbeits- und Sozialministerium als Verbündeten im Bundeskabinett),
- die äusserst wirkungsvolle Bereitstellung selektiver Anreize (Streikgeld, günstige Urlaubsmöglichkeiten u.s.w.)
- die relativ gute finanzielle Ausstattung und
- die grosse Marktmacht.

Insgesamt ist heute von einem relativ grossen politischen Einfluss der Gewerkschaften auszugehen mit primärer Ausrichtung an den Interessen der Beschäftigten der durch Umweltregulierungen belasteten Industrie.

3.4.4.4
Verwaltung / Vollzugsbehörden

Die ökonomische Theorie der Bürokratie geht davon aus, daß sich die Eigeninteressen der Verwaltung insbesondere in der Tendenz äussern, das ihr von der Regierung zugeteilte Budget und ihre diskretionären Ziele zu maximieren (Niskanen 1971; Migué/Bélanger 1974; Endres/Finus 1996: 67 ff.; Kurz u.a. 1996: 143 ff.) sowie potentielle Konflikte mit den verschiedenen Interessengruppen zu minimieren (Magat u.a. 1986; Endres/Finus 1996: 77 u. 93f.) Die Ableitung konkreterer Aussagen über die umweltspezifischen Interessen des Akteurs Verwaltung stösst nun aber, mehr noch als bei den bisher vorgestellten Akteuren, auf das Problem der Komplexität. Erforderlich wäre eine detaillierte(re) Analyse der komplexen mehrstufigen, durch föderale Strukturen zusätzlich komplizierten Behördenstruktur. So fordert beispielsweise Gawel (1995b: 27f) insbesondere die vertiefte Analyse der Beziehungen

- zwischen planender Ministerialbürokratie und vollziehender Verwaltung,
- zwischen den fachspezifisch orientierten Ressorts und
- zwischen den exekutiven Organen unterschiedlicher föderativer Ebenen.

Dem stimmen auch Endres und Finus (1996: 79) zu, wenn sie ihre umfassende Sichtung der theoretischen und empirischen Ansätze zur Interaktion zwischen Regierung und Umweltverwaltung mit dem Fazit schliessen, daß die vorgestellten Modelle zwar helfen können, generell den hohen Staatsanteil und ineffiziente Produktionsmethoden in der Verwaltung zu erklären (Frey/Kirchgässner 1994: 174 ff.), daß sie jedoch auf das Verhältnis zwischen Umweltverwaltung und Regierung nur bedingt anwendbar seien. „Insbesondere das Verhältnis zwischen Regierung und Ministerialbürokratie sowie die Beziehung zwischen dem Budget, das der Umweltverwaltung von der Regierung bereitgestellt wird, und dem Umweltschutzniveau sind noch nicht befriedigend modelliert." (Endres/Finus 1996: 79) Trotzdem können einige qualitative Tendenzaussagen bezüglich der „Vorlieben" der Verwaltung formuliert werden:

Es ist politökonomisch plausibel anzunehmen, daß die Umweltverwaltung die Regierung im Streben nach einer Erhöhug des Umweltschutzniveaus grundsätzlich unterstützt. Daß dies überhaupt der Erwähnung bedarf, ergibt sich aus dem Verwaltungsinteresse an einer Maximierung von Budget und diskretionären Spielräumen: ein Umweltschutz, der ein erhöhtes Aktivitätsniveau in der Umweltverwaltung erfordert und damit mit einer Erhöhung des Budgets und der diskretionären Spielräume einhergeht, ist im genuinen Eigeninteresse der Umweltverwaltung. Dies ist vor allem dann gegeben, wenn es sich, wie bis anhin, um einen vornehmlich ordnungsrechtlichen Umweltschutz handelt. Hier ist Verwaltungs- und Vollzugskompetenz erforderlich - und entsprechende Budgets und Handlungs- bzw Verhandlungsspielräume. Insofern kann bezüglich sachlicher Orientierung (Feinsteuerung) und instrumenteller Ausgestaltung (Ordnungsrecht) von einer Interessensharmonie zwischen der potentiell durch Umweltregeln belasteten Industrie und der Umweltverwaltung gesprochen werden. Einig ist man sich deshalb tendenziell auch in der Abneigung (vornehmer: in der Reserviertheit) gegenüber Strategien der Grobsteuerung und der marktwirtschaftlichen Instrumentierung. Fazit: Aus dem Eigeninteresse der Umweltverwaltung heraus muß auf eine tendenzielle Abneigung gegenüber vorausschauenden Lösungen geschlossen werden, die administratives Handeln überflüssig machen, zumindest aber entwerten könnten (also Abneigung gegenüber grundlegenden institutionellen Reformen, die den Bestand der jeweiligen Verwaltung gefährden könnten).

Die Vorliebe der Umweltverwaltung für Feinsteuerung und Ordnungsrecht äussert sich in einer eigentlichen Abhängigkeit von sachspezifischen Informationen und Wissen der Normadressaten, was diesen eine entsprechend starke Verhandlungsposition verschafft. Im Interesse eines erfolgreichen Vollzugs, wird die Verwaltung diesen Informationen auch prinzipiell viel Gewicht beimessen. Ihr zentraler Kooperationspartner sind deshalb die durch Umweltregelungen belasteten Industrien, und sie wird wenn immer möglich Konflikte mit ihnen vermeiden - das heisst: aus dem Eigeninteresse der Verwaltung folgt eine starke Bereitschaft zu Konzessionen. Daraus wurde in der Literatur die These von der konfliktminimierenden Verwaltung abgeleitet. Wie bereits früher erwähnt, stützen empirische Untersuchungen diese These: die amerikanische Umweltbehörde EPA reagiert bei der Ausschöpfung ihres Handlungsspielraums stark auf „negative externe Signale" von seiten der durch Umweltregelungen belasteten Industrien.

Ein für die Umweltverwaltung interessantes, wenngleich aus ökologischer und ökonomischer Sicht problematisches Instrument sind schliesslich, neben dem traditionellen ordnungsrechtlichen Instrumentarium, die Subventionen. Sie entsprechen sowohl dem Erfordernis der Budgetmaximierung als auch der Konfliktminimierung.

Noch schwieriger ist die politökonomische Einschätzung der umweltpolitischen Interessenlage bezüglich der Nicht-Umweltverwaltungen. Denn jede Ministerialbehörde und jede Verwaltungsabteilung ist von unterschiedlichen umweltpolitischen Maßnahmen oder Programmen unterschiedlich betroffen. Allgemeine Aussagen sind denn auch problematisch und mit Vorsicht zur Kenntnis zu nehmen. Immerhin könnte das Wachstum der Umweltverwaltung (was im Einzelfalle zu analysieren wäre) zu einem Bedeutungsverlust anderer Verwaltungseinrichtungen führen. Dann wird hier mit wenig Zustimmung zum Umweltschutz zu rechnen sein. Allerdings müssen nicht alle Umweltschutzanstrengungen exklusiv in den Zuständigkeitsbereich der Umweltverwaltung fallen. Viele Aktivitäten - insbesondere natürlich, wenn sie im Zeichen einer dreidimensionalen Nachhaltigkeit konzipiert werden - erfordern die Mitarbeit anderer Verwaltungseinrichtungen. Zu denken ist vor allem an die Bereiche Energiepolitik, Verkehrspolitik, Ressourcenpolitik (Montanindustrie), Landwirtschaftspolitik, Raumordnungs- und regionale Entwicklungspolitik sowie Forschungspolitik.

Eine Politik der Nachhaltigkeit bietet daher eine grosse Chance für eine grundsätzliche, die einzelnen Ressorts und Verwaltungseinrichtungen übergreifende Interessenskoalition. Es wird interessant sein zu beobachten, inwiefern es

der Umweltverwaltung gelingen wird, hierbei eine Katalysatorfunktion wahrzunehmen - oder endgültig auf ein Einzelfallmanagement im Sinne der Feinsteuerung fixiert zu bleiben.

3.4.5
Die Akteure in ihrer Gesamtwirkung: Eine qualitative Wirkungsabschätzung

Nach der politökonomischen Charakterisierung der wichtigsten (unmittelbaren)
Akteure des nachhaltigkeitspolitischen Interaktionssystems nach Interessenlage
und politischem Gewicht, läßt sich die Analyse zu einer Gesamtabschätzung
verdichten. Diese ist gemäss dem hypothetischen und allgemeinen Charakter der
im obigen Abschnitt gemachten Aussagen von grundsätzlicher Natur, ermöglicht
aber dennoch die Ableitung interessanter Konsequenzen für das Institutionendesign einer Politik der Nachhaltigkeit.

- Es fällt auf, daß den Akteursgruppen, die tendenziell gegen intensivierte
  umweltpolitische Anstrengungen eingestellt sind, heute häufig hohes politi-
  sches Gewicht zukommt (durch Umweltregulierungen belastete Industrien
  sowie die Gewerkschaften dieser Industrien).
- Demgegenüber verfügen die Akteursgruppen, die sich für eine weitreichende
  Umweltpolitik einsetzen, gegenwärtig nur über ein vergleichsweise geringeres
  Gewicht (Umweltschutzverbände, von Umweltregelungen profitierende
  Industrien und deren Gewerkschaften)
- Umweltpolitisch neutral und mit relativ geringen Machtpotentialen ausgestattet
  erscheinen Wähler und Konsumentinnen
- Politiker und Verwaltung müssen (gegenwärtig) ebenfalls im Bereich der
  Neutralität verortet werden. Dabei braucht Neutralität nicht Abwesenheit jeg-
  lichen Umweltbewußtseins und entsprechenden Gestaltungswillens zu bedeuten, auch nicht (mehr) unbedingt Gleichgültigkeit bezüglich der Umweltfrage.
  Politiker und Verwaltung zeichnen sich heute - der politökonomischen Analyse
  folgend - wohl durch „Offenheit" im Sinne eines grundsätzlichen Anlieges und
  potentieller Bereitschaft zu umweltpolitischem Engagement aus - falls sich dies
  im politischen Interaktionssystem unter Wahrung der Eigeninteressen realisieren lässt.

Es ergeben sich nun mehrere strategische Ansatzpunkte zur Veränderung
dieses Krätteverhältnisses:

- Erstens könnte es darum gehen, *das politische Gewicht der einen umfassenden
  Umweltschutz befürwortenden Akteure zu erhöhen.* Sie wären dann im Sinne
  der „Countervailing Power" ein valables Gegengewicht zur Gruppe der Gegner
  vermehrter Umweltpolitik. Die im Kapitel 3.3. erarbeiteten Strategien der
  Selbstorganisation, der *Partizipation* sowie des *Macht- und Ressourcenausgleichs* wirken in diesem Sinne.

- Zweitens wäre eine Erhöhung des umwelt- beziehungsweise nachhaltigkeitspolitischen Engagements und des Gewichts von Politiker und Verwaltung denkbar. In diese Richtung wirken Strategien des *Macht- und Ressourcenausgleichs* sowie (je nach konkreter Ausgestaltung) der *Reflexivität*.
- Drittens könnte es darum gehen, bei den heutigen Gegnern eines verstärkten Umweltschutzes gezielt durch geeignete Mittel ihre Unterstützung zu erlangen. Zu nennen sind hier insbesondere gezielt akteursorientiert konzipierte Strategien der *Reflexivität* (zum Beispiel akteursorientierte ökologische Innovationsforschung) sowie der *Innovation* (zum Beispiel gezielte Förderungsmaßnahmen).
- Viertens ginge es um eine *allgemeine Verbesserung des „umweltpolitischen Klimas"*. Ziele dienen auch diesen Strategien der *Reflexivität* sowie insbesondere der *Innovation*.

Das umweltpolitische Klima beziehungsweise dessen Veränderung hängt allerdings nicht nur von bewusst verfolgten Reflexivitäts- und Innovationsstrategien ab, sondern selbstverständlich ebenfalls von den *allgemeinen (exogenen) wirtschaftlichen, sozialen und gesellschaftlichen „Klimabedingungen"*. Gemäss empirischen Untersuchungen, die sich weniger für die Feinheiten der vielfältigen Interaktionen innerhalb des Interaktionssystems interessieren, sondern in einer Makroperspektive das Gesamtverhalten zu erfassen versuchen, wirken sich insbesondere folgende Faktoren (Horbach 1992: 149 ff.) allgemein günstig auf die Generierung und Umsetzung von umweltpolitischen Anliegen aus:

- hohes beziehungsweise zunehmendes Umweltbewußtsein,
- zeitliche Nähe zur nächsten Bundestagswahl,
- günstige konjunkturelle Lage sowie
- konkreter umweltpolitischer Problemdruck beziehungsweise Krisensituationen mit Signalwirkung (beispielsweise Bophal, Schweizerhalle, Waldsterben).

Betrachtet man die durch die erwähnten Strategien verursachten beziehungsweise beabsichtigten „Einmischungen" ins Kräftefeld des analysierten Interaktionssystems, dann stellt sich die Frage, woher denn die Energie (um im naturwissenschaftlichen Jargon zu bleiben) zu Veränderungen in diesem Feld kommen könnte. Dies zu erläutern ist Gegenstand des abschliessenden Abschnitts.

3.4.6
Chancen für eine Politik der Nachhaltigkeit.

Obige politökonomische Analyse gestattet es, eine erste Formulierung von Regeln zur erfolgreichen Realisierung einer Politik der Nachhaltigkeit zu wagen. Diesen Regeln kommt zum Teil erst der Status plausibler Vermutungen zu (als Hypothesen für weitere wissenschaftliche Arbeit, die zur Reflexion einladen), zum Teil jedoch handelt es sich bereits um relativ gut begründete „Erfolgsrezepte".

Feststellung: Institutionen beziehungsweise institutionelle Reformen für eine Politik der Nachhaltigkeit werden nicht von einem wohlwollende Diktator eingeführt, sondern müssen von Akteuren innerhalb des politischen Interaktionssystems kommen.

Diese Einsicht verdeutlich jedoch zugleich die beträchtlichen Implementations-probleme: Aus der Sicht der politikökonomischen Analyse bedeutet sie, daß Veränderungen aus einem System heraus generiert werden müssen, dessen Kräftekonstellation gegen solche Veränderungen spricht. Diese physikalische Terminologie verweist bereits auf eine Modellvorstellung, die einen Ausweg aus dem Dilemma zulässt: Falls man sich das Kräftesystem in einem statischen Gleichgewicht vorstellt, gäbe es in der Tat nur wenig Hoffnung auf Veränderungen von innen heraus. Man wäre auf externe Anstösse, Schocks angewiesen - zum Beispiel Umweltkatastrophen, soziale Umwälzungen. Falls man jedoch eine dynamische Weltsicht hat, die beispielsweise Innovationen zulässt, und zudem das analysierte Interaktionssystem entsprechend evolutionstheoretisch interpretiert, dann sind Ansatzpunkte für Reformen möglich.

Der Einstieg in eine Politik der Nachhaltigkeit geschieht über die erfolgreiche Realisie-rung institutioneller Reformen. Diese müssen unter den gegebenen politischen Kräfte-verhältnissen implementierbar sein.

Die grundlegenden politischen Gestaltungsideen liegen in Form der erwähnten Strategien vor. Aus unseren politökonomischen Überlegungen folgt, daß nicht alle diese „Einmischungen" ins Kräftefeld des politischen Interaktionssystems unter den heute gegebenen „Startbedingungen" möglich beziehungsweise mit gleicher Wahrscheinlichkeit möglich sind.

Eine Erhöhung des politischen Gewichts der Pro-Interessen steht relativ unmittelbar in Konflikt mit den Kontra-Interessen. Dabei scheinen insbesondere Strategien der *Partizipation* sowie des *Macht- und Ressourcenausgleichs* relativ gefährdet, da sie unmittelbar die Handlungsräume und die Ressourcen dieser Interessengruppen tangieren. Schon weniger problematisch scheinen hingegen Strategien der *Selbstorganisation*. Diese erlauben ein organisches Heranwachsen neuer Machtpositionen, sie bedeuten keine unmittelbare Entmachtung.

Tendenziell wohl etwas günstiger eingeschätzt werden kann eine Erhöhung des umwelt- beziehungsweise nachhaltigkeitspolitischen Engagements und des Gewichts von Politiker und Verwaltung - insbesondere wenn sie über Strategien der *Reflexivität* angestrebt werden soll.

Günstig sind vermutlich die Durchsetzungschancen beim Abbau von Umwelt-schutzaversion bei den Kontra-Interessen insbesondere wenn *Innovationsstrategi-*

en (insbesondere auch im wirtschafts- und umweltpolitischen Bereich, vgl. insbesondere die Ausführungen unten zur „produktiven Kraft der Sachzwänge) und *Reflexivitätsstrategien* im Vordergrund stehen (etwa Berichterstattungssysteme, Satelliteninstitutionen, verbesserte Strukturierung von Information in Entscheidungsprozessen oder nachhaltigkeitsorientierte Forschung und Wissenschaft).

Diese letztgenannten Strategien dienen, wie erwähnt, auch der Verbesserung des umweltpolitischen Klimas und sind bezüglich Umsetzungschancen ähnlich positiv zu bewerten.

Die vorgestellte allgemeine Charakterisierung leistet eine erste Orientierung - und lenkt die Aufmerksamkeit auf jene Institutionengruppen im Institutionenatlas (vgl. Kap. 6), wo am ehesten Kandidaten für einen erfolgreichen Einstieg in eine Nachhaltigkeitsdynamik gefunden werden können. Trotzdem: obige Aussagen dürfen nicht auf alle Institutionen übertragen werden, die unter einer der Strategiekategorien aufgeführt werden. Ihr „umsetzungspolitisches Fine-Tuning" wäre Sache vertiefter Strategieanalyse - eine erste Grobevaluation und entsprechende Empfehlungen bietet Kapitel 6.

> *Die Innovationsdynamik auslösen*: Ein evolutorisches Verständnis des politischen Interaktionssystems legt es nahe, neben der Implementierbarkeit auch die Innovationseffekte der jeweiligen institutionellen Reformen zu berücksichtigen. Die politischen Anstrengungen sollten jenen institutionellen Reformen gehören, die bezüglich Umsetzbarkeit und Innovationspotential möglichst günstig abschneiden.

Die NPÖ-Analyse kann Hinweise auf die Umsetzungschancen bestimmter institutioneller Reformen beziehungsweise Innovationen geben. Die Chancen wahrzunehmen ist Voraussetzung dafür, daß Innovationsprozesse innerhalb des Interaktionssystems ausgelöst werden, die schliesslich die Kräfteverhältnisse so verändern, daß weitergehende, ursprünglich nichtdurchsetzbare Einmischungen im Dienste einer Politik der Nachhaltigkeit möglich werden. Es ist deshalb wichtig, nach der Analyse der Durchsetzbarkeit in einem zweiten Schritt jene Institutionen zu evaluieren beziehungsweise das institutionelle Reformpaket so zusammenzustellen, daß möglichst starke Impulse eine Innovationsdynamik in Richtung Nachhaltigkeit auslösen.

Eine neuere Untersuchung zu ökologischen Innovationsstrategien für Unternehmen, Politik und Akteurnetze (Minsch, u.a. 1996) zeigt, daß unabhängig von den heroischen umweltpolitischen Debatten und dem in deutlichem Kontrast dazu stehenden relativ kleinen beziehungsweise langsamen umweltpolitischen Fortschritten im Bereich der wirschaftlichen Akteure eine ökologisch innovative Unruhe herrscht, die sich bereits in vielen konkreten Aktionen niederschlägt und - bei geeigneter Moderierung durch Akteurnetze und Politik - durchaus das Potential hat, weitere Kreise zu ziehen. Das Potential liegt dabei nicht in den einzelnen isolierten Innovationen, sondern in deren Zusammenwirken. *Vielfalt* und *Vernetzung* sind die zentralen Ingredenzien einer breitenwirksamen Innovationsdynamik - eine Regel, die es auch beim Zusammenstellen des institutionellen Reformpakets zu berücksichtigen gilt.

> „Soziale Transistoren" zur Erhöhung des nachhaltigkeitspolitischen Handlungsspielraums beachten.

Zur Erhöhung der Handlungsspielräume für gesellschaftspolitische Reformen wird in der Literatur das Konzept des sogenannten „sozialen Transistoren" diskutiert (vgl. Herder-Dorneich 1988: 34 ff.; Horbach 1992: 259 f.; Kurz u.a. 1966: 153 f.). Als Transistoren versteht man:

- *unterschiedliche Hemmschwellen* der politischen Aktion gegenüber der möglichen Reaktion,
- *Eingriffe unter der Merklichkeitsgrenze*,
- die *Verschleierung des Akteurs* des Eingreifenden, so daß ein anderer Akteur für den Eingriff verantwortlich gemacht wird sowie
- Zeitverschiebungen.

Unterschiedliche Hemmschwellen sind beispielsweise nach ökologischen Grossunfällen gegeben, wo sich umweltpolitische Maßnahmen einer vergleichsweise hohen Akzeptanz erfreuen und dagegenstehende Interessen es entsprechend schwer haben, sich politisch durchzusetzen. Horbach (1992: 260) erwähnt als illustrierendes Beispiel die Einführung des Umwelthaftungsgesetzes in Deutschland. Auslöser für die Gesetzesinitiative der Bundesregierung war der Brand einer Lagerhalle der Schweizer Firma Sandoz (Schweizerhalle) und das anschliessend durch giftige Löschwasser verursachte Fischsterben im Rhein. In der Schweiz war dies Anstoss zur Erlass einer Störfallverordnung vom April 1991.

Es gehört zur Kunst der institutionellen Reform, die Möglichkeiten solcher Transistoren im Auge zu behalten, gegebenenfalls möglichst gekonnt die „Gunst der Stunde" zu nutzen und vor allem die produktive Kraft wirtschaftspolitischer Sachzwänge in den Dienst einer Politik der Nachhaltigkeit zu stellen.

> Die *„Gunst der Stunde"* nutzen ...

Die Gunst der Stunde will allerdings zuerst erkannt sein. Die Ausführungen zu den makroökonomischen Klimabedingungen lieferten einige Hinweise. Sie seien in Erinnerung gerufen: Neben dem Umweltbewußtsein und akuten ökologischen Problemlagen sind dies insbesondere

- die geeignete zeitliche Positionierung in der Legislaturperiode
- die günstige konjunkturelle Lage.

Ganz zentral scheint uns jedoch zu sein, in kreativer Weise die produktive Kraft wirtschaftspolitischer Sachzwänge zu nutzen. Darauf wird im folgenden näher eingegangen:

> ... und die „produktive Kraft" der Sachzwänge: Von der additiven Umweltpolitik zu einer integralen Politik der Nachhaltigkeit!

Aus der Dreidimensionalität der Nachhaltigkeit folgt zwingend, Problemwahrnehmung und Erarbeitung von Lösungsvorschlägen - hier: institutionelle Innovationen - *nicht auf die Systemgrenzen der ökologischen Dimension einzuengen, sondern die generelle ökonomische und soziale Situation mit ins Visier zu nehmen.* Es ist unsere Arbeitsthese, daß die heutige „Blockade in der Umweltpolitik" nicht einfach auf eine ungeschickte Instrumentenwahl zurückzuführen ist, sondern vor allem auf einen eigentlichen „gesellschaftlichen Wahrnehmungsdefekt" bezüglich der tatsächlichen ökonomisch-ökologischen Problemlage. Mit anderen Worten: Die oben konstatierte Gegnerschaft gegen Umweltverbesserungen ist im wesentlichen eine Gegnerschaft gegen eine nicht integrierte, additive Umweltpolitik!

Es ist zu zeigen, daß eine integrale Problemsicht im Sinne der Nachhaltigkeit und entsprechend ausgestaltete Lösungsstrategien nicht nur ökologisch, sondern auch im engeren Sinne ökonomisch Sinn machen, was die Umsetzungschancen im umweltpolitischen Kräftefeld entscheidend verbessern kann - insbesondere im Bereich der traditionellen Gegnerschaft, worauf es vor allem ankommt (vgl. dazu ausführlich Minsch, u.a. 1966: insbes. 195 ff.). Wie bereits erwähnt: Die vorliegende NPÖ-Analyse ist eine Bestandesaufnahme der gegebenen Situation - das heisst, die (empirisch orientierte) Interessensabschätzung und damit die Positionierung der Akteursgruppen im Interaktionssystem wurde bezüglich der heutigen traditionellen, also im wesentlichen additiven Umweltpolitik vorgenommen. Die Interessenlage gegenüber der Umweltpolitik kann sich dann grundsätzlich verbessern, wenn nicht mehr diese Art von Umweltpolitik zur Debatte steht und den politischen Prozeß durchlaufen muß, sondern wenn es um eine Politik der Nachhaltigkeit geht, die tatsächlich - und nicht nur postulatorisch - die drei Dimensionen Soziales, Ökologisches und Ökonomisches integrativ umfasst. *Von einer additiven Umweltpolitik zu einer integralen Politik der Nachhaltigkeit* steht als Motto über diesem Projekt.

Unser Interesse gilt deshalb den nicht-ökologischen Problemlagen, den Sachzwängen und Entwicklungstrends, die als nachhaltigkeitspolitische Hebel erkannt und eingesetzt werden können. Die real vorhandenen Sachzwänge sollen, so die Vorstellung, dazu benützt werden, ohnehin nötig werdende ökonomisch motivierte

Reformen mit positiven ökologischen Wirkungen zu koppeln und die gesellschaftlich und politisch stark wahrnehmbaren Signale als Handlungsantrieb auszunutzen. Sachzwänge nötigen zum Verlassen von gewohnten Pfaden und fordern die Suche nach neuen Lösungen. Denn durch eine Blockierung der gewohnten Lösungsansätze entsteht Freiraum für neue Lösungen. Denkblockaden werden durchbrochen. Es entsteht ein Zwang zur Kreativität. Solche Sachzwänge sind insbesondere die *Beschäftigungsproblematik,* die *Finanzknappheit* bei den öffentlichen Haushalten, die hohe *Regulierungsdichte* und zunehmende *Folgekosten.*

Die Beschäftigungsproblematik: Zentrale Aufgabe der Wirtschaftspolitik ist die Sicherung von Beschäftigung, beziehungsweise die Schaffung neuer Arbeitsplätze. Gerade hier zeigt sich paradigmatisch, daß die traditionellen Lösungsansätze nicht (mehr), oder zu kurz greifen. Reallohnsenkungen werden zwar von der Wirtschaft gefordert und von der Ökonomie befürwortet, da damit die Konkurrenzfähigkeit des Faktors Arbeit gegenüber der Konkurrenz Maschine oder von seiten der Billiglohnländer erhöht werden könnte. Einer solchen Strategie stehen jedoch die Interessen der Arbeitnehmer entgegen. Der übliche Ersatz für eine solche, offensichtlich nicht zu realisierende Politik der Verschiebung der relativen Faktorpreise ist die Wachstumspolitik. Mit Wachstum erhofft man sich vermehrt Beschäftigung. Abgesehen von der Schwierigkeit, heute reales Wachstum zu realisieren, das nicht inflationär verpufft, bleibt der längerfristige Erfolg bezüglich Beschäftigung äusserst wage. Es gibt gute Gründe anzunehmen, daß das Wachstum in industriell entwickelten Hochlohnländern vor allem Rationalisierungsinvestitionen auslöst und damit gesamtwirtschaftlich zu einer sinkenden Arbeitsintensität führt (Binswanger/Frisch/Nutzinger u.a. 1983, 139 ff.). Dem Beschäftigungsproblem ist so kaum beizukommen. Verschärft wird die Beschäftigungsproblematik noch durch den heutigen Globalisierungstrend.

Die Finanzknappheit: Der zweite zentrale ausserökologische Hebel für eine Politik der Nachhaltigen Entwicklung ist die in letzter Zeit geradezu dramatische Ausmasse annehmende Finanzknappheit bei den öffentlichen Haushalten. Es ist dies ein Problem, das ausnahmslos sämtliche Staaten des industrialisierten Nordens betrifft und neben der Beschäftigungsfrage das wirtschaftspolitische Thema der aktuellen Diskussion darstellt. Die Finanzknappheit hat ein Ausmass angenommen, das sogar lange als gesichert geglaubte sozialstaatliche Einrichtungen zu gefährden scheint. Sparen, sogar sozialer Abbau, aber auch das Erschliessen neuer Einnahmequellen prägen die finanzpolitischen Strategiedebatten. Angesichts dieser Sachlage wird auch die Umweltpolitik nicht „ungeschoren" davonkommen. Dabei wird es von zentraler Wichtigkeit sein, Einsparpotentiale zu bezeichnen, die nicht nur den umweltpolitischen Status quo nicht gefährden, sondern sogar einen aktiven Beitrag zu einer nachhaltigen Entwicklung der Wirtschaft zu leisten imstande sind. Zu denken ist hierbei vor allem an die später im Rahmen der ökologischen Finanzordnung erwähnten ökologisch und beschäftigungspolitisch kontraproduktiven Subventionsstrategien.

Grenzen der Regulierung: Mit der administrativen Regulierungsdichte ist die staatliche Politik nicht nur im Umweltbereich an Grenzen gestossen, sondern insbesondere dort, wo Regulierungen direkt spürbare finanzielle Folgen für die Betroffenen ohne entsprechenden individuellen Nutzen verursachen. Neue Formen der Regulierung sind deshalb gefordert, die den Umweltschutz materiell nicht in Frage stellen, aber den administrativen Aufwand - bei Verwaltung und Normadressaten - erheblich reduzieren.

Folgekosten: Ein zunehmend ausser Kontrolle geratender Teil des Sachzwangs "Finanzknappheit" sind die ökologischen Folgekosten. Die Begründung liegt vor allem in ihrer Dynamik. Auch wenn ihre Erfassung schwierig und bislang nur unvollständig gelang, zeigen verschiedene Studien (zum Beispiel Leipert 1989; Van Dieren 1995) übereinstimmend eine zunehmende Tendenz dieses Kostentyps. Dies muß als deutliches Warnsignal zur Kenntnis genommen werden, denn der Aufwärtstrend ist ungebrochen und droht vorerst in Einzelfällen und schliesslich generell zu einem gesamtwirtschaftlich dominanten Kostenfaktor zu werden. Handlungsleitend werden Überlegungen zur Kosteneinsparung, wenn klar wird, daß die Behebung von Schäden wesentlich teurer ist als deren Vermeidung. Beispiele von finanziellen Auswirkungen ökologischer "Sünden" können bereits heute genannt werden: Altlastensanierung, Gebäude-(Kulturgüter-)schäden aus Luftverschmutzung, Hochwasserrückhaltebecken infolge Versiegelung des Bodens und der damit verbundenen steigenden Überschwemmungsgefahr.

Zusammengefasst: Es geht darum, im Dienste einer Politik der Nachhaltigkeit die traditionellen Systemgrenzen zwischen den drei Nachhaltigkeitsdimensionen zugungsten einer Problemsicht zu überwinden, die integrale Lösungen ins politische Gesichtsfeld rücken lässt. Damit kann es gelingen, das entscheidende „Handicap" ökologischer Ziele innerhalb des politischen Interaktionssystems zu überwinden: den hohen Öffentlichkeitsgrad. Ökologische Ziele erscheinen nicht mehr als isoliert angestrebte öffentliche Güter, sondern gewissermassen als gesellschaftlicher Zusatznutzen integrierter Lösungen mit entscheidend niedrigerem Öffentlichkeitsgrad. Die notwendige offene Wahrnehmung zu garantieren, ist wichtige Aufgabe reflexiver Strategien; konkrete institutionelle Lösungen werden dann insbesondere im Bereich der Innovationsstrategien vorgestellt.

Ergänzende Empfehlungen

Der Abschnitt schliesst mit ergänzenden Empfehlungen. Sie betreffen einzelne konkrete Detailprobleme, die die politökonomische Analyse zutage förderte, jedoch in den vorgängigen eher strategischen Ausführungen noch nicht adäquat berücksichtigt wurden:

* Festgestellt wurde die unterschiedliche *Organisationsfähigkeit* gesellschaftlicher Interessen, insbesondere die systematische Benachteiligung ökologischer Anliegen infolge ihres hohen Öffentlichkeitsgrades. Die Ausstattung der ökologischen Interessen mit Partizipationsrechten der unterschiedlichsten Art

im Sinne von Kapitel 3.3 hat zu berücksichtigen, daß neben formalen Partizipationsrechten beziehungsweise -möglichkeiten auch die Frage der Ausstattung mit *ökonomischen Ressourcen* beantwortet werden muß.

- Die *Kurzfristorientierung* des Stimmenmarktes steht den Anliegen einer Nachhaltigen Entwicklung entgegen. Da sich die Umsetzung ökologischer Interessen heute noch kaum eignet, um im gegebenen institutionellen Setting der parlamentarischen Demokratie gewählt beziehungsweise wiedergewählt zu werden, ist der Schaffung geeigneter, demokratisch legitimierter institutioneller *„Gefässe" der Langfristorientierung und der integrativen Wahrnehmung* besondere Aufmerksamkeit zu schenken.

- Die zunehmende *Abhängigkeit* des politisch-administrativen Systems von der Sachkenntnis der Interessenverbände - und hier, wie gezeigt wurde, insbesondere von jenen der Normadressaten - droht die Legitimität des gesellschaftlichen Zielfindungsprozesses zu unterhöhlen. Beim Design institutioneller Reformen verdienen deshalb besondere Beachtung:

  1. Die Reduktion der Abhängigkeit von externer Sachkenntnis durch *Reduktion der Komplexität* des Regelungsgegenstandes. Dies erfordert vor allem Abkehr vom (umweltpolitischen) Primat der ökologischen Feinsteuerung und Orientierung am Referenzmodell der ökologischen Grobsteuerung im Sinne der oben begründeten integrativen Politik der Nachhaltigkeit (mit der nachhaltigkeitsorientierten Finanzordnung als wichtiger erster Schritt).
  2. Die *Pluralisierung und Transparenz der Informationsquellen* der Verwaltung durch geeignete Forschungspolitik und systematische Einbindung aller Interessenvertretungen/Verbände .

- Festgestellt wurde schliesslich eine starke *„Koalition von Politik, Wirtschaftsverbänden und Behörden (Verwaltung) zugunsten von end-of-pipe-Lösungen"* in akuten Problemlagen. Dies zementiert die umweltpolitische Feinsteuerung mit den bekannten Nebenfolgen, insbesondere längerfristige umweltpolitische Überforderung, ordnungspolitisch problematische Überreglementierung und Ausblendung von integralen Lösungen im Sinne der dreidimensionalen Nachhaltigkeit (Minsch u.a. 1996). Der Zusammenhalt dieser Koalition „lebt" vom vorläufigen Erfolg der traditionellen additiven Umweltpolitik. Sobald jedoch die Vernetzung zwischen ökonomischen, sozialen und ökologischen Fragen (sowohl was ihren Entstehungszusammenhang betrifft, als auch ihre erfolgreiche Lösung) erkannt wird, verliert diese Koalition ihre Grundlage. Denn der Beschäftigungslosigkeit, der Finanzknappheit und auch der Überreglementierung dürfte insbesondere bei den Akteuren der Politik und der Wirtschaft mehr Gewicht zukommen als die „subalternen" Interessen an einer teuren und letztlich nicht erfolgreichen ordnungsrechtlichen Umweltpolitik des ökologischen Einzelfallmanagements. Dies zu kommunizieren und in kreative Lösungen umzusetzen, ist unverzichtbare Aufgabe innovativer, „unternehmerischer" PolitikerInnen.

3.4.7
Exkurs: Die Idee der Ökologischen Grobsteuerung

An verschiedenen Stellen dieses Kapitels wurde kritisch auf die umweltpolitische Feinsteuerung hingewiesen. Erstmals indirekt in Abschnitt 3.1, wo im Zusammenhang mit der Komplexität ökologisch-ökonomischer Problemzusammenhänge auf das konstitutive Wissensproblem hingewiesen wurde. Feinsteuerung bedeutet eine problematische Abhängigkeit von Detailwissen. Ökologische Feinsteuerung bedeutet jedoch vor allem auch die Tendenz zur administrativen Überforderung, zur ordnungspolitisch problematischen Überreglementierung und schliesslich zur Abblendung von integralen Lösungen im Sinne der dreidimensionalen Nachhaltigkeit (vgl. letzte Empfehlung der politökonomischen Analyse). Dies aber blockiert die oben angemahnte Ausnutzung der „produktiven Kraft" der Sachzwänge. Diese Argumentationsfäden aufnehmend sei als Schlußpunkt dieses Abschnitts die Idee der Ökologischen Grobsteuerung kurz vorgestellt. Sie scheint in besonderer Weise geeignet, durch problemadäquate Komplexitätsreduktion das Wissensproblem zu entschärfen, eine inhaltliche Fokussierung der Such- und Gestaltungsprozesse auf zentrale Fragen sicherzustellen und - im Bereich der Politik der Nachhaltigkeit - Verknüpfungspotentiale im Zeichen der drei Nachhaltigkeitsdimensionen offenzulegen.

3.4.7.1
Notwendigkeit der Komplexitätsreduktion

Aus den Ausführungen zum konstitutiven Wissensproblem folgt: Vordringlich ist eine problem- und zieladäquate *Komplexitätsreduktion*, die die Möglichkeiten und (prinzipiellen und praktischen) Grenzen naturwissenschaftlicher Analyse berücksichtigt, und die Erarbeitung von Nachhaltigkeitsstrategien erlaubt, welche den ordnungspolitischen Erfordernissen des evolvierenden Systems Marktwirtschaft gerecht werden. Idee und Konzeption der "Ökologischen Grobsteuerung" stehen für diese Absicht.

Vor diesem Hintergrund wird deutlich, daß rein emissionsorientierte Umweltstrategien problematisch sind (vgl. ausführlich Minsch 1994 oder Minsch 1996). Sie setzen die Kenntnis der einzelnen Emissionen und (in Zusammenwirkung mit anderen Emissionen oder Naturbestandteilen) deren Schädigungspotential voraus. Dies ist dann kein gravierendes Problem, wenn Umweltprobleme Ausnahmephänomene darstellen und keiner, oder nur einer geringen Dynamik unterliegen. Der wirtschaftliche Produktionsprozeß in seiner heutigen Grösse produziert jedoch eine Vielzahl ökologisch relevanter Umweltbeanspruchungen, zu denen infolge der wirtschaftlichen Dynamik dauernd unbekannte neue hinzutreten. Insofern ist wirtschaftliche Produktion gleichzeitig Produktion komplexer, dynamischer ökologischer Problemsituationen, die die naturwissenschaftliche Forschung zumindest in zeitlicher Hinsicht, in vielen Fällen wahrscheinlich auch prinzipiell, zu überfordern droht.

In die ökonomische Terminologie übersetzt heisst dies: Emissionsseitige Umweltschutzstrategien sehen sich mit hohen, im Extremfall prohibitiv hohen Informationskosten konfrontiert, die verursacherorientierte umweltpolitische Strategien behindern oder gar verhindern (Minsch 1988). Es kann nicht davon ausgegangen werden, daß diese Informationskosten ein Übergangsphänomen darstellen, das im Laufe des naturwissenschaftlichen Forschungsprozesses überwunden wird. Die wirtschaftliche und ökologische Dynamik sorgen für eine dauernde "Problemregeneration". Das umweltpolitische Zu-spät-kommen wäre dann systemnotwendig (Schmidt-Bleek 1994: 63 f.).

Dieses *Zu-spät-kommen* akzentuiert sich auf der Ebene der umweltpolitischen Implementierung: Allein schon die Menge der notwendigen Internalisierungs-lösungen stellt eine Überforderung der Umweltpolitik dar. Andererseits sind punktuelle Internalisierungen im Grunde nichts anderes, als Problemver-schiebungen (Vgl. Schmidt-Bleek 1994: 64) in Form von *"Emissions-transformationen"*. Einmal vorhandene Emissionen werden nicht zu Nichts, sondern treten in unbekannter anderer Form und an unbekannter Stelle wieder in Erscheinung. Beim heutigen Stand der Umweltbeanspruchung muß immer dann mit einer Emissionstransformation gerechnet werden, wenn nicht gleichzeitig sämtliche möglichen Emissionen gemäss ihrer ökologischen Problematik erfasst werden. Dies kann und darf aber nicht umweltpolitisch erwartet werden.

Die Realität heutiger ökologischer Gefährdung besteht also nicht aus einigen wenigen Emissionsproblemen (Externalitäten), die relativ problemlos im Sinne des traditionellen umweltpolitischen Einzelfallmanagements gelöst werden können, sondern offenbart sich als *"Externalitätenkomplex"*. Dieser setzt sich wohl aus einzelnen Externalitäten zusammen, betont jedoch darüber hinaus die für die heutige Umweltproblematik konstituierenden Charakteristika

- der *Menge* (es existiert eine Vielzahl einzelner Externalitäten),
- der *Dynamik* (es entstehen immer wieder neue Externalitäten),
- der *Komplexität* (die ökologischen Wirkungszusammenhänge der Externalitä-ten sind Komplexprobleme) und daraus resultierend
- der prinzipiellen *Unschärfe* in Wahrnehmung und Analyse.

3.4.7.2
Konzentration auf zentrale Faktoren

Um dieses Problem meistern zu können, empfiehlt sich eine stärkere Inputorien-tierung. In diesem Sinne postuliert eine Ökologische Grobsteuerung (Minsch 1994), vermehrt bei der grundlegenden Ursache der ökologischen Problematik anzusetzen, bei der Natur als „Wirk-, Material- und Raumursache" der Produkti-on. Diese *Konzentration auf zentrale Faktoren* macht Politikschritte möglich, ohne Überforderung der naturwissenschaftlichen Analyse, bei gleichzeitiger Entlastung des politischen Systems. Die Einleitung einer Politik der Nachhaltigen Entwicklung verlangt nämlich nicht die Einigung über eine Vielzahl einzelner

Entwicklung verlangt nämlich nicht die Einigung über eine Vielzahl einzelner umweltpolitischer Detailprobleme. Es genügt vielmehr ein Konsens über längerfristig gültige, allgemeine Leitplanken der Nachhaltigen Entwicklung. Mit anderen Worten: Die (quantitative) Grundursache der ökologischen Gefährdung kann bereits einer Lösung zugeführt werden, ohne daß über die qualitativen Details des gesellschaftlichen und ökologischen Zukunftentwurfes Einigkeit herrschen muß.

Fazit: Die Umorientierung von Wirtschaft und Gesellschaft in Richtung Nachhaltige Entwicklung ist nicht, oder nur am Rande, Aufgabe einer emissionsorientierten Umweltpolitik, sondern einer sich auf wenige strategische Faktoren konzentrierenden "ökologischen Grobsteuerung". Ihr Ziel ist die Beseitigung der quantitativen Grundursachen der ökologischen Gefährdung. Realisiert wird dies durch die Schaffung einer ökologischen Rahmenordnung, die einen marktwirtschaftlichen Suchprozeß in Richtung Nachhaltige Entwicklung initiiert. Verbleibende Fragen der "ökologischen Feinsteuerung" sind Aufgabe einer "entlasteten" Umweltpolitik. Hier werden unter anderen auch emissionsorientierte Strategien ihren Platz haben.

3.4.7.3
Ansatzpunkte

Die *Ansatzpunkte* einer ökologischen Grobsteuerung ergeben sich aus der Rolle der Natur im wirtschaftlichen Produktions- beziehungsweise Transformationsprozeß: Die Natur ist als Wirkursache (Energie), als Materialursache (Materie) und als Raumursache (Standort von Produktion und Konsum) der entscheidende Produktionsfaktor. Dies hat die Wirtschaftspolitik schon vor langer Zeit entdeckt, allerdings nicht, um die Natur zu schützen, sondern im Gegenteil, um sie der Wirtschaft möglichst billig zur Verfügung zu stellen. War es vor zweihundert Jahren die Verbilligung der Nahrungsmittel und des knapp werdenden Holzes, so ist es heute die *Verbilligung der Energie, der Rohstoffförderung, der Abfallentsorgung, die expansive Raumerschliessung, die Verbilligung der Mobilität* und schliesslich die *Verbilligung von Grossrisiken durch Haftungsbegrenzungen* (vgl. ausführlicher Minsch 1994 und 1996). Diese "merkantilistische" Strategie der Verbilligung von Zentralressourcen widerspricht den Grundsätzen der Marktwirtschaft und wirkt als "Ökologische Grobsteuerung in die falsche Richtung" - weg von einer umfassend verstandenen Nachhaltigen Entwicklung: Ökologisch besteht ein Anreiz, die Natur intensiv als Produktionsfaktor zu beanspruchen, sozial schädlich wirkt die relative Verteuerung der Arbeit, weil dadurch ein verstärkter Anreiz zu arbeitsfreisetzenden Rationalisierungsinvestitionen geschaffen wird, und ökonomisch verschärfen Verbilligungsstrategien unmittelbar die Situation bei den öffentlichen Finanzen und mittelbar via ökologischer und sozialer Folgekosten. Konkrete Ansatzpunkte einer Ökologischen Grobsteuerung sind die Bereiche Energie, Materialversorgung (Montanindustrie) und Abfallentsorgung, Raum und Landschaft, Verkehr sowie Grossrisiken.

3.5
Von der gesellschaftlichen Problemanalyse zu institutionellen Lösungsstrategien

Die vorliegende Studie hat sich der Frage nach "institutionellen Reformen für eine Politik der Nachhaltigkeit" über eine grundsätzliche gesellschaftstheoretische Problemanalyse genähert. Sie hat dieses Vorgehen gewählt, weil die heutigen Probleme einer Nicht-Nachhaltigkeit im ökologischen, sozialen und ökonomischen Bereich in grundsätzlichen Konstruktions- und Organisationsprinzipien unserer modernen Industriegesellschaft begründet liegen. Die theoretischen Analysen sensibilisieren dafür, daß sich der heutige gesellschaftliche Wandel in vielen Bereichen als vermeintlich "unaufhaltbar unnachhaltig" präsentiert. Die Analyse deckt sich mit den praktischen inneren und äußeren Herausforderungen, mit denen die Politik derzeit konfrontiert ist - wie Individualisierung, Globalisierung, Beschleunigung, Massenarbeitslosigkeit und der zunehmenden Überforderung staatlicher Steuerungsmöglichkeiten.

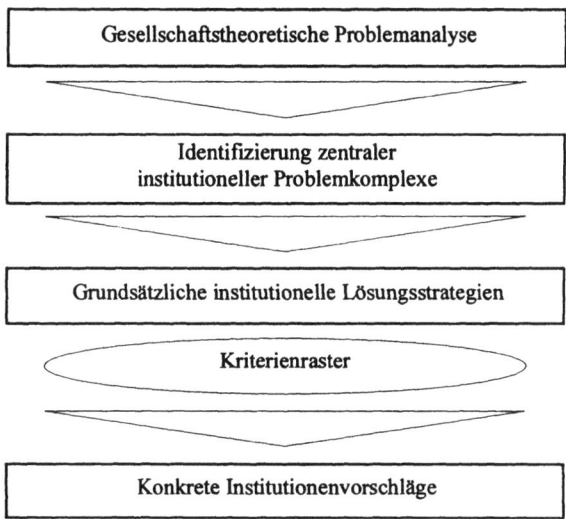

Abb. 7. Grundaufbau der Studie

Die Probleme wurden in den theoretischen Analysen zu grundsätzlichen institutionellen Problemkomplexen zusammengefaßt. Daraus ließen sich übergeordnete institutionelle Lösungsstrategien ableiten. Tabelle 3 und Tabelle 4 fassen die beiden theoretischen Zugänge (Moderne-Theorien sowie politökonomische Analyse), die sich aus ihnen ergebenen Problemkomplexe sowie die daraus abgeleiteten Lösungsstrategien zusammen.

Die Analyse der Moderne-Theorien stützte sich einmal auf akteurtheoretische Ansätze der allgemeinen Policy-Analyse, die Steuerungsmöglichkeiten trotz funktionaler Ausdifferenzierung auf insgesamt vier Ebenen zu identifizieren vermögen. Sie korrelieren eng mit den Ansatzpunkten eines politischen Capacity-Building, wie sie von Jänicke entwickelt wurden. Jeder dieser Ebenen ließen sich spezifische Problemkomplexe sowie vier grundlegende Lösungsstrategien zuordnen (vgl. Tabelle 3).

Tabelle 3. Gesellschaftstheoretische Problemanalyse: Zugang über Moderne-Theorien

Akteurtheoretischer Ansatz der allgemeinen Policy-Analyse	Ebenen des capacity-building-Ansatzes nach Jänicke	Konkrete Problemkomplexe	Lösungsstrategie
Akteur-koalitionen	Akteure / Proponenten	fehlen handlungsfähiger Koalitionspartner für eine Politik der Nachhaltigkeit in den Teilsystemen	Selbstorganisation/ Partizipation
teilsystemische Leitorientierung von Handlungen	kognitiv-informationelle Rahmenbedingungen	fehlendes Wissen und fehlende kulturelle Resonanz für reformenlegitimierende Interpretationen	Reflexivität
institutionell verankerte Spielregeln	politisch-institutionelle Rahmenbedingungen	fehlende oder falsche Anreizmuster , fehlende Ressourcen zur Veränderung der Anreizmuster	Ressourcen-, Informations-, Machtausgleich
äußere Restriktion	ökonomisch-technische Rahmenbedingungen	fehlende gangbare alternative technisch-ökonomische Optionen	Innovation

Die politökonomische Analyse formulierte mehrere Regeln und ergänzende Empfehlungen zur erfolgreichen Einleitung eines institutionellen Reform- beziehungsweise Innovationsprozesses (vgl. Tabelle 4, Teil 1 und Teil 2). Diese gilt es bei der Evaluation und der konkreten Ausgestaltung der institutionellen Reformvorschläge, beim Zusammenführen zu Reformpaketen und schliesslich bei der zeitlichen Einsatzplanung zu berücksichtigen.

Tabelle 4. (Teil 1): Gesellschaftstheoretische Problemanalyse: Politökonomischer Zugang

Allgemeine Regeln	Lösungsansatz	Lösungsstrategien
Den Einstieg schaffen	Evaluation, Gestaltung und Timing von Strategien und ihren Institutionen im Hinblick auf Umsetzungschancen	Grobpriorisierung hinsichtlich der Umsetzungschancen: • Innovations- und Reflexionsstrategien • Selbstorganisation und Partizipation • Macht- und Ressourcenausgleich
Innovationsdynamik auslösen	Evaluation und Gestaltung im Hinblick auf Innovationsimpulse und deren Verstärkung durch Vielfalt und Vernetzung	Alle Lösungsstrategien sind betroffen: • Reflexivität • Selbstorganisation /Partizipation
„Soziale Transistoren" beachten	Insbesondere: • Hemmschwellen • Merklichkeitsgrenzen Eventuell: • Zeitverschiebung • Verschleierung	• Ressourcen-, Informations- und Machtausgleich • Innovation
„Gunst der Stunde" nutzen	Insbesondere: • Umweltbewußtsein • ökologische Problemlagen • wirtschaftliche Lage • Zeitpunkt im Wahlzyklus	
„Produktive Kraft der Sachzwänge" nutzen	Problem: Hoher Öffentlichkeitsgrad (öffentlicher Gutscharakter) des Ziels der Nachhaltigen Entwicklung Lösungsansatz: Vernetzung verschiedener Lösungsansätze, zum Beispiel ökologische Zielerfüllung als gesellschaftl. Zusatznutzen	Innovation

Der multiperspektive gesellschaftstheoretische Zugang der Studie führt somit letztlich zu vier grundsätzlichen gemeinsamen Lösungsstrategien. Die *Erhöhung der Reflexivität,* die *Stärkung von Selbstorganisations- und Partizipationsmöglichkeiten,* die Schaffung von zusätzlichen *Mechanismen des Ressourcen-,*

Informations- und Machausgleiches (sowie der Konfliktregelung) und die *Erhöhung der Innovationsfähigkeit* erweisen sich als die zentralen Ansätze für eine Politik der Nachhaltigkeit, die an den gesellschaftlichen Ursachen heutiger Unnachhaltigkeit ansetzt.

Tabelle 4. (Teil 2): Gesellschaftstheoretische Problemanalyse: Politökonomischer Zugang

Spezifische Herausforderungen und Empfehlungen	Lösungsansatz	Lösungsstrategie
Unterschiedliche Organisationsfähigkeit gesellschaftlicher Interessen	Stärkung der Organisationsfähigkeit ungenügend repräsentierter Interessen	Partizipation/Selbstorganisation Ausgleich- und Konfliktregelung
Kurzfristorientierung des WählerInnen-stimmenmarktes (der PolitikerInnen)	Institutionen der Langfristorientierung	Reflexivität Ausgleich- und Konfliktregelung
Abhängigkeit des politisch-administrativen Systems von externer Sachkenntnis	Komplexitätsreduktion von Regelungsgegenständen Pluralisierung und Transparenz der Informationsquellen	Reflexivität Ausgleichs- und Konfliktregelung
Koalitionen von Politik, Wirtschaftsverbänden und Behörden zugunsten End-of-Pipe-Lösungen in akuten Problemlagen	Orientierung auf Strategien der Grobsteuerung und Vernetzung (s. oben)	Reflexivität Innovation

Im Kontext der weiteren Studie ist zu klären, wie sich diese grundsätzlichen Lösungsstrategien in geeignete Teilstrategien und schließlich in konkrete Institutionen übersetzen lassen. Durch diese Zuordnung entsteht ein breiter Institutionenatlas (Teil II der Studie), der sich nach Evaluation mit allgemeinen Bewertungskriterien für Institutionen (vgl. Kapitel 5) in konkrete Institutionenvorschläge übersetzen läßt. Vorab ist jedoch in Kapitel 4 das Institutionenverständnis der vorliegenden Arbeit zu klären.

4 Der Stellenwert von Institutionen für eine Nachhaltige Entwicklung

Im vorhergehenden Kapitel wurde auf die Bedingungen und Möglichkeiten politischer Steuerung in ausdifferenzierten modernen Gesellschaften eingegangen, denen sich eine Politik der Nachhaltigkeit gegenübersieht. Die zentrale Schwierigkeit bei der Umsetzung von Nachhaltigkeitszielen besteht darin, daß die individuellen Anreize zu einem an Nachhaltigkeitsprämissen orientierten Verhalten fehlen, obwohl Nachhaltige Entwicklung ein erklärtes gesellschaftliches Ziel darstellt. Dieses Problem ist im Zusammenhang mit der Erstellung von Kollektivgütern bekannt: individuelle und sogenannte „kollektive Rationalität" klaffen auseinander. Die regulative Idee einer nachhaltigen Entwicklung würde eine koordinierte Verhaltensänderung aller Gesellschaftsmitglieder verlangen. Diese Koordination muß auf einer kollektiven Vereinbarung basieren, welche wiederum nach bestimmten Regeln zustande kommt. Der zunächst sehr weit gefaßte Institutionenbegriff wird im folgenden mit diesen beiden zentralen Funktionen der politischen Steuerung in Zusammenhang gebracht. Auf diese Weise soll der Begriff und der Stellenwert von Institutionen für den Suchprozeß in Richtung nachhaltiger Entwicklung präzisiert werden.

4.1
Ein weites Institutionenverständnis als Einstieg

Der Begriff der Institution wird in den verschiedenen Sozialwissenschaften sehr unterschiedlich definiert und angewendet. Man versteht darunter im weitesten Sinne „soziale Gebilde und sozial normierte Verhaltensmuster." (Mayntz/Scharpf 1995b: 40). Um die Analyse auf Mechanismen der Anreizsetzung und der Interessen verschiedener Akteure zu konzentrieren - auf dieser Ebene setzten politische Steuerungsversuche vorwiegend an (vgl. Kap. 3) - gehen wir im folgenden von einer Institutionendefinition aus, welche vor allem von der Neuen Institutionellen Ökonomie verwendet wird: Institutionen werden demnach allgemein als formelle (zum Beispiel Gesetze) oder informelle (zum Beispiel Konventionen) Regeln verstanden, die im Sinne eines kollektiven Koordinationsmechanismus eine bestimmte, die individuellen Interessen regulierende, kollektiv akzeptierte Norm in direkte Verhaltensvorgaben für die verschiedenen Individuen umsetzen.

Die kollektive Verhaltensänderung wird durch die Bereitstellung eines Überwachungs- und Durchsetzungsmechanismus sichergestellt. Institutionen bilden somit die „Anreizstruktur" für wirtschaftliches und politisches Handeln (vgl. beispielsweise Richter/Furubotn 1996: 7). Ostrom spricht kurz und einprägsam von Funktionsregeln (Ostrom 1990). Aufgrund ihrer längerfristigen Geltung schaffen sie Ordnung beziehungsweise stabile Erwartungen innerhalb wiederkehrender Situationen (Priddat 1996) und helfen damit, Unsicherheiten zu vermindern. So gesehen gelten nicht nur gesamtgesellschaftliche Phänomene, wie Konventionen, Sitten, Gewohnheiten oder Normen, sondern insbesondere auch die rechtlichen Rahmenbedingungen der Wirtschaft oder auch selbstgeschaffene Regeln privater Akteure als Institutionen - letzere allerdings nur, solange sie ein gewisses Maß an Verbreitung gefunden haben und ein Mechanismus ihre Durchsetzung sicherstellt. Institutionen finden sich daher auf allen Ebenen der Wirtschaft und der Gesellschaft. Sie strukturieren menschliches Verhalten in allen gesellschaftlichen Subsystemen, insbesondere auch in Politik und Wirtschaft, die im Fokus unserer Studie liegen.

Eine erste Kategorisierung von Institutionen kann bei den Durchsetzungsmechanismen (Überwachung, Sanktion) ansetzen. *Kiwit/Voigt* (1995) haben eine für unsere Belange instruktive Typisierung der Institutionen vorgenommen, die den verschiedenen Arten von Regeln und Überwachungssystemen gerecht wird (vgl. Tabelle 3.1). Die in Frage kommenden Systeme reichen von der Selbstüberwachung über verschiedene Ausprägungen informeller Überwachung durch andere Akteure (in all diesen Fällen spricht man von „internen Institutionen") bis zu einer organisierten staatlichen Überwachung („externe Institutionen"). Informelle Institutionen sind alle gesellschaftlichen Regeln, die gelten, ohne formal - insbesondere rechtlich - kodifiziert zu sein. Da die Akteure sie gewissermaßen internalisiert haben und auch weitgehend unbewußt danach handeln, sind informelle Institutionen auch sehr viel weniger systematisch mit Durchsetzungsmechanismen verbunden. Dagegen werden formelle Institutionen meist schriftlich festgehalten oder in einer anderen Form kodifiziert. Hier unterliegt insbesondere die Anwendung von Zwangsmitteln zu ihrer Durchsetzung der formellen Regelung.

Tabelle 5. Kategorisierung von Institutionen nach Kiwit/Voigt 1995

Kategorie	Regel	Durchsetzung (Sanktion)	Beispiel
interne Institutionen (Typ 1)	Konventionen, ethische Normen, Sitten	(imperative) Selbstüberwachung, informelle Überwachung durch andere	Grammatik, kategorischer Imperativ, gesellschaftliche Umgangsformen
interne (Typ 2)	formelle private Regeln	organisierte private Überwachung	selbstgeschaffenes Recht der Wirtschaft
externe (Typ 3)	Regeln des positiven Rechts: a) bestimmt b) unbestimmt	organisierte staatliche Überwachung	Privat- und Strafrecht

4.2
Formelle Institutionen als Fokus der Studie

Dieses abstrakte Verständnis von Institutionen erlaubt zwar, das „Institutionenuniversum" hinreichend umfassend wahrnehmen zu können. Um eine Identifizierung und Auswahl derjenigen Institutionen zu ermöglichen, die für die Fragestellung dieser Studie besondere Relevanz besitzen, ist jedoch eine Fokussierung erforderlich. Dieser inhaltliche Fokus liegt auf den sogenannten formellen Institutionen, die in der Tabelle durch Schattierung hervorgehoben sind.

Das zentrale Kriterium für diese Konzentration bildete der Einfluß, den die privaten und staatlichen Akteure kurz- bis mittelfristig auf die Institutionen haben können. Dieser „unmittelbare" Einfluß besteht nur bei den formellen Institutionen, also zum Beispiel bei Gesetzen oder Branchenvereinbarungen. Diese Behauptung bedarf der kurzen Klärung des Verhältnisses zwischen Akteuren und institutioneller Struktur: Organisationen und die darin involvierten individuellen Akteure interagieren in einem institutionellen Handlungskontext, in den sie eingebettet sind. Die Beziehung zwischen Akteur und institutionellem Rahmen ist aber annahmegemäß „nicht-deterministisch": Das Verhalten der Akteure wird nicht ausschließlich über die Institutionen bestimmt. Vielmehr haben sie gewisse Handlungsspielräume, welche sie zur Verfolgung eigener Ziele nutzen können. Außerdem sind sie nicht dazu gezwungen, die bestehenden Institutionen durch Anpassung zu „reproduzieren", sondern sie erhalten durchaus die Möglichkeit, den institutionellen Rahmen auch nach ihren Bedürfnissen zu gestalten. Die „Analyse von Strukturen ohne Bezug auf Akteure bleibt [deshalb] genauso defizitär wie die Analyse von Akteurhandeln ohne Bezug auf Strukturen." (Mayntz/Scharpf 1995b: 46).

Selbstverständlich werden die Akteure auch durch die „kulturellen" Institutionen, zu denen insbesondere die teilsystemischen Orientierungen gehören, in ihrem Verhalten beeinflußt (vgl. Kapitel 3). Diese informellen Institutionen besitzen für eine nachhaltige Entwicklung sogar zentrale Bedeutung, denn unsere Vorstellungen von Sozialverträglichkeit und unser Verhältnis gegenüber der Natur sind kulturell geprägt. Allerdings lassen sich diese kulturellen Bedingungen nicht beliebig schnell verändern, sie entstehen und vergehen vielmehr in langfristigen kulturellen Entwicklungsprozessen. Es ist zu vermuten, daß sie durch die hier vorgeschlagenen institutionellen Reformen beeinflußt werden. Sie liegen aber jenseits der Reichweite direkter gestalterischer (im Gegensatz zu zerstörerischen) Interventionen. Informelle Institutionen stehen deshalb nicht im Mittelpunkt dieser Studie.

4.3
Politische und ökonomische Institutionen als Rahmen für einen doppelten Suchprozeß

Mit der Fokussierung auf die formellen Institutionen rücken auch die beiden wichtigsten gesellschaftlichen Teilsysteme in den Mittelpunkt: das marktwirtschaftliche und das demokratische System. Sowohl die Demokratie als auch die Marktwirtschaft stehen ihrem Wesen nach (offene) Systeme dar, die Freiräume für Lern- und Suchprozesse gewähren und dabei von formellen (aber natürlich auch von informellen) Institutionen strukturiert und gesteuert werden. Die Marktwirtschaft läßt sich aus einer evolutionstheoretischen Sicht als Suchprozeß beziehungsweise als Entdeckungsverfahren (von Hayek 1969) oder auch innovationstheoretisch als Gestaltungsprozeß interpretieren (Minsch u.a. 1996). Dieser marktwirtschaftliche Entdeckungsprozeß wird durch Verhaltensnormen gesteuert, die inhaltliche Handlungspotentiale und -restriktionen für das Handeln „im Markt" definieren.

Auch der demokratische Entdeckungsprozeß strukturiert und kanalisiert die Suche nach gesellschaftlich legitimierten Entscheidungen und Entwicklungszielen. Diese lassen sich nur in einem demokratischen Willensbildungsprozeß legitimieren. Insofern betreffen den politischen Prozeß vorwiegend Institutionen, die Verfahrensnormen der kollektiven Entscheidungsfindung definieren, indem sie den Kreis der an bestimmten Klassen von Entscheidungen Beteiligten abgrenzen und die Relationen zwischen den Akteuren in diesen Prozessen festlegen.

Man kann daher von einem doppelten Entdeckungsverfahren (simultan im politischen und ökonomischen Prozeß ablaufend) sprechen, das von Akteuren getragen wird, die in verschiedenen Rollen in institutionellen Strukturen beider Bereiche vertreten sind. Daher beeinflussen sich der demokratisch-politische und der marktförmige Suchprozeß nicht nur über abstrakte Wirkmechanismen. Die vier grundlegenden gesellschaftlichen Problemlösungsstrategien - „Reflexivität", „Ausgleich/Konfliktregelung", „Partizipation/ Selbstorganisation" und „Innovation" - wirken über diese institutionelle Struktur gleichzeitig in beide Prozesse hinein, indem sie Verhaltens- und Verfahrensnormen, kurz: Koordinationsmechanismen für beide Prozesse definieren. Wie in Kapitel 4.4. erläutert, werden dabei zunehmend Koordinationsformen etabliert werden, welche sich vom hierarchischen Steuerungsmodell lösen und in einem Kontinuum zwischen Fremdsteuerung und Selbstorganisation anzusiedeln sind.

4.4
Intermediäre Strategien zwischen Selbstorganisation und Fremdsteuerung

Der institutionelle Fokus dieser Studie legt eine Unterteilung in Institutionen der Selbstorganisation (interne Institutionen des Typ 2) und in solche der staatlichen Fremdsteuerung (externe Institutionen des Typ 3) nahe. Diese beiden Koordinationsformen existieren tatsächlich und haben ihre Bedeutung. Es zeigt sich jedoch, daß eine Vielzahl real existierender Institutionen dieser starren Zweiteilung nicht gehorchen. Dies erfordert, die Konzeption der „intermediären Institutionen" einzuführen, die gerade im Rahmen der vier gesellschaftlichen Problemlösungsstrategien einen prominenten Platz einnehmen. Sowohl im marktwirtschaftlichen, als auch im gesellschaftlich-politischen Bereich muß demnach in folgende drei Steuerungsformen unterschieden werden:

- *Fremdsteuerung*: Fremdsteuerung ist autoritativ-hierarchische Steuerung, ohne Möglichkeit des Betroffenen, unmittelbar auf den Steuerungsvorgang Einfluß zu nehmen. Im Vorfeld solcher Steuerungsaktivitäten besteht jedoch sehr wohl die Möglichkeit, die Ausgestaltung des autoritativen Steuerungsinstrumentes mitzugestalten oder es gar zu verhindern. Im marktwirtschaftlichen System spielt Fremdsteuerung vor allem in großen, hierarchisch organisierten Unternehmen eine Rolle. Das marktliche System als Ganzes ist wiederum Objekt staatlicher Fremdsteuerung, wobei diese mehr oder weniger interventionistisch ausfallen kann.
- *Selbstorganisation*: Darunter wird hier nicht die anonyme Selbstkoordination im Markt verstanden, sondern kommunikativ-kooperative „bottom-up" Prozesse zwischen gesellschaftlichen, aber auch zwischen Akteuren in den Märkten. Letzterer Fall ist insofern besonders interessant, weil sich die Akteure von selbst zur Bewältigung von Problemen finden und zur Lösung „gruppale" Kollektivgüter produzieren. Es kann sich dabei um die Selbstorganisation politischer Gruppierungen (politisch gesellschaftliches System) oder um Selbstverpflichtungen von Branchen (marktwirtschaftliches System) handeln. Dabei bleibt aber die Möglichkeit externer Effekte auf nicht beteiligte Akteure nicht ausgeschlossen.
- *Intermediäre Institutionen*: Dies sind alternative Formen der politischen Steuerung, die sich verschiedener Mechanismen bedienen, um den selbstorganisatorischen Kräften weitestmögliche Freiheit zu lassen, die Resultate aber einer möglichst hohen Legitimität und Effektivität zuführen möchte.

Da die Grenzen der Fremdsteuerung im Subsystem Wirtschaft besonders deutlich hervortreten („Politikblockade") und die politische Praxis tatsächlich vorwiegend auf verschiedene Formen der intermediären Steuerung zurückgreift, sei im folgenden auf das Spannungsfeld zwischen Fremdsteuerung und Selbstorganisation im marktwirtschaftlichen System gesondert eingegangen.

Die ökologisch motivierten formell-internen Institutionen der Selbstorganisation, die durch die Wirtschaft selbstgeschaffene Regeln und Überwachungs- sowie Durchsetzungssysteme darstellen, sind Ausdruck erfolgreicher selbstgesteuerter Suche nach neuen Handlungsmöglichkeiten. Sie entwerfen Handlungsräume für am Leitbild der Nachhaltigkeit orientiertes Wirtschaften, während die Institutionen der Fremdsteuerung für die staatliche Setzung nachhaltigkeitsgerechter Rahmenbedingungen und ihrer Anwendung beim Verwaltungshandeln stehen.

Im marktwirtschaftlichen System werden demnach auch selbstorganisierte „private" Regeln, bzw. Institutionen definiert, die interessante institutionelle Steuerungspotentiale darstellen und für die Realisierung einer nachhaltigen Entwicklung eine besondere Bedeutung haben können. Dies insbesondere deshalb, weil sie als Ausdruck eines erfolgreichen Einstiegs in nachhaltigkeitsorientierte Innovations- und Entwicklungsprozesse interpretiert werden können.

So wichtig diese Initiativen zur Einleitung ökologischer Lernprozesse auch sein können, so gilt es doch, ihre Grenzen im Auge zu behalten. Selbststeuerung kann den Ordnungsrahmen für die Wirtschaft nicht ersetzen. Ausschließlich auf die Karte Selbstorganisation setzen zu wollen ist ebensowenig sinnvoll wie eine Ausrichtung allein auf die Fremdsteuerung.

- Erstens garantiert Selbstorganisation nicht die Erreichung gesamtgesellschaftlicher Ziele im Sinne der Integration von Ökonomie, Ökologie und Sozialem. Im ungünstigsten Fall ergänzen zum Beispiel ökologische Innovationen lediglich das bisherige Produktsortiment und sind mit einer weiteren (wenn auch verzögerten) Zunahme der Umweltbelastung verbunden (vgl. zum „Innovationsparadoxon" und zur „Wachstumsfalle" Minsch u.a.: 1996, S. 153 ff.).
- Zweitens besteht die Gefahr, daß private Initiative den autonomen Strukturwandel lediglich festschreibt und ihn nicht etwa auslöst oder gar beschleunigt. Als Beispiel hierfür wird von den Kritikern auf die Selbstverpflichtung der deutschen Wirtschaft zur CO_2-Reduktion hingewiesen: nach ihrer Auffassung sieht diese durchwegs geringere Reduktionen vor, als die autonome Entwicklung erwarten läßt (Kohlhaas/Praetorius 1995; Rennings/Brockmann/Bergmann 1996).
- Drittens können sich solche Initiativen - beispielsweise in der konkreten Form einer Kooperation - zu ordnungspolitisch problematischen Machtgebilden entwickeln.
- Und viertens schließlich stellt sich die Legitimationsfrage, wenn sich herausstellt, daß Formen der gesellschaftlichen Steuerung sich systematisch rechtsstaatlichen Kontrollmöglichkeiten entziehen, die die Rechte Dritter sichern sollen.

Ohne einen ordnungspolitischen Rahmen, der im Modus der Fremdsteuerung schädliche Handlungsmöglichkeiten erschwert oder das Handeln durch Anreize in eine verträgliche Richtung zu lenken versucht, wird eine Politik der Nachhaltigen Entwicklung nicht auskommen. Andererseits wird sich Politik niemals mit einer reinen Fremdsteuerung begnügen können. Vielmehr bewegt sie sich mit ihren Strategien und Instrumenten in dem breiten Bereich zwischen Fremdsteuerung (zum Beispiel Handlungsverboten) und Selbstorganisation.

Ein interessanter Untersuchungsgegenstand sind deshalb die intermediären Institutionen, die sozusagen zwischen den beiden Institutionen-Typen 2 (Selbstorganisation) und 3 (Fremdsteuerung) liegen. Sie werden den beiden typspezifischen Kriterien (in unterschiedlichem Masse) gerecht und können damit als Brücke dienen. Für die Institutionen in diesem Bereich erhält mit zunehmender Annäherung an den Pol Fremdsteuerung im Mix der beiden Kriterien das *gesamtwirtschaftliche Zielkriterium* relativ mehr Gewicht, während mit Annäherung an den Pol der Selbstorganisation das *Innovations- und Entwicklungskriterium* dominiert. Reine Fremdsteuerung zeichnet sich durch die größte Wirkungsbreite aus, da grundsätzlich sämtliche wirtschaftlichen Akteure betroffen sind. Bei ihrer Konzeption ist jedoch die Möglichkeit von Ausweichreaktionen aus dem Wirkungsbereich des Gesetzgebers oder in die Illegalität regelmäßig zu berücksichtigen. Die Ergebnisse aus einer Selbstorganisation haben zwar den erwähnten „dynamischen Vorteil", sind in ihrer Reichweite und Verallgemeinerungsfähigkeit jedoch viel beschränkter.

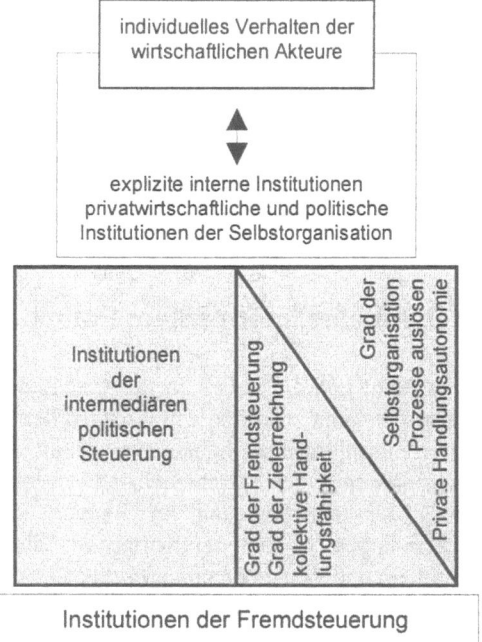

Abb. 8. Den ökonomischen Suchprozeß bestimmende Institutionen der Selbstorganisation und der Fremdsteuerung

Intermediäre Institutionen treten vermittelnd zwischen Selbstorganisation und Fremdsteuerung und bilden demnach eine dritte Option der politischen Steuerung. Im folgenden werden   exemplarisch Strategieangebote für eine intermediäre Politik der Nachhaltigkeit aufgelistet. Es ist zu vermuten, daß die Fremdsteuerung um so eher gelingt, je schneller die Pfadfinderfunktion der Selbststeuerung zu einem breiten Konsens über eine allgemeine Entwicklungsrichtung findet. Wie dargelegt, fehlt dieser Konsens gerade bei der Einschätzung dessen, was unter nachhaltiger Entwicklung verstanden und gewünscht werden soll. Es herrscht ein Wahrnehmungspluralismus (und letztlich auch ein Werte- und Interessenpluralismus), der Fremdsteuerung äußerst erschwert. Dies liegt jedoch in der „Natur" der Nachhaltigen Entwicklung als gesellschaftlichem Lernprozeß. Obwohl Fremdsteuerung unverzichtbar bleibt, muß sie selbst als Teil dieses Lernprozesses verstanden - und entsprechend entworfen und institutionalisiert werden.

Konkret heißt dies: es reicht nicht aus, wenn sich die umweltpolitische Fremdsteuerung bei der Instrumenten- und Strategiewahl primär von den Kriterien der „Gesamtwirtschaftlichen Zielerreichung" und der „Effizienz" dieser Zielerreichung leiten läßt. Es gilt auch ein Kriterium zu berücksichtigen, das den „Einstieg in bzw. den Anreiz von Innovations- und Entwicklungsprozessen" zum Gegenstand hat.

Eine „Intermediäre Politik der Nachhaltigkeit" kann auf die einschlägigen Initiativen im Bereich der Selbstorganisation eingehen, diese unterstützen und dadurch ihre sonst zumeist sehr beschränkte Reichweite erweitern, um schließlich eine Anschlußfähigkeit für Veränderungen der Rahmenordnung herzustellen, die die gleichzeitige Berücksichtigung von ökologischen, ökonomischen und sozialen Belangen ermöglicht. Dabei ist zu beachten, daß solche Strategien ordnungspolitisch und in bezug auf das Entwicklungskriterium problematisch sowie finanzpolitisch nicht verallgemeinerbar sein können.

4.5
Strategieoptionen für eine intermediäre Politik

In vielen Bereichen scheint sich die Politik in jüngerer Zeit zu einem pragmatischen Ausweg aus dem Dilemma zwischen den Grenzen der Fremdsteuerung und der Selbstorganisation entschlossen zu haben. So scheint die Attraktivität von Förder- und Impulsprogrammen der verschiedensten Art zuzunehmen. Paradigmatisches Beispiel in der Schweiz (und im Bereich Ernährung) sind die ökologischen Direktzahlungen in der Landwirtschaft, die man anstelle von Abgaben auf Düngemitteln und Pestiziden eingeführt hat.

In diesem Sinne werden hier exemplarisch intermediäre Strategieoptionen vorgeschlagen. Diese Liste hat nicht den Anspruch der Vollständigkeit. Vielmehr enthält sie eine erste systematische Kategorisierung, die in der Literatur noch aussteht..

4.5.1
Vernetzung

Im Rahmen von Vernetzungsstrategien werden über Fremdsteuerungsinstrumente ökologische und soziale Anliegen derart mit bestehenden ökonomischen Sachzwängen oder Handlungsnotwendigkeiten vernetzt, daß im Sinne der sogenannten Win-win-Lösungen ökologische, soziale und ökonomische Probleme einer gemeinsamen Lösung zugeführt werden können. Diese erste Gruppe von intermediären Institutionen zeichnet sich insofern durch eine gewisse Nähe zur Fremdsteuerung aus, als sie breitenwirksame allgemeine Regeln (einschließlich Sanktionsmechanismus) darstellen, allerdings durch die Art ihres Eingriffs dem Lernkriterium bereits einen gewissen Platz einräumen. Konkrete Beispiele sind die sog. „ökologische Steuerreform", deren Befürworter bei entsprechender Ausgestaltung die gleichzeitige Lösung umwelt- und beschäftigungspolitischer Probleme anstreben, oder Strategien des ökologisch motivierten Subventionsabbaus in Zeiten der Finanzknappheit der öffentlichen Hand. Das Lernkriterium spielt bei diesen Lösungen noch kaum eine Rolle; es geht vor allem darum, via win-win-Konstellationen die Umsetzungswiderstände zu reduzieren.

4.5.2
„Prospektive Intervention"

Das Ziel der in der Politikwissenschaft unter dem Begriff der „prospektiven Intervention" (Jänicke 1995) diskutierten Vorschläge besteht darin, durch eine gut begründete Ankündigung einer Intervention mit anschließender „Verhandlung im Schatten der Hierarchie" (Scharpf) Politikblockaden zu lösen, indem die Restriktionen des Entscheidungsprozesses umgangen und oft Innovationen stimuliert werden, die den Handlungsraum staatlicher Akteure erweitern.

4.5.3
Sicherung und Entlastung

Eine dritte Gruppe intermediärer Institutionen entfernt sich stärker von der Idee der Rahmensetzung, ohne jedoch schon direkte und gezielte Förderung zu beinhalten. In diese Gruppe fallen Strategien, die innovative private Akteure entlasten - etwa in Form von Steuererleichterungen für ökologische Zwecke - und Strategien, die finanzielle Sicherheit bieten, wie etwa die vor ein paar Jahren in der Schweiz diskutierte „Innovationsrisikogarantie". Merkmal dieser intermediären Vorgehensweisen ist ihre punktuelle, durch finanzielle Anreize erzwungene Wirkung. Der Wirkungsschwerpunkt dürfte vor allem im industriellen Bereich liegen, allenfalls erweitert um die Bereiche Primärproduktion und Handel. Das Lernkriterium rückt hier bereits in den Vordergrund: Es handelt sich um Maßnahmen zur Beschleunigung der Suche nach neuen Handlungsmöglichkeiten. Die gesamtwirtschaftliche Zielerreichung verliert an Bedeutung, da nachhaltigkeitswidriges Verhalten nicht gezielt (beziehungsweise kontrolliert) zurückge-drängt wird. Deshalb wird es infolge von Sicherungs- und Entlastungsstrategien zum Beispiel auch kaum zu einer Substitution nichtökologischen Verhaltens durch ökologisches kommen, sondern lediglich zu einer Ergänzung des ersteren.

4.5.4
Förderung

Als selbständige vierte Gruppe aufgeführt sind die Strategien der direkten Förderung. Es sind dies Subventionslösungen oder Direktzahlungen. Im Zentrum steht auch hier das Lernkriterium: es sollen neue ökologisch zukunftsfähige Handlungsmöglichkeiten gefördert werden. In der anspruchsvollen Version der in der schweizerischen Landwirtschaftspolitik eingeführten Direktzahlungen kann man den Versuch sehen, beiden Kriterien gleichermaßen gerecht zu werden. Durch einen entsprechend hohen Aufwand an finanziellen Ressourcen (der wahrscheinlich längerfristig nicht durchzuhalten sein wird, einer Anwendung in weiteren Politikbereichen sehr enge Grenzen setzt und realistischerweise wohl eine Verallgemeinerung ausschließt) sollen möglichst alle Akteure (Landwirte) veranlaßt werden, auf eine ökologischere Produktion umzustellen.

4.5.5
Kooperation und Nachvollzug

Die fünfte Gruppe setzt auf die direkte Beteiligung der staatlichen Akteure im Rahmen von Kooperationen zwischen der Wirtschaft und der Politik, wobei von staatlicher Seite neben finanziellen Ressourcen auch Know-how (Forschung) und institutionelle Sicherheit eingebracht werden. Einen interessanten Spezialfall bildet die Strategie des Nachvollzugs: Hier baut der Staat auf bestehenden Institutionen bzw. Arrangements der Selbstorganisation auf, ohne sich allerdings wie bei den Kooperationen offiziell als Partner einzubringen oder ein finanzielles Engagement einzugehen, sondern durch institutionelle Absicherung der autonom gefundenen Regelungen - konkret: beispielsweise durch ihre Allgemeinverbindli-cherklärung. Gewisse Ansätze bestehen im Bereich der Abfallwirtschaft (Getränkeverpackung). Vorbild aus dem Bereich der Sozialpartnerschaft ist die Erklärung der Allgemeingültigkeit von Gesamtarbeitsverträgen.

4.5.6
Optionierung

Eine weitere Besonderheit ist die sechste Gruppe, die Optionierungsstrategien. Es handelt sich hierbei um Lösungen, wie sie unter den Stichworten der sogenannten „Funktionalregionen" (Casella/Frey 1992) oder, innerhalb der evolutorischen Ordnungspolitik, des „Wettbewerbs der Ordnungen" (Gerken/Renner 1996: 105) diskutiert werden. Bezweckt wird die Instrumentalisierung der Idee des Föderalismus zur Auslösung ökologischer Initiativen (Lernkriterium) auf möglichst breiter Front (Zielkriterium). Dabei könnte durch „Optionalisierung" der Rahmenbedingungen auf der Ebene des gesamten Staatsgebietes den Akteuren (zumindest in einer Anfangsphase) eine gewisse Auswahl unter verschiedenen Rahmenbedingungen geboten werden. Statt also einen bestehenden Ordnungsrahmen in einem einzigen Steuerungsakt durch einen neuen zu ersetzen, wird der neue dem alten ergänzend zur Seite und den Akteuren zur Wahl gestellt. Diese Strategie kann zum Beispiel im Zusammenhang mit einer nachhaltigkeitsorientierten Finanzreform interessante Möglichkeiten bieten (vgl. die Institution: „Funktionaler Föderalismus").

5 Kriterien zur Beurteilung institutioneller Reformen

Die gesellschaftstheoretische Herleitung der vier institutionellen Basisstrategien in Kapitel 3 liefert ein grundlegendes Schema zur Klassifikation von institutionellen Reformen für eine Politik der Nachhaltigkeit. Es impliziert daneben auch eine Institutionenbewertung: Institutionelle Reformen sollen so gestaltet sein, daß sie zur Einlösung der vier Basisstrategien beitragen. Dabei muß nicht jede einzelne Institution einen Beitrag zu mehreren oder sogar allen Basisstrategien leisten. Vielmehr kommt es darauf an, daß gesamte Institutionenpakete einen Beitrag zum institutionellen Reformprojekt einer Politik der Nachhaltigkeit erbringen. Dennoch liefert die Institutionenklassifizierung ein erstes grundlegendes Kriterienraster zur Beurteilung von Institutionen.

Für die Auswahl von konkreten Institutionen und Institutionenpaketen für eine Politik der Nachhaltigkeit ist dieses Raster jedoch nicht ausreichend. Es lassen sich weitere Kriterien definieren, die bei einem institutionellen Reformwerk für eine Politik der Nachhaltigkeit berücksichtigt werden müssen. Hierzu finden sich Hinweise in der ethischen, staatsrechtlichen, politologischen und ökonomischen Literatur. Die dort formulierten Kriterien sind allerdings allgemein und abstrakt und daher vor allem als Rahmenorientierung für das Anliegen der vorliegenden Studie zu nutzen.

Die Studiennehmer gingen im Rahmen der Studie daher den Weg, konkrete Kriterien für Institutionen einer Politik der Nachhaltigkeit im Rahmen der von ihr veranstalteten Expertenworkshops zu ermitteln. Insbesondere der erste Experten-workshop diente einer umfassenden Erhebung von Kriterien. Insgesamt konnten über 30 unterschiedliche Kriterienblöcke definiert werden (vgl. die Tabelle im Anhang). Da für die politische Umsetzung der Studie neben der Experteneinschät-zung die Bewertung der Studienadressaten eine zentrale Rolle spielt, haben die Studiennehmer im Rahmen des Zwischenworkshops mit der Enquete-Kommission die Kriterienblöcke zur Diskussion gestellt, nach Erweiterungen gefragt und die Kriterien ähnlich wie schon im Expertenworkshop durch die Mitglieder der Enquete-Kommission priorisieren lassen. Die zusätzlich entwickelten Kriterien sowie die Priorisierungen durch die Teilnehmer der beiden Workshops finden sich in der Aufstellung am Ende der Studie.

Durch dieses Vorgehen lagen den Studiennehmern zwei unterschiedliche Formen von Kriteriendefinitionen vor: Grundlegende, abstrakte Kriterien aus der wissenschaftlichen Diskussion sowie konkrete Kriterien des bestehenden Nachhaltigkeitsdiskurses. Für die Bewertungen von Institutionen einer Politik der Nachhaltigkeit läßt sich keine der beiden Formen durch die andere substituieren:

Grundlegende abstrakte Kategorien der Institutionenbewertung helfen, die Kriteriendebatte zu strukturieren und zu priorisieren. Sie sind eng an grundlegende Politik- und Staatsverständnisse gekoppelt. Für die Diskussion von einzelnen Institutionen ist es dagegen notwendig, über konkrete und plastische Einzelkriterien zu verfügen, mit denen die Bewertung von Institutionen und Institutionenbündeln vorgenommen werden kann.

Aus dem bisher Gesagten wird deutlich, daß es sich bei der Bewertung von Institutionen(bündeln) nicht um ein mechanistisches Punkteverfahren handeln kann, sondern die Bewertung immer nur in einem diskursiven Prozeß der politischen Initiatoren von institutionellen Reformwerken erfolgen kann. Das vorliegende Kapitel entwickelt daher nicht einen konsolidierten Satz ausgewählter Einzelkriterien, anhand derer jeder einzelne Institutionenvorschlag durchdekliniert werden kann. Es geht vielmehr darum, eine Kriterienlandkarte aufzuspannen, die die Beziehung von abstrakten grundlegenden Bewertungsdimensionen sowie zahlreichen Einzelbewertungen aufzeigt und auf diese Weise strukturierte Diskussionen zur Bewertung von institutionellen Reformen für eine Politik der Nachhaltigkeit erlaubt.

Dieser Grundidee folgend, gliedert sich das vorliegende Kapitel in drei Abschnitte:

1. Darstellung des aktuellen Standes der Kriteriendiskussion in der Literatur (5.1)
2. Diskussion der Ergebnisse der partizipativen Kriterienerhebung in den Expertenworkshops sowie dem Zwischenworkshop mit der Enquete-Kommission (5.2)
3. Zusammenführung der beiden Pole zu einer integrierten Kriterienlandkarte (5.3)

5.1
Erster Zugang: Kriterien aus der wissenschaftlichen Literatur

5.1.1
Ethische und staatsrechtliche Kriterien

Aus ethischer Perspektive lassen sich drei allgemeine Kriterien für Institutionen identifizieren (Vogt 1997c):

- *Gerechtigkeit:* Dieses Kriterium umfaßt herkömmlicherweise materielle (Verteilungs-) Gerechtigkeit und prozedurale Gerechtigkeit, das heißt die angemessene Beteiligung aller Betroffenen an der Entscheidungsfindung. Vogt (1997c) unterscheidet Bedarfsgerechtigkeit, die sich am Gleichheitsgrundsatz orientiert, Leistungsgerechtigkeit, die auf dem Tauschprinzip basiert, und Funktionsgerechtigkeit, die die langfristige Sicherung der Leistungserbringung durch die Institution berücksichtigt.

- *Anthropologische Stimmigkeit:* Das heißt, die Institutionen müssen mit der Bedürfnisstruktur der Menschen, die sich in den Institutionen bewegen oder von ihnen erfaßt werden, verträglich sein - diese also bei ihrem Design berücksichtigen.

- *Ko-Evolution personaler und sozialer Systeme:* Wegen der Offenheit der Bedürfnisse der einzelnen Menschen infolge der Dynamik der gesellschaftlichen Systeme (vgl. Kapitel 3) und der Plastizität der menschlichen Bedürfnisse (Gehlen 1964) muß das Wechselverhältnis von institutionell und individuell verankerten Bedürfnissen berücksichtigt werden. Das heißt: Wirken Institutionen auf die Herausbildung von Bedürfnisstrukturen, die mit einer nachhaltigen Entwicklung besser verträglich sind als der gegenwärtig vorherrschende material- und ressourcenintensive Lebensstil?

Damit ist der Übergang zu staatsrechtlichen Kriterien vorbereitet. In normativ-ethischer Hinsicht stellt die Formulierung von Artikel 1 GG einen nicht hintergehbaren Bezugspunkt für die Beurteilung von Institutionen dar. „Unverzichtbarer Leitmaßstab aller institutionellen Reformen muß dabei [bei der Findung eines konsensuellen Leitbildes für die Weiterentwicklung gesellschaftlicher Insitutionen, wobei *sustainable development* für die Zukunft als solches eingeschätzt wird]… die Würde und Freiheit des Menschen sein" (Vogt 1997d: 9).

Diese Kriterien helfen, Institutionen, die mit dem Menschenbild des Grundgesetzes übereinstimmen, von solchen zu trennen, denen etwa ein kollektivistisches (z.B. Öko-Nationalismus mit Lebensraumphilosophie) oder ein autokratisches Grundverständnis (z.B. Öko-Autoritarismus) zugrundeliegt oder deren Funktionieren erst größere Umerziehungsmaßnahmen voraussetzt (z.B. Konzept der Erziehungsdiktatur). Die Formung von Präferenzen durch Aufklärung und öffentliche Diskussion widerspricht hingegen durchaus nicht diesen Kriterien. Eine Politik der Nachhaltigkeit muß Bedürfnisse mittelfristig als variablen Faktor, nicht als exogen vorgegebene Größe verstehen.

Darüber hinaus geben Art. 20 und 28 GG (Demokratieprinzip, Sozialstaatsgebot, bundesstaatliche Ordnung, Rechtsstaatsprinzip, Erhalt der natürlichen Lebensgrundlagen als Staatsziel) sowie der Grundrechtekatalog der Artikel 1-15 GG bestimmte Strukturkriterien vor, mit denen institutionelle Reformen im Einklang zu stehen haben. Alle Institutionen, die im folgenden diskutiert werden, bewegen sich innerhalb des genannten ethischen und staatsrechtlichen Rahmens, der der politischen Handlung der Institutionenreform vorgegeben ist. Für eine differenzierende Beurteilung der Vorschläge sind diese Kriterien jedoch noch nicht trennscharf genug.

5.1.2
Politik- und wirtschaftswissenschaftliche Kriterien

Die Beurteilung von Institutionen erfordert etwas andere Kriterien als die Beurteilung der Wirkungen bestimmter Politiken, wie sie einer der Hauptgegenstände von policy-Analysen ist. Ein Kriterienkatalog für institutionelle Reformvorschläge muß zum einen die materielle Dimension umfassen (Leistet die Reform einen Beitrag zur besseren Zielerreichung?), zum anderen die prozedurale (Entspricht die Reform unseren Vorstellungen von einem fairen, demokratischen, rechtsstaatlichen Vorgehen?). Die Erstellung eines verbindlichen Satzes von Kriterien zur Beurteilung von Institutionen für eine Politik der Nachhaltigkeit stellt in beiderlei Hinsicht ein heroisches Unterfangen dar:

- In materieller Hinsicht, weil bei der Beurteilung von Institutionen für eine Politik der Nachhaltigkeit aufgrund des zunächst eher formal-regulativen Zielprofils weniger als bei der Beurteilung sektoraler Teilpolitiken auf die Standards der einschlägigen *professionals* zurückgegriffen werden kann.
- In prozeduraler Hinsicht kommt daher den Mechanismen der Zielfindung noch stärkeres Gewicht zu als bei der Beurteilung sektoraler institutioneller Arrangements. Zugleich kann auch in der prozeduralen Dimension weniger auf die sektoral ausdifferenzierten Standards dessen, was zum Beispiel als angemessene Beteiligung betrachtet wird, zurückgegriffen werden.

Dennoch kann man sagen, daß die Leitkriterien der policy-Analyse (vgl. Héritier 1989; von Prittwitz 1994) einen guten Anhaltspunkt für die Beurteilung institutioneller Reformen für eine Politk der Nachhaltigkeit abgeben:

- *Effektivität* (Grad der Zielerreichung);
- *Effizienz* (Erreichung der Ziele mit geringmöglichstem Aufwand);
- Faírneß
- *administrative Praktikabilität*, das heißt Kompatibilität mit rechtlichen Vorgaben und mit den bestehenden Formen des Verwaltungshandelns;
- *Akzeptanz und politische Durchsetzbarkeit.*

Darüberhinaus haben sich in der politikwissenschaftlichen Diskussion vier Dimensionen zur Beurteilung institutioneller Arrangements herausgebildet (vgl. Decker 1994: 91ff, Jänicke/Jörgens 1996), die zugleich die Analyse von Schwachstellen bestehender Institutionen wie die Beurteilung von Reformvorschlägen anleiten können:

1. Das Wert- und Interessenberücksichtigungspotential. Das heißt unter Gesichtspunkten der regulativen Idee der Nachhaltigkeit:

  - Werden ökonomische, ökologische und soziale Aspekte hinreichend und ausgewogen berücksichtigt?
  - Kommen die Interessen zukünftiger Generationen angemessen zur Geltung?
  - Wird legitimen Partizipationsinteressen entsprochen?

2. Regierungsorganisation, Koordinationsfähigkeit, interne Führungsfähigkeit der Politik, intersektorale Integration:

  - Erlauben die institutionellen Strukturen, die politisch durch die Orientierung am Leitbild nachhaltiger Entwicklung angestrebte Integration der verschiedenen sektoralen Politiken auch gegen die eigensinnigen Interessen der Ressorts durchzusetzen?

- Angesprochen sind damit die seit langem bekannten Probleme der "Unterzentralisierung" (Mayntz/Scharpf 1973: 143ff.; Mayntz 1978: 181ff.; Scharpf 1987a: 122ff.). Wie bereits dargestellt, hat sich im Zuge der wachsenden Komplexität der Gesellschaft auch die arbeitsteilige Struktur der Regierungsbürokratie stetig erhöht. Wie die Policy-Network-Forschung erbracht hat, besteht zudem eine Tendenz, daß die verschiedenen Ministerien und Referate die Kontakte zu gesellschaftlichen Ansprechpartnern in ihrem Regelungsbereich pflegen und sogenannte Politik-Netzwerke ausbilden, die in die Programmformulierung und Implementation einbezogen werden. Die Orientierung an den jeweiligen Ansprechpartnern im eigenen Politikbereich kann unter Umständen in Konkurrenz zur Orientierung an koordinierenden Aktivitäten innerhalb des Regierungsapparates treten. Eine Integration der verschiedenen sektoralen Policies erfordert eine hinreichende Zentralität der Entscheidungsfindung. Eine solche integrierende Zentralität kann einerseits in Konflikt mit dem höheren Potential zur Berücksichtigung der Werte der beteiligten Gruppen in dezentralen Strukturen geraten, andererseits die Berücksichtigung von Interessen sichern, die nicht oder nicht wirksam von Akteuren in sektoralen Policy-Netzwerken vertreten werden.

3. Implementationsstruktur:

   - Entsprechen die interne Verwaltungsstruktur und die "Rechtskultur" einer Institution den Erfordernissen einer Politik der Nachhaltigkeit (Integration, Langfristigkeit)?
   - Welche gesellschaftliche Vermittlungsmechanismen bestehen, bzw. wie werden sie durch institutionelle Reformen beeinflußt?
   - Besteht eine hinreichende Verursacherorientierung?

4. Erforderliche Zentralität / Dezentralität:
   Die Beurteilung der materiellen Wirkungen einer institutionellen Reform erfordern Kriterien, die sich aus der Art des Problems, das mit einer bestimmten Institution bearbeitet werden soll, ergeben. Ausgehend von der Reichweite der Ursache-Wirkungszusammenhänge und der Informationsstruktur eines Problemkomplexes muß ein angemessenes Verhältnis zwischen zentraler und dezentraler Entscheidungs- und Mitwirkungskompetenz gefunden werden. Dies berührt

   - zum einen die Zuständigkeiten zwischen zentralen und dezentralen Entscheidungseinheiten (unter materiell-politischen wie funktionellen Gesichtspunkten)
   - und zum anderen die Möglichkeit der Mitwirkung der einzelnen Instanzen an der (zentralen) Politikformulierung.

Neben diesen Kriterien, die einen stark formalen Charakter haben und daher auch angesichts der sehr unterschiedlichen Regelungsgegenstände einer Politik der Nachhaltigkeit durchgängig Anwendung finden können, stellt sich aber die Frage, wie die Beurteilung der zu erwartenden materiellen Wirkungen institutioneller Reformen vorgenommen werden kann. Entsprechend der Drei-Säulen-Theorie der Nachhaltigkeit läßt sich als Einstieg die Abschätzung der Umwelt-, Sozial- und Wirtschaftsverträglichkeit der Reformwirkungen wählen:

- Hinsichtlich der Umwelt- und Wirtschaftsverträglichkeit kann von relativ unumstrittenen Kriterien ausgegangen werden (Stabilität der wirtschaftlichen Entwicklung, Erhalt der ökologischen Lebensgrundlagen, Vermeidung von Gefahren für die menschliche Gesundheit). Abschätzungsprobleme liegen hier vor allem in der Komplexität der Wirkungszusammenhänge begründet.
- Kriterien der Sozialverträglichkeit sind jedoch nur schwer operationalisierbar und objektiv meßbar (z.B. van den Daele 1993). Zu ihnen gehören ethische Komponenten, die die Frage nach dem guten Leben beinhalten und daher nur von den Angehörigen einer Gemeinschaft selbst beantwortet werden können (Habermas 1981, 1992). Solche ethischen Wertungen haben eine subjektive Komponente, werden sozial verbindlich und als Kriterium der Sozialverträglichkeit aber nur dadurch relevant, daß sie intersubjektiv geteilt werden.

Im Bereich der Technikfolgenabschätzung werden daher zur Entwicklung der Beurteilungsdimensionen zunehmend Betroffene einbezogen (Renn 1991; Renn/Webler 1994; Wiedemann/Karger/Claus 1995). Dementsprechend sind Standards für partizipative Prozesse der Kriterienermittlung erforderlich. Dabei bietet sich eine Orientierung an den Kriterien an, die sich für die Beurteilung von Mediationsverfahren entwickelt haben: „Einmütigkeit aller Beteiligten über das weitere Vorgehen in der Sache; allseits geteilter Begründungskonsens; Übereinstimmung mit üblichen Evaluationskriterien (Effektivität, Effizienz, Verteilungsgerechtigkeit etc.) und adäquate Implementation der Vereinbarungen" (Weidner 1996c: 213).

Praktisch wird zur Evaluation von Mediationsverfahren die Zufriedenheit der Teilnehmer erfragt (z.B. Weidner 1996c, Fietkau 1996). Allerdings kann Sozialverträglichkeit nicht einfach mit Betroffenenbeteiligung gleichgesetzt werden (Wiesenthal 1990), und natürlich auch nicht allein anhand der Zufriedenheit mit einem Kommunikationsprozeß gemessen werden. Notwendig ist vielmehr eine systematische Aufbereitung der Kriterien der verschiedenen Interessen-. und Betroffenengruppen. Bei Fragen nachhaltiger Entwicklung sollte zusätzlich die Meinung von Fachleuten, die sich mit diesen Fragen beschäftigen, eingeholt werden, um langfristige Effekte auf die Sozialverträglichkeit einzubeziehen.

5.2
Zweiter Zugang: Partizipative Kriterienerhebung und Kriterienstrukturierung

Die Studiennehmer haben sich -wie eingangs erläutert- nicht auf die Aufarbeitung der Kriterien in der Literatur beschränkt. Statt dessen sind auf dem ersten Experten-Workshop in Bonn zusammen mit Wissenschaftlern der Disziplinen Ethik, Politikwissenschaft, Volks- und Betriebswirtschaftslehre Kriterien zur Beurteilung institutioneller Reformen erhoben und gewichtet worden. Juristische Kriterien wurden durch die juristische Begleitung der Studie sowie die juristischen Teilnehmer des zweiten Expertenworkshops eingebracht.

Alle genannten Kriterien wurden in einem zweiten Schritt der Enquete-Kommission zur Ergänzung und Priorisierung vorgelegt. Die Ergebnisse der Workshops sind als Tabelle im Anhang der Studie wiedergegeben. Angesichts der großen Zahl an unterschiedlichen Kriterienblöcken war es notwendig, die Vorschläge zur Kriterien-Clustern zusammenzufassen, um einen strukturierten Umgang mit den Kriterien zu ermöglichen (vgl. Tabelle 6).

Tabelle 6. Kriterien-Cluster aus den Workshops

Kriterium (Fomulierung Experten-Workshop)	Rang Ex-WS	Rang EK-WS	Punkte Ex-WS	Punkte EK-WS	Kriterium (Formulierung EK-WS)
Transparenz, Nachvollziehbarkeit, Legitimation	1	7	12	7	Transparenz
Bottom-up-Orientierung, Partizipation, Beteiligung der Betroffenen, Minderheitenverträglichkeit, Waffengleichheit	2	9	12	6	Partizipation
Flexibilität, Fehlerfreundlichkeit, expliziter Experimentiercharakter, Reversibilität, Offenheit für neue Entwicklungen, Innovation (11 Punkte); Flexibilität der Strukturen (1 Punkt)	3	4	12	9	Flexibilität, Innovation
Fairneß, intergenerative Gerechtigkeit	4	5	9	9	Fairneß, Intergenerative Gerechtigkeit
Orientierungsstiftende Kraft, Wissenstransfer, Aufhebung von Wahrnehmungsblockaden, Ermöglichung von Wissenstransfer, Aufdeckung informierter Präferenzen	5	28	8	0	Orientierungsstiftende Kraft, Wahrnehmungs-barrieren überwinden
Netzfähigkeit, Integrationsprinzip, interpolicy, Politikfelder vernetzend	6	12	8	5	Integration
Institutionelle Offenheit, prozeßualer und innovativer Charakter, Pionier- und Vorbildfunktion	7.	18	8	2	Institutionelle Offenheit
Ursachen- und Verursacherorientierung, keine End-of-Pipe-Institutionen, Repolitisierung	8	10	8	6	Verursachungs-orientierung

Tabelle 6. Kriterien-Cluster aus den Workshops (Fortsetzung)

Kriterium (Fomulierung Experten-Workshop)	Rang Ex-WS	Rang EK-WS	Punkte Ex-WS	Punkte EK-WS	Kriterium (Formulierung EK-WS)
Rückbindung an demokratische Legitimation, Stärkung des parlamentarischen Prozesses	9	14	7	4	Stärkung des parlamentarischen Prozesses
Konsistenz zu bestehenden Institutionen, Möglichkeit an traditionelle Sittlichkeit anzuknüpfen, Marktkompatibilität	10	3	6	10	Marktkompatibilität
Allgemeine Zustimmungsfähigkeit, Akzeptanz	11	13	6	5	Akzeptanz, allgemeine Zustimmungsfähigkeit
Subsidiarität, Stärkung der Selbstorganisationskräfte der Zivilgesellschaft	12	15	5	4	Stärkung der Selbstorganisationskräfte der Zivilgesellschaft
Langfristperspektive	13	11	5	6	Langfristperspektive
Dauerhaftigkeit, Ausgleich zwischen Dauerhaftigkeit und Flexibilität	14	1	5	14	Dauerhaftigkeit, Berechenbarkeit
Pluralismus, Interessensoffenheit, Chancengleichheit, Machtausgleich gewährleistend	15	29	5	0	Pluralismus
Effektivität (auch ökologische Effektivität)	16	6	5	9	Effektivität
Vielfalt der Institutionenlandschaft, Kreativität	17	30	4	0	Vielfalt der Institutionenlandschaft

Tabelle 6. Kriterien-Cluster aus den Workshops (Fortsetzung)

Kriterium (Fomulierung Experten-Workshop)	Rang Ex-WS	Rang EK-WS	Punkte Ex-WS	Punkte EK-WS	Kriterium (Formulierung Enquete-Workshop)
Effizienz (Kosteneffizienz, Transaktionskostenarm)	18	2	3	14	Effizienz; Verhältnis Aufwand/Wirkung (10 Punkte)
Adressierung konkreter Akteure	19	25	3	1	Adressierung konkreter Akteure
Sicherung der Vielfalt an Problemlösungen, Institutionenwettbewerb, Regionalisierung, Dezentralisierung	20	20	3	2	Sicherung der Vielfalt an Problemlösungen
Anreizsetzung zur Bildung informeller, privater, nachhaltiger Strukturen	21	31	2	0	Anreizsetzung zur Bildung informeller, privater, nachhaltiger Strukturen
Nicht nur indirekte Betroffenheit bei den Reformern	22	--	1	--	------
Verhinderung der Bildung institutioneller Eigeninteressen (außer wenn mit Sachbelangen verknüpft)	23	16	1	4	Verhinderung der Bildung institutioneller Eigeninteressen
wechselseitige Vorteilhaftigkeit, win-win-Lösungen ermöglichen	24	17	1	3	Wechselhafte Vorteilhaftigkeit
Aufzeigen der Folgen von Nicht-Handeln	25	8	1	7	Aufzeigen der Folgen von Nicht-Handeln
Strategic Environmental Assessment	26		1	--	------

Tabelle 6. Kriterien-Cluster aus den Workshops (Fortsetzung)

Kriterium (Formulierung Experten-Workshop)	Rang Ex-WS	Rang EK-WS	Punkte Ex-WS	Punkte EK-WS	Kriterium (Formulierung Enquete-Workshop)
Nur gleichzeitige Stärkung von Rechten und Pflichten, Zusammenlegung von Entscheidung, Budget und Verantwortung	27	32	1	0	Zusätzliche Aufgaben nur bei gleichzeitiger Erhöhung der Budgets und umgekehrt
Geringe Implementations- und Sanktionskosten (handhabbare Vollzugsprobleme)	28	33	1	0	Geringe Implementations- und Sanktionskosten
Fähigkeit zur Entscheidungsfindung hinsichtlich Kosteneffizienz und Prioritätensetzung, Raum-/Regionenbezug, Verantwortung/Folgen	29	26	1	1	Fähigkeit zur Entscheidungsfindung unter Kosten- und Prioritätengesichtspunkten
keine gesellschaftlich desintegrierenden Wirkungen (Keine Polarisierung, Stigmatisierung)	30	34	0	0	Keine Polarisierung, Stigmatisierung
Wettbewerbliche Offenheit (Verhinderung von wettbewerbsbeschränkendem Mißbrauch)	31	35	0	0	Wettbewerbliche Offenheit
Nachhaltigkeit als Prämisse, nicht nur als Nebenprodukt	32	36	0	0	Nachhaltigkeit als Prämisse und nicht als Abfallprodukt politischer Willensbildung
Unabhängigkeit der Institutionen	33	21	0	2	Unabhängigkeit der Institutionen
Globale Vernetzung, keine räumliche Problemverschiebung	34	22	0	2	Globale Vernetzung

Tabelle 6. Kriterien-Cluster aus den Workshops (Fortsetzung)

Kriterium (Fomulierung Experten-Workshop)	Rang Ex-WS	Rang EK-WS	Punkte Ex-WS	Punkte EK-WS	Kriterium (Formulierung Enquete-Workshop)
Offenheit der Wahrnehmung	35	37	2	0	Offenheit der Wahrnehmung
In der Wissenschaft Interdisziplinarität, problemorientierte Änderung der Förderinteressen	36	39	2	0	Interdisziplinarität
--	--	19	--	2	Re-Politisierung
--	--	23	--	2	Selbstverstärkung im Regelkreislauf
--	--	24	--	2	Reaktion in der Zeitachse
--	--	27	--	1	Kompatibilität mit EU-Regeln
--	--	38	--	0	Einführungsgeschwindigkeit

Die Experten im Expertenworkshop und die Mitglieder der Enquete-Kommission kamen bei der Priorisierung der Kriterien zu teilweise sehr unterschiedlichen Gewichtungen (vgl. die Tabelle im Anhang). Während Transparenz, Partizipation und Flexibilität aus der Sicht der Experten den höchsten Stellenwert einnahmen, priorisierte die Enquete-Kommission die Kriterien der Dauerhaftigkeit, der Effizienz sowie der Konsistenz zu bestehenden Institutionen. Diese ad hoc auf den Workshops entstandenen Einschätzungen beanspruchen keine Repräsentativität, sie sensibilisieren jedoch dafür, daß es heute bezüglich der Institutionenbewertung in Wissenschaft und (politischer) Praxis keinen konsolidierten Kriterienkanon gibt, der bei den Akteuren tief verankert ist. In diesem Fall hätten die Ergebnisse der beiden partizipativen Kriterienermittlungen sehr viel stärker konvergieren müssen. Das in Tabelle 6 wiedergegebene Kriteriencluster hat daher die Funktion, strukturierte Diskussionen über Kriterien zur Bewertung von Einzelinstitutionen und Institutionenbündeln zu ermöglichen.

5.3
Synthese: Zum Rahmen der Kriterienlandkarte

Im dritten Schritt der Studie ging es darum, die Kriterien zur Institutionenbewertung aus der Literatur mit den Kriterienclustern der partizipativen Erhebung zusammenzuführen. Bei dieser Zusammenführung zeigt sich, daß die grundlegenden Kriteriendimensionen der Policy-Analyse und der Wirtschaftswissenschaften (d.h. Effektivität, Effizienz, Legitimation als Ergebnis von Fairneß und Akzeptanz sowie Umsetzbarkeit) ein geeignetes Dach bieten, um die ausdifferenzierteren Kriterien-Cluster der partizipativen Erhebung zuzuordnen. Auch den vier Basisstrategien für institutionelle Reformen einer Politik der Nachhaltigkeit lassen sich Kriterienbündel aus der partizipativen Erhebung zuordnen.

Tabelle 7. Konsolidierter Kriterienkatalog zur Bewertung von Institutionen und institutionellen Reformen für eine Politik der Nachhaltigkeit

Kriterium	Unterkriterium
Effektivität: integrierend	ökologische Effektivität
	soziale Effektivität
	ökonomische Effektivität
Effizienz	Aufwand/Ertrag-Verhältnis
Umsetzbarkeit	hinreichende allgemeine Zustimmung
	administrative Umsetzbarkeit
	wechselseitige Vorteilhaftigkeit / Selbstverstärkung im Regelkreislauf
Legitimation	rechtlich, z.B. Kompatibilität mit EU-Richtlinien
	materiell-ethisch: Bezug zu gesellschaftlichen Grundwerten
	prozedural: Fairneß, Chancengleichheit
Verträglichkeit mit den grundlegenden Problemlösungsstrategien	
Stärkung der Selbstorganisationskräfte / Partizipation	
Reflexivität	Transparenz
Ausgleich von Konflikten	Zustimmungsfähigkeit
Stärkung der Innovationsfähigkeit	Innovationscharakter

Die durch das beschriebene Vorgehen aufgezeigten Kriterien haben den Charakter von Leitfragen. Sie müssen nach Art der Institution, ihrer Funktion, ihrer Adressaten, ihrer Reichweite und ihrer Plazierung im Politik-Zyklus spezifiziert werden. Aufgrund der Mehrdimensionalität geben sie den Rahmen für einen Abwägungsprozeß vor. Im Zuge der Implementation von institutionellen Reformen für eine Politik der Nachhaltigkeit kann die hier aufgespannte Kriterienlandkarte dazu dienen, die unterschiedlichen Bewertungsaspekte zu systematisieren.

Es bleibt entscheidend, nicht jeden einzelnen Reformvorschlag isoliert einer umfassenden Kriterienevaluation zu unterziehen und damit faktisch jede institutionelle Reform zum Erliegen zu bringen. Institutionelle Reformen müssen in ihrer grundsätzlichen Stoßrichtung betrachtet werden und grundlegenden Leitbildern folgen. Die vier Basisstrategien geben solche Leitbilder vor. Die weitergehende Kriterien-Evaluation hat einen flankierenden Charakter; sie definiert Leitplanken, die nicht überschritten werden dürfen. Zudem ist bei der Evaluation von institutionellen Reformen auch der Status Quo immer einer gleichen kritischen Überprüfung zu unterziehen.

6 Evaluation/Empfehlungen und Ausblick

6.1
Von allgemeinen Lösungsstrategien zu akteursorientierten Umsetzungsprogrammen

Die vorliegende Studie hat in den vorangegangenen Kapiteln die Grundlagen für einen breiten Institutionenatlas für institutionelle Reformen einer Politik der Nachhaltigkeit abgeleitet. Dieser nachfolgende Atlas gliedert sich nach den vier Basisstrategien eines nachhaltigen gesellschaftlichen Wandels: Reflexivität, Partizipation/Selbstorganisation, Ausgleich und Konfliktregelung sowie Innovation.

Diesen Institutionenrahmen gilt es im folgenden auf unterschiedliche Klassen von Akteuren umzubrechen und damit für eine konkrete Politik des nachhaltigen Institutionenwandels handhabbar zu machen. Fünf grundsätzliche Akteurebenen werden dabei unterschieden (zur Zuordnung der Vorschläge aus dem Institutionenatlas zu den Akteurgruppen vgl. die Tabelle 11 in Anhang I.II):

- der Bundestag,
- die Bundesregierung,
- die Länderparlamente und -regierungen,
- die Kommunen
- sowie andere Akteure wie Unternehmen, Umweltschutzorganisationen, Bürgerinitiative usw.

In Kapitel 6.2 werden für jede der fünf Akteurgruppen Strategien synthetisiert, welche die für die jeweilige Ebene relevanten Institutionenvorschläge zu einem Maßnahmenbündel zusammenfügen. Vorher gilt es jedoch, einzelne grundlegende „Designprinzipien" zu klären, die auf allen Ebenen für die Umsetzung institutioneller Reformen für eine Politik der Nachhaltigkeit bedeutsam sind (vgl. Abschnitte 6.1.1. bis 6.1.3).

6.1.1
Institutionelle Reformen als Projekt des organisatorischen Wandels

Schon bei der Einführung des Nachhaltigkeits- und Institutionenbegriffs der Studie wurde deutlich, daß eine institutionelle Reformpolitik der Nachhaltigkeit keinem einfachen Ziel-Mittel-Mechanismus folgt. Es handelt sich vielmehr um einen komplexen organisatorischen Wandlungsprozeß.

Dieser Prozeß muß einerseits übergeordnete gesellschaftliche und kulturelle Rahmenbedingungen berücksichtigen. In der in Kapitel 4 vorgestellten Institutionenklassifizierung wurden diese Rahmenbedingungen mit Begriffen wie Konventionen, Normen und Sitten bezeichnet. Institutioneller Wandel vollzieht sich mithin immer schon in einem gegebenen institutionellen Kontext und findet nicht in einem „leeren Raum" statt. Die durch den bestehenden institutionellen Kontext gegebenen Restriktionen und Potentiale sind bei einer Reformpolitik zu berücksichtigen.

Institutionelle Reformen für eine Politik der Nachhaltigkeit können weder einseitig von oben nach unten noch von unten nach oben verlaufen. Sie nehmen ihren Ausgang vielmehr an vielen Stellen des bestehenden politischen Gefüges. Eine institutionelle Reformpolitik sollte polyzentrisch und netzförmig ansetzen. Dabei sind nicht alle Reformvorschläge gleichgewichtig. Es gibt Reformen, die wesentlich grundlegender in das gesellschaftliche Organisationsgefüge eingreifen als andere. Unseres Erachtens läßt sich das institutionelle Reformprojekt für eine Politik der Nachhaltigkeit nicht auf einige wenige Basisinstitutionen reduzieren. Viele Reformvorschläge wirken komplementär, das heißt, sie ergänzen und verstärken sich. Andere Vorschläge dagegen wirken substitutiv, das heißt, sie können sich bis zu einem gewissen Grad ersetzen. So schaffen zum Beispiel Reflexivitätsstrategien das Problembewußtsein bei Akteuren, auf dessen Grundlage die Implementierung von umfassenden Ausgleichs- und Ressourcenstrategien möglich wird (Komplementarität). Erwünschte Reflexivitäts-, Partizipations- und Innovationseffekte lassen sich in der Regel mit unterschiedlichen Institutionenreformen erreichen (Substitutionalität).

Der *polyzentrische Reformcharakter* hat eine weitere wichtige Konsequenz: Er fördert den institutionellen Wettbewerb. Nicht alle Akteure, die institutionelle Reformen einer Politik der Nachhaltigkeit vorantreiben könnten, tun dies auch. Fehlende Anreize, Konfliktblockaden oder die Priorisierung anderer Problemstellungen können Gründe dafür sein. Die bewußt nicht monozentrische Ausgestaltung der Vorschläge für den institutionellen Wandel bietet die Gewähr, daß die Reformpolitik vorangeht, auch wenn bei einzelnen (Schlüssel-) Akteuren Blockaden auftreten. Deshalb präsentiert die vorliegende Studie Handlungsempfehlungen für insgesamt fünf Akteurgruppen.

6.1.2
Zum diskursiven Umgang mit den Kriterien für institutionelle Reformen einer Politik der Nachhaltigkeit

In Kapitel 5 wurde gezeigt, daß neben den Beiträgen zur Erfüllung der vier Basisstrategien bei der Wahl für konkrete institutionelle Reformen noch eine große Zahl weiterer Kriterien angelegt werden kann und muß. Dabei wurden die Kriterien zu insgesamt vier Kriterienclustern zusammengefaßt (Effektivität, Effizienz, Umsetzbarkeit, Legitimation). Es zeigte sich, daß nicht jede einzelne Institution alle der aufgeführten Kriterien erfüllen muß, sondern vielmehr ganze Institutionenpakete in ihrem Zusammenspiel. Die in den folgenden Kapiteln vorgeschlagenen akteursbezogenen Institutionenstrategien sind daher auch nicht durch den gesamten Kriterienkatalog vorgefiltert. Vielmehr lassen sich die vorgeschlagenen einzelnen institutionellen Reformvorschläge zu unterschiedlichen Paketen zusammenstellen, die den eingeführten Kriterien gerecht werden. Die in Kapitel 5 eingeführten Kriterienkataloge müssen daher diskursiv in die institutionelle Strategieentwicklung der einzelnen Ebenen einfließen.

6.1.3
Entwicklung einer Agenda des institutionellen Umbaus

Die Umsetzung institutioneller Reformen für eine Politik der Nachhaltigkeit geschieht als Prozeß, der nicht ad hoc eingeführt und abgeschlossen werden kann, sondern sich über mehrere Perioden vollzieht. Die Reihenfolge, mit der einzelne institutionelle Reformprojekte in Angriff genommen werden, hängt dabei nur zu einem kleinen Teil von der inneren Logik der Reformvorschläge ab. Er wird viel stärker vom Reformwillen der betroffenen Akteure, von politischen Widerständen sowie von günstigen Konstellationen in Politik und Gesellschaft determiniert. Die Studie gibt daher bewußt keinen detaillierten Zeitplan zur Umsetzung einzelner Institutionenvorschläge vor - dies würde eine Mechanik suggerieren, die unnötige politische Widerstände provoziert. Für die einzelnen Akteursebenen erfolgen vielmehr Musteraussagen zu den Prinzipien einer Agenda des institutionellen Wandels.

6.2
Akteursbezogene Umsetzungsstrategien

An dieser Stelle wird für die genannten Akteure ein Leitfaden als Arbeitshilfe für den nachfolgenden breiten Institutionenatlas angeboten: Welche der zuvor beschriebenen Basisstrategien betreffen die genannten Akteure in erster Linie? Welche der hier aufgeführten etwa 70 verschiedenen institutionellen Reformvorschläge sind demnach für die jeweiligen gesellschaftlichen Akteure als prioritär einzuschätzen? Zur Orientierung im Institutionenatlas werden zunächst diese prioritären Zuordnungen der Reformvorschläge zum jeweils zentralen Akteur beschrieben. Die anschließende Tabelle enthält dann eine vollständige Liste der Reformschläge des Institutionenatlas, bei der jede Institution einem oder mehreren der Akteure zugeordnet ist.

6.2.1
Parlamentarische Umsetzungsstrategien - die institutionellen Arenen neu definieren

Die Institutionenvorschläge bewegen sich in einem Spektrum zwischen Fremdsteuerung und Selbstorganisation. Institutioneller Wandel in Richtung Nachhaltigkeit ist weder etwas, das zentral vom Staat vorgegeben wird, noch ein Phänomen, das sich in Selbstorganisation ohne staatliche Beteiligung ergibt. Parlamentarische Strategien haben für den angestrebten institutionellen Wandel einen besonderen Stellenwert, da sie das "Spielfeld" definieren, auf dem sich der institutionelle Reformprozeß vollzieht. Sie legen für den Prozeß die Rahmenbedingungen fest und schaffen die Grundlagen für eine Politik der Nachhaltigkeit, die sich durch ein höheres Maß an Reflexivität, Partizipation/Selbstorganisation, Ausgleich und Konfliktregelung sowie Innovation auszeichnet.

Dies sei im folgenden anhand der vier Basisstrategien erläutert:

Aufgrund ihres grundlegenden Charakters stellt sich für parlamentarische Umsetzungsstrategien in besonderem Maße die Herausforderung der Reflexivität. Dadurch, daß sich das Parlament umfassend über die Nebenfolgen seines Handelns Rechenschaft ablegt, können Fehlentwicklungen schon im Ansatz erkannt und verhindert werden. Folgende Instrumente schlägt die Studie vor, um die Reflexivität zu erhöhen:

- Institutionen für eine nachhaltigkeitsorientierte Forschungspolitik
- TA: Von der Politik- zur Gesellschaftsberatung
- Erhöhte Transparenz über vorhandene (un)nachhaltige Anreizsysteme und Beihilfen
- Netzwerke von Wissenschaft und Politik (insbesondere Parlamentariern)
- Expertengremien zur Gesetzesvorbereitung
- Weiterentwicklung der Institution der Enquete-Kommission
- eine konsequent durchgeführte Gesetzesfolgenabschätzung unter Nachhaltigkeitsgesichtspunkten

Alle diese Institutionen helfen dem Parlament, reflexive Entscheidungen zu treffen. Dabei beziehen sich einzelne Institutionen auf alle Akteure einer Politik der Nachhaltigkeit, andere spezifisch auf die Verbesserung der Informationsgrundlagen für parlamentarische Entscheidungsträger. Darüber hinaus kann das Parlament mit Rahmenentscheidungen die Grundlagen für eine Reflexivitätserhöhung im Handeln anderer Akteure schaffen. Hierunter fällt zum Beispiel die Festlegung von Basisentscheidungen bzw. -institutionen für die Produktkennzeichnung.

In diesen Fällen schafft das Parlament, wie bei der Stärkung von Selbstorganisations- und Partizipationspotentialen, lediglich den äußeren Rahmen für selbstorganisierte Prozesse anderer Akteure. Dies gilt z.B für Gesetze, die Branchenselbstverpflichtungen explizit vorsehen oder der Bundesregierung die Möglichkeit geben, Rahmengesetze über Verordnungen zu füllen, und dieser damit ein wichtiges Verhandlungspotential für die Einforderung von Branchenselbstverpflichtungen liefern. Gesetzliche Bestimmungen, welche die kommunalen Ebene stärken, Ehrenamt, Selbsthilfe und Eigenarbeit fördern, die Partizipationsrechte von Bürgern erhöhen oder Volksabstimmungen einführen, solche gesetztlichen Bestimmungen schaffen die Grundlage für eine erhöhte Selbstorganisation von Kommunen und Bürgern, ohne konkrete Richtungen für diese Selbstorganisation vorzugeben. Angesichts der zunehmenden politischen Steuerungsprobleme in ausdifferenzierten westlichen Gesellschaften ist dies ein Weg, durch die Pluralisierung von Organisationszentren die Steuerungsherausforderungen wieder beherrschbar zu machen.

Zentrale Bedeutung kommt dem Parlament bei der Schaffung der Rahmenbedingungen für den *Ressourcen- und Konfliktausgleich* in einer Politik der Nachhaltigkeit zu. Die mit entsprechenden Institutionen verbundenen Umverteilungen bedürfen in besonderem Maße der demokratischen Legitimation. Die Neudefinition entsprechender Institutionen muß daher in der Kompetenz des Parlaments liegen. Aus der Sicht der Studiennehmer spielen dabei folgende institutionelle Reformen eine zentrale Rolle:

- die Einrichtung eines Nachhaltigkeitsausschusses des Deutschen Bundestages mit den beschriebenen weitgehenden Befugnissen
- die diskursive Erarbeitung einer nationalen Nachhaltigkeitsstrategie
- die breite Umsetzung eines freien Informationszugangs für Bürger und Organisationen
- die Errichtung einer Monopolkontrolle unter Nachhaltigkeitsgesichtspunkten
- die stärkere Berücksichtigung von NGO´s in (inter)nationalen Verhandlungsprozessen
- die Verbreiterung des Vorschlagsrechtes von NGO´s bei Gremienbesetzungen
- die Ausweitung des Verbandsklagerechtes
- die Stärkung des Umweltressorts (u.a. durch die obligatorische Schaffung von Nachhaltigkeits-Ombudsmännern in allen anderen Ministerien)
- die Schaffung der Grundlagen für einer Nachhaltigkeitsbundeslotterie.

Alle diese Institutionen verändern das Spielfeld für den Ressourcen- und Machtausgleich und die Konfliktregelung für eine Politik der Nachhaltigkeit und erhöhen die Chance, daß sich Nachhaltigkeitsinteressen im politischen Prozeß der Bundesrepublik Deutschland besser durchsetzen können.

Innovation spielt eine zentrale Rolle, um mögliche Konflikte zwischen dem ökologischen, sozialen und ökonomischen Pol in der Nachhaltigkeitsdebatte weitestmöglich im Sinne von win-win-Situationen zu lösen. Innovationen werden dabei von allen gesellschaftlichen Akteuren initiiert und umgesetzt. Jedoch kann das Parlament auch hier geeignete Rahmenbedingungen für entsprechende *Innovationsprozesse* schaffen. Besondere Bedeutung kommt dabei zu:

- einer nachhaltigen Finanzreform
- einem verschärften Umwelt- und Produkthaftungsrecht
- einer Dynamisierung des Umweltrechts
- der Weiterentwicklung des Öko-Audits
- der Ermöglichung eines funktionalen Föderalismus
- der Verbesserung der Rahmenbedingungen für eine nachhaltigkeitsorientierte Förder- und Stiftungstätigkeit
- einer nachhaltigkeitsorientierten Innovations- und Risikokapitalförderung.

Die nach den vier Hauptstrategien gegliederten Ansatzpunkte zeigen, daß trotz des polyzentrischen Charakters einer Politik der Nachhaltigkeit dem Parlament weiterhin eine Schlüsselrolle bei der Initiierung von institutionellen Reformen zukommt (vgl. zur Ableitung eines konkreten Umsetzungsplan für dieses Reformprogramm Kapitel 6.3).

6.2.2
Regierungsstrategien - Regieren mit einer neuen Dimension der Reflexivität

Das Parlament definiert die Spielfelder für eine Politik der Nachhaltigkeit. Die Regierung stellt in diesem Prozeß einen zentralen Akteur dar. Sie bestimmt im wesentlichen die Agenda des parlamentarischen Prozesses bezüglich Inhalten und Zeitplanung entscheidend mit. Zudem vollzieht sie grundlegende Spielzüge. Insofern handelt sie unmittelbarer nachhaltigkeitsrelevant. Regierungsstrategien einer Politik der Nachhaltigkeit beziehen sich daher insbesondere auf die nachhaltigkeitsbezogene Reflexivität des Regierungshandelns. Die Studiennehmer empfehlen der Bundesregierung daher:

- die Ernennung eines Staatsministers für Nachhaltigkeit im Kanzleramt
- die Erarbeitung und Ermittlung von Nachhaltigkeitsindikatoren auf Bund- und Länderebene
- jährliche Nachhaltigkeitsberichte von Ministerien
- Nachhaltigkeitsbeiräte bzw. Bürgerforen für Ministerien
- die Durchführung von Konsensuskonferenzen
- die Schaffung von Transparenz über vorhandene (nicht nachhaltig wirkende) Anreizsysteme und Beihilfen
- Netzwerke von Wissenschaft und Politik.

Daneben kommt der Bundesregierung eine wichtige Rolle in der *Innovations- förderung* zu. Insbesondere folgende Institutionen stehen im Vordergrund:

- Staatliche Förderung von Akteurskettenkooperationen
- Einrichtung von ressortübergreifenden Projektteams

- Stärkung intermediärer Kooperationen zwischen Politik, Wissenschaft und Wirtschaft
- Förderung von Risikokapital für nachhaltigkeitsorientierte Projekte
- allgemeine nachhaltigkeitsorientierte Innovationsförderung.

Im Zuge der Partizipation/Selbstorganisation sowie von Ausgleichs- und Konfliktstrategien ist die Bundesregierung häufig selber Akteur und legt nicht die Spielregeln für die jeweiligen Strategien fest. Beide Strategien spielen daher für das unmittelbare Regierungshandeln eine untergeordnete Rolle.

6.2.3
Länderstrategien - institutionelle Erneuerung aus der Mitte

Für die Enquete-Kommission des Deutschen Bundestages steht die Handlungsebene des Bundes zunächst im Mittelpunkt. Die Studie macht jedoch deutlich, daß eine Politik der Nachhaltigkeit ein polyzentrisches Projekt ist. Die Bundesländer nehmen in diesem Kontext eine besondere Rolle wahr, da sie aufgrund des föderalen Staatsaufbaus der Bundesrepublik einerseits über weitreichende Kompetenzen verfügen, andererseits auf ihrer Ebene zugleich auch Möglichkeiten für einen "institutionellen Wettbewerb" zwischen unterschiedlichen Bundesländern bestehen. In einzelnen Politikfeldern (wie zum Beispiel der Bildungspolitik) liegt zudem die eigentliche Gesetzgebungskompetenz bei den Ländern. Auf der Ebene der Bundesländer können einzelne Institutionen erprobt werden, bei denen Wirkungsunsicherheiten oder politische Durchsetzungsschwierigkeiten im Bund existieren. Institutionelle Reformen einer Politik der Nachhaltigkeit erstrecken sich auch auf der Länderebene auf alle vier Basisstrategien institutioneller Reformen. Zwischen parlamentarischen und Regierungsstrategien wird nicht unterschieden, da hier ein ähnliches Muster wie auf Bundesebene besteht.

Zur *Erhöhung der Reflexivität* des Handelns empfehlen die Studiennehmer auf Länderebene:

- Nachhaltigkeitsindikatoren auf Länderebene
- Bürgerforen für Landespolitiker und Landesministerien
- Informationen über nachhaltigkeitswidrige Anreizsysteme und Beihilfen auf Länderebene
- eine nachhaltigkeitsorientierte Reform der Hochschulen sowie eine nachhaltigkeitsorientierte Forschungspolitik.

Zur *Förderung von Partizipation und Selbstorganisation* bieten sich auf Länderebene folgende Ansatzpunkte:

- Selbstverpflichtungen von Wirtschaft und Branchen auf Länderebene (vgl. Umweltpakt Bayern)
- Stärkung der kommunalen Ebene
- Förderung von Ehrenamt, Selbsthilfe und Eigenarbeit

- Stärkung der Partizipationsrechte von Bürgern in bestehenden Verfahren
- Volksabstimmungen auf Länderebene
- Förderung vom Umwelt-, Sozial- und politischer Bildung als Voraussetzung für Beteiligungsmöglichkeiten
- Wahlpflicht auf Länderebene.

Auch Ansatzpunkte für *Strategien des Ausgleichs und der Konfliktregelung* bieten sich den Bundesländern. Dazu gehören:

- Schaffung von freiem Zugang zu nachhaltigkeitsrelevanten Informationen
- Entgelt- und Finanzierungsregeln für NGO's im Rahmen von Beteiligungsmöglichkeiten
- Moderierte Diskurse in landesbezogenen Gesetzgebungsverfahren
- Ausweitung des Verbandsbeschwerde- und Klagerechtes
- Ausweitung des Vorschlagsrechtes für die Gremienbesetzung durch NGO's
- Nachhaltigkeitsorientierte Verwaltungsreformen in den Landesverwaltungen
- Stärkung der Landesumweltministerien
- Integrierte Planungsprozesse und ressortübergreifende Projektteams in den Landesverwaltungen
- Einführung von Nachhaltigkeitslotterien auf Landesebene.

Schließlich eröffnen sich auf Landesebene zahlreiche Ansatzpunkte für eine nachhaltigkeitsorientierte *Innovationsförderung*. Hierzu gehören

- Public Private Partnerships
- Städtenetze und Stadt-Umland-Kooperationen
- Regionalentwicklungskonferenzen
- Förderung von Akteurskettenkooperationen
- Intermediäre Kooperationen zwischen Politik, Wissenschaft und Wirtschaft
- Förderungen eines funktionalen Föderalismus auf Länderebene
- Ausweitung der nachhaltigkeitsorientierten Förder- und Stiftungstätigkeit
- Förderung von Risikokapital und Innovationen bei nachhaltigkeitsorientierten Projekten.

An den Beispielen wird deutlich, daß sich institutionelle Reformen für eine Politik der Nachhaltigkeit auf Länderebene in einer ähnlichen Breite initiieren lassen wie auf Bundesebene. Das Engagement der Ländern kann dadurch Testfeld und Motivator für Initiativen auf Bundesebene sein. Zudem werden auf Länderebene auch die institutionellen Spielfelder für die Kommunen festgelegt. Die Länder betreiben mithin eine "institutionelle Erneuerung aus der Mitte".

6.2.4
Kommunale Strategien - den partizipativen und innovativen Wandel von unten fördern

Die Kommunen tragen und fördern den institutionellen Wandel von unten. Durch die Nähe zum Bürger und die räumliche Nähe zwischen den Akteuren bieten sich auf der kommunalen Ebene insbesondere zahlreiche Ansatzpunkte zur Förderung der Partizipation und Selbstorganisation sowie zur Innovation.

Unter dem Gesichtspunkt der Partizipation und Selbstorganisation haben folgende Institutionen hohe Bedeutung:

- Lokale Agenda-21-Prozesse
- die Förderung von Ehrenamt, Selbsthilfe und Eigenarbeit
- die Förderung und Initiierung diskursiver Verfahren auf lokaler Ebene (Mediation, Planungszellen, Zukunftswerkstätten, Energietische, Mehrstufige Dialogische Verfahren und andere diskursive Verfahren, Verkehrs- und Stadtforen, Stadtteilgruppen, runde Tische).

Innovationsimpulse im Hinblick auf eine Politik der Nachhaltigkeit versprechen:

- Public Private Partnerships
- Städtenetze
- Stadt-Umland-Kooperationen
- Regional-Entwicklungskonferenzen
- Kommunale Umweltberatungsstellen und Energieagenturen
- Nachhaltigkeitsorientierte Innovationsförderung (zum Beispiel durch Technologieparks und/oder Risikokapital).

Schließlich können Institutionen der Reflexivität, der Konfliktregelung und des Ausgleichs auch auf der kommunalen Ebene eine Rolle spielen.

6.2.5
Strategien anderer Akteure - den institutionellen Umbau flankieren

Institutionen der Selbststeuerung zeichnen sich dadurch aus, daß sich hier nichtstaatliche Akteure außerhalb staatlicher Einflußnahme im Sinne einer Politik der Nachhaltigkeit koordinieren. Die entsprechenden Selbstorganisationsmöglichkeiten sind äußerst zahlreich. Im Rahmen der Studie standen daher auch solche Formen der Selbstorganisation im Vordergrund, die durch staatliche Akteure gefördert, initiiert oder flankiert werden können. Institutionelle Reformstrategien spezifisch aus der Perspektive nicht-staatlicher Akteure waren nicht das zentrale Anliegen der vorliegenden Studie. Hierfür sei zum Beispiel auf die Studie "Bausteine für ein nachhaltiges Deutschland" des IFOK im Auftrag des VCI und der IG Chemie verwiesen, die unter anderem auch Ansätze institutioneller Reformen aus der Perspektive der Industrie und der Gewerkschaften vorschlägt.

Im Rahmen aller Strategieansätze zeigten sich jedoch vielversprechende intermediäre Institutionen, d.h. Institutionen, die durch staatliche Akteure angestoßen und gefördert, aber letztlich durch nicht-staatliche Akteure getragen werden. Hierzu gehören

- ökologische Produktkennzeichnungen (Reflexivität)
- Spendenparlamente (Partizipation/Selbstorganisation)
- Initiativen der Wirtschaft zur Regelverantwortung (Partizipation/ Selbstorganisation)
- Branchendiskurse (Partizipation/Selbstorganisation)
- die Förderung von Ehrenamt, Selbsthilfe und Eigenarbeit (Partizipation/ Selbstorganisation)
- der Ausgleich von Ungleichgewichten im Bereich der Werbung (Ausgleich und Konfliktregelung)
- die Öffnung des Kammersystems (Ausgleich und Konfliktregelung)
- Public Private Partnership (Innovation)
- Unternehmensrankings (Innovation).

Alle diese Institutionen flankieren den staatlich induzierten institutionellen Umbau, stellen aber nur einen Teil des Spektrums des institutionellen Selbstorganisationspotentials der nicht-staatlichen gesellschaftlichen Akteure dar.

6.3
Perspektive für die Enquete-Kommission: Netzwerkmanagerin des institutionellen Wandels

Der Enquete-Kommission „Zum Schutz des Menschen und der Umwelt" bietet sich die besondere Chance, aufgrund ihres spezifischen Auftrags und ihrer über das Parlament hinausgehenden Zusammensetzung die Anliegen eines institutionellen Wandels aufzugreifen. Die Reformvorschläge der Agenda des institutionellen Wandels lassen sich unterscheiden in Maßnahmen, die

- ohne jede Veränderung von Gesetzen und Verordnungen von Einzelpersonen oder Institutionen aufgegriffen werden können,
- einer Veränderung von Gesetzen und Verordnungen auf dem dazu erforderlichen parlamentarischen Weg bedürfen,
- der institutionenübergreifenden, freiwilligen Kooperation verschiedener gesellschaftlicher Akteure bedürfen. Dies kann unter Umständen durch Veränderungen der Gesetze und Verordnungen gefördert werden.

Um den dafür erforderlichen Diskussionsprozeß in die beteiligten oder betroffenen Organisationen als ersten Schritt zur Einleitung von Maßnahmen hineinzutragen, kann sich die Enquete-Kommission als Trägerin dieses Prozesses etablieren, indem sie selbst die von ihr vorgeschlagenen partizipativen oder diskursiven Methoden praktiziert. Insbesondere bietet es sich an, in diskursiv angelegten Workshops mit den einzelnen Fraktionen des Deutschen Bundestages, Vertretern der Bundesländer und kommunalen Entscheidungsträgern jeweils

- die hier unterbreiteten Vorschläge zu diskutieren und zu bewerten,
- gegebenenfalls für die betroffenen Institutionen erforderliche spezifische Modifikationen zu entwickeln,
- eine Rangfolge konkreter Möglichkeiten der Umsetzung für die jeweiligen Teilnehmer festzulegen und
- gemeinsame weitere Schritte zu vereinbaren.

Das vorrangige Ziel könnte darin bestehen, konkrete Pilot- und Modellumsetzungen zu erreichen, um in der Praxis den Nachweis einer breiten Realisierbarkeit zu erbringen, Erfahrungen mit dem neuen Institutionendesign zu sammeln und auf diese Weise einen kontinuierlichen Prozeß der Umsetzung und der schrittweisen Verbesserung der unterbreiteten Reformvorschläge einzuleiten. Um die Akzeptanz der Reformvorschläge zu erhöhen, empfiehlt sich ein Herunterbrechen der Vorschläge auf konkrete Politikfelder bzw. auf Bereiche der ökologischen Grobsteuerung. Daher bieten sich vor allem folgende Schritte an:

- Vertiefte Politikfeldanalysen, um exemplarisches Vorgehen aufzuzeigen (insbesondere in den staatsnahen Bereichen wie zum Beispiel in der Energie-, der Verkehrs- oder Landwirtschaftspolitik);
- Ausarbeitung konkreter Verwaltungs- und Organisationsreformen für verschiedene politische Ebenen und Institutionen in Bund, Ländern und Kommunen gemäß der Reformvorschläge der Studie;
- Untersuchungen der Auswirkungen der Reformen auf Anreizstrukturen der beteiligten und betroffenen Personen und Institutionen im Detail, um unerwünschte Nebeneffekte möglichst vermeiden zu können.

> Mit diesem Vorgehen kann es der Enquete-Kommission gelingen, die gesellschaftlich zur Implementierung der beschriebenen Reformen erforderliche Funktion des Netzwerkmanagers einzunehmen und als Vorreiterin für neue Formen der Politik zu wirken.

Die Perspektive, die der Enquete-Kommission damit für ihre eigene weitere Arbeit vorgeschlagen wird, ist die einer Netzwerkmanagerin. Abb. 9 gibt die möglichen nächsten Umsetzungsschritte für die Empfehlungen der vorliegenden Studie im Überblick wieder.

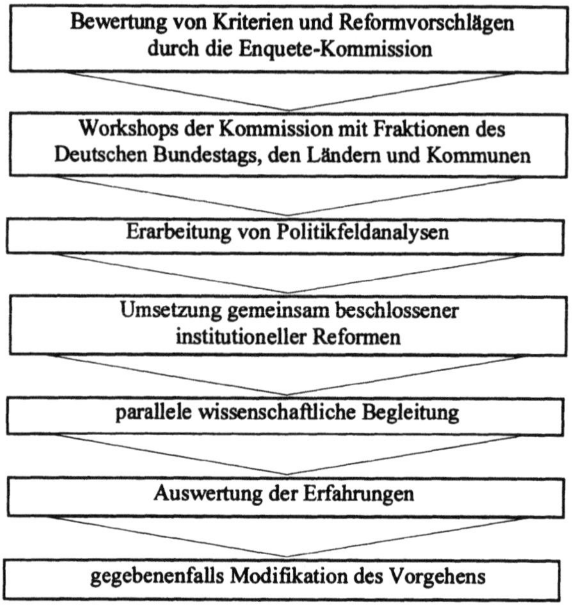

```
┌─────────────────────────────────────────────────┐
│   Bewertung von Kriterien und Reformvorschlägen   │
│         durch die Enquete-Kommission              │
└─────────────────────────────────────────────────┘
┌─────────────────────────────────────────────────┐
│   Workshops der Kommission mit Fraktionen des     │
│  Deutschen Bundestags, den Ländern und Kommunen   │
└─────────────────────────────────────────────────┘
┌─────────────────────────────────────────────────┐
│        Erarbeitung von Politikfeldanalysen        │
└─────────────────────────────────────────────────┘
┌─────────────────────────────────────────────────┐
│       Umsetzung gemeinsam beschlossener           │
│           institutioneller Reformen               │
└─────────────────────────────────────────────────┘
┌─────────────────────────────────────────────────┐
│     parallele wissenschaftliche Begleitung        │
└─────────────────────────────────────────────────┘
┌─────────────────────────────────────────────────┐
│         Auswertung der Erfahrungen                │
└─────────────────────────────────────────────────┘
┌─────────────────────────────────────────────────┐
│   gegebenenfalls Modifikation des Vorgehens       │
└─────────────────────────────────────────────────┘
```

Abb. 9. Schritte zum Umsetzung der Studienempfehlungen

Teil II:

Institutionenatlas

7 Aufbau des Institutionenatlasses

Auf den folgenden Seiten finden sich über 60 konkrete Institutionenvorschläge für eine Politik der Nachhaltigkeit. Diese Vorschläge entstammen der aktuellen wissenschaftlichen und politischen Debatte, basieren auf existierenden Institutionen in anderen Ländern und umfassen weiterhin neue Institutionenideen, die durch die Studiennehmer sowie im Rahmen der Expertenworkshops der Studie generiert wurden. Für die Auswahl sind mehrere Aspekte wegleitend:

- Das bestehende Institutionenspektrum wird (im Rahmen der gegebenen Institutionendefinition - vgl. Kapitel 4) durch den Institutionenatlas möglichst weit abgedeckt. Die Studie will dadurch in die Lage versetzen, sich ein umfassendes Bild über die grundsätzlichen Möglichkeiten institutioneller Reformen für eine Politik der Nachhaltigkeit zu verschaffen. Ähnliche und sich nur in Nuancen unterscheidende Institutionen werden bei der Darstellung zusammengefaßt.
- Insbesondere gilt es, für die vier grundlegenden Lösungsstrategien (Reflexivität, Partizipation/Selbstorganisation, Ausgleich und Konfliktregelung, Innovation) ein differenziertes Set an Institutionenmöglichkeiten zur Verfügung zu stellen, um diese Strategien einzulösen. Zu jeder Basisstrategie werden daher 3-5 Substrategien definiert, denen die Studie die einzelnen Institutionenvorschläge zuordnet. Dabei soll diese Zuordnung nach der *primären Funktion* nicht suggerieren, daß die gemachten Institutionenvorschläge nur eine einzelne Funktion erfüllen (vgl. Kasten).

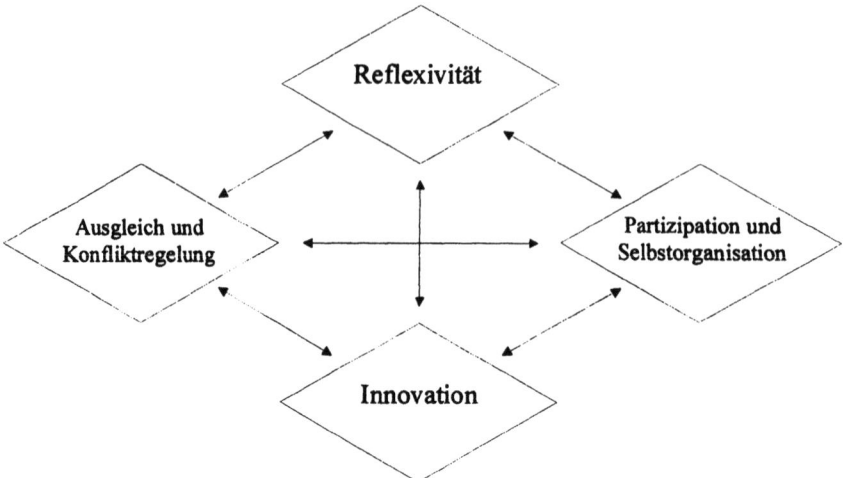

Abb. 10: Die vier institutionellen Basisstrategien für eine Politik der Nachhaltigkeit

Das im letzten Kapitel ausgearbeitete Kriterienraster hatte für die Auswahl der im folgenden vorgestellten Institutionen nur eine grobe Filterfunktion: Institutionenvorschläge, die offensichtlich ineffektiv, ineffizient, nicht umsetzbar oder illegitim erschienen, wurden von einer näheren Betrachtung ausgeschlossen. Einzelne Vorschläge wurden vor dem Hintergrund des Kriterienrasters weiterentwickelt (z.B. Nachhaltigkeitsausschuß statt ökologischer Rat), um z.B. Legitimations- oder Umsetzungsprobleme zu reduzieren. In der Regel werden jedoch die Institutionenvorschläge in ihrer derzeitigen Ausprägung bzw. in ihrem derzeitigen Diskussionsstand präsentiert und die Kriterien lediglich bei der Ausformulierung der Empfehlungen berücksichtigt.

Zur Multifunktionalität der betrachteten Institutionen

Viele der von den Studiennehmern untersuchten Institutionen leisten Beiträge zu mehr als einer einzelnen Lösungsstrategie. Sie sind multifunktional. So tragen Agenda 21-Prozesse z.B. nicht nur zur Verbesserung der Selbstorganisationspotentiale auf lokaler Ebene bei. Sie stärken auch die Reflexivität aller an diesen Prozessen beteiligten Akteure, wirken sich positiv auf die politische Teilhabe von Bürgern aus und stossen Innovationsprozesse an. In dem Maße, in dem Agenda 21-Prozesse zunehmend auch Entscheidungsbefugnisse auf sich ziehen, können sie sogar einen Beitrag zu neuen Machtgleichgewichten leisten. Ähnliches gilt für andere Institutionen: Eine nachhaltigkeitsorientierte Reform der Finanzordnung kann nicht nur Innovationsimpulse auslösen, sondern auch erheblich die Reflexivität der wirtschaftlichen Akteure steigern, da nicht-nachhaltiges Handeln direkt sanktioniert würde.

In welchem Umfang einzelne Institutionen zu den skizzierten Lösungsstrategien beitragen, hängt entscheidend von ihrer konkreten Ausgestaltung ab. Dies sei ebenfalls an
einem Beispiel illustriert: Ein ökologischer Rat ohne Veto-Recht, mit lediglich beratender Funktion dient insbesondere der erhöhten Reflexivität politischer Entscheidungsprozesse. Wird ein solcher Rat mit einem Vetorecht ausgestattet, trägt er zudem zur Verschiebung von Machtverhältnissen in der politischen Entscheidungsfindung bei. Ähnliches gilt für Formen partizipativer Abstimmung zwischen Akteuren unterschiedlicher
gesellschaftlicher Gruppen (Runde Tische, Branchendiskurse, etc.). Wenn diese Dis-
kursveranstaltungen lediglich einen informellen und unverbindlichen Charakter haben,
dann vermögen sie die Reflexivität von Entscheidungsprozessen zu erhöhen und in Einzelfällen Innovationsanreize auszulösen. Durch veränderte Teilnehmerzusammensetzun-
gen (z.B. Einbeziehung von Bürgern, Betroffenen) oder durch die Zuweisung von Ent-
scheidungsbefugnissen (z.B. Vorschlagsrechte, die nur begründet und/oder mit qualifizierten Mehrheiten abgelehnt werden können) beeinflussen diese Institutionen jedoch
auch Partizipationsumfang und Machtgleichgewichte im politischen Prozeß.

Aus diesen Überlegungen sind insbesondere zwei Konsequenzen zu ziehen:

• Institutionen dürfen nicht nur monofunktional im Hinblick auf eine Hauptfunktion
  beurteilt werden. Vielmehr sind die jeweiligen Ausgestaltungen der Institution und
  die unterschiedlichen von ihr erfüllten Funktion differenziert zu betrachten.

• Der Stärkung von Institutionen, die das Potential besitzen, eine große Zahl der oben
  herausgearbeiteten Funktionen zu erfüllen, kommt eine besondere Bedeutung zu.
  Entsprechende Institutionen lassen sich über die Zeit weiterentwickeln und ausdifferenzieren und können durch ihre Multifunktionalität zu einem tragenden Pfeiler
  nachhaltiger Gesellschaften werden. Obwohl die Institutionen im folgenden ihren
  Hauptfunktionen zugeordnet werden, wird ihre potentielle Multidimensionalität explizit thematisiert.

Die Darstellung der Institutionen folgt einem vierstufigen Aufbau (vgl. Abb.
11). In der Beschreibung der Ausgangslage wird die Verbindung der jeweiligen
Institution zur Problemanalyse der ersten Kapitel hergestellt und der Beitrag zur
jeweiligen Lösungsstrategie verdeutlicht. Probleme/Herausforderungen beschreiben die mit der Institution verbundenen Probleme und Herausforderungen, um
dieses Lösungspotential zu entfalten. Auch mögliche Inkompatibilitäten mit den
im letzten Kapitel vorgestellten Kriterien können an dieser Stelle behandelt werden. Im Rahmen der Alternativen/Optionen werden grundsätzliche Ausgestaltungsmöglichkeiten der Institutionen oder alternative Vorgehensweisen thematisiert. Dies soll den gesamten Gestaltungsraum verdeutlichen, bevor die Studiennehmer unter Empfehlungen konkrete Vorschläge für die Ausgestaltung der diskutierten Institution machen.

Diese Gestaltungsvorschläge sind nicht als unbedingte Empfehlung zur Einführung der jeweiligen Institution zu verstehen. Vielmehr schlagen die Studiennehmer in dem Fall vor, in dem sich im Rahmen eines Institutionenbündels für die

Einführung der entsprechenden Institution entschieden wird, die Ausgestaltung der Institution entsprechend der jeweiligen Empfehlung vorzunehmen.

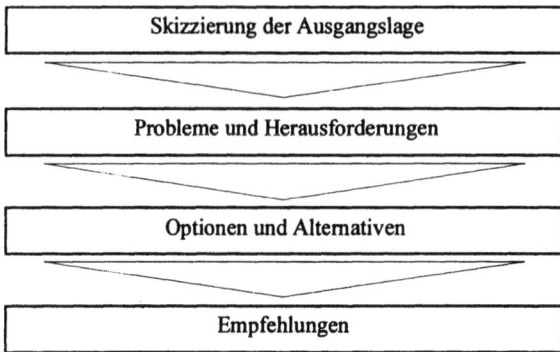

Abb. 11. Aufbau der Institutionenvorschläge

8 Reflexivitätsstrategien

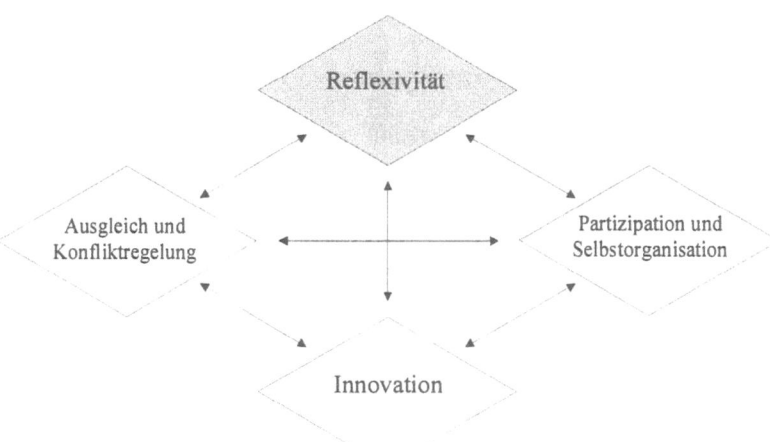

Die Forderung nach Institutionen zur Steigerung der gesellschaftlichen Reflexivität läßt sich aus der zunehmenden funktionalen Ausdifferenzierung moderner Gesellschaften ableiten, die neben eigentlichen Kommunikationsschwierigkeiten zwischen Akteuren in unterschiedlichen Teilsystemen insbesondere zur Zunahme unbeabsichtigter Nebenfolgen führt, die im Handeln der verursachenden Akteure nicht mehr berücksichtigt werden. *Reflexivität dient dazu, das Wissen um Nebenfolgen im Handeln von Akteuren in Politik, Wirtschaft und Gesellschaft zu erhöhen.* Aus Sicht der politökonomischen Analyse erweist sich Reflexivität als ein Weg, die Kurzfristorientierung politischer Prozesse (z.B. im Wählerstimmenmarkt) zu verringern, eine grundsätzliche Bereitschaft für das Anliegen nachhaltiger Entwicklung zu schaffen sowie die Abhängigkeit des politisch-administrativen Systems von externer Sachkenntnis zu vermindern.

Reflexivitätsstrategien im Sinne einer Politik der Nachhaltigkeit können auf verschiedene Weise institutionalisiert werden:

Nachhaltigkeitsorientierte Systeme der Berichterstattung sichern Reflexivität in zweifacher Weise: (1) Dem Berichterstatter legen sie die Pflicht auf, sich über die relevanten Folgen seines Handelns bewußt zu werden. Denn nur so ist er in der Lage, diese Folgen als Bericht vorzulegen. (2) Durch die Veröffentlichung der

Berichte wird die Reflexivität in der Gesellschaft insgesamt gesteigert. Denn die Nebenfolgen treten nicht nur dem eigentlich handelnden Akteur ins Bewußtsein, sondern auch anderen Akteuren, die vor ähnlichen Herausforderungen stehen sowie den von den Folgen Betroffenen. Dies schafft die Grundlage für einen umfassenden Diskurs über Nebenfolgen in der Gesellschaft.

Die *verbesserte Strukturierung von Information in Entscheidungsprozessen* unterscheidet sich von Systemen nachhaltigkeitsorientierter Berichterstattung in zweifacher Hinsicht: (1) Sie greift auf schon bei unterschiedlichen Akteuren bestehende Informationen zurück, bringt diese jedoch in einer strukturierten und synthetisierten Form in Entscheidungsprozesse ein. (2) Während Systeme der Berichterstattung immer eine Ex-Post-Beurteilung darstellen, soll mit der verbesserten Strukturierung von Information in Entscheidungsprozessen erreicht werden, daß nachhaltigkeitsrelevante Aspekte schon Ex-Ante bei Entscheidungen berücksichtigt werden.

Satelliteninstitutionen lösen die Reflexivitätsherausforderungen nicht durch spezifische Informationsgefäße oder neue Formen der Informationsaufbereitung, sondern dadurch, daß spezifische Gremien geschaffen werden, die den reflexiven Umgang mit Nachhaltigkeitsforderungen sicherstellen. Solche Gremien sollten insbesondere Ex-Ante in die Entscheidungsvorbereitung einbezogen werden, können jedoch auch das gesamte Handeln bestimmter Akteure unter Nachhaltigkeitsgesichtspunkten begleiten und bewerten. Systeme der Berichterstattung und neue Formen der Informationsaufbereitung stellen zwar die Existenz bestimmter Informationen sicher, gewährleisten jedoch nicht die adressaten- und handlungsorientierte Verarbeitung dieser Informationen durch die betroffenen Akteure. Satelliteninstitutionen können der entsprechenden Informationsaufbereitung einen bedeutenderen Nachdruck verleihen.

Die ersten drei Klassen von Institutionen dienten der Reflexivitätssteigerung in unmittelbar nachhaltigkeitsrelevanten Entscheidungssituationen. Eine *nachhaltigkeitsorientierte Forschung und Wissenschaft* schafft die Grundlagen dafür, daß entsprechende Formen der Reflexivität in der Gesellschaft überhaupt praktiziert werden können. Nur wenn Wissen über potentielle Nachhaltigkeitsfolgen sowie über deren Wechselwirkungen vorliegen und gleichzeitig Umgangsformen mit entsprechend komplexen Problemlagen in der Forschung und Wissenschaft generiert und möglichst viele Akteure in solchen Formen der Problemlösung ausgebildet werden, ist es möglich, Reflexivität in politischen und gesellschaftlichen Kontexten zu praktizieren.

Aus der Beschreibung der Substrategien wird mehreres deutlich:

• Institutionen zur Reflexivitätssteigerung sind in hohem Maße sowohl substitutiv als auch komplementär: Die Reflexivität des Handelns politischer und gesellschaftlicher Akteure läßt sich auf unterschiedliche Weise steigern. Gleichzeitig lassen sich die verschiedenen Institutionen zur Erhöhung der Wirkung auch parallel einsetzen. Geeignete Reflexivitätsstrategien können daher je nach Aufwand, politischen Widerständen oder schon bestehenden Anknüpfpunkten gestaltet werden. Grundsätzlich sollte aber mit einer möglichst großen Zahl an Reflexivitätsinstitutionen experimentiert werden, um das Wissen über die Wirkungen der Institutionen zu erhöhen.

• Die nachhaltigkeitsorientierte Umgestaltung von Forschung und Wissenschaft hat für eine bezüglich Nachhaltigkeit reflexive Gesellschaft einen besonderen Stellenwert, weil sie durch ihre Forschungsergebnisse sowie insbesondere durch ihre Ausbildung erst die Voraussetzungen für reflexives Akteurhandeln schafft.

8.1
Nachhaltigkeitsorientierte Systeme der Berichterstattung

Umfaßt die Institutionen:

1. Diskursive Erarbeitung einer nationalen Nachhaltigkeitsstrategie
2. Partizipative Erarbeitung und Auswahl von Nachhaltigkeits-Indikatoren
3. Ökologische und soziale Produktkennzeichnungen (Label)
4. Nachhaltigkeitsorientierte Haushaltspläne der öffentlichen Hand
5. Nachhaltigkeitsberichte von Ministerien

8.1.1
Diskursive Erarbeitung einer nationalen Nachhaltigkeitsstrategie

Hauptstoßrichtung: Reflexivität, Ausgleich und Konfliktregelung

Ausgangslage

In der Agenda 21 verpflichten sich die Unterzeichnerstaaten zur Erstellung einer nationalen Strategie für eine nachhaltige Entwicklung. Der Deutsche Bundestag hat einstimmig eine entsprechende Aufforderung an die Bundesregierung verabschiedet.

Entsprechend ihrer Entscheidung, bei der Zielfindung für eine nachhaltige Entwicklung den „ökologischen Zugang zur Nachhaltigkeitsdebatte als Problemeinstieg" zu wählen (Enquete-Kommission 1997: 18), hat sich die Enquete-Kommission der Vorbereitung dieser Aufgabe über die Auseinandersetzung mit Erfahrungen in der Erstellung nationaler Umweltpläne bzw. der Formulierung nationaler Umweltstrategien genähert. Inzwischen wurden in etwa 60 Ländern nationale Umweltpläne oder -strategien erstellt oder erste Schritte zur Erstellung einer nationalen Umweltstrategie unternommen (für einen Überblick vgl. Jänikke/Jörgens 1996). Hierzu liegt der Enquete-Kommission bereits eine Studie der Forschungsstelle für Umweltpolitik an der Freien Universität Berlin und ecologic, Gesellschaft für Internationale und Europäische Umweltforschung, Berlin, vor.

In ihrer Auswertung dieser Studie betont die Enquete-Kommission (1997: 15-18) die folgenden Punkte:

- die Abgrenzung indikativer Planung von mechanistisch-linearen Steuerung;
- das Erfordernis, der Komplexität der Thematik durch die Form der Zielfindung gerecht zu werden;
- den Prozeßcharakter und die Bedeutung der Informations- und Kommunikationsprozesse;
- das Erfordernis kalkulierbarer gesellschaftlicher Zielvorgaben;
- die Notwendigkeit konkreter Vereinbarungen und laufender Überprüfung und
- die Notwendigkeit, Berichtspflichten zu institutionalisieren.

Probleme/Herausforderungen

Die Herausforderung bei der Erstellung von Umweltplänen stellen sich zunächst in drei Dimensionen (Jänicke/Jörgens 1996):

- bei der Formulierung konkreter, realistischer und überprüfbarer Ziele;
- bei der Sicherstellung einer breiten Integration und Partizipation gesellschaftlicher Gruppen;
- bei einer geeigneten Institutionalisierung, die den Prozeß gegen Wechsel der Regierung und der politischen Konjunkturen stabilisiert.

Diese Probleme sind bislang in keinem der Länder, die Erfahrungen mit der Erstellung von Umweltplänen haben, gänzlich zufriedenstellend gelöst (Jänicke/Jörgens 1996). Doch gibt es in den einzelnen Dimensionen interessante Ansätze.

Darüber hinaus bestehen drei weitere Problembereiche:

- Erstens droht eine mangelnde Umsetzung von Zielen, wenn keine konkreten Maßnahmen vereinbart werden und sich die Strategie auf Zielformulierungen beschränkt. Dies beinhaltet das Vorliegen verursachernaher Indikatoren, die als Maßstab der Einhaltung von Vereinbarungen laufend fortgeschrieben und kontrolliert werden können.
- Zweitens kann eine Konzentration auf die Erstellung einer nationalen Umweltstrategie nicht befriedigen, wenn man nachhaltige Entwicklung als Integration ökologischer, sozialer und ökonomischer Belange auffaßt. Wesentliche Themen einer nachhaltigen Entwicklung bleiben bei der Erstellung von Umweltplänen im allgemeinen ausgeklammert, wie zum Beispiel innere und äußere Sicherheit (s. dazu jetzt aber die Nachhaltigkeitsstrategie der schweizerischen Regierung, NZZ vom 17.4.1997), wirtschaftliche Entwicklung und Beschäftigung oder Bildung und Ausbildung. Voraussetzung für eine umfassende Evaluierung ist auch hier ein geeignetes Informationssystem, mithin die Erstellung eines Systems von Nachhaltigkeitsindikatoren.
- Drittens besteht zwischen der Anforderung der Kalkulierbarkeit und dem Kriterium der Integration und Partizipation ein Spannungsverhältnis. Auf der einen Seite führt die Hinzuziehung gesellschaftlicher Gruppen im Vergleich zu einem rein administrativen Planungsprozeß zu einer Öffnung von Fragen der Problemdefinition. Damit entstehen kurzfristig Unsicherheiten. Mittel- und langfristig setzt die Stabilität der Rahmenbedingungen einen breiten gesellschaftlichen Konsens voraus, der bei Aufkommen neuer Themen erst erarbeitet werden muß. Dies wäre eine zentrale Aufgabe bei der Erstellung einer nationalen Nachhaltigkeitsstrategie: Die dialogische Erarbeitung eines konsensuellen Orientierungsrahmens für institutionelle Veränderungen, instrumentelle Politik und gesellschaftliche und wirtschaftliche Problemlösungen.

Alternativen/Optionen

1. *Konkrete Zielvereinbarungen*: Die Optionen, konkrete, umsetzbare und über-
   prüfbare Ziele zu erreichen, können grob in top-down und bottom-up-Pfade
   unterteilt werden. Während im ersten Fall auf administrativem Wege nach
   mehr oder minder umfangreichen gesellschaftlichen Konsultationsprozessen
   Vorgaben gemacht werden, sucht im zweiten Falle die Administration als
   Sachwalter von Gemeinwohlinteressen im Dialog mit gesellschaftlichen Gruppen - bei Umweltproblemen insbesondere mit Verursachergruppen - zu konsensuellen Zielvereinbarungen zu kommen. Die anspruchsvollsten Zielvereinbarungen wurden bislang in den Niederlanden erreicht, wo im Sinne einer top-
   down initiierten bottom-up-Strategie verbindliche Vereinbarungen mit den
   Verursacherbranchen getroffen wurden. Dies ermöglichte es, die unterschiedliche wirtschaftliche und technologische Flexibilität der Verursacher zu berücksichtigen. Die Vereinbarung konkreter Ziele setzt allerdings eine gesicherte
   Wissensbasis voraus. Trotzdem wurde in keinem Land bislang eine umfassende
   Stoffstromanalyse zur Grundlage von Zielsetzungen gemacht.
2. *Umsetzungsorientierung*: In einem engen Zusammenhang mit dem Prozeß der
   Zielfindung steht die Vereinbarung konkreter Maßnahmen. Auch hier sind reine top-down-Modelle inzwischen empirisch kaum noch vorzufinden und werden durch die Strategie der prospektiven Intervention verdrängt, bei der die
   Administration Regelungen für den Fall ankündigt, daß die Regelungsadressaten bis zu einem festgesetzten Termin sich nicht selbst verpflichtet haben (⇒
   Selbstverpflichtungen). Zur Umsetzungsorientierung gehört auch die genaue
   Analyse, in welchem Maße gesellschaftliche Selbstorganisationskräfte der
   staatlichen Unterstützung bedürfen, um nicht durch anspruchsvolle Nachhaltigkeitsziele schnell überfordert zu werden. Die Perspektive sollte hier die optimale Nutzung der unterschiedlichen Handlungskapazitäten staatlicher, wirtschaftlicher und zivilgesellschaftlicher Akteure im Sinne eines shared governance sein (IFOK 1997a; Danke 1997a).
3. *Von der Umwelt- zur Nachhaltigkeitsstrategie*: Erst wenn man statt auf die
   Erstellung einer bloßen Umwelt- auf die Erstellung einer Nachhaltigkeitsstrategie zielt, geraten governance-Probleme (Dror 1995) in den Blick, die zu Problemverschiebungen zwischen verschiedenen Politikbereichen führen
   (Gerlach/Konegen/Sandhövel 1996). Auch wenn man den „ökologischen Zugang zur Nachhaltigkeitsdebatte als Problemeinstieg" (Enquete-Kommission
   1997: 18) wählt, sollte sich der Prozeß der Erstellung einer nationalen Nachhaltigkeitsstrategie den Einbezug dieser Interdependenzen jederzeit offenhal-
   ten.
4. *Integration und Partizipation*: Die Integration verschiedener Politikbereiche
   wurde in den vorliegenden und von Jänicke und Jörgens (1996) untersuchten
   Umweltplanungsprozessen vorwiegend durch Abstimmung zwischen verschiedenen Ressorts vorgenommen. Gesellschaftliche Gruppen wurden zumeist nur
   durch Anhörungen nach Erstellung einer Regierungsvorlage einbezogen. In

Kanada wurde dieser Prozeß am stärksten partizipativ ergänzt, indem neben 17 Anhörungen mit Funktionsträgern an 41 landesweiten Anhörungen mehr als 6000 weitere interessierte Personen teilnehmen konnten. In den Niederlanden wurden durch die Aushandlung freiwilliger Vereinbarungen die Verursachergruppen besonders intensiv einbezogen.

Insgesamt kann man folgende fünf Stufen der Integration unterscheiden:

- die Abstimmung zwischen den policy-Bereichen innerhalb der Regierung,
- die Einbeziehung von Interessengruppen während der Erstellung einer Regierungsvorlage;
- die Anhörung von Interessengruppen nach Erstellung einer Regierungsvorlage,
- die besondere Einbeziehung von Verursachergruppen und Regelungsadressaten in Verhandlungen und
- die partizipative Öffnung des Beratungsprozesses für interessierte Bürger.

Im allgemeinen wächst mit der Einbeziehung weiterer Gruppen in einen breiten gesellschaftlichen Zielfindungsprozeß auch die Anforderung an die Prozeßgestaltung, durch transparente Aufbereitung der Informationen einen Fortgang der Konsensfindung zu ermöglichen und so die Spannung zwischen Partizipation und Kalkulierbarkeit zu vermindern. Daher sollte auf entsprechende professionelle und transparente Gestaltung des Prozesses der Informationserhebung und -strukturierung geachtet werden.

5. *Institutionalisierung*: Mit Jänicke und Jörgens (1996) lassen sich drei Dimensionen der Institutionalisierung unterscheiden, in denen in verschiedenen Ländern unterschiedliche Optionen gewählt wurden:

- Verankerung der Strategie bzw. des Plans entweder als Gesetz, in Form eines Kabinettsbeschlusses oder lediglich als nicht rechtlich bindende Absichtserklärung;
- die Beauftragung einer bestehenden Behörde mit der Koordinierung des Prozesses oder die Schaffung einer neuen Planungsbehörde;
- der Grad der Institutionalisierung von Berichts- und Evaluierungspflichten, insbesondere der Umfang, in dem finanzielle Auswirkungen dargelegt werden.

6. *Monitoring*: Schließlich sollte nicht nur die Einhaltung von Vereinbarungen auf der Meso-Ebene kontrolliert werden. Es muß auch sichergestellt werden, daß Informationen darüber vorliegen, ob überhaupt die wesentlichen Entwicklungen adressiert werden und ob dieses hinreichende Fortschritte mit sich bringt. Langfristig ist daher die Einführung von ⇒ Indikatorensystemen notwendig.

Empfehlungen

Die Erarbeitung einer nationalen Nachhaltigkeitsstrategie sollte nicht als Prozeß organisiert werden, der auf die Administration fokussiert. Damit wird u.e. das partizipative, kreative und integrative Potential eines solchen Prozesses verschenkt. Wir schlagen daher vor, die integrative Erarbeitung einer nationalen Nachhaltigkeitsstrategie von administrativen Maßnahmen für eine Politik der Nachhaltigkeit zu unterscheiden, wie die Einführung regelmäßiger ⇒ Nachhaltigkeitsberichte der Ministerien oder die Einsetzung von ⇒ Ombudsleuten für Nachhaltigkeit in jedem Ministerium, die zumeist im Zusammenhang mit Umweltplänen diskutiert werden. Solche Reformen der Bundesregierung sollten unabhängig von der Erarbeitung einer Nachhaltigkeitsstrategie vorgenommen werden. Ebenso sollte die Integration von Nachhaltigkeitsaspekten in die laufende Arbeit der Fachbehörden, aber auch Strategien wie die Initiierung freiwilliger Selbstverpflichtungen durch prospektive Intervention im Rahmen einer nationalen Nachhaltigkeitsstrategie berücksichtigt, aber nicht von dieser abhängig gemacht werden. Daher sollte sich das Parlament die Erstellung einer nationalen Nachhaltigkeitsstrategie zu eigen machen und einen dauerhaften ⇒ Nachhaltigkeitsausschuß einrichten, der bei der Bundesregierung dem Kanzleramt zugeordnet ist.

Für die integrative Erarbeitung einer nationalen Nachhaltigkeitsstrategie sind folgende Punkte von besonderer Bedeutung:

1. *Integration von Ökologie, Ökonomie und Sozialem*: Die Erstellung eines Nachhaltigkeitsplans sollte prinzipiell die gesamte Themenpalette der drei Dimensionen umfassen. Darunter fallen etwa Fragen der inneren und äußeren Sicherheit, Minderheitenprobleme, Beschäftigung, Wettbewerbsfähigkeit der Unternehmen, Senkenproblematik, Ressourcenschonung oder Naturschutz.
2. *Partizipatives und iteratives Vorgehen*: Während der verschiedenen Phasen der Erstellung ist der Einbezug gesellschaftlicher Gruppen zu gewährleisten. Um den weit über das Technokratische hinausgehenden Erfordernissen gerecht zu werden, sollte die Integration gesellschaftlicher Belange nicht nur durch die übliche Anhörung organisierter Interessengruppen erfolgen, sondern es sollten neue und bewährte Formen der diskursiven Bürgerbeteiligung sowie professionelle Diskurstechniken (search conferences, Planungszellen, Zukunftswerkstätten und kombinierte Verfahren) genutzt werden, um breiten Kreisen der Bevölkerung die Möglichkeit zu geben, sich am Prozeß der Willens- und Meinungsbildung zu beteiligen und ihren reflektierten Input zu geben. Dies setzt den Rückgriff auf externe Expertise für die Gestaltung des Kommunikationsprozesses voraus.
3. *Umsetzungsorientierung*: Ziele und Umsetzung sollten gleichermaßen Gegenstand von Beratungen und anschließenden Vereinbarungen sein.

Konkret schlagen wir in Abwandlung des Vorschlags von Jänicke und seinen Mitarbeitern (abgedruckt in Enquete-Kommission 1997: 17) folgenden Prozeß der integrativen Erstellung einer nationalen Nachhaltigkeitsstrategie vor:

Tabelle 8. Prozeß der integrativen Erstellung einer nationalen Nachhaltigkeitsstrategie

Funktion	Träger
Einsetzung eines Nachhaltigkeitsausschusses, der dem Bundeskanzleramt zugeordnet ist	Bundestag
Sondierung	Nachhaltigkeitsausschuß
Wissensbasis: Synopse bestehender Umweltplanungen, (internationaler) Zielvorgaben und Selbstverpflichtungen	UBA, BMU
Wissenschaftliche Darstellung zentraler Umweltprobleme, wissenschaftliche Zielempfehlungen, Optionen, best practice	Umweltbundesamt, Forschungsinstitute
Allgemeinverständliche Aufbereitung der Information	Umweltbundesamt, Forschungsinstitute
Formelle Eröffnung des nationalen Diskurses	Präsidentin des Bundestages
Einholung von Stellungnahmen nachhaltigkeitsrelevanter Akteure	Nachhaltigkeitsausschuß
Erarbeitung eines Orientierungsrahmens für Suchkonferenzen auf regionaler und Branchenebene durch externe Kommunikationsberater	Nachhaltigkeitsausschuß
Durchführung von partizipativen Suchkonferenzen auf regionaler und Branchenebene mit dem Ziel der Erarbeitung konkreter Arbeitsschritte zur Umsetzung einer nachhaltigen Entwicklung mit Vereinbarung von Feedback und Controlling-Mechanismen; Formulierung ggf. notwendiger Hilfestellung durch den Bund; sofortiger Beginn der Umsetzung	externe Prozeßbegleiter, Koordination durch den Nachhaltigkeitsausschuß, Beteiligung aller Anspruchsgruppen und interessierter Bürger
Synopse und Evaluation der erarbeiteten Ergebnisse auf regionaler Ebene	Nachhaltigkeitsausschuß
Erarbeitung von ggf. zusätzlichen Optionen (Maximal-, Optimal- und Minimalszenario), falls die Vereinbarungen der Suchkonferenzen nicht hinreichend erscheinen	Nachhaltigkeitsausschuß unter Zuarbeit der Bundesregierung
Durchführung von Planungszellen und deliberativen Meinungsumfragen zur Evaluation der zusätzlichen Optionen	externe Prozeßbegleiter, Koordination durch den Nachhaltigkeitsausschuß, Beteiligung von zufällig ausgewählten Bürgern
Synopse und Evaluation der Ergebnisse	Nachhaltigkeitsausschuß
Abschlußbericht	Nachhaltigkeitsausschuß
Beschluß zusätzlicher Optionen als Beschluß- oder Gesetzesvorlage	Nachhaltigkeitsausschuß
Beschluß der Empfehlungen	Bundestag

Literatur/Quellen

Danke, W. (1997a): Re-Engineering und Civil Society - Was können wir von den USA lernen? In: Rissener Rundbrief 2/3, 57-70

Dror, Y. (1995): Ist die Erde noch regierbar? Ein Bericht an den Club of Rome. München

Enquete-Kommission (1997): Zwischenbericht. Konzept Nachhaltigkeit. Fundamente für die Gesellschaft von morgen. BT-Drucksache 13/7400

Gerlach, I.; Konegen, N.; Sandhövel, A. (1996): Der verzagte Staat. Policy-Analysen. Sozialpolitik, Staatsfinanzen, Umwelt. Opladen

IFOK (1997a): Bausteine für ein zukunftsfähiges Deutschland. Wiesbaden

Jänicke, M.; Jörgens, H. (1996): National Environmental Policy Plans and Long-term Sustainable Developmet Strategies: Learning from International Experiences. FFU-report 96-5

8.1.2
Partizipative Erarbeitung und Auswahl von Nachhaltigkeits-Indikatoren

Hauptstoßrichtung: Reflexivität

Ausgangslage

Kapitel 40 der Agenda 21 fordert die Unterzeichnerstaaten dazu auf, ein System von Indikatoren für nachhaltige Entwicklung zu implementieren. Im Rahmen der Tätigkeit der United Nations Commission on Sustainable Development (UNCSD) werden die Bemühungen um die Erstellung und Weiterentwicklung von Indikatorensets und um die Entwicklung von entsprechenden Kapazitäten koordiniert. Die UNCSD hat bereits 1995 eine vorläufige Liste von Indikatoren zur Nachhaltigkeit gesellschaftlicher Entwicklung auf Länderebene zusammengestellt. In den Jahren 1997 bis 1999 soll mit den vorgeschlagenen Indikatoren in 12 Testländern, darunter die Bundesrepublik Deutschland, gearbeitet werden. Auf der Basis dieser Erfahrungen sollen dann Empfehlungen für alle Unterzeichnerstaaten der Agenda 21 formuliert werden (UNCSD 1996a).

Probleme/Herausforderungen

Grundsätzlich besteht die Anforderung an Indikatorensysteme, daß sie eine geeignete Informationsgrundlage für Entscheidungen bereitstellen sollen, und daß die zu ihrer Erstellung notwendige Datensammlung kosteneffizient durchgeführt werden kann (UNCSD 1996a: 2). Die Bundesrepublik kann dazu auf ein ausgebautes statistisches Informationssystem und ein großes Reservoir an Fachleuten zurückgreifen.

Angestrebt wird die Entwicklung hochaggregierter Indikatoren nach Art des Bruttosozialprodukts (UNCSD 1996a: 2). Dabei entsteht das Problem, daß auf der einen Seite - je nach Entwicklungsstand, gesellschaftlichen Präferenzen und spezifischer Problemlage - sehr unterschiedliche lokale und nationale Anforderungen an Informationssysteme bestehen. Auf der anderen Seite sollten Indikatoren international konsistent sein, um Vergleiche und Aggregierung zu ermöglichen. Im Idealfall sollen Nachhaltgkeitsindikatoren die Funktion eines Frühwarnsystems übernehmen (UNCSD 1996a: 2).

Große Bandbreite und ungeklärte Dimensionen: Ein System von Nachhaltig-keitsindikatoren muß die gesamte Bandbreite einer nachhaltigen Entwicklung abbilden: „It is important to address the challenge of fully integrating the social, economic, environmental and institutional aspects of sustainable development" (UNCSD 1996a: 2). Schon die Kritik am Sozialprodukt als Wohlstandmaß (Binswanger/Geissberger/Ginsburg 1978, Binswanger/Frisch/Nutzinger 1983) und die Sozialindikatorendiskussion in den sechziger und siebziger Jahren haben auf wichtige Lücken in der gesellschaftlichen Berichterstattung hingewiesen und zu Verbesserungsvorschlägen geführt. Seit den achtziger Jahren besteht ein Schwer-punkt dieser Bemühungen darin, die ökologischen Folgen der gesellschaftlichen Entwicklung adäquat abzubilden (Binswanger/Frisch/Nutzinger 1983, Leipert 1989).

Die UNCSD (1996a: 2) sieht den größten Forschungsbedarf im Bereich der Umweltindikatoren und geht davon aus, daß im Hinblick auf die soziale und öko-nomische Dimension weitgehend auf bestehende Indikatoren zurückgegriffen werden kann. Angesichts der in dieser Arbeit vorgelegten Problemdiagnose muß diese Einschätzung als optimistisch bezeichnet werden. Die UNCSD (1996a: 4) hebt in der sozialen Dimension Forschungsbedarf bei folgenden Indikatoren her-vor: „differential consumption patterns of the wealthy and the poor ... decision making structures ...strengthening of „traditional information" ... participation and representation of major groups in decision-making." Die Stabilität sozialer Netze (IFOK 1997a) und die Verträglichkeit von Werthaltungen mit den Erfordernissen einer nachhaltigen Entwicklung (Spitzer 1997) ist derzeit nicht Gegenstand des UNCSD-Indikatoren-Programms. Die Indikatorenliste der UNCSD konzentriert sich dementsprechend auf diejenigen Aspekte der sozialen Dimension, die meßbar sind: die Versorgung mit Basisgütern, (ökonomische) Gleichheitsindikatoren, der Zugang zu Gesundheits- und Bildungseinrichtungen. Ebensowenig werden diese Fragen in der Liste der Sozialindikatoren der Weltbank berücksichtigt (World Bank 1995). Es beginnt erst die wissenschaftliche Diskussion darüber, wie die soziale Dimension der Nachhaltigkeit zu konkretisieren ist und insbesondere ob diese Dimension überhaupt meßbar ist (Norgaard 1994).

Mangelnde Verknüpfung der Ebenen und fehlende Handlungsrelevanz unter-halb der nationalen Ebene: Nach Artikel 10 der UNCSD-Indikatoren-Erklärung von 1995 sind bei der Indikatoren-Erstellung auch lokale und regionale Belange zu berücksichtigen. Die von der UNCSD vorgeschlagene Arbeitsliste (UNCSD 1996b) enthält aber kaum Indikatoren, die für Entscheidungsträger vor Ort hand-lungsrelevante Informationen geben können. In Wissenschaft und Wirtschaft wird deshalb angemahnt, daß nationale Nachhaltigkeitsindikatoren mit lokalen Syste-men der Nachhaltigkeitsberichterstattung so verknüpft sein sollten, daß für die dezentralen Entscheider relevante Daten erhoben und aggregiert werden.

Das Auswahlproblem: Neben dem UNCSD-Ansatz gibt es eine Reihe weiterer Ansätze zur Erstellung von Nachhaltigkeits-Indikatoren (Billharz/Moldan 1996; Rennings 1994; zur Indikatorendiskussion außerdem Cansier 1996; Dyllick/Schneidewind 1995; Rodenburg et al. 1996). Hinzu kommen die ohnehin bestehenden Berichts- und Auskunftspflichten von Unternehmen, Verwaltungen und Bürgern.

Bei der Erhebung von Daten treten daher regelmäßig folgende konfliktträchtigen Fragen auf:

1. Wieviel Daten sind überhaupt nötig?
2. Welche Tiefe der Datenerhebung ist erforderlich?
3. Was wird mit den Daten gemacht?

Für viele Betriebe ist die Erhebung von Daten mit Aufwand verbunden, der nur dann zu rechtfertigen ist, wenn diese auch wirklich Verwendung finden. Deshalb sollten nationale Nachhaltigkeitsindikatorensysteme und die betrieblichen Informationssysteme besser miteinander verknüpft werden. Oft ist für die Handlungsrelevanz von Indikatorensystemen auch der Prozeß der Datenerhebung wichtiger als die Daten selbst (Seifert 1997). Allerdings muß bei der Einbeziehung gesellschaftlicher Adressaten auf eine breite Interessenberücksichtigung geachtet werden.

Alternativen/Optionen

Es sind Anstrengungen in zwei sich ergänzenden Bereichen notwendig, um ein aussagekräftiges und entscheidungsrelevantes System von Nachhaltigkeitsindikatoren zu entwickeln:

- die Vertiefung der wissenschaftlichen Forschung und die Weiterentwicklung methodischen Wissens über die Möglichkeit, aussagekräftige Nachhaltigkeitsindikatoren zu definieren;
- die partizipative Formulierung von Anforderungen an Indikatoren, ihre partizipative Auswahl und gegebenenfalls ihre partizipative Ermittlung.

Während es bei der Vertiefung der Forschung darum geht, für wichtige Fragen geeignete Indikatoren zu entwickeln, geht es bei der Formulierung der Anforderungen um die Frage, ob alle bestehenden Daten benötigt werden.

Empfehlungen

Im Rahmen ihrer Mitarbeit am Indikatoren-Testprogramm der UNCSD sollte die Bundesrepublik neben einer intensiven Unterstützung der wissenschaftlichen Indikatorenforschung Akzente bei der partizipativen Auswahl und Ermittlung von Indikatoren setzen.

Forschungsschwerpunkte: Neben Forschungsanstrengungen, die sich auf die ökologische Indikatorendimension konzentrieren (hier sollten zusätzlich

Stoffstrombilanzen einbezogen werden), sollte die Forschung über soziale Nachhaltigkeitsindikatoren verstärkt unterstützt werden. Mit wenig Aufwand für zusätzliche Datenerhebungen könnten hier wichtige Faktoren für eine nachhaltige Entwicklung beschrieben werden. Zum Beispiel könnten mit den Mitteln der Meinungsforschung und der politischen Kulturforschung auf breiter Basis das Bewußtsein für Nachhaltigkeit und die dazu in Beziehung stehenden Werthaltungen erfaßt werden, um über die für die Entwicklungsprobleme von Industriegesellschaften wenig aussagekräftigen Indikatoren der UNCSD-Liste wie Alphabetisierungsquote und Schulbesuch hinauszukommen. Die zu entwickelnden Indikatoren sollten auch Aussagen über den künftigen Bedarf an sozialen Infrastruktureinrichtungen ermöglichen.

Partizipative Indikatorenauswahl: Mittelfristig sollten in einem gesellschaftlichen Abstimmungsprozeß Indikatoren für eine nachhaltige Entwicklung gefunden werden, deren Basisdaten effizient und preiswert von den Unternehmen zu erheben sind, und die aggregierte Aussagen etwa auf Branchen-, Regionen oder Länderebene ermöglichen. Auf diese Weise würde auch der Vergleich zwischen Unternehmen, Ländern, Branchen usw. erleichtert und ein Wettbewerb um eine gute Nachhaltigkeits-Performance stimuliert. Dieser Auswahlprozeß könnte Bestandteil der diskursiven Erstellung einer nationalen Nachhaltigkeitsstrategie sein.

Besonderes Augenmerk sollte dabei der Verknüpfung von Bemühungen um regionale, nationale und internationale Nachhaltigkeits-Indikatoren mit betrieblichen Informationssystemen und der Unternehmenskommunikation zukommen: Für Unternehmen, die sich der Verantwortung für eine nachhaltige Entwicklung stellen, sind Kommunikation und Transparenz Schlüsselgrößen. Sowohl nach innen gegenüber den Mitarbeitern wie nach außen gegenüber Kunden und gesellschaftlichen Anspruchsgruppen muß ein Unternehmen, das im Sinne der Nachhaltigkeit wirken will, dieses durch geeignete Kommunikation verdeutlichen und durch Transparenz Vertrauen schaffen.

Hierbei stellen Indikatoren ein wichtiges Instrument dar. Nach innen und außen dienen sie der Orientierung und Sensibilisierung aller Beteiligten. Sie können Fortschritte bei der Erreichung eines Ziels nachvollziehbar und daher kommunizierbar machen. Von einem geeigneten Kennzahlensystem können Anreize für Anstrengungen in Richtung einer nachhaltigen Entwicklung ausgehen. Aus Gründen der Effizienz und der Machbarkeit sollte möglichst an bestehende Informationssysteme angeknüpft werden. (Zur Diskussion von Indikatoren für die betriebliche Ebene: UNEPIE 1994; Loew/Kottmann 1996; Clausen/Rubik 1996; Kleivane 1996; Rauberger 1996; Günther 1996; Spiller 1996; Dröscher 1996).

Ökonomisches, ökologisches und soziales Frühwarnsystem: Schließlich sollte das System der Nachhaltigkeitsindikatoren zu einem Frühwarnsystem ausgebaut werden. Im Bereich der Wirtschafts-, insbesondere der Geldpolitik bestehen bereits gut ausgebaute Kapazitäten. In der ökologischen Dimension gibt es institutionalisierte Ansätze in den Berichten des Rats von Sachverständigen für Umweltfragen und den Ansätzen zu einem „grünen Sozialprodukt" beim Statistischen Bundesamt. Hier fehlt es allerdings noch an der Institutionalisierung von Analyse-, Such- und Prognoseteams innerhalb der öffentlichen Verwaltung (vgl. Böhret 1990: 242). Für die soziale Dimension wäre mit neuen Formen der partizipativen, methodisch geschulten Selbstbeobachtung der Gesellschaft vor Ort im Sinne einer patizipatorischen policy-Analyse (Fischer 1993c; deLeon 1993) zu experimentieren. So könnten in regelmäßigen Abständen ⇒ Planungszellen oder moderierte Bürgerrunden eine Problemanalyse ihrer Gemeinde durchführen (Gessenharter 1996). Dafür sollten auf kommunaler Ebene Rat und Verwaltung Ansprechpartner benennen, idealerweise einen Nachhaltigkeitsbeauftragten in der Verwaltung und einen Nachhaltigkeitsausschuß beim Rat der Gemeinde. Um eine übergreifende Zusammenfassung der Ergebnisse zu ermöglichen, sollten Check-Listen als Anhaltspunkte für eine Agenda erarbeitet werden (vgl. Danke 1997a).

Literatur/Quellen

Billharz; Moldan (Hrsg.) (1996): Scientific Workshop on Indicators of Sustainable Develoment. Wuppertal, Germany, November 15-17

Binswanger, H.C.; Geissberger, W.; Ginsburg, T. (1978): Der NAWU-Report. Wege aus der Wohlstandsfalle. Frankfurt/a.M.

Binswanger, H.Ch.; Frisch, H.; Nutzinger, H.G. (1983): Arbeit ohne Umweltzerstörung. Strategien einer neuen Wirtschaftspolitik. Frankfurt/a.M.

Böhret, C. (1990): Folgen. Entwurf für eine aktive Politik gegen schleichende Katastrophen. Opladen

Cansier, D. (1996): Ökonomische Indikatoren für eine nachhaltige Umweltnutzung. In: Kastenholz, Hans G. et al. (Hrsg.): Nachhaltige Entwicklung: Zukunfts-Chance für Mensch und Umwelt. Berlin Heidelberg New York

Clausen, J.; Rubik, F. (1996): Von der Suggestivkraft der Zahlen. Ökologisches Wirtschaften 1/96, 13-15

Danke, W. (1997a): Re-Engineering und Civil Society - Was können wir von den USA lernen? Rissener Rundbrief 2, 57-70

deLeon, P. (1993): Demokratie und Policy-Analyse: Ziele und Arbeitsweise. In: Héritier, A. (Hrsg.): Policy-Analyse. Kritik und Neuorientierung. PVS-Sonderheft 24. Opladen

Dröscher, M. (1996): Eco-Profiles. Das Dateninventar für Kunststoffe. Ökologisches Wirtschaften 1/96, 25

Dyllick, T.; Schneidewind, U. (1995): Ökologische Benchmarks - Erfolgsindikatoren für das Umweltmanagement von Unternehmen. IWÖ-Diskussionsbeitrag Nr. 26, Universität St. Gallen

Fischer, F. (1993c): Bürger, Experten und Politik nach dem „Nimby"-Prinzip: Ein Plädoyer für die partizipatorische Policy-Analyse. In: Héritier, A, (Hrsg.): Policy-Analyse. Kritik und Neuorientierung. PVS-Sonderheft 24. Opladen

Gessenharter, W. (1996): Warum neue Beteiligungsmodelle auf kommunaler Ebene? Kommunalpolitik zwischen Globalisierung und Demokratisierung. Aus Politik und Zeitgeschichte (Beilage zur Wochenzeitung 'Das Parlament') 50, 3-13

Günther, K. (1996): ASU-Benchmarking. Ein praktikables Instrument. Ökologisches Wirtschaften (1), 20-21

IFOK (1997a): Bausteine für ein zukunftsfähiges Deutschland. Wiesbaden

Kleivane, T. (1996): Environmental Performance Evaluation. Ökologisches Wirtschaften (1), 16

Loew, T.; Kottmann, H. (1996): Kennzahlen im Unternehmen. Ökologisches Wirtschaften (1), 10-12

Norgaad, R. (1994): Development Betrayed. The end of Progress and a Coevolutionary Revisioning of the Future. London New York

Rauberger, R. (1996): Umweltkennzahlen bei Banken: Standardisierung erwünscht. Ökologisches Wirtschaften 1/96, 17-19

Rennings, K. (1994): Indikatoren für eine dauerhaft-umweltgerechte Entwicklung. Stuttgart

Rodenburg, E.; Tunstall, D.; van Bolhius, F.; Simonis, U.E. (1996): Umweltindikatoren und globale Kooperation. WZB discussion paper, FS II 96-403

Seifert, E. (1997): Die Rolle der Hochschulen im Hamburger Agenda 21-Prozeß. (Referat auf der Fachtagung „Umweltmanagement an Hamburger Hochschulen - Ein Beitrag der Hochschulen zur Hamburger Agenda 21" am 10. April 1997 in Hamburg)

Spiller, A. (1996): Umweltkennzahlen für eine zukunftsfähige Unternehmenspolitik. Ökologisches Wirtschaften 1/96, 22-24

Spitzer, H. (1997): Fünf Ebenen der Nachhaltigkeit. In: Birzer, M.; Feindt, P.H.; Spindler, E.A. (Hrsg.): Nachhaltige Stadtentwicklung. Bonn.

UNCSD (1996a): Work Program on Indicators of Sustainable Development. New York

UNCSD (1996b): Indicators of Sustainable Development. Framework and Methodologies. New York

UNEPIE- United Nations Environment Programme Industry and Environment (1994): Company Environmental Programme: A Measure of the Progress of Business & Industry Towards Sustainable Development, Technical Report No. 24. Paris

World Bank (1995): Social Indicators of Development. Washington

8.1.3
Ökologische und soziale Produktkennzeichnungen (Label)

Hauptstoßrichtung: Reflexivität

Ausgangslage

Verbraucher, aber auch Unternehmungen, sind sich in der Regel der ökologischen und sozialen Nebenfolgen nicht bewußt, die mit Produkten sowie deren Konsum bzw. deren Verwendung als Vorprodukte verbunden sind. Dies hängt u.a. damit zusammen, daß viele Belastungen in Phasen des Produktlebenszyklus anfallen, die für die betroffenen Akteure nicht mehr nachvollziehbar bzw. kontrollierbar sind. Ökologisch und sozial verträglicher Konsum und nachhaltiges Wirtschaften sind jedoch auf den bewußten Umgang mit den Nebenfolgen des eigenen Handelns angewiesen. Label und Produktkennzeichnungen leisten einen wichtigen Beitrag zur Erhöhung der Reflexivität des Handelns aller Akteure. Im folgenden werden Label vor allem unter einem ökologischen Aspekt diskutiert. Die gewonnenen Erkenntnisse lassen sich aber direkt auf die soziale Dimension der Nachhaltigkeit übertragen.

Probleme/Herausforderungen

Ein geeignetes Label steht vor mehreren Herausforderungen:

• Es muß die Komplexität und Vielfalt ökologischer Belastungen entlang des Produktlebenszyklus so komprimiert darstellen, daß es für den jeweiligen

Adressaten der Information noch verarbeitbar ist, gleichzeitig aber die (entscheidungs)relevanten Probleme abbildet.

- Da ökologische Label auch ein Werbeargument sind, werden insbesondere Verbraucher heute mit einer großen Anzahl unterschiedlicher Label konfrontiert. Sie sind dabei sowohl aus Zeitgründen als auch aufgrund mangelnden Wissens kaum in der Lage, die ökologische Wertigkeit einzelner Label miteinander zu vergleichen. Der Schaffung von glaubwürdigen und allgemein anerkannten Labeln kommt daher eine zentrale Bedeutung zu.

- Die Erhebung der für ein Label notwendigen Daten erzeugt in vielen Fällen einen hohen technischen und finanziellen Aufwand. Neben der Datenerhebung ist zudem die geeignete Kontrolle der Angaben notwendig, um eine glaubwürdige Kennzeichnung von Produkten zu gewährleisten. Auch dieses bindet Ressourcen.

Alternativen/Optionen

Für die Schaffung von Labeln lassen sich sowohl privat (Selbsteuerung) als auch intermediär und staatlich (Fremdsteuerung) geprägte Lösungen beobachten:

- *Selbststeuerung*: (1) Es existieren bereits zahlreiche Umweltlabel und Produktkennzeichnungen einzelner Unternehmen. Diese kreieren selbständig ein Label oder schließen sich mit anderen Organisationen zusammen, (2) Weiterhin ist die selbstorganisierte Schaffung von Branchenlabeln festzustellen, die auf Inititiative von Unternehmensvereinigungen (z.B. Arbeitskreis Naturtextil), aber auch von Forschungsinstituten zurückgehen (vgl. z.B. das Öko-Tex-Label des Hohenstein-Instituts). (3) Eine ökologische Produktkontrolle findet ebenfalls teilweise privat organisiert statt: Ein Beispiel ist die vom Öko-Test-Verlag herausgegebene Zeitschrift "Öko-Test", die regelmäßig Produkte im Hinblick auf ihre ökologische Qualität testet.

- *Intermediäre Lösungen*: Intermediäre Lösungen spielen im Bereich der ökologischen Label bisher ein geringe Rolle. Die 1964 von der Bundesregierung gegründete Stiftung Warentest kann als eine solche intermediäre Institution aufgefaßt werden: Sie ist grundsätzlich von staatlichen Vorgaben unabhängig und finanziert sich zu ca. 75% aus den Einnahmen ihrer Zeitschriften (die keine Werbeanzeigen enthalten) und sonstigen Publikationen. Die restlichen Mittel erhält sie vom Bund in Form öffentlicher Zuwendungen. Ökologische Aspekte werden bei der Produktbewertung zwar berücksichtigt, eine analoge ökologische Stiftung Warentest existiert bisher jedoch noch nicht. Ein weiteres Beispiel für eine intermediäre Institution im Bereich von Labeln ist die von der Enquete-Kommission "Schutz des Menschen und der Umwelt" der letzten Legislaturperiode vorgeschlagene "Informationssammelstelle zur ökologischen Klassifizierung von Veredlungsmitteln". Auf der Grundlage der dort erhobenen Daten könnten ökologische Label im Textilbereich aufgebaut werden. Eine solche Sammelstelle könnte privat (z.B. von der Industrie) betrieben werden, müßte aber vom Staat definierte Anforderungen erfüllen.

• *Fremdsteuerung*: Neben den Selbststeuerungsinitiativen existieren weiterhin auch staatliche Aktivitäten zum Labeling und der Produktkennzeichnung: Das bedeutendste ist das seit 1978 von einer unabhängigen Jury unter Leitung des RAL (Deutsches Institut für Gütesicherung und Kennzeichnung) sowie unter fachlicher Vorbereitung des Umweltbundesamtes vergebene Umweltzeichen "Blauer Engel". 1994 trugen 4354 Produkte in 71 Produktgruppen den Blauen Engel, wobei mit diesem Kennzeichen nur die relative ökologische Vorteilhaftigkeit bezüglich einzelner Produkteigenschaften ausgezeichnet wird. Die Europäische Gemeinschaft hat im März 1992 auf Basis der "Verordnung über ein gemeinschaftliches System zur Vergabe eines Umweltzeichens" die Einführung eines EG-Umweltzeichens beschlossen. Die den gesamten Lebenszyklus umfassenden Kriterien für die ersten Produktgruppen (Waschmaschinen, T-Shirts, Bettwäsche) liegen vor, erste Umweltzeichen wurden vergeben.

Empfehlungen

Die bisherigen Erfahrungen im Bereich der ökologischen Label zeigen, daß die privaten Initiativen dazu neigen, die Labelvielfalt und damit die Orientierungsschwierigkeit für die Nutzer zu erhöhen. Die Qualität der Label kann in der Regel nicht sichergestellt werden. Die staatlichen Lösungen sind in der Anwendungsbreite bezüglich der inhaltlichen Kriterien und/oder der Anzahl der gekennzeichneten Produkte aufgrund der zentralisierten Vergabe beschränkt. Die Studiennehmer empfehlen daher den Ausbau intermediärer Institutionen im Bereich von Labeln. Insbesondere wird angeregt, eine Akkreditierungsstelle für Label zu schaffen. Hierzu sind Kriterien zu definieren, die solche Institutionen zu erfüllen haben (insbesondere Partizipation unterschiedlicher Anspruchsgruppen, transparente Entscheidungsstrukturen, Breite der Umweltprüfung, Kriterien für die Anzahl der pro Jahr zu kennzeichnenden Produktgruppen, etc.). Daraufhin sollten Branchen(verbände) aufgefordert werden, Vorschläge für die Ausgestaltung einer entsprechenden Institution im Bereich der für sie relevanten Produktgruppen zu machen. Institutionen, die die entsprechenden Anforderungen erfüllen, erhalten die Akkreditierung durch die Akkreditierungsstelle. Pro Produktbereich kann nur eine Akkreditierungsstelle zugelassen werden. Die Akkreditierung muß in regelmäßigen Abständen erneuert werden.

Eine solche Lösung stellt sicher, daß produkt- und anwenderspezifische Label entwickelt werden, die Mindestanforderungen der Nachhaltigkeit erfüllen und durch die Herausgabe über eine akkreditierte Umweltzeicheninstitution auch Glaubwürdigkeit genießen, ohne daß der Staat administrativ mit der Zeichenvergabe belastet ist.

Literatur/Quellen

Bundesregierung (1997): Information über die Stiftung Warentest auf http://www.bundes-regierung.de/.bin/lay/inland/bpa/bro/wegweis/00000178.htm am 03.04.1997
Bundesumweltministerium: Information über Umweltzeichen auf http://www.bmu.de/ord-ner/J2_D.HTM am 03.04.1997
Enquete-Kommission (1994) (Hrsg.): Die Industriegesellschaft gestalten. Bonn (211f.)
Hellenbrandt, S.; Rubik, F. (1994) (Hrsg.): Produkt und Umwelt. Anforderungen, Instrumente und Ziele einer ökologischen Produktpolitik. Marburg
Rubik, F.; Teichert, V. (1997): Ökologische Produktpolitik. Von der Beseitigung von Stoffen und Materialien zur Rückgewinnung in Kreisläufen. Stuttgart

8.1.4
Nachhaltigkeitsorientierte Haushaltspläne der öffentlichen Hand

Hauptstoßrichtung: Reflexivität

Ausgangslage, Probleme und Herausforderungen

Über die Umweltwirkungen der Tätigkeit der öffentlichen Hand ist im allgemeinen wenig bekannt. Daher gilt eine systematische Erfassung und Zuordnung zu einzelnen Stellen und Tätigkeiten im Sinne einer „Umweltwirkungsbuchführung" als wichtiges Erfordernis.

Alternativen/Optionen

Neben der fallweisen Abschätzung der Umwelt- und Sozialwirkungen besonders augenfälliger Einzelprojekte (⇒ Technikfolgenabschätzung, ⇒ Gesetzesfolgenabschätzung) wird in dem von der Bundesstiftung Umwelt und der KGSt geförderten Projekt „Kommunaler Naturhaushaltwirtschaftsplan" neuerdings auf kommunaler Ebene das Modell einer systematischen haushaltsförmigen Erfassung der Umweltwirkungen der Tätigkeit der öffentlichen Hand erprobt.
    Ziel eines Naturhaushaltwirtschaftsplans ist eine transparente und koordinierte kommunale Planung im Umweltbereich. Dies soll durch eine differenzierte Berichterstattung und Kontrolle über die Ressourcen und Tätigkeiten in den diversen Umweltbereichen erreicht werden. Die gewonnene Übersicht ermöglicht eine abgestimmte Umweltplanung, die letztlich die einzelnen Umweltsektoren in einem Gesamtnetz verbindet und gewichtet.
    „Mit der Natur haushälterisch umgehen" kann als Leitsatz des Projekts gelten. Projektträger ist ICLEI (The International Council for Local Environmental Initiatives, Freiburg im Breichsgau). Auf kommunaler Ebene nehmen bisher teil: Heidelberg, Bielefeld, Osnabrück, Münster, Dresden und auf Landkreis-Ebene Nordhausen. Mit dem haushälterischen Prinzip ist die Orientierung an der vorhandenen Finanzplanung der Kommunen angedeutet. Die transparente Darstellung der einzelnen Umweltbereiche zum einen hinsichtlich ihrer natürlichen Ressour-

cen und der in ihnen ablaufenden stofflichen Austauschprozesse (Emissionen, Pufferkapazitäten), zum anderen hinsichtlich ihrer monetären Potentiale und Anforderungen ist ganz im Sinne einer kameralistischen Ordnung der Gelder. Die Verwaltungsebene wird bislang nicht in weitergehendere Reformen eingebunden. So ist beispielsweise an eine dezentrale Ressourcenverantwortung nicht gedacht. Vorrangiges Ziel ist die Harmonisierung der diversen Instrumente kommunaler Umweltplanung (Umweltbericht, Umweltverträglichkeitsprüfung, Umweltqualitätsziele usw.).

Dieser eher inkrementelle Reformansatz ist ein durchgängiges Merkmal des Projekts. Deutlich wird dies vor allem bei der Erstellung und Formulierung der Umweltqualitätsziele und der zugehörigen Indikatoren. Das Projekt will keine neuen Daten erheben und so möglicherweise zu einem breiteren Spektrum an Umweltdaten gelangen. Die Indikatorensätze und Zielformulierungen ergeben sich aus dem Fundus an vorhandenen Daten in den Kommunen bzw. Landkreisen.

Die Festsetzung von Umweltqualitätszielen dient der Bestimmung von Leitlinien des Handelns. Die Leitlinien legen die relative Gewichtung der einzelnen Umweltsektoren zueinander fest und stecken damit zugleich den finanziellen Rahmen der Bereiche ab. Die Beschreibung der Umweltziele ist qualitativ. Ihre „weichere" Formulierung verschafft ihnen womöglich eine breitere politische Akzeptanz. Auf der Indikatorenebene hingegen wird eine Quantifizierung angestrebt. Zum einen dient dies der Bilanzierung der Umweltprozesse und -ausgaben, andererseits sind Monitoringprogramme über einen längeren Zeitraum aussagekräftiger darstellbar. Solche Darstellungen erleichtern wirkungsvolle Investitionen in umweltplanerische Maßnahmen (z.B. Abwägung zwischen einer Lärmschutzwand und der Neuasphaltierung der Straße) und Sie erlauben eine transparente Darstellung der Umweltprozesse und entsprechender finanzieller Aufwendungen. Die Indikatorensätze sind damit die Grundlage für Entscheidungen im Gemeinderat. Zudem verhelfen sie zu mehr „Transparenz in verwaltungsinternen Entscheidungen" angesichts immer komplexerer Sachverhalte in der kommunalen Umweltplanung. Vorrangiges Ziel ist die Transparenz der einzelnen Umweltbereiche. Nicht vorgesehen ist die Ausweitung der Indikatorensätze in Richtung des Leitbildes der Nachhaltigkeit.

Arbeitsgruppen aus Stadtplanern, Umweltexperten und anderen Behörden erstellen die Indikatoren. Interdisziplinarität ist also zum Teil gegeben, jedoch auf verwaltungsinterne Kompetenz beschränkt. Eine Einbindung von Bürgern in die Planung und Umsetzung des Naturhaushaltwirtschaftsplans steht (noch) in den Anfängen. Öffentlichen Gremien, beispielsweise zusammengesetzt aus Naturschutzinitiativen, kommt bislang nur eine Feedback-Funktion zu. Weitergehende Beteiligungsmodelle werden aber als wünschenswert erachtet: „Wir erwarten von dem in dem Projekt verfolgten Ansatz die forcierte Fortsetzung der Entwicklung Heidelbergs zu einer umweltverträglichen Stadt in einer neuen interdisziplinären fachübergreifenden und dezentralisierten Weise.", so die Heidelberger Oberbürgermeisterin Weber.

Das Projekt gliedert sich in vier Phasen:

1. Vorbereitungsphase (abgeschlossen): Bekanntmachung in den beteiligten Gemeinden und Anpassung an örtliche Bedürfnisse,
2. Phase der modellhaften Erstellung des Naturhaushaltwirtschaftsplanes (15 Monate),
3. Durchführungsphase (1 Jahr): Naturhaushaltsjahr mit Buchführung zu Umweltverbrauch und
4. abschließende Evaluationsphase.

Empfehlungen

Der Ansatz eines Naturhaushaltswirtschaftsplan sollte die Langfristorientierung nachhaltiger Entwicklung integrieren und die Berichterstattung auf die anderen Dimensionen der Nachhaltigkeit erweitern. Bei der Auswahl der ⇒ Indikatoren sollte eine breite Beteiligung vorgesehen werden. Bundesregierung und die Landesregierungen könnten anhand der kommunalen Erfahrungen ähnliche Schritte prüfen. Dabei sollte darauf geachtet werden, daß die Verbesserung der Berichterstattung nicht zu einer Kontrollillusion und damit zu einem Schwenk in Richtung auf top-down-Modelle der Umwelt- oder Nachhaltigkeitsplanung führt.

Literatur/Quellen

Informationsvorlage von Umweltbürgermeister Schaller an den Umweltausschuß der Stadt Heidelberg. Kommunale Naturhaushaltswirtschaft vom 14.05.96. Unveröffentlicht.
International Council for Local Environmental Initiatives (ICLEI) (1996): Demonstrationsvorhaben Kommunale Naturhaushaltswirtschaft. Freiburg
Stadtblatt 27 / 04.04.96: Kommunale Naturhaushaltswirtschaft. Heidelberg nimmt teil.
Weber, Beate (1996): Schreiben zum ICLEI Demonstrationsvorhaben „Kommunale Naturhaushaltswirtschaft" vom 16.09.96. Unveröffentlicht
Zirkwirtz, H.W. (1997): IFOK-Gespräch mit Dr. H.-W. Zirkwirtz. Zuständiger für den Naturhaushaltswirtschaftsplan. Amt für Umweltschutz und Gesundheitsförderung der Stadt Heidelberg. März 1997.

8.1.5 Nachhaltigkeitsberichte von Ministerien

Hauptstoßrichtung: Reflexivität

Ausgangslage

Fragen der Nachhaltigkeit und des Umweltschutzes werden heute primär im Bundes- und in den Länderumweltministerien bearbeitet. In anderen Ressorts werden jedoch viele Entscheidungen getroffen, die für die Erreichung von Nachhaltigkeits- und Umweltschutzzielen bedeutsam sind, ohne daß ihre Folgen systematisch reflektiert werden. Dem Bundesumweltministerium kommt häufig nur noch eine "End-of-Pipe"-Funktion im Sinne von Schadensminimierung zu. Regelmäßige Nachhaltigkeitsberichte von Ministerien sind ein Weg, die Reflexivität aller

Ministerien bezüglich der ökologischen, ökonomischen und sozialen Folgen ihres Tuns zu steigern. Die Entwicklung der Umweltberichterstattung von Unternehmen zeigt, daß eine entsprechende Berichterstattung wichtige Lernprozesse auslösen kann und den Diskurs über ökologische Folgewirkungen in der Gesellschaft erheblich intensiviert.

Probleme/Herausforderungen

Die Abbildung der Nachhaltigkeitseffekte von Ministeriumsentscheidungen ist eine äußerst schwierige Aufgabe. Bisher gibt es keine entsprechenden Indikatorensets und Meßverfahren, die einfach übertragen werden könnten. Angesichts der kontroversen Diskussion und unterschiedlichen Interpretationen des Konzeptes "Nachhaltigkeit" ist es auch gar nicht möglich, den Rahmen einer einheitlichen Berichterstattung zu entwickeln. Ziel muß es vielmehr sein, einen instutionellen Wettbewerb zwischen unterschiedlichen Ministerien um eine geeignete und gute Nachhaltigkeitsberichterstattung zu initiieren. Die öffentliche Sichtbarkeit der Nachhaltigkeitsberichte schafft dabei ständige Anreize zur Verbesserung.

Alternativen/Optionen

Grundsätzlich können die Ministerien die Nachhaltigkeitsberichte selbst erstellen. Hierbei können sie wissenschaftliche Institute einbeziehen oder die Berichte unabhängig durch gesellschaftliche Akteure bewerten lassen, die das Handeln der Ministerien "von außen" unter Nachhaltigkeitsgesichtspunkten betrachten.

• Die Selbsterstellung sichert dann ein hohes Maß an Reflexivität innerhalb von Ministerien, wenn möglichst viele Stellen in die Berichterstattung einbezogen werden.
• Die Vergabe an externe Institute erleichtert den Transfer von Lernprozessen aus dem Unternehmens- in den Staatssektor und umgekehrt.
• Die unabhängige Erstellung durch externe Gruppen sichert die Freiheit von ministerieller Parteilichkeit, läuft aber Gefahr, an fehlender detaillierter Information über das Ministerienhandeln zu scheitern.

Empfehlungen

Nachhaltigkeitsberichte sind ein geeignetes Instrument, um das Bewußtsein über die ökologischen, sozialen und ökonomischen Nebenfolgen von Ministeriumsentscheidungen zu erhöhen. Jedes Ministerium auf Landes- und Bundesebene sollte daher verpflichtet werden sicherzustellen, daß jährlich mindestens ein Nachhaltigkeitsbericht über sein Tun und Planen erstellt wird. Dabei bleibt es den Ministerien freigestellt, ob sie diese Berichte selber erstellen, an externe Institute vergeben oder die Voraussetzungen dafür schaffen, daß entsprechende Berichte durch externe Anspruchsgruppen erstellt werden. Der institutionelle Wettbewerb um die kontinuierliche Verbesserung der Nachhaltigkeitsberichte ist zu fördern - z.B. durch die Verleihung eines jährlichen Preises für den besten Nachhaltigkeitsbericht durch ein externes Gutachtergremium. Weiterhin ist eine möglichst einfache öffentliche Zugänglichkeit der Nachhaltigkeitsberichte zu gewährleisten - z.B. durch eine Bereitstellung über das World-Wide-Web.

Literatur/Quellen

Lehmann, S.; Clausen, J. (1992): Umweltberichterstattung von Unternehmen. Schriftenreihe des IÖW 57/92, Berlin
WICE (World Industry Council for the Environment): Umweltkommunikation. Ein Leitfaden für Unternehmerinnen und Unternehmer zur Umweltberichterstattung. Paris

8.2
Satelliteninstitutionen

Umfaßt die Institutionen

1. Expertengremien zur Gesetzesvorbereitung
2. Technikfolgenabschätzung: von der Politik- zur Gesellschaftsberatung
3. Bürgerforen für Politiker und Gremien

Gemeinsame Merkmale der Diskurs-Vorschläge:

Eine Reihe von Empfehlungen zielt darauf, die Kommunikationsbedingungen im politischen Prozeß zu verändern. Damit vollziehen wir die Wende zu methodisch-praktischen Fragen, die die Erfolgsbedingungen für die Umsetzung materieller Vorhaben bestimmen.

Um Möglichkeiten diskursiver Öffnung einzuführen, bedarf es zunächst der Verständigung über die Grundzüge eines diskursiven Vorgehens. Unsere Vorschläge zur diskursiven Modifizierung des Gesetzgebungsverfahrens (⇒ Expertengremien zur Gesetzesvorbereitung, ⇒ diskursive Öffnung von Gesetzgebungsverfahren und⇒ Gesetzesfolgenabschätzung) weisen folgende Gemeinsamkeiten auf:

- Moderation, Dokumentation und Auswertung durch externe Diskursexperten, die keine Partei im Prozeß repräsentieren
- Breite Einbeziehung möglichst aller betroffenen, beteiligten und fachkompetenten Kreise
- Transparenz der Auswahl der Teilnehmer
- Hilfestellung bei der Auswahl der Teilnehmer durch externe Diskursexperten
- So weit wie möglich Trennung von Sach- und Bewertungsfragen
- Offenlegen der zugrundeliegenden Bewertungskriterien

8.2.1
Expertengremien zur Gesetzesvorbereitung

Hauptstoßrichtung: Reflexivität

Ausgangslage

Die Tätigkeit wie die Untätigkeit des Gesetzgebers führt in vielen Regelungsfeldern zu Folgen, deren zeitlicher Rahmen bei weitem den Zeithorizont der Akteure im politisch-administrativen System überschreitet. Insbesondere „schleichende Katastrophen" (Böhret 1990) und überraschende langfristige Nebeneffekte stellen Herausforderungen für den Gesetzgeber dar.

Folgen gesellschaftlichen Handelns, die die Wahrnehmungsfähigkeit von Individuen und Institutionen überfordern, gehören zu den Grundhindernissen für eine nachhaltige Entwicklung. Besonders problematisch sind Wirkungszusammenhänge, die quer zu den bestehenden Grenzen der Fachressorts liegen, ebenso sogenannte „schleichende Katastrophen". Schleichende Katastrophen zeichnen sich durch z.t. unbekannte und/oder multiple Ursachen aus, kommen selten vor, weshalb wenig Erfahrungswissen vorliegt, können jedoch erhebliche Ausmaße annehmen und ein hohes Schadenspotential aufweisen, ihre Opfer leben z.t. in weiter Zukunft, und die Beteiligten stehen solchen Prozessen mit Unkenntnis oder mit Fatalismus gegenüber. „Es handelt sich also um noch weitgehend unbekannte oder noch unbeherrschbare Folgen außergewöhnlicher Vorgänge oder Ereignisse, die wesentliche Störungen mit oft unklarer Ausbreitungstendenz bewirken und merkliche Betroffenheit erzeugen, wobei dieser Prozeß zunächst verzögert abläuft. Dieser Begriff steht für langfristige (spätwirkende) und zumeist vernetzte Folgen von Ereignissen und Bedingungen, aus denen sich schwer abschätzbare und häufig zufällige Verläufe oder überraschende Phänomene entwickeln"(Böhret 1990: 61). Daher liegt die Wahrnehmung und die Bearbeitung solcher Probleme im allgemeinen außerhalb des Zeithorizonts pluralistischer gesellschaftlicher und politischer Systeme. Typische Beispiele sind die Verseuchung von Meeren und Gewässern, Artensterben, AIDS, Waldsterben, Klimawandel, akkumulative Bodenverseuchungen und synergetische toxikologische Wirkungen.

Während sich „schleichende Katastrophen" eher durch Untätigkeit des Gesetzgebers auszeichnen, sind langfristige kontra-intuitive Effekte auch bei aktiver Gesetzgebung möglich. So gilt inzwischen die Verdrängung von Selbsthilfepotentialen durch eine an monetären Leistungen orientierte Sozialpolitik als ernsthaftes Problem (Frey/Osterloh 1996).

Probleme/Herausforderungen

„Schleichende Katastrophen" entwickeln ihr erhebliches Schadenspotential infolge ihrer geringen Wahrnehmbarkeit. Die Wahrnehmung von Folgen ist allerdings nicht nur durch die Art des Problems, sondern auch durch die gegebenen Institutionen bestimmt. Akkumulationsprozesse und Synergieeffekte entstehen sozusagen hinter dem Rücken der gesellschaftlichen Wahrnehmungs- und Alarmierungsorgane. Da Institutionen als Antwort auf gesellschaftliche Herausforderungen entstehen, ist es zunächst einmal „normal", daß bei der Herausbildung neuer Institutionen als Reaktion auf die neue Herausforderung schleichender Katastrophen eine Zeitverzögerung entsteht, während der sich die Probleme weiter verschärfen.

Rechtlich läßt sich aus der Bestimmung von Umweltschutz als Staatsziel (Art. 20a GG) und dem Sozialstaatsprinzip (Art. 20 und 28 GG) eine prinzipielle, allerdings nicht einklagbare Pflicht des Gesetzgebers ableiten, frühzeitig Maßnahmen gegen schleichende Katastrophen einzuleiten. Dieser abstrakten Pflichtigkeit stehen aber gewichtige Unsicherheiten bei der Feststellung einer solchen erhöhten

Pflichtigkeit im Einzelfall entgegen, nach der immerhin der ebenfalls verfassungsrechtlich gewährte Freiraum des Gesetzgebers zum Tätigwerden beschränkt wird - vom Zeitfaktor bei verfassungsrechtlichen Entscheidungen ganz abgesehen. Es ist deshalb notwendig, daß das kollektive Bewußtsein im Hinblick auf die Notwendigkeit und die Möglichkeiten einer aktiven Politik gegen schleichende Katastrophen geschärft wird, um zu einer adäquaten Einschätzung der Handlungsmöglichkeiten zu gelangen.

Alternativen/Optionen

In der Vorphase der Entstehung von weichenstellenden Gesetzesprojekten und zur Klärung besonders relevanter Zukunftsfragen empfiehlt es sich, den Sachverstand unabhängiger Expertenkommissionen regelmäßig einzubeziehen.

Bereits jetzt besteht für Legislative und Exekutive die Möglichkeit, Experten- bzw. Enquete-Kommissionen einzusetzen. Expertenkommissionen haben sich in der Vergangenheit aber nur unter bestimmten Bedingungen als wirklich nützlich erwiesen. Ein Vergleich der Vorgehensweise erfolgreicher Kommissionen mit weniger erfolgreichen Gremien weist auf die Erfolgsbedingungen hin:

- Unabhängigkeit der Kommissionsmitglieder
- extern geleitete Durchführung
- Unterstützung, Einberufung und Anbindung durch die relevanten Entscheider (die politische Spitze als Auftraggeber)
- klarer Beratungsauftrag
- politische Entscheidung erst im Parlament
- Koppelung von Beratungsinhalt und Umsetzungsweisen im Arbeitsauftrag.

Grundsätzlich sind zwei Varianten solcher Kommissionen möglich:

1. Expertenkommissionen, deren Auftrag neben der fachlichen Aufbereitung die Suche nach politisch durchsetzbaren Optionen umfaßt;
2. Kommissionen, die aus Experten und Interessengruppen zusammengesetzt sind, etwa nach dem Vorbild der Schlichter-Kommission, jedoch mit breiterer Interessenberücksichtigung.

Empfehlungen

Um den Erfolg derartiger Kommissionen von der persönlichen Harmonie und den kommunikativen Kompetenzen der im wesentlichen als Fachleute berufenen Mitglieder zu entlasten, sollte verstärkt auf die Möglichkeit einer Unterstützung durch externe Kompetenz im Bereich des Projekt-, Prozeß- und Kommunikationsmanagements zurückgegriffen werden. Auf diese Weise könnte auch die Transparenz des Kommunikationsprozesses und der Strukturierung von Information erhöht und damit die Qualität der Entscheidungsgrundlagen für das Parlament verbessert werden.

Literatur/Quellen

Böhret, C. (1990): Folgen. Entwurf für eine aktive Politik gegen schleichende Katastrophen. Opladen

Frey, B.S.; Oberholzer-Gee, F. (1996): Zum Konflikt zwischen intrinsischer Motivation und umweltpolitischer Instrumentenwahl. In: Siebert, Horst (Hrsg.): Elemente einer rationalen Umweltpolitik. Expertisen zur umweltpolitischen Neuorientierung. Tübingen

8.2.2
Technikfolgenabschätzung: von der Politik- zur Gesellschaftsberatung

Hauptstoßrichtung: Reflexivität

Ausgangslage

Die große Bedeutung, die dem technischen Fortschritt zukommt, um die internationale Wettbewerbsfähigkeit zu erhalten und ökologische Probleme zu bearbeiten (technische Erhöhung der „Umwelteffizienz", Umweltschutztechnik), macht ihn zu einer wichtigen Variable für eine nachhaltige Entwicklung. Zugleich bringt die voranschreitende Technisierung vieler Lebensbereiche gesellschaftliche Konflikte mit sich, deren Regelung vom politischen System erwartet wird.

Der langfristige Charakter technischen Fortschritts führte daher bereits in den sechziger Jahren zu Bestrebungen, die Informationsgrundlagen des Gesetzgebers über die gesellschaftlichen Auswirkungen neuer Technologien zu verbessern. Nach dem Vorbild des Office of Technology Assessment des US-amerikanischen Kongresses wurde 1990 das Büro für Technikfolgenabschätzung beim deutschen Bundestag eingerichtet. Dadurch wollte sich das Parlament eine institutionelle Basis für die unabhängige Erarbeitung von Wissen als Hilfe bei der Problemdefinition und -erkennung schaffen (Petermann 1991b).

Probleme/Herausforderungen

Technikfolgenabschätzung (TA) ist zunächst als Instrument der wissenschaftlichen Politikberatung konzipiert worden (Petermann 1991a). TA stellt dabei keine eigene wissenschaftliche Disziplin dar, sondern ist ein Rahmenkonzept, mit dessen Hilfe Forschungsergebnisse entscheidungsorientiert aufbereitet, ihre Realisierungsbedingungen abgesteckt und mögliche Folgen neuer Technologien abgeschätzt werden. Daraus folgen eine Reihe immanenter methodischer Probleme, die sich ergeben aus der Komplexität des Untersuchungsgegenstands, aus den Kommunikations-Schwierigkeiten bei interdisziplinärer Arbeit und aus der Abhängigkeit der Auswirkungen einer Technologie vom sozioökonomischen Kontext. Wenn der Forschungsgegenstand bestimmt und die Forschungsergebnisse gewichtet und bewertet werden (Katz 1996: 89ff), dann ist zudem ein subjektives Moment nicht auszuschalten. Dies führt beim Transfer wissenschaftlicher Erkenntnisse in den politischen Prozeß zu der Schwierigkeit, daß Schlußfolgerungen und Bewertungen bei politischen Entscheidungsträgern, die differierende Werthaltungen einnehmen, in der Regel auf Ablehnung stoßen. Hinzu kommen die Widerstände, die sich daraus ergeben, daß die Erarbeitung und Vermittlung von Information im politischen Raum ein Stück Machtausübung darstellt, so daß die TA partiell in Konkurrenz zu den politischen Akteuren gerät. In der Folge gerät TA leicht in eine Situation, in der sie faktisch eher der nachträglichen Legitimation bereits getroffener Entscheidungen dient als deren „kritischer Vorbereitung" (Katz 1996: 95).

Aufgrund ihrer Orientierung an methodischen Modellen aus dem Bereich der Kosten-Nutzen-Analyse, der Entscheidungstheorie, der Risikobewertung, der Systemanalyse und des Operations Research handelte sich die frühe TA der sechziger und siebziger Jahre den Vorwurf ein, auf einer verkürzten „funktionalistischen" oder „ökonomischen" Rationalität zu beruhen. Insbesondere wurde die Annahme einer wertneutralen TA als unrealistisch und problematisch zurückgewiesen: Eine wertneutrale TA ist unrealistisch aufgrund der kontextabhängigen Relevanzkriterien, die bereits der Auswahl und Beschreibung der Themen zugrunde liegen. Zudem ist sie kognitiv problematisch, weil sie die Adressaten in falscher Sicherheit wiege, und schließlich ist eine wertneutrale TA auch praktisch-politisch problematisch, weil die Vermittlung in den Entscheidungsvorbereitungsprozeß immer auch eine Vermittlung in einen lebenspraktischen und damit normativ aufgeladenen Kontext bedeutet (Saretzki 1996: 195).

Die Einführung von TA-Einrichtungen war daher regelmäßig mit Konflikten verbunden (Naschold 1987). Verliefen die Konfliktlinien um die Institutionalisierung von TA ursprünglich zwischen Regierung und Parlament bzw. Regierung und Opposition, so ist inzwischen eine Verschiebung hin zu Konflikten zwischen Staat und Gesellschaft, zwischen verschiedenen Interessengruppen innerhalb der Gesellschaft bzw. zwischen mächtigen Interessengruppen und einzelnen Bürgern zu beobachten (Saretzki 1996: 200). Der Grund dafür liegt zum einen in der abnehmenden Steuerungsfähigkeit des Staates bzw. der schwindenden Steuerbarkeit der technologischen Entwicklung (vgl. Teil 2.3.): „Mit den Informationen von TA-Studien können - und sollen - Entscheidungen über die Entwicklung, Verbreitung und Nutzung von Technologien aller Art, von der Energietechnik über die Verkehrstechnik bis zur Biotechnologie, beeinflußt werden. Die hierfür ausschlaggebenden Entscheidungen sind jedoch zum größten Teil gar keine politischen Entscheidungen, und sie sind auch von der Politik schwer zu steuern" (Mayntz 1994: 19). Mit dem wachsenden Einfluß neoliberaler Strömungen wird zum anderen die Wünschbarkeit einer politischen Steuerung der technologischen Entwicklung zunehmend in Frage gestellt. In Folge dieser Entwicklung wurde beispielsweise von der neuen republikanischen Mehrheit im US-Kongreß das TA Bureau of Congress (Office of Technology Assessment, OTA) im September 1995 geschlossen (Coates 1995), wobei der Einsetzungsbeschluß immer noch besteht, aber keine Gelder mehr bewilligt werden. Während die „Technikfolgenabschätzer" auf neue politische Mehrheiten hoffen, wird versucht, mit privaten Finanzierungen zumindest den Bestand an know-how zu erhalten - etwa auf den bislang drei CD-Roms „Heritage of OTA".

Vor diesem Hintergrund zeichnet sich ein verändertes Verständnis von TA als „Gesellschaftsberatung" (Mayntz 1994: 20) ab. Es stellt sich aber die Frage, ob der Adressat einer solchen TA eher verstanden wird als eine Wirtschaftsgesellschaft auf der Basis der Gegenüberstellung von Markt und Staat oder als eine Zivilgesellschaft. Je nachdem wäre TA eher als Unternehmens- und Verbraucherberatung oder als Öffentlichkeits- und Bürgerberatung zu konzipieren (Saretzki 1996: 201ff).

Im Verständnis von TA als Wirtschaftsberatung bliebe es möglich, dem „Defizit-Modell" zu folgen, wonach Probleme der technischen Entwicklung vor allem in einer verbreiteten Technikfeindlichkeit aufgrund mangelnden Wissens und daraus folgenden „irrationalen" Technikängsten entstehen. TA hätte dann die Aufgabe, Wissensdefizite zu beheben und so auf die Risikoperzeption in der Bevölkerung einzuwirken. Eine am Modell der Zivilgesellschaft orientierte TA würde sich hingegen an einem „Differenz-Modell" orientieren, das von einer unterschiedlichen Wahrnehmung der Risiken neuer Technologien ausgeht, die wiederum auf unterschiedlichen Werthaltungen beruhen. Adressaten einer solchen TA wären dann nicht Konsumenten, sondern die Gesamtheit der Staatsbürger. In diesem Modell einer publikumsbezogenen TA wird die Annahme geteilter Problemdefinitionen endgültig obsolet, die sich bereits bei der parlamentarischen TA als problematisch erweist. Das Hauptproblem von TA nach dem Differenz-Modell sind bestehende Kommunikationsbarrieren zwischen verschiedenen Kommunikationsgemeinschaften, die sich konfliktverschärfend auswirken. Gleichzeitig ist es jedoch eine Stärke dieser TA, daß sie unterschiedliche Risikowahrnehmungen ernst nimmt - ihre Aufgabe wäre es dann, die Kompetenz der Staatsbürger zu stärken, damit diese technologiebezogene Konflikte möglichst rational und friedlich bearbeiten können. TA hätte in diesem Sinne die Aufgabe einer „Staatsbürgerqualifikation" (Saretzki 1996: 203-209).

Optionen und Empfehlungen

1. TA wird weiterhin als wissenschaftliche Politikberatung verstanden. Gesellschaftliche Konflikte und Interessen werden dadurch in Themen und Fragestellungen der TA eingebracht, weil die TA direkt beim Parlament angesiedelt ist. Das Parlament erteilt den Technikberatern Forschungsaufträge, in die über die im Parlament vertretenen Parteien vermittelt gesellschaftliche Interessen und Besorgnisse an der technologischen Entwicklung eingehen. Zur Lösung des Vermittlungsproblems der wissenschaftlichen Ergebnisse in die Politik wird angestrebt, die Untersuchung transparent zu gestalten, Abgeordnete einzubinden, die Zeitplanung großzügig auszugestalten, das Projekt langfristig zu beobachten und ein Netz von einflußreichen Fürsprechern aufzubauen (Katz 1996: 97).

2. Aus Sicht einer sich betont als Demokratiewissenschaft verstehenden Politikwissenschaft wird dieses Verständnis pointiert als „Beratung von Experten für
   Eliten" kritisiert. Daher wird eine stärkere Öffentlichkeitsorientierung der TA
   gefordert. Diese müßte durch geeignete Schnittstellen zwischen TA-Forschern
   und der allgemeinen Öffentlichkeit sichergestellt werden. Organisatorische
   Formen, die dafür grundsätzlich in Frage kämen, wären Beiräte unter Einbezug der relevanten gesellschaftlichen Gruppen, Enquete-Kommissionen, oder
   als temporäre und weniger institutionalisierte Form Workshops zur Formulierung von Themen und Anforderungen an eine TA unter breiter Beteiligung der
   verschiedenen gesellschaftlichen Anspruchsgruppen.
3. Angesichts der technologischen Prägung der kulturellen Rahmenbedingungen
   des politischen Prozesses kann es auch zur Aufgabe einer TA werden, die
   Wechselwirkungen zwischen technologischer, kultureller und politischer Entwicklung aus der Perspektive des verantwortungsvollen Staatsbürgers zu reflektieren. Dies würde im Gegensatz zur zweiten Option eine veränderte, gewissermaßen „fundamentalere" und stärker reflexiv orientierte Themenwahl
   und eine verstärkte, diskursiv angelegte Öffentlichkeitsbeteiligung im gesamten
   Prozeß der TA erfordern. Als organisatorisches Modell bieten sich dafür ⇒
   Konsensuskonferenzen an.
4. Im Sinne einer „Staatsbürgerqualifikationspolitik" (Preuß 1990; vgl. Saretzki
   1996: 209) kann eine Anreicherung des TA-Prozesses um partizipative Elemente vorgesehen werden. Erfahrungen mit breiter und selbstorganisierter Abschätzung von technologischen Gefährdungen liegen zum einen in Studien der
   sogenannten partizipativen policy-Analyse vor (Dryzek 1989; Fischer 1993a,
   1993b; deLeon 1992, deLeon 1993). Zum anderen gibt es in Deutschland bereits positive Erfahrungen mit partizipativen Formen der TA unter Einbezug
   von Laien nach dem Prinzip einer gewichteten Zufallsauswahl (⇒ Planungszelle), etwa zu den Themen Energiepolitik (Renn et al. 1985) und neue Informationstechnologien (Forschungsstelle Bürgerbeteiligung & Planungsverfahren
   1987).
5. Schließlich kann durch leicht und preiswert zugängliche Datenbanken die
   Streuung von TA-Forschungsergebnissen verbreitet werden. Ein Beispiel dafür ist das Institut für Technikfolgenabschätzung und Systemanalyse. Es verfügt über eine große Datenbank, ist on-line abrufbar, und erstellt kostenlose
   Publikationen, die Überblicke über TA in Deutschland und Europa vermitteln.

Literatur/Quellen

Coates, V. (1995): On the Demis of OTA. TA-Datenbank-Nachrichten 4/4, 13-15
deLeon, P. (1992): The Democratization of the Policy Sciences, Public Administration Review
  52/2, 125-129
deLeon, P. (1993): Demokratie und Policy-Analyse. Ziele und Arbeitsweise. In: Héritier, A.
  (Hrsg.): Policy-Analyse. Kritik und Neuorientierung. PVS-Sonderheft 24. Opladen
Dryzek, J. (1989): Policy Sciences of Democracy. Polity 22/1, 97-118

Fischer, F. (1993a): Bürger, Experten und Politik nach dem „Nimby"-Prinzip. Ein Plädoyer für die partizipatorische Policy-Analyse. In: Héritier, A. (Hrsg.): Policy-Analyse. Kritik und Neuorientierung. PVS-Sonderheft 24. Opladen, 451-470

Fischer, F. (1993b): Citizen Participation and the Democratization of Policy Expertise. Policy Sciences 26/3, 165-187

Forschungsstelle Bürgerbeteiligung & Planungsverfahren (1987): Bürgergutachten Regelung sozialer Folgen neuer Informationstechnologien. Bergische Universität, Gesamthochschule Wuppertal

Katz, C. (1996): Zur Rolle der Wissenschaft bei (umwelt-)technologiepolitischen Entscheidungen. In: Köstern, B.; Vogt, M. (Hrsg.): Mensch und Umwelt. Eine komplexe Beziehung als interdisziplinäre Herausforderung. Dettelbach

Mayntz, R. (1994): Politikberatung und politische Entscheidungsstrukturen. Zu den Voraussetzungen des Poltikberatungsmodells. In: Murswieck, A. (Hrsg.): Regieren und Politikberatung. Opladen

Naschold, F. (1987): Technologiekontrolle durch Technikfolgenabschätzung? Entwicklung, Kontroversen, Perspektiven der Technologiefolgenabschätzung und -bewertung. Köln

Petermann, T. (1991b): Technikfolgen-Abschätzung im Deutschen Bundestag. Ein Institutionalisierungsprozeß. In: Petermann, T. (1991a): Technikfolgen-Abschätzung als Technikforschung und Politikberatung. Frankfurt a.M. New York

Petermann, T. (Hrsg.) (1991a): Technikfolgen-Abschätzung als Technikforschung und Politikberatung. Frankfurt a.M. New York

Preuss, U.K. (1990): Revolution, Fortschritt und Verfassung. Zu einem neuen Verfassungsverständnis. Berlin

Renn, O.; Albrecht, G.; Kotte, U.; Peters, H.P.; Stegelmann, H.U. (1985): Sozialverträgliche Energiepolitik. Ein Gutachten für die Bundesregierung. München

Saretzki, T. (1996): Technologiefolgenabschätzung. Ein neues Verfahren der demokratischen Konfliktregelung? In: Feindt, P.H.; Gessenharter, W.; Birzer, M.; Fröchling, H. (Hrsg.): Konfliktregelng in der offenen Bürgergesellschaft. Dettelbach

8.2.3
Bürgerforen für Politiker und Gremien

Hauptstoßrichtung: Reflexivität

Ausgangslage

Der Terminkalender der meisten politischen Akteure ist äusserst gedrängt. Die Pflege der Netzwerke in Partei und Politikfeld erfordert viel Aufmerksamkeit. Informationsaufnahme erfolgt weitgehend über das Studium von Akten und Expertisen. Das führt zu einer Ansammlung von spezialisierten Sichtweisen und gefilterten Information, deren Integration und Rückkopplung an die lebensweltlichen Sichtweisen der Bürger vom Politiker und der Politikerin große innere Unabhängigkeit verlangen.

Probleme/Herausforderungen

Der Tagespolitik mangelt es heutzutage an Möglichkeiten zum systematischen, direkten und dialogischen Kontakt mit einer breiten Öffentlichkeit, der gleichwohl

konstruktiv und inhaltsreich ist. Die Teilnahme an Veranstaltungen oder ein einmaliges Gespräch mit einem Bürger oder Bürgerin in einer Sprechstunde kann
nicht neue kritische Impulse liefern und führt so möglicherweise zu einer mangelnden Verknüpfung von alltäglichen und spezialisierten Sichtweisen. Ein kon-
struktiver Dialog erfordert die Herausbildung von Vertrauen. Dies kann durch
einen langfristig angelegten und methodisch ernsthaft geführten Dialog gefördert
werden.

Empfehlungen

Analog der Vorgehensweise von Pionier-Unternehmen und Verbänden in der
Wirtschaft (Meister/Pinkepank/Staudacher 1996a) können auch Spitzenpolitiker
oder Spitzengremien und Ministerien ein personen- bzw. institutionenbezogenes
Gremium von Bürgerberatern berufen (IFOK 1997a). Auf diese Weise erhalten
sie eine Rückmeldung der breiten und interessierten Öffentlichkeit auf ihre Arbeit.
Diese Beurteilung bietet ein die Presseberichte und Medienresonanz ergänzendes
und differenzierendes Bild, das die in der Regel sehr spezifischen, insider- oder
protestorientierten Bürgerkontakte im Alltag eines Politikers ersetzen oder ergänzen kann. Die „Bürgerberater" in Bürgerforen können auch zu spezifischen Themen oder zur Artikulation von Interessen unzureichend im politischen Prozeß
vertretener Anliegen eingesetzt werden (vgl. zum Beispiel „Zukunftsbeiräte" oder
„Beiräte für globale Anliegen" (Schulze 1996)).

Das Bürgerforum setzt sich aus themenbezogenen oder zufällig ausgewählten
Vertretern der Bevölkerung zusammen. Es liegt in der Kompetenz der einzelnen
Bürgerforen, die Zielsetzung, Arbeitsweise, Häufigkeit der Treffen etc. festzuset-
zen. Die Bürgerforen sind eine Leitidee, kein festgesetztes Programm. So hängt
die Dauer und Zusammensetzung eines Forums von der Zielsetzung ab. Problembezogene, kurzfristige Gesprächskreise können ebenso sinnvoll sein wie langfristige neue Formen der Politikberatung. Langfristigere Formen kultivieren ein
autarkes geistiges Eigenleben, das einerseits an die täglichen Geschäfte des Politikers rückgebunden, andererseits ein konzeptionell eigenständiges Denken verfolgt. Kurzfristige Foren dagegen dienen in besonderem Maße dem konstruktiv-
kritischen Dialog.

Das Bürgerforum ist kein PR-Organ, es ist aber auch keine Bürgerinitiative.
Vielmehr ist es die kommunikative Schnittstelle der wechselseitigen Interessen,
Sichtweisen und Auffassungen von Politik und Bevölkerung. Ziel ist die explizite
und nachvollziehbare Formulierung der Positionen, Bedürfnisse und Interessen.
Der Dialog kann nicht nur implizit Ökologie, Soziales und Ökonomie integrieren,
sondern aus der Verknüpfung auch bislang nicht erkannte Lösungen zu allseiti-
gem Vorteil entwickeln. Es ist deshalb die essentielle Voraussetzung eines produktiven Bürgerforums, alle relevanten gesellschaftlichen Gruppen in den Dialog
einzubeziehen.

Die Erfahrungen aus der Wirtschaft zeigen, daß erfolgreiche Foren sich durch
ein autonomes Eigenleben auszeichnen. Idealerweise verfügen sie über eine ei-

genständige Vision und Grundregeln ihrer Arbeit. Das Ziel liegt in der Bildung von Verständnis und Vertrauen für einen langfristigen, kreativen Dialog. Für die Politik stellen die Gesprächskreise mit Bürgern ein Sensorium für Prozesse in Gesellschaft und Forschung dar. Sie kann nunmehr in Antizipation von Trends agieren, die ihr die Foren im Idealfall transparent aufbereiten

Für die Bürger wird die „große Politik" zugänglicher: Sie können Fragen stellen, Kritik äußern oder Anregungen formulieren. Ganz wesentlich ist zudem ihr konzeptioneller und eigenständiger Beitrag zur Politik. Die am Diskurs Beteiligten sind (sach-)kundige Bürger aus verschiedenen Kreisen der Bevölkerung, die für die Beratung oder für einen Problemfall relevant sind. Sie sollten über eine funktionierende Rückbindung an die jeweiligen, spezifischen Bevölkerungsgruppen verfügen. Mitteilungsblätter, Diskussionsrunden, in denen das Bürgerforum seine Gedanken der Kritik stellt, sind Wege, den Diskurs zwischen Politik und Forum in breitere Kreise der Bevölkerung zu tragen und dadurch wiederum neue Inhalte zu erhalten. Die Foren verfügen über keine Entscheidungsmacht, jedoch sollten ihre Ergebnisse ernsthafte Berücksichtigung in der Politik finden. Geschieht dies nicht, werden die Beteiligten das Interesse an der Mitarbeit verlieren. Die Bürgerforen können sich als Keimzellen einer mündigen Bürgergesellschaft erweisen.

Erfolgsbedingungen: Mögliche Schwachstellen der Bürgerforen und verwandter Formen der Unternehmenskommunikation müssen erkannt und ihnen vorgebeugt werden.

- Werden Foren erst nach Ausbruch eines massiven Konflikts gebildet, kann ihre Arbeit nicht frei von starken Vorbelastungen stattfinden.
- Neue Lösungsansätze können Foren dann erreichen, wenn sie auf ein breites thematisches Feld zurückgreifen können. Lösungen leben von der integrierenden Betrachtung eines Problems und der damit einhergehenden systemischen Vorgehensweise, die erst die Optionen schafft, mit denen unterschiedliche Interessen befriedigt werden können.
- Alle relevanten Bevölkerungsgruppen müssen vertreten sein.
- Die Foren sollten sich an der regulativen Idee der Nachhaltigkeit orientieren, das heißt die Bandbreite der Teilnehmer soll eine Diskussion über Soziales, Ökologie und Wirtschaft ermöglichen.
- Die Teilnehmer müssen je nach Thema ausreichend über neutrale und umfassende Information und spezifische Schulung verfügen. D.h. sie müssen sowohl kommunikative Kompetenzen erwerben können, wie auch fachliches Know-How. Die Sprache muß allgemein verständlich sein, die in den Sitzungen und vor allem in ihren externen Berichten verwendet wird.
- Die Foren müssen über interne Zielsetzungen und Evaluationskriterien verfügen. Ansonsten ist keine Rechenschaft, aber auch kein Gefühl möglich, daß „etwas erreicht wurde".

- Bürgerforen können an einer zu unspezifisch formulierten „beratenden Funktion" kranken. Klare Aufgabenstellungen und Rechte helfen, relevante Gruppen an den Tisch zu bekommen.

Die vorgeschlagenen Bürgerforen für Politiker und Spitzengremien bedeuten eine Aufwertung durch Öffnung der klassischen Politik auf lokaler bis hin zur globalen Ebene. Die Kommunikation mit sachkundigen Bürgern steigert die Lösungskompetenz der Politik und die Artikulationsfähigkeit der Gesellschaft.

Die „Bürgerberater" in Bürgerforen können auch zu spezifisch nachhaltigkeitsorientierten Themen oder zur Artikulation von Interessen unzureichend im politischen Prozeß vertretener Anliegen eingesetzt werden. Sie könnten eine methodische Konkretisierung des Vorschlags sein, zum Beispiel „Zukunftsbeiräte" oder „Beiräte für globale Anliegen" einzurichten (Schulze 1996).

Literatur/Quellen

IFOK (1997a): Bausteine für ein zukunftsfähiges Deutschand, Wiesbaden

Meister, H.-P.; Pinkepank, T.; Staudacher, R. (1996a): Community Advisory Panels (CAP) in den U.S.A. In: Feindt, P.H.; Gessenharter, W.; Birzer, M.; Fröchling, H. (Hrsg.): Konfliktregelung in der offenen Bürgergesellschaft. Dettelbach

Schulze, Gerhard (1996): Die Wahrnehmungsblockade. Vom Verlust der Spürbarkeit der Demokratie In: Weidenfeld, W. (Hrsg.): Demokratie am Wendepunkt. Die demokratische Frage als Projekt des 21. Jahrhunderts. Berlin

8.3 Verbesserte Strukturierung von Informationen in Entscheidungsprozessen

Umfaßt die Institutionen

1. Gesetzesfolgenabschätzung im Sinne der Nachhaltigkeit
2. Konsensuskonferenzen
3. Diskursive Weiterentwicklung des Instituts Enquete-Kommission
4. Transparenz durch Subventionsberichte

8.3.1 Gesetzesfolgenabschätzung im Sinne der Nachhaltigkeit

Hauptstoßrichtung: Reflexivität

Ausgangslage

In einer komplexen und dynamischen Gesellschaft treten laufend neue Bereiche auf, in denen aus den Reihen der Wissenschaft oder der Administration, von Interessengruppen oder der öffentlichen Meinung ein Regelungsbedarf an den Gesetzgeber herangetragen wird. Dieser reagiert mit der Verabschiedung einer konstant hohen Zahl von Gesetzen, die auf Bundes- und Landesebene beraten und verabschiedet werden.

Probleme/Herausforderungen

Infolge der gedrängten Agenda des Gesetzgebers ist „das Gesetzgebungsverfahren ... in der Praxis nicht selten von Hektik und Zeitnot, von Unvollständigkeiten und Zufälligkeiten geprägt" (Hill 1982: 48). Daraus resultieren nicht nur technische Mängel im Gesetz. Angesichts der Komplexität der Regelungen verringert sich mit der Zeitnot auch die Möglichkeit, die Einflußstrukturen transparent aufzubereiten. Die Herausforderung besteht darin, Verfahrensformen zu finden, die eine Transparenz der Abwägung ermöglichen, ohne angesichts des oft dringenden Regelungsbedarfs den Zeitaufwand zu erhöhen. Diese Anforderung muß auch für den Weg der Einführung des Lösungsvorschlags selbst gelten.

Ein Beispiel: Die Bundesregierung hatte zum 1. Januar 1997 das Schlechtwettergeld gekippt. An seine Stelle trat ein Überbrückungsgeld in Höhe von 75 Prozent des Stundenlohnes. Davon aber sollten jetzt die Arbeitgeber zwei Drittel zahlen - und der Bundesanstalt für Arbeit damit 800 Millionen Mark pro Jahr sparen. Doch das Ministerium hatte die Reaktion der Baufirmen nicht einkalkuliert. Diese zogen nicht mit und kündigten stattdessen ihren Arbeitern mit dem Versprechen, sie im Frühjahr bei besserem Wetter wieder einzustellen. In der Folge meldeten sich 200'000 Bauarbeiter arbeitslos. Für die Bundesanstalt bedeutete dies Mehrkosten in Höhe von 1,2 Milliarden Mark, statt der geplanten

Entlastung von 800 Millionen Mark. Eine einfache Folgenabschätzung durch die Betroffenen hätte leicht Abhilfe schaffen und die Reaktion der Unternehmen voraussehen können. Allein mit den bei diesem einen Projekt erzielten Einsparungen wäre eine diskursive Gesetzesfolgenabschätzung bereits für einige Jahrzehnte finanziert.

Alternativen/Optionen

Die Vorteile einer ⇒ Technikfolgenabschätzung sind an anderer Stelle bereits dargestellt (Petermann 1991a). Die Idee einer Modifikation zu einer Folgenabschätzung von Gesetzen ist dagegen jüngeren Datums. Eine im Auftrag des BMBF erstellte Studie des Fraunhofer Instituts untersuchte die Frage, wie Folgen von Gesetzesakten auf die Innovationskraft der Chemieindustrie abzuschätzen sind. Dabei wurden erhebliche methodische Probleme im Umgang mit der Prognose deutlich. Dazu kommt der oft erhebliche Zeitbedarf für gründliche wissenschaftliche Analysen.

Empfehlungen

Der folgende Vorschlag einer diskursiven Gesetzesfolgenabschätzung zielt darauf, dem Gesetzgeber fundiertes und vielfältiges externes Wissen zuzuführen, auch wenn Zeitnot und dringender Regelungsbedarf keine ausführliche Aufarbeitung erlauben.

Künftig sollte bei zentralen Gesetzesprojekten eine diskursive Abschätzung der Folgen durch betroffene, beteiligte und fachkompetente Kreise zu allen Aspekten der Nachhaltigkeit integrativ erstellt werden. Auf dem Weg eines extern moderierten und ausgewerteten Diskurses sollten Abschätzungen der ökologischen, ökonomischen und sozialen Folgen und der tatsächlich anfallenden Kosten erfolgen. Durch die gemeinsame Teilnahme an einem Diskurs sollen Vertreter von Interessengruppen mit den Fragen von Fachleuten direkt konfrontiert werden. Die gemeinsame Arbeit kann im Verhältnis zwischen konkurrierenden Interessengruppen den Übergang von einer kompetitiven Einstellung - wie sie in Anhörungen zur Sicherung der eigenen Interessen nicht anders möglich ist, zu einer kooperativen Einstellung der gemeinsamen Suche nach Lösungen, die für alle Beteiligten und Betroffenen besser sind, ermöglichen.

Ablauf: Organisatorisch könnte eine diskursive Gesetzesfolgenabschätzung so aussehen, daß das zuständige Ministerium nach Vorlage des Gesetzentwurfs zunächst Kurzgutachten und Stellungnahmen der Eingeladenen anfordert. Nach deren Vorlage findet eine (bei komplexen Materien zweitägige) Anhörung in Form eines moderierten Diskurses statt. Diese Veranstaltung soll dazu dienen, die verschiedenen Sichtweisen zusammenzuführen und Konflikte, Nebenfolgen und Unvereinbarkeiten zu identifizieren. Dadurch werden die verschiedenen Sichtweisen ein Stück weit objektiviert. Dies geschieht zwar gewissermaßen „quick and dirty", aber unterschiedliche Interessen und wissenschaftliche Disziplinen unmittelbar einzubeziehen, ermöglicht die sofortige Artikulation von Widerspruch. So ist die Gefahr vermindert, daß es im Prozeß der Informationsaufbereitung zu systematischen Verzerrungen bei der Interessenberücksichtigung kommt.

Beteiligte: Am Diskurs sollten neben den Fachleuten aus den Fraktionen und zuständigen Ministerien Vertreter der betroffenen gesellschaftlichen Gruppen, Wissenschaftler und die Nachhaltigkeitsombudsleute der beteiligten Ministerien teilnehmen. Alle Teilnehmer besitzen die gleichen Rede- und Fragerechte, einen Konsens über die zu erwartenden Wirkungen zu erzielen.

Initiativrecht und Teilnehmerauswahl: Hinsichtlich der Folgenabschätzung ist eine möglichst fakultative Verbindung mit jedem Gesetzgebungsprozeß anzustreben, wie dies etwa im Bereich der Kosten schon teilweise praktiziert wird. Hilfsweise kommt dem Parlament ein entsprechendes Forderungsrecht für jeden Einzelfall zu. Zu prüfen ist hierbei die Einräumung eines qualifizierten Minderheitenrechts. Für die teilnehmenden Interessengruppen besitzt jede Fraktion ein Vorschlagsrecht, wobei auf eine Liste anerkannter Verbände zurückgegriffen werden kann.

Aufwand: Der durch eine derartige Abschätzung entstehende Aufwand wäre relativ gering: Kosten entstehen lediglich für den Diskursmoderator sowie für Reisekosten und Verpflegung der Teilnehmer - bei den meisten Projekten vernachlässigbare Größenordnungen. Der zeitliche Aufwand hält sich ebenfalls in Grenzen: bei ordentlicher Vorbereitung wären schätzungsweise 1 bis maximal 2 Arbeitstage für jeden der Diskursteilnehmer erforderlich. Für die meisten Betroffenen dürfte dies im Rahmen des üblicherweise entstehenden Zeitaufwands im Rahmen von Gesetzgebungsprojekten nicht nur vernachlässigbar sein, vielmehr ließe sich der Diskurs sogar deutlich straffen, indem die ansonsten eher verzettelten und zerstreuten Aktivitäten gebündelt werden. Zusätzlicher Aufwand, um Expertisen zu erstellen, entsteht in den überwiegenden Fällen nicht, da sich die Betroffenen ohnehin mit den notwendigen Argumentationsbasen gewappnet haben und diese jetzt in den Diskurs einbringen können.

Einordnung und Grenzen: Der Vorschlag einer Gesetzesfolgenabschätzung unterscheidet sich von der Einrichtung eines Nachhaltigkeitsrats durch seine temporäre und fallbezogene Konstituierung. Durch die Beteiligung von Nachhaltigkeitsbeauftragten und geeigneten Fachleuten kann die Berücksichtigung von Langfristfolgen weitgehend gesichert werden. Für die Bearbeitung von schleichenden Nebenfolgen der Staatstätigkeit oder -untätigkeit, die nicht einzelnen Gesetzesvorhaben zuzurechnen sind, wird man vom Instrument einer Gesetzesfolgenabschätzung jedoch keinen systematischen Beitrag erwarten können. Diese Lücke sollten ⇒ Expertengremien zur Gesetzvorbereitung füllen.

Literatur/Quellen

Hill, H. (1982): Einführung in die Gesetzgebungslehre. Heidelberg
Petermann, T. (1991a): Technikfolgen-Abschätzung als Technikforschung und Politikberatung. Frankfurt a.M. New York

8.3.2
Konsensuskonferenzen

Hauptstoßrichtung: Reflexivität

Ausgangslage

Viele großtechnische Projekte, aber auch die Einführung neuer Technologien haben erhebliche Auswirkungen auf Dritte. Während eine Besitzstandsgarantie gegen die Auswirkungen technologischer Innovationen nicht mit einem auf Wettbewerb und Freiheit ausgerichteten Wirtschafts- und Gesellschaftssystem zu vereinbaren sind, sind der Schutz der menschlichen Gesundheit und die Erhaltung der ökologischen Stabilität Grundwerte, über die weitgehend Konsens herrscht und deren Schutz als staatliche Aufgabe unumstritten ist.

Probleme/Herausforderungen

Es liegt im Wesen technologischer Neuerungen, daß ihre Auswirkungen auf gesellschaftliche und ökologische Belange nur abgeschätzt werden können. Aus dieser Ungewißheit folgt eine große Ambivalenz der Einschätzungen und Beurteilungen durch Befürworter und Gegner.

In der massenmedialen Öffentlichkeit werden diese Konflikte herkömmlicherweise durch die Abgabe von Stellungnahmen ausgetragen, die auf die Beeinflussung der öffentlichen Meinung und (direkt und indirekt) der Entscheidungsträger zielen. Es läßt sich zeigen, daß in diesen Stellungnahmen im allgemeinen „ein Verlautbarungsstil der Sprecherbeiträge dominiert, der überwiegend der Abwehr von Gegenpositionen dient, argumentativ wenig differenziert erscheint und eher zu einer Vergröberung als zur Vermittlung der Kontroversen führt" (van den Daele/Neidhardt 1996: 19).

Die Beteiligungsrechte im Rahmen von Genehmigungsverfahren, insbesondere der Anhörungen von Einwendern, können schon aufgrund des Bezugs auf Einzelprojekte nicht die Funktion erfüllen, Gefahren und Chancen einer ganzen Technologie gegeneinander abzuwägen.

Eine besondere Herausforderung ist die Klärung der Grenzen zwischen wahrheitsbezogenen, wissenschaftlich zu klärenden empirischen Fragen einerseits, und nur auf der Basis von Werturteilen zu klärenden politischen Fragen andererseits. In den Formen massenmedialer und konfliktorientierter rechtlicher Kommunikation werden empirische Aussagen und moralische Argumente von den Sprechern dem Erfolgskalkül untergeordnet. Die Folge ist, daß von einer Seite vorgebrachte wissenschaftliche Argumente von Gegenexperten in ihrem wissenschaftlichen Charakter angefochten werden. Im Streit von Experten und Gegenexperten droht daher die Möglichkeit verloren zu gehen, sich auf eine gemeinsam geteilte Tatsachenbasis der moralisch-politischen Argumentation zu verständigen.

Alternativen/Optionen

Konsensuskonferenzen stellen ein interessantes und erfolgreiches neues Instrument dar, um „die Rationalität und Legitimität von Entscheidungen über Technikentwicklung zu erhöhen" (van den Daele/Pühler/Sukopp 1996: 4). Das Modell wurde in Dänemark und den Niederlanden erfunden und erprobt. Es bestehen mehrere Varianten.

In der ersten Variante handelt es sich um eine Versammlung von Anspruchsgruppen, die auf dem Wege der Kompromißfindung Konsense aushandeln. So können Industrie, Umwelt- und Verbraucherschutzgruppen darüber verhandeln, welchen Umgang mit einer Technologie sie gemeinsam vertreten können (Hingel 1993).

Die zweite Variante liegt in der Nähe des Modells der Laienplanung durch ⇒ Bürgergutachten/Planungszellen. Hier bildet eine Anzahl von Bürgern, die nach einer gewichteten Zufallsauswahl zusammengesetzt sind, ein Komitee, das sich eine eigene Agenda setzt, Gutachten anfordert, Expertenanhörungen durchführt und am Ende ein Bürgergutachten verfaßt, das z.B. dem Parlament übergeben wird. Dabei erhalten sie organisatorische Unterstützung, die zum Beispiel vom Büro für Technikfolgenabschätzung beim Deutschen Bundestag geleistet werden könnte (Hennen 1996).

Während die erste Variante einen Aushandlungsprozeß zwischen konkurrierenden Anspruchsgruppen ermöglichen soll, zielt die zweite Variante darauf, die Meinung einer informierten (statt einer demoskopisch erhobenen Zufalls-)-Öffentlichkeit zu ermitteln und dadurch den „common sense" in den politischen Abwägungsprozeß einzubringen.

Die dritte Variante strebt hingegen an, die gleichzeitige Abgrenzung von Wahrheits- und Bewertungsfragen und deren Klärung zu ermöglichen. In dem in den Jahren 1991 bis 1993 am Wissenschaftszentrum Berlin durchgeführten und vom Bundesministerium für Forschung und Technik (BMFT) finanziell unterstützten Verfahren der partizipativen ⇒ Technikfolgenabschätzung von Kulturpflanzen mit gentechnisch erzeugter Herbizidresistenz waren daher Experten und Anspruchsgruppen vertreten, jedoch keine institutionalisierte Jury (wie die Bürger in Variante 1). Über die Geltung vorgebrachter Argumente und Beweise mußten sich die Teilnehmer selbst verständigen, oder das Urteil einer weiteren interessierten Öffentlichkeit überlassen (van den Daele/Pühler/Sukopp 1996: 24-26). Aufgrund dieser an Wahrheits- und Geltungsfragen orientierten Vorgehensweise stufen wir das Berliner Verfahren daher als eine deutlich argumentations- und weniger verhandlungsorientierte Variante der Konsensuskonferenz an. Dieses wissenschaftlich am gründlichsten untersuchte Fallbeispiele alternativer Konfliktregelung führte unter den Leitprinzipien Partizipation und Diskursivität Vertreter verschiedener wissenschaftlicher Disziplinen sowie Befürworter und Gegner der untersuchten Technik in einem „sozialen Prozeß kontinuierlicher Kommunikation unter Anwesenden" zusammen, „um einen Dialog zwischen Vertretern kontrover-ser Positionen zu gewährleisten. In einer Serie von Konferenzen sollten die Verfahrensbeteiligten den Untersuchungsrahmen präzisieren, die Resultate der Gutachten auswerten und die möglicherweise daraus zu ziehenden Schlußfolgerungen erörtern. Vorausgesetzt war dabei, daß Diskussion unter Anwesenden diskursive Formen der Auseinandersetzung befördert, also die Wahrscheinlichkeit erhöht, daß wechselseitige Argumente zur Kenntnis genommen werden und die Beteiligten sich auf die Überprüfung der Argumente einlassen" (van den Daele/Pühler/Sukopp 1996: 3). Angestrebt wurden Beiträge zur Informationsbeschaffung und Konfliktbearbeitung (van den Daele/Pühler/Sukopp 1996: 4).

Zu den in methodischer Hinsicht bemerkenswerten Wirkungen gehört, daß durch das Verfahren der Konsensuskonferenz, insbesondere durch die Argumentation vis-à-vis, eine systematische Trennung von Wahrheits- und Bewertungsfragen erreicht wurde (van den Daele 1996a). Dadurch wurden erhebliche Lerneffekte für die Teilnehmer und indirekt für die interessierte Öffentlichkeit möglich. Auch konnte im Laufe des WZB-Verfahrens geklärt werden, daß „bei den umstrittensten Themen die Tatsachen, nicht die Werte kontrovers waren" (van den Daele/Pühler/Sukopp 1996: 12; van den Daele 1996a). Dies macht es Entscheidungsträgern leichter, die argumentative Basis ihrer Entscheidungen zu klären. Zugleich wurde die zuvor in diesem Themenfeld politisierte Wissenschaft „als Kontrollinstanz für empirische Behauptungen rehabilitiert" (van den Daele 1996a: 301).

Uneinigkeit herrscht darüber, ob ein formal festgehaltener Konsens am Ende des Prozesses das Erfolgskriterium sein sollte, oder ob das Vorliegen von Lernprozessen bei den Beteiligten und/oder bei Beobachtern des Prozesses bereits genügt, von einem Erfolg zu sprechen (van den Daele 1996a, Weidner 1996b).

Offenbar stellt die Sicherung einer Rückkopplung zwischen den Teilnehmern und ihrer organisatorischen Basis ein wesentliches Problem für die Teilnehmer dar. Im WZB-Verfahren stiegen gegen Ende die Vertreter der Umweltverbände aus dem Prozeß aus, weil die Ergebnisse des Diskurses ihrer Mitgliederschaft nicht mehr zu vermitteln waren und ein Mandatsentzug durch die Basis drohte. Probleme können u.E. auch entstehen, wenn - wie im WZB-Verfahren - keine einvernehmliche Klärung von Konsens und Dissens unter den Anwesenden während der Veranstaltungen vorgenommen wird. Die Veranstaltung erhält damit den Charakter von „Verhandlungen ohne Beschluß" oder „Beweisaufnahmen ohne Entscheidung" (van den Daele/Pühler/Sukopp 1996: 24). Wird hingegen eine Konsensuskonferenz mit stärker verbindlichem Charakter (entsprechend Variante 1) angestrebt, empfiehlt sich eine Strukturierung parallel zur Diskussion und eine sofort anschließende Zusammenfassung (IFOK 1997a) - eine angesichts komplexer Materien zugegebenermaßen anspruchsvolle Forderung an die Prozeßbegleiter.

Die Projektleiter des WZB-Verfahrens (van den Daele/Pühler/Sukopp 1996: 7-33) formulieren folgende Voraussetzungen ihres Prozesses:

- Informationsorientierung und Expertenzuständigkeit für Sachfragen.
- Einbindung aller Beteiligten bei der Auswahl der Gutachter.

- Vorgabe alternativer Szenarien für die Gutachter.
- Repräsentativität der Zusammensetzung der Teilnehmer des TA-Verfahrens.
- Ressourcengerechtigkeit, das heißt die Möglichkeit für alle Beteiligten, Gutachter ihrer Wahl zu bestellen und zu finanzieren.
- transparente Steuerung mit Einflußmöglichkeiten aller Beteiligten durch Rückmeldung.
- Produktion von Loyalität der Beteiligten gegenüber dem Verfahren durch kooperatives Vorgehen.

Eine weitere Variante von Konsenskonferenzen wäre der „Vergleich systemischer Alternativen" (Burns/Ueberhorst 1988). Dabei werden von Fachleuten alternative technische Optionen erarbeitet und von einer repräsentativen Bürger- und/oder Politikerjury vergleichend bewertet. Dieses Vorgehen bietet sich dazu an, auf transparente Weise konsensfähige Kriterien für die Beurteilung alternativer technologischer Pfade zu gewinnen. Als Rahmen für ein solches Vorgehen bietet sich die Bearbeitung von Bedürfnisfeldern an, wie zum Beispiel Energie, Bauen und Wohnen, Landwirtschaft und Ernährung oder Verkehr. Dabei sollte auch die „Null-Variante" in die Überlegungen einbezogen werden.

Empfehlungen

Konsenskonferenzen sind in ihren verschiedenen Varianten geeignet, eine Öffnung der politischen Diskussion über diejenigen Bedürfnisfelder herbeizuführen, in denen die heutigen Produktionsmuster einerseits wesentliche Probleme für eine nachhaltige Entwicklung darstellen, und die andererseits besonders staatsnah organisiert sind. Die daher erhöhten Legitimationsanforderungen an diese Bereiche könnten besser eingelöst werden als durch die derzeitige Praxis, wenn sie im Diskurs systematisch am Maßstab der Nachhaltigkeitspostulate überprüft werden. Ein Vergleich systemischer Alternativen - insbesondere in den Bereichen Energie, Bauen und Wohnen, Landwirtschaft und Ernährung oder Verkehr - wäre eine reizvolle und verdienstliche Aufgabe für Konsenskonferenzen. Träger sollte der Deutsche Bundestag, insbesondere die Enquete-Kommission „Schutz des Menschen und der Umwelt", sein. Nur die enge Anbindung an ein politisches Entscheidungsgremium sichert die Motivation aller relevanten Akteure zu einer ernsthaften Teilnahme.

Literatur/Quellen

Burns, T.R.; Ueberhorst, R. (1988): Creative Democracy. Systematic Conflict Resolution and Policymaking in a World of High Science and Technology. London
Daele, W.v.d. (1996a): Objektives Wissen als politische Ressource. Experten und Gegenexperten im Diskurs. In: van den Daele, W.; Neidhardt, F. (Hrsg.): Kommunikation und Entscheidung. Politische Funktionen öffentlicher Meinungsbildung und diskursive Verfahren. WZB-Jahrbuch 1996, Berlin

Daele, W.v.d.; Neidhardt, F. (Hrsg.) (1996): Kommunikation und Entscheidung. Politische Funktionen öffentlicher Meinungsbildung und diskursive Verfahren. WZB-Jahrbuch 1996, Berlin

Daele, W.v.d.; Pühler, A.; Sukopp, H. (1996): Grüne Gentechnik im Widerstreit. Modell einer partizipativen Technikfolgenabschätzung. Weinheim

Hennen, L. (1996): Das Ohr an der Basis? Konsensus Konferenzen helfen Politikern, die Anschauungen von Laien über neue Techniken zu ermitteln. Politische Ökologie 46, 44-45

Hingel, A. (1993): European consensus conferences - a new tool for policy making. Futures 25, 472-476

Weidner, H. (1996a): Freiwillige Kooperationen und alternative Konfliktregelungsverfahren in der Umweltpolitik. Auf dem Weg zum ökologisch erweiterten Neokorporatismus? In: van den Daele, W.; Neidhardt, F. (Hrsg.): Kommunikation und Entscheidung. Politische Funktionen öffentlicher Meinungsbildung und diskursive Verfahren. WZB-Jahrbuch, Berlin

Weidner, H. (1996b): Umweltmediation. Entwicklung und Erfahrung im In- und Ausland. In: Feindt, P.H.; Gessenharter, W.; Birzer, M.; Fröchling, H. (Hrsg.) (1996): Konfliktregelung in der offenen Bürgergesellschaft, Dettelbach

8.3.3
Diskursive Weiterentwicklung des Instituts Enquete-Kommission

Hauptstoßrichtung: Reflexivität

Ausgangslage

Um Konsenspotentiale auszuloten, hat es sich bewährt, Enquete-Kommissionen des Deutschen Bundestages einzusetzen (vgl. zum Beispiel Petermann 1996a). Ihre Ziele beschreibt der Gesetzgeber als

- Aufarbeitung einer politisch relevanten Thematik zur Information, Sensibilisierung und Vorbereitung von Entscheidungen der Politik.
- Einbezug des kompetenten Sachverstands aus Wissenschaft und Gesellschaft in die politische Gestaltung.
- Diskurs zwischen Politik und Sachverständigen.

Anders als informelle Dialoge bietet der institutionelle Rahmen von Enquete-Kommissionen mit ihrer engen Anbindung in das politische Entscheidungssystem den beteiligten gesellschaftlichen Gruppen eine größere Motivation, Problemlösungen zu erarbeiten. Die Enquete-Komisionen sind zwar direkt in das politisch System eingebunden, weisen aber eine erhebliche „institutionelle Schwäche" auf. Die Ursachen dieser „institutionelle Schwäche" sind: keine Entscheidungskompetenz, keine Verpflichtung abzustimmen, geringe Nähe zu den gestaltenden Fachpolitiken, Kommunikationsprobleme ins Parlament, da die Querschnittarbeit in der Regel nicht in die arbeitsteilige und aktuelle Parlamentsarbeit zu integrieren ist (Barthe/Dreyer/Eder 1995: 63-68, Ismayr 1996). Aufgrund dieser „institutionellen Schwäche" sind die Beteiligten erheblichem Druck ausgesetzt, den Ergebnissen ihrer Arbeit dadurch Gewicht zu verleihen, daß am Ende Konsens erreicht wird.

Probleme/Herausforderungen

Trotz der breiten Zustimmung und Akzeptanz des Instruments bestehen auch kritische und verbesserungswürdige Punkte (IFOK 1997a):

• zu geringe Breite der Interessenberücksichtigung.
• intransparente Auswahl der eingeholten Informationen.
• intransparente Aufbereitung der eingeholten Informationen.
• intransparenter Prozeß der Bewertung von Informationen und der Formulierung von Empfehlungen.

Die ausgeprägte Konsensorientierung und die „Methode der Nichtberücksichtigung nicht-konsensualer Punkte" (Barthe/Dreyer/Eder 1995: 71) verhindert zudem, Konfliktlinien aufzubereiten. Der am Ende der ersten Enquete-Kommission „Schutz des Menschen und der Umwelt" erreichte Konsens wird denn auch bei insgesamt freundlicher Beurteilung als „relativ unverbindlich und politikfern" eingestuft (Barthe/Dreyer/Eder 1995: 72).

Alternativen/Optionen

Die Vorteile von Enquete-Kommissionen liegen darin, die komplexen Sichtweisen von Politikern, Experten und Interessengruppen in einem dauerhaften Diskursprozeß zusammenzuführen. Um diese Vorteile besser zu nutzen, schlägt die IFOK (1997a) einige Modifikationen bei der Berufung, bei der Beauftragung und bei der Arbeitsweise einer Enquete-Kommission vor. Dabei ist die bestehende Interessenlage der Parlamentarier zu berücksichtigen:

• politisch motivierte Besetzung eines Themas durch Regierung oder Opposition
• persönliche Profilierung der Abgeordneten durch Bekleidung entsprechender Positionen in der Kommission

IFOK (1997a) schlägt daher folgendes Vorgehen vor:

1. *Bildung eines Auftragskomitees* aus Abgeordneten des Deutschen Bundestages: Dieses wirkt als Auftraggeber für ein externes, unabhängiges Institut, das vom Deutschen Bundestag mit der professionellen Durchführung, vor allem unter Berücksichtigung moderner Diskursmethoden sowie Prozeß- und Projektmanagementtechniken einer Enquete-Kommission beauftragt wird.
2. *Externes Diskurs- und Projektmanagement:* Das Institut hat die Enquete-Kommission nach den Regeln für gesellschaftliche Diskurse durchzuführen und zu dokumentieren. Die Abgeordneten haben dadurch nach wie vor die Möglichkeit persönlicher Profilierung und können sich aus erster Hand bei Experten kundig machen. Sie erhalten jedoch professionelle Hilfestellung bei der Durchführung derartiger Prozesse und bei der Auswahl der Experten.
3. *Transparente Expertenauswahl:* Die Experten werden transparent und unter Einbeziehung der Prinzipien einer „peer evaluation" bestimmt, das heißt einer Auswahl unter Beteiligung von Wissenschaftlern selbst.

Ein derartiges Verfahren ähnelt den in der Wirtschaft bei vergleichbaren Problemen angewandten Methoden der Diskurse und der Partizipation (vgl. zum Beispiel Hansen 1995; von Weizsäcker 1992; Meister 1997c). Es bietet folgende Vorteile:

- Anreizkonformität, da die zentralen Motivationen der Abgeordneten berücksichtigt werden.
- Verbesserte Qualität und Durchsetzungkraft der Entscheidungen, weil sie auf eine breitere, transparente Basis gestellt werden.
- Erhöhte Akzeptanz der Ergebnisse, weil Vorwürfe oder Vermutungen parteipolitisch manipulierter Ergebnisse vermieden werden.
- Stärkung des Instruments und der beteiligten Abgeordneten gegenüber der Exekutive.
- Der Aufbau von Verwaltung würde durch externe Vergabe vermieden.

Empfehlungen

Die Enquete-Kommission „Schutz des Menschen und der Umwelt" sollte in ihrem Abschlußbericht kritisch den eigenen Diskussionsprozeß reflektieren und prüfen, inwiefern der Einsatz moderner Methoden des Diskurs-Managements und der Informationsstrukturierung zu einer effizienteren und effektiveren Arbeitsweise beitragen könnte.

Literatur/Quellen

Barthe, S.; Dreyer, M.; Eder, K. (1995): Reflexive Institutionen? Eine Untersuchung zur Herausbildung eines neuen Typus instituioneller Regelungen im Umweltbereich. Zwischenbericht des Projekts. MPS-Texte 5/1995
Hansen, U. (1995): Verbraucher- und umweltorientiertes Marketing. Spurensuche einer dialogischen Marketingethik. Stuttgart
IFOK (1997a): Bausteine für ein zukunftsfähiges Deutschand. Wiesbaden
Ismayr, W. (1997): Enquete-Kommissionen des Deutschen Bundestages. Aus Politik und Zeitgeschichte (Beilage zur Wochenzeitung 'Das Parlament') 27, 29-41
Meister, H.-P. (1997c): Energie-Tische. Innovation durch Partizipation im kommunalen Klimaschutz. In: Birzer, M.; Feindt, P.H.; Spindler, E.A. (Hrsg.): Nachhaltige Stadtentwicklung. Konzepte und Projekte. Bonn
Petermann, T. (1991a): Technikfolgen-Abschätzung als Technikforschung und Politikberatung. Frankfurt a.M New York
Weizsäcker, E.U.v. (1992). Erdpolitik. Ökologische Realpolitik an der Schwelle zum Jahrhundert der Umwelt. Darmstadt

8.3.4
Transparenz durch Subventionsberichte

Hauptstoßrichtung: Reflexivität

Ausgangslage, Probleme/Herausforderungen

Im Zusammenhang mit einer nachhaltigkeitsorientierten Reformierung der Finanzordnung wird in jüngster Zeit vermehrt auf einen Abbau der Subventionen gedrängt, die durch ihre Anreiz- und Ressourcenwirkungen einer nachhaltigen Entwicklung entgegenlaufen. Die Subventionierung nicht-nachhaltiger Tätigkeiten kann auf vielfältigste Arten geschehen (Huckestein 1996: 394f). Es bedarf jedoch noch eines erheblichen Forschungsaufwands, um die Implikationen für eine Politik der Nachhaltigkeit zu ermitteln, die hinter den vielfältigen direkten und indirekten Subventionierungsstrategien verborgen liegen. Unter dem Institutionenvorschlag zu einer ⇒ nachhaltigkeitsorientierten Finanzreform wird auf die Möglichkeiten hingewiesen, die Subventionsgewohnheiten des Staates in den zentralen Bereichen einer ökologischen Grobsteuerung zu überprüfen.

Eine Schwierigkeit liegt darin, daß viele Subventionspraktiken in einem längeren Prozeß der gesellschaftlichen Entwicklung gewachsen sind und daher nur schwer zu streichen sind. Großer Widerstand ist insbesondere bei den Grobsteuerungsbereichen Verkehr, Abfall und Energie zu erwarten. Wenn der Staat in diesen Grobsteuerungsbereichen seine Subventionspraktiken ändert, dann sind breite Bevölkerungsteile davon betroffen.

Empfehlungen

Erforschung der nachhaltigkeitsrelevanten Subventionspraktiken: Wie im Vorschlag über eine ⇒ nachhaltigkeitsorientierte Finanzreform dargelegt, können Subventionen in vielfältigster Art und Weise gewährt werden. Die Interpretation des Subventionsbegriffes ist deshalb entscheidend. Grundsätzlich gehören zu den nachhaltigkeitsrelevanten Subventionspraktiken

- offizielle Transfers vom Staat an Private,
- der Verzicht auf Einnahmen im Sinne von Steuer-, Zoll- und Haftungsprivilegien und insbesondere
- der Verzicht auf die Internalisierung der externen Kosten umweltschädigender Tätigkeiten.

Ein solch umfassender Subventionsbegriff bringt die Schwierigkeit mit sich, daß die Mehrzahl solcher Subventionen in ihrem Umfang noch nicht identifiziert werden kann. Es wird deshalb ihre systematische Erfassung und Überprüfung im Hinblick auf ihre Nachhaltigkeitswirkungen empfohlen. Die Ergebnisse der Erfassung und Nachhaltigkeitsprüfung sind periodisch zu veröffentlichen.

Literatur/Quellen

Huckestein, B. (1996): Ökologische Steuerreform und nachhaltige Entwicklung. Ansatzpunkte und Bestandteile einer Nachhaltigen Finanzreform. Zeitschrift für Umweltpolitik und Umweltrecht 19 (3), 387-408

Koschel, H.; Weinreich, S. (1995): Ökologische Steuerreform auf dem Prüfstand. Ist die Zeit reif zum Handeln? In: Hohmeyer, O. (Hrsg.): Ökologische Steuerreform. Baden-Baden

Linscheidt, B.; Truger, A. (1996): Ökologische Steuerreform. Ein Konzept mit vielen ungeklärten Fragen? In: Köhn, J.; Welfens, J. M.: Neue Ansätze in der Umweltökonomie. Marburg

Mez, L. (1995): Erfahrungen mit der ökologischen Steuerreform in Dänemark. In: Hohmeyer, O. (Hrsg.): Ökologische Steuerreform. Baden-Baden

Minsch, J.; Eberle, A.; Meier, B.; Schneidewind, U. (1996): Mut zum ökologischen Umbau. Innovationsstrategien für Unternehmen, Politik und Akteursnetze. Berlin Boston

Schlegelmilch, K. (1996): Einstieg in die ökologische Steuerreform? Ein Vorschlag zur Überwindung der politischen Pattsituation. In: Köhn, J.; Welfens, J.M. (Hrsg): Neue Ansätze in der Umweltökonomie. Marburg

Zimmermann, H. (1996): Öko-Steuern. Ansätze und Probleme einer „ökologischen Steuerreform". In: Siebert, H. (Hrsg.): Elemente einer rationalen Umweltpolitik. Expertisen zur umweltpolitischen Neuorientierung. Tübingen

Zittel, T. (1997): Die Politik der Umweltabgabe in der Bundesrepublik Deutschland. Zeitschrift für Umweltpolitik und Umweltrecht 20 (1), 71-100

8.4
Nachhaltigkeitsorientierte Forschung, Bildung und Wissenschaft

Umfaßt die Institutionen

1. Nachhaltigkeitsorientierte Forschungspolitik
2. Nachhaltige Reform des Bildungswesens
3. Netzwerke von Wissenschaft und Politik

8.4.1
Nachhaltigkeitsorientierte Forschungspolitik

Hauptstoßrichtung: Reflexivität

Ausgangslage

(Grundlagen)forschung stellt für eine Politik der Nachhaltigkeit eine zentrale Basis dar. Sie schafft die Voraussetzung dafür, daß gesellschaftliche Akteure reflexiv mit dem Projekt eines nachhaltigen gesellschaftlichen Wandels umgehen können. Heute wird Grundlagenforschung in den Hochschulen sowie außerhalb des Hochschulbereichs insbesondere durch die Max-Planck-Gesellschaft und die 16 Großforschungseinrichtungen (zusammengeschlossen in der Hermann von Helmholtz-Gemeinschaft Deutscher Forschungszentren) betrieben. Die Förderung der Forschung erfolgt u.a. durch die Deutsche Forschungsgemeinschaft, die Alexander von Humboldt-Stiftung, die Volkswagenstiftung, die Deutsche Bundesstiftung Umwelt sowie zahlreiche private Stiftungen ($\Rightarrow$ Ausweitung der Stiftungstätigkeit). Nachhaltigkeitsbelange spielen im Rahmen dieser Forschungsförderungen heute schon eine Rolle, allerdings vor allem mit einem deutlichen Fokus auf der ökologischen Dimension. So hat das BMBF 1994 z.B. insgesamt 250 Mio DM für die ökologische Forschung bereitgestellt (Jahresbericht der Bundesregierung 1994). Davon entfielen 84 Mio DM auf die Projektförderung, 166 Mio DM auf die institutionelle Förderung (insb. Umweltforschungszentrum Leipzig, GSF-Forschungszentrum München, GKSS-Forschungszentrum in Geesthacht). Mit der Deutschen Bundesstiftung Umwelt steht eine der größten Stiftung der Welt zur Förderung ökologischer Fragestellungen in Deutschland zur Verfügung.

Probleme/Herausforderungen

Trotzdem insbesondere ökologische Fragestellungen berücksichtigt werden, führt die heutige Forschungspolitik bezogen auf die Herausforderung einer Nachhaltigen Entwicklung zu folgenden Problemen (CASS/ProClim 1997, Kommission Petitpierre 1998, WBGU 1996):

- Sie ist im wesentlichen naturwissenschaftlich orientiert und konzentriert sich damit auf die ökologische Problem- sowie technische Gestaltungsanalyse von Nachhaltigkeitsfragen. Begreift man Nachhaltigkeit jedoch (wie in der vorliegenden Studie) auch als ein soziales und institutionelles Projekt (dessen ökologische Folgen Symptome zugrundeliegender gesellschaftlicher Entwicklungen sind), so würde dies eine Stärkung sozialwissenschaftlicher Nachhaltigkeitsforschung und eine bessere Integration mit naturwissenschaftlichen Fragen erfordern.
- Nachhaltigkeitsforschung konzentriert sich heute in der Regel isoliert auf den ökologischen, in geringerem Maße auf den sozialen und ökonomischen Pol der Nachhaltigkeitsdiskussion. Integrationsforschung, die sich mit der Synthese und den Konflikten zwischen diesen Polen beschäftigt, steht weitgehend aus.
- Nachhaltigkeitsrelevante Grundlagenforschung (z.B. im Bereich der Bio- und Gentechnik) wird heute nur unter teilweiser Berücksichtigung umfassender Nachhaltigkeitsabwägungen betrieben. Auch hier wäre eine weitergehende Integration sinnvoll.
- Auch Grundlagenforschung findet nicht in einem gesellschaftsfreien Raum statt. Sie stützt sich auf gesellschaftliche Ressourcen und bedarf daher einer pluralistischen Kontrolle - z.B. bei der Festlegung von Forschungsschwerpunkten und -stoßrichtungen. Dies ist heute nur bedingt gewährleistet.

Alternativen/Optionen

Bei der Ausgestaltung von Institutionen für eine nachhaltigkeitsorientierte Forschungspolitik bestehen Gestaltungsoptionen auf mehreren Ebenen:

- Auswahl von Themen- und Forschungsschwerpunkten (statt vornehmlich durch Ministerien auch durch pluralistisch besetzte Expertengremien).
- Anreize und Institutionen für eine verstärkt integrative und transdisziplinäre Nachhaltigkeitsforschung (Projektbeiräte, Austauschforen, Integration und Transdisziplinarität als Fördervoraussetzung).
- Formen der Forschungsförderung (Projektförderung, Institutionelle Förderung, Ministerien, staatliche Stiftungen, private Stiftungen, unmittelbar private Finanzierung)

Empfehlungen

Die Forschungslandschaft weist bezüglich der institutionellen Ausprägung der einzelnen Pole heute schon ein sehr weites Spektrum auf. Bei der Suche nach dem richtigen Maß zwischen Forschungsfreiheit und Problemorientierung kann es nicht darum gehen, Institutionen für eine nachhaltigkeitsorientierte Forschungspolitik einseitig nur nach einzelnen Grundsätzen auszurichten. Vielmehr ist auch in Zukunft eine möglichst vielfältige Forschungsinstitutionenlandschaft zu gewährleisten. Jedoch sollten die Institutionen für eine nachhaltigkeitsorientierte

Forschungspolitik im Sinne der oben dargestellten Probleme und Herausforderungen gestärkt werden. Dies heißt:

- Problemorientierung und pluralistische Bestimmung von Forschungsschwerpunkten, z.B. durch ein unabhängiges und pluralistisch besetztes Expertengremium, das zentrale Forschungsfragen einer Nachhaltigkeitsforschung definiert. Dies wird derzeit in der Schweiz diskutiert (Kommission Petitpierre 1998).
- Stärkung der sozialwissenschaftlichen Nachhaltigkeitsforschung - sowohl in der projekt- als auch in der institutionellen Förderung.
- Schaffung vermehrter Anreize für transdisziplinäre und integrierte Nachhaltigkeitsforschung z.B. durch die Aufnahme entsprechender Bedingungen für die Forschungsförderung, um die entsprechenden Lernprozesse im Forschungssystem der Bundesrepublik zu stärken.
- Integration von Nachhaltigkeitsbelangen in schon bestehende Forschungsschwerpunkte, z.B. durch Begleitforschung oder institutionalisierte Forschungsfolgenabschätzung.

Literatur/Quellen

CASS/ProClim (1997): Visionen der Forschenden. Bern

Kommission Petitpierre (1998): Konzept Umwelt- und Nachhaltigkeitsforschung. Vorschläge der Kommission Umweltforschung und Nachhaltige Entwicklung. Hrsg. vom Schweizerischen Wissenschaftsrat. Bern

SRU (Sachverständigenrat für Umweltfragen) (1994): Umweltgutachten 1994 des Rates von Sachverständigen für Umweltfragen. Wiesbaden

WBGU (Wissenschaftlicher Beirat der Bundesregierung Globale Umweltveränderungen) (1996): Welt im Wandel. Herausforderungen für die deutsche Wirtschaft. Jahresgutachten. Heidelberg

8.4.2
Zukunftsfähige Reform des Bildungswesens

Hauptstoßrichtung: Reflexivität

Ausgangslage

Eine erfolgreiche Selbstreformation der Institutionen von innen im Sinne der Nachhaltigkeit hängt entscheidend vom Bewußtsein und der Kompetenz ihrer Mitglieder ab. Trotz intensiver Diskussionen in Politik und Gesellschaft ist die Idee der Nachhaltigkeit bisher nur einem Bruchteil der Bevölkerung bekannt. Um diese jedoch im privaten wie im gesellschaftlichen Handeln umsetzen zu können, sind entsprechende soziale, ebenso wie kognitive Fähigkeiten eine unverzichtbare Voraussetzung. Deren Vermittlung ist Aufgabe des Bildungssystems, von den Institutionen der vorschulischen Erziehung bis hin zu den Trägern der beruflichen Aus- und Weiterbildung.

Während der Erwerb sozialer Fähigkeiten schwer meßbar ist, stellt der formale Bildungsabschluß derzeit einen verläßlichen Indikator für den Grad politischer Beteiligung dar. Eine nachhaltigkeitsorientierte Politik, die die Lösungsstrategien der Stärkung der gesellschaftlichen Selbstorganisationskräfte und der Verbesserung der Möglichkeiten zur Partizipation ernst nimmt, muß daher auch darauf achten, daß die entsprechenden institutionellen Reformen durch geeignete Maßnahmen im Bildungssektor flankiert werden.

Der Bildungssektor ist der einzige gesellschaftliche Institutionenkomplex, zu dem die gesamte Bevölkerung zumindest in einer Lebensphase eine intensive Klientelbeziehung unterhält. Auch über die Hochschulen werden eine Vielzahl von Bürger und Multiplikatoren erreicht: Im April 1997 gab es in der Bundesrepublik Deutschland 325 Hochschulen, Fachhochschulen und Technische Hochschulen, an denen 2,35 Millionen Menschen lernen, lehren und arbeiten. Darüberhinaus gibt es ein breites Angebot an Fort- und Weiterbildungsmöglichkeiten, wodurch ein Teil der Bevölkerung auch nach der beruflichen Etablierung in das Bildungssystem eingebunden bleibt. Im Bildungsbereich lassen sich daher Veränderungen mit einer besonderen Breitenwirkung anstoßen. Dies setzt allerdings einen Konsens über die Ziele einer nachhaltigkeitsorientierten Bildung in der pädagogischen Fachwelt und unter den bildungspolitischen Akteuren, vor allem der Kultusministerkonferenz, voraus.

Probleme/Herausforderungen

1. *Zur Organisationsentwicklung des Bildungssektors*: Gerade die Schule ist heute immer mehr zu einem Ort geworden, von dem die Lösung von Problemen erwartet wird, deren Ursachen außerhalb des Schulsystems liegen. Der schulische Alltag wird zunehmend von sozialen Problemen bestimmt, die mit dem System der Wissensvermittlung kollidieren. So prägt beispielsweise das Thema Gewalt in unterschiedlichen Erscheinungsformen das Miteinander von Lehrern und Schülern, ohne daß adäquate Konfliktlösungsansätze zur Verfügung stehen (Struck 1994). Die Folgen solcher ungelöster Konflikte werden an „ausgebrannten" Lehrern und Vandalismus in den Schulen sichtbar.

   Gerade unter dem Eindruck der wachsenden Gewaltbereitschaft Jugendlicher Anfang der 90er Jahre, wie sie in ausländerfeindlichen und rechtsextremen Ausschreitungen erkennbar wurde, ist die Frage nach der Wertorientierung von Bildung neu gestellt worden (Bundeszentrale für politische Bildung 1995). Auch die Frage nach dem Verhältnis von Nachhaltigkeit und Bildung ist in diesem Problemfeld angesiedelt, da es hierbei um eine normative Grundentscheidung geht. Wenn Nachhaltigkeit als Leitbild verankert werden soll, dann muß dies auch im Bildungssystem seinen Niederschlag finden. Es sind allerdings nicht nur Inhalte zu verankern, sondern auch neue Formen des Lernens zu berücksichtigen, wie sie beispielsweise im Bereich der Umweltpädagogik entwickelt wurden (Michelsen/Siebert 1985; Cube/Storch 1988; Jansen 1991). Um eine möglichst nachhaltige Wirkung zu erzielen, muß die vorschulische

Erziehung eine stärkere Berücksichtigung finden, da diese zentrale Werthaltungen und Einstellungsmuster prägt. Hier kann ebenfalls an vorhandene pädagogische Ansätze angeknüpft werden (Jansen 1991; Hederer 1992).

Ein zentrales Problem vieler Reformansätze besteht darin, daß sie erst durch einen Generationenwechsel in den jeweiligen Institutionen zum Tragen kommen: Eine andere Schule setzt andere Lehrer voraus, die wiederum an Universitäten anders ausgebildet werden müssen, wofür andere Professoren benötigt werden. Darüber hinaus scheitern Reformversuche an einer fehlenden Praxistauglichkeit und mangelnder Akzeptanz bei denen, die sie umsetzen sollen.

2. *Bildung als Standortfaktor*: In der politischen wie wissenschaftlichen Diskussion ist unbestritten, daß es mit Blick auf die Beschäftigung und die Innovationsfähigkeit vor allem darum gehen muß, bestehende Qualifikationen zu fördern und Qualifikationsdefizite zu beseitigen (Erichsen 1996, BDI 1997, EU-Weissbuch 1994, EU-Grünbuch zur Innovation 1994, Kunkel 1994). In einigen OECD Ländern haben qualifikationsfördernde Maßnahmen effektiv dazu beigetragen, die Beschäftigungsquote zu erhöhen und die internationale Wettbewerbsfähigkeit zu stärken (OECD 1996a). Die Bildungsminister der OECD-Länder vertraten daher auf ihrer Tagung im Januar 1996 übereinstimmend die Auffassung, daß in vielen Ländern mit Blick auf das Ziel des lebensbegleitenden Lernens eine breitangelegte Reform des Bildungssystems erfolgen müsse.

Innovation, Flexibilität, Effizienzsteigerung, Leistungskontrolle und Wettbewerb sind Schlagworte, die in der öffentlichen Diskussion um eine bildungspolitische Reform häufig zu hören sind. Die Aufgabe der Bildung ist aber nicht auf den ökonomischen Bereich zu beschränken, sondern es geht auch darum, den Bürgern soziale Kompetenz, Fähigkeiten und Fertigkeiten, die Voraussetzung für eine Beteiligung an der gesellschaftlichen Entwicklung sind, zu vermitteln. Zu fragen ist folglich, wie Bildung effektiver (im Hinblick auf die Zielerreichung, zu der nicht nur die Wissensvermittlung, sondern auch soziale Kompetenz und möglicherweise nachhaltigkeitsverträgliche Einstellungen gehören) und effizienter (im Hinblick auf den Einsatz von Ressourcen) gestaltet werden kann. Im internationalen Vergleich der OECD liegt Deutschland bezüglich des Anteils der Ausgaben für Hochschulen am Brutto-Inland-Produkt auf dem fünftletzten Platz, im Anteil der Hochschulausgaben an den Staatsausgaben auf dem letzten Platz (Erichsen 1996: 92). Die US-Regierung hingegen erhöht den Bildungsetat um 20% (SZ, 28.2.97). Ob sich aus diesen Zahlen eine Prioritätensetzung ablesen läßt, soll hier nicht diskutiert werden. Auch sind weder in der Schule noch an den Universitäten die Probleme alleine durch eine Aufstockung der Mittel zu lösen. Andererseits ist absehbar, daß kurzfristige Sparmaßnahmen langfristig höhere Kosten bedeuten, ist doch die Qualität des sogenannten Humankapitals ein wesentlicher Faktor für die Zukunft des Standorts Deutschland.

3. *Bildungspolitik als Arena des Dissenses in der Politik*: Trotz des breiten Konsenses über die Notwendigkeit grundlegender Reformen als einer unaufschiebbaren Zukunftsaufgabe (Struck 1995; Glotz 1996) und der großen Zahl schon

umgesetzter oder in Angriff genommener Ansätze, ist der große Durchbruch derzeit nicht in Sicht. Dieser fordert von allen beteiligten Akteuren die Bereitschaft, neue Wege zu gehen, statt den Bildungssektor primär als ein Feld für Verteilungskonflikte und ideologische Schlachten zu betrachten. Um eine Politik der Nachhaltigkeit zu flankieren, ist im Bildungssektor nicht nur an die institutionellen Strukturen zu denken, vielmehr fehlt es an entsprechenden bildungspolitischen Strategien und am Konsens über Wünsche und Inhalte für eine Reform der Bildungsinhalte und -formen, die sich am Leitbild der nachhaltigen Entwicklung orientiert.

Die Herausforderung der Nachhaltigkeit: Die beschränkten finanziellen Handlungsspielräume machen es erforderlich, neue innovative Ansätze zu entwickeln. In den Schulen und Hochschulen muß mehr Raum sein für Kreativität, neue Ideen und intelligente Profilierungen. Reformen sollten das Ziel verfolgen, den einzelnen Bereichen höhere Eigenverantwortung zu verschaffen (Daxner 1996), so daß sich Ausbildungsstätten im konstruktiven Wettbewerb entwickeln können. Die Wahlfreiheit im Bildungswesen bedeutet, sich hin zu mehr Flexibilität zu öffnen: Intensive dialogische Kommunikation, Kooperation und Interdisziplinarität müssen vom Ausnahme- zum Regelfall werden. Dies sind Voraussetzungen, um einen möglichst breiten Konsens über Form und Inhalt der notwendigen Veränderungen zu erzielen. Daher sollten stärker als bisher auch Eltern und nicht zuletzt Schüler und Student in den Prozeß einbezogen werden, Alternativen zu entwickeln.

Optionen und Empfehlungen

Partizipation und Eigenverantwortung: Innerhalb des Bildungssystems muß partizipativen Prozessen zukünftig mehr Bedeutung beigemessen werden. Bildung darf nicht nur als eine vom Staat zu erbringende Leistung angesehen werden. Sie ist vielmehr das Ergebnis des Miteinanders der verschiedenen beteiligten Akteure, für die der Staat die Rahmenbedingungen herstellt und die nötigen Ressourcen bereitstellt. Dies erfordert ein anderes Selbstverständnis der Lehrenden wie der Lernenden sowie den Einsatz neuer Methoden. Besonders in der außerschulischen Bildung sind zahlreiche Neuansätze entwickelt und erprobt worden, die Schulen und Universitäten stärker berücksichtigen sollten (Brokmann-Nooren/Grieb/Raapke 1996; SKILL-Autorenteam 1995). Eine eigenverantwortliche Gestaltung des Unterrichts ermöglicht nicht nur eine Lernweise, die den jeweiligen Bedürfnissen des Lernenden angepaßt ist, sondern stärkt gleichzeitig dessen Partizipationsbereitschaft. Eine eigenverantwortliche Gestaltung wird beispielsweise im Rahmen der Freiarbeit (Hegele 1993; 1994) praktiziert, bei der die Schüler selbst die Lerninhalte und -formen auswählen.

Gleichzeitig müssen aber auch die Mitbestimmungsrechte der verschiedenen Akteure verbessert werden. Eine stärkere Abstimmung zwischen der Familie als zentraler Sozialisationsinstanz und den Bildungsinstitutionen ist wünschenswert, um die Erziehungseffekte zu verstärken. Indem Schule und Familie besser zu-sammenarbeiten, können sie ein Bewußtsein und ein Handeln in Richtung einer nachhaltigen Entwicklung über den schulischen Bereich hinaus verankern.

Lernen ist nicht eine zeitlich begrenzte Phase, sondern ein lebenslanger Prozeß. Daher ist eine intensive Zusammenarbeit der verschiedenen Institutionen, von den Einrichtungen der vorschulischen Erziehung bis hin zu den Trägern von Fort- und Weiterbildungsangeboten notwendig. Eine stärkere Einbeziehung aller Bürger kann langfristig nur gelingen, wenn das Bildungssystem die notwendigen Grund-kenntnisse über kommunikative Prozesse vermittelt und die Möglichkeiten der Konfliktlösung in einer demokratischen Gesellschaft aufzeigt. Wenn das Bil-dungssystem als „Schule der Demokratie" fundamentale Werthaltungen veran-kern soll, dann darf es nicht nur um die Wissensvermittlung gehen, sondern es müssen auch demokratische Spielregeln konkret eingeübt und erfahren werden. Dabei handelt es sich um eine Querschnittsaufgabe, die nicht auf die politische Bildung beschränkt bleiben darf. Im Hinblick auf die Implementierung von Nach-haltigkeit kann an die Erfahrungen der Umweltpädagogik sowie an Ansätze eines ganzheitlichen Lernens (Zitzlsperger 1993) angeknüpft werden. Die Erfahrungen der Umweltbildung zeigen allerdings, daß es nicht genügt, die vorhandenen An-sätze nur inhaltlich um die Dimension der Nachhaltigkeit zu erweitern. Statt des-sen kündigt sich ein Paradigmenwechsel an, der auch die kulturellen Leitbilder und Wissenschaftskonzepte reflektiert (de Haan 1997; Michelsen 1997). Folgende Ansatzpunkte sind weiter zu verfolgen: die Stärkung der Eigenverantwortlichkeit der einzelnen Schulen und Universitäten, die Förderung des Wettbewerbs zwi-schen den Bildungseinrichtungen, der Abbau des staatlichen Bildungsmonopols und eine stärkere Reflexion reformpädagogischer Ansätze (Röhrs 1991) an staat-lichen Schulen.

In der Debatte um eine Reform des Bildungssystems werden zahlreiche kon-krete Vorschläge unterschiedlicher Reichweite diskutiert, die verschieden frucht-bar für eine nachhaltigkeitsorientierte Reform gemacht werden können:

Interdisziplinäres Zusammenarbeiten und Lernen: Um das eine nachhaltige Entwicklung fördernde Denken zu stärken, müsste Teamarbeit in Projekten und fachübergreifenden Dialogen integraler Bestandteil der Lehre werden. Diese in Schulen bereits Raum greifende Neuorientierung sollten verstärkt auch die Hoch-schulen fördern: Hausarbeiten könnten beispielsweise zunehmend mehrere Stu-dent interdisziplinär bearbeiten und Fördergelder vorrangig in fachübergreifende Gruppenprojekte fließen (Jischa 1997).

Didaktikkurse für Hochschullehrer: Mit dem Ziel, die Motivation der Studie-renden zu erhöhen, verständlich zu sein und neuen Entwicklungen gerecht zu werden, muß auch die Qualität der Hochschullehre steigen (Schimank 1995: 109ff). Eine ständige Evaluation - der Wissenschaftsrat hat sich für eine Verknüp-fung von Selbstevaluation und Peer Review ausgesprochen - würde die Qualität sichern und die Lehre stärken (Benz 1997). Ziel ist das Qualitätsmanagement für Professoren (Baier 1996). Hier wäre auch Nachhaltigkeit als Lehr-Thema zu ver-mitteln.

Modulares Studium statt festgeschriebener Lehrplänen: Eine Reform der Hochschule könnte Lernmodule anbieten, um Fähigkeiten und Fertigkeiten herauszubilden, die für eine Politik der Nachhaltigkeit zunehmend unabdingbar sind, wie z.B. Interdisziplinarität, Stärkung von Selbstorganisationskräften, Eigenständigkeit und Eigenverantwortlichkeit. Statt einer vorgegebenen Abfolge von Lerninhalten und -zielen würde damit den Studierenden die Möglichkeit gegeben, sich eigenständig Lerneinheiten - einzelne Module mit Abschluß - zusammenzustellen. Der Lernende kann so seinen persönlichen Bildungsgang konzipieren. Die erweiterten Gestaltungsmöglichkeiten eröffnen Raum für den eigenverantwortlichen, motiviert Lernenden. Dies fördert Interdisziplinarität, da Schwerpunktsetzungen oder Zusatzseminare in „fachfremden" Bereichen zum Regelfall werden. Denkbar ist beispielsweise eine Kombination von je sechs Semestern Biologie und Betriebswirtschaftslehre mit entsprechendem Abschluß. Der Aufbau modularer Bildungssysteme könnte unter studentischer und privatwirtschaftlicher Beteiligung erfolgen. Zu fördern sind auch berufsbegleitende Bildungsveranstaltungen im Modulsystem, die den dauernden Transfer zwischen Wissenschaft und Wirtschaft erleichtern. In der Schweiz bieten Fachhochschulen Nachdiplomstudien in Form eines erwachsenengerechten Modulsystems an (Delamuraz in NZZ, 22.10.96). Anzuregen ist der Ausbau dualer Studiengänge als Alternative zur zeitlichen Abfolge Lehre/Studium, um Berufsausbildung und Studium institutionell zu verbinden (Benz 1997).

Stärkung und Öffnung der Gremien: Generell sind mit einer verstärkten Autonomie der Universitäten, die ihnen mehr Verantwortung für ihre Leistungen, Ressourcenverwendung und für ihre Entwicklungsplanung einräumt, auch die Hochschulleitung und die Dekane zu stärken, was der Wissenschaftsrat fordert (Benz 1997). Amerikanische Hochschulen besitzen ein „board of trustees", das sich aus Vertretern verschiedener, auch nicht-universitärer Bereiche zusammensetzt. Das sichert eine leichtere Kommunikation nach außen und ein besseres Management. Auf derartige Gremien (mit professionellen Managern, Wirtschaftsexperten, Professoren aus anderen Wissenschaftszweigen und Universitäten, Studierenden), können sich auch einzelne Fakultäten berufen, um eine inspirierende Atmosphäre zu fördern. Wichtige Grundvoraussetzungen für die Gremien sind: eindeutige Verantwortlichkeiten und größere Unabhängigkeiten (Müller-Böling 1997) sowie eine Sicherstellung von Effizienz und Effektivität - deren Fehlen stellt bei den bestehenden Gremien einen häufig genannten Kritikpunkt dar.

Stärkung der finanziellen Eigenständigkeit der Bildungseinrichtungen (Budgetierung): Dies sollte mit der Delegation von Kompetenzen und der Schaffung von teilautonomen, eigenverantwortlichen Haushalten mit Globalbudgets einhergehen. Um der Universität mehr Freiraum in Verwaltung und inhaltlicher Orientierung zu geben, erhält sie pauschale Zuweisungen, die keine Vorgaben über ihre Verwendungsweise mit sich bringen. Ein Globalhaushalt setzt eine gut funktionierende Abstimmung unter allen Forschungsrichtungen, Lehrenden und Lernenden voraus. Dies erleichtert eine gute, dezentrale Ressourcenverantwortung (Schimank 1995). Zentral dabei ist aber, daß New Public Management und die

Erstellung von Bilanzen Effizienz belohnen: Effiziente Bereiche bekommen mehr Geld, eingesparte Mittel werden nicht weggekürzt, sondern innerhalb der Einrichtung sinnvoll eingesetzt. Controlling, betriebswirtschaftliche Bilanzen und Kostentransparenz werden demnach zur für alle Beteiligten vorteilhaften Selbstverständlichkeit.

In diesem Zusammenhang sind auch Drittmitteleinsatz und Sponsoring von Bedeutung: Um aber Interessenten für die (Ko-)Finanzierung von Universitäten gewinnen zu können, müssen diese ihren Eigenwert deutlich machen, ihr Profil, ihre Vision prägnanter formulieren und überzeugender vermitteln (Benz 1997). Es muß darauf ankommen, „nicht möglichst viele Blumen im Fächerstrauß zu haben, sondern in erster Linie auf besonders gelungene, überzeugende und individuelle Farbkombinationen Wert zu legen" (Benz 1997). Dies erfordert die Zusammenarbeit und einen positiven Wettbewerb zwischen der Grundlagenforschung in den Naturwissenschaften, den Wirtschaftswissenschaften und den Grundlagenreflexionen in den Geistes- und Sozialwissenschaften. In der Kooperation verdeutlichen sich die jeweiligen Existenzberechtigungen, gleichzeitig werden positive Effekte für eine Politik der Nachhaltigkeit entfaltet.

Synthese von wissenschaftlicher Expertise und Praxis: Eine nachhaltigkeitsorientierte Reform sollte im Sinne der Umsetzung von Agenda 21-Prozessen zusätzlich zur Vermittlung von Bildungsinhalten auch ökologisch-stoffliche Aspekte mit einschließen. Derartige Prozesse stoßen in Hochschulen auf eine hohe Akzeptanz, allerdings fehlen bisher die entsprechenden professionellen Strukturen. Über die Einrichtung von Energie-Seminaren (wie an der ETH-Zürich) oder eines Umwelt-Informationsmarktes (FHW Berlin) hinaus könnte das kreative universitäre Potential genutzt werden. Das Ziel sollte ein professionelles Umweltmanagement an den Hochschulen sein, das in die Gesellschaft hineinstrahlt. Zu diesen Möglichkeiten gehören:

- gemeinsame Entwicklung beispielsweise von Kennziffernsystemen und Referenzmodellen durch die Verwaltung, Studierenden und den Lehrkörper.
- Ermittlung von Energiesparpotentialen nicht nur durch die Verwaltung, sondern auch über eine Art „betriebliches Vorschlagswesen".
- systematische Integration von Umweltschutz in die Studienpläne der naturwissenschaftlichen Fächer.
- gezielte Nutzung des wissenschaftlichen Betriebes, z.B. Diplomarbeiten zu Stoff-/ Energieverbräuchen an der Universität.
- Modell- und Methodenintegration in Forschung und Lehre

Literatur/Quellen

BDI (1997): Entlasten statt entlassen. Für eine Trendwende am Arbeitsmarkt. 14. Januar 1997, Köln

Benz, W. (1997): Reformvorschläge des Wissenschaftsrates. Politische Studien, Sonderheft 1: Die deutsche Hochschule. Unbeweglicher Koloß oder kaum genutztes Potential? 57-66

Brookmann-Nooren, C.; Grieb, I.; Raapke, H.-D. (Hrsg.) (1996): Handreichungen für die neben-berufliche Qualifizierung (NQ) in der Erwachsenenbildung. 2. Aufl., Bonn

Bundesarbeitgeberverband Chemie; IG Chemie-Papier-Keramik; Verband der Chemischen Industrie (Hrsg.) (1995): Stärkung der universitären Ausbildung und Forschung im Fach Chemie vor dem Hintergrund des Strukturwandels in der Wirtschaft. Memorandum

Bundeszentrale für politische Bildung (Hrsg.) (1995): Verantwortung in einer unübersichtlichen Welt. Aufgaben wertorietierter politischer Bildung. Bonn

Cube, F. v.; Storch, V. (Hrsg.) (1988): Umweltpädagogik. Ansätze, Analysen, Ausblicke. Heidelberg

de Haan, G. (1977): Paradigmenwechsel. Von der schulischen Umwelterzeihung zur Bildung für Nachhaltigkeit. Politische Ökologie 51 , 22-26

Erichsen, H.-U. (1996): Reform der Bildungspolitik. In: Bertelsmann Stiftung; Heinz Nixdorf Stiftung; Ludwig-Erhard-Stiftung (Hrsg.): Offensive für mehr Beschäftigung. Ordnungspolitische Leitlinien für den Arbeitsmarkt. Gütersloh

Europäische Kommission (1994): Weißbuch der EU zu Wachstum, Wettbewerbsfähigkeit, Beschäftigung. Herausforderungen der Gegenwart und Wege ins 21. Jahrhundert. Luxemburg

Europäische Kommission (1995): Grünbuch zur Innovation. Brüssel

Glotz, P. (1996): Im Kern verrottet? Fünf vor Zwölf an Deutschlands Universitäten. Stuttgart.

Hederer, J. (1992): Umwelterzeihung. München

Hegele, I. (Hrsg.) (1993): Freie Arbeit. Unterrichtsbeispiele aus der Grundschule. 3. Auflage. Weinheim/Basel

Hegele, I. (Hrsg.) (1994): Lernziel: Offener Unterricht. Unterrichtsbeispiele aus der Grundschule. Weinheim/Basel

Jansen, M. M. (Hrsg.) (1991): Umwelterzeihung. Anregungen und Überlegungen für Kindergärten, Kindertagesstätten und Schulen. Wiesbaden

Kuhn, H.-W.; Massing, P. (Hrsg.) (1990): Politische Bildung in Deutschland. Entwicklung - Stand - Perspektiven. Opladen

Kunkel, M. (1994): Arbeits- und sozialpolitische Initiativen der Europäischen Kommission. Arbeit 3 (4), 368-387

Michelsen, G. (1997): Große Herausforderung. Entwicklung, Stand und Perspektiven der Umweltbildung in Deutschland. Politische Ökologie 51 , 33-37

Michelsen, G.; Siebert, H. (1985): Ökologie lernen. Anleitung zu einem veränderten Umgang mit der Natur. Frankfurt

Müller-Böling, D. (1997): Mehr Freiheit für die Universität. Die Zeit, 21.2.1997

OECD (1996a): Die OECD-Beschäftigungsstrategie. Beschleunigte Umsetzung der Strategie. Bonn

Röhrs, H. (1991): Die Reformpädagogik und ihre Perspektiven für eine Bildungsreform. Donauwörth

Rolf, A. (1997): Vorüberlegungen zu einem Umweltmanagement an der Universität Hamburg. (Referat auf der Fachtagung „Umweltmanagement an Hamburger Hochschulen - Ein Beitrag der Hochschulen zur Hamburger Agenda 21" am 10. April 1997 in Hamburg)

Schimank, U. (1995): Hochschulforschung im Schatten der Lehre. Frankfurt a.M

Schleicher, K. (Hrsg.) (1993): Zukunft der Bildung in Europa. Nationale Vielfalt und europäische Einheit. Darmstadt

SKILL-Autorenteam (1995): Kreativ lehren und lernen. Offenbach

Struck, P. (1995): Schulreport. Zwischen Rotstift und Reform oder Brauchen wir eine andere Schule? Reinbek

Stuck, P. (1994): Erziehung gegen Gewalt. Ein Buch gegen die Spirale von Aggression und Haß. Neuwied/Kriftel/Berlin

Zehetmair, H. (1997): Hochschulen als Zukunftspotential. Politische Studien, Sonderheft 1/ 1997: Die deutsche Hochschule. Unbeweglicher Koloß oder kaum genutztes Potential? 6-13

Zitzlsperger, H. (1993): Ganzheitliches Lernen. Welterschließung über alle Sinne. 3. Auflage, Weinheim Basel

8.4.3
Netzwerke von Wissenschaft und Politik

Hauptstoßrichtung: Reflexivität

Ausgangslage

Expertenwissen spielt für die politische Entscheidungsfindung eine immer bedeutendere Rolle. Dies gilt insbesondere für die im Kontext nachhaltiger Entwicklung diskutierten ökologischen, sozialen und ökonomischen Problemkomplexe. Geeignete Formen, um Expertenwissen in politische Entscheidungsprozesse einzubinden, können dazu beitragen, die Reflexivität und inhaltliche Fundierung politischer Entscheidungen zu erhöhen, ohne daß die Entscheidungskompetenz an Expertengremien verlagert wird (vgl. auch ⇒ Bürgerforen für Politiker, ⇒ Expertengremien für die Gesetzesvorbereitung). In diesem Zusammenhang spielen Netzwerke von Wissenschaft und Politik eine wichtige Rolle. Sie institutionalisieren einen regelmäßigen Wissenstransfer zwischen politischen Akteuren und Wissenschaftlern. Dieser Wissenstransfer ist zweiseitig: Politiker verbreitern die wissenschaftliche Grundlage ihres Handelns und die Wissenschaftler lernen die zentralen Fragestellungen und Handlungsnotwendigkeiten politischer Akteure kennen. Vor diesem Hintergrund sind in den letzten Jahren auf nationaler und internationaler Ebene unterschiedliche Formen von Politiker-Wissenschaftler-Netzwerken entstanden: Dazu gehören z.B. die IDA-Rio-Gruppe in der Schweiz, in der Politiker, Behördenvertreter und Wissenschaftler den Rio-Nachfolgeprozeß in der Schweiz vorbereiten und begleiten oder die sich selbständig konstituierte "Gruppe von Lissabon", in der Wissenschaftler aus verschiedenen Disziplinen sowie Politiker und Industrievertreter zusammengeschlossen sind und vor kurzem das Manifest "Grenzen des Wettbewerbs" veröffentlicht haben (Gruppe von Lissabon 1997). Auch die Enquete-Kommissionen des Bundestages sind eine spezifische Form eines Netzwerkes von Wissenschaft und Politik.

Probleme/Herausforderungen

In Politiker-Wissenschaftler-Netzwerken ist die Verteilung von Entscheidungskompetenzen eine zentrale Frage: Auch wenn Wissenschaftler in solchen Gremien keine offiziellen Stimmrechte haben, so können sie durch ihr Expertenwissen die Beratungen in den Gremien entscheidend prägen. Bei Netzwerken mit Entscheidungskompetenz ist daher die Offenheit für Minderheitsmeinungen und für kritische Wissenschaftler wichtig.

Alternativen/Optionen

Grundsätzlich sind mehrere Formen von Politik-Wissenschaftler-Netzen vorstellbar:

• Sich in Selbstorganisation bildende Netzwerke wie die Gruppe von Lissabon, die keine formale Entscheidungskompetenz besitzen und z.b. in Form von Buchpublikationen in den politischen Prozeß eingreifen.
• Offiziell eingesetzte Gremien aus Wissenschaftlern und Politikern mit Vorschlags- oder Entscheidungskompetenzen. Hierzu sind z.B. die Enquete-Kommissionen in Deutschland oder die IDA-Rio-Gruppe in der Schweiz zu zählen.
• Daneben existiert eine große Bandbreite von Wissenschaftlergruppen, die von politschen Instanzen eingesetzt werden und an diese berichten (z.B. IPCC, Sachverständigenräte). Diese sind jedoch nicht als Politiker-Wissenschaftler-Netze im eigentlichen Sinne zu verstehen.

Empfehlungen

Als reflexive Institution sollten Netzwerke aus Wissenschaftlern und Politikern keinem standardisierten Muster folgen, sondern vielmehr problembezogen konstituiert werden. Dabei gilt es, möglichst vielfältige Formen der Experteneinbindung in den politischen Prozeß zu erproben und die Erfahrungen über diese verschiedenen Formen der Einbindung auszutauschen. Politische Entscheidungsträger und Wissenschaftler sollten grundsätzlich angeregt werden, sich in entsprechende Netzwerke einzubringen, um den beiderseitigen Austausch zu fördern. In offiziell eingesetzten Gremien ist auf die Berücksichtigung kritischer Wissenschaftler zu achten.

Literatur/Quellen

Die Gruppe von Lissabon (1997): Grenzen des Wettbewerbs. Globalisierung der Wirtschaft und die Zukunft der Menschheit. München
IPCC (Intergovernmental Panel on Climate Change) (1996): Zweiter umfassender IPCC-Bericht. Zusammenfassungen für politische Entscheidungsträger und Synthesebericht. Deutsche Übersetzung. Bern/Bonn

9 Partizipations-/Selbstorganisationsstrategien

Die Forderung nach Partizipations- und Selbstorganisationsstrategien ergibt sich ebenfalls aus der gesellschaftstheoretischen Analyse der ersten Kapitel: Aufgrund der Ausdifferenzierung funktionaler gesellschaftlicher Teilsysteme fehlen für eine Politik der Nachhaltigkeit heute in vielen Fällen handlungsfähige Koalitionspartner. Es dominieren teilsystemspezifische und dadurch verkürzte Lösungsansätze, die die Integrationsaufgaben einer Politik der Nachhaltigkeit nicht einzulösen vermögen. Die politökonomische Analyse sensibilisiert weiterhin dafür, daß sich gesellschaftliche Interessen heute unterschiedlich gut organisieren lassen. Ansätze der Partizipation und Selbstorganisation tragen dazu bei, die Organisationspotentiale der betroffenen Interessensgruppen zu stärken.

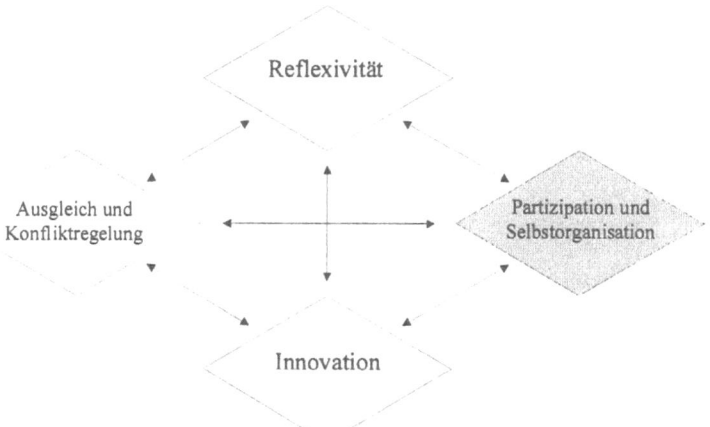

Drei Substrategien der Partizipation und Selbstorganisation werden im folgenden unterschieden: Selbstorganisation im engeren Sinne, direktdemokratisch orientierte Ansätze sowie diskursiv orientierte Ansätze. Partizipations- und Selbstorganisationsansätze zielen in eine ähnliche Richtung, können sich daher in bestimmten Maße untereinander substituieren.

Selbstorganisation im engeren Sinne soll die Organisationspotentiale für eine Politik der Nachhaltigkeit jenseits staatlichen Handelns stärken. Sie betrifft dabei alle Akteurebenen: Formen der Selbstverpflichtung, Regelverantwortung und

Anspruchsgruppenvernetzung sind Ausdruck der Selbstorganisation von Unternehmungen und Branchen, das Engagement einzelner Bürger ist über die Stärkung ehrenamtlicher Tätigkeit oder neue Koordinationsformen wie Spendenparlamenten zu mobilisieren, schließlich bietet die kommunale Ebene durch die räumliche und persönliche Nähe von Akteuren viele Ansatzpunkte für Formen der Selbstorganisation. Die vielfältigen lokalen Agenda 21-Prozesse sind lebhafter Ausdruck davon.

Direktdemokratisch orientierte Ansätze sind von der Erkenntnis getragen, daß jedes politische und gesellschaftliche Engagement in letzter Konsequenz von politisch interessierten und bewußten Bürgern ausgeht. Die zunehmende Politikverdrossenheit wird neben der Komplexität heutiger politischer Problemlagen auch auf fehlende Beteiligungsmöglichkeiten an politischen Prozessen zurückgeführt. Direktdemokratisch orientierte Ansätze versuchen, dieses Defizit zum Beispiel durch Institutionen wie Volksabstimmungen oder die Stärkung der Partizipationsrechte von Bürgern in bestehenden Verfahren zu beseitigen.

Schließlich hat sich in den letzten Jahrzehnten eine große Bandbreite an *diskursiv orientierten Ansätzen und Methoden* entwickelt, die eine partizipative und aufgeklärte Form der Lösung gesellschaftlicher Probleme ermöglichen. Das Potential dieser Ansätze wird heute nur sehr selektiv und in spezifischen Kontexten benutzt. Die Herausforderung liegt hier in der breiten und allgemeinen Anwendung bestehender Ansätze.

9.1
Selbstorganisation

Umfaßt die Institutionen:

1. Regelverantwortung der Wirtschaft durch Selbstverpflichtungen und Vorreiter-funktion
2. Prospektive Intervention und Akteurnetze
3. Branchendiskurse
4. Stärkung der kommunalen Ebene
5. Lokale Agenden 21
6. Spendenparlamente
7. Ehrenamt, Selbsthilfe und Eigenarbeit

9.1.1
Regelverantwortung der Wirtschaft durch Selbstverpflichtungen und Wahrnehmung einer Vorreiterfunktion

Hauptstoßrichtung: Selbstorganisation

Ausgangslage

Soziale Marktwirtschaft erfordert eine Wettbewerbsordnung, die einerseits die Nutzung der Vorteile des Wettbewerbs auf den Märkten durch möglichst hohe Freiräume für Unternehmen und Konsumenten ermöglicht, andererseits jedoch unerwünschte Nebenfolgen unternehmerischen und konsumptiven Handelns durch eine entsprechend ausgestaltete Rahmenordnung vermeidet. Bei der Gestaltung dieser Rahmenordnung kommt der Wirtschaft, insbesondere im Hinblick auf Nachhaltigkeit, aus folgenden Gründen eine wachsende Verantwortung zu:

- Wenn im Zuge der Globalisierung Märkte zunehmend die Reichweite einzelner Rahmenordnungen übergreifen, dann kann ein einzelner Staat nicht mehr allei-ne die Voraussetzungen des Wettbewerbs sichern oder negative Auswirkungen vermeiden. Dies erfordert im Bereich der Politik eine intensivierte internatio-nale Zusammenarbeit mit dem Ziel, die Rahmenbedingungen für eine nachhal-tigkeitsorientierte Weltwirtschaft zu schaffen und global durchzusetzen. Ange-sprochen sind jedoch auch die Akteure der Wirtschaft: Von ihnen wird die ver-antwortungsvolle Mitgestaltung der Regeln erwartet, innerhalb derer sie mit-einander auf den Märkten konkurrieren (Homann 1996c).
- Gerechtigkeitsanforderungen wie beispielsweise das Nachhaltigkeitskonzept (intra- und intergenerative Gerechtigkeit) legitimieren noch keine dirigistischen Eingriffe in das Marktgeschehen, und es kann ebenfalls nicht einfach aske-tische Zurückhaltung von einzelnen Unternehmen verlangt werden. Wichtig ist das glaubwürdige Engagement der Unternehmen in Richtung auf eine Verän-

derung der Rahmenordnung, sobald sie negative Auswirkungen ihres marktkonformen Handelns erkennen.

Die moderne Institutionenökonomik (Buchanan/Tollison/Tullock 1980, Olson
1991, Homann 1996a) zeigt Möglichkeiten auf, wie über eine Gestaltung der
Rahmenordnung mit Gerechtigkeits- oder ethischen Anforderungen umgegangen
werden kann, ohne mit der ökonomischen Handlungslogik im Markt in Konflikt
zu geraten. Zwei Ebenen des Unternehmenshandelns werden unterschieden
(Homann 1996a und c): Während Unternehmen einerseits im Marktprozeß als
Wettbewerber agieren und sich dabei ihre ethische Verpflichtung darauf beschränkt, im ökonomischen Erfolgsstreben die Spielregeln der Rahmenordnung
einzuhalten, tragen sie andererseits auf einer zweiten Ebene als gesellschaftliche
Akteure eine *gemeinsame Verantwortung* für diese Regeln. Eine derartige *Regelverantwortung* ist insbesondere bei der Suche nach einer nachhaltigen Entwicklung bedeutsam, weil

• aus der Interpretation der Nachhaltigkeit als regulativer Idee folgt, daß nach
  heutigem Kenntnisstand niemand beschreiben kann, wie der Übergang zu einer
  ökonomisch, ökologisch und sozial zukunftsfähigen Entwicklung aussehen
  sollte. Der nötige Such- und Lernprozeß verläuft vielmehr über Innovationen,
  von denen allenfalls die grobe Richtung bekannt ist und die folglich durch die
  Instrumente ordnungspolitischer Feinsteuerung allein - Anreize, Ge- und Verbote - nicht stimuliert werden können.

• sich Nachhaltigkeit nur im globalen Maßstab sinnvoll verstehen läßt, da es
  nicht um die räumliche Verschiebung sozialer, ökonomischer oder ökologischer Probleme gehen kann. Der zentrale Ort der Ordnungspolitik ist aber in
  der gegenwärtigen historischen Situation der Nationalstaat (und in Europa zunehmend die EU). Es fehlt daher bei fortschreitender Globalisierung vorder-
  hand an Durchsetzungsmechanismen, die erfolgreich verhindern, daß opportu-
  nistische „Trittbrettfahrer" Lücken in der Rahmenordnung ausnutzen und auf
  Kosten anderer versuchen, unbemerkt oder wenigstens ungestraft gegen Regeln
  zu verstoßen, von deren allgemeiner Einhaltung alle profitieren.

Daher stellt sich auch für Unternehmen zunehmend die Aufgabe, Beiträge zur
Schaffung und Erhaltung einer Wettbewerbsordnung zu leisten, deren Leitplanken
möglichst viel unternehmerische Freiräume belassen, deren Rahmen und Anreize
jedoch so gestaltet sind, daß immer mehr global vernetzte wirtschaftliche und
gesellschaftliche Suchprozesse in Richtung Nachhaltigkeit stimuliert werden.
Einen Beitrag hierzu können Selbstverpflichtungen leisten:

1. Selbstverpflichtungen, bei denen Unternehmen sich selbst, etwa auf Branchen-
   ebene, dazu verpflichten, bestimmte Regeln oder Standards einzuhalten.
2. Selbstverpflichtungen, bei denen Unternehmen zusammen mit gesellschaftlichen Akteuren Einfluß auf die Präferenzbildung in anderen Ländern nehmen,
   zum Beispiel durch

- Vorbildwirkung,
- Bewußtseinsbildung und Information,
- Stärkung zivilgesellschaftlicher Strukturen.

Probleme/Herausforderungen

Politisch und wissenschaftlich umstritten sind vor allem Selbstverpflichtungen vom Typ 1 (vgl. dazu ZEW 1996; Gerken/Renner 1996; Schrader 1997). Die Befürworter argumentieren vor allem mit folgenden Vorteilen:

- Überbrückung von Regelungslücken in der staatlichen Rahmenordnung durch die Unternehmen (Homann/Pies 1991: 608-614; Pies/Blome-Drees 1993: 353).
- Handlungs- und Gestaltungsmöglichkeiten für die Wirtschaft, um eigenverantwortlich Nachhaltigkeitspostulate umzusetzen und flexibel an veränderte Marktbedingungen anzupassen (Töpfer 1994: 27).
- Hohe Effizienz durch freie Auswahl von Mitteln und Wegen (Cansier 1993: 138; Kohlhaas/Praetorius 1994: 51ff.).
- Raschere und kostengünstigere Umsetzung als bei ordnungsrechtlicher Regelung (DIHT 1995: 9; Kohlhaas/Praetorius 1994: 51ff.).
- Anreize für Innovationen durch Nutzen der Kompetenz in der Wirtschaft, da durch die Vereinbarung von Zielvorgaben der Suchprozeß nach effizienten Lösungen zum Erreichen der vereinbarten Ziele gefördert wird.
- Verbesserung der Möglichkeiten zum Dialog und zur konstruktiven Zusammenarbeit mit allen betroffenen Interessengruppen.
- Glaubwürdigkeits- und Imagegewinne in der Öffentlichkeit

Zwar sind diese Vorteile weitgehend unbestritten, jedoch entzündet sich Kritik am Instrument der Selbstverpflichtungen vor allem an folgenden Punkten (vgl. dazu auch Schrader 1997):

- Mögliche Wettbewerbsverzerrungen und Wettbewerbsbeschränkungen, insbesondere durch das Ausschalten des Preissystems, indem die Marktkoordination auf politische Abstimmungsverfahren verlagert wird (ZEW 1996: 1; Gerken/Renner 1996: 87) bzw. Selbstverpflichtungen zur Abschottung von Märkten (ZEW 1996:15) oder zur Bildung von Kartellen (Maier-Rigaud 1995: 73) genutzt werden.
- Demokratietheoretische Bedenken richten sich insbesondere gegen Vereinbarungen zwischen Regierungen und Branchen (ZEW 1996: 2f.). Durch derartige Verhandlungslösungen würden die demokratisch legitimierten Gesetzgebungsverfahren umgangen und die Opposition von vornherein bei der Entscheidung ausgeschlossen (Kurz et. al. 1996: 127).
- Fehlende rechtliche Verbindlichkeit (Rennings et al. 1996: 263; ZEW 1996: 3)
- Mangelhafte Erfolgskontrolle und Durchsetzbarkeit von freiwilligen Vereinbarungen. Hier wird angenommen, daß Unternehmen zum Abschluß und zur Einhaltung von Vereinbarungen mit der Regierung nur bereit sind, wenn diese

über ein ausreichendes Drohpotential - zum Beispiel strengerer Gesetzesentwurf - verfügt (Kloepfer 1991 : 740; ZEW 1996: 3).

- Ungenügende interne Kontroll- und Sanktionsmöglichkeiten behindern die
  Durchsetzung von Branchenselbstverpflichtungen bei den beteiligten Unternehmen (ZEW 1996: 14; Rennings et al. 1996: 267).
- Fehlende Anreize für Innovationen, falls der vereinbarte Standard (zum Beispiel Emissionsquantitäten) auch mit vorhandenen Technologien realisiert werden kann (Kohlhaas/Praetorius 1994:177; ZEW 1996: 17).

Alternativen/Optionen

Künftige Ausgestaltung von freiwilligen Selbstverpflichtungen: Angesichts dieser
Kritik empfiehlt sich eine Weiterentwicklung von Selbstverpflichtungen entsprechend folgender Vorschläge, um die Vorteile des Instruments weiter nutzen zu
können:

- transparente Verfahrensregeln
- Monitoring durch unabhängige wissenschaftliche Institute
- rechtliche Verbindlichkeit für die beteiligten Unternehmen durch Abschluß von
  Verträgen
- Sanktionen im Rahmen der wettbewerbsrechtlichen Möglichkeiten bei Nichteinhaltung der getroffenen Vereinbarungen in der Innenbeziehung (zwischen
  den an der Selbstverpflichtung beteiligten Unternehmen) und der Außenbeziehung (gegenüber dem Adressaten der Selbstverpflichtung)
- interne und externe Diskurse und Partizipation in allen Phasen der Selbstverpflichtung, um die Identifikation der beteiligten Unternehmen mit der Absprache zu unterstützen sowie intern und extern eine soziale Kontrolle der Einhaltung zu etablieren (die besten Aufpasser sind zumeist die konkurrierenden Unternehmen)
- Transparenz und authentische Kommunikation mit der Öffentlichkeit

Empfehlungen

Damit sind zwar die von Schrader (1997) betonten Fragen der Durchsetzbarkeit in
Verbänden einerseits und die mangelnde Zusicherung des Verzichts auf ordnungsrechtliche Regeln andererseits nicht zufriedenstellend beantwortet. Doch gilt es,
gemäß der von Putnam geforderten gesellschaftlichen Vertrauensbildung weitere
Experimente zu wagen, um die Vorteile von Selbstverpflichtungen nicht ungenutzt zu lassen. Zudem ist darauf hinzuweisen, daß es durchaus auch freiwillige
Verpflichtungen der Industrie ohne unmittelbarem Bezug zu drohenden ordnungsrechtlichen Regeln gibt, wie zum Beispiel das Responsible-Care-Programm der
Chemischen Industrie oder die folgenden Optionen:

- *Regelverantwortung durch Selbstbeschränkung, Zertifizierung oder Gütesiegel*:
  Die Diskussion um die Verankerung von Nachhaltigkeitszielen in der internationalen Rahmenordnung hat gezeigt, daß die Handlungsspielräume für staatliche Akteure durch internationale Abkommen und ökonomische Arbitragemechanismen im Standortwettbewerb beschränkt sind. Allerdings können sich private Akteure durchaus freiwillig und/oder national zur Einhaltung von Standards verpflichten, z.B. für freiwillige Produktkennzeichungen, Gütesiegel oder Ökobilanzen. Ob dies WTO-konform ist, muß allerdings derzeit als offen bezeichnet werden (WTO 1996).
- *Internationale Selbstverpflichtungen von Ländern, Branchen oder großen Unternehmen*: Diese bieten eine innovative Option zur Wahrnehmung unternehmerischer Verantwortung. Derartige Verpflichtungen böten bei entsprechender kommunikativer Begleitung die Chance, staatliche Regelungsinstanzen und Wettbewerber unter Druck zu setzen, um die gesetzten Standards nachzuvollziehen.
- *Grenzüberschreitende Branchenvereinbarungen:* Diese hätten den zusätzlichen Vorteil, daß nicht-nachhaltige Produktionen nicht einfach in andere Länder exportiert werden.
- *Selbstverpflichtungen in den Gastländern*: Dabei wird eine Rolle spielen, aus welchen Motiven sich Unternehmen dort überhaupt engagieren. Eine wichtige Variable scheint hier zu sein, wie stark im Prozeß der Globalisierung das Motiv der Kostensenkung ist, und damit, wie groß der Kostendruck im Wettbewerb wahrgenommen wird. Ebenso können Unternehmen durch die freiwillige Einführung
- *weltweit gleicher, ökologischer und sozialer Mindeststandards* auf hohem Niveau an allen Betriebsstätten eine Vorbildfunktion wahrnehmen. Dies wird auf Dauer nur möglich sein, wenn dadurch keine Nachteile im Wettbewerb entstehen. Daher wird die Absicherung durch weltweite Branchenvereinbarungen unumgänglich. Zur Kommunikation derartiger freiwilliger Maßnahmen sollten die Vorreiter-Unternehmen eine Initiative für
- *Zertifizierungssysteme* zur Beurteilung der Beiträge von Unternehmen zur Nachhaltigkeit ergreifen.
- *Regelverantwortung durch Vorbild*: Es gibt zahlreiche Beispiele für vorbildhafte und wenig aufwendige Maßnahmen, durch die das geschäftliche und investive Engagement in Entwicklungs- und Schwellenländern mit Beiträgen zur Verbesserung der sozialen und ökologischen Rahmenbedingungen verbunden werden kann. Derartige Maßnahmen können darüber hinaus in der Regel zugleich zur Verbesserung der Geschäftstätigkeit genutzt werden. Insbesondere wird empfohlen:

  - Die *Wahl angepaßter Technologien* für die jeweiligen Standorte (auch unter sozialen und kulturellen Aspekten): Anbieter aus den Industrieländern könnten auf dem Wege der Beratung und durch die Übernahme einer Vorbildfunktion die Technologiewahl in den Entwicklungsländern beeinflussen.

- *Senior-Experten Service*: Unternehmen sollten aus Altersgründen ausscheidende und geeignet erscheinende Mitarbeiter dazu anhalten, sich am Senior-Experten Service zu beteiligen.
- *Öko-Audits in den Gastländern*: Unternehmen wird empfohlen, in den jeweiligen Gastländern Öko-Audits durchzuführen und die damit verbundene Vorbildfunktion wahrzunehmen.
- *Öko-Benchmarking*: Erfolgreiche Kooperationen mit Wettbewerbern und Zulieferern im Umweltmanagement könnte so herausgestellt werden
- *Community Advisory Panels (CAPs) an allen Standorten*: Um mehr Informationen darüber zu erhalten, ob ihre Tätigkeit im Gastland von den Nachbarn und Mitarbeitern als nachhaltig empfunden wird, sollten Unternehmen an allen Standorten weltweit CAPs (Nachbarschafts- und Multiplikatoren-Foren) einrichten. Solche CAPs könnten auch bereits in der Planungsphase von Projekten eingesetzt werden, sozusagen als prä-investive CAPs.
- *Hilfe beim Aufbau von Informationskapazitäten*: Schwellen- und Entwicklungsländer sollten beim Aufbau von Institutionen für die Risikoabschätzung und Verbraucherinformation Hilfe erhalten. Dies gilt ebenso für den Aufbau einer Infrastruktur beispielsweise für die Abschätzung der Auswirkungen neuer Technologien und neuer Produkte in ihrem gesamten Lebenszyklus. Die Bedeutung dieses Themas wird durch das *prior inform movement* bezeugt, einer Bewegung, die sich dafür einsetzt, Vorab-Informationen über Produktrisiken zu erstellen und zu verbreiten.
- *Mittel und Know-how für Risikoabschätzungen*: Entwicklungsländern sollten in Kooperation von Unternehmen und Entwicklungshilfe Mittel und Know-how für Risikoabschätzungen zur Verfügung gestellt werden. Angeregt und angemahnt wurde in solchen Fragen eine Beratung der Politik durch Unternehmen, zum Beispiel durch Kooperation mit der UNEP.

Literatur/Quellen

Buchanan, J.M.; Tollison, R.D.; Tullock, G.(Hrsg.) (1980): Toward a Theory of a Rent Seeking Society. College Station/Tex.

Cansier, D. (1993): Umweltökonomie, Stuttgart - Jena

DIHT (Deutscher Industrie- und Handelstag) (Hrsg.) (1995): Klimaschutzpolitik. Globale Strategien und nationale Anstrengungen zur Verminderung der CO2-Emissionen, Bonn

Gerken, L.; Renner, A.: Der Wettbewerb der Ordnungen als Entdeckungsverfahren für eine nachhaltige Entwicklung. In: Gerken, L. (Hrsg.): Ordnungspolitische Grundfragen einer Politik der Nachhaltigkeit. Baden Baden

Homann, K.; Pies, I. (1991): Wirtschaftsethik und Gefangenendilemma. WiSt (12), 608-614

Homann, K. (1996a): Sustainability: Politikvorgabe oder regulative Idee? In: Gerken, L. (Hrsg.): Ordnungspolitische Grundfragen einer Politik der Nachhaltigkeit. Baden Baden

Homann, K. (1996c): Kooperation und Wettbewerb zwischen Unternehmen im Dienst der Nachhaltigkeit. (Vortrag beim 2. Workshop am 18.10.1996 in Bad Münder)

Kloepfer, M. (1991): Zu den neuen umweltrechtlichen Handlungsformen des Staates. Juristen Zeitung 46 (15/16), 737-744

Kohlhaas, M.; Praetorius, B. (1994): Selbstverpflichtungen der Industrie zur CO_2-Reduktion, Berlin

Kurz, R.; Volkert, J. (1996): Konzeption und Durchsetzungschancen einer ordnungskonformen Politik der Nachhaltigkeit. Tübingen

Maier-Rigaud, G. (1995): Für eine ökologische Wirtschaftsordnung. In: Altner, G. (Hrsg.): Jahrbuch Ökologie 1996. München

Olson, M. (1991): Aufstieg und Niedergang von Nationen. 2. Aufl, Tübingen

Pies, I.; Blome-Drees, Franz (1993): Was leistet die Unternehmensethik? Zur Kontroverse um die Unternehmensethik als wissenschaftliche Disziplin. Zeitschrift für betriebswirtschaftliche Forschung 45, 748-768

Putnam, R. (1993): Making Democracy Work. Civic Traditions in Modern Italy. Princeton University Press

Rennings, K.; Brockmann, K.L.; Koschel, H.; Kühn, I. (1996): Ein Ordnungsrahmen für eine Politik der Nachhaltigkeit. Ziele, Institutionen und Instrumente. Studie des Zentrums für Europäische Wirtschaftsforschung, Mannheim. In: Gerken, L. (Hrsg.): Ordnungspolitische Grundfragen einer Politik der Nachhaltigkeit. Baden Baden

Töpfer, K. (1994): Kooperation von Staat und Wirtschaft zur Sicherung der Umwelt. Rahmenbedingungen und Perspektiven. In: Schmalenbach-Gesellschaft; Deutsche Gesellschaft für Betriebswirtschaft e.V. (Hrsg.): Unternehmensführung und externe Rahmenbedingungen. Kongress-Dokumentation. 47. Deutscher Betriebswirtschafter-Tag 1993, Stuttgart

ZEW (Zentrum für Europäische Wirtschaftsforschung GmbH) (1996): Möglichkeiten und Grenzen von freiwilligen Umweltschutzmaßnahmen der Wirtschaft unter ordnungspolitischen Aspekten. Endbericht zum Forschungsvorhaben im Auftrag des Bundesministeriums für Wirtschaft. Mannheim

9.1.2
Prospektive Intervention und marktliche Akteurnetze

Hauptstoßrichtung: Partizipation/Selbstorganisation

Ausgangslage, Probleme/Herausforderungen

Es gibt einige Beispiele dafür, wie der Staat über eine glaubhaft angedrohte Intervention die Anreizstruktur für wirtschaftliche Akteure verändert und damit Verhandlungssysteme und interorganisatorische Netzwerke generiert, die, vorausgesetzt die Teilnehmerstruktur erfüllt gewisse Voraussetzungen, zu befriedigenden selbstorganisierten Lösungen kommen können. Beispiele für solche umweltpolitischen Experimente sind das Duale System Deutschland (DSD) und die IGORA in der Schweiz. Beide sind Akteurkonstellationen im Verpackungsbereich, die dadurch zustande kamen, daß der Staat eine Regulierung des gesamten Verpackungsbereiches im Falle DSD bzw. der Aluminiumgetränkeverpackungen im Falle IGORA ankündigte. Diese Regulierung sollte allerdings nur in Kraft treten, wenn nicht innerhalb einer gewissen Frist eine selbstorganisierte Lösung der Regelungsadressaten vorläge. Unabhängig von den vorläufigen umweltpolitischen

Erfolgen solcher Experimente sind das Zustandekommen, die Stabilität und insbesondere die Entwicklungsmöglichkeit solcher Verhandlungssysteme durch externen Einfluß eine Betrachtung wert.

Die steuerungstheoretische Idee hinter dieser Vorgehensweise hat einen innovativen Charakter: Es geht um das Anstoßen von auf dem Verhandlungswege selbstregulierten Problemlösungen durch entsprechend gestaltete Regulierung, nämlich durch eine subsidiäre und glaubwürdige Anwendung von Interventions- und Kooperationsprinzip in der Umweltpolitik. Dennoch handelt es sich um ein „marktkompatibles" Instrument der politischen Steuerung.

Identifizierung der Voraussetzungen

Adressatenstruktur, Interessenlage und funktionierendes Verhandlungssystem: Schon bei der Adressatenstruktur und der Interessenlage zeigt sich ein grundsätzlicher Unterschied zwischen dem schweizerischen und dem bundesdeutschen Beispiel. In der Schweiz wurde die Drohung zur Regulierung nur gegenüber einem Akteur ausgesprochen: der Aluminiumindustrie. Vom DSD waren (indirekt) eine ganze Mengen Interessengruppierungen betroffen. Die besondere Interessenkonstellation bei letzterem ist aber ein entscheidender Faktor für den relativen Erfolg, der damit erzielt wurde.

Als Voraussetzung für ein Funktionieren muß nämlich ein *Gate-Keeper* unter den Adressaten identifiziert werden können. Im Falle des DSD ist dies der Einzelhandel, gegen welchen sich die Regulierungsdrohung als einzigen Akteur wendete. Aufgrund der strategischen Rolle des Handels, welcher den, durch eine angedrohte Rücknahmepflicht von Verpackungsmaterialien auf ihn gerichteten Druck auf seine Lieferanten abwälzen konnte, war die Etablierung eines Verhandlungssystem unter den Betroffenen Akteuren möglich. In dieses wurden auch solche Akteure involviert, die keine großen Einbußen befürchteten (Weißblechindustrie, Aluminiumindustrie, Bundesverband der Entsorgungswirtschaft), solche, die der Angelegenheit indifferent gegenüberstanden (Glasindustrie, Papierindustrie) und solche, die das System strikt ablehnten (Kunststoffindustrie). Das Zustandekommen ist demnach auf einen internen Aushandlungsprozeß zurückzuführen, in welchem sowohl hierarchischer Zwang als auch Kompensationslösungen zum Zuge kamen. Im Falle des DSD mußte allerdings durch Ausnahmebestimmungen für bestimmte Materialien die Teilnahme der Kunststoffindustrie zusätzlich gesichert werden.

Im Sinne einer Präventivstrategie entstehen bei der Strategie der „Prospektiven Intervention" Verhandlungssysteme, welche auf die Verhinderung einer Intervention (gemeinsames Interesse) und auf die Verteilung der Kosten bzw. potentiellen Gewinne aus einer solchen neuen Konstellation zielen. Sie sind in der Regel privatwirtschaftliche Organisationen, also Institutionen der Selbstorganisation unter privaten Akteuren. Eine Voraussetzung für die Entstehung solcher Systeme ist jedoch eine hinreichend große Zahl (kritische Masse) risikobereiter Unternehmen, die das Vorleistungsrisiko geringer einschätzen als die Kosten aus der effektiven Regulierung.

Akzeptanz: Soweit sich die Anstrengungen auf Produktmerkmale konzentrieren und gar eine Teilnahme der Konsumenten voraussetzen (Rückführung der Verpackung), ist die Akzeptanz der Resultate bei den Konsumenten ein entscheidender Faktor für das Funktionieren der Verhandlungslösung. Selbstorganisatorische umweltpolitische Regulierungen stoßen auf Konsumentenseite von vornherein auf Skepsis. Dies ist ein potentielles Einfallstor für Umwelt- und Konsumentenverbände, welche auch im DSD einen gewissen Einfluss wahrnehmen, obwohl sie nicht formell eingebunden sind.

Drohpotential und umweltpolitischer Anspruch des Staates: Der Erfolg „prospektiv-interventionistischer Steuerung" hängt entscheidend vom Drohpotential des Staates und seinem umweltpolitischen Anspruch ab (Formulierung und Regelungsebene des Erlasses, auf den sich der Staat stützt). Prospektive Intervention scheint für Feinsteuerungsvorhaben weniger geeignet zu sein. Im Falle des DSD ist der gesamte Verpackungsbereich betroffen, der durchaus mit dem Grobsteuerungsbereich „Abfall/Material" kongruent ist. Im Falle der IGORA war jedoch nur ein Aspekt des Verpackungsbereich, die Aluminiumgetränkeverpackungen Ziel der Drohgebärde. Entsprechend zwiespältig sind die Resultate zu beurteilen.

Netzwerke, Intermediarität und politische Steuerung: Aufgrund der Anerkennung durch die staatliche Instanz wird das selbstorganisierte Verhandlungssystem zu einem quasi-hoheitlichen Steuerungsakteur, da es über faktische Steuerungskompetenzen auf dem Verpackungsmarkt verfügt. Es stellt deshalb den Prototyp einer intermediären Institution dar (vgl. Kapitel 4).

Wenn eine solche intermediäre Institution etabliert und aufgrund der speziellen Interessenkonstellation in diesem Bereich stabil erscheint, sich also als ein geeignetes Verhandlungsforum zur Lösung von internen Interessenkonflikten darstellt, dann könnte ein solches System auch als Verhandlungspartner für externe Ansprüche interessant werden.

Die Verhandlungskonflikte treten jedoch um so manifester auf, je stärker das Verhandlungssystem mit externen umwelt- und verbraucherpolitischen Ansprüchen von Gegenverbänden und der Öffentlichkeit oder politischen Institutionen konfrontiert wird. Dennoch besteht hier ein Ansatzpunkt für Reform- und Steuerungsversuche der Politik. Das DSD ist nämlich auch für die Politik ein potentieller Verhandlungspartner.

Empfehlungen

• Prospektive Intervention ist eine neue interessante Art intermediärer Politik, die die zentrale Funktion der traditionellen staatlichen Fremdsteuerung - Sicherstellung gesamtgesellschaftlicher Zielerreichung - mit dem Vorteil der Selbstorganisation - Auslösung von Innovationsprozessen - verbindet. Beide Aspekte sind unter Nachhaltigkeitsgesichtspunkten zentral. Berücksichtigt man zusätzlich das administrative Entlastungspotential dieser Politik der „provozierten Selbstorganisation", so empfiehlt sich die prospektive Intervention als wichtiges Element im institutionellen Setting einer Politik der Nachhaltigkeit.

• Im Sinne einer zweckmäßigen Weiterentwicklung dieser Institution wird eine systematische Auswertung bisheriger Erfahrungen empfohlen.

• Besonderes Augenmerk verdienen die Aspekte:

  • *Legitimität.* Wie kommen die Ziele zustande und inwieweit werden sie erfüllt?

  • *Marktmacht.* Die in Selbstorganisation entstehenden Strukturen sollten nicht eine die Funktionsfähigkeit des Marktes beeinträchtigende Machtstellung erlangen; dies ist durch ein geeignetes „Design" der prospektiven Intervention und wirkungsvolle Monopolkontrolle zu gewährleisten.

Literatur/Quellen

Emslander, T.; Morasch, K. (1996): Verpackungsverordnung und Duales Entsorgungssystem. Eine spieltheoretische Analyse. Zeitschrift für Umweltpolitik & Umweltrecht 19, 209-225

Lehmann, M. (1996): Verpackungswahl und Netzwerkexternalitäten. Zur Effizienz von Verpakkungsabgaben und DSD-Gebüren. Zeitschrift für Umweltpolitik & Umweltrecht 19 (2), 227-241

Philipp, A. (1993): Duales System. Rücknahmepflicht und Pfandregelung: eine vergleichende Untersuchung unter besonderer Berücksichtigung des Einzelhandels. Dissertation, Universität Mainz

9.1.3
Branchendiskurse

Hauptstoßrichtung: Partizipation/Selbstorganisation, Reflexivität, Innovation

Ausgangslage

Während die Abstimmung innerhalb von Branchen (zum Beispiel im Rahmen zahlreicher Facharbeitskreise) schon ein lange etabliertes Kommunikationsinstrument ist, haben sich insbesonders mit dem Aufkommen der ökologischen Frage zahlreiche neue Formen von Branchendiskursen entwickelt. Diese dienen nicht nur einer erhöhten Reflexivität, sondern auch zur Initiierung von Innovationsimpulsen. Folgende Grundformen von Branchendiskursen lassen sich unterscheiden:

• *Parallelstrukturen* zur eigentlichen Verbandsabstimmung: So koordinieren sich zum Beispiel die Umweltbeauftragten der schweizerischen Großbanken in Gesprächszirkeln äußerst eng, um auf diese Weise neue ökologische Herausforderungen arbeitsteilig und innovativ zu bearbeiten.

• Branchendiskurse unter *Einbeziehung öffentlicher Anspruchsgruppen*: Durch den Einbezug von öffentlichen Anspruchsgruppen in Branchendiskurse kann sowohl der reflexive als auch der innovative Charakter gestärkt werden. Entsprechende Branchendiskurse sind derzeit zum Beispiel in der deutschen Kunststoffindustrie in Form sogenannter "Runder Tische" (Niedersachsen, Sachsen-Anhalt) oder als Privat-Initiativen (Ahrensburger Impulse) zu beobachten. An diesen Diskursen sind neben Branchenvertretern auch Akteure aus dem staatlichen Bereich, aus den Umweltschutzverbänden und der Wissenschaft vertreten.

* *Branchendiskurse entlang von Stoffströmen*: Im ökologischen Kontext ist die Abstimmung zwischen Akteuren entlang eines Stoffstroms häufig bedeutender als die horizontale Koordination innerhalb der Branchen. Branchendiskurse, die einem so erweiterten Branchenverständnis folgen, werden in der Praxis zunehmend wichtiger. Neben Branchendiskursen, welche die Enquete-Kommission "Schutz des Menschen und der Umwelt" der letzten Legislaturperiode ausgelöst hat, lassen sich heute zahlreiche Stoffstrommanagementkooperationen und weitere Branchendiskurse in der Textil-, in der Papier-/Zeitschriften-, in der Hausgeräte- und der Elektronikbranche beobachten (zum Überblick de Man 1996). Derartige Diskurse entlang eines Stoffstromes sind vielfach Quelle sogenannter Wertschöpfungsinnovationen.

Probleme/Herausforderungen

Um die Funktion einer Reflexivitäts- und Innovationserhöhung erfolgreich zu erfüllen, stehen Branchendiskurse vor mehreren Herausforderungen (vgl. UBA 1996, de Man 1997):

* Sie müssen die *Komplexität* der Zusammenhänge als auch die der Kommunikation bewältigen, so z.B. die unterschiedlichen "Sprachspiele" der Beteiligten, um schließlich Veränderungsimpulse auszulösen. Ansonsten laufen sie Gefahr, unverbindlich zu bleiben und/oder nur die Wahrnehmungsmuster der Beteiligten zu reproduzieren.
* Hieraus ergeben sich Herausforderungen für die *Teilnehmerauswahl*. Der Teilnehmerkreis muß einerseits heterogen genug sein, um neue Ideen zu ermöglichen, bestehende Wahrnehmungsmuster zu durchbrechen und bisher nicht erkannte Zusammenhänge zu reflektieren, der Teilnehmerkreis muß andererseits aber auch fokussiert genug sein, um Handlungsimpulse auszulösen und gemeinsames Handeln zu ermöglichen.
* Da erfolgversprechende Diskurse einen erheblichen Zeit- und Ressourcenaufwand erfordern, um Informationen zu beschaffen, sich vorzubereiten und mögliche Ideen umzusetzen, ist es wichtig, daß ausreichend *Anreize* für die Akteure bestehen, an solchen Diskursen teilzunehmen. Dies gilt insbesondere für die Unternehmungen, die die Innovationsimpulse aufgreifen und umsetzen sollen.

Alternativen/Optionen

Grundsätzlich lassen sich Branchendiskurse einerseits in Eigenregie durch die Unternehmungen in den Branchen bzw. Stoffstromketten organisieren (Selbststeuerung). Andererseits kann der Staat Branchendiskurse initiieren und fördern (intermediäre Lösungen).

- *Selbststeuerung*: Bei allen in der "Ausgangslage" wiedergegebenen Formen gab es Beispiele für selbstinitiierte Branchendiskurse. Diese können von einzelnen engagierten Unternehmern (wie bei den Ahrensburger Impulsen), von Schlüsselakteuren in Stoffstromketten (zum Beispiel Otto in der textilen Kette) bzw. konzertiert von mehreren Branchenvertretern ausgehen (Schweizerische Großbanken oder das Responsible Care-Programm in der Chemischen Industrie). Die Initiative ergreifen in der Regel Akteure, die sich einen unmittelbaren Nutzen von entsprechenden Diskursen und Kooperationen versprechen. Dies hat den Vorteil einer anreizkompatiblen Ausgestaltung der Branchendiskurse, birgt aber die Gefahr in sich, daß wichtige Schlüsselprobleme aufgrund von Anreizmängeln nicht angegangen werden.
- *Intermediäre Lösungen*: In diesen Fällen spielen staatlich geförderte Branchendiskurse eine wichtige Rolle. Der Staat kann entsprechende Kooperationen fördern, indem er Interventionen androht (⇒ prospektive Intervention), oder er kann tatsächlich Rahmenbedingungen vorgeben, indem er z.B Umweltqualitäts- und -handlungsziele festsetzt, Verbote erläßt oder ökonomische Instrumente einführt. Der Staat kann zudem den Akteuren helfen, Informationsdefizite zu überwinden, indem er Informationen aufarbeitet und für sie bereitstellt (ggf. auf der Grundlage von Berichtspflichten). Schließlich kann der Staat auch direkt Innovationsförderung betreiben (vgl. zu diesen Möglichkeiten Henseling 1996). Mit diesen Möglichkeiten kann der Staat gezielte Anreize für Branchendiskurse schaffen.

Empfehlungen

Um die reflexive und innovative Kraft von Branchendiskursen zu stärken, gilt es, sowohl die Branchendiskurse selbst zu professionalisieren, als auch durch geeignete Form der staatlichen Unterstützung zunehmend Anreize für solche Formen der Branchenabstimmung zu schaffen.

- Die *Professionalisierung der Branchendiskurse* meint eine gezieltere Teilnehmerauswahl und Vorbereitung von Veranstaltungen, eine professionelle Moderation, den Rückgriff auf innovative Diskursformen wie zum Beispiel Zukunftswerkstätten sowie insbesondere eine handlungsorientierte Auf- und Nachbereitung der Diskursergebnisse (vgl. exemplarisch Schneidewind/ Hummel/ Belz 1997). Je effektiver Branchendiskurse arbeiten, desto mehr können sie zu Gremien werden, die neben ihrer Reflexivitäts- und Innovations-

funktion beispielsweise auch die Grundlagen für Branchenselbstverpflichtungen oder neue gesetzliche Rahmenbedingungen erarbeiten.

• Der *Staat* sollte weiterhin gezielte *Anreize* zur Aufnahme von Branchendiskursen setzen. Neben der eigentlichen Initiierung solcher Diskurse könnten für die
ökologische Dimension der Nachhaltigkeit branchen- und Stoffstromketten relevante Umwelthandlungs- und qualitätsziele definiert werden, in weiteren
Entwicklungsstufen könnten eventuell auch Instrumente wie sogenannte
"Kettenvereinbarungen" (de Man 1997) erwogen werden (⇒ prospektive Intervention).

Literatur/Quellen

de Man, R. (1996): Lernprozeß für Staat und Wirtschaft. Ökologisches Wirtschaften 5, 10-12
Henseling, O. (1996): Die Rolle des Staates. Bestandteil vorsorgender und nachhaltiger Umwelt-
politik. Ökologisches Wirtschaften 5, 13-14
IFOK (1997b): Das Responsible Care-Programm als Katalysator für Lernprozesse zur Nachhal-
tigkeit. In: IFOK (1997a): Bausteine für ein zukunftsfähiges Deutschland. Wiesbaden
Schneidewind, U.; Hummel, J.; Belz, F. (1997): Company oriented Sustainability (COSY).
Diskussionsbeitrag Nr. 43 IWÖ-HSG. Universität St. Gallen
UBA (Umweltbundesamt) (1996): Stoffflüsse ausgewählter chemischer Stoffe. Beispiele für ein
Produktliniencontrolling. Texte Nr. 80/96, Berlin
Zipperling GmbH (1997): Information über die Ahrensburger Impulse.
http://www.zipperling.de/Environment/dialog2.html am 05.04.1997

9.1.4
Stärkung der kommunalen Ebene

Hauptstoßrichtung: Selbstorganisation/Partizipation

Ausgangslage

In den Kommunen werden wesentliche Beiträge zur Gestaltung der Lebensverhältnisse geleistet. Aus den Reihen der Kommunen werden aber mangelnde und
weiter schrumpfende finanzielle Spielräume sowie ein Übermaß an Regelungs-
vorgaben beklagt (IFOK 1997c). Die Diagnose der Überregulierung sollte jedoch
nicht unkritisch übernommen werden. Die Forderung nach Dezentralisierung folgt
vielfach aus einer Unzufriedenheit heraus mit einer vergleichsweise starken Zentrale. Eine starke Zentrale ist aber nach dem Subsidiaritätsprinzip zur Lösung von
Problemen notwendig, die auf der kommunalen Ebene nicht sinnvoll geregelt
werden können. Andererseits hält die lokale Ebene den Schlüssel in der Hand oder
sollte ihn zumindest in der Hand halten (⇒Agenda 21), mit dem sich die Verhaltensänderungen erreichen lassen, die für eine nachhaltige Entwicklung unumgänglich sind. Daher ist es zudem notwendig, auf der kommunalen Ebene ausreichende Handlungskapazitäten zu sichern.

Probleme/Herausforderungen

Für eine Politik der Nachhaltigkeit bei der Gestaltung der konkreten Lebensverhältnisse vor Ort ist die Sicherung der kommunalen Handlungsspielräume im Bereich der Selbstverwaltung eine unabdingbare Voraussetzung. Dabei sind eine Reihe von Problemen zu beachten, die hier nur schlaglichtartig angedeutet werden können:

1. Politische Entscheidungsträger müssen Mittel und Anreize zur Durchsetzung auch von Maßnahmen haben, die bei den Betroffenen vor Ort nicht auf Beifall stoßen, seien es Planungsprojekte, sei es die Internalisierung von Belastungen etwa auf dem Wege der Erhebung höherer Hebesätze bei der Gewerbesteuer. Die Machtbalance etwa zwischen Kommunen und gesellschaftlichen Partialinteressen, die auf politische und Planungsprozesse Einfluß zu nehmen versuchen, muß gewahrt bleiben. Ein zentraler Punkt für die Erhöhung der kommunalen Handlungsspielräume für nachhaltigkeitsorientiertes Verhalten ist deshalb die Gestaltung der Anreize im Wettbewerb der Kommunen als Standorte. Solange die Kommunen zur Finanzierung ihrer Haushalte vor allem auf Einkommens- und Gewerbesteuer angewiesen sind, wird oft pointiert zugespitzt, nicht ein Wettbewerb um mehr Nachhaltigkeit in Gang gesetzt, sondern eine Konkurrenz um die Ausweisung neuer Gewerbegebiete.
2. Auch die Anreizwirkungen der Förderprogramme zur Regionalentwicklung - insbesondere den EU-Strukturfonds und der Beihilfen zum Aufbau der Wirtschaft in Ostdeutschland - entsprechen nicht unbedingt den Anliegen einer integrativen Politik der Nachhaltigkeit. Ihnen liegt zu oft das herkömmliche Paradigma quantitativen Wachstums zugrunde.
3. Die Frage der Dezentralität stellt sich nicht nur bei der Entscheidungsfindung, sondern auch bei der Umsetzung. So kann die Implementation von Zertifikatmodellen auf der regionalen Ebene besonders zielgenau und effizient sein (Brockmann/Hemmelskamp/Hohmeyer 1996).
4. Die Lastenübertragung auf die Kommunen gilt im Hinblick auf die kommunalen Finanzen als besonderes Problem: Dies summiert sich von Kosten des Personalausweis- und Paßsystems, über Folgekosten von Bundesprogrammen im Schulbereich („Schulen ans Netz") bis zur Überwälzung von Soziallasten auf die Kommunen, beispielsweise durch Reformen im Bereich des Wohngelds oder Leistungseinschränkungen in der Pflegeversicherung (Deutscher Städtetag 1996).
5. Die steigenden Ausgaben für Sozialhilfeleistungen oder die Bereitstellung von Kindergartenplätzen nehmen wirtschaftlich schwachen Kommunen zunehmend die Handlungsspielräume, um Pilotprojekten im Sinne der Integration ökonomischer, ökologischer und sozialer Aspekte zu unterstützen. Daher droht aus der Perspektive vor Ort eine Konkurrenz zwischen sozialen, kulturellen und ökologischen Aufgaben, wobei win-win-Lösungen vielfach dadurch verhindert

werden, daß die Form der Aufgabe zu einem großen Teil vorgegeben ist (vgl. Hanesch 1996).

Alternativen/Optionen und Empfehlungen

Bei einer Stärkung der kommunalen Ebene sollte das Leitkonzept nicht Dezentralisierung, sondern vielmehr das Subsidiaritätsprinzip sein. Dessen Leitsatz kann in diesem Zusammenhang folgendermaßen formuliert werden: „So dezentral wie möglich, so zentral wie nötig." Was auf den unteren Ebenen erledigt werden kann, sollte auch in deren Verantwortung erledigt werden. Dabei ist das Prinzip der fiskalischen Äquivalenz zu beachten: Bei der Bestimmung der Aufgabenverteilung zwischen den Ebenen ist der Einklang von Aufgaben-, Entscheidungs- und Finanzierungskompetenz zu berücksichtigen. Dies bedeutet, daß sich zum einen die Verantwortung für Planungen nicht von der politischen Verantwortung trennen läßt, zum anderen aber auch, daß die finanziellen Ressourcen die Handlungsfähigkeit der jeweiligen Ebene gewährleisten müssen.

- Die Regionalentwicklungs- und Strukturfonds sollten systematisch auf ihre Anreizwirkungen hin überprüft werden.
- Im Hinblick auf das Problem der Lastenübertragung sollte geprüft werden, inwieweit ein Konnexitätsprinzip - die Verknüpfung der Übertragung zusätzlicher Aufgaben an die Kommunen mit der Verpflichtung die für deren Finanzierung notwendigen Mittel bereitzustellen - durch eine Präzisierung des Art. 104 GG eingeführt werden kann. Eine solche Konnexität existiert bereits in den meisten Landesverfassungen. Aufgrund des zweigliedrigen Staatsaufbaus der Bundesrepublik besteht derzeit jedoch kein unmittelbares Verhältnis zwischen Bund und Kommunen, das als Grundlage eines Finanzausgleichs dienen könnte.
- Um das Hindernis fehlender Gelder für die Durchführung von konkreten Pilotprojekten vor Ort zu überwinden, könnten die Kommunen Nachhaltigkeits-Fonds gründen, in die ein prozentualer Anteil der Überschüsse der kommunalen Versorgungsbetriebe und der Sparkassen einfließt.
- Angesichts der - nicht nur auf kommunaler Ebene - gegebenen finanziellen Restriktionen, ist eine Erhöhung der Optionen durch Vernetzung und Stärkung der Selbstorganisationskräfte in und zwischen den Kommunen anzustreben. Hier bieten Kooperationen zwischen Kommunen und Wirtschaftsunternehmen Möglichkeiten, die es jeweils zu prüfen gilt. Zur Stimulierung solcher nachhaltigkeitsorientierter Kooperationen im Sinne des *governance*-Ansatzes (gemeinsame Lösung von Problemen durch Politik, Verwaltung, Wirtschaft und Gesellschaft (Osborne/Gaebler 1992)) sollten die Möglichkeiten verstärkter Bürgerbeteiligung (Gessenharter 1996) und partizipativer Projekt-Entwicklung (Danke 1997a, Meister 1997c, Feindt 1997) genutzt werden.

Literatur/Quellen

Brockmann, K.L.; Hemmelskamp, J.; Hohmeyer, O. (1996): Zertifiziertes Tropenholz und Verbraucherverhalten. Heidelberg

Danke, W. (1997a): Re-Engineering und Civil Society - Was können wir von den USA lernen? Rissener Rundbrief 2, 57-70

Deutscher Städtetag (1996): Mitteilungen des Deutschen Städtetages Nr. 605/96 vom 10.7. 1996

Feindt, P.H. (1997): Kommunale Demokratie im Umweltschutz. Neue Beteiligungsmodelle. In: Aus Politik und Zeitgeschichte (Beilage zur Wochenzeitung 'Das Parlament' vom 27. Juni 1997), S. 39-46

Gessenharter, W. (1996): Warum neue Beteiligungsmodelle auf kommunaler Ebene? Kommunalpolitik zwischen Globalisierung und Demokratisierung. Aus Politik und Zeitgeschichte (Beilage zur Wochenzeitung 'Das Parlament') 50, 3-13

Hanesch, W. (1996): Krise und Perspektiven der sozialen Stadt. Aus Politik und Zeitgeschichte (Beilage zur Wochenzeitung 'Das Parlament') 50, 21-31

IFOK (1997c): Strategische Planung. (Veranstaltung mit Bürgermeistern, Landräten und Dezernenten aus Südhessen, 7. Februar 1997)

Meister, H.-P. (1997c): Energie-Tische. Innovation durch Partizipation im kommunalen Klimaschutz. In: Birzer, M.; Feindt, P.H.; Spindler, E.A. (Hrsg.): Nachhaltige Stadtentwicklung. Konzepte und Projekte. Bonn

Osborne, D.; Gaebler, T. (1992): Reinventing Government. Reading/MA. u. a.

9.1.5
Lokale Agenden 21

Hauptstoßrichtungen: Partizipation/Selbstorganisation, Innovation, Reflexivität

Ausgangslage

Das Abschlußdokument der UN-Konferenz für Umwelt und Entwicklung, die 1992 in Rio de Janeiro stattgefunden hat, verdeutlichte die Notwendigkeit der Integration von ökologischen, ökonomischen und sozialen Belangen. In diesem als Agenda 21 bezeichneten Dokument werden konkrete Umsetzungsmöglichkeiten aufgezeigt, die bis zur lokalen Ebene hinunter reichen. Dies folgt aus der Erkenntnis, daß die Lösung der globalen Probleme nur durch das Zusammenwirken aller beteiligten Akteure denkbar ist und nicht allein durch nationale oder internationale Umweltpolitiken erreicht werden kann. Die Stärkung der Rolle wichtiger Gruppen ist daher einer der Hauptabschnitte der Agenda 21 (Bundesministerium für Umwelt, Naturschutz und Reaktorsicherheit o.J., Teil III). Detailliert wird beispielsweise in Kap. 28 der Anteil der Kommunen beschrieben und ein Zeitplan zur Umsetzung aufgestellt.

Probleme/Herausforderungen

Betrachtet man den formulierten Zeitplan und vergleicht diesen mit der gegenwärtigen Wirklichkeit, dann zeigt sich, daß die Kommunen in Deutschland noch weit davon entfernt sind, dieses Thema und die Notwendigkeit ihres Engagements erkannt zu haben. Zwar gibt es mittlerweile zahlreiche lokale Initiativen zur Umsetzung der Agenda 21, doch rangiert Deutschland damit rein zahlenmäßig im internationalen Vergleich im unteren Bereich der Industrieländer. Auch wenn der aufgestellte Zeitplan von sehr optimistischen Voraussetzungen ausgegangen ist, so hätte die Umsetzung doch sehr viel früher und auf breiterer Basis einsetzen können.

Der Deutsche Städte- und Gemeindebund hat als einer der kommunalen Spitzenverbände 1996 seine Mitglieder zum Stand der Umsetzung und den damit verbundenen Problemen befragt (Deutscher Bundestag Enquete-Kommissionsdrucksache 13/3a: 98). Als besondere Hemmnisse wurden genannt:

• Fehlende finanzielle Unterstützung
• Fehlendes Personal
• Andere Prioritäten in der Lokalpolitik und im Verwaltungshandeln
• Interessenkonflikte
• Informationsdefizite

Neben diesen Hemmnissen scheint ein zentrales Problem allerdings in der noch immer recht schwach ausgeprägten Offenheit für partizipative Verfahren zu bestehen. Doch gerade diese bilden den Kern der Lokalen Agenda 21. Ziel ist es, daß die Kommunen gemeinsam mit ihren Bürgern nach Formen der Umsetzung suchen und dies in Prozessen mit möglichst großer Bürgerbeteiligung realisieren.

Alternativen/Optionen

Fehlende finanzielle Unterstützung: Die verschiedenen Beispiele für lokale Initiativen zeigen, daß ein großes Potential vorhanden ist, das vielfach nur einer Initialzündung bedarf (Schäffler 1996; Szelenyi 1996; Kommunale Umwelt-AktioN U.A.N. 1996). Schon heute engagieren sich auf kommunaler Ebene zahllose Vereine und Initiativen in Bereichen, die mit den Zielen der Agenda 21 korrespondieren. Durch die Zusammenführung dieser Aktivitäten werden Synergieeffekte erreicht und personelle und materielle Ressourcen freigesetzt. Mit geringen Mitteln, indem z.B. bei der Organisation und der Informationsbeschaffung oder der Bereitstellung geeigneter Räumlichkeiten unterstützt wird, kann die Bereitschaft vieler Bürger gefördert werden, sich in einer Lokalen Agenda 21 zu engagieren. Diese Aktivitäten entlasten auf mittlere Sicht die Kommunen, weil sie die Problemlösungsfähigkeit im Bereich der gesellschaftlichen Selbsthilfe stärken ($\Rightarrow$ Ehrenamt, Selbsthilfe, Eigenarbeit Selbsthilfe).

Andere Prioritäten in der Lokalpolitik und im Verwaltungshandeln: Gerade der integrative Ansatz der Agenda 21 bietet für Städte und Gemeinden große Chancen, werden hier doch ohnehin vorhandene Aktivitäten zusammengeführt, erweitert und verstärkt. Eine Überprüfung laufender Aktivitäten im Hinblick auf ihre Kompatibilität mit den Zielen der Agenda 21 kann dazu beitragen, falsche Weichenstellungen zu verhindern und Synergieeffekte auszuschöpfen. Die damit verbundene Aufgabenkritik kann auch helfen, ineffektive und ineffiziente Tätig-

keiten zu entdecken und damit einen Beitrag zur kostengünstigeren Aufgabener-
ledigung zu leisten.

Agenda 21-orientierte Personalpolitik: Langfristig ist eine Erhöhung des Personalbestands der Kommunen aus finanziellen Gründen nicht zu erwarten. Reser-
ven bestehen aber im Bereich der Schulung des vorhandenen Personals. Indem
Mitglieder der Verwaltung in die Lage versetzt werden, die Vorteile eines partizipativen und kooperativen Verwaltungshandelns im Themenbereich Lokaler
Agenden 21 einzusetzen, kann die Effektivität und Effizienz des Verwaltungshandelns deutlich gestärkt werden (⇒ Verwaltungsreform). Erfolgreiche Lokale
Agenda 21-Prozesse waren nicht notwendigerweise mit personellem Mehrauf-
wand verbunden. Vielfach genügte es, wenn hochmotivierte und kompetente
Fachleute an der richtigen Stelle sitzen. Durch Änderung der Aufgabenverteilung
und Stellenbeschreibung kann „leidenschaftlichen Pionieren" für eine Lokale
Agenda 21 innerhalb der öffentlichen Verwaltung ein Betätigungsfeld eröffnet
werden. Gegebenenfalls erforderliche zusätzliche Kapazitäten können vorübergehend durch ABM-Maßnahmen eingeholt werden.

Interessenkonflikte: Es gibt kein Patentrezept, um entgegenstehende Interessen
zu überwinden. Generelle Ansätze wären die Suche nach win-win-Lösungen und
die Bildung von Akteurkoalitionen vor Ort. Bedeutsam für das Thema Lokale
Agenda 21 ist auch, das Thema im Bewußtsein der Bevölkerung zu verankern.
Neben der Verteilung von Information, die im Rahmen der Informationstätigkeit
von Rat und Verwaltung vorgenommen werden kann, wäre es ein wichtiges Signal, im Rat der Stadt bzw. im Gemeinderat einen ⇒ Nachhaltigkeitsausschuß
einzurichten.

Informationsdefizite sind zum Teil auf mangelndes Engagement zurückzuführen, aktiv Informationen einzuholen,. Dennoch ist es zur Stimulierung von Lokalen Agenden 21 wichtig, den Informationszugang zu erleichtern. Wege dafür
könnten die Unterstützung eines Informationsnetzes oder einer Anlaufstelle Lokale Agenda 21 und deren Öffentlichkeitsarbeit durch den Bund sein. Kommunen
sollten durch Informationen und Anregungen stärker unterstützt werden. Dabei
muß dem Eindruck entgegengetreten werden, zusätzliche finanzielle Mittel seien
die Voraussetzung für lokale Initiativen, denn auch ohne große Aufwendungen
lassen sich erfolgreiche Projekte realisieren (Kommunale Umwelt-AktioN U.A.N.
1996). Bisherige Erfahrungen im kommunalen Bereich sollten bekannter gemacht
und der Informationsaustausch zwischen den Kommunen verbessert werden.
Durch den Beitritt zu einem der verschiedenen Bündnisse von Städten und Kommunen, wie z.B. die im Mai 1994 verabschiedete Charta von Aalborg, kann an
den entsprechenden Informationsnetzwerken partizipiert werden. Auch die Initiativen auf Landesebene müssen verstärkt werden. Ein Beispiel dafür ist die vom
Ministerium für Stadtentwicklung, Kultur und Sport sowie der Staatskanzlei des
Landes Nordrhein-Westfalen unterstützte Initiative „Agenda-Transfer" des Clea-
ring-house, Bonn. Durch Veranstaltungen und Publikationen (Periodikum:
„Stadtgespräche") werden Praxisbeispiele aus der ganzen Welt bekannt gemacht
und Hilfen bei der Umsetzung angeboten.

Empfehlungen

Verknüpfung von Lokalen Agenda 21-Prozessen und Verwaltungsreform: Die Lokale Agenda 21 sollte die Kommunen nicht als eine zusätzliche Bürde und Aufgabe ansehen, die unter den enger gewordenen finanziellen Spielräumen den Etat belastet, sondern die Kommunen sollten sie langfristig als eine Chance begreifen, zu der es nicht nur im Hinblick auf die globale Umweltsituation keine Alternative gibt. Die von der Lokalen Agenda 21 ausgehenden Impulse für mehr Bürgerbeteiligung und gesellschaftliche Selbstorganisation bergen ein Potential, das die Kommunen zukünftig auch in anderen Bereichen entlasten kann. Eine partizipative Einbeziehung der Bürger kann zudem wichtige Beiträge zu einer nachhaltigen Stadtentwicklung leisten.

Zentrale Bedeutung kommt dem Bereich der *Aus- und Weiterbildung* zu. Es gilt, sowohl die inhaltlichen Aspekte der Agenda 21 als auch ein neues Selbstverständnis der Verwaltungsmitarbeiter zu vermitteln (⇒Verwaltungsreform). Da die Kommunen in erster Linie als Initiatoren und Koordinatoren in die Pflicht genommen sind, sollten abteilungsübergreifende Projekt-Teams eingerichtet werden. Auf der Grundlage des in der Agenda 21 formulierten Verständnisses von Nachhaltigkeit müssen in solchen Stäben neben Umwelt- und/oder Energieberatern auch die Frauen-/Gleichstellungsbeauftragte sowie kommunale Mitarbeiter aus dem sozialen Bereich vertreten sein.

Durch die Einrichtung von *Nachhaltigkeitsaussschüssen in den Stadt- und Gemeinderäten* sollte das Thema Nachhaltigkeit sichtbar gemacht und als permanentes Traktandum in der politischen Tagesordnung verankert werden. Ziel ist es, die Rahmenbedingungen für Lokale Agenda 21-Prozesse nachhaltig zu verbessern.

Durch die *Unterstützung von Informationsnetzwerken* und die Bereitstellung von Informationen über Lokale Agenda 21-Prozesse durch das Bundespresseamt kann die Bundesregierung lokale Initiativen stimulieren. Der Bundestag sollte sich des Fortgangs der Lokalen Agenda 21-Bewegung regelmäßig annehmen, etwa durch Anfragen an die Bundesregierung und durch die Behandlung in Aktuellen Stunden.

Literatur/Quellen

Birzer, M.; Feindt, P. H.; Spindler, E.A. (Hrsg.) (1997): Nachhaltige Stadtentwicklung. Bonn

Bundesministerium für Umwelt, Naturschutz und Reaktorsicherheit (o.J.) (Hrsg.): Umweltpolitik. Konferenz der Vereinten Nationen für Umwelt und Entwicklung im Juni 1992 in Rio de Janeiro. Agenda 21. Bonn

Deutscher Bundestag Enquete-Kommissionsdrucksache 13/3a (1996): Stellungnahmen zum Thema „Kommunen und nachhaltige Entwicklung. Beiträge zur Umsetzung der Agenda 21". Donn

Kommunale Umwelt-AktioN U.A.N. (Hrsg.) (1996): Dörverden 2020. Auf dem Weg zu einer nachhaltigen Gemeinde - Agenda 21 im ländlichen Raum. Hannover.

Schäffler, H. (1996): Bekenntnisse verpflichten. Heidelberg arbeitet an einer lokalen Agenda 21. Politische Ökologie 45 , 67

Szelenyi, A. (1996): Zwischen Anspruch und Wirklichkeit. Münchens Weg zur Zukunftsfähigkeit. Politische Ökologie 45, 68-69

9.1.6
Spendenparlamente

Hauptstoßrichtungen: Selbstorganisation/Partizipation, (Innovation)

Ausgangslage

Im Zuge der Individualisierung und Kommerzialisierung moderner Gesellschaften wurden zunehmend Aufgaben, beispielsweise die Versorgung sozialer Härtefälle und kranker und alter Menschen, die bisher kleinere Solidargemeinschaften aufgefangen haben (Familie, Nachbarschaft, Gemeinde, etc.), anonym an den Staat überwiesen. Diese "pekuniäre Solidarität" (Miegel 1997) führte einerseits zu einer immer stärkeren Ausgrenzung *der* und einer zunehmenden Abstumpfung der restlichen Gesellschaft *gegenüber den* betroffenen Bevölkerungsgruppen. Zudem wird dieser Form staatlicher Solidarität aufgrund der Finanzknappheit der öffentlichen Haushalte zunehmend die Grundlage entzogen. Da eine Revitalisierung früher bestehender Solidargemeinschaften nur bedingt möglich ist, bedarf es Institutionen, die eine über finanzielle Beiträge hinausgehende Anteilnahme am Schicksal von sozialen Härtefällen wieder neu gewährleisten. Die Idee des im Sommer 1995 ins Leben gerufenen "Hamburger Spendenparlaments" - eine analoge Gründung folgte 1996 in München - ist eine solche Einrichtung: Statt selektiver Einzelgaben an Obdachlose zahlen die Mitglieder des Spendenparlaments in Hamburg einen jährlichen Beitrag von mindestens DM 120,-, und Ende 1996 gab es bereits über 2000 Spendenparlamentarier in Hamburg. Wie die Mittel, die in Hamburg jährlich ca. DM 500.000,- betragen, verwendet werden, wird in öffentlichen Sitzungen durch das Spendenparlament entschieden, das in dreimonatigem Turnus stattfindet. Leitkriterien für die geförderten Projekt sind Einmaligkeit und Nachhaltigkeit - die Projekte sollen über einen längeren Zeitraum Nutzen stiften, ohne jedoch eine dauerhafte Finanzierung nach sich zu ziehen. So wurden in der Zeit seit Bestehen des Spendenparlaments Blockhäuser für Obdachlose aufgestellt, Ausbildungsstellen für alleinerziehende Mütter eingerichtet oder Beratungsstellen für Drogensüchtige mit einem Computer ausgerüstet.

Probleme/Herausforderungen

Spendenparlamente kombinieren neue Formen finanzieller Unterstützung mit persönlicher Anteilnahme der Spender. Sie erweisen sich als eine vielversprechende Institution zur Gewährleistung sozialer Nachhaltigkeit. Aufgrund der geringeren unmittelbaren Betroffenheit ist eine Übertragung auf ökologische Fragen bisher fraglich. Durch ihren Finanzierungscharakter können durch Spendenparlamente immer nur einmalige Projekte finanziell gefördert werden. Jede dauerhafte

Unterstützung würde diese Institution überfordern und ihrer Intention zuwiderlaufen. Spendenparlamente sind daher immer nur eine Ergänzung staatlicher Fürsorgesysteme. Ihre Bedeutung liegt stärker bei der unmittelbaren Partizipation der Spender als in den geleisteten finanziellen Beiträgen selbst.

Alternativen/Optionen

Spendenparlamente sind eine klassische Institution der Selbststeuerung. Eine stärkere staatliche Beteiligung würde ihre Grundidee geradezu konterkarieren. Staatliche Unterstützung ist lediglich bei der Umsetzung der durch Spendenparlamente initiierten Projekte und bei der Werbung für diese Institutionenidee vorstellbar. Zudem kann der Staat Spendenparlamente bei der Organisation ihrer Tätigkeiten (zum Beispiel kostenlose Bereitstellung von Räumen für die "Parlamentssitzungen") unterstützen, der selbstorganisierte Charakter und die Unabhängigkeit der Parlamente muß aber in jedem Fall gewahrt bleiben.

Empfehlungen

Die Idee des Spendenparlamentes ist eine äußerst innovative Institution im Bereich sozialer Nachhaltigkeit. Insbesondere Kommunen sollten Spendenparlamente im Rahmen von lokalen Agenda 21-Prozesse anstoßen und die Umsetzung organisatorisch stützen.

Umweltschutzorganisationen sollten prüfen, ob die Einrichtung ökologischer Spendenparlamente ein Weg sein kann, zusätzliche Mittel für den Umweltschutz in der Bevölkerung zu mobilisieren und hierdurch Transparenz und Partizipation an ökologischen Fragen zu erhöhen.

Literatur/Quellen

Miegel, M. (1997): Der wuchernde Staat als Folge eines falschen Individualismus. Eine Absage an die übertriebene Kommerzialisierung menschlicher Beziehungen. Neue Zürcher Zeitung vom 29./30.03.1997, 79
NZZ (Neue Zürcher Zeitung) (1996): Sozialhilfe mit Hamburgs Spendenparlament, 21.08.1996

9.1.7
Ehrenamt, Selbsthilfe, Eigenarbeit

Hauptstoßrichtung: Selbstorganisation

Ausgangslage

Angesichts der diagnostizierten Grenzen staatlicher Steuerung kommt der Stärkung der Selbstorganisationskräfte der Gesellschaft eine zentrale Bedeutung für eine nachhaltige Entwicklung zu. Dies schließt sowohl das vorhandene Vereinswesen als auch neue Formen des gemeinschaftlichen und des gemeinnützigen

Handelns ein. Durch die Abnahme der Wochenarbeitszeit ist der zeitliche Freiraum für Aktivitäten außerhalb des Arbeitsprozesses kontinuierlich gestiegen. Damit steht faktisch ein enormes Potential an Zeit zur Verfügung.

Probleme/Herausforderungen

Den veränderten Anforderungen an die Selbstorganisationskräfte der Gesellschaft steht die Klage vieler Vereine über die Abnahme der Bereitschaft zu ehrenamtlichem Engagement und finanzieller Unterstützung gegenüber. Beklagt werden Individualisierung und Egoismus, Kosten-Nutzen-Kalküle und die Suche nach persönlicher Bedürfnisbefriedigung. In der „Erlebnisgesellschaft" (Schulze 1992) scheint der Einsatz für das Gemeinwohl hinter die Eigeninteressen des Einzelnen zurückzutreten. Allerdings lassen sich auch Gegenbeispiele für erfolgreiche soziale Bewegungen anführen, etwa die Hospizbewegung, die in Deutschland mit über 500 aktiven Gruppen und zehntausenden ehrenamtlichen Mitarbeitern eine der größten organisierten Bewegungen im sozialen Sektor ist. Dies führt zu der Frage, ob die Krise der Ehrenamtlichkeit nicht auch eine Krise von bestimmten innovationsfeindlichen Strukturen des Vereinswesens ist, die dazu geführt haben, daß sich ein größerer Teil des Potentials außerhalb der tradierten Formen in losen Initiativen organisiert. Hier ist besonders der Bereich der Selbsthilfegruppen zu nennen (vgl. Runge/Vilmar 1988; Braun/Kettler/Becker 1996), in dem schon heute ein auch wirtschaftlich bedeutsamer Teil von Versorgungsleistungen erbracht wird, der allerdings in offiziellen Berechnungen, etwa zu den Kosten im Gesundheitswesen, meist unberücksichtigt bleibt (Ferber 1996).

Der Staat steht nun vor dem Problem, daß er Aufgaben an gesellschaftliche Kräfte delegieren muß, diese allerdings im Hinblick auf die angespannte Finanzlage nicht in entsprechendem Maße durch staatliche Zuwendungen bei der Erfüllung dieser Aufgaben unterstützen kann. Es gilt daher zu klären, wie staatliche Mittel effizient und effektiv zugleich eingesetzt, wie das Innovationspotential im Bereich des Vereinswesens gestärkt und neue Formen von Engagement und Eigeninitiative gefördert werden können. Neben der Quantität der Mittel ist dabei von zentraler Bedeutung, daß diese in einer Form eingesetzt werden, die nicht durch Abhängigkeiten Eigeninitiative und Ehrenamtlichkeit eher hindert als fördert. Auch die Frage nach Sinn und Notwendigkeit einer Professionalisierung im Dritten Sektor ist zu diskutieren.

Die Stärkung dieser Kräfte stellt allerdings keine Alternative zum Netz sozialer Sicherung dar. Vielmehr soll eine Überforderung gesellschaftlicher Solidarität durch Anreizstrukturen für subsidiäres Verhalten verhindert werden. Die durch das System der sozialen Sicherung gewonnenen Freiräume des Individuums und die erhöhte Mobilität durch die Auflösung lokaler Bindungen, gilt es dabei grundsätzlich zu erhalten und durch neue Formen des gemeinschaftlichen Handelns zu ergänzen. Im folgenden sollen einige Anregungen zu diesem Bereich gegeben werden. Die institutionelle Ausgestaltung, insbesondere ein intelligentes Verhältnis zu den Formen der sozialen Sicherung, kann im Rahmen der vorliegenden Studie nur als Desiderat benannt werden.

Alternativen/Optionen

Schaffung von Selbsthilfekoordinationsstellen: Eine im Auftrag des Bundesministeriums für Familie, Senioren, Frauen und Jugend durchgeführte Studie (Braun/Kettler/Becker 1996) hat gezeigt, daß die Einrichtung von Selbsthilfekontaktstellen eine wirkungsvolle Form staatlicher Förderung darstellt. Durch solche Beratungsstellen kann das vorhandene Potential gestärkt und die Entstehung von Selbsthilfegruppen gefördert werden.

Qualifizierung der ehrenamtlichen Arbeit: Im Hinblick auf die steigenden Anforderungen an Selbsthilfegruppen wird die Frage diskutiert, ob in verschiedenen Bereichen nicht eine stärkere Qualifizierung oder Professionalisierung notwendig ist. Darunter kann verschiedenes verstanden werden: Einerseits kann damit eine Förderung des Aufbaus hauptamtlicher Strukturen gemeint sein, andererseits kann dies auf eine Förderung der Qualität ehrenamtlicher Arbeit durch Qualifizierungsmöglichkeiten zielen.

Stärkung von Fähigkeiten durch Möglichkeiten zur Eigenarbeit: Im Beispielfeld Bauen und Wohnen kollidieren immer wieder ökologische, ökonomische und soziale Interessen. Hier etablierten sich in jüngster Zeit Initiativen, die in Eigenarbeit konkrete Projekte umsetzen. Als ein Beispiel sei die Initiative StattBau Hamburg angeführt: Seit 1985 ist es das Anliegen dieser Initiative, wohnungs- und sozialpolitische Probleme durch Selbsthilfe, Selbstverwaltung und nutzerorientierte Planung in Angriff zu nehmen. In vielfacher Kooperation mit Behörden wurden Wohngruppenprojekte realisiert, gemeinsam mit Trägervereinen Nutzungskonzepte für Kindergärten und Stadtteilzentren entworfen, zusammen mit Projektentwicklern Baumaßnahmen zur Verbesserung des Wohnumfeldes vorangetrieben. Das Thema Stadterneuerung wird als integrierter Handlungsansatz gegen Wohnungsnot, Arbeitslosigkeit und Ausgrenzung erschlossen und auf vielfältige Weise auch mit ökologischen Aspekten kombiniert. Derartige Initiativen nicht zu hemmen, sie vielmehr institutionell zu fördern, brächte nicht nur eine Entlastung für die kommunalen Haushalte, sondern könnte die Zieldimensionen integrativ zusammenführen.

Empfehlungen

Wo der Staat im Sinne des Gedankens der Subsidarität Aufgabenbereiche an die Selbstorganisationskräfte der Gesellschaft delegieren will, muß er dafür Sorge tragen, daß durch seinen Rückzug kein Vakuum entsteht, aus dem sich durch Nichterfüllung sozialer Aufgaben neue Konflikte entwickeln. Daher müssen die Bedingungen für Selbsthilfe und Eigenarbeit verbessert werden. Dies kann durch infrastrukturelle Maßnahmen wie den Aufbau von Selbsthilfekontaktstellen, durch institutionelle Förderung im Sinne einer Verankerung von Mitsprache- und Mitgestaltungsmöglichkeiten in der kommunalen Politik und durch direkte Selbshilfe-gruppenförderung realisiert werden. Bei der direkten Förderung wird mit einem finanziellen Zuschußbedarf von ca. 0,50 DM pro Einwohner gerechnet (Braun/Kettler/Becker 1996: 265), was im Hinblick auf die zu erwartenden positiven Effekten ein nahezu vernachlässigbarer Kostenfaktor ist.

Im Hinblick auf Effizienz und Effektivität des Einsatzes staatlicher Mittel kommt der Förderung und Unterstützung von Netzwerken eine wichtige Bedeutung zu. Im kommunalen Bereich, sollten verstärkt Kooperationen zur Nutzung von Ressourcen (zum Beispiel Räume und Büroeinrichtung) angeregt werden. Davon profitieren letztlich alle Seiten, da vorhandene Mittel größere Wirkung erreichen und die Förderung übersichtlicher wird. Der einzelnen Gruppe steht eine bessere Infrastruktur zur Verfügung, und die Bürger profitieren von einer Konzertierung der Hilfsangebote. Auch in anderen Bereichen des Vereins- bzw. Verbandswesens ist Zusammenarbeit von mehreren Organisationen für viele Seiten ein Gewinn: Die Organisationen profitieren vom Informationsaustausch und können durch Absprachen Ressourcen einsparen (Synergieeffekte statt parallele Bearbeitung von gleichen Themen), für die Politik reduziert sich die Zahl der Ansprechpartner. Die Zugangsbedingungen für kleine Organisationen ohne eigene Kontakte zur Politik werden verbessert, da sie ihre Informationen und Positionen über die Netzwerke in den politischen Prozeß einbringen können. Gleichzeitig haben solche Zusammenschlüsse auch eine Filterfunktion im Hinblick auf (partei)politische Präferenzen.

Für eine Politik der Nachhaltigkeit ist eine Stärkung von Ehrenamt, Selbsthilfe und Eigenarbeit von zentraler Bedeutung. Dabei muß neben finanzieller und infrastruktureller Förderung eine positive Neubewertung von ehrenamtlicher Arbeit angestrebt werden, die sich nicht in Appellen für mehr Engagement erschöpfen darf. Inhaber von Ehrenämtern kommen zwar bisher schon in den Genuß von Vergünstigungen wie beispielsweise die Anrechnung als Ausfallzeit für die gesetzliche Rentenversicherung oder die Gewährung von Bildungsurlaub. Die Schwierigkeiten liegen allerdings in der Definition eines anerkennungsfähigen Ehrenamtes. Eine Option, die in dieser Zusammensetzung zu verfolgen wäre, ist die jüngst vom Familienministerium vorgeschlagene Idee einer „Freiwilligenagentur". Für private Initiativen und Innovationen sollte, vor allem im Umgang mit der öffentlichen Verwaltung, eine Klimaverbesserung angestrebt werden. Gerade hier entstehen noch immer große Reibungsverluste, da die Notwendigkeit von Eigeninitiative im Bewußtsein der öffentlichen Bediensteten noch unzureichend verankert ist, teilweise sogar als Konkurrenz wahrgenommen wird (⇒ Verwaltungsreform). Auch die Erweiterung der Partizipationsmöglichkeiten ist als wichtige Voraussetzung für mehr Engagement der Bürger anzusehen, da sie die intrinsische Motivation stärkt (Frey/Osterloh 1997).

Schließlich gilt es auch, das Innovationspotential des Vereinswesens zu aktivieren. So können Vereine als Nutzer öffentlicher Gebäude ihre Mitglieder zu einem schonenden Umgang mit Ressourcen anregen. Denkbar ist beispielsweise die Durchführung von Wettbewerben auf kommunaler Ebene, durch die nachhaltigkeitsorientiertes Verhalten gefördert wird.

Im Hinblick auf das große Potential, daß dieser Bereich birgt, sollte der Suche nach neuen Wegen zur Stärkung von Motivation und Innovation größere Aufmerksamkeit geschenkt werden. Zudem stellt die Förderung sinnvoller und damit sinngebender ehrenamtlicher Arbeit unter dem Aspekt individueller Sinnfindung eine lohnende Option dar.

Literatur/Quellen

Braun, J.; Kettler, U.; Becker, I. (1996): Selbsthilfe und Selbsthilfeunterstützung in der Bundesrepublik Deutschland. Leipzig

Braun, J.; Kettler, U. (Hrsg.) (1996): Selbsthilfe 2000. Perspektiven der Selbsthilfe und ihrer infrastrukturellen Förderung. Leipzig

Ferber, C.v. (1996): Selbsthilfe und soziales Engagement in Deutschland. Die gesellschaftliche Bedeutung der Selbsthilfe. In: Braun, J.; Kettler, U.; Becker, I. (Hrsg.): Selbsthilfe und Selbsthilfeunterstützung in der Bundesrepublik Deutschland. Leipzig

Frey, B.S.; Oberholzer-Gee, F. (1996): Zum Konflikt zwischen intrinsischer Motivation und umweltpolitischer Instrumentenwahl. In: Siebert, H. (Hrsg.): Elemente einer rationalen Umweltpolitik. Expertisen zur umweltpolitischen Neuorientierung. Tübingen

Frey, B.S.; Osterloh, M. (1997): Motivation. Der zwiespältige Produktionsfaktor. Hohe Bedeutung der Mitarbeiteridentifikation mit dem Unternehmen. Neue Zürcher Zeitung vom 29./30.3.1997, 29

Runge, B.; Vilmar, F. (1988): Handbuch der Selbsthilfe. Frankfurt

Seibel, W. (1988): Funktionaler Dilettantismus. Baden-Baden

9.2
Beteiligungsrechte

Umfaßt die Institutionen:

1. Öffentlichkeitsrechte bei Verwaltungshandeln
2. Direktdemokratische Elemente
3. Wahlpflicht

9.2.1
Öffentlichkeitsrechte bei Verwaltungshandeln

Hauptstoßrichtung: Partizipation, Ausgleich und Konfliktregelung

Ausgangslage

Seit 1990 wurden in der Bundesrepublik eine Reihe von Beteiligungsrechten abgebaut, etwa im Bundesimmissionsschutzgesetz, im Gentechnikgesetz, im Atomgesetz, im Verkehrswegeplanungsbeschleunigungsgesetz, im Investitionser-leichterungs- und Wohnbaulandgesetz, im Planungsvereinfachungsgesetz, im Maßnahmegesetz für Vekehrsinvestitionen und im Magnetschwebebahnplanungs-gesetz. Hinzu kommen Erschwernisse und Einschränkungen im Verwaltungsver-fahrens- und im Vewaltungsprozeßrecht.

Diese Einschränkungen der Beteiligungsrechte stehen in Intention und Wir-kung in einem Spannungsverhältnis zur Verankerung des Schutzes der natürlichen Lebensgrundlagen im neuen Art. 20a GG und zu den neu eingeführten Beteili-gungsrechten für Umweltverbände in der Neufassung des Naturschutzgesetzes.

Probleme/Herausforderungen

Es ist zu vermuten, daß die Einschränkung von Beteiligungsrechten insgesamt die gesellschaftliche Reflexivität vermindert und den fairen Konflikt- und Interessen-ausgleich erschwert. Eine Verminderung der Partizipation ist Regelungsinhalt. Dem werden Beiträge zur Erhöhung der Innovationsfähigkeit der Gesellschaft entgegengehalten.

Anlaß für die angeführten Einschränkungen waren zum einen Klagen über eine zu lange Dauer von Genehmigungsverfahren in der Bundesrepublik, die zu einer Gefährdung des Standorts im Wettbewerb um Ansiedlungen führe und innovati-onshemmend wirke. Grundlage waren die Empfehlungen der "Schlichter"-Kommission". Kritiker (SRU 1996; Gebers et al. 1996) halten entgegen, daß keine empirische Evidenz für Wettbewerbsnachteile durch unangemessen lange Genehmigungszeiten bestehe. Die von Gebers et al. angeführten Studien weisen allerdings durchaus darauf hin, daß die Genehmigungszeiten in der Bundesrepu-blik diejenigen in anderen Industrieländern deutlich übertreffen.

Fraglich ist jedoch, ob die nun eingeschränkten Beteiligungsrechte dafür ausschlaggebend waren. Vielmehr gibt es deutliche Hinweise darauf, daß durch verbessertes Prozeßmanagement im Genehmigungsverfahren die Nachteile gegenüber anderen Ländern ausgeglichen werden können.

Aus Sicht der Betreiber besteht die Gefahr, daß durch die Rückführung der Beteiligungsrechte zum einen nützliche Informationen über Planungsmängel und Schwachstellen verloren gehen und zum anderen die Gefahr eines späteren Konfliktaustrags mit juristischen Mitteln steigt.

Grundsätzlich besteht die Herausforderung darin, die Erfordernisse einer zügigen Abwicklung von Genehmigungsprozeduren mit den sachlichen Vorteilen einer Öffentlichkeitsbeteiligung zu verbinden. Dazu steht eine große Auswahl von in der Praxis bewährten neuen Kommunikationsformen zur Verfügung (insbesondere Moderation, Planungszellen).

Die deutsche Vorgehensweise steht in einem Spannungsverhältnis zu Bestrebungen auf der europäischen Ebene, die Berücksichtigung von Belangen der Umwelt- und Sozialverträglichkeit durch verstärkte Öffentlichkeitsbeteiligung im Rahmen von Planungs- und Genehmigungsverfahren zu verbessern.

Auf europäischer Ebene wird inzwischen angestrebt, die Reichweite der Öffentlichkeitsbeteiligung auszudehnen. Die UVP-Richtlinie der EU von 1985 sieht eine Beteiligung der Öffentlichkeit im Rahmen der Prüfung der Umweltverträglichkeit bei der Genehmigung konkreter Projekte vor. Die EU-Kommission plant derzeit eine Ausdehnung der UVP auf Pläne und Programme im Bereich der Raumordnung. Bereits im Bericht der Europäischen Kommission über die Anwendung und Effektivität der UVP-Richtlinie von 1993 wurde bemängelt, daß die Beurteilung der Umweltauswirkungen bestimmter Projekte im Planungs- und Entscheidungsprozeß zu spät erfolge. Nachdem im Prozeß der Plan- und Progammerstellung wichtige strategische Entscheidungen getroffen sind, sei der Handlungsspielraum auf der Projektebene oft bereits zu stark eingeschränkt. Die Novelle der EU-Kommision sieht eine Beteiligung von Öffentlichkeit und Umweltfachbehörden bei der Plan- und Programmerstellung vor. Die Bundesregierung lehnt neben Großbritannien die Novellierung ab, weil sie eine Bürokratisierung und Formalisierung des Planungsprozesses sowie tiefe Eingriffe in die Organisation von Verwaltung und Regierung befürchtet (Holzmann 1997).

Alternativen/Optionen

Ein Blick über die Grenzen zeigt, daß gerade in denjenigen Ländern, die als besonders wettbewerbsfähig gelten, die Beteiligungsrechte seit längerem strukturell besser gesichert sind oder sogar vor kurzem ausgebaut wurden (Gebers et al. 1996: 117-147). Zu nennen sind vor allem: Die Institution der Bürger- oder Popularklage in den USA, wonach jede natürliche oder juristischer Person jede andere Person wegen umweltschädigenden Verhaltens oder Unterlassens verklagen kann, ohne daß eine Verletzung eigener Rechtsgüter vorliegen muß. Möglich ist dadurch auch die Klage gegen Untätigkeit staatlicher Stellen in Sachen Umwelt-schutz.

Im kanadischen Bundesstaat Ontario wurden 1994 mit der Environmental Bill of Rights (EBR) umfangreiche Informationspflichten der Behörden (im Voraus 30 Tage lang via Internet über alle umweltrelevanten Vorhaben und Aktivitäten) und weitreichende Beteiligungsrechte der Bürger eingeführt, die man allerdings seit-dem zum Teil wieder eingeschränkt hat. Angesichts der breiten Beteiligungsmög-lichkeit ergibt sich das Problem der zügigen Bearbeitung. Dieses Problem wird dadurch angegangen, daß Ministerien die Möglichkeit haben, bei umfangreichen Verfahren von Anfang an einen Mediator einzusetzen. Das Recht, Eingaben zu machen, wird durch ein Recht auf Überprüfung und auf Nachforschung ergänzt. Dessen Durchsetzung wird abgesichert, indem man dafür einen Umweltkommis-sars einsetzt, der aber auch für andere Aufgaben zuständig ist. „Mit der EBR wird das Ziel verfolgt, durch die rechtzeitige und umfassende Einbindung von Bürgern die Anzahl späterer gerichtlicher Auseinandersetzungen erheblich zu reduzieren" (Gebers et al. 1996: 124).

In Neuseeland wurden mit dem Resource Management Act umfangreiche Be-teiligungsrechte nicht nur bei umweltrelevanten Genehmigungsverfahren einge-räumt, sondern auch bei der Formulierung von politischen Erklärungen von natio-naler Bedeutung. Bei den politischen Erklärungen wertet eine unabhängige Kom-mission alle Eingaben aus und formuliert eine Empfehlung an den zuständigen Minister. Im Bereich der Genehmigungen geht Neuseeland in drei Punkten über die deutsche Praxis hinaus: Erstens sind die örtlichen Behörden bereits im Vorfeld von Planungen zur Durchführung einer Anhörung verpflichtet, auf deren Basis ein rechtlich nicht bindender Rahmenplan für die Entwicklung der Region erarbeitet wird. Zweitens besitzt jedermann das Recht, Einwendungen gegen derartige Be-zirksplanungen zu erheben, vor allem aber auch gegen die Erteilung von um-weltrelevanten Zustimmungen und Genehmigungen, die in öffentlichen Anhörun-gen behandelt werden müssen. Drittens "können jederzeit Initiativanträge für eine Änderung von Bezirksplänen gestellt werden" (Gebers et al. 1996: 135). Hinzu kommt, daß der Umweltminister das Recht hat, umweltrelevante Genehmigungs-verfahren an sich zu ziehen.

In Dänemark sieht der "Consolidated Environmental Protection Act" (von 1994) in vielen umweltrelevanten Bereichen weitreichende Beschwerderechte für Einzelpersonen und Verbände vor, die von einem unabhängigen Widerspruch-sausschuß behandelt werden, in dem Umwelt- und Wirtschaftsinteressengruppen gleich stark vertreten sein müssen.

Empfehlungen

Um den Anforderungen einer nachhaltigen Entwicklung gerecht zu werden, soll-ten Mechanismen der Öffentlichkeitsbeteiligung eingeführt werden, die eine breite und frühe Artikulation möglicher unerwünschter Folgen von Planvorhaben und öffentlicher Tätigkeit ermöglichen, ohne zu Verzögerungen im Genehmigungsprozeß zu führen. Neben der Sicherung der Informations- und Beteiligungsrechte der Öffentlichkeit - die angesichts der bestehenden EU-Richtlinien zum freien Zugang zu Umweltinformationen, zur Umweltverträglichkeitsprüfung und zum Öko-Audit nur über die Berufung auf Ausnahmetatbestände unterlaufen werden kann - ist an deren effizienterer Gestaltung zu arbeiten. Hier ist dringend der Einsatz von Moderations- oder ⇒ Mediationselementen im Rahmen von Planungsverfahren zu denken, wie sie kürzlich erfolgreich in Hamburg bei der Planung der vierten Elbtunnelröhre verwendet wurden (Mediator: Prof. Dr. Ulrich Ramsauer, Vorsitzender Richter des Verwaltungtsgerichts Hamburg). Für das Scoping im Rahmen der Umweltverträglichkeitsprüfung - d.h. dem ersten Treffen der beteiligten Akteure zur Absprache der UVP - bieten sich ⇒ Mediation, ⇒ Planungszellen oder ⇒ Mehrstufige Dialogische Verfahren an. Diese Verfahren ermöglichen auch eine effiziente und transparente Bedarfsanalyse bei der Planung von Infrastrukturmaßnahmen, die überzeugender ist, als wenn ein Bedarf per Gesetz festgelegt wird, wie es der Fall bei der geplanten Magnetschwebebahn zwischen Hamburg und Berlin war. Bei Genehmigungsverfahren ist an die Durchführung einer ⇒ partizipativen Technikfolgenabschätzung zu denken, einer ⇒ Planungszelle, oder eines ⇒ kooperativen Diskurses für die Bedarfsprüfung bei Infratrukturvorhaben.

Die Übernahme der Zivil- oder Popularklage nach amerikanischem Vorbild ins deutsche Recht sollte geprüft werden. Dabei ergeben sich aber rechtssystematische Probleme insofern, als bei diesem Vorgehen die Abkehr vom bisherigen System der weitgehenden Übereinstimmung von materieller Berechtigung und Klagebefugnis die Konsequenz wäre.

Literatur/Quellen

Gebers, B.; Jülich, R.; Küppers, P.; Roller, G. (1996): Beteiligungsrechte im Umweltschutz. Öko-Institut. Freiburg Darmstadt Berlin
Holzmann, U. (1997): UVP auch für Pläne und Programme?Kommunale ökologische Briefe 19.3.1997 (6), 15
SRU (Sachverständigenrat für Umweltfragen) (1996): Umweltgutachten 1996. Wiesbaden

9.2.2
Direktdemokratische Elemente: Referendum und Initiative

Hauptstoßrichtung: Partizipation, Ausgleich und Konfliktregelung

Ausgangslage

Im Abschußdokument der Weltkonferenz für Umwelt und Entwicklung von Rio 1992 wird eine intensive Beteiligung der Bürger als Voraussetzung für die Realisierung einer nachhaltigen Entwicklung gesehen. Dies wirft die Frage nach der Notwendigkeit und dem Nutzen direktdemokratischer Elemente für eine Politik der Nachhaltigkeit auf.

Die Möglichkeit zum Engagement in Parteien entspricht zunehmend weniger den Wünschen der Bürger (Roth 1994b). Für speziell an Fragen der Umweltpolitik Interessierte ist das Angebot zur Mitarbeit in Verbänden oft interessanter. Unter dem Gesichtspunkt der Bürgerbeteiligung wird zudem eine Stärkung der innerparteilichen Demokratie angemahnt (Niclauß 1997). Darüberhinaus ist auch auf der kommunalen Ebene ein Trend zu unkonventionellen, spontanen und punktuellen Formen der Beteiligung zu beobachten (Gabriel 1989, Roth 1994a). Offenbar aus dem gleichen Grund wird die Möglichkeit, sich in Beiräten zu engagieren, wenig genutzt. Nicht zuletzt deshalb wurde inzwischen in fast allen Bundesländern auf kommunaler Ebene die Möglichkeit zu Bürgerentscheiden und Bürgerbegehren eingeführt (Luthardt 1994; Klages/Paulus 1996; Rüter 1996). Da in der Bundesrepublik erst wenige Erfahrungen mit direktdemokratischen Verfahren vorliegen (Knemeyer 1996), werden im folgenden grundlegende Aspekte und Erfahrungen aus der Schweiz referiert.

Alternativen/Optionen

Die Schweiz kann auf eine lange und relativ erfolgreiche Tradition mit direktdemokratischen Verfahren wie dem Referendum und dem Initiativrecht zurückblicken. Diese sollen exemplarisch dargestellt und im Hinblick auf ihre Vor- und Nachteile für eine Politik der Nachhaltigkeit untersucht werden.

Das Initiativrecht: Das Initiativrecht ermöglicht einer relativ kleinen Zahl von Bürgern ein staatliches Entscheidungsverfahren auf Erlaß, Änderung oder Aufhebung von Rechtsnormen in Gang zu setzen, bzw. eine solche Entscheidung anzufechten. Dem Volk wird damit ein Instrument in die Hand gegeben, das ihm erlaubt, direkt Themen in die legislativen und administrativen Prozesses einzubringen. Die Einreichung einer Initiative ist in der Schweiz (wie in den deutschen Bundesländern) an gewisse Voraussetzungen geknüpft. In der Schweiz erfordert eine Volksinitiative auf Bundesebene die Eingabe von 100.000 Unterschriften. Den Initiativen werden meist Gegenvorschläge der Exekutive entgegengestellt, entweder mit der Absicht, die Mehrheiten zu brechen bzw. einen Rückzug der Initiative zu erzwingen, oder aber, um abgemilderten Maßnahmen eine Chance zu geben.

Das Referendum: Das Referendum hat die Funktion eines Sanktions- und Kontrollinstrumentes der Bevölkerung und bildet den Abschluß eines behördlichen Entscheidungsverfahrens. In der Schweiz wird unterschieden zwischen

- dem *obligatorischem Referendum*, dem auf Bundesebene zwingend alle Verfassungsänderungen sowie bestimmte, sich nicht auf die Verfassung stützende „dringliche Bundesbeschlüsse" unterstellt sind, und
- dem *fakultativem Referendum*: Hier werden 50.000 Unterschriften nach Verabschiedung eines Erlasses benötigt (Gesetze, allgemeinverbindliche Bundesbeschlüsse und unbefristete Staatsverträge mit dem Ausland), um eine Volksabstimmung über den Erlaß einzuleiten.

Referenden und Initiativen haben einen starken Einfluß im politischen Prozeß. Sie leisten Beiträge zur Zielfindung und Willensbildung, zur Legitimierung, Implementation, Kontrolle und Konfliktmittlung, sowie zur Artikulation und Partizipation; sie decken also das gesamte Funktionsspektrum von politischen Institutionen ab. Referenden und Initiativen sind in der Verfassung als elementare politische Rechte der Bürger festgehalten. Die Akzeptanz der beiden Institutionen ist entsprechend hoch. Trotzdem fällt auf, daß Initiativen häufig abgelehnt werden. Dies geschieht allerdings oft zugunsten eines Gegenvorschlages der Exekutive, welcher in der Regel wichtige Anliegen der Initiative übernimmt. Auch die Umsetzung erfolgreicher Initiativen ist nicht immer gewährleistet. So erweist sich die 1994 überaus erfolgreiche und weiterhin auch populäre „Alpeninitiative" mittlerweile als schwierig zu realisieren, weil insbesondere die Forderung auf außenpolitische Restriktionen stößt, den Transit-Schwerverkehr auf die Schiene zu verlagern, der die Schweiz durchquert.

Wirkungen auf die politische Kommunikation: Die Beteiligungsmöglichkeiten der Bürger sind in den verschiedenen demokratischen Systemen in unterschiedlicher Weise verankert. Während in stärker repräsentativen Demokratien Mitwirkungs- und Entscheidungsmöglichkeiten durch das Prinzip der Delegation bestimmt sind, bieten stärker direktdemokratisch ausgerichtete Systeme ihren Bürgern größere formale Mitwirkungsmöglichkeiten. Letzteres wirkt sich positiv auf die Qualität öffentlicher Debatten aus (Bohnet/Frey 1994: 344). Die Bürger werden dadurch, daß Referenden zum Gegenstand von face-to-face-Diskussionen werden, insbesondere auf Gemeindeebene in die Politik einbezogen. Dabei kann ein sogenannter „Konsumnutzen" aus der politischen Betätigung entspringen (Hirschman 1989; Horbach:1992: 122f.; Kurz et al 1996: 136), hilft doch schon der Prozeß der politischen Auseinandersetzung dem Individuen bei der Klärung seiner Präferenzordnungen. Die eigene Position kann so leichter bestimmt und artikuliert werden.

Kommunikation bzw. der Austausch mit anderen interessierten Bürgern beinhaltet zudem immer die Möglichkeit, Alternativen zu finden. Direktdemokratische Elemente sollen dies unterstützen, indem sie über Initiativen und Referenden politische Themen einer breiten Öffentlichkeit zugänglich machen, damit gesellschaftliche Kommunikationsprozesse auslösen und Lern- und Suchprozesse in der breiten Basis unterstützen.

Wirkungen auf die Interessenberücksichtigung im Entscheidungsprozeß: Von direktdemokratischen Elementen werden eine Reihe von Wirkungen auf die Interessenberücksichtigung im politischen Prozeß erwartet:

- Das sogenannte „agenda-setting" (McCombs/Shaw 1972) hat einen entscheidenden Stellenwert im Prozeß der politischen Entscheidungsfindung. Wer beeinflussen kann, was auf die politische Tagesordnung gesetzt wird und was nicht, bzw. in welcher Reihenfolge dies zu geschehen hat, beeinflußt damit auch den Entscheidungsprozeß. Durch Referenden und Initiativen können die

Bürger stärker auf die Themen der politischen Tagesordnung und damit auch auf die Entscheidungen Einfluß nehmen.

• Initiativrechte ermöglichen es vor allem relativ gut organisierten Interessengruppen, durch Unterschriftensammlungen neue Vorschläge in den politischen Prozeß einzubringen, und sie machen die Ideen zudem einer breiten Öffentlichkeit zugänglich. Wie die Erfahrung in der Schweiz zeigt, werden so auch Ideen auf die politische Tagesordnung gehoben, die in der *classe politique* als tabu gelten und nicht ohne diesen Druck von außen thematisiert werden können. Wieweit dies allerdings Fragen der Nachhaltigkeit zur Durchsetzung verhilft, kann gegenwärtig noch nicht beantwortet werden.

• Referendumsrechte bewirken, daß die Entscheidungsvorbereitungsprozesse in den repräsentativen Gremien wie z.B. dem Parlament sehr viel vorsichtiger im Hinblick auf die öffentliche Meinung und immer unter Berücksichtigung eines möglichen Referendums behandelt werden. Dies kann die direkte Einflußnahme von Interessengruppen auf die Entscheidungsvorbereitung ausbalancieren (Niskanen 1993).

• Da die Wahlentscheidung nur ein Votum für ein ganzes Bündel an Maßnahmen und Positionen darstellt, wird in der Literatur vorgeschlagen, bei umweltpolitischen Entscheidungen von existentieller Bedeutung auch Volksentscheide zuzulassen (Kurz et al 1996: 150). Um für eine nachhaltige Entwicklung föderlich zu sein, setzt dies allerdings entsprechende Präferenzen in der Bevölkerung voraus. Gerade darin liegt - dies zeigt die Analyse - ein wesentliches Hindernis.

Effizienz: Die Kritik an direktdemokratischen Verfahren operiert vorwiegend mit Effizienzüberlegungen: Referenden und Initiativen sind im Hinblick auf Thematisierung und Lösung von Fragen prinzipieller Bedeutung und Reichweite konzipiert, deren Entscheidung dem Primat der Wichtigkeit und nicht dem der zeitlichen Dringlichkeit gehorchen soll. Das kurzfristige tagespolitische Geschäft fällt nicht in die Domäne der Initiative.

Angesichts der Komplexität der anstehenden Probleme bzw. ihrer Lösungen stellt sich die Frage, ob die Bürger durch direktdemokratische Verfahren überfordert werden. Als Indikator dafür wird oft die sogenannte „Stimmabstinenz" angeführt. Diese kann aber ebenso Ausdruck einer gewissen Übersättigung sein. Weder Überforderung noch Übersättigung sind notwendige Folgen direktdemokratischer Verfahren: Die Überforderung ist vielmehr die Folge der Art, wie das jeweilige Thema gesellschaftlich kommuniziert wird. Übersättigung stellt sich ein, wenn der direktdemokratische Weg vor allem zur Lösung tagespolitischer Bagatellprobleme beschritten und damit abgewertet wird - statt den direktdemokratischen Weg für Fragen von prinzipieller Bedeutung beizubehalten. Dies zeigt, daß die Einführung von Elementen direktdemokratischer Mitbestimmung alleine noch keine Garantie für eine größere Beteiligung der Bürger bieten. Vonnöten ist vielmehr ein entsprechender Politikstil.

Wirkungen auf die politische Kultur: Im Hinblick auf die Erfahrungen mit direktdemokratischen Elementen in der Weimarer Republik und die Möglichkeiten des Mißbrauchs für Demagogie wurde bei der Abfassung des Grundgesetzes bewußt darauf verzichtet, Volksabstimmungen und ähnliches in der Verfassung zu verankern. Allerdings findet sich der Hinweis, das Volk übe seinen Einfluß durch „Wahlen und Abstimmungen" aus.

Aufgrund der Erfahrungen in Ländern wie der Schweiz und der Entwicklung der politischen Kultur in Deutschland versprechen sich Befürworter einer Einführung direktdemokratischer Elemente, daß auf diese Weise

*   einer aus mangelnden Mitgestaltungsmöglichkeiten entstehenden Politikverdrossenheit begegnet werden kann,
*   Legitimationsdefizite durch sinkende Wahlbeteiligung ausgeglichen werden können und
*   eine höhere Transparenz von Entscheidungsprozessen hergestellt wird.

Empfehlungen

1. Um direktdemokratische Verfahren in der politischen Kultur zu verankern, sollten zunächst die Erfahrungen auf kommunaler und Länderebene evaluiert werden.
2. In den Bundesländern, wo Referenden und Initiativen noch nicht möglich sind, sollten diese eingeführt werden.
3. Für eine Politik der Nachhaltigkeit scheint es förderlich, wenn für Entscheidungen mit weitreichenden Auswirkungen auf die gesellschaftliche Entwicklung ein möglichst breiter Konsens gesucht wird. Für ihre Akzeptanz ist ein intensiver gesellschaftlicher Diskussions- und Abwägungsprozeß die Voraussetzung. Daher ist die verstärkte Einführung ⇒ diskursiver Verfahren der Bürgerbeteiligung auf allen politischen Ebenen ein unabdingbarer Schritt - unabhängig davon, ob direktdemokratische Formen der formalen Beschlußfassung verstärkt eingeführt werden oder nicht.

Literatur/Quellen

Bohnet, I.; Frey, B.S. (1994): Direct-democratic rules: the role of discussion. Kyklos 47, 355-383

Frey, B.S. (1994): The role of democracy in securing just and prosperous societies. Direct Democracy: Politico-economic lessons from swiss experience. American Economic Review 84 (2), 338-342

Frey, D.S. (1992). Efficiency and Democratic Political Organisation. The Case for the Referendum. Journal of Public Policy 12 (3), 209-222

Gabriel, O.W. (Hrsg.) (1989): Kommunale Demokratie zwischen Politk und Verwaltung. München

Hirschman, A.O. (1989): Having Opinions. One of the Elements of Well-Being? American Economic Review 79, 75-79

Horbach, J. (1992): Neue Politische Ökonomie und Umweltpolitik. Frankfurt a. Main New York

Klages, A.; Paulus, P. (1996): Direkte Demokratie in Deutschland. Impulse aus der deutschen Einheit. Marburg

Knemeyer, F.-L. (1996): Bürgerbegehren und Bürgerentscheid in Bayern. Modell für mehr Demokratie und Stärkung kommunaler Selbstverwaltung. Stuttgart u.a.

Luthardt, W. (1994): Direkte Demokratie. Ein Vergleich in Westeuropa. Baden-Baden

McCombs, M.; Shaw, D.L. (1972): The agenda-setting function of mass media. Public Opinion Quarterly 36, 176-187

Niclauß, K. (1997): Vier Wege zur unmittelbaren Bürgerbeteiligung. Aus Politik und Zeitgeschichte (Beilage zur Wochenzeitung 'Das Parlament') 14, 3-12

Niskanen, W.A. (1993): The reflection of a grump. Public Choice 77, 151-158

Roth, R. (1994b): Demokratie von unten. Neue soziale Bewegungen auf dem Weg zur politischen Institution. Köln.

Roth, R. (1994a): Lokale Demokratie „von unten". Bürgerinitiativen, städtischer Protest und neue soziale Bewegungen. In: Roth, R.; Wollmann, H. (Hrsg.): Kommunalpolitik. Politisches Handeln in den Gemeinden. Bonn

Rüter, G. (Hrsg.) (1996): Repräsentative oder plebiszitäre Demokratie. Baden-Baden

9.2.3
Wahlpflicht

Hauptstoßrichtungen : Partizipation, Reflexivität

Ausgangslage

Seit Ende der siebziger Jahre ist in der Bundesrepublik - wie in allen westlichen Industrieländern - ein kontinuierlicher Rückgang der Beteiligung an Bundestags-, Landtags- und Kommunalwahlen zu beobachten. Dieser wird mit einem sinkenden Interesse an politischen Fragen, mit dem Gefühl, die Teilnahme an der Wahl bleibe wegen des geringen Beitrags zum Ausgang folgenlos, mit der mangelnden Möglichkeit, über Sachfragen abzustimmen, und mit einem Rückgang der Parteienbindung erklärt.

Probleme/Herausforderungen

1. *Soziale Ungleicheit des Einflusses.* International wird festgestellt, daß eine niedrigere Wahlbeteiligung mit geringerer sozialer Repräsentativität der Wähler für die Gesamtheit der Wahlberechtigten einhergeht. Länderübergreifend rekrutieren sich die Nichtwähler überproportional aus den Reihen der Personen mit geringerer Bildung, geringerem Einkommen und geringerem Vermögen. Aus dem Zusammenhang zwischen sozioökonomischem Status und Parteipräferenz sowie zwischen Parteien und bestimmten policies ergibt sich eine plausible Beziehung zwischen ungleicher Wahlbeteiligung verschiedener Gruppen und der Stärkung bzw. Schwächung entsprechender policies (Lijphart 1997). Inwieweit diese Beziehung für eine Politik der Nachhaltigkeit von Bedeutung ist, muß derzeit allerdings offen bleiben. Zum einen gehören im internationalen Vergleich Parteienkonstellationen nicht zu den bedeutenden Faktoren für eine erfolgreiche Umweltpolitik (Jänicke/Weidner 1996; Jänicke 1997). Zum anderen könnte aus einer allerdings elitären Position heraus die geringere politische

Beteiligung sozioökonomisch schwächerer Gruppen unter Nachhaltigkeitsgesichtspunkten sogar wünschenswert erscheinen. In diesem Sinne ließe sich plausibel annehmen, daß mit der Ausbildung auch die Sensibilität gegenüber Nachhaltigkeitsfragen wächst. Diese setzen gerade eine gewisse Informiertheit voraus. Aus der Werteforschung ist zudem bekannt, daß ein positiver Zusammenhang zwischen der Höhe des Einkommens und postmaterialistischen Wertemustern besteht, bei denen Fragen der Umwelt- und Lebensqualität höher rangieren als beim Rest der Bevölkerung (Inglehart 1977 und 1990; Inglehart/Abramson 1994).

2. *Nichtwählen vermindert die Anreize zur Auseinandersetzung mit gesellschaftlichen Kernfragen.* Die Teilnahme an Wahlen ist ein wichtiger Anreiz für die Beschäftigung mit politischen Fragen. Mangelndes Interesse an Politik, Nichtwählen und Entfremdung vom politischen System verstärken einander, ein Syndrom, das besonders bei Personen mit geringerem Einkommen und geringerer Bildung zu beobachten ist. Eine nachhaltige gesellschaftliche Entwicklung kann aber nur mehrheitsfähig werden, wenn die Einsicht in die Erfordernisse und Probleme, die den erforderlichen gesellschaftlichen Wandlungsprozessen zugrundeliegen, Allgemeingut wird. Wird das Fernbleiben von der Wahlurne erst zur Gewohnheit, ist zu erwarten, daß sich auch die Anreize vermindern, sich mit den zur Entscheidung anstehenden Fragen auseinanderzusetzen, zu denen aufgrund des wachsenden Problemdrucks zunehmend Fragen nachhaltiger Entwicklung zählen werden. Dementsprechend können auch Meinungsumfragen kein geeignetes Instrument sein, die Bedürfnisse der nichtwählenden Kreise der Bevölkerung zu ermitteln und zu berücksichtigen: "Nonvoters who are asked their opinions on policy and partisan preferences in surveys are typically citizens who have not given these questions much thought, who have not been politically mobilized, and who, in terms of social class, have not developed class consciousness" (Lijphart 1997: 4).

3. *Mangelnde Integration.* Auch bei einer elitären Betrachtungsweise stellt eine geringe Wahlbeteiligung aber ein Integrationsproblem dar. Von seiten der politischen Parteien vermindern sich die Anreize, Lösungen für Probleme von Gruppen zu entwickeln und anzubieten, wenn diese die entsprechenden Angebote nicht an der Wahlurne honorieren. Die sogenannte "parties matter"-Forschung (Klingemann/Hofferbert/Budge 1994; Pappi 1995) hat zahlreiche Belege dafür gesammelt, daß unterschiedliche Parteien in der Regierungsverantwortung trotz aller systemisch bedingten Restriktionen einen Einfluß darauf haben, welche Politiken in verschiedenen Politikfeldern durchgeführt, welche Probleme als öffentliche Aufgaben anerkannt und auf welche Weise diese öffentlichen Aufgaben bearbeitet werden. Begreift man Nachhaltigkeit als Integration ökologischer, ökonomischer und sozialer Anliegen, muß geringe und sozioökonomisch verzerrte Wahlbeteiligung die Rahmenbedingungen für eine Politik der Nachhaltigkeit ungünstig beeinflussen.

Dauerhafte Abstinenz vom Wahlgang erhöht zudem die Distanz zum politischen System und vermindert damit die Legitimation weitreichender politischer

Steuerungsmaßnahmen, deren Notwendigkeit für eine Politik der Nachhaltigkeit nicht auszuschließen ist.

Alternativen/Optionen

Zur Erhöhung der Wahlbeteiligung wird seit langem eine Reihe von Vorschlägen diskutiert.

Volksabstimmungen. Um dem Gefühl mangelnden Einflusses auf Sachfragen entgegenzuwirken, wird vorgeschlagen, die Wahlmöglichkeiten über Parlamentswahlen um Abstimmungen über Sachfragen zu ergänzen (⇒ Volksabstimmungen/Referendum). Allerdings muß festgestellt werden, daß dies allein noch kein geeignetes Vorgehen ist, um sozioökonomische Verzerrungen in der Wahlbeteiligung auszugleichen. So stellt Linder (1994) z.B. für ein Referendum im März 1991 in der Schweiz eine Beteiligungslücke fest von 37 Prozent zwischen dem am besten und dem am schlechtesten ausgebildeten Teil der Wahlbevölkerung. Auch andere Untersuchungen (Mottier 1993, Farago 1996) bestätigen dies als typisches Profil bei Volksabstimmungen wie bei Parlamentswahlen. Linder (1994: 96) zieht daraus den Schluß, daß Elemente direkter Demokratie nicht gegen niedrige Wahlbeteiligung und die massive Ungleichheit zugunsten besser ausgebildeter und wohlhabenderer Bürger hilft: "especially when participation is low, the choir of Swiss direct democracy sings in upper- or middle-class tones".

Bürgerbeteiligung. Neue Formen der Bürgerbeteiligung gelten als eines der wichtigsten Mittel gegen die Entfremdung der Bürger vom politischen System. Allerdings erfordern diese Instrumente zum Teil erhebliche soziale Fertigkeiten. Tatsächlich ist die sozioökonomische Schieflage zugunsten der besser gebildeten und wohlhabenderen Bürgern bei konventionellen (Mitarbeit in Parteien und politischen Ämtern, Eingaben, Spenden usw.) und unkonventionellen Formen der politischen Beteiligung (Demonstrationen, ziviler Ungehorsam) eher noch größer als beim Wählen (Verba/Nie/Kim 1978: 286-295; Marsh/Kaase 1979: 112-126).

Beteiligungsfreundliche Gestaltung der Wahlen. Die meisten Möglichkeiten, durch geeignete Gestaltung der Wahlen die Hürden für die Teilnahme abzubauen (Lijphart 1997), sind in der Bundesrepublik bereits ergriffen: der Eintrag in ein Wählerregister ist nicht eigens notwendig, eine Sitzverteilung, die weitgehend proportional der Verteilung der abgegebenen Stimmen folgt, ermutigt auch Anhänger von Minderheitsparteien zur Teilnahme, die Wahlen finden am Wochenende statt und sind im Vergleich zur Häufigkeit der Volksabstimmungen in der Schweiz relativ selten - und zunehmend werden die in den Augen vieler Wähler weniger bedeutsamen Kommunal- und zum Teil auch Landtagswahlen mit dem Termin der Bundestagswahlen zusammengelegt. Dennoch sinkt die Wahlbeteiligung auf allen Ebenen weiter.

Wahlpflicht. Wahlpflicht stellt den stärksten institutionellen Einflußaktor auf die Wahlbeteiligung dar. Lijphart (1997: 8-10) kann auf der Basis einer Fülle von Wahlstudien zeigen, daß unabhängig von soziokulturellen und ökonomischen

Faktoren das Bestehen einer Wahlpflicht geeignet ist, eine Wahlbeteiligung von über 90% sicherzustellen und damit die Probleme, die mit niedrigen Wahlbeteiligungen verbunden sind, weitgehend auszugleichen.

Erstaunlich ist dabei, daß dieser Effekt auch erreicht werden kann, wenn die Wahlpflicht gering bewehrt ist und der Katalog der zu akzpetierenden Entschuldigungen (der Ausnahmetatbestände) großzügig gestaltet wird. Damit kann der Einwand, Wahlpflicht stelle einen unangemessenen Eingriff in die persönliche Freiheit dar, als unangemessen zurückgewiesen werden. Lijphart (1997: 11) weist außerdem darauf hin, daß von der Pflicht zur Abgabe eines Votums nicht gesprochen werden kann, da der Wahlvorgang selbst natürlich weiterhin geheim bleibt. Faktisch besteht nur die Pflicht, am Wahltag im Wahllokal zu erscheinen oder an der Briefwahl teilzunehmen (und sei es per ungültiger Stimme, die die Funktion der Wahlenthaltung übernehmen würde). Offenbar sind geringe Anreize ausreichend, das Kalkül der Wahlberechtigten (Pappi 1995) im Sinne der Teilnahme an einer Wahl zu beeinflussen, auch wenn die Erfolgsaussicht einer einzelnen Stimme gering ist.

Empfehlungen

Im Sinne dieser Ausführungen empfehlen wir die Einführung einer Wahlpflicht mit geringer Bewehrung, z.B. in Höhe der Strafgebühren für Falschparken.

Literatur/Quellen

Farago, P. (1996): Wahlen 95. Zusammensetzung und politische Orientierungen der Wählerschaft an den eidgenössischen Wahlen 1995. Bern

Inglehart, R. (1977): The Silent Revolution. Changing Values and Political Styles Among western Publics. Princeton/NJ

Inglehart, R. (1990): Culture Shift in Advanced Industrial Society. Princeton/NJ

Inglehart, R.; Abramson, P.R. (1994): Economic Security and Value Change. American Political Science Review 88, 336-354.

Jänicke, M. (1997): The Political System's Capacity for Environmental Policy In: Jänicke, M.;Weidner, H. (Hrsg.): National Environmental Policies. A Comparative Study of Capacity-Buildung. Berlin

Jänicke, M.; Weidner, H. (Hrsg.) (1995): Successful Environmental Policy. A Critical Evaluation of 24 Cases. Berlin u.a.

Jänicke, M.; Weidner, H. (Hrsg.) (1997): National Environmental Policies. A Comparative Study of Capacity-Buildung. Berlin u.a.

Kaase, M.; Klingemann, H.-D. (1994): Wahlen und politisches System. Analysen aus Anlaß der Bundestagswahl 1990. Opladen

Klingemann, H.-D.; Hofferbert, R.I.; Budge, I. (1994): Parties, Policies, and Democracy. Boulder u.a.

Lijphart, A. (1996): Unequal Participation. Democracy's Unresolved Dilemma. American Political Science Review 91, 1-14

Linder, W. (1994): Swiss Democracy. Possible Solutions to Conflict in Multicultural Societies. New York

Marsh, A.; Kaase, M. (1979): Background of Political Action. In: Barnes, S.H.; Kaase, M. (Hrsg.): Political Action. Mass Participation in Five Western Democracies. Beverly Hills

Mottier, V. (1993): La structuration sociale de la participation aux votations féderales. In: Kriesi, H. (Hrsg.): Citoyenneté et démocratie directe. Compétence, participation et décision des citoyens et citoyennes suisse. Zürich

Pappi, F.U. (1995): Zur Anwendung von Theorien rationalen Handelns in der Politikwissenschaft. In: Beyme, K.v.; Offe, C. (Hrsg.): Politische Theorie in der Ära der Transformation. PVS-Sonderheft 26, Opladen

Verba, S.; Nie, N.H.; Kim, J.-O. (1978): Participation and Political Equality: A Seven-Nation Comparison, Cambridge

9.3
Diskursive Beteiligungsmodelle

Umfaßt die Institutionen:

1. Mediation
2. Planungszellen/Bürgergutachten
3. Partizipative Projektentwicklung nach dem Energie-Tisch-Modell
4. Mehrstufige Dialogische Verfahren
5. Stadt- und Verkehrsforen
6. Weitere diskursive Verfahren

9.3.1
Mediation

Hauptstoßrichtung: Partizipation; Ausgleich- und Konfliktregelung

Ausgangslage

Seit den Anfängen einer politischen und administrativen Behandlung der ökologischen Thematik vor knapp drei Jahrzehnten ist in allen Industrieländern ein stetiges Anwachsen der Auseinandersetzungen mit einer ökologischen Konfliktdimension zu beobachten. „Nahezu jede größere privatwirtschaftliche und öffentliche Aktivität wird ökologisch thematisiert – und hat dann gute Chancen, zu einer unendlichen Streitgeschichte zu werden" (Weidner 1996b: 139). Umweltbezogene Konflikte beschäftigen nicht nur die Gerichte - sie stellen auch zunehmend eines der wichtigsten Themenfelder für politischen Protest dar (Rucht 1996: 76).

Probleme/Herausforderungen

Ökologische Konflikte zeichnen sich dadurch aus, daß die Wirkungsketten oft sehr indirekt und durch Synergie- und Akkumulationseffekte gekennzeichnet sind (oder diese zumindest befürchtet werden). Daher sind mögliche ökologische Schädigungen oft nur schwer erkennbar oder treten mit zeitlicher Verzögerung auf. Zu den daraus entstehenden Problemen beim Nachweis ökologischer Gefährdungen oder Schädigungen kommt hinzu, daß in einer wettbewerblichen Wirtschaftsordnung die Untersagung einer wirtschaftlichen Aktivität den Nachweis schwerwiegender Verletzungen anderer Rechtsgüter oder gesellschaftlicher Werte erfordert. Gegner von Projekten und Anlagen sind daher zur Dramatisierung geradezu gezwungen. Die sachliche und zeitliche Komplexität möglicher Beeinträchtigungen Dritter wird in soziale Komplexität übersetzt, die sich aus zwei Komponenten speist:

• Eine große Zahl von Personen, die sich angesichts schwer nachvollziehbarer und bei neuen Technologien nicht vollständig prognostizierbarer Wirkungen beeinträchtigt fühlt;
• Eine Diffusität der Ansatzpunkte, da es an Institutionen fehlt, die bei der Thematisierung möglicher ökologischer Beeinträchtigungen eine routinemäßige Reduktion von Komplexität erlauben, etwa durch klar definierte individuelle Rechtsgüter.

Alternativen/Optionen

In den letzten Jahren hat sich in verschiedenen westlichen Ländern, insbesondere in den USA, eine Reihe von Verfahren der sogenannten „alternativen Konfliktregelung" herausgebildet. „Alternativ" bedeutet dabei nicht, daß durch solche Verfahren bestehende formalisierte Entscheidungsverfahren ersetzt werden sollen. Vielmehr handelt es sich um Ergänzungen der herkömmlichen politischen Kommunikations- und Entscheidungsprozesse, die im Falle von Interessenkonflikten, die nicht im Vorwege kooperativ in Verhandlungssystemen oder Politiknetzwerken beigelegt werden können, einen „dritten Weg zwischen Konfrontation und förmlichen Verfahren" darstellen können (Weidner 1996: 222). Das „klassische" Instrument alternativer Konfliktregelung ist die Mediation, die mittlergestützte partizipative Verhandlung.

Mediationsverfahren (Holznagel 1990; Barbian/Zilleßen 1992; Gaßner/ Holznagel/Lahl 1992; Claus/Wiedemann 1994; Mediator GmbH 1996, Holzinger/ Weidner 1996) sind Verfahren,

• „an denen zwei oder mehrere Streitparteien freiwillig teilnehmen mit dem Ziel,
• in einem gesitteten und direkten („face-to-face") Kommunikationsprozeß ihre Differenzen gemeinsam zu erkunden,
• Informationslücken zu füllen,
• Handlungsspielräume auszuloten und über sie zu verhandeln sowie
• zu einer von allen Teilnehmern entwickelten und getragenen „Lösung" in Form einer schriftlichen oder mündlichen Vereinbarung zu kommen, die vertragsrechtlich abgesichert werden kann, aber nicht muß.

Hierbei werden sie von einer neutralen vermittelnden Person (dem Mediator oder der Mediatorin) unterstützt, deren Hauptaufgabe in der Gestaltung und Durchführung eines fairen Verfahrens liegt, in dem alle für den Konfliktfall relevanten Gruppen - also auch solche, die in förmlichen Verfahren nur schwache oder keine Beteiligungsrechte hätten - durch Personen mit Verhandlungskompetenz repräsentiert sein sollen." (Weidner 1996a: 211)

Als *Vorteile* der Mediation gelten (Weidner 1996a: 216f):

• Die Erweiterung der behandelten Themen um ansonsten vernachlässigte Gesichtspunkte.

- Die Regelung von Konflikten in einer Form, die den gewandelten Werten besser entspricht.
- Rationalisierungseffekte durch die Möglichkeit, eingebrachte Argumente einer direkten Prüfung durch alle Anwesenden zu unterziehen.
- Die Stimulierung von kreativen Problemlösungen.
- Die Stabilisierung von getroffenen Vereinbarungen durch moralische Selbstbindung der Beteiligten.
- Die „Verbreiterung und Vertiefung gesellschaftlicher Partizipation durch aktive Mobilisierung von üblicherweise ausgeklammerten Interessen- und Betroffenengruppen" (Weidner 1996a: 217).

Diesen Vorteilen werden folgende *Nachteile* gegenübergestellt (Weidner 1996a: 218):

- Begrenzte Standardisierbarkeit.
- Dadurch geringe Prognostizierbarkeit für die Beteiligten und hohes „Diskursrisiko".
- Große Abhängigkeit der Erfolgsaussichten von der Person des Mediators.
- Hoher Aufwand.

Diese Nachteile relativieren sich jedoch, wenn man bedenkt, daß die ersten beiden Punkte das Spiegelbild der Vorteile hoher Flexibilität sind. Abhängigkeit von Personen besteht auch bei anderen politischen Prozessen, ja selbst bei rechtsförmigen Verfahren kann man sich nicht immer des Eindrucks erwehren, daß Zusammenhänge zwischen der personellen Besetzung und dem materiellen Ergebnis bestehen. Stichhaltig ist der Hinweis auf den hohen Aufwand, den ein gründlich vorbereitetes und durchgeführtes Mediationsverfahren mit vielen Beteiligten erfordert (nach aller Erfahrung sind bei Standortkonflikten um die 40 Interessengruppen einzubeziehen). Dieser ist nur zu rechtfertigen, wenn wichtige Probleme anders nicht gelöst werden können (Auflösung von verfahrenen Situationen) oder durch Mediation noch aufwendigere Verfahren der Konfliktregelung, insbesondere langwierige gerichtliche Auseinanderstzungen, vermieden werden können. Bei dieser Kalkulation ist zu berücksichtigen, daß Mediation in der Regel zwischen Beteiligten Anwendung findet, die in einer dauerhaften Beziehung zueinanderstehen (Nachbarn, Anwohner, Geschäftspartner), für die eine konsensuale Streitbeilegung im allgemeinen „bekömmlicher" ist als die konfliktförmige Auseinandersetzung vor Gericht, die auf das Gewinnen oder Verlieren in der Sache zielt und - wenn es nicht zum Vergleich kommt - auf die Pflege der Beziehungen zwischen den Konfliktparteien wenig Rücksicht nehmen kann.

Rechtliche und demokratietheoretische Bedenken (Jänicke 1996a) verlieren an Bedeutung, wenn man berücksichtigt, daß verhandlungsbasierte Konfliktregelung die förmlichen Verfahren nicht ersetzen soll und die Ergebnisse weiterhin rechtlich nachprüfbar bleiben.

Eine Kontroverse besteht derzeit darüber, ob rechtliche Regelungen zur Standardisierung von Mediationsverfahren eingeführt werden sollen oder nicht (AGU 1994; Dally/Wiedner/Fietkau 1993). Gegner einer solchen Regulierung wenden ein, daß durch detaillierte Regelungen gerade die Vorteile der flexiblen und informellen Handhabe beeinträchtigt würden, zumal der Weg der gerichtlichen Überprüfung der Ergebnisse und des Verfahrens auf Rechtmäßigkeit ohnehin offen steht.

Empfehlungen

Um die Vorteile von Mediationsverfahren als flexible und informelle Ergänzungen zu den Kern-Institutionen des politisch-administrativen Systems zu erhalten, sollte von einer rechtlichen Regulierung des Mediationssektors abgesehen werden. Zur Weiterentwicklung dieses Instruments erscheint Wettbewerb sinnvoller als Regulierung. Insbesondere könnten auf diese Weise Wege gefunden werden, die den erheblichen Aufwand solcher Verfahren reduzieren. Mediationsverfahren haben aber gerade die Bearbeitung bestehender Konflikte zum Gegenstand, die auf konventionellem Wege keiner befriedigenden Lösung zugeführt werden konnten. Deshalb ist eine wesentliche Beschleunigung in Fällen der Streiterledigung kaum realistisch, weil das Einlenken der Konfliktgegner schon aus psychologischen Gründen Zeit benötigt.

Zu beachten ist, ob in Einzelfällen und vorbeugend weniger aufwendige Alternativen zu Mediationsverfahren eingesetzt werden können. Zu denken ist insbesondere an Verfahren, die darauf zielen, einen informierten common sense in Konflikte einzubringen, Referenzpositionen zu entwickeln und die Konfliktparteien auf dem Umweg über die öffentliche Meinung zu beeinflussen, wie ⇒ Planungszellen, ⇒ Mehrstufige Dialogische Verfahren und ⇒ weitere diskursive Verfahren.

Literatur/Quellen

Barbian, T.W.J.; Zilleßen, H. (1992): Neue Formen der Konfliktregulierung in der Umweltpolitik. Aus Politik und Zeitgeschichte (Beilage zur Wochenzeitung 'Das Parlament') 39-40, 14-23

Claus, F.; Wiedemann, P.M. (Hrsg.) (1994): Umweltkonflikte. Vermittlungsverfahren zu ihrer Lösung. Taunusstein

Dally, A.; Weidner, H.; Fietkau, H.-J. (1993): Mediation als politischer und sozialer Prozeß. Loccumer Protokolle 73, Rehburg-Loccum

Gaßner, H.; Holznagel, B.; Lahl, U. (1992): Mediation. Verhandlungen als Mittel der Konsensfindung bei Umweltstreitigkeiten. Bonn

Holzinger K.; Weidner, H. (Hrsg.) (1996): Alternative Konfliktregulierungsverfahren bei der Planung und Implementation großtechnischer Anlagen. Discussion paper FS II 96-301, Wissenschaftszentrum Berlin für Sozialforschung, Berlin

Holznagel, B. (1990): Konfliktlösung durch Verhandlungen. Aushandlungsprozesse als Mittel der Konfliktverarbeitung, Baden-Baden

Jänicke, M. (1996a): In: Holzinger K.; Weidner, H. (Hrsg.) (1996): Alternative Konfliktregulierungsverfahren bei der Planung und Implementation großtechnischer Anlagen. Discussion paper FS II 96-301, Wissenschaftszentrum Berlin für Sozialforschung, Berlin

Mediator GmbH (1996): Mediation in Umweltkonflikten. Verfahren kooperativer Problemlösungen in der BRD. Oldenburg

Rucht, D. (1996): Protest in der Bundesrepublik. Ein Überblick In:Feindt, P.H.; Gessenharter, W.; Birzer, M.; Fröchling, H. (Hrsg.) (1996): Konfliktregelung in der offenen Bürgergesellschaft. Dettelbach

Weidner, H. (1996): Basiselemente einer erfolgreichen Umweltpolitik. Eine Analyse und Evaluation der Instrumente der japanischen Umweltpolitik. Berlin

Weidner, H. (1996a): Freiwillige Kooperationen und alternative Konfliktregelungsverfahren in der Umweltpolitik. Auf dem Weg zum ökologisch erweiterten Neokorporatismus? In: van den Daele, W.; Neidhardt, F. (Hrsg.): Kommunikation und Entscheidung. Politische Funktionen öffentlicher Meinungsbildung und diskursive Verfahren. WZB-Jahrbuch 1996. Berlin

Weidner, H. (1996b): Umweltmediation.Entwicklung und Erfahrung im In- und Ausland. In: Feindt, P.H.; Gessenharter, W.; Birzer, M.; Fröchling, H. (Hrsg.) (1996): Konfliktregelung in der offenen Bürgergesellschaft, Dettelbach

9.3.2
Planungszellen/Bürgergutachten

Hauptstoßrichtung: Partizipation, Reflexivität

Ausgangslage

In der Bundesrepublik gibt es, vor allem auf der kommunalen Ebene, eine große Bandbreite an Beteiligungsrechten - von Elternbeiräten in den Schulen bis hin zur Anwohnerbeteiligung bei Planungsverfahren. Der "Erfinder" der Planungszelle, Peter C. Dienel, stuft diese Beteiligungsformen jedoch nicht als wirkliche Bürgerbeteiligung, sondern als Betroffenenbeteiligung ein.

Probleme/Herausforderungen

Ein Verfahren, das es den Teilnehmern erlaubt, eine aktive Bürgerrolle einzunehmen, müßte Bürgern folgende Lerneffekte ermöglichen (Dienel 1992: 79):

• Artikulation von Eigeninteressen,
• langfristig im Interesse der Allgemeinheit denken können,
• Systemvertrauen,
• bürgernotwendiges Verfahrenswissen.

Die herkömmlichen Formen der Öffentlichkeits- und Betroffenenbeteiligung in Planungs- und Genehmigungsverfahren ermöglichen im allgemeinen nur die Artikulation von Eigeninteressen und setzen die Fähigkeit dazu bereits voraus, ebenso wie das bürgernotwendige Verfahrenswissen. Die Wahrnehmung des Allgemeininteresses obliegt nach orthodoxer Auffassung der Verwaltung, die faktisch aber aufgrund der Praxis informeller Vorabsprachen mit Vorhabenträgern von Einwendern zumeist als Partei wahrgenommen wird (Gaßner u.a. 1992). Unter der daraus entstehenden regelmäßigen Frustration leidet auf Dauer das Systemvertrauen.

Der Einsatz von ⇒ Mediationsverfahren gleicht zwar ungleichgewichtige Artikulationsfähigkeiten aus und hilft bei der Bildung von Verständnis für die Per-

spektive der anderen Parteien. Eine langfristige Allgemeinwohlorientierung kann
davon aber noch nicht erwartet werden. Plakativ ausgedrückt, ist die Summe der
Partialinteressen noch nicht mit dem Gemeinwohl gleichzusetzen. Mediation
bleibt Betroffenenbeteiligung, weil die Teilnehmer andere als ihre eigenen Interessen nur soweit einzubeziehen brauchen, wie ihnen dies bei der Entdeckung von
Lösungen zum gegenseitigen Vorteil hilft.

Alternativen/Optionen

Das Modell der Planungszelle (Dienel 1992, 1996) ermöglicht es, durch die Kombination einer Reihe von Merkmalen einen Diskussions- und Beratungsprozeß in
Gang zu setzen, der sich - typisiert ausgedrückt - am langfristigen Gemeinwohl
unter Berücksichtigung aller möglicherweise Betroffenen anstatt am Kompromiß
unter Anwesenden orientiert.

Eine Planungszelle setzt sich daher nicht aus Interessenvertretern zusammen,
sondern aus einer Gruppe von etwa 25 Bürgern, die nach einer geschichteten
Zufallsauswahl zusammengesetzt sind und für begrenzte Zeit, meistens drei bis
vier Tage, von ihren arbeitstäglichen Verpflichtungen freigestellt worden sind,
um, assistiert von Prozeßbegleitern und informiert von Fachleuten, Lösungen für
vorgegebene Planungsprobleme zu erarbeiten (Dienel 1992: 74; Dienel 1996:
116). Ihre Bewertungen und Lösungsvorschläge fassen sie in einem
"Bürgergutachten", einer schriftförmigen, vorlagegeeigneten Zusammenfassung
von Bewertungen und Lösungsvorschlägen" (Dienel 1996: 280) zusammen.

Die Arbeit der Planungszelle verläuft vorwiegend in fünfköpfigen Kleingruppen mit wechselnder Besetzung. Die Ergebnisse sollen nach Möglichkeit im Konsens aller Teilnehmer verabschiedet werden. Ansonsten besteht die Möglichkeit
zu Minderheitsvoten (Gessenharter u.a. 1994). Infolge der Konsensorientierung
muß jeder Vorschlag durch fünf "Köpfe hindurch", ehe er dem Plenum vorgestellt
wird. Die Folge ist, daß ein intensiver Informationsverarbeitungsprozeß in Gang
gesetzt wird. Dadurch, daß die Teilnehmer weder einer organisatorischen Basis
noch in persona der Öffentlichkeit Rede und Antwort stehen müssen, ensteht ein
problemlösungs- und gemeinwohlorientierter Kommunikationsprozeß, der weniger auf Kompromiß als auf einen begründeten Konsens zielt. Auf diese Weise soll
ein infomierter common sense hergestellt werden. Die Grundfrage einer Planungszelle ist: Wie könnte eine informierte öffentliche Meinung zu einer Fragestellung aussehen (vgl. Feindt 1997)? Tatsächlich ist in Planungszellen regelmäßig
zu beobachten, daß die Teilnehmer im Gespräch sehr schnell eine Gemeinwoho-
rientierung verfolgen und zur kreativen Entwicklung entsprechender Empfehlungen gelangen.

Das Anliegen und die Wirkung, eine informierte öffentliche Meinungsbildung
zu ermöglichen, hat die Planungszelle mit zwei angelsächsischen Verfahren gemeinsam. Den Verlauf einer *citizen's jury* (Coote/Kendall/Stewart 1995) kann
man sich ähnlich vorstellen wie die legendäre Fernsehsendung „Pro und Contra":
Ihre Teilnehmer setzen sich wie ein Geschworenengericht aus ausgelosten Bürger

zusammen, denen Sachverständige und Vertreter von Interessengruppen ihre Konzepte zu einer Sachfrage vorlegen. Anders als bei der Planungszelle geht es nicht um die Entwicklung eines komplexen Lösungsvorschlags. Vielmehr sind im Vorwege zwei oder mehr Alternativen ausformuliert, zwischen denen die Jury abstimmt.

Das *Modell der deliberative opinion polls* (Fishkin 1995) zielt darauf, direkt das allgemeine gesellschaftliche Reflexionsniveau zu erhöhen, indem durch Fernsehübertragungen die Massenöffentlichkeit einbezogen wird. Dabei werden ca. 300 repräsentativ zusammengesetzte Bürger für ein Wochenende zusammengeholt. Die Teilnehmer werden zunächst in Kleingruppen trainiert, ihre Anliegen und Fragen zu formulieren. Danach haben sie Gelegenheit, Fachleute, politische Akteure oder andere Proponenten ins Kreuzverhör zu nehmen. Am Ende des Wochenendes wird wiederum ein Votum der Jury, vor allem aber mittels Fragebögen und Interviews ein detailliertes Meinungsbild ermittelt. Hier handelt es sich also um eine Mischung aus diskursiver Bürgerbeteiligung und Demoskopie.

In der Bundesrepublik und anderen Ländern sind bereits hunderte von Planungszellen durchgeführt und bisher etwa zwanzig Bürgergutachten erstellt worden, in denen im Einzelfall die Arbeit von bis zu 20 Planungszellen zusammengefaßt wurden (Dienel 1996: 116-119; Stiftung Mitarbeit 1996: 44). Planungszellen/Bürgergutachten sind dabei nicht nur als „Bürgerplanung" im kommunalen Bereich der Planerstellung und der Stadtentwicklung zum Einsatz gekommen, sondern auch auf regionaler Ebene bei der Standortfindung für Restabfallverwertungsanlagen (Carius und andere 1997, Akademie für Technikfolgenabschätzung 1994; 1995/96; 1996) und auf nationaler Ebene bei der Technikfolgenabschätzung und der Technikbewertung (Kernergie, soziale Folgen neuer Telekommunikationstechniken; vgl. Renn 1986). Die spektakulärste Konfliktregelung war die Ermöglichung eines Autobahnbaus im Baskenland, der jahrzehntelang durch die Konfrontation zwischen der Zentralregierung in Madrid und der separatistischen baskischen Partei unmöglich gewesen war.

Citizen's juries sind wiederholt in England vor allem im Bereich der Gesundheitsversorgung, deliberative opinion polls in den USA und England, mehrfach mit ausführlichen Live-Übertragungen im Fernsehen, unter anderem zur Kriminalitätsbekämpfung und zur Beurteilung von Kandidaten durchgeführt worden. Der neugewählte englische Premierminister Blair hat vor seiner Wahl den Einsatz von citizen's juries im Bereich der Gas-, Wasser- und Elektrizitätsversorgung angekündigt (The Times vom 28.Oktober 1996: 2).

Empfehlungen

Um nachhaltigkeitshemmende Politikblockaden aufzulösen, erscheint es als ein vielversprechender Weg, Bürgergutachten zu erstellen, so z.B. bei der Bauleitplanung, der Erstellung von Bebauungsplänen, bei der Standortfindung für „LULUs" (locally unwanted land uses, wie zum Beispiel Müllverbrennungsanlagen) und bei der Überprüfung von Policies in staatsnahen Sektoren wie Energie, Landwirtschaft, Bau und Verkehr. Daher wird empfohlen, ein Förderprogramm aufzulegen zur Teilfinanzierung von Bürgergutachten mit lokalen und regionalen Fragestellungen. Außerdem sollten in den Bundes- und Landesministerien für Energie, Landwirtschaft, Bau und Verkehr Bürgergutachten zu der Frage erstellt werden, wie diese Politikbereiche im Sinne einer integrativen Politik der Nachhaltigkeit gestaltet werden könnten.

Literatur/Quellen

Akademie für Technikfolgenabschätzung in Baden-Württemberg (1994): Bürgerbeteiligung an der Abfallplanung für die Region Nordschwarzwald. Bürgergutachten Teil I: Restabfallmengenprognose. Band 1: Empfehlungen. Band 2: Dokumente. Stuttgart
Akademie für Technikfolgenabschätzung in Baden-Württemberg (1995/96): Bürgerbeteiligung an der Abfallplanung für die Region Nordschwarzwald. Bürgergutachten Teil II: Technik der Restabfallbehandlung. Band 1: Empfehlungen. Band 2: Dokumente. Stuttgart
Akademie für Technikfolgenabschätzung in Baden-Württemberg (1996): Bürgerbeteiligung an der Abfallplanung für die Region Nordschwarzwald. Bürgergutachten Teil III: Standortauswahl. Band 1: Empfehlungen. Stuttgart
Carius, R. et al. (1997): Bürger gestalten ihre Region. Am Beispiel der Bürgerbeteiligung an der Abfallplanung für die Region Nordschwarzwald In: Birzer / Feindt / Spindler (Hrsg.): Nachhaltige Stadtentwicklung. Bonn, S. 73-84.
Dienel, P.C. (1992): Die Planungszelle. Eine Alternative zur Establishment-Demokratie. 3. Auflage. Opladen
Dienel, P.C. (1996): Das "Bürgergutachten" und seine Nebenwirkungen. In:Feindt, P.H.; Gessenharter, W.; Birzer, M.; Fröchling, H. (Hrsg.) (1996): Konfliktregelung in der offenen Bürgergesellschaft. Dettelbach
Fishkin, J. (1995): The Voice of the People. New Haven u.a.
Gaßner, H.; Holznagel, B.; Lahl, U. (1992): Mediation. Verhandlungen als Mittel der Konsensfindung bei Umweltstreitigkeiten. Bonn
Gessenharter, W.; Birzer, M.; Feindt, P.H.; Fröchling, H.; Geismann, U.M. (1994): Zusammenleben mit Ausländern. Eine empirische Studie. Hamburg
Stiftung Mitarbeit (1996): Bürgergutachten ÜSTRA, Bonn

9.3.3
Partizipative Projektentwicklung nach dem Energie-Tisch-Modell

Hauptstoßrichtung: Partizipation

Ausgangslage

In der Diskussion um Nachhaltigkeit wird der kommunalen Ebene ein deutliches Gewicht zugemessen, was nicht zuletzt durch die Agenda 21 verdeutlicht wurde (vgl. UNCED 1992). Seit der Verabschiedung dieses Dokuments sind eine Reihe von Prozessen und Initiativen zu verzeichnen, die die Umsetzung in konkrete Handlungsschritte vorantreiben. Die konkreten Ziele und Projekte sind aufgrund der sektoralen und räumlichen Differenz unterschiedlicher Räume lokal und regional zu entwickeln. Kommunen gelten als Vorreiter der Nachhaltigkeit und

Werkstatt für innovative Lösungen. Die Berichte des Sachverständigenrats nennen konkrete Beispiele (SRU 1996). Zahlreichen dieser Aktivitäten ist gemeinsam, daß in ihnen - gemäß der Zielsetzung der Agenda 21 - Kommunen gemeinsam mit ihren Bürgern nach Formen der Umsetzung suchen und diese in Prozessen mit möglichst großer Bürgerbeteiligung realisieren.

Probleme/Herausforderungen

Bei den derzeit zahlreichen Aktivitäten lassen sich zwei Problemfelder identifizieren: Zum einen werden bei der Vielzahl lokaler Initiativen mögliche Synergieeffekte vernachlässigt. Da es keinen umfassenden Überblick über die einzelnen Projekte gibt, sind fruchtbare Vernetzungen eher die Ausnahme, als die Regel. Zum zweiten ist in vielen Fällen eine recht schwach ausgeprägte Offenheit für partizipative Verfahren zu beobachten. Kommunen nutzen vielfach das vorhandene Potential ihrer Bürger in nur geringem Maße. Wichtige Akteure werden nicht direkt, oder zu spät angesprochen. Häufig wird eher Werbung denn Kommunikation betrieben und Projekte „von oben" durch die Stadt vorgegeben. Immer wieder gibt es auch pseudo-partizipative Ansätze, die keine echte Einbeziehung der Akteure erreichen, sondern oft „Stammtischcharakter" haben.

Die Einbeziehung möglichst breiter Kreise und die Einrichtung regelmäßiger und transparenter Diskursformen hat sich hingegen bei als erfolgreich einzuschätzenden Kooperationsformen als hilfreich, wenn nicht gar essentiell für die Umsetzung der Projekte erwiesen. Gleichzeitig muß aber gewährleistet sein, daß besser organisierte gesellschaftliche Partialinteressen keine Dominanz erlangen und die politischen Entscheidungsträger gegebenenfalls auch Maßnahmen und Projekte durchsetzen können, die nicht bei allen Betroffenen auf Beifall stoßen.

Option

Aus der Analyse des Erfolgs und Mißerfolgs verschiedener partizipativer Konzepte wurde das Vorgehen von „Energie-Tischen" zur Implementierung von Energiemanagement-Strukturen entwickelt (Meister/Pinkepank/Staudacher 1996b). Das Beispiel der Energie-Tische, das auch auf andere Themenstellungen bezogen werden kann, bietet einen Ansatzpunkt, wie die beschriebenen Defizite mit bereits heute geltenden gesetzlichen Regeln systematisch angegangen werden und darüber hinaus zu konkreten Ergebnissen führen können. Die Energie-Tische (ET) in Städten, Kreisen und Gemeinden sind Kern der "Bundesweiten Kampagne zur CO_2-Vermeidung bei Kommunen und Verbrauchern". Die Kampagne startete im Frühjahr 1995 mit ET in den drei Pilotstädten: Heidelberg, Bensheim und Dessau. Die Arbeit der Pilot-ET wurde von der Deutschen Bundesstiftung Umwelt gefördert. Im September 1996 begann die zweijährige Modellphase der Kampagne, in der weitere zwanzig Kommunen in der Bundesrepublik ET einrichten. Im Anschluß sind bundesweit ET geplant.

Der ET überträgt als ein alternatives Verfahren der Konfliktregelung Erfahrungen von ähnlichen Methoden - zum Beispiel von Qualitätszirkeln in Unternehmen auf das kommunale Umwelt- bzw. Klimaschutzmanagement (vgl. b/Pinkepank/Staudacher 1996). Er ist daher kein „runder Tisch", sondern eine Methode zur ergebnisorientierten partizipativen Projektentwicklung. Ein ET ist damit eine konkrete Maßnahme, um Bürgerbeteiligung im Rahmen des in Rio 1992 konzipierten Prozesses zur lokalen Agenda 21 umzusetzen. An ET erarbeiten Bürger zusammen mit Experten kooperative Projekte zur CO_2-Reduzierung in ihrer Stadt. Sie erhalten dabei Unterstützung durch professionelle Moderation und Prozeßbegleitung. ET haben als partizipative Verfahren der Verwaltungsarbeit und der kooperativen Projektentwicklung Modellcharakter, ihre Kernbausteine sind:

• Einbindung relevanter Gruppen („stakeholder" und Multiplikatoren).
• Sicherung einer hohen Akzeptanz der Maßnahmen durch Konsensverfahren.
• Aufbau lokaler Kompetenz.
• Doppelseitige Legitimation: Die Kommune tritt einerseits als Auftraggeber auf, andererseits sichert die Einbindung der Bürgerinteressen den Aufbau einer breiten Legitimationsbasis.
• Doppelseitige Verbindlichkeit: Auf der einen Seite sichert das städtische Mandat die Relevanz der ET-Ergebnisse, auf der anderen Seite fordert die breite öffentliche Akzeptanz eine Umsetzung ein.

Neu bezüglich des verwaltungspolitischen Handelns ist die Abkehr vom klassischen top-down Verwaltungshandeln. Bei den ETs ist die Verwaltung eine Partei neben der Handwerkskammer, den Architekten etc. Der problemorientierte Austausch mit der Bevölkerung sichert kontextgerechte Maßnahmen mit hohem Wirkungsgrad, während die Entscheidung bei den politisch legitimierten Entscheidungsträgern verbleibt. Allerdings haben die im ET erarbeiteten Maßnahmen eine faktische Verbindlichkeit, deren Ablehnung entsprechend zu begründen ist. Dies als auftraggebende Kommune zu akzeptieren, ist eine wesentliche Erfolgsbedingung des ET. Ein weiterer wichtiger Erfolgsfaktor ist die professionelle und vor allem externe Moderation und Projektleitung. Sie ist notwendig, da die Kommune selbst in vielerlei Rollen (Auftraggeber, Genehmigungsbehörde etc.) in potentielle Projekte eingebunden ist, was eine neutrale Moderation unmöglich macht. Weitere wichtige Faktoren für ein erfolgreiches partizipatives Konsensverfahren sind:

• Klare Zielsetzung und zeitliche Befristung.
• Prozeßbegleitende intensive Presse- und Öffentlichkeitsarbeit.
• Anknüpfung an die Situation vor Ort.
• Ein an der Problemlösung orientiertes Arbeiten.

Die Kampagne hat mit ihren ET zum Ziel:

- Kommunal und bundesweit eine größere öffentliche Resonanz und eine stärkere Partizipation der Bürger und Verbraucher für das Thema Klimaschutz zu erreichen.
- Bürger und Kommunen im direkten Dialog zu verdeutlichen, wie sie in eigener Verantwortung Energie sparen können.
- Das in Leitfäden und Handbüchern erarbeitete Wissen für die breitere Umsetzung den örtlichen Akteuren verfügbar zu machen.
- Auch die nicht in Aktionsbündnissen organisierten Kommunen einzubeziehen, damit sie von den Erfahrungen anderer Kommunen profitieren können.
- Den Bürgern zu zeigen, daß die Kommune sie in Entscheidungen einbindet. Damit schafft der ET Rückhalt für Maßnahmen der Stadt.

Mit dieser Art der partizipativen Projektentwicklung wird zweierlei sichergestellt: Die betroffenen Kreise und Akteure werden in den Planungs- und Umsetzungsprozeß aktiv und in einem frühen Stadium einbezogen, Synergieeffekte werden durch die übergeordnete Projektkoordination erschlossen. Das bei den einzelnen Energie-Tischen erarbeitete Wissen kann für andere Projekte und ET fruchtbar gemacht werden.

Empfehlungen

Das Instrument der ET sollte für andere Nachhaltigkeitsthemen (kommunale soziale Probleme, Kommunal- und Regionalentwicklung etc.) Anwendung finden. Auf diese Weise erarbeitete Projekte, Maßnahmen und Strategien könnten in regionale und nationale Nachhaltigkeitsstrategien eingebettet werden, die beispielsweise mittels sogenannter „Visioning"-Prozesse (Danke 1997a) zu entwickeln wären. Auch bietet sich der Aufbau eines „Nachhaltigkeits-Tische-Fonds" an, der Kommunen bei der Durchführung derartiger Projekte unterstützen könnte.

Literatur/Quellen

Danke, W. (1997a): Re-Engineering und Civil Society - Was können wir von den USA lernen? Rissener Rundbrief 2, 57-70
Meister, H.P.; Pinkepank, T.; Staudacher, R. (1996b): Konfliktvermeidung durch Partizipation. In: Feindt, P.H.; Gessenharter, W.; Birzer, M.; Fröchling, H. (Hrsg.): Konfliktregelung in der offenen Bürgergesellschaft. Dettelbach
Pinkepank, T.(1997): Energie-Tische zur Partizipation im kommunalen Umweltmanagement. Kommunale Ökologische Briefe (7), 1-4
UNCED (United Nations Conference on Environment and Development) (1992): Agenda 21. Hrsg. vom Bundesumweltministerium. Bonn.
SRU (Rat von Sachverständigen für Umweltfragen) (1996): Umweltgutachten 1996. Zur Umsetzung einer dauerhaft umweltgerechten Entwicklung. Stuttgart

9.3.4
Mehrstufige Dialogische Verfahren

Hauptstoßrichtung: Partizipation, Reflexivität

Ausgangslage und Probleme/Herausforderungen

Die Mehrheitsfähigkeit einer Politik der Nachhaltigkeit scheitert vielfach bereits an der mangelnden gesellschaftlichen Problemwahrnehmung. Hinzu kommen die Probleme infolge einer mangelnden Integration verschiedener Sichtweisen.

Alternativen/Optionen

Das Mehrstufige Dialogische Verfahren (MDV) zielt auf die Erhebung und Systematisierung des lokalen Wissens und auf die Durchdringung von Wahrnehmungs- und Urteilsstrukturen. Es kombiniert Bürger- und Betroffenenbeteiligung mit den Mitteln politischer Kulturforschung (Gessenharter u.a. 1994; Birzer 1994; Feindt 1994; Dänhardt 1995; Feindt 1996a; Gessenharter 1996).

Dem Konzept der offenen Bürgergesellschaft (Feindt/Fröchling 1994) entsprechend, soll es in viererlei Hinsicht ein Verfahren von besonderer Offenheit sein:

1. Offenheit für Themen,
2. Offenheit für Personen und
3. Offenheit für Kritik an ihren eigenen Regeln (reflexive Offenheit).
4. Hinzu kommt das Gebot der Ergebnisoffenheit, solange dadurch nicht die ersten drei Offenheitsnormen oder die Regeln vernünftiger Argumentation verletzt werden.

In dieser vierfachen Hinsicht offene Verfahren sind ein Versuch, die sozialen Bedingungen dafür herzustellen, daß gesellschaftliche Konflikte nach der regulativen Leitidee möglichst großer Zustimmungsfähigkeit geregelt werden.

Das Mehrstufige Dialogische Verfahren besteht aus drei Schritten: leitfadengestützte qualitative Individualinterviews, Moderatorenrunden sowie eine oder mehrere ⇒ Planungszellen. In einer ersten Phase werden in etwa eineinhalbstündigen qualitativen Leitfadeninterviews zufällig ausgewählte Bürger nach ihrer Wahrnehmung der Probleme und Konflikte und nach möglichen Lösungswegen befragt. Ein zweiter Schritt besteht aus - i.d.R. etwa dreistündigen - Moderatorenrunden mit je etwa 15 Teilnehmern, die sich zum einen aus der Gruppe der Interviewten, zum anderen aus gesellschaftlichen Akteuren und Multiplikatoren zusammensetzen, die für das jeweilige Problem- und Konfliktfeld von Bedeutung sind. In diesen Moderatorenrunden sollen einerseits die Ergebnisse der Interviews gemeinsam interpretiert und die Problemwahrnehmungen und Lösungsvorschläge auch dieser Teilnehmer erhoben werden. Die Ergebnisse der Interviews und der Moderatorenrunden gehen dann als Daten in eine oder mehrere Planungszellen ein, die begründete Empfehlungen in Form eines Bürgergutachtens erarbeiten.

Den drei Schritten des Mehrstufigen Dialogischen Verfahrens liegt die Herme-neutik des Dreischritts Sehen - Beurteilen - Handeln zugrunde. Bei den Interviews handelt es sich um qualitative empirische politische Kulturforschung. Hier steht das Sehen im Vordergrund - die Frage, welche "Definitionen der Situation" es überhaupt gibt. Die Moderatorenrunden ergänzen die qualitative Sozialforschung um eine reflexive Schleife. Hier geht es bereits um die gemeinsame Interpretation der im ersten Schritt gewonnenen Daten. Das Beurteilen steht im Vordergrund. Die Forscher machen zwar Interpretationsangebote, verzichten aber auf ihr Inter-pretationsmonopol, das sich ohnehin auf die wissenschaftliche Seite des Verfah-rens beschränkt, indem sie ihre Interpretationsangebote verschiedenen sozialen Gruppen und Akteuren zur Diskussion stellen. In der oder den Planungszellen geht es zunächst natürlich auch darum, wie die Beteiligten im Lichte der vorher gewonnenen Ergebnisse die Situation sehen und beurteilen. Aber hier steht das Interesse am Handeln im Vordergrund. Die Teilnehmer sollen Handlungsemp-fehlungen an den Auftraggeber und - falls für erforderlich gehalten - andere Ak-teure formulieren.

Das MDV ist seiner Logik nach eine gemeinsame, mehrschrittige und wissen-schaftlich angeleitete Selbstaufklärung. Im Rahmen einer gesellschaftlichen Dau-erbeobachtung könnte es ermöglichen, begrenzende Wahrnehmungsstrukturen und diffuse Konfliktlinien frühzeitig zu erkennen und massive Konflikte zu ver-meiden. Dafür ist eine intensive begleitende Öffentlichkeitsarbeit notwendig.

In letzter Zeit wird das MDV durch Schulung von Bürger-Interviewern in die Richtung einer Dauerbeobachtung mit Frühwarnfunktion weiterentwickelt. Der Einsatz von Moderatorenrunden oder Planungszellen kann dann Situationen mit sich abzeichnenden Konflikten vorbehalten werden.

Empfehlungen

Der Einsatz des Mehrstufigen Dialogischen Verfahrens als Instrument eines ge-sellschaftlichen Frühwarnsystems sollte in Modellkommunen und -institutionen unterstützt werden. Nachdem Erfahrungen beim Einsatz auf der Ebene von Kom-munen, in Schulen und Bildungseinrichtungen sowie bei der systematischen Be-fragung von Vertretern von Bürgerinitiativen in Hamburg vorliegen, besteht die Herausforderung nun im flächendeckenden und dauerhaften Einsatz (Längs-schnitt) und in der Verknüpfung der verschiedenen lokalen Erfahrungen.

Zur Förderung neuer Verfahren der Bürgerbeteiligung sollte vorgesehen wer-den, daß bei größeren Planungsvorhaben etwa ein bis zwei Prozent der gesamten Investitionssumme für effektive Bürgerbeteiligung vorgesehen werden - ähnlich wie bei öffentlichen Bauvorhaben seit langem der Budgetposten für „Kunst am Bau" (Gessenharter 1996).

Literatur/Quellen

Birzer, M. (1994): Problemlösung durch Dialog. Das Buxtehuder Modell. Vierteljahresschrift für Sicherheit und Frieden (S+F) 12, 154-158

Dänhardt, W. (1995): Das gute Volksempfinden. Der Spiegel, Nr. 20 (15. Mai 1995), 44-54

Feindt, P.H. (1996b): Rationalität durch Partizipation? Das Mehrstufige Dialogische Verfahren als Antwort auf gesellschaftliche Differenzierung. In:Feindt, P.H.; Gessenharter, W.; Birzer, M.; Fröchling, H. (Hrsg.) (1996): Konfliktregelung in der offenen Bürgergesellschaft. Dettelbach

Feindt, P.H. (1996a): Dialogical policy making. Comparative case studies from Germany. (Paper presented at the 1996 Annual Meeting of the American Political Science Association, Hilton and Towers, San Francisco)

Feindt, P.H. (1997): Kommunale Demokratie im Umweltschutz. Neue Beteiligungsmodelle. In: Aus Politik und Zeitgeschichte (Beilage zur Wochenzeitung 'Das Parlament' vom 27. Juni 1997), S. 39-46

Gessenharter, W. (1996): Warum neue Beteiligungsmodelle auf kommunaler Ebene? Kommunalpolitik zwischen Globalisierung und Demokratisierung. Aus Politik und Zeitgeschichte (Beilage zur Wochenzeitung 'Das Parlament') 50, 3-13

Gessenharter, W.; Birzer, M.; Feindt, P.H.; Fröchling, H.; Geismann, U.M. (1994): Zusammenleben mit Ausländern. Eine empirische Studie. Hamburg

9.3.5
Stadt- und Verkehrsforen

Hauptstoßrichtungen: Partizipation/Selbstorganisation

Ausgangslage

Praktiken kooperativer Planung fassen in vielen Städten auch offiziell Fuß. Anders als in der herkömmlichen Praxis informalen Verwaltungshandelns (Bohnet 1981) soll sich die Einbeziehung gesellschaftlicher Akteure nicht darauf beschränken, daß Aushandlungsprozesse zwischen Verwaltung und Projektträgern stattfinden, daß insiderförmige policy-Formulierung in geschlossenen Netzwerken gepflegt wird oder Politik und Verwaltung einen "personenselektiven Korporatismus" betreiben - das „heißt, die Politik wählt gezielt den gesellschaftlichen Kräften verbundene Einzelpersonen aus" (Schneider 1997: 24, vgl. Wollmann 1990; Leimbrock 1997).

Probleme/Herausforderungen

Mit oder ohne offensive Öffentlichkeitsbeteiligung stehen nachhaltigkeitsorientierte kommunale Entwicklungskonzepte vor einer Reihe von Problemen:
Fehlende Akzeptanz für ambitionierte Planungskonzepte: Vielerorts treffen umfassendere Planungskonzepte auf den geballten Widerstand organisierter Interessen, wie die Beispiele München (Bürgentscheid über Stadtringtunnel) und Heidelberg (Verkehrsforum) veranschaulichen mögen.

Bedarf an arbeitsfähigen Leitbildern: Eine nachhaltigkeitsorientierte Entwicklung der Kommunen erfordert eine Vielzahl von Aktivitäten, die Politik und Verwaltung nicht im Alleingang durchführen können. Sie sind auf die gemeinsame Umsetzung - zusammen mit gesellschaftlichen Akteuren - angewiesen. Dabei besteht die Gefahr, sich in einer inkrementalistischen Umsetzung des gerade Möglichen zu verlieren. Für die Integration der vielfältigen Aktivitäten ist früher oder später die Entwicklung eines Leitbildes notwendig. Damit dieses wirklich gelebt wird, ist aber eine Einbeziehung der Adressaten geboten.

Öffnung von Netzwerken: Im Zuge wachsender Teilhabeansprüche und zunehmender politischer Kompetenz geraten die bestehenden, allenfalls halboffenen Netzwerke ohnehin unter den Druck, sich zu öffnen und eine größere Breite der Interessen in die Beratungsprozesse frühzeitig einzubeziehen.

Erfahrungsaustausch: Auf der Suche nach gangbaren Wegen der Bürgerbeteiligung versuchen viele Kommunen, neue Ansätze zu entwickeln, so daß an verschiedenen Stellen neue Foren in den unterschiedlichsten Formen entstehen, die oft kaum bekannt werden. Andererseits wird das Rad vielerorts neu erfunden. Viele Städte suchen daher zunehmend den Erfahrungsaustausch über „Beteiligungsexperimente".

Alternativen/Optionen

Stadtforen stellen im allgemeinen den Versuch dar, auf eine Vielzahl offener Fragen zur Zukunft der Stadt relativ kurzfristig in einem kooperativen Planungsprozeß Lösungen auf einer breiten Basis von Interessen zu entwickeln. Hierbei sollen Zielvorstellungen erarbeitet und ein Konsens erreicht werden, der als Empfehlung an die Politik weitergereicht werden kann. "Mit Regional-, Stadt- und Stadtteilforen soll Gelegenheit gegeben werden, kommunalpolitische Themen unter Beteiligung möglichst aller relevanten Akteure zu erörtern" (Bischoff/ Selle/Sinning 1996).

Foren basieren auf dem Prinzip des Stellvertretermitwirkungsmodells und werden augenscheinlich vor allem zur Begleitung von Umbruchprozessen (Krise, Neuorientierung, Strukturwandel) angewandt. Mit Stadtforen wird auf soziale und finanzielle Probleme, Umweltprobleme, Verkehrsprobleme etc. reagiert. Sie werden dem neuen komplexen Geflecht von Problemen, Potentialen und Restriktionen von Regionen, Städten und Stadtteilen sehr viel eher gerecht als herkömmliche Verfahren.

Gemeinsam ist den meisten Foren eine externe, neutrale Moderation zur Koordination, Beratung und Initiierung sowie die Arbeitsformen Plenum und Arbeitskreise mit unterschiedlichsten Themen. Sie stellen ein informelles, offenes Verfahren dar. Ziel ist es, die unterschiedlichen Interessengruppen und externen Sachverstand in den Zielfindungsprozeß einer Stadt einzubeziehen und die Transparenz des Verfahrens zu steigern. Foren können „nur" dem Meinungsaustausch (insbesondere auch Kennenlernen anderer Sichtweisen), der Information oder Bildung dienen, aber auch als kooperative Planungsform in bestehende Planungs-

prozesse integriert werden. Gegenstand kann dabei die Erarbeitung einer Empfehlung oder bei Verkehrsforen die Erstellung eines Verkehrsleitbildes sein.

Erfahrungen und Probleme

Foren existieren bereits in einer Vielzahl von Städten zu verschiedenen Themen
(Energie, Wohnen, Agenda 21 etc.) und in den unterschiedlichsten Formen. Die
Namensgebung variiert ebenfalls erheblich (Bürgerforum, Entwicklungsforum,
Plattform, Stadtdialog). Zu den ersten Foren gehören das Münchner Forum
(Stadtentwicklung) und das Braunschweiger Beispiel (Vermittlung zwischen Bür-
gern und Verwaltung), die auf Initiative der Stadtverwaltung gegründet wurden.
Das weitaus bekannteste Forum zum Thema Stadtentwicklung ist das Stadtforum
Berlin. Weitere Foren bestehen in Hamburg, Hannover (im Kontext der EXPO
2000), Wien, Dessau, Viernheim, Dresden und Essen. Nachhaltigkeit stand insbesondere in Viernheim („Nachhaltige Entwicklung in der Brundtlandstadt Viernheim") und Dörverden 2020 („Auf dem Weg zur nachhaltigen Gemeinde - Agenda 21 im ländlichen Raum") im Zentrum. Auch im Bereich des Stadtmarketing
werden zunehmend Foren eingesetzt (zum Beispiel Ludwigshafen, Hamm, Hoy-
erswerda). Die Teilnehmerbesetzung ist bei Marketingkonzepten jedoch begrenzt
und der Ansatz weniger umfassend, als eine nachhaltigkeitsorientierte Konzeption
es erfordert.
   Problematisch ist häufig die Vermittlung der Entscheidungen der Foren in die
politischen Entscheidungsgremien, wenn der politische „good-will" nicht gegeben
ist. Konflikte aus der Beteiligungs- und Organisationsstruktur ergeben sich, wenn
nicht alle, besonders die nicht-organisierten Interessen, gleichermaßen einbezogen
werden oder eine finanzielle Absicherung nicht gewährleistet werden kann. Bereits die Einrichtung von Foren ist kein einfacher Prozeß. Sie ist abhängig vom
Engagement der Teilnehmer und der Finanzierung, aber auch von der Themen-
stellung. Das Engagement von Einzelpersonen oder ein Koalitionswechsel kann
auf Initiierung oder Fortbestand eines Forums großen Einfluß haben. Forumspro-
zesse sind daher durch geringe Standardisierbarkeit und hohe Fluktuation laufend
gefährdet.

Empfehlungen

Der Einsatz von Bürgerforen ist aus Sicht der Nachhaltigkeit eine vielversprechende Ergänzung zu den bestehenden Institutionen im Bereich der kommunalen
Plaung und der Regionalentwicklung. Um ihre methodische Weiterentwicklung
und den Erfahrungsaustausch zu fördern, sollte - analog zum Vorgehen bei der
⇒ Energie-Tisch-Kampagne im kommunalen Klimaschutz - eine bundesweite
Kampagne, etwa unter dem Titel „Bürgerforen für eine nachhaltige Stadtentwicklung", gestartet werden. Diese könnte als ein interkommunales Bündnis
organisiert sein. Ein solches Vorgehen könnten Bund, Land und EU im Rahmen
der Regionalförderung stimulieren.

Literatur/Quellen

Bischoff, A.; Selle, K.; Sinning, H. (1996): Informieren, Beteiligen, Kooperieren. Kommunikation in Planungsprozessen. Eine Übersicht zu Formen, Verfahren, Methoden und Techniken. Dortmund

Kronenberg, I. (1996): Mit kooperativer Planung aus der Krise? Verkehrsforen in Deutschland. Diplomarbeit an der Fakultät für Raum- und Städteplanung der Universität Dortmund

Leimbrock, H. (1997): Entwicklungs-, Planungs- und Partizipationsprozesse in ostdeutschen Mittelstädten. Aus Politik und Zeitgeschichte(Beilage zur Wochenzeitung 'Das Parlament') 17, 30-37

Schneider, H. (1997): Stadtentwicklungspolitik und lokale Demokratie in vier Großstädten. Eine empirische Untersuchung. Aus Politik und Zeitgeschichte(Beilage zur Wochenzeitung 'Das Parlament') 17, 15-23

Sellnow, R. (1994):Verkehrsforum Heidelberg. In: Claus, F.; Wiedemann, P.M. (Hrsg.): Umweltkonflikte. Vermittlungsverfahren zu ihrer Lösung. Praxisberichte, Taunusstein

Wollmann, H. (1990): Politik- und Verwaltungsinnovation in den Kommunen? Eine Bilanz kommunaler sozial- und Umweltpolitik. Jahrbuch zur Staats- und Verwaltungswissenschaft 4, 69-112

9.3.6
Weitere diskursive Verfahren

Hauptstoßrichtung: Partizipation

Ausgangslage

Neben den bereits aufgeführten Verfahren der Beteiligung gibt es noch weitere Beteiligungsmodelle, die den „Werkzeugkasten" im Bereich der diskursiven Öffnung der politisch-gesellschaftlichen Beratungs- und Entscheidungsprozesse anstreben. Zumindest zwei Verfahren sollen an dieser Stelle noch vorgestellt werden: Der kooperative Diskurs als ein besonders ausgearbeiteter Vorschlag des Umgangs mit Risiko- und Standortkonflikten und die „Zukunftswerkstatt" als eine Methode des kreativitätsfördernden Entwurfs von Zukünften in der Betroffenenbeteiligung.

Herausforderungen/Probleme, Alternativen/Optionen, Empfehlungen

Kooperativer Diskurs: Die Ansiedlung von großtechnischen Anlagen und die Genehmigung neuer Technologien sind regelmäßig von tiefgreifenden Konflikten begleitet. Diesen liegen Kontroversen sowohl über den Bedarf als auch über die Risiken solcher Vorhaben zugrunde. Insbesondere bei Ansiedelungsentscheiden vermischen sich die Ebenen wissenschaftlicher, wertbezogener und politischer Argumentation. Die Folge ist eine Delegitimation der letztendlich getroffenen Entscheidung und der beteiligten Institutionen, aber auch die soziale Ersetzung der wissenschaftlichen Klärung von Fakten durch einen tendenziell endlosen Streit von Experten und Gegenexperten.

Der kooperative Diskurs (Renn/Webler 1994: 45-48; Rennet al. 1993) ist ein theoretisches Modell, daß auf die systematische Trennung und Verknüpfung von gesellschaftlichen Werten, Fachwissen und rationaler Abwägung zielt. In einem ersten Schritt werden alle Parteien gebeten, ihre Werte und Kriterien für die Beurteilung unterschiedlicher Handlungsoptionen offenzulegen. Die Menge aller Angaben wird nach der Methode der Wertbaumanalyse strukturiert, so daß am Ende ein Katalog von Bewertungsdimensionen entsteht, der die Werte aller Parteien additiv in sich vereinigt und vom begleitenden Forschungsteam in einen Satz von Indikatoren übersetzt wird. In einem zweiten Schritt werden die zur Entscheidung stehenden Optionen von einschlägigen Experten anhand der Indikatoren nach der Methode des Gruppendelphi gemeinsam abgeschätzt. Auf der Basis dieser Informationen erfolgt der Prozeß der Abwägung durch zufällig ausgewählte Bürger nach dem Modell des Bürgergutachtens.

Empfehlung: Der kooperative Diskurs oder daraus abgeleitete Vorgehensweisen sollten regelmäßig bei Verfahren der Standortfindung von großtechnischen Anlagen und bei Risikokonflikten eingesetzt werden.

Zukunftswerkstätten: Zukunftswerkstätten sind aus der Bewegung der Bürgerinitiativen hervorgegangen, werden inzwischen aber auch kommerziell genutzt. In zwei bis drei Tagen erarbeiten Betroffene und Interessierte als Experten in eigener Sache und problemorientiert Beiträge zur Gestaltung von künftigen Verhältnissen. Phasen der Kritik am Bestehenden und der freien Phantasie folgt die Erarbeitung möglichst konkreter Problemlösungsansätze. Zukunftswerkstätten haben für die Teilnehmer die Funktion des Problemanriß und der Problemdurchdringung, der Problemlösungshilfe auf sachlicher und persönlicher Ebene und der Erweiterung des Problemlösungshorizonts (Jungk/Müllert 1989: 163). Die Idee der Zukunftswerkstatt ist im Rahmen der Zukunftsforschungsansätze von Robert Jungk in den sechziger Jahren entstanden. Er und andere Zukunftsforscher begannen gesellschaftliche Tendenzen zu hinterfragen, die die Zukunft nur als eine Frage der Weiterentwicklung von Technologien sahen, und wandten sich einer „sozialkritischen, humanistischen und ökologisch orientierten Zukunftsforschung" zu.

Mit Zukunftswerkstätten ist die Idee verbunden, breiten Bevölkerungskreisen zu ermöglichen, an gesellschaftlichen Zielfindungs- und Entscheidungsprozessen mitzuwirken. Dies ist die Voraussetzung dafür, daß alle Menschen an der Gestaltung der Zukunft partizipieren können. Ein wesentliches Anliegen von Jungk ist, die Sprachlosigkeit und Resignation der Bürger zu überwinden und die bisher „Geführten" und „Verführten" ihre Phantasie wiederentdecken und in eigenen Zukunftsentwürfen umsetzen zu lassen. Damit kann ein Potential an Kreativität freigesetzt werden, das für eine gesellschaftliche Erneuerung wichtige und sinnvolle Anstöße geben kann, bislang jedoch verloren geht. (Jungk/Müllert 1989; Greiwe/Kämper/Körbel 1992)

Empfehlung: Zukunftswerkstätten oder daraus abgeleitete Verfahren sollten regelmäßig bei lokalen Bau- und Planungsprojekten, z.B. bei der Entwicklung von

Verkehrskonzepten in Wohngebieten eingesetzt werden. Sie bieten sich auch als Bestandteil einer moderationsunterstützten Organisationsentwicklung an.

Literatur/Quellen

Greiwe, U.; Kämper, A.; Körbel, A. (1992): Zukunftswerkstatt. Entwurfs- und Zielfindungsmethode in der Projektarbeit. Materialien zur Projektarbeit, Dortmund

Jungk, R.; Müllert, N.R. (1989): Zukunftswerkstätten. Mit Phantasie gegen Routine und Resignation, München

Ortwin R.; Thomas W. (1994): Konfliktbewältigung durch Kooperation in der Umweltpolitik. Theoretische Grundlagen und Handlungsvorschläge. In: oikos - Umweltökonomische Studenteninitiative an der Universität St. Gallen (Hrsg.): Kooperationen für die Umwelt. Im Dialog zum Handeln. Zürich

Renn, O.; Webler, T.; Rakel, H.; Dienel, P.C.; Johnson, B. (1993): Public Participation in Decision Making.A Three-Step Procedure. Policy Sciences 26, 189-214.

10 Ausgleichs- und Konfliktregelungsstrategien

Neben einer zu geringen Reflexivität und Partizipation der handelnden Akteure behindern häufig strukturelle Barrieren nachhaltigkeitsorientiertes Handeln. Zu diesen Barrieren gehören fehlende oder falsche Anreizmuster oder auch mangelnde Ressourcen bzw. Teilhabe-/Mitentscheidungsmöglichkeiten von Akteuren, um sich mit ihren Nachhaltigkeitsimpulsen im politischen Diskurs wirkungsvoll einbringen zu können. Aber auch drei zentrale Problemkomplexe der politökonomischen Analyse sind zu diesen Barrieren zu rechnen: die unterschiedliche Organisationsfähigkeit gesellschaftlicher Interessen, die Kurzfristorientierung des Wählerstimmenmarktes sowie die Abhängigkeit des politisch-administrativen Systems von externer Sachkennntnis. Hier setzen Ausgleichs- und Konfliktregelungsstrategien an. Beispielsweise können schlecht organsierbare Interessen eigene "Anwälte" (Advokaten) zugewiesen bekommen, die deren Interessen im politischen Prozeß vertreten; oder die Vertreter von Langzeitinteressen können im politischen Geschäft gestärkt und Informationsquellen pluralisiert werden. Damit wird deutlich, daß sich "Ausgleich" und "Konfliktregelung" auf unterschiedlichen Ebenen vollziehen kann. Die Studie unterscheidet deshalb fünf Substrategien:

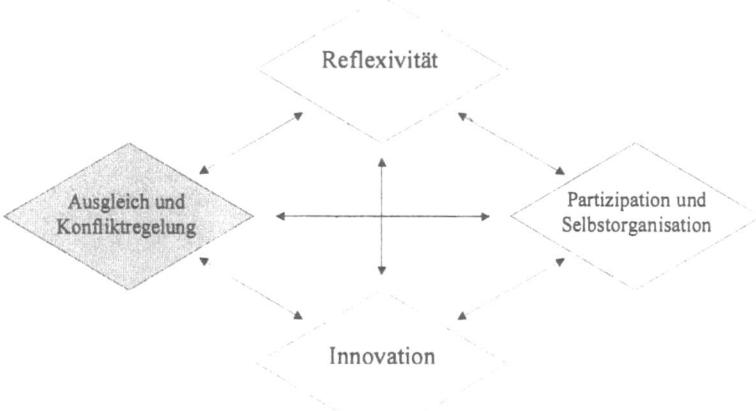

Advokatorische Institutionen schaffen "Anwälte" für nicht oder im politischen Prozeß nur schlecht organisierbare Interessen, wie vor allem die zukünftigen Generationen und die Natur im Sinne einer eigenen Instanz. Diese Institutionen geben den betroffenen Akteuren/Schutzgütern eine Stimme und nehmen ihre Interessen stellvertretend wahr.

Institutionen des *Ressourcen- und Machtausgleichs* zielen auf „Waffengleichheit" zwischen unterschiedlichen Interessen. Dies soll sicherstellen, daß nicht die größere Ressourcenausstattung, sondern das bessere Argument über den Ausgang von politischen Konflikten bei Fragen der nachhaltigen Entwicklung entscheidet. Die angesprochenen Ressourcen sind insbesondere *finanzielle Ressourcen, Informationen*, die Möglichkeit, sich juristisch auf *Rechtsgüter* beziehen zu können (zum Beispiele auf ökologische Grundrechte) sowie die verschärfte *Kontrolle* von Akteuren mit besonderen Machtpotentialen (Monopolkontrolle).

Die *Öffnung von Normbildungsprozessen* soll zum Beispiel Vertretern ökologischer und sozialer Interessen Mitsprachemöglichkeiten an Entscheidungen sichern, von denen sie bisher ausgeschlossen waren, und damit Foren des Interessenausgleichs in Richtung Nachhaltigkeit bereitstellen.

Aufgrund der Komplexität von Nachhaltigkeitsproblemen kommt der Verwaltung ein besonderer Stellenwert zu. Die Kompetenz- und Ressourcenverteilung innerhalb der Administration, z.B. die Position und die Ressourcenausstattung eines Umweltministeriums, spielen eine wichtige Rolle in der Art und Weise, wie in Nachhaltigkeitsfragen entschieden wird. *Administrative Integrationsstrategien* zielen auf innovative Formen des Ressourcenausgleichs und der Konfliktregelung in diesem Feld.

Alle genannten Ausgleichs- und Konfliktlösungsstrategien haben unterschiedliche Ansatzpunkte und ergänzen sich daher.

10.1
Advokatorische Institutionen

Umfaßt die Institutionen:

1. Nachhaltigkeitsausschuß des Deutschen Bundestages
2. Nachhaltigkeitsrat zur Beratung der Bundesregierung
3. Staatsminister für Nachhaltigkeit und Ombudsmänner in den Ministerien

10.1.1
Nachhaltigkeitsausschuß des Deutschen Bundestages

Hauptstoßrichtung: Ausgleich und Konfliktregelung, Reflexivität

Ausgangslage und Probleme/Herausforderungen

Die strukturelle Schwäche von Langfristinteressen und die mangelhafte Berücksichtigung der Bedürfnisse nachfolgender Generationen im politischen Prozeß wurzelt in der

- geringen Wahrnehmbarkeit zukünftiger Entwicklungen,
- dem ausgeprägten Kollektivgutcharakter einer Politik der Nachhaltigkeit und damit einer
- vergleichsweise geringen Mobilisierbarkeit politischer Ressourcen.

Institutionenvorschläge, welche die Reflexivität des politischen Systems stärken und somit bewirken sollen, daß das Thema nachhaltige Entwicklung vermehrt in die Diskussion und auf die Traktandenliste der verantwortlichen Entscheidungsgremien kommt, setzen an der Verbesserung der Wahrnehmungsbedingungen an.

Im folgenden werden zunächst verschiedene Vorschläge vorgestellt, die unter dem Titel „Ökologischer Rat" vorschlagen, den politischen Prozeß in den Phasen der Problemwahrnehmung und der Programmformulierung umzugestalten. Der prominenteste Vorschlag zu einem Ökologischen Rat stammt vom „Arbeitskreis europäische Umweltunion" (Binswanger 1994), der verschiedentlich aufgegriffen und abgeändert wurde (vgl. Wepler 1994; Rennings u.a. 1996). Es ist zweifelhaft, ob neue Gremien mit allein beratender Funktion in der Lage sind, die Gewichtungen im politischen Abwägungsprozeß genügend zugunsten von Langfristanliegen zu verschieben. Diese Zweifel führten zu Vorschlägen, die den politischen Prozeß grundlegender umstrukturieren (Loske 1996): Neue in den legislativen Prozeß eingreifende Institutionen sollen zu Verschiebungen im Macht- und Ressourcengefüge führen.

Ökologischer Rat mit Beratungsfunktion: Die Integration von sozialer, ökologischer und wirtschaftlicher Entwicklung in langfristiger Perspektive setzt voraus, daß Nachhaltigkeitsthemen immer wieder auf die Traktandenlisten der verantwortlichen Gremien gebracht und mutige und innovative Vorschläge in die Diskussion gespeist werden. Kreativität und vernetztes Denken (Conseil 1997: 29) für eine Nachhaltige Entwicklung kommt in den politischen Gremien und Arenen oft nicht zum Zuge, da für die Beteiligten wenig Spielraum für eine von Partikularinteressen losgelöste Argumentation besteht. Auf die Überwindung dieses Dilemmas zielt der Vorschlag, einen Ökologischen Rat mit beratender Funktion einzurichten, welcher losgelöst von allen (teil-)systemischen Zwängen die Funktion einer den politischen Prozeß reflexiv begleitenden Institution übernimmt (Kirsch 1996: 22).

Der Ökologische Rat wäre ein neues Gremium, das Persönlichkeiten zusammenbringen soll, die sich einer gemeinsamen Zielsetzung verpflichtet fühlen und weitgehend losgelöst vom Einfluß der Interessengruppen eine Vordenkerrolle über Inhalte und Normen, die aus dem Nachhaltigkeitsbegriff folgen, übernehmen können. Es wird damit die Schaffung eines sozialen Freiraumes angestrebt, der ein Denken in Gesamtzusammenhängen möglich macht (Kirsch 1996: 21).

Das stellt besondere Anforderungen an die Mitglieder eines solchen Rates: Diese müssen in der Lage sein, die von der Nachhaltigkeit geforderte Langfristigkeit in die politische Diskussion einzubringen und somit als Vertreter der zukünftigen Generation zu wirken. Zudem müssen sie die Fähigkeit haben, unabhängig zu denken und zu handeln. Oft wird dafür plädiert, den Rat ausschließlich aus Wissenschaftlern zusammenzusetzen (Binswanger 1994). Als absolute Notwendigkeit gilt die weitgehende organisatorische Unabhängigkeit eines solchen Gremiums von den übrigen politischen Institutionen. Der beratende Ökologische Rat wäre eine lösgelöst vom tagespolitischen Prozeß stattfindende Veranstaltung mit innovatorischen und reflexiven Funktionen.

Ökologischer Rat mit Vetorecht: Viele der Ausführungen, die zum reflexiven und beratenden Rat gemacht wurden, gelten auch für eine weitergehende Varinate des Ökologischen Rates, welcher über ein Vetorecht verfügen soll (Binswanger 1994; Wepler 1994). Grundsätzlich baut eine solche Konzeption auf einer pessimistischen Einschätzung der Möglichkeiten einer repräsentativen Demokratie auf, Langfristinteressen adäquat politisch umzusetzen. Noch einen Schritt weiter gehen Vertreter eines ökozentrischen Weltbildes, die die Durchsetzung der Interessen der Natur (bzw. der „zukünftigen Generationen") auch gegen diejenigen der lebenden Generation fordern.

Es ist nicht von der Hand zu weisen, daß das Thema „Nachhaltige Entwicklung" große Umwälzungen und mutige, innovative politische Entscheide erfordert. Die Blockaden und Systemzwänge sind so vielfältig, daß berechtigterweise an einer bloß „diskursiven Auflösung" der Interessengegensätze gezweifelt werden darf. Außerdem ist die Gefahr groß, daß Institutionen, deren Kompetenzen sich auf beratende Funktionen beschränken, faktisch ignoriert werden. Die Kompetenz, mit einem aufschiebenden Veto Gesetzentwürfe einer erneuten Beratung zuzuführen, kann einen Rechenschaftszwang von Parlament und Regierung bewirken und damit die Verantwortlichkeit für parlamentarische und exekutive Entscheidungen erhöhen. Ein solches Drohpotential könnte dazu beitragen, daß

Nachhaltigkeitsanliegen im Entscheidungsprozeß besser berücksichtigt werden und systematisch Eingang in das parlamentarische Verfahren finden.

Dritte Kammern: Dritte Kammern stellen keinen den bestehenden Gremien angegliederten Rat dar, sondern eine Ergänzung des Parlaments durch weitere Kammern. Anspruch und Funktion einer solchen Kammer sind mit denen des Ökologischen Rates prinzipiell gleichzusetzen. Der Unterschied liegt aber insbesondere in der Besetzung mit Interessenvertretern von Umweltverbänden und in der besonderen und explizit gewünschten Nähe zum Parlament.

Zwischen Dritter Kammer und dem bestehenden Parlament soll ein enger Abstimmungsmechanismus etabliert werden. So können Dritte Kammern einen bedeutenden Einfluß im politischen Prozeß erlangen, je nach dem, wie weit ihre Kompetenzen sich an die einer vollwertigen Parlamentskammer annähern. Sie haben aber in keinem Fall nur beratende Funktionen, sondern stellen tatsächliche Gegengewichte im politischen Abstimmungsprozeß zwischen den Kammern dar.

Gegen den Ökologischen Rat wird eingewendet, daß mit dieser Idee ein zu großes Vertrauen in wissenschaftliche Experten als Mitglieder eines solchen Gremiums gelegt wird. Ganz abgesehen von der aus polit-ökonomischen Überlegungen gespeisten Erwartung, daß ein solches Gremium Eigeninteressen entwickeln wird, ist die Behauptung, daß nur Sachverständige über das Wissen und die Kompetenz verfügen, langfristige Lösungsstrategien zu entwickeln bzw. zu beurteilen, tatsächlich problematisch.

Statt dessen wird eine Besetzung mit Vertretern von ökologisch und sozialpolitisch orientierten Nichtregierungsorganisationen (Massarat 1996: 51) vorgeschlagen. Diese verfügen über eine hohe politische Akzeptanz, vor allem wenn sie unabhängig von innerparteilichen Konsensprozessen sind und durch Transparenz ihrer Aktionen und Entscheidungsstrukturen eine hohe Integrität und Reputation erwerben konnten. Zudem zeichnen sich Nichtregierungsorganisationen in der Regel durch eine hohe Eigenmotivation und Kreativität aus und nicht zuletzt auch durch die Fähigkeit, sich selbständig fundiertes Wissen anzueignen. Diese als „strategische Kompetenz" (Massarat 1996: 51) bezeichnete Fähigkeit soll durch Dritte Kammern eine verstärkte Gelegenheit bekommen, in den politischen Prozeß einzufließen. Zugleich soll die gesellschaftliche Anerkennung solcher Gruppen etabliert werden. Dies erfordert zunächst eine Professionalisierung der Nichtregierungsorganisationen und zudem die institutionalisierte Möglichkeit zur Wahrnehmung eines tatsächlichen Gegengewichtes im politischen Prozeß.

In die gleiche Richtung gehen Vorschläge, die dem Expertentum ebenfalls kritisch gegenüberstehen und prinzipiell jedem durch ein eigenes Kommitee unterstützten Bürger ein Recht geben, sich zur Wahl für den Einsitz in ein solches Gremium zu stellen (Forum 1995). Diese Institution könnte verstreutes Wissen und Kompetenz zur Beurteilung ökologischer Sachverhalte bzw. zur Beurteilung der Probleme einer Nachhaltigen Entwicklung bündeln und ein Forum für die explizite Diskussion dieser Fragen bieten. So bekommt sie eine innovatorische Funktion, indem sie kreative Impulse für die Veränderung politischen und gesellschaftlichen Handelns erzeugt.

Alternativen/Optionen

Die durch die Literatur angeregten Vorschläge zur Konkretisierung der Idee eines Ökologischen Rates bzw. einer Dritten Kammer sollen im folgenden systematisch aufgelistet werden, bevor daraus ein eigenständiger Vorschlag entwickelt wird.

Ort der Einbindung in den politischen Prozeß. Räte und Dritte Kammern ergänzen in den meisten Vorschlägen den legislativen Prozeß. Dies kann bedeuten, daß die neue Institution eng an das Parlament angebunden wird (Dritte Kammern) oder relativ weit davon entfernt eine der Legislative angegliederte Aufgabe übernimmt (Ökologischer Rat mit Vetorecht). Ein neuer Vorschlag für die Schweiz teilt den beratenden Ökologischen Rat der Regierung zu: „Der Bundesrat setzt einen hochkarätigen, unabhängigen Rat für nachhaltige Entwicklung ein [...]. Der Rat dient als beratendes Gremium des Bundesrates." (Conseil 1997). Im Februar 1998 hat der Bundesrat die Einführung eines Rates für Nachhaltige Entwicklung beschlossen. Er setzt sich aus 13 Mitgliedern aus Wissenschaft, Wirtschaft und Nichtregierungsorganisationen zusammen und wird von Frau Prof. Anne Petitpierre, Genf, präsidiert (NZZ 1998).

Funktionen der Beratung. Der Arbeitskreis „Europäische Umweltunion", der einen Vorschlag für die EU-Ebene entwarf, sieht für den Ökologischen Rat umfassende Rechte zur Prüfung und Stellungnahme vor. So soll er zu all jenen in Unionszuständigkeit fallenden Fragen Stellung nehmen, die eine grundlegende Bedeutung für eine Nachhaltige Entwicklung haben. Daneben sind Stellungnahmen zu besonders wichtigen Einzelverfahren, die Mitwirkung an der Erstellung von umfassenden Umweltschutzkonzepten sowie ein Vorschlagsrecht vorgesehen. In einem nationalen Kontext könnte dies bedeuten, daß der Rat bei allen Gesetzes- und Budgetvorschlägen ein Recht zur Stellungnahme und zu Änderungsvorschlägen hätte (Wepler 1995: 37). Des weiteren hätte er das Recht, jederzeit zuhanden der Öffentlichkeit bestimmte, den Erhalt von Natur und Umwelt betreffende Themen und Vorschläge zur Diskussion zu stellen oder der Regierung zu unterbreiten (ebenda).

Betont wird zudem die mögliche Funktion eines solchen Rates als Anlaufstelle für Petitionen und Eingaben von Bürgern (Wepler 1995: 37). Diese wird dadurch unterstützt, daß die Regierung oder die angesprochenen Institutionen einem Zwang zur Anhörung bzw. Kenntnisnahme und eventuell auch zur Stellungnahme unterworfen werden (Binswanger 1994: 12, Wepler 1995: 37).

Initiativrechte. Überraschenderweise gesteht keiner der untersuchten Vorschläge dem Ökologischen Rat ein Initiativrecht zu. Im Gegensatz dazu wird den Dritten Kammern ein Initiativrecht auf Gesetzes- und auch auf Verfassungsstufe zugedacht (Massarat 1996: 52).

Veto-Kompetenzen. Die meisten Vorschläge konzipieren das Vetorecht eines Rates wie folgt: Parlament, Bundesrat und Regierung haben dem Rat neu entworfene Gesetzesvorlagen zu unterbreiten. Dieser kann sich dazu entschließen, eine Stellungnahme abzugeben. Die Neuformulierung und der anschließende Entscheid über eine endgültige Fassung wird daraufhin wieder in den entsprechenden

Gremien gefällt, allerdings unter Berücksichtigung dieser Stellungnahme. Der endgültige Entscheid wird dem Rat noch einmal zugespielt, woraufhin dieser sein Veto einlegen kann (Binswanger 1994: 12). Daraufhin muß die Vorlage für eine gewisse Zeit zurückgestellt werden und kann erst wieder nach Ablauf dieser Frist neu beraten und beschlossen werden (Wepler, 1995: 37).

Wie schon dem Ökologischen Rat, so werden auch den Dritten Kammern spezielle Vetorechte im politischen Entscheidungsprozeß zugedacht. So soll beispielsweise gemäß dem Modell von Flüh (Forum 1995) bei der Revision oder Neubearbeitung von Gesetzen die Kammer die Aufgabe haben, Änderungsvorschläge einzubringen, welche im Parlament berücksichtigt werden müssen bzw. nur mit qualifizierter Mehrheit abgelehnt werden können.

Politische Ebene. Prinzipiell sind Räte oder Dritte Kammern auf allen politischen Ebenen möglich. Sie werden jedoch vorwiegend für die nationale Ebene konzipiert, da dort die Wirkungsreichweite größer ist. Der Vorschlag des „Arbeitskreises europäische Umweltunion" zielte zwar auf die europäische Ebene ab, denn eine solche neue Institution wäre in der ohnehin noch im Wandel begriffenen institutionellen Struktur der Union durchaus zu realisieren. Räte oder dritte Kammern sind jedoch auch auf nationaler, regionaler und lokaler Ebene möglich. So erarbeitete z.B. die „Umweltliberale Bewegung St. Gallen" einen konkreten Vorschlag für einen Rat für nachhaltige Entwicklung für den Kanton St. Gallen (Schweiz). Konkreter Anlaß ist die gegenwärtige Totalrevision der Kantonsverfassung (ULSG 1997).

Besetzung. In der Literatur werden die Räte in beratender Funktion durchgehend aus Sachverständigen zusammengesetzt. Die Arbeitsgruppe „Europäische Umweltunion" schlägt wissenschaftliche Experten vor, da diese am ehesten in der Lage seien, die komplexen Wirkungszusammenhänge in der Ökologie, aber auch zwischen Natur und Gesellschaft zu durchschauen (Binswanger 1994: 16). In der Regel wird dahingehend argumentiert, daß Spezialisten aufgrund ihrer weitgehenden Kenntnis der Sachzusammenhänge eher bereit seien, sich auf eine Langfristperspektive einzulassen und diese auch nach ihren Möglichkeiten zu vertreten (Wepler 1994). Eventuell kommen auch „Experten" aus der wirtschaftlichen oder politischen Praxis als „Sachverständige" in Frage. Die schweizerische Lösung sieht explizit ein Gremium von Persönlichkeiten aus Forschung, Gesellschaft, Wirtschaft und Verbänden vor (Conseil 1997: 29; NZZ 1998). Die Inhaber einer solcher Position sollten jedoch über menschlich und fachlich überdurchschnittliche Fähigkeiten verfügen (Kirsch 1996: 22) und in der Lage sein, ihre Unabhängigkeit zu bewahren.

Vorschlags- und Wahlrecht, Legislatur und Wiederwahl. In der Regel liegen die Vorschlags- und Wahlrechte für Räte beim Parlament. Es könnte aber auch möglich sein, daß die Mitglieder der nachfolgenden Periode von den Ratsmitgliedern kooptiert werden. Aufgrund seiner prominenten Stellung sollten die Anforderungen an Wahlverfahren und Besetzung des Rates hoch sein. Interessanterweise wird zum Beispiel angeregt, die Hälfte seiner Mitglieder vom Parlament, die andere Hälfte von Umweltverbänden vorschlagen zu lassen (Wepler 1995: 36).

Grundsätzlich ist zu unterscheiden zwischen Dritten Kammern, in welche prinzipiell alle (von einem Kommitee gestützte) Bürger Einsitz haben kann, und solchen, die ausschließlich für Vertreter von NGO's bestimmt sind. Nur im ersten Fall wird explizit eine direktdemokratische Wahl durch das Volk vorgeschlagen.

Die Amtszeit der Mitglieder eines Rates oder einer Kammer ist bei allen Vorschlägen begrenzt, überschreitet jedoch die Dauer einer normalen Legislaturperiode (Wepler 1995). Eine Wiederwahl der Mitglieder wird in der Literatur praktisch durchgehend ausgeschlossen.

Empfehlungen

In der Diskussion zu ökologischen Räten oder Dritten Kammern wird ein wunder Punkt von pluralistischen Systemen der Interessenvermittlung berührt: In ihnen konzentriert sich der Prozeß der Willensbildung auf den Interessenausgleich zwischen den intervenierenden gesellschaftlichen Gruppen. Die Interessen zukünftiger Generationen sind systematisch unterrepräsentiert, und es fehlt an starken Akteuren, die diese advokatorisch wahren könnten. Die dargestellte Diskussion beschränkt sich nun allerdings, von wenigen Ausnahmen abgesehen, weitgehend auf ökologische Aspekte. Außerdem verdienen folgende kritische Punkte Beachtung:

- Räte ohne Veto-Recht würden lediglich das bestehende Beiratswesen vergrößern;
- Räte mit Veto-Recht oder einer Dritten Kammern sind schwer ins bestehende institutionelle Gefüge der Bundesrepublik einzupassen;
- zudem ergeben sich demokratietheoretische Bedenken angesichts der vorgeschlagenen Kooptierungsmechanismen zugunsten von bestimmten Verbänden oder Wissenschaftlern bei der Auswahl und Wahl der Mitglieder. Solche Bedenken richten sich gegen jede Form der privilegierten Beteiligung einzelner privater Verbände oder Berufsstände.

Unter Berücksichtigung des Gesagten wird deshalb vorgeschlagen, einen *Nachhaltigkeitsausschuß* beim Deutschen Bundestag einzurichten. Dieser sollte folgende Merkmale aufweisen:

- Er bereitet Nachhaltigkeitsthemen zur Beratung im Parlament vor.
- Ihm obliegt die Vertretung der Interessen zukünftiger Generationen und die Sicherung der Integration der ökologischen, ökonomischen und sozialen Entwicklungsaspekte in der Tätigkeit von Parlament und Regierung,
- deshalb wird dem Nachhaltigkeitsausschuß auf Seiten der Regierung das Bundeskanzleramt auskunftspflichtig zugeordnet.
- Der Nachhaltigkeitsausschuß hat das Recht, bei jedem Gesetzgebungsverfahren die parlamentarische Federführung an sich zu ziehen.
- In Anlehnung an die Diskussion über Ökologische Räte und dritte Kammern kann der Nachaltigkeitsausschuß das Recht bekommen, zwecks Stellungnahme

in allen Gesetzgebungsprojekten angehört zu werden. Es sollte den übrigen Gremien also eine Pflicht zur qualifizierten Rückmeldung auferlegt werden.

- Der Nachhaltigkeitsausschuß sollte zugleich mit starken Vorladungs- und Anhörungsrechten ausgestattet sein, um auch Mitarbeiter aller Ministerien befragen zu können.
- Um die Stellung des Nachhaltigkeitsausschußes im Gesetzgebungsprozeß zu stärken, sollte der Vorsitzende automatisch Einsitz im Vermittlungsausschuß nehmen. So kann die Gefahr gemindert werden, daß heikle und strittige Nachhaltigkeitsinhalte nachträglich wieder aus der Diskussion fallen.
- Des weiteren sollte dem Nachhaltigkeitsausschuß das Initiativrecht auf Gesetzes- und Verfassungsebene zukommen sowie das Recht, eine nochmalige Normprüfung zu verlangen.

Die Einsetzung eines Nachhaltigkeitsausschusses kann in der Verfassung oder auf Gesetzesstufe vorgeschrieben werden. Um der Bedeutung eines solchen Ausschusses Rechnung zu tragen, würde sich eine Institutionalisierung auf Verfassungsebene, mindestens aber auf Ebene eines formellen Erlasses anbieten. Dabei ist das Verhältnis zu anderen Ausschüssen zu überprüfen. Verfassungsmäßig vorgeschrieben sind lediglich der Auswärtige-, der Verteidigungs- und der Petitionsausschuß. Gesetzlich verankert dagegen sind der Haushaltsausschuß und der Wahlprüfungsausschuß. In dieser Legislaturperiode bestehende, mit dem Thema der nachhaltigen Entwicklung in enger Verwandtschaft stehende Ausschüsse sind: der Ausschuß für Wirtschaft, der Ausschuß für Ernährung, Landwirtschaft und Forsten, der Ausschuß für Arbeit und Sozialordnung, der Ausschuß für Verkehr, der Ausschuß für Gesundheit, der Ausschuß für Raumordnung, Bauwesen und Städtebau und der Ausschuß für Umwelt, Naturschutz und Reaktorsicherheit. Es würde wenig Sinn machen, diese Ausschüsse alle unter einen Nachhaltigkeitsausschuß zusammenzufassen. Einleuchtender ist die Vorgehensweise, einen „übergeordneten" Ausschuß zu schaffen, der jederzeit für die Integration der drei Dimensionen der Nachhaltigkeit Sorge zu tragen hat, ohne selbst die spezifischeren Arbeiten der schon bestehenden Ausschüsse zu übernehmen. Der Nachhaltigkeitsausschuß bekommt damit eine Querschnittsaufgabe im Parlament, die er aber nur wahrnehmen kann, wenn er über die entsprechenden Rechte und Kompetenzen verfügt. Anders als ein außerhalb der bestehenden Entscheidungsgremien stehender Rat mit Vetorechten oder eine dritte Kammer kann ein Nachhaltigkeitsausschuß mehr als nur Veto-Macht entwickeln und weitere Politikblockaden entfalten. Ein Parlamentsausschuß ist zudem demokratiepolitisch weniger bedenklich als die Bildung einer „neokorporatistischen Nebenregierung", die das System der Gewaltenteilung in Frage stellen würde (SRU 1994: 14).

Literatur/Quellen

Binswanger, H.Ch. (1994): Europäische Umweltunion. GAIA 3, 2-3
Conseil du développement durable (1997): Aktionsplan für eine Nachhaltige Entwicklung in der Schweiz. EMDZ, Bern

Forum für verantwortbare Anwendung der Wissenschaft (1995): Das Modell von Flüh. Ein
Zukunftsrat als Dritte Parlamentskammer. Skizze eines Modells zur Wahrung der Interessen
der zukünftigen Bewohnerinnen und Bewohner der Schweiz in der politischen Willensbildung, Langenbruck

Kirsch, G. (1996): Umwelt, Ethik und individuelle Freiheit. Eine Bestandesaufnahme. In: Siebert, H. (Hsg.): Elemente einer rationalen Umweltpolitik. Expertisen zur umweltpolitischen
Neuorientierung,Tübingen

Kurz, R.; Volkert, J.; Helbig, J. (1996): Nachhaltigkeitspolitik. Ordnungspolitische Konsequenzen und Durchsetzbarkeit. In: Gerken, L. (Hrsg.): Ordnungspolitische Grundfragen einer Politik der Nachhaltigkeit. Baden-Baden

Loske, R. (1996): Der Charme des Ökorats. Die politischen Reformvorschläge der Studie
„Zukunftsfähiges Deutschland". Politische Ökologie 14 (46), 53-56

Massarat, M. (1996): Baustein für eine Demokratie der Zukunft. Dritte Kammern für Nichtregierungsorganisationen. Politische Ökologie 14 (46), 49-52

NZZ (Neue Zürcher Zeitung) (1998): Rat für nachhaltige Entwicklung. 26.02.1998

Rennings, K.; Brockmann, K.L.; Koschel, H.; Bergmann, H.; Kühn I. (1996): Nachhaltigkeit,
Ordnungspolitik und freiwillige Selbstverpflichtungen. Ordnungspolitische Grundregeln für
eine Politik der Nachhaltigkeit und das Instrument der freiwilligen Selbstverpflichtung im
Umweltschutz, Heidelberg

ULSG (Umweltliberale Bewegung des Kantons St. Gallen) (1997): Nachhaltigkeit als Staatsziel
und Schaffung eines Rates für nachhaltige Entwicklung. Forderung der ULSG vom November
1997. St. Gallen

Wepler, C. (1995): Umweltschutz und politische Entscheidungsprozesse. Zu den institutionellen
Bedingungen einer nachhaltigen Entwicklung. IWÖ-Diskussionsbeitrag Nr. 24, Universität
St.Gallen

10.1.2
Nachhaltigkeitsrat bei der Bundesregierung

Hauptstoßrichtung: Ausgleich und Konfliktregelung, Reflexivität

Ausgangslage

Sachverständigenräte, welche die Aufgabe haben, die Bundesregierung in relevanten Sachfragen zu beraten, bestehen schon seit geraumer Zeit. Es gibt derzeit
zwei Sachverständigenräte, die Sachgebiete mit starker Nachhaltigkeits-Relevanz
bearbeiten: der Sachverständigenrat zur Begutachtung der gesamtgesellschaftlichen Entwicklung (SRW) und der Rat der Sachverständigen für Umweltfragen
(SRU). Der erstgenannte hat Stellungnahmen dazu abzugeben, wie die makroökonomischen Ziele gesichert werden können. Dem zweiten obliegt das 'Monitoring'
über die Entwicklung der Umwelt und die Abgabe von Empfehlungen für die
Umweltpolitik.

Probleme/Herausforderungen

Die Integration von mehreren Zieldimensionen ist in der Wirtschaftspolitik von
jeher ein zentrales Problem. Der Sachverständigenrat für Wirtschaft hat gerade
deshalb die Funktion, der Exekutive politische Strategieoptionen vorzuschlagen,

welche die Zieldimensionen Preisniveaustabilität, Beschäftigung, außenwirtschaftliches Gleichgewicht und Wachstum integrieren. Mit der Bewußtwerdung der ökologischen Krise und der Notwendigkeit umweltpolitischer Maßnahmen wurde nicht das Zielsystem im Wachstums- und Stabilitätsgesetz angepaßt, sondern ein eigener, sozusagen konkurrierender Sachverständigenrat für Umweltfragen gebildet.

Es ist offensichtlich, daß die beiden Räte noch keine integrative Sichtweise entwickelt haben (Arbeitsgruppe ökologische Wirtschaftspolitik 1996). Daraus resultieren unverbunden nebeneinander stehende Empfehlungen, die in der politischen Diskussion dann von der Klientel der jeweiligen Ministerien in der politischen Auseinandersetzung einseitig interpretiert und gegeneinander ins Feld geführt werden. So wichtig die Arbeit beider Räte ist, so kann dieses Ergebnis weder die Wirtschafts- noch die Umweltpolitik befriedigen.

Nicht zu unrecht wird deshalb gefordert, daß die beiden Räte ihre Zielsetzungen gegenseitig zur Kenntnis nehmen und versuchen sollten, die jeweils andere Sichtweise zumindest teilweise in den eigenen Zielkatalog zu integrieren (Hinterberger 1996: 453). Allerdings dürfen die Erfolgserwartungen diesbezüglich unter den gegebenen Bedingungen nicht zu hoch geschraubt werden:

- Erstens ist eine solche Integration nicht institutionell abgesichert und
- zweitens fehlt es noch an einem geeigneten Instrumentarium, welches den Zusammenhang zwischen Umweltverbrauch und ökonomischen Zielgrößen so zu erklären vermag, wie das für andere Bereiche schon möglich ist.

Die Aufgabe der wissenschaftlichen Politikberatung, welche Sachverständigenräte allgemein zu erfüllen haben, umfaßt (Wink 1996: 447):

- eine Diagnose der Verwirklichung gesellschaftlicher Anliegen und
- die Formulierung von Strategien zur verbesserten Erreichbarkeit derselben.

Dabei sind jedoch die grundlegenden Problemstellungen, denen sich die wissenschaftliche Politikberatung speziell in Nachhaltigkeitsfragen gegenübersieht zu beachten (Wink 1996: 447):

- die Vorläufigkeit und Begrenztheit allen menschlichen Kenntnisstandes und
- das Erfordernis, normativer Beurteilungen zur Entwicklung von Handlungsstrategien.

Entsprechend den Ausführungen im Kapitel 3.1, in welchem nachhaltige Entwicklung als eine regulative Idee vorgestellt wird, gibt es nicht *die* Politik der Nachhaltigkeit aus einem Guß. Diese entwickelt sich vielmehr in einem an der regulativen Idee orientierten politisch-marktwirtschaftlichen Entdeckungsverfahren. Deshalb muß es die Aufgabe der Wissenschaft sein, das Wissen um die Beziehung zwischen dem menschlichen Handeln und der Natur im Zeitverlauf zu erweitern, um daraus vorläufige und normativ geprägte Aussagen über die Entwicklungsverträglichkeit menschlicher Handlungen zu treffen. Dies erfordert einen umfassenden Ansatz, der über die partiellen Perspektiven von Fachministerien hinausweist.

Alternativen/Optionen

Zur Klärung des Verhältnisses zwischen SRU und SRW wurde vorgeschlagen (Arbeitsgruppe ökologische Wirtschaftspolitik 1996), eine Änderung der Zielsetzung der gutachterlichen Tätigkeit des Wirtschaftsrates zu veranlassen, zum Beispiel durch die Änderung des Stabilitäts- und Wachstumsgesetzes, welche das wirtschaftspolitische Ziel eines „stetigen und angemessenen wirtschaftlichen Wachstums" zugunsten einer „stetigen und nachhaltigen Entwicklung" aufgibt. So könne gewährleistet werden, daß sich SRW und SRU gemeinsam um die inhaltliche Klärung des Leitbildes nachhaltiger Entwicklung bemühen müssen, um die Trennung der Wirtschafts- von der Umweltpolitik im Ansatz zu überwinden. Ganz abgesehen von der prinzipiellen Kritik an diesem Vorschlag (Hinterberger 1996: 452) ist interessant, daß trotz dem geforderten großen Abstimmungsbedürfnis keine Verschmelzung der Räte zu einem einzigen Gremium erfolgen soll. Eine Trennung der Räte wird also durchaus als sinnvoll erachtet.

Aufgabe eines Nachhaltigkeitsrates muß es also sein, auf eine vernetzte, ökologische Wirtschaftspolitik hinzuwirken, welche in der Lage ist, integrative Maßnahmen zu ergreifen. In diesem Zusammenhang verdient der schweizerische Vorschlag eines „Nachhaltigkeitsrates" zur Beratung der Regierung besondere Beachtung. Die Regierung soll demnach „einen zweijährigen Führungsrhythmus zur Sicherstellung eines kontinuierlichen Wandels in Richtung einer nachhaltigen Entwicklung" etablieren (Conseil 1997: 29; o.V. 1998). Der einzusetzende Rat wird aus 13 Personen aus Forschung, Gesellschaft, Wirtschaft und Verbänden zusammengesetzt. Er bekommt die Aufgabe, im Sinne der Erfolgskontrolle im Zweijahresrhytmus einen Lagebericht zur Umsetzung der Aktionen sowie zum Stand der nachhaltigen Entwicklung abzuliefern. Der Bericht des Rates erhält somit die Rolle eines Führungsinstrumentes und rückt in die Nähe der ⇨ Nachhaltigkeitsberichte von Ministerien. Dieser Bericht bildet die Lage der Schweiz anhand eines einfachen Indikatorensystems ab. Dieses muß sowohl die ökologische als auch die ökonomische und soziale Dimension umfassen. Auf dieser Basis werden dann der Regierung Vorschläge zum weiteren Vorgehen unterbreitet sowie im Rahmen eines Kommunikationskonzeptes in Zusammenarbeit mit der Verwaltung und privaten Akteuren Informationen an die Bevölkerung weitergegeben.

Empfehlungen

Angesichts der Beratungsfunktionen, die der SRU und der SRW für ihr jeweiliges Ministerium erfüllen, erscheint eine Verschmelzung beider Gremien nicht als der Königsweg zur Integration ökonomischer, ökologischer und sozialer Aspekte in der wissenschaftlichen Beratung der Bundesregierung. Statt dessen sollte zunächst

der Zielkatalog im Stabilitäts- und Wachstumsgesetz um das Ziel einer nachhaltigen Entwicklung ergänzt werden. Es sollte jedoch zumindest sichergestellt werden, daß die Kommunikation unter den beiden Räten institutionalisiert wird.

Hierzu wird die Einrichtung eines „Nachhaltigkeitsrats" beim Bundeskanzler
empfohlen. Dieser dient - entsprechend dem schweizerischen Vorschlag - der
Reflexion, indem er ein integriertes Monitoring der Wirtschafts-, Umwelt- und
Gesellschaftsentwicklung übernimmt. Zu diesem Zweck stützt er sich auf einen
umfassenden ⇨ Indikatorensatz, welcher alle drei Nachhaltigkeitsdimensionen
abdeckt. Der Nachhaltigkeitsrat ist ausdrücklich nicht ausschließlich mit Wissenschaftlern zu besetzen. Zwar kommt der Sachkompetenz aus allen nachhaltigkeitsrelevanten Wissenschaftsdisziplinen zentrale Bedeutung zu. Aber auch praktische
Fragen verdienen systematisch berücksichtigt zu werden, etwa die der Problemwahrnehmung und der allgemeinen gesellschaftlichen Legitimität, was bei der
Zusammensetzung des Rates zu bedenken ist.

Vorstellbar wäre anstelle der Einrichtung eines weiteren Rats auch, den SRU
zum „Nachhaltigkeitsrat" weiterzuentwickeln. Dieser wäre aber vermutlich durch
seine herkömmliche Zuordnung zu einem Fachministerium und seine bislang
ausschließlich wissenschaftliche Besetzung geprägt.

Literatur/Quellen

Arbeitsgruppe ökologische Wirtschaftspolitik (1996): Gleiche Zielvorgaben und gemeinsame
    Gutachten für eine dauerhaft umweltgerechte Entwicklung. Zur Arbeit der bundesdeutschen
    Sachverständigenräte. Zeitschrift für angewandte Umweltforschung 9 (4), 441-453
Conseil du développement durable (1997): Nachhaltige Entwicklung. Ein Aktionsplan für die
    Schweiz. EMDZ, Bern
Hinterberger, F. (1996): Brauchen wir einen Sachverständigenrat für Umwelt und Wirtschaft?
    Zeitschrift für angewandte Umweltforschung 9 (4), 441-453
NZZ (Neue Zürcher Zeitung) (1998): Rat für nachhaltige Entwicklung. 26.02.1998
Wink, R. (1996): Sachverständigenräte. Diskussionen im Elfenbeinturm oder Lotsen im gesell-
    schaftlichen Wandlungsprozeß? Zeitschrift für angewandte Umweltforschung 9 (4), 441-453

10.1.3
Staatsminister im Bundeskanzleramt für Nachhaltigkeit und Ombudsleute in den Ministerien

Hauptstoßrichtungen: Ausgleich und Konfliktregelung, Reflexivität

Ausgangslage

Eine Politik der Nachhaltigkeit erfordert die Integration ökonomischer, ökologischer und sozialer Aspekte bei allen weichenstellenden Entscheidungen. Der Ausgestaltung des Regierungshandelns in den Bundesministerien kommt dabei eine
Schlüsselstellung zu. Hier wird nicht nur die Gesetzgebungstätigkeit wesentlich
vorbereitet, zusätzlich geben die Ermessens- und Interpretationsspielräume der

Ministerialbürokratie vergleichsweise große Gestaltungsspielräume. Deshalb liegt hier auch der wichtigste Anknüpfungspunkt für die Bildung von policy-Netzwerken. Nachhaltigkeit als eine Integrationsaufgabe liegt quer zu den Zuständigkeiten der Fachministerien und fällt daher in den genuinen Zuständigkeitsbereich des Bundeskanzlers im Rahmen seiner Richtlinienkompetenz. Die Organisationsstrukturen im Kanzleramt geben jedoch wenig Hinweise, daß dort der Verknüpfung von Ökonomie, Ökologie und Sozialem ähnliches Gewicht beigemessen wird wie etwa der Koordination der Geheimdienste.

Probleme/Herausforderungen

Die Sicherung der systematischen Integration ökologischer, ökonomischer und sozialer Wirkungen des Regierungshandelns geht weit über die Aufgabe eines Umwelt-, Frauen oder Datenbeauftragten hinaus. Sie setzt die Schaffung einer Stelle voraus, welche die entsprechende Kompetenz bündelt und im Sinne des integrativen Auftrags in die Teilbereiche des Regierungsapparats hineinwirken kann. Daher erscheint die Ansiedlung eines „Sachwalters der Nachhaltigkeit" im Kanzleramt geeignet.

Weil Nachhaltigkeit als regulative Idee grundsätzlich alle Aspekte der Regierungstätigkeit betreffen kann, setzt die Tätigkeit eines Sachwalters der Nachhaltigkeit ein enges Vertrauensverhältnis zur Spitze voraus. Die Besetzung einer solchen Position in der Exekutive muß daher hausintern entschieden werden, um Loyalitätskonflikte zu vermeiden. Eine Konstruktion nach Art der vom Bundestag gewählten Beauftragten für den Datenschutz erscheint weniger geeignet, da es weniger um eine Kontroll- oder advokatorische als um eine koordinierende Funktion geht.

Aus diesen Überlegungen folgt der Vorschlag, einen Staatsminister für Nachhaltigkeit im Kanzleramt einzusetzen. Auf Länderebene sollte eine entsprechende Stelle in den Staatskanzleien vorgesehen werden.

Darüberhinaus macht die Komplexität der mit Nachhaltigkeit verbundenen Fragestellungen es erforderlich, den zentralen und dezentralen Stellen mit Führungsverantwortung direkt Ombudsleute für Nachhaltigkeit zuzuordnen, die praktikablerweise in allen Fachministerien angesiedelt sind. Dabei ist in organisatorischen Fragen der Einbindung von Nachweltverantwortung in hierarchische Systeme prinzipiell zwischen Führungs- und Fachverantwortung zu unterscheiden (Nitze 1991: 67ff). Ombudsleute für Nachhaltigkeit übernehmen als „Nachhaltigkeits-Fachstellen" koordinierende, informatorische und beratende Funktionen. Eine Weisungsbefugnis solcher Stellen muß jedoch auf ein Minimum beschränkt bleiben, um sowohl die Entscheidungsfähigkeit der Verantwortlichen als auch die Konsistenz ihrer Entscheidungen nicht zu stark zu beeinträchtigen. Entscheidend ist jedoch, daß die Fachstelle der für die Entscheidungsstufe zentralen Führungsinstanz direkt unterstellt wird.

Daraus folgt der Vorschlag, in allen Ministerien Ombudsleute für Nachhaltigkeit einzusetzen, die unmittelbar dem Fachminister unterstellt sind. Dieser Vorschlag gilt für Bundes- und Landesministerien.

Empfehlungen

Die Einsetzung von „Nachhaltigkeitsbeauftragten" in der Exekutive sollte auf zentraler und dezentraler Ebene geschehen. Entsprechend den obigen Ausführungen sollte ein Staatsminister für Nachhaltigkeit im Kanzleramt angesiedelt werden, der neben die vorhandenen Staatsminister für die Koordinierung der Geheimdienste und für das Bund-Länder-Verhältnis tritt. Dieser hat die Aufgabe, den Kanzler in nachhaltigkeitsrelevanten Fragen zu beraten. Der Staatsminister für Nachhaltigkeit erhält starke Informationsrechte, die an diejenigen des Geheimdienstkoordinators heranreichen. Er erhält somit potentiell Einblick in alle Regierungsabläufe und kann seinen Einfluß geltend machen.

Zudem ist es die Aufgabe des Staatsminister, die Arbeit der Ombudsleute für Nachhaltigkeit in den Ministerien zu koordinieren. Die Ombudsmänner kontrollieren und beraten die Arbeit in den einzelnen Ministerien und stellen damit wertvolle Informationen zur Beurteilung der Vernetzung der Ministerien in Nachhaltigkeitsfragen zur Verfügung.

Literatur/Quellen

Nitze, A. (1991): Die organisatorische Umsetzung einer ökologisch bewussten Unternehmensführung. Bern Stuttgart

Krüssel, P. (1996): Ökologieorientierte Entscheidungsfindung in Unternehmen als politischer Prozeß. Interessengegensätze und ihre Bedeutung für den Ablauf von Entscheidungsprozessen. München Mehring

10.2
Ressourcen- und Machtausgleich

Umfaßt die Institutionen

1. "Nachhaltigkeitsdienst" in anerkannten Organisationen
2. Nachhaltigkeitslotterie
3. Verankerung ökologischer Grundrechte
4. Freedom of information act
5. Entgelt und Finanzierung von NGO`s für Beratungsdienstleistungen
6. Ausgleich von Ungleichgewichten im Bereich der Werbung
7. Monopolkontrolle (zum Beispiel Energie)

10.2.1
"Nachhaltigkeitsdienst" in anerkannten Organisationen

Hauptstoßrichtung: Ressourcenausgleich, Partizipation

Ausgangslage

Eine gesellschaftliche Entwicklung in Richtung Nachhaltigkeit ist auf den persönlichen Einsatz einer großen Zahl von Akteuren angewiesen. Ähnlich der Landes-
verteidigung handelt es sich bei der Nachhaltigkeit um eine Aufgabe übergeord-
neter gesellschaftlicher Bedeutung. Für den sozialen Bereich ist dies dadurch
anerkannt, daß der Wehrersatzdienst (Zivildienst) heute überwiegend in Kranken-
häusern, Alten- und Pflegeheimen, Heimen für Behinderte, Einrichtungen der
Freien Wohlfahrtsverbände sowie in der offenen Sozialarbeit und im sozialen
Dienst der Kirchengemeinden geleistet werden kann. Seit mehreren Jahren besteht
auch die Möglichkeit, den Zivildienst im Bereich des Umweltschutzes abzulei-
sten. Von den 120'000 Zivildienstleistenden im Jahre 1996 leisteten ca. 6000
ihren Dienst im Bereich des Umweltschutzes ab. Aufgrund ihrer großen Zahl
stellen die Zivildienstleistenden eine zentrale Ressource für die Sicherstellung der
Sozialaufgaben dar. Es fragt sich, ob und inwiefern der heutige Zivildienst im
Sinne eines Nachhaltigkeitsdienst über die schon bestehenden sozialen und ökologischen Bezüge hinaus weiterentwickelt werden kann. Vor dem Hintergrund einer
möglichen Umwandlung der heutigen Wehrpflichtarmee in eine Berufsarmee
stellt sich zudem die Frage, ob der Wehrdienst in einem solchen Fall durch einen
obligatorischen Nachhaltigkeitsdienst abgelöst werden kann und soll.

Probleme/Herausforderungen

Freiwilligkeit des Dienstes. Neben dem Zivildienst steht jungen Menschen heute
die Möglichkeit offen, ein Freiwilliges Soziales Jahr sowie ein Freiwilliges Ökologisches Jahr zu leisten. 1994/95 leisteten 7000 insbesondere junge Frauen ein

Freiwilliges Soziales Jahr und 750 Menschen ein Freiwilliges Ökologisches Jahr. Beide freiwilligen Dienste werden gesetzlich gefördert, z.B. durch die Anerkennung des Dienstes bei der Zahlung von Kindergeld, der gesetzlichen Renten-, Kranken- und Unfallversicherung sowie der Arbeitslosenversicherung. Dennoch wird deutlich, daß der Umfang der freiwilligen Dienste äußerst gering ist im Vergleich zu den 120`000 Zivildienstleistenden in Deutschland.

Ineffizienz der heutigen Ausgestaltung der Ableistung des Zivildienstes. Der Zivildienst wird heute wie der Wehrdienst in der Regel direkt nach der Schule in einem Block geleistet. Die Dienstleistenden besitzen zum Zeitpunkt der Einberufung/des Dienstantritts häufig noch keine umfassende Berufsausbildung oder ein Studium und nur geringe Praxiserfahrung. Sie können dadurch vielfach nur unqualifizierte Tätigkeiten ausüben. Dies wirkt sich ungünstig auf die Motivation der Zivildienstleistenden aus. Zudem ist es volkswirtschaftlich ineffizient, da Menschen ein Vielfaches der Leistung erbringen könnten, wenn Sie zu einem späteren Zeitpunkt und gemäß ihrer Qualifikationen eingesetzt würden.

Das Alter der Zivildienstleistenden bis zum Berufseintritt steigt durch die heutige Form der Ableistung um ca. ein Jahr. Insbesondere im europäischen Vergleich macht sich dies bemerkbar und führt zu Nachteilen auf einem sich zunehmend europäisierenden Arbeitsmarkt. Um dieses Problem zu umgehen, bietet es sich an, den Dienst nicht nur ausschließlich en bloc nach der Schulausbildung, sondern einerseits sowohl in späteren Lebensabschnitten als auch aufgeteilt auf mehrere Teilblöcke zu leisten. Im Bereich des Katastrophenschutzes oder der freiwilligen Feuerwehr, Dienstformen die ebenfalls als Wehrersatzdienst anerkannt werden, wird dies heute schon praktiziert. Auch einzelne Wehrpflichtarmeen wie die Schweizer Armee praktizieren Dienstformen, bei denen ein relativ kurzer Grundwehrdienst durch 3-wöchige jährliche Wiederholungskurse berufsbegleitend ergänzt wird. Die Erfahrungen in der Schweiz zeigen, daß sich dieses Modell durchaus mit den Anforderungen von Unternehmungen und einer wettbewerbsfähigen Volkswirtschaft verknüpfen läßt.

Substitutionseffekte mit privat erbrachten Leistungen. So wünschenswert die umfassende Mobilisierung von Menschen für Nachhaltigkeitsaufgaben ist, so muß darauf geachtet werden, daß durch eine solche Form nicht privatwirtschaftlich ohnehin erbrachte Leistungen verdrängt werden und über den Einsatz von Nachhaltigkeitsdienstleistenden Wettbewerbsverzerrungen in Branchen entstehen. Daher müssen sich Nachhaltigkeitsdienste konsequent auf die Produktion öffentlicher Güter konzentrieren, die durch Marktprozesse nicht ausreichend hervorgebracht werden.

Verfassungsstatus des Wehrdienstes. Der Wehrdienst und das Recht auf Kriegsdienstverweigerung haben in Deutschland Verfassungsrang. Die Anpassung und Veränderungen der Bestimmungen im Hinblick auf einen obligatorischen Nachhaltigkeitsdienst sind daher mit Grundgesetzveränderungen verbunden.

Alternativen/Optionen

Ausgestaltungsoptionen ergeben sich auf der Grundlage des bisher Gesagten insbesondere in folgenden Dimensionen:

Freiwilligkeit. Neben einem obligatorischen Nachhaltigkeitsdienst ist zum Beispiel auch die intensivere Förderung von Institutionen möglich, wie das Freiwillige Soziale und Ökologische Jahr.

Form der Ableistung. Neben einem Dienst en bloc ergeben sich unterschiedliche Möglichkeiten der Aufteilung des Dienstes auf mehrere Abschnitte sowie unterschiedliche Lebensphasen.

Einsatzfelder. Über die heutigen sozialen und ökologischen Einsatzgebiete hinaus sind weitere Formen des Einsatzes im Sinne der Nachhaltigkeit vorstellbar. Beispielsweise benötigen zahlreiche der in den vorangegangenen Kapiteln vorgestellten diskursiven Verfahren Menschen, die entsprechende Prozesse organisieren, moderieren und begleiten.

Empfehlungen

Formen des Nachhaltigkeitsdienstes stärken die personellen Ressourcen für Nachhaltigkeitsaufgaben und verstärken das Bewußtsein für Nachhaltigkeitsanliegen bei der Bevölkerung. Die Bundesregierung kann in Form eines Gemeinschaftsprojektes des Verteidigungsministeriums, des Umweltministeriums und des Sozialministeriums eine Expertenkommission einsetzen, die Perspektiven erabeitet für die Zukunft des Wehr- und Zivildienstes vor dem Hintergrund der Nachhaltigkeitsanliegen. Die Ergebnisse sollten dann im Bundestag und mit unterschiedlichen gesellschaftlichen Gruppen diskutiert werden. Eine besondere Rolle sollte dabei die zeitliche Flexibilisierung der Dienstformen spielen sowie die Suche neuer nachhaltigkeitsbezogener Aufgabenfelder.

10.2.2
Nachhaltigkeitslotterie

Hauptstoßrichtung: Ressourcenausgleich

Ausgangslage

Die Finanzierung von nachhaltigkeitsorientierten Maßnahmen insbesondere im Bereich Soziales und Ökologie bereitet wegen der angespannten öffentlichen Haushaltslage Schwierigkeiten. Ökologischen und sozialen Interessen fällt es daher auch zunehmend schwerer, sich in öffentlichen und politischen Debatten zu artikulieren. Lotterien haben sich in vielen Ländern als ein geeignetes Mittel erwiesen, um Aktivitäten von öffentlichem Interesse (mit-) zu finanzieren. So fließen die Mittel der staatlichen Lotterien in Deutschland heute insbesondere in die Sport- und Kulturförderung. Die Einrichtung einer Nachhaltigkeitslotterie ist grundsätzlich eine Möglichkeit, die finanzielle Basis für soziale und ökologische

Maßnahmen zu verbessern. Dies gilt besonders dann, wenn eine solche Lotterie die Teilnahme an anderen Lotterien nicht substituiert, sondern zu einem zusätzlichen Spielaufkommen führt (zum Beispiel von ökologisch engagierten Bürgern, die (finanzielles) ökologisches Engagement hier mit der "Lust" am Spiel verbinden können). In einigen Staaten wie den USA und den Niederlanden besteht bereits heute eine Finanzierung umweltpolitischer Aktivitäten aus Lotterieerlösen. In den Niederlanden werden zum Beispiel auf diese Weise jährlich 30 Millionen DM erzielt.

Im Gegensatz zu Zwangsfinanzierungen (zum Beispiel über Steuern oder Abgaben) besitzt die Finanzierung über Lotterien den großen Vorteil der Freiwilligkeit. Das Suchtpotential von Lotterien ist zudem im Vergleich zum Spielen in Casinos oder an Spielautomaten relativ gering.

Probleme/Herausforderungen

Bei der konkreten Ausgestaltung einer solchen Lotterie stellen sich mehrere Herausforderungen:

- Substitutionseffekte mit den Fördermöglichkeiten anderer wünschenswerter Aktivitäten im Sinne einer nachhaltigen Entwicklung sind zu vermeiden. So erfüllt auch die Sport- und Kulturförderung wichtige Funktionen im Sinne einer Nachhaltigen Entwicklung (zum Beispiel soziale Integration über Sportvereine). Ebenso ist darauf zu achten, daß eine Nachhaltigkeitslotterie nicht das bisherige Spendenaufkommen für Umweltschutz- und soziale Organisationen reduziert.
- Der Verteilungsmodus der Überschüsse aus der Lotterie ist zu klären. Bei der Festlegung des Verteilungsschlüssels ist neben inhaltlichen Prioritäten auch die Anreizwirkung für eine Lotterieteilnahme zu berücksichtigen. So sind zum Beispiel Modelle denkbar, in denen der Hauptgewinner einer Lotterie bestimmen kann, an welche Umweltschutz- oder Sozialorganisation ein definierter Betrag aus der Lotterie gehen soll (vgl. das Beispiel Niederlande). Dies erhöht den Spielanreiz für nachhaltigkeitsengagierte Teilnehmer.

Alternativen/Optionen

Grundsätzlich ist eine Umwidmung heute schon bestehender Lotterien oder die Etablierung einer neuen Nachhaltigkeitslotterie vorstellbar. Eine öffentlichkeitswirksame Neueinführung einer Nachhaltigkeitslotterie würde vermutlich deren Erfolgschancen erhöhen und außerdem einen Beitrag dazu leisten, die Idee der Nachhaltigkeit in breiten Bevölkerungskreisen populär zu machen.

Empfehlungen

Die Neueinführung einer Nachhaltigkeitslotterie sollte auf Bundes- und Länderebene angestrebt werden. Die entsprechenden Initiativen (zum Beispiel im Rahmen der Koalitionsvereinbarung der Regierungskoalition in Nordrhein Westfalen) sind zu unterstützen. Dabei gilt es, sich insbesondere an der innovativen und öffentlichkeitswirksamen Umsetzung der Umweltlotterie in den Niederlanden zu orientieren, um die oben genannten Verdrändungseffekte zu vermeiden.

Literatur/Quellen

Michaelowa, A. (1997): Lotterien als Finanzierungsinstrument der Umweltpolitik. Vortrag anläßlich des Kolloquiums "Ökologischer Strukturwandel" der Studienstiftung des Deutschen Volkes, Wuppertal 29.-30.01.1997. (Paper in Vorbereitung, Vortragsmanuskript über den Autor am HWWA, Hamburg).

10.2.3
Ökologische Grundrechte

Hauptstoßrichtung: Ausgleich und Konfliktregelung

Ausgangslage

Die Grundrechte der Artikel 1-15 GG haben sich historisch in Auseinandersetzung mit verschiedenen Herausforderungen entwickelt. Sie teilen sich in bürgerliche Abwehrrechte gegen staatliche Willkür, soziale Teilhaberechte und bürgerliche Teilnahmerechte. Auf der Ebene der Staatsziele entsprechen ihnen das Rechtsstaats-, das Sozialstaats- und das Demokratieprinzip. In Reaktion auf die ökologischen Herausforderungen hat sich der Gesetzgeber im Zuge der Verfassungsreform nach der deutschen Einheit entschlossen, den Staatszielkatalog in Artikel 20a um das Ziel des Erhalts der natürlichen Lebensgrundlagen zu ergänzen. Im Gegensatz zu den drei vorgenannten Staatszielbestimmungen besitzt der „Umweltstaat" jedoch keine Entsprechung auf der rechtssystematischen Ebene individueller Grundrechte. Rechtspraktisch bestehen damit Unklarheiten über die Träger möglicher Klagerechte aus Art. 20a, die durch die Verankerung ökologischer Grundrechte - wie ihre Befürworter hoffen - behoben werden könnten.

Probleme/Herausforderungen

Bei der Frage nach dem Für und Wider ökologischer Grundrechte zeigen sich drei Problembereiche:

1. Wie sind ökologische Grundrechte zu begründen?
2. Wie sollen ökologische Grundrechte ausgestaltet sein?
3. Welchen Nutzen hätten solche Grundrechte für den Schutz der Natur?

Die sehr umfassende juristische und ethische Diskussion zu diesen Punkten kann im folgenden nur in Grundzügen wiedergegeben werden.

Zur Frage der ethischen Begründung ökologischer Grundrechte: Viele Autoren sind sich einig, daß ökologische Grundrechte nur begründet werden können, wenn man den anthropozentrischen Standpunkt aufgibt. Somit zielt das Projekt der ökologischen Ethik nicht nur auf eine grössere Reichweite der bisherigen Ethik, sondern auch auf einen prinzipiellen Wandel in der Begründungsstruktur. Wie aber kann eine nicht anthropozentrische Begründung erfolgen? An diesem Punkt setzen zahlreiche Ansätze an (vgl. Birnbacher 1991 und v.d. Pfordten 1996): Der *biozentrische Ansatz* spricht allem Lebendigem einen eigenständigen Wert zu. Hans Jonas (1979) hat vermutlich den ambitioniertesten Versuch einer philosophischen Begründung des biozentrischen Ansatzes (vgl. 1979) unternommen. Darüber hinaus gibt es *schöpfungstheologische Begründungsversuche, biologisch-evolutionstheoretische* u.v.a. (vgl. v.d. Pfordten, 1996).

Es lassen sich grundsätzlich drei Schwierigkeiten nicht-anthropozentrischer Begründungsversuche herauskristallisieren:

1. Oftmals wird versucht, ein teleologisches Naturverständnis wiederzubeleben, das implizit auf zwei Annahmen aufbaut: Zum einen auf der These vom Gleichgewicht der Natur, und zum anderen auf der These, daß dieses Gleichgewicht erst in letzter Zeit durch menschliche Eingriffe gestört wurde. Beide Voraussetzungen treffen nicht zu (vgl. Bayertz 1987: 166ff.).
2. Wird schöpfungstheologisch argumentiert, wie zum Beispiel bei Meyer-Abich (1984), dann stößt man auf ein klassisches Dilemma zwischen der "Heiligkeit" von Natur und der "Heiligkeit" des menschlichen Lebens (vgl. Bayertz 1987: 173).
3. Das vermutlich schwerwiegendste Problem besteht aber darin, daß nicht unterschieden wird, zwischen demjenigen, der Werte setzt, und demjenigen, der Träger von Werten ist (vgl. Bayertz 1987: 175ff.). Werte kann nur der Mensch setzen, weil ihm eine epistemologische Sonderstellung zukommt. Die Natur ist hingegen amoralisch; Versuche, aus einem natürlichen Sein zu einem Sollen zu gelangen, führen zum naturalistischen Fehlschluß (vgl. Moore 1903: 41ff.). Daß nur der Mensch Werte setzen kann, bedeutet jedoch nicht, daß nur der Mensch Träger von Rechten sein kann. Vielmehr könnte er gerade wegen seiner Sonderstellung zu dem Ergebnis gelangen, der Natur Werte und Rechte zuzuerkennen.

Somit ist zwar der Kritik an einer verkürzten Anthropozentrik dahingehend rechtzugeben, als der Mensch den Interessen der Natur Rechnung zu tragen habe. Die Kritik geht aber fehl, wenn sie verlangt, die moralischen Kriterien für den Umgang mit der Natur aus der Natur selbst zu gewinnen. „Mit einem Wort: sobald es 'ans Eingemachte' geht, ist und bleibt die anthropozentrische Perspektive unhintergehbar." (Bayertz 1987: 178) Somit müssen nicht-anthropozentrische Begründungsversuche in der Ethik als gescheitert angesehen werden. Dies bedeutet aber nicht, daß der Natur keine juristischen Eigenrechte zugesprochen werden könnten, denn Rechtsträger und Interessenträger müssen nicht identisch sein (vgl. v.d. Pfordten 1996: 296).

Zur juristischen Ausgestaltung ökologischer Grundrechte: Wenn ökologische Grundrechte sich auch nicht aus der Natur selbst begründen lassen, so kann trotzdem der Gesetzgeber der Natur Eigenrechte zusprechen. So fordern zum Beispiel Saladin/Zenger Grundrechte im Sinne der Eigenrechte der Natur, die dann treuhänderisch vertreten würden (1988: 26), und Bosselmann (1986) plädiert für ein subjektives Recht auf Umweltschutz.

Ob mit der Setzung von Eigenrechten der Natur das Grundgesetz aufgrund seiner anthropozentrischen Ausrichtung verletzt würde, war Gegenstand einer verfassungspolitischen Auseinandersetzung (vgl. Geddert-Steinbacher 1994: 33ff.), die sich in der Verankerung des Erhalts der natürlichen Lenensgrundlagen als Staatsziel im neuen Artikel 20 a GG niederschlug. In der Literatur wird dies als ein Kompromiß gewertet, der auf eine explizite Klarstellung verzichtet und somit dem Bundesverfassungsgericht die Aufgabe der Interpretation übergibt, die vermutlich in Richtung Anthropozentrik verlaufen wird (vgl. v.d. Pfordten 1996: 288 und Kloepfer 1995: 19).

Knoepfel (1995, 16ff.) kommt zu dem Schluß, daß eine ökozentrische Ergänzung des Umweltschutzes zwar möglich sei, die in der Verfassung aber stärker ausgeprägte Anthropozentrik dadurch nicht verdrängt werden dürfe. Dem widerspricht v.d. Pfordten. Er ist der Ansicht, daß nur der Grundgehalt von Art. 1 und 20 GG, also die Menschenwürde, nicht angegriffen werden dürfe. Hier widerspricht wiederum Geddert-Steinacher, die anführt, daß es bei der Menschenwürde nicht Kern und Peripherie gäbe, sondern daß das Bundesverfassungsgericht Artikel 1 Absatz 1 GG als Grundsatznorm mit absoluter Geltung interpretiere (vgl. 1995: 36). Aus diesem Grunde wird hier davon ausgegangen, daß eine ökozentrische Ergänzung des Grundgesetzes nur in Grenzen möglich ist.

Abwägung des Nutzens ökologischer Grundrechte: Es stellt sich nun die Frage, welchen Nutzen eine ökozentrische Ausrichtung - soweit sie mit dem Grundgesetz vereinbar ist - für den Schutz der natürlichen Lebensgrundlagen hätte. Knoepfel ist der Ansicht, daß eine richtig verstandene Anthropozentrik ähnlich weitgehend wäre wie eine stärker ökozentrisch orientierte Begründung, da der Schutz der Natur auch dem Menschen nützt (vgl. 1995: 25f.). Dagegen wendet v.d. Pfordten ein, daß dies nur in bestimmten Bereichen zutreffe, Interessenkonflikte zwischen Mensch und Natur sich auf diese Weise aber nicht lösen lassen (vgl. 1996: 300). Im weiteren führt Knoepfel an, für eine Umweltschutzmassnahme sei eher Zustimmung zu erhalten, wenn sie für den Menschen von Nutzen ist (vgl. 1995: 25). Nach v.d. Pfordten schließt dies aber eine Zuschreibung von Rechten an nicht menschliche Naturentitäten nicht aus (vgl. 1996: 300). Vor dem Hintergrund dieser Diskussion erscheint eine stärker ökozentrisch ausgerichtete Begründung des Umweltschutzes von Nutzen für die Belange der Natur. Trotz dieses Nutzens sollte eine solche Begründung jedoch nicht in forcierter Form erfolgen. Hierfür sprechen zwei Gründe: Erstens sind zwischen Verfassungs- und Gesetzesebene innersystematische Spannungen zu vermeiden (vgl. v.d. Pfordten 1996: 306f.).

Zweitens muß die Begründung des Umweltschutzes auf Verfassungsebene den Überzeugungen des Großteils der Bevölkerung entsprechen.

Empfehlungen

Eine Hinwendung der Verfassungsentwicklung zur Aufnahme ökozentrischer Elemente erscheint nur in sehr engen Grenzen möglich und heute auch nicht vordringlich - zumal viele Stimmen die Auffassung vertreten, daß die praktischen Auswirkungen marginal sein würden, da man in der Regel den hinter ökologischen Maßnahmen stehenden Menschen als mittelbares Schutzgut konstruieren kann. Es sollte vielmehr innerhalb der bestehenden anthropozentrischen Ausrichtung des Grundgesetzes darauf hingewirkt werden, daß dem Ökologieaspekt mehr Gewicht zukommt. Die Abgrenzung der gleichwertig nebeneinander stehenden Staatsprinzipien kommt dem Gesetzgeber zu, an den sich Art. 20a GG primär richtet. Darüberhinaus wäre durch Rechtsvergleich mit den USA zu prüfen, ob durch die Einführung einer der deutschen Rechtssystematik bislang fremden Popularklage unter Berufung auf Artikel 20a GG dessen faktische Wirksamkeit erhöht werden kann und sollte.

Literatur/Quellen

Bayertz, K. (1987): Naturphilosophie als Ethik. Zur Vereinigung von Natur- und Moralphilosophie im Zeichen der ökologischen Krise. Philosophia Naturalis 24, 158-185

Birnbacher, D. (1991): Mensch und Natur. Grundzüge der ökologischen Ethik. In: Bayertz, K. (Hrsg., 1991): Praktische Philosophie. Grundorientierungen angewandter Ethik. Hamburg

Bosselmann, K. (1992): Im Namen der Natur. Der Weg zum ökologischen Rechtsstaat. Bern München Wien

Geddert-Steinacher, T. (1995): Staatsziel Umweltschutz. Instrumentelle oder symbolische Gesetzgebung. In: Nida-Rümlin, J.; Pfordten, D.v.d. (Hrsg.) (1995): Ökologische Ethik und Rechtstheorie. Baden-Baden

Jonas, H. (1993): Das Prinzip Verantwortung. Versuch einer Ethik für die technologische Zivilisation, Frankfurt am Main

Kloepfer, M. (Hrsg) (1989): Umweltstaat. Berlin u.a.

Kloepfer, M. (1995): Anthropozentrik versus Ökozentrik als Verfassungsproblem. In: Kloepfer, M. (Hrsg.) (1995): Anthropozentrik, Freiheit und Umweltschutz in rechtlicher Sicht, Bonn

Moore, G.E. (1903): Principia Ethica. London

Murswick, D. (1995): Umweltschutz als Staatszweck. Die ökologischen Legitimitätsgrundlagen des Staates, Bonn

Nida-Rümlin, J.; Pfordten, D.v.d. (Hrsg.) (1995): Ökologische Ethik und Rechtstheorie. Baden-Baden

Pfordten, D.v.d. (1996): Ökologische Ethik. Zur Rechtfertigung menschlichen Verhaltens gegenüber der Natur. Reinbeck bei Hamburg

Saladin, P., Zenger, C.A. (1988): Die Natur - und damit der Boden - als Rechtssubjekt. Basel

Saladin, P.; Praetorius, I. (1996): Die Würde der Kreatur. Schriftenreihe Umwelt Nr. 260 des Bundesamtes für Umwelt, Wald und Landschaft (BUWAL), Bern

10.2.4
Freedom of Information Act

Hauptstoßrichtungen: Ressourcenausgleich, Selbstorganisation, Reflexivität

Ausgangslage

Eine moderne Gesellschaft ist zunehmend auf die Potentiale ihrer einzelnen Mitglieder angewiesen, um die komplexen Herausforderungen einer Politik der Nachhaltigkeit zu bewältigen. Umgekehrt fordern Bürger verstärkt nach angemessenen Rahmensetzungen, die es ihnen erlauben, Informationen und Kompetenzen aufzubauen und Rechte zu erwirken und umzusetzen. Der Freedom of Information Act (FOIA) und der Emergency Planning and Community Right-to-Know Act (RTKA) in den USA bauen auf diesen Grundprinzipien auf (vgl. angefügten Kasten). Insbesondere die Einrichtung des Toxic Release Inventories (TRI) in den USA hat durch die neue Form der Schadstoffemissionstransparenz zu erheblichen Reduktionsanstrengungen bei Unternehmen geführt.

Mit der Umwelt-Informations-Richtlinie der EU (EWG 313/90) und ihrer im Juli 1994 erfolgten Umsetzung im deutschen Umweltinformationsgesetz (UIG, BGBL I S. 1490) sind in Deutschland erste Schritte in eine ähnliche Richtung wie in den USA gemacht worden. Nach dem UIG haben Personen (natürliche und juristische) freien Zugang zu Informationen über betriebliche Tätigkeiten eines Unternehmens, die bei Behörden vorliegen. Dieser Informationsanspruch besteht nach der Umwelt-Informations-Richtlinie ohne den Nachweis eines berechtigten Interesses. Die Informationsbereitstellung kann kostenpflichtig sein.

Ein dem Toxic Release Inventory vergleichbares Schadstoffregister besteht in Deutschland aber bisher nicht. Jedoch liegt seit 1996 ein Vorschlag der OECD für nationale Pollutant Release and Transfer Registers (PRTRs) vor, der der Idee des TRI sehr ähnelt. Auf EU-Ebene wird über ein Pollutant Emissions Register (PER) diskutiert. Die Umsetzung eines entsprechenden Registers in Deutschland steht bisher aus.

Probleme/Herausforderungen

Die Zugangspraxis zu Umweltinformationen wirft heute in Deutschland zahlreiche Probleme auf. So werden von vielen Behörden für die Bereitstellung der Umweltinformationen sehr hohe Gebühren verlangt, die es privaten Bürgern und Umweltschutzorganisationen unmöglich machen, die vorhandenen Informationen zu nutzen. Viele Behörden erweisen sich zudem als grundsätzlich abweisend gegenüber Informationswünschen von seiten der Bürger. Die Standardisierung von Umweltdaten und deren einfache Zurverfügungstellung zum Beispiel über das Internet sind heute in Deutschland sehr schwach ausgeprägt. Erst einzelne Bundesländer stellen auf diese Weise (einen meistens sehr beschränkten Datenkatalog) zur Verfügung (vgl. Öko-Institut 1996, S. 109 f.). Grundsätzlich ist die Datenkoordination zwischen Bund und Ländern unbefriedigend.

Bürger und Umweltschutzorganisationen ist es daher heute nur unter sehr hohem Aufwand möglich, die eingangs erwähnten Informationen und Kompetenzen aufzubauen, um sich wirksam in gesellschaftliche Lern- und Entwicklungsprozesse in Richtung Nachhaltigkeit einzubringen.

Alternativen/Optionen

Die Idee eines Freedom-of-Information Act entspricht den Grundprinzipien einer intermediären Institution: Indem Bürger und gesellschaftliche Anspruchsgruppen einen breiten Informationszugang zu nachhaltigkeitsrelevanten Informationen bekommen, wird sowohl eine Informationsgleichheit zwischen unterschiedlichen gesellschaftlichen Gruppen geschaffen als auch die Selbstorganisationspotentiale in der Gesellschaft erheblich gestärkt. Die bisherigen Erfahrungen in den USA belegen dies eindrucksvoll. Die staatliche Aufgabe besteht darin, einen möglichst problemlosen Zugang zu weitgehend unaufbereiteten Umweltinformationen zu verschaffen. Gezielte Aufbereitungen der Daten können durchaus auch von staatlichen Stellen erfolgen, sollten jedoch immer nur komplementär und niemals anstatt der Grundinformation zur Verfügung gestellt werden (außer in Fällen berechtigter Vertraulichkeits- bzw. Datenschutzvorbehalte).

Empfehlungen

Die Bundesrepublik ist von einem solchen freien Informationszugang bisher noch weit entfernt. Die stark verspätete Umsetzung der Umwelt-Informations-Richtlinie der EU in nationales Recht sowie die derzeitig noch weit verbreitete behindernde Verwaltungspraxis bei der Herausgabe von Umweltinformationen sind Symptome dieser Situation.

Wir empfehlen angesichts der großen Bedeutung eines unproblematischen Informationszugangs für eine nachhaltige Zivilgesellschaft, die bestehenden Barrieren möglichst umgehend abzubauen. Insbesondere gilt es,

• den Umfang der über Internet und andere Telekommunikationsmedien zur Verfügung gestellten Daten erheblich zu erhöhen und zwischen den Bundesländern anzugleichen,
• ein nationales PRTR gemäß den Richtlinien der OECD einzuführen und auf die Einrichtung analoger Register in der EU sowie den anderen OECD-Ländern zu drängen,
• einen möglichst unkomplizierten Zugang zu den Daten eines solchen Schadstoffregisters zu schaffen und
• eine einheitliche und bürgernahe Gebührenregelung für den Zugang zu Umweltinformationen zu schaffen.

Freedom of Information Act (FOIA) und der Emergency Planning and Community Right-to-Know Act

Grundsätze und Zielsetzungen des Right-to-Know (RTK) Prinzips:

- Unternehmen und staatlichen Institutionen sollen den öffentlichen Zugang zu Information gewähren, die für die Bürger relevant ist.
- Es soll Firmen dazu stimulieren, schon im Vorfeld einer möglichen „Enthüllung" auf gefährliche Produkte oder Produktionsweisen zu verzichten.
- Es sichert die höhere Transparenz der Information und erleichtert dadurch die Bestimmung von spezifischen Problemfeldern und gibt damit sowohl staatlichem als auch privatem Handeln eine eindeutige Zielgerichtetheit.
- Es fördert die Bildung von Kompetenz unter den Bürgern, auch bezüglich ihrer Partizipationsfähigkeit.
- Es stützt das empowerment der Bürger, da ihnen mehr Macht zuwächst, wenn sie informiert sind (Abbau von Herrschaftswissen). Dieser Ansatz setzt entsprechende Schulung von Bürgern im Umgang mit Information voraus.
- Es bietet die Grundlage für Gremien aus Verwaltung, Regierung, Bürger, Unternehmer und Presse, die sich um die Identifikation, Aufarbeitung und Verbreitung von Information kümmern (vgl. Local Emergency Planning Committees, LEPCs; Hadden 1989: 29).

Die Geschichte: Der „Emergency Planning and Community Right-to-Know Act" wurde 1986 erlassen. Er steht in einer Linie mit dem Amendment zur Verfassung, dem „Freedom of Information Act". Der RTK Act ist unter Titel III des "Superfund Amendments and Reauthorization Act" (SARA) aufgeführt.

Die Informationen: Der RTK Act legt fest, in welcher Form Daten und Unterlagen entweder zugänglich gemacht oder abgegeben werden müssen.

- Zeit: einmaliger Report, periodische Reporte, Monitoring, Unfallberichterstattung
- Inhalt: nur toxische Stoffe und deren Wirkungspfade, Ordnung in Gefahrenklassen (Gesundheit, Umwelt), nach Standorten, nach Menge , Art der Lagerhaltung, Sicherheitsvorkehrungen, keine Nennung von vertraulichen Daten (Wettbewerb) und von Chemikalien, die unter einem Gefahrengrenzwert liegen.

Zwei Grundformen der Informationsqualität werden unterschieden: Das am Lebensmittelgesetz orientierte Verständnis, wonach allein die Inhalte aufgelistet werden und es dem Bürger überlassen bleibt, über ihre Bedeutung und Wirkungen zu urteilen (Zugänglichkeit); und jenes Verständnis, das die Information normierend aufarbeitet (Verständlichkeit).

FOIA sichert auf nationaler wie bundesstaatlicher Ebene den freien Zugang der Bürger zu weiten Teilen von Regierungsdokumenten. Allerdings ist es Bürgern nicht erlaubt, einfach durch Dokumente „durchzublättern", in der Hoffnung irgendwann etwas spezifisch Relevantes zu finden. Sie müssen vielmehr im voraus genau angeben, welche Unterlagen sie zu sehen wünschen, dies schriftlich begründen und anfordern. Hintergrund ist die berechtigte Sorge der Behörden, von einer Flut an Anfragen überschwemmt zu werden.

Festzuhalten bleibt, daß die Zugangsrestriktionen zu Unterlagen dem RTK Prinzip widersprechen. Anzustreben ist, Voraussetzungen zu schaffen für ein selbständiges Durchforsten von Dokumenten nach interessanten Informationen. Möglicherweise fördert erst dieser im eigentlichen Sinne freie Zugang die Relevanz von bestimmten Daten und ihrer Zusammenhänge zutage (Hadden 1989: 81). Eine Beschränkung des Zugriffs auf jeweils nur bestimmte einzelne Dokumente behindert diese Form von öffentlicher Beteiligung, die Kritikfähigkeit und Kompetenz. Ferner wird mit dem RTK Prinzip selbst noch nichts über eine Umsetzung der Information in partizipative Prozesse der Entscheidungsfindung gesagt.

Eine Erfüllung des RTK Prinzips verlangt primär nach freiem Zugang. Die Frage nach der Benutzerfreundlichkeit des Zugangs bzw. der Art der Datenaufarbeitung schließt sich allerdings unmittelbar an (Hadden 1989: 94). Konkret: Soll eine relevante Informationsquelle in Form einer EDV-gestützten Datenbank aufgearbeitet sein, und soll sie beispielsweise über das Internet zugänglich sein? In den USA legt der Staat zunehmend Gewicht auf eine Stärkung der Kompetenz im Informationsmanagement. In diesem Zusammenhang verlangt er von den eigenen Behörden eine benutzerfreundliche Informationsvermittlung (Reinventing Environmental Regulation 1995; Sustainable America 1996).

Probleme bei der Umsetzung: Erste Erfahrungen zeigten (Madden 1989: 35ff), daß mancherorts gerade die Formulierung und Durchsetzung des RTK Gesetzes de facto einer Verhinderung des Zugangs zu Information gleichkam. Der Grund hierfür lag in Fehleinschätzungen bezüglich der verwaltungsspezifischen Voraussetzungen einer Gesetzeserfüllung. Allein der nötige Abgleich zwischen vertraulichen Handelsdaten und solchen, die öffentlichen Zugang erlauben, blockierten Verwaltungen. Ferner hat die Art der Informationsaufbereitung zu Verwirrung und Frustration geführt. Anhäufungen von chemischen Fachtermini luden nicht zu einer öffentlichen Diskussion ein. Der Versuch, sehr verschiedene Aspekte relevanter Informationen und Zielsetzungen eines Informationsgesetzes unter einen Hut zu fassen, wirkte kontraproduktiv. So ließen sich die Anforderungen einer generellen Umweltinformation nur schlecht mit denen der Notfallberichterstattung vereinbaren.

Im einzelnen ergaben sich vor allem Schwierigkeiten:

- bei der genauen Rückführung von Schäden auf die ursächlichen Stoffe, infolge mangelhafter Transparenz und Differenziertheit in der Informationspolitik.
- bei der genauen Bestimmung der gesundheitlichen Reaktionen und der Umweltauswirkungen. Die Merkmalsausprägungen können sehr verschiedene Formen annehmen, so daß Wirkungszusammenhänge unklar bleiben. Dies liegt zum Teil an prinzipiellen Grenzen exakter wissenschaftlicher Aussagen bei komplexen Phänomenen, zum Teil jedoch auch an nicht ausreichender Infor-

mation über Emissionshöhen. Angaben über Langzeitwirkungen sind dementsprechend schlecht ableitbar.

• bei der mangelnden Anleitung im Umgang mit Information auf Bürgerebene sowie Institutionenebene.

• durch hohe Kosten der Informationsverarbeitung und -verbreitung bei Bürgern, Unternehmen und Institutionen. Diese hohen Transaktionskosten müssen durch angemessene staatliche Rahmenvorgaben (Clearinghouse Stellen; Schulung von Verwaltungspersonal im Informationsmangement) gesenkt werden.

• durch den Bedarf an einer offenen Informationspolitik, die insbesondere von Verwaltungen eine stärkere Kooperation untereinander fordert, was diesen oft schwerfällt.

• durch staatliche Erlasse, die Verwaltungskompetenzen verlagerten, ohne die dabei aufkommenden erheblichen Reibungsverluste zu beachten.

• durch Zielinkongruenzen von politisch-administrativen Gruppen und unternehmerischen Gruppen. Ungleichheiten ergaben sich bezüglich des betrachteten Zeithorizontes, der erwarteten Erfolge und der Art der öffentlichen Kommunikation.

• durch zu schützende Betriebsgeheimnisse sinkt der Detaillierungsgrad der Informationen.

Übergeordnetes Ziel einer offenen Informationspolitik ist eine Kultur der Information. In ihr kann sich die Bürgerin und der Bürger effektiv informieren und hat anschließend die Option, entweder sich politisch zu engagieren, also an partizipativen Verfahren teilzunehmen, oder auf informierter Basis dem jeweiligen Geschehen zuzustimmen („informed consent", Hadden 1989: 203ff). Verbesserungen an RTK Programmen müssen folgende Punkte beachten:

• Gesetzesvorgaben müssen auf das Wesentliche reduziert werden: Klare Zielsetzungen sollten vorgegeben werden, wobei es freigestellt bleibt, wie das Ziel zu erreichen ist. Es muß Unternehmen, Verwaltungen und den Gremien vor Ort zugestanden sein, wie sie das Informationsmanagement gestalten.

• verständliche Gesetzestexte,

• Gesetzestexte, die zur Kooperation einladen und nicht davon abhalten,

• Transparenz einfordern: Durch eine im Idealfall transparente Darstellung der Risiken bieten die Berichte und öffentlichen Informationszugänge die Möglichkeit einer effektiven Risikokommunikation.

• Kompetenzbildung im Bereich Informationsmanagement.

• Programme zur Überleitung von Informationsaufnahme zu partizipativer Entscheidungsfindung.

• Ausbau von Datenbanken mit aufbereiteter Information und zentralen Informations- und Koordinationstellen.

• Förderung von Gremien, die vor Ort die RTK Programme koordinieren und eventuell als technischer Beirat dienen.

Literatur/Quellen

OECD (1996b): Pollutant Release and Transfer Registers (PRTRs). A Tool for Environmental
Policy and Sustainable Development. Guidance Manual for Governments. Paris
Öko-Institut (1996): Bürgerrechte im Umwelschutz. Impulse für eine Konzept zur Stärkung der
Beteiligungsrechte im Umweltverfahren .Werkstattbericht Nr. 97. Darmstadt

10.2.5
Entgelt und Finanzierung von NGO´s für Beratungsdienstleistungen und Gremienteilnahmen

Hauptstoßrichtungen: Ausgleich und Konfliktregelung, Partizipation/Selbstorgani-
sation

Ausgangslage

Die Ausweitung von partizipativen Politikformen und -institutionen erfordert, daß
eine kompetente Partizipation durch alle relevanten gesellschaftlichen Gruppen
überhaupt möglich ist. Kompetente Partizipation ist dabei an finanzielle
(Reisekosten, Arbeitsausfall, Materialien, Informations-Zugriff) aber auch personelle Ressourcen gebunden (kompetente Ansprechpartner, die zum Beispiel die
Umweltinteressen vertreten). Unternehmungen und Wirtschaftsverbände verfügen
in der Regel ausreichend über entsprechende Ressourcen, da die Wahrnehmung
der Partizipationsmöglichkeiten unmittelbar eigenen ökonomischen Interessen
dient und daher auch entsprechende "Investitionen" rechtfertigt. NGO´s als Vertreter öffentlicher Interessen sind dagegen in weit geringerem Maße mit entsprechenden Ressourcen ausgestattet. Die Schaffung von Regelungen/Institutionen zur
Abgeltung von Beratungs- und Gremieneinsätzen können daher einen wichtigen
Beitrag dazu leisten, kompetenter und partizipativer Konfliktregelung zum
Durchbruch zu verhelfen. In anderen Ländern, wie z.B. in Kanada, aber auch im
Rahmen von Mediationsprojekten in Deutschland werden heute bereits unter-
schiedliche Kompensationsmodelle und insbesondere Fondlösungen erprobt.

Probleme/Herausforderungen

Die Festlegung von geeigneten Entgelt- und Finanzierungsmechanismen für
NGO`s bewegt sich auf einem sehr schmalen Grat unterschiedlicher Herausforde-
rungen:

• Der grundsätzliche ehrenamtliche Charakter der meisten NGO´s darf durch
  solche Entgeltmechanismen nicht gefährdet werden, weil sonst die Motivation
  von Mitarbeitern der Organisationen negativ beeinträchtigt werden könnte.
• Die Unabhängigkeit der NGO´s darf durch die Finanzierungslösungen nicht
  eingeschränkt werden.

- Die Höhe der Entschädigung muß so bemessen sein, daß sie kompetente Beteiligungsmöglichkeiten durch NGO`s ermöglicht, jedoch nicht Quelle für finanzielle und organisatorische Eigeninteressen wird.

Alternativen/Optionen

Bezüglich der Ausgestaltung von Entgeltlösungen für NGO´s sind Alternativen auf unterschiedlichen Ebenen möglich:

- Das Entgelt kann entweder staatlich, oder auch durch privatwirtschaftliche Akteure finanziert werden.
- Die Verwaltung und Auszahlung der Gelder kann unmittelbar oder mittelbar über beispielsweise pluralistisch besetzte Fonds erfolgen. Sie kann unmittelbar den in den Gremien tätigen Personen oder der jeweiligen NGO zukommen, die über die Verteilung auf einzelne Personen entscheidet.
- Die Förderung kann direkt finanziell erfolgen oder auch andere Unterstützungsmöglichkeiten umfassen, wie z.B. die Gewährleistung von Bildungsurlaub.

Empfehlungen

Kooperative und partizipative Konfliktregelungsmechanismen beanspruchen von allen beteiligten Akteuren, selbst bei professioneller Vorbereitung und Moderation, erhebliche personelle und finanzielle Ressourcen. Um die Partizipation zu erhöhen und eine pluralistische Abstützung politischer Entscheidungen zu gewährleisten, sind Konfliktregelungsmechanismen aber durchaus gewünscht. Es ist daher sicherzustellen, daß entsprechende Ansätze nicht an der Ressourcenknappheit einzelner Akteure scheitern. Die Erarbeitung von innovativen Entgelt- und Finanzierungsmechanismen für NGO´s spielt für eine Politik der Nachhaltigkeit deswegen eine wichtige Rolle. Konkret wird folgendes vorgeschlagen:

- Die Einrichtung gremienspezifischer und pluralistisch besetzter Fonds und Entschädigungsregelungen, die Reisekosten und Arbeitsausfallkosten in der Höhe der Sätze von Sachbearbeitern der NGO´s decken. Die Finanzierung der Fonds sollte je nach Gremium staatlich, teilstaatlich oder vollkommen privat erfolgen. Die Auszahlung der Gelder sollte an die NGO´s erfolgen.
- Die Reform der Bildungsurlaubsregelungen. Die Wahrnehmung von Gremienmandaten für NGO´s soll bis zu einer Woche pro Jahr zum Anspruch auf gesetzlichen Urlaub beim Arbeitgeber führen.

Literatur/Quellen

SRU (Sachverständigenrat für Umweltfragen) (1996): Umweltgutachten 1996. Zur Umsetzung iner dauerhaft-umweltgerechten Entwicklung. Wiesbaden

10.2.6
Ausgleich von Ungleichgewichten im Bereich der Werbung

Hauptstoßrichtungen: Ausgleich und Konfliktregelung, Reflexivität

Ausgangslage

Werbung erfüllt in ausdifferenzierten Industriegesellschaften Aufklärungs-, Informations- und kulturelle Reproduktionsfunktionen. Werbung prägt in Gesellschaften die Art und Weise mit, ob und wie Nachhaltigkeitsprobleme wahrgenommen, interpretiert und gewertet werden. Durch ihre Verbreitung in allen wichtigen Print- und elektronischen Medien ist sie omnipräsent.

Probleme/Herausforderungen

Trotz ihrer kulturellen Bedeutung wird Werbung heute insbesondere unter wettbewerbsrechtlichen Gesichtspunkten betrachtet und reguliert. Eine Ausnahme bilden lediglich die Verbote und Einschränkungen für Alkohol- und Zigarettenwerbung und für Werbung mit pornographischen Darstellungen sowie Regulierungen zum Jugendschutz. Eine Betrachtung der Werbung unter Nachhaltigkeitsgesichtspunkten findet heute faktisch nicht statt. Dies wäre jedoch in mehrfacher Hinsicht von Bedeutung: So werden durch Werbebotschaften sehr oft gerade unnachhaltige Lebensstile reproduziert und positiv belegt. Werbung stellt in all den Bereichen eine Ressourcenverschwendung dar, in denen sie nicht zur besseren Verbraucherinformation dient, sondern lediglich vermeintliche Produktdifferenzierungen von weitgehend ähnlichen Produkten erzeugt. Der Anteil der Werbekosten in werbeintensiven Branchen wie der Tabakindustrie, der Waschmittelindustrie oder der Automobilindustrie (ca. 1000 DM pro Automobil) ist dabei erheblich.

Im Rahmen einer Politik der Nachhaltigkeit scheint es daher angebracht zu sein, Institutionen für die Produktwerbung zu definieren, die ihrer Nachhaltigkeitsrelevanz gerecht werden.

Alternativen/Optionen

Für die Institutionenausgestaltung stehen mehrere Alternativen zur Verfügung:

- Ausweitung von Werbeverboten (für nicht-nachhaltige Produkte, Verhaltensweisen, etc.)
- Veränderung von Rahmenbedingungen im Wettbewerbsrecht: zum Beispiel die Erlaubnis von vergleichender Werbung für ökologische Produkte, um eine intensivere Kommunikation über ökologische Eigenschaften zu fördern.
- Abführung eines Fixanteils der Werbebudgets in einen oder mehrere Fonds, aus denen Nachhaltigkeitswerbekampagnen gespeist werden - im Sinne eines

Gegengewichts zu bestehenden Werbebotschaften, z.B. analog der Werbekampagne "Keine Macht den Drogen".

- Nachhaltigkeitsrat, Selbstverpflichtungen oder andere Selbststeuerungsgremien der Werbewirtschaft, um Nachhaltigkeitsaspekten in der Werbepraxis zunehmende Bedeutung zu verschaffen.

Empfehlungen

Aufgrund des offenen und regulativen Charakters des Nachhaltigkeitsbegriffes erweisen sich gesetzliche Werbeverbote und -einschränkungen als kaum geeignetes Mittel, um die angesprochenen Herausforderungen zu lösen. Solche Verbote würden gerade detaillierte Nachhaltigkeitsdefinitionen erfordern, die im gesellschaftlichen Prozeß erst erarbeitet werden müssen. Zur Förderung dieses Suchprozesses sind jedoch institutionelle Veränderungen in der Werbepraxis hilfreich, die unterschiedlichsten Nachhaltigkeitsaspekten ein stärkeres Gewicht geben. Hierzu gehören:

- Die Aufweichung des Verbotes vergleichender Werbung bzgl. ökologischer Produktaspekte (⇒juristische Stellungnahme).
- Die Einrichtung eines Nachhaltigkeitswerbefonds, an den ein Nachhaltigkeitsprozent von Werbebudgets abgeführt wird, um Organisationen (zum Beispiel Umweltschutz-, Entwicklungshilfe-, soziale Organisationen), die unterschiedliche Nachhaltigkeitsaspekte vertreten, Mittel für Nachhaltigkeitswerbung zur Verfügung zu stellen. Die Erarbeitung entsprechender Kampagnen sollte eng mit der klassischen Werbewirtschaft erfolgen, um auf diese Weise die grundsätzliche Sensibilität für Nachhaltigkeitsbelange zu erhöhen.
- Für die konkrete Ausgestaltung der beiden oben genannten Vorschläge sollte die Werbewirtschaft die Möglichkeit erhalten, Vorschläge im Rahmen einer Branchenselbstverpflichtung zu erarbeiten und umzusetzen. In diesem Kontext wäre auch die Einrichtung eines Nachhaltigkeitsrates für die Werbewirtschaft vorstellbar.

Literatur/Quellen

Hadden, S.G. (1989): A Citizen's Right to Know. Risk Communication and Public Policy. Boulder

Führ, M. (1994): Ansätze für proaktive Strategien zur Vermeidung von Umweltbelastungen im internationalen Vergleich. In: Enquete-Kommission "Schutz des Menschen und der Umwelt" (Hrsg.): Umweltverträgliches Stoffstrommanagement. Band 2: Instrumente. Economica-Verlag. Bonn

10.2.7
Monopolkontrolle

Hauptstoßrichtungen: Machtausgleich, Innovation

Ausgangslage

Für die Realisierung einer Wettbewerbsordnung im Sinne der ordnungstheore-
tischen Konzeption von Walter Eucken werden sieben konstituierende Prinzipien
postuliert: funktionierendes Preissystem, Stabilität des Geldwertes, offene Märkte,
Privateigentum, Vertragsfreiheit, Haftung und Konstanz der Wirtschaftspolitik.
Diese werden durch regulierende Prinzipien ergänzt, die sicherstellen sollen, die
Wettbewerbsordnung funktionsfähig zu erhalten (Eucken 1952/90: 254-289). Es
sind dies: die „Internalisierung externer Effekte", die Sicherung der „sozialen
Gerechtigkeit" (im Zentrum stand eine progressive Einkommensbesteuerung) und
die „Bekämpfung der Monopolisierungstendenzen".

Insofern sind die drei Dimensionen, die heute in der Nachhaltigkeitsdiskussion
zentral sind, bereits in der Wettbewerbskonzeption Euckens angelegt, wenngleich
sie nicht im Hinblick auf die heutige Problemsituation ausgearbeitet sind.

Die zentrale Bedeutung der Bekämpfung von Monopolisierungstendenzen als
staatliche Aufgabe ist allgemein anerkannt und Gegenstand des Wettbewerbsrechts. In Deutschland finden sich die zentralen Normen im Gesetz gegen Wettbewerbsbeschränkungen (GWB), im Kartellrecht der EG sowie im Gesetz gegen
den unlauteren Wettbewerb (UWG) (⇒juristische Stellungnahme). Die vorliegenden Ausführungen sind eine Ergänzung aus ökonomischer Perspektive zu jenen
der juristischen Stellungnahme Schraders im Anhang.

Probleme/Herausforderungen und Alternativen/Optionen

Gravierende Eingriffe in den Wettbewerbsprozeß resultieren aus der traditionellen
Form des Umweltschutzes, dem Ordnungsrecht (Kurz u.a. 1996: 126). Unbestritten ist, daß Ordnungsrecht im Rahmen der Umweltpolitik in bestimmten Fällen
unverzichtbar bleibt. Massvoll eingesetzt und insbesondere im Sinne allgemeiner
Regeln konzipiert ist es auch kompatibles Element des institutionellen Rahmens
einer Marktwirtschaft. Als dominantes Instrument der Umweltpolitik - im
„Masseneinsatz" also - verletzt das Ordnungsrecht jedoch die Funktionsprinzipien
einer wettbewerblichen Ordnung. Als negative Effekte zu nennen sind insbesondere (und im Rahmen der umweltökonomischen Literatur ausführlich behandelt):
mangelnde Effizienz sowohl in der kurzen als auch in der langen Frist, Innovationsbehinderung und administrative Grenzen vor allem im Masseneinsatz. Als
besonders problematisches, unter dem Kürzel Innovationsbehinderung verzeich-
netes Phänomen, sei auf die „Geburtshelferwirkung für Kartelle" hingewiesen,
die von einem ordnungsrechtlichen Umweltschutz ausgehen: Wie verschiedentlich
analysiert (Buchanan/Tullock 1975; Dewees 1983; Yandle 1989) kann zum Bei-

spiel eine Umweltauflage als eine Art Outputbeschränkung wirken, wodurch „quasi ein staatlich implementiertes Kartell" entsteht (Endres/Finus, 1996: 89 f.). Relativ gut untersucht ist das Beispiel des Erlasses restriktiver Standards für neue Kohlekraftwerke im Zuge der Novellierung des amerikanischen Clean Air Act (Ackermann/Hassler 1981), wo die etablierte Ostküstenindustrie durch erfolgreiches Lobbying verschärfte Standards als Schutz gegen die aufkommende Konkurrenz aus den Sunbelt-Staaten durchsetzte. Damit werden kurzfristige ökologische Fortschritte zulasten innovativer Wettbewerbsstrukturen erkauft, was sich langfristig ökonomisch und ökologisch kontraproduktiv auswirkt. Dies ruft nach einem umweltpolitischen Paradigmenwechsel in Richtung marktwirtschaftliche Instrumente einerseits sowie Konzentration aufs Wesentliche im Sinne einer Grobsteuerung andererseits (⇒nachhaltigkeitsorientierte Finanzordnung).

Eine weitere Herausforderung für die Wettbewerbspolitik stellen die verschiedenen neuen und an Bedeutung zunehmenden Aktivitäten der Selbstorganisation wirtschaftlicher Akteure dar, zum Beispiel ökologische Innovationskooperationen und Selbstverpflichtungen. Einerseits können solche Institutionen der Selbstorganisation bedeutsam sein, vor allem bei der Auslösung und in der Startphase von Innovationen allgemein - und von ökologischen Innovationen im besonderen (Minsch u.a. 1996: 235 ff.). Aber es besteht auch die Gefahr, daß solche Arrangements sich zu ökonomisch und letztlich auch ökologisch kontraproduktiven Machtgebilden entwickeln, die nicht mehr auf ökologische Innovationsleistungen angewiesen sind, sondern sich mit dem Abschöpfen von Monopolrenten begnügen können. Zentral ist deshalb, daß Kooperationen die Entstehung von Innovationen unterstützen müssen. Bei ihrer Durchsetzung, Weiterentwicklung und Diffusion bedarf es jedoch des „Konkurrenzstimulus" des Marktes, der den Innovationsprozeß vorantreibt und möglichst vielen Nachahmern ökologischer Innovationen eine Chance gibt.

Eine Variante obiger Herausforderung stellen jene *Institutionen* der Selbstorganisation dar, die sich *im Schatten staatlicher Autorität* entwickeln und unter deren Schutz stehen. Zu denken ist hier zum Beispiel an Organisationen wie Duales System Deutschland GmbH, wo durch Paragraph 6 der Verpackungsverordnung ein bundesweiter Monopolist für die Entsorgung von Verpackungen aufgebaut wurde (⇒juristische Stellungnahme). Auch hier gilt: So wichtig Kooperationen bei der Auslösung von Innovationen sein können und so wichtig private Initiative bei der Erfüllung öffentlicher Aufgaben im Auftrag der Öffentlichkeit sein kann, so kann es trotzdem nicht darum gehen, diese in die Gestalt eines Monopols zu kleiden bzw. sich zu einem Monopol entwickeln zu lassen. Neben den oben erwähnten ökologischen und ökonomischen Problemen akzentuiert sich hier noch die soziale Frage der „staatlich verordneten privaten Aneignung von Monopolrenten".

Neben den durch die Umweltpolitik direkt oder indirekt provozierten Monopolstrukturen sei ferner auf die *bestehenden Monopole und monopolartigen Strukturen* hingewiesen. Diese traditionelle Aufgabe der Wettbewerbspolitik wird hier nicht weiter vertieft, sondern aus Nachhaltigkeitssicht in ihrer Bedeutung ausdrücklich bekräftigt: Monopolistische Strukturen sind innovationsfeindlich, und auch kurzfristige ökologische Effekte (etwa infolge tieferen Outputs verglichen mit dem potentiellen Wettbewerbsoutput) vermögen längerfristig die strukturerhaltende und innovationsbehindernde Tendenz von Monopolen nicht zu kompensieren.

Letzte hier erwähnte Herausforderung sind die vielfältigen staatlichen Unterstützungsaktivitäten, vornehmlich mit dem Mittel der *Subventionierung* aber auch mit Regulierungen, die der *Strukturerhaltung* dienen. Ökonomisch schmerzliche aber ökonomisch und vielfach auch ökologisch unvermeidliche Strukturveränderungen werden damit in die Zukunft verschoben, was ökonomisch, ökologisch und sozial nicht nachhaltig ist. Soziale Härten können dadurch eventuell kurzfristig überspielt werden, die ökologischen Nachteile jedoch nicht.

Empfehlungen

Aus obigen Überlegungen lassen sich folgende allgemeinen umwelt- und wettbewerbspolitischen Empfehlungen formulieren:

- Die Funktionsprinzipien der Wettbewerbsordnung verlangen eine stärkere Ausrichtung auf marktwirtschaftliche Instrumente des Umweltschutzes, verbunden mit einer umweltpolitischen Konzentration auf das Wesentliche im Sinne der Ökologischen Grobsteuerung (⇒nachhaltigkeitsorientierte Finanzordnung).
- Auf private Initiative beruhende oder staatlich induzierte institutionelle Arrangements der Selbstorganisation von Marktakteuren dürfen sich nicht zu monopolartigen Organisationen entwickeln. Institutionen der Selbstorganisation sollten deshalb ihrerseits gewissen Regeln gehorchen, die einen angemessenen Ausgleich zwischen den Erfordernissen der Innovationsauslösung und -unterstützung und der Funktionsfähigkeit des Wettbewerbs sicherstellen (⇒Selbstverpflichtungen von Wirtschaft und Branchen). Verletzungen wären durch wettbewerbspolitische Maßnahmen zu ahnden.
- Die traditionelle Staatsaufgabe der Monopolkontrolle bekommt aus Sicht der Nachhaltigkeit im Sinne der drei Dimensionen Soziales, Ökologie und Ökonomie zusätzliches Gewicht und sollte dementsprechend konsequent wahrgenommen werden.
- Schliesslich seien strukturerhaltende allgemein und monopolerhaltende Maßnahmen speziell der wirtschafts- und wettbewerbspolitischen Aufmerksamkeit empfohlen: Die Wirtschaftspolitik sollte zugunsten zukunftsfähiger Strategien von ökonomisch und ökologisch nicht nachhaltiger Strukturerhaltung Abstand nehmen - die Wettbewerbspolitik ihrerseits sollte wirtschaftspolitische Versäumnisse nicht durch Tolerieren von alten „Strukturmonopolen" sanktionieren (⇒nachhaltigkeitsorientierte Finanzordnung und Offenlegung nicht nachhaltiger Subventionspraktiken)

Literatur/Quellen

Ackermann, B.; Hassler, G. (1981): Clean Coal, Dirty Air. New Haven

Buchanan, J.M.; Tullock, G. (1975): Polluters' Profits and Political Response. Direct Controls versus Taxes. American Economic Review 65, 139-14

Deewes, D.N. (1983): Instrument Choice in Environmental Policy. Economic Inquiry 21, 53-71

Endres, A.; Finus, M. (1996): Umweltpolitische Zielbestimmung im Spannungsfeld gesellschaftlicher Interessengruppen. Ökonomische Theorie und Empirie. In: Siebert, H. (Hrsg.): Elemente einer rationalen Umweltpolitik. Expertisen zur umweltpolitichen Neuorientierung. Tübingen

Eucken, W. (1952/90): Grundsätze der Wirtschaftspolitik, Tübingen 1952/90

Kurz, R.; Volkert, J.; Helbig, J. (1996): Nachhaltigkeitspolitik. Ordnungspolitiche Konsequenzen und Durchsetzbarkeit. In: Gerken, L. (Hrsg.): Ordnungspolitische Grundfragen einer Politik der Nachhaltigkeit. Baden-Baden

Yandle, B. (1989): The Political Limits of Environmental Regulation, Westport

10.3
Öffnung von Normbildungsprozessen

Umfaßt die Institutionen

1. Stärkere Einbindung von NGO's in (inter)nationale Verhandlungsprozesse
2. Moderierte Diskurse im Gesetzgebungsverfahren/diskursive Öffnung von Gesetzgebungsverfahren
3. Verbandsbeschwerderechte und Verbandsklagerechte
4. Gremienbesetzung: Vorschlagsrecht von NGO's
5. Überprüfung berufsständischer Anreizsysteme

10.3.1
Stärkere Einbindung von NGOs in nationale und internationale Verhandlungsprozesse

Hauptstoßrichtung: Ausgleich und Konfliktregelung

Ausgangslage

Die gesellschaftstheoretische Analyse in Kapitel 3 hat gezeigt, daß politische Prozesse im Rahmen gesellschaftlicher Modernisierung erheblichen Wandlungen unterworfen sind. Dies gilt insbesondere für die Politik auf globaler Ebene. Allgemein lassen sich eine zunehmende "Entstaatlichung" (Abnahme staatlicher Einflußpotentiale), eine Entideologisierung, zunehmend komplexere Problemlagen, sowie eine Individualisierung beobachten, die die Einflußpotentiale bestehender Großorganisationen wie Gewerkschaften, Kirchen und Parteien schwächt (vgl. Walk/Brunnengräber 1996). Nicht-staatlichen Organisationen (NGOs, Nongovernmental organizations) wird bei der Herausbildung neuer politischer Steuerungsstrukturen im nationalen und im globalen Kontext eine entscheidende Bedeutung beigemessen. Dabei verbirgt sich hinter dem Begriff der NGOs eine große Bandbreite unterschiedlicher Organisationen: Sie reichen von großen Umweltschutz- (Greenpeace, WWF, BUND), Entwicklungs- (Misereor, Brot für die Welt, terre des hommes) und Menschenrechtsorganisationen (zum Beispiel amnesty international) über zahlreiche neue soziale Bewegungen (wie Bürgerinitiativen oder Stadtteilinitiativen) bis zu Organisationen wie der katholischen oder evangelischen Kirche. Im internationalen Kontext sind die NGOs heute insbesondere auf der Ebene der diversen UN-Konferenzen (Umwelt und Entwicklung, Menschenrechtskonferenz, Bevölkerungskonferenz, Weltsozialgipfel, etc.) involviert und prägen diese Veranstaltungen durch ihre Teilnahme entscheidend mit. Dabei läßt sich auch eine zunehmende Vernetzung innerhalb der NGO's beobachten wie zum Beispiel im Rahmen des Climate Action Network (CAN), in dem 1996 ca. 150 NGO's aus unterschiedlichen Ländern organisiert waren, um ihre Aktiväten für den Klimaschutz zu koordinieren und gemeinsam in internationale Verhandlungsprozesse einzubringen.

Probleme/Herausforderungen

Bezüglich der Beteiligung von NGO's im Rahmen von nationalen und internationalen politischen Prozessen stellt sich die Frage, inwiefern diese Organisationen in neue politische Steuerungsstrukturen eingebunden werden können, um die oben angedeuteten Steuerungsprobleme zu überwinden. Im internationalen Kontext wird von der Suche nach Strukturen einer "global governance" (vgl. Messner/Nuscheler 1996) gesprochen. Dabei stellen sich insbesondere folgende Fragen:

- Wie können und sollen NGO's an politischen Verhandlungsprozessen auf nationaler und internationaler Ebene eingebunden werden?
- Welche Ressourcen benötigen NGO`s, um die ihnen zugedachten Aufgaben wirklich erfüllen zu können?
- Welche legitimatorischen Voraussetzungen müssen erfüllt sein, damit NGO's diese Funktionen legitimiert erfüllen können?

Alternativen/Optionen

Bezüglich der Umsetzung neuer Partizipationsformen an nationalen und internationalen politischen Prozessen zeichnen sich heute sowohl Ansätze der Selbststeuerung, intermediäre Lösungen sowie über Fremdsteuerung initiierte Ansätze ab:

- *Selbststeuerung*: (1) Durch die Professionalisierung ihrer Arbeit und durch neue Formen der Vernetzung einzelner Organisationen untereinander (vgl. das Climate Action Network oder die gemeinsame Koordination der EU-weiten Aktivitäten der Umweltschutzorganisationen) stärken NGO's ihre Einflußpotentiale in Eigenregie. Dabei eröffnen die Potentiale des Internet im globalen Kontext neue Optionen. (2) Neben den Kooperationen der NGO's untereinander gewinnen auch Kooperationen zwischen NGO's und Unternehmungen an Bedeutung, wie die Kooperationen von Greenpeace, dem BUND oder dem WWF zeigen (Walk/Brunnengräber 1996).
- *Intermediäre Ansätze*: Die finanzielle Förderung zum Beispiel von Umweltschutzbewegungen durch den Staat stärkt diese Organisationen, ohne auf ihre inhaltliche Arbeit Einfluß zu nehmen.
- *Über Fremdsteuerung initiierte Ansätze*: Die Einräumung von Entscheidungs-, Mitsprache und Teilnahmerechten an politischen Entscheidungen, Verhandlungsregimen und in supranationalen Organisationen stärkt die Macht- und Einflußpotentiale von NGO`s unmittelbar, bedarf jedoch der ausdrücklichen Ermöglichung durch nationale bzw. internationale staatliche Instanzen. Gerade im internationalen Kontext bleiben entsprechende Einflußmöglichkeiten der

NGO's bisher im wesentlichen auf Entscheidungsgremien außerhalb der Machtzentren beschränkt.

Empfehlungen

Aufgrund der bedeutenden Rolle, die NGO's vor allem im Rahmen internationaler politischer Regime in Zukunft spielen können und werden, gilt es die intermediären und fremdsteuerungsorientierten Ansätze einer Förderung von NGO's auszubauen. Insbesondere werden folgende Maßnahmen empfohlen:

* Konstante finanzielle Unterstützung der NGO's auf einem Niveau, wie es in umweltpolitisch fortschrittlichen Ländern üblich ist, wie beispielsweise in den Niederlanden. Dabei kommt der Konstanz der Förderung eine hohe Bedeutung zu, um den Umweltschutzorganisationen langfristige Planungen zu ermöglichen.
* Neben unmittelbaren finanziellen Zuwendungen sind auch andere Formen der Unterstützung auszubauen. So kann z.B. die Infrastruktur bereitgestellt oder Zivildienststellen eingeräumt werden.
* Auf internationaler Ebene sollte die Bundesregierung auf die stärkere Einbindung von NGO's in Institutionen und Verhandlungsregimen drängen, in denen heute die politisch und wirtschaftlich relevanten Entscheidungen getroffen werden: Hierzu zählen u.a. der G7-Gipfel, die WTO, die Weltbank und der internationale Währungsfond.
* Innovative Ansätze einer NGO-Einbindung sind zu unterstützen und auszubauen, wie beispielsweise im Rahmen des von UNEP, ILO, FAO, WHO, UNIDO und OECD getragenen IOMC-Programms ("Inter-Organization Programme for the sound Management of Chemicals").
* Empfohlen wird zudem der stärkere Einbezug von NGO's in internationale Brancheninitiativen, wie das Responsible Care-Programm der chemischen Industrie.
* Die Einbindung von NGO`s in politische Prozesse auf nationaler Ebene fördert Lernprozesse, die auch für eine erfolgreiche Partizipation auf internationaler Ebene bedeutsam sind, und ist daher ebenfalls zu unterstützen.

Literatur/Quellen

Bammerlin, R. (1996): Kirchen als Nichtregierungsorganisationen in der Umweltpolitik. Ungeheure Chancen. Politische Ökologie (48), 55-58
Ewers, O. (1997): Nichtstaatliche Akteure in der internationalen Politik. Das Problem der Durchsetzbarkeit von Normen mittels initiierter Konflikte. Magisterarbeit, LMU München
Forschungsjournal (1996): Forschungsjournal Neue Soziale Bewegungen. Soziale Bewegungen und Nicht-Regierungsorganisationen. Heft 2, Opladen
Lugger, B. (1994): Woher nehmen? Weniger Geld für die Umweltverbände vom Staat, in: Politische Ökologie Nr. 39/1994, S. 71.

Messner, D.; Nuscheler, F. (1996): Global Governance. Policy Paper der Stiftung Entwicklung und Frieden. Bonn

SRU (Sachverständigenrat für Umweltfragen) (1996): Umweltgutachten 1996. Zur Umsetzung einer dauerhaft-umweltgerechten Entwicklung. Wiesbaden

Stappen, R.K. (1995): Mit Gottes Hilfe. Konsultation europäischer Kirchen über Umwelt und Enwicklung. Politische Ökologie 43, 92

Walk, H.; Brunnengräber, A. (1996): Der Mythos NGO. Was ist dran an der Kraft der Nicht-Regierungsorganisationen? Politische Ökologie 49, 63-66

10.3.2
Diskursive Öffnung von Gesetzgebungsverfahren

Hauptstoßrichtungen: Ausgleich und Konfliktregelung, Reflexivität

Ausgangslage

Die Einbeziehung von Interessengruppen ist faktisch wesentlicher Bestandteil aller Phasen des Gesetzgebungsverfahrens. Neben der institutionellen Beteiligung der Fachkreise und Verbände ist die fakultative Anhörung der von einer Regelung Betroffenen Bestandteil der ministeriellen Vorbereitung von Gesetzentwürfen. Darüber hinaus können die Ausschüsse des Bundestages öffentliche Anhörungen von Sachverständigen, Interessenvertretern und anderen Auskunftspersonen vornehmen.

Die vom Gesetzgeber vorgeschriebene Anhörung der beteiligten Kreise in Gesetzgebungsverfahren hat sich als zumeist wenig sinnvolle, eher presseorientierte Veranstaltung erwiesen. Die wesentlichen Konflikte sind bereits vorher bekannt, eine Suche nach neuen Kompromißlinien erfolgt an dieser Stelle nicht, vielmehr ergibt sich üblicherweise ein Austausch altbekannter Positionen - dem Wortlaut, aber nicht der Intention des Gesetzes wird Genüge getan. Entscheidungen und Abklärungen fallen entweder im Vorfeld oder erst anschließend im Lauf der parlamentarischen Beratung mit wesentlich weniger Transparenz und mit geringerer Einflußmöglichkeit des Parlaments, als es sich die Väter und Mütter des Grundgesetzes wohl von einer „Legislative" erwarteten.

Probleme/Herausforderungen

Aufgrund der Vielzahl und Komplexität der Regelungstätigkeit des Gesetzgebers wird seit langem die mangelnde Transparenz der Einflußstrukturen im Gesetzgebungsverfahren beklagt. Angesichts der vielfältigen Rücksichtnahme auf gesellschaftliche Interessengruppen, bei zustimmungspflichtigen Gesetzen auf die anders gelagerten Mehrheiten im Bundesrat aber auch durch den Informationsvorsprung der Ministerialverwaltung und der Fachausschüsse „ist manchmal nicht recht einsichtig, wer die faktische Entscheidungsmacht bzw. -verantwortung für bestimmte gesetzliche (Detail-) Regelungen trägt" (Hill 1982: 50). Im Zusammenhang mit Nachhaltigkeitsfragen wäre eine höhere Transparenz der Einfluß-

und Begünstigungsstrukturen ein wesentlicher Hebel, um eine größere Verursacherorientierung bereits im Prozeß der politischen Entscheidungsfindung und Entscheidungsvorbereitung durchzusetzen.

Die Gültigkeit der Erwägungen und Annahmen, die einem Gesetzentwurf zugrunde liegen, können in Rede und Gegenrede besser geprüft werden als im Nacheinander verschiedener statements. Die derzeitige Praxis der Anhörungen erlaubt es, auch einander widersprechende Stellungnahmen nebeneinander stehen zu lassen. Die Interessengruppen tragen kaum ein Risiko, selbst mit gegensätzlichen Auffassungen konfrontiert zu werden. Die Aufbereitung der Informationen und die Schlußfolgerung finden außerhalb der Anhörungen statt. Daraus folgt eine geringe Transparenz des Prozesses der Informationsstrukturierung.

Grundlage der bestehenden Anhörungspraxis ist zudem die Annahme, daß die durchführenden Ministerien die Rolle des quasi über den Partialinteressen stehenden Sachwalters des Gemeinwohls haben. Dies ist eine nützliche Fiktion, die der Orientierung der Mitglieder der Administration dient. Tatsächlich besitzen die Mitglieder der Ministerialverwaltung aber eigene Interessen, zu denen die Aufrechterhaltung der Glaubwürdigkeit in Netzwerken gehört (Marin/Mayntz 1991; Scharpf 1993), und werden auch als Partei wahrgenommen.

Schließlich geraten bei der bestehenden Praxis der Anhörung die angehörten Verbände in eine konkurrierende Position zueinander. Eine wechselseitige Annäherung der Positionen kann allenfalls durch informelle Verhandlungen im Umfeld des eigentlichen Verfahrens gelingen.

Alternativen/Optionen

Die informelle Einflußnahme von Interessengruppen im Vorfeld von Gesetzgebungsverfahren ist faktisch nicht zu unterbinden. Dem Effekt dieser Einflußnahme können jedoch Grenzen dadurch gezogen werden, daß die Anforderungen an die öffentliche Darstellung materieller Regelungsinhalte anspruchsvoll gestaltet werden (Luhmann 1968; Habermas 1992). Daher ist einerseits die Beteiligung der Betroffenen und Beteiligten in Gesetzgebungsverfahren weiterzuentwickeln und Möglichkeiten für eine echte Gegenüberstellung von Argumenten zu schaffen, um einen möglichen Konsens auszuloten. Andererseits ist ein Beitrag zu leisten, um das Parlament im Gesetzgebungsverfahren gegenüber der Exekutive zu stärken.

Sowohl die Initiative wie die Durchführung diskursiver Anhörungen im Gesetzgebungsverfahren kann grundsätzlich beim Parlament oder bei den zuständigen Fachministerien liegen.

Empfehlungen

Die Fachministerien sollen bei Gesetzgebungsverfahren mit institutionalisierter breiter Beteiligung bereits in der Phase, in welcher der Referentenentwurf erarbeitet wird, die vorhandenen Konsens- und Konfliktlinien ermitteln. Da die Angehörigen der Ministerialverwaltung selbst in der Regel bestimmten Positionen verbunden sind, sollten sie sich für diese Aufgabe die Unterstützung eines externen Diskursmanagements sichern.

Dies gewährleistet:

- eine frühzeitige Transparenz der Thematik,
- strukturierte Aufbereitung der Positionen und Informationen;
- die rechtzeitige Einbeziehung des Parlaments und
- die Möglichkeit, durch externe Mediation und Diskursmanagement neue Kompromißlinien zu erarbeiten.

Hiermit wären schnellere und effizientere Gesetzgebungsverfahren möglich, die Akzeptanz würde erhöht und außerdem die Erfolgsaussichten von späteren Interventionen durch einzelne Interessengruppen erschwert, da diese jetzt gegen die geballte Macht eines dokumentierten Konsenses breiter beteiligter Kreise argumentieren müßten. Auch könnte systematischer als bisher nach „win-win"-Situationen in der Gesellschaft und weniger nach „win-win"-Situationen einzelner beteiligter Personen gesucht werden.

Um die bisherigen eindimensionalen Strukturen zu überwinden, verdient bei allen diesen Prozessen die Integration ökologischer, ökonomischer und sozialer Ziele besondere Aufmerksamkeit. Bei Fragestellungen im Zusammenhang mit nur schwer sichtbaren oder unsicheren Folgen sollte eine ⇒ Gesetzesfolgenabschätzung durchgeführt oder ein ⇒ Expertengremium zur Gesetzesvorbereitung eingesetzt werden.

Literatur/Quellen

Habermas, J. (1992): Faktizität und Geltung. Frankfurt a. M.
Hill, H. (1982): Einführung in die Gesetzgebungslehre. Heidelberg
Luhmann, N. (1968): Legitimation durch Verfahren. Frankfurt a. M.
Marin, B.; Mayntz, R. (1991): Policy Networks. Empirical Evidence and Theoretical Considerations. Frankfurt/a.M. Boulder/Col.
Scharpf, F.W. (1993): Positive und negative Koordination in Verhandlungssystemen In: Héritier, A. (Hrsg.): Policy-Analyse. Kritik und Neuorientierug. PVS-Sonderheft (24), Opladen

10.3.3
Verbandsbeschwerderechte und Verbandsklagerechte

Hauptstoßrichtung: Ausgleich und Konfliktregelung

Ausgangslage

Im Rahmen des Konfliktausgleiches einer Politik der Nachhaltigkeit spielen Klagemöglichkeiten bzw. die Bezugnahme auf gesetzlich definierte Rechtsgüter eine wichtige Rolle. Ihre Wirkung entfalten sie aber nur dann, wenn geeignete Rechtsgüter überhaupt definiert sind und von Akteuren auch eingefordert werden. In der Regel sind in der nachhaltigkeitsrelevanten Gesetzgebung nur die Rechte unmittelbar Betroffener/Geschädigter definiert, und es stehen auch nur diesen Beteiligungs-, Beschwerde und Klagerechte zu. Bei der Schädigung nachhaltigkeitsrelevanter Schutzgüter handelt es sich häufig um öffentliche Güter, bei denen sich nicht einzelne Betroffene identifizieren lassen. Hier sind Verbandsbeschwerde und -klagerechte bedeutsam, weil dadurch "institutionellen Anwälten" der Umwelt die Möglichkeit gegeben wird, sich auf entsprechende Rechtsgüter zu beziehen. In der deutschen Umweltschutzgesetzgebung sind Verbandsbeschwerde und -klagerechte vereinzelt umgesetzt. Wichtigster Vertreter ist der Paragraph 29 des Bundesnaturschutzgesetzes (BNatSchG), der Beteiligungsmöglichkeiten der Verbände bei Planfeststellungsverfahren vorsieht. Einzelne Bundesländer gehen über dieses bundesweite Minimum der Beteiligungs- und Klagerechte von Verbänden im Naturschutz hinaus (vgl. Ormond 1995).

In anderen europäischen Ländern sind die Verbandsklagemöglichkeiten heute weiter ausgebaut: So ist z.B. im schweizerischen Umweltschutzgesetz geregelt, daß anerkannte Umweltschutzverbände ein Beschwerderecht gegen Verfügungen der Kantone und des Bundes haben, wenn die Verfügungen die Erstellung von ortsfesten Anlagen betreffen, denn diese unterliegen einer UVP (Art. 55 USG). Dieses Beschwerderecht erhalten die Umweltschutzverbände, die gesamtschweizerisch tätig sind und seit mindestens 10 Jahren bestehen. Auch der Art. 12 des Natur- und Heimatschutzgesetzes (NHG) in der Schweiz sieht Beschwerderechte für gesamtschweizerische Vereinigungen vor. In den Niederlanden und Belgien sind Verbandsklagen im Hinblick auf Unterlassungsbegehren zulässig. In Einzelfällen waren/sind hier auch Schadensersatzklagen durch Umweltschutzverbände möglich (vgl. Führ 1994).

Probleme/Herausforderungen

Die Ausweitung von Verbandsklagerechten ist eng an die Definition von Rechtsgütern gekoppelt. Solange öffentliche Güter nicht im Umfang ihres Rechtsgüterschutzes klar definiert werden, ist auch die Definition von Stellvertreterbeschwerde und -klagerechten kaum möglich. Die weitere Ausgestaltung von Verbandsklagerechten ist daher an die Frage gekoppelt, inwieweit die grundgesetzliche Verankerung des Umweltschutzes in Artikel 20a GG als Grundlage dafür dient, eine umweltbezogene Rechtsgutausweitung in der Gesetzgebung umzusetzen.

Eine solche Ausweitung ist jedoch immer auch unter den Aspekten der Rechts- und Verfahrenssicherheit zu betrachten. Je umfassender Klage- und Einspruchsbefugnisse auch durch nicht unmittelbar Betroffene werden, desto unkalkulierbarer werden beipielsweise Investitionsprojekte. Eine Ausweitung von Verbandsklagerechten vollzieht sich daher häufig in einem Konfliktfeld von Ökologie, Ökonomie und Sozialem.

Alternativen/Optionen

Ausgestaltungsmöglichkeiten für Verbandsbeschwerde und -klagerechte bestehen insbesondere bezüglich:

- der materiellen Reichweite: In Bezug auf den Umfang der Rechtsgüter und Gesetze, in denen entsprechende Beschwerde- und Klagemöglichkeiten eingeräumt werden.
- der Art der Einflußnahme: So können z.b. Verbänden Beteiligungs-, Beschwerde oder Klagerechte im Rahmen von Gesetzen bzw. Verfahren eingeräumt werden.
- der Eingrenzung der beschwerde- bzw. klageberechtigten Verbände: In der Schweiz erfolgt dies zum Beispiel über die Bedingung gesamtschweizerischer Aktivität sowie einem mindestens 10-jährigen Bestehen, um ad-hoc-Blockaden durch neu geschaffene Verbände zu verhindern. Andere Kriterien können Größe von Verbänden oder die inhaltlichen Betätigungsfelder sein.

Empfehlungen

Die Potentiale von erweiterten Verbandsbeschwerde und -klagerechten für eine Politik der Nachhaltigkeit werden heute gerade im Vergleich zur Praxis in anderen europäischen Ländern noch nicht ausgeschöpft. Aufgrund grundsätzlicher juristischer Herausforderungen, wie die Erweiterung der Rechtsgutdefinition, und den Konfliktfeldern zwischen Ökologie, Ökonomie und Sozialem sollten bei einer Ausweitung von Verbands- und Klagerechten gezielt unterschiedliche Formen erprobt werden - bezogen auf alle drei oben genannten Dimensionen. Dabei sind folgende Aspekte zu beachten:

- Orientierung an den Erfahrungen anderer Länder.
- Einräumung von Verbandsklagerechten in anderen Gesetzen neben dem Bundesnaturschutzgesetz, insbesondere die Einführung im Rahmen der Umwelthaftung.
- Die Bundesländer sollten ihre Freiräume in der Definition von Verbandsbeschwerde und -klagerechten noch stärker als bisher nutzen und Gremien für einen Austausch über die gemachten Erfahrungen schaffen.

Literatur/Quellen

Bizer, J.; Ormond, T.; Riedel, U. (1990): Die Verbandsklage im Naturschutzrecht. Taunusstein

Führ, M. (1994): Ansätze für proaktive Strategien zur Vermeidung von Umweltbelastungen im internationalen Vergleich. In: Enquete-Kommission "Schutz des Menschen und der Umwelt" (Hrsg.): Umweltverträgliches Stoffstrommanagement. Band 2: Instrumente. Bonn

Öko-Institut (1996): Bürgerrechte im Umweltschutz. Impulse für ein Konzept zur Stärkung der Beteiligungsrechte in Umweltverfahren. Werkstattreihe Nr. 97. Darmstadt

Ormond, T. (1995): Deutsche Verbandsklagemöglichkeiten im Wasserrecht. Brasilien ist schon weiter. Politische Ökologie 42, 87-88

SRU (Sachverständigenrat für Umweltfragen) (1996): Umweltgutachten 1996. Zur Umsetzung einer dauerhaft-umweltgerechten Entwicklung. Wiesbaden

10.3.4
Gremienbesetzung: Vorschlagsrecht von NGOs

Hauptstoßrichtung: Ausgleich und Konfliktregelung, Reflexivität

Ausgangslage

Aufgrund der funktionalen Ausdifferenzierung gesellschaftlicher Teilsysteme sowie der steigenden Komplexität von Regelungstatbeständen kommt Gremien eine wachsende Bedeutung zu, die gesetzliche Regulierungen vorbereiten, solche Regelungen technisch umsetzen oder quasistaatliche Regulierungsaufgaben wahrnehmen. Beispiele für entsprechende Gremien sind die Normungsausschüsse des DIN, das Beratergremium Umweltrelevante Altstoffe (BUA), das die Bewertung von Altstoffen (Stoffen vor der Inkrafttretung des Chemikaliengesetzes) vornimmt, die Senatskommission zur Prüfung gesundheitsschädlicher Arbeitsstoffe der Deutschen Forschungsgemeinschaft, die die sogenannten MAK-Werte (Maximale Arbeitsplatzkonzentration) festlegt, die Juries zur Vergabe des Umweltzeichens "Blauer Engel" (⇒Label) bzw. des Europäischen Umweltzeichens.

Die Festlegung von Grenzwerten, die Stoffbewertung oder die ökologische Evaluation von Produkten sind dabei keine Fragen, die nach rein naturwissenschaftlichen Kriterien entschieden werden können. Es fließen hier vielmehr unterschiedliche ökologische, ökonomische und soziale Bewertungsaspekte ein, z.B Arbeitsplatzschutz oder soziale Dimensionen der Produktbewertung. Für die entsprechenden Gremien, die für ihr Handeln nur einer begrenzten demokratischen Legitimierung und Kontrolle unterliegen, ist es daher wichtig, eine möglichst pluralistische Gremienbesetzung zu gewährleisten, die unterschiedliche Bewertungsdimensionen abdeckt. Da die fachliche Kompetenz der Gremienmitglieder für das effektive und effiziente Arbeiten der entsprechenden Fachgremien eine zentrale Voraussetzung ist, stellt die Pluralisierung von Vorschlagsrechten einen adäquaten Weg dar, eine fachlich qualifizierte Gremienbesetzung mit möglichst pluralistischen Bewertungsansätzen zu verknüpfen. Eine solche Pluralisierung gewährleistet nicht nur neue Formen des Konfliktausgleichs, sondern stärkt auch die Reflexivität in wissenschaftlichen Fachgremien.

Probleme/Herausforderungen

Ein erweitertes Vorschlagsrecht von NGO's bei der Gremienbesetzung sieht sich mit mehreren Herausforderungen konfrontiert:

- NGO's müssen über die fachlichen und personellen Ressourcen verfügen, um ihr Vorschlagsrecht auszuüben. Das Aussprechen von Besetzungsvorschlägen erfordert eine gute Kenntnis der Fachvertreter im jeweiligen Feld.

- Es ist zu klären, in welchem Umfang NGO's Vorschlagsrechte zugestanden werden und welche Funktion die von NGO's benannten Vertreter in den jeweiligen Gremien ausüben können. Hier besteht auf der einen Seite die Gefahr, daß NGO-benannte Vertreter lediglich Feigenblatt-Funktionen wahrnehmen, auf der anderen Seite drohen konstruktiv arbeitende Fachgremien durch eine zu starke Politisierung blockiert zu werden.
- Aufgrund der großen Zahl von NGO's (zum Beispiel auch innerhalb des Umwelt- oder Sozialbereichs) ist zu klären, welchen NGO's überhaupt entsprechende Vorschlagsrechte zugebilligt werden sollen.

Alternativen/Optionen

Die beleuchteten Aspekte deuten die mögliche Bandbreite der Ausgestaltung von Gremienvorschlagsrechten durch NGO's an, wie Mitbestimmungs-, eventuell sogar Vetorechte der von NGO's benannten Vertreter, unterschiedliche Kriterien zur Ausübung des Vorschlagsrechtes, etc. In einzelnen Gremien sind unterschiedliche Mitbestimmungsmodelle heute schon implementiert, wie z.B. in der Jury für das Umweltzeichen "Blauer Engel" oder in einzelnen DIN-Ausschüssen.

Empfehlungen

Geeignete Formen des Vorschlagsrechts für Gremien durch NGO's lassen sich nicht pauschal formulieren, sondern hängen stark vom Charakter des jeweiligen Gremiums ab. Grundsätzlich ist die Pluralisierung bestehender Gremien jedoch zu erhöhen, da der Bedeutungs- und der Legitimationsbedarf dieser institutionellen Formen in Zukunft eher noch steigen wird. Umweltschutz-, Entwicklungshilfe- und Sozialorganisationen sollten aufgefordert werden, die Gremien zu benennen, in denen Sie ein Vorschlagsrecht für NGO's für sinnvoll erachten und ihre Vorschläge zur Ausgestaltung dieses Vorschlagsrechtes unterbreiten. Auf dieser Grundlage sollten die jeweils betroffenen Akteure konkrete Ansätze erarbeiten, wie die Vorschlagsrechte ausgeweitet werden könnten - z.B. unter Federführung der relevanten Ministerien.

Literatur/Quellen

SRU (Sachverständigenrat für Umweltfragen) (1996): Umweltgutachten 1996. Zur Umsetzung einer dauerhaft-umweltgerechten Entwicklung. Wiesbaden

10.4
Administrative Integrationsstrategien

Umfaßt die Institutionen:

1. Verwaltungsreform
2. Neue Steuerungsmodelle in der Umweltpolitik
3. Integrierte Planungsprozesse
4. Ressortübergreifende Projektteams

10.4.1
Verwaltungsreform

Hauptstoßrichtung: Ausgleich und Konfliktregelung

Ausgangslage

Die Notwendigkeit von Reformen der öffentlichen Verwaltung ist unbestritten, und an praxistauglichen Modellen scheint kein Mangel zu herrschen. Wie lassen sich aber Nachhaltigkeitsziele in diesem Reformprozeß implementieren, und wie muß eine Reform unter der Prämisse der Nachhaltigkeit überhaupt aussehen? Im Sinne des Verständnisses von Nachhaltigkeit als regulative Idee, die ökonomische, ökologische und soziale Aspekte integriert, kann Reform nur als ein Prozeß kontinuierlicher Veränderung und nicht als einmaliges Projekt verstanden werden.

Probleme/Herausforderungen

1. *Effizienzprobleme*: Das Problem der mangelnden Effizienz hat mehrere Dimensionen. Sie führt nicht nur zu erhöhtem Ressourcenverbrauch. Weil mangelnde Effizienz in Organisationen in der Regel darauf zurückzuführen ist, daß Mitglieder der Organisation Eigeninteressen auf Kosten der Erfüllung des Organisationszwecks verfolgen, kommt es zu Fehlallokationen, d.h. die knappen volkswirtschaftlichen Mittel werden nicht entsprechend den Präferenzen der Nachfrager verwendet, sondern entsprechend den Präferenzen der Anbieter. Weiterhin resultieren schleichende Umverteilungsprozesse zugunsten der Mitglieder der Verwaltung. Und indem Kosten auf den privatwirtschaftlichen Sektor überwälzt werden, kommt es zu Einbußen in der internationalen Wettbewerbsfähigkeit. Unter dem Eindruck der wirtschaftlichen Krise geraten auch Staat und Verwaltung zunehmend unter Zugzwang. Waren in Zeiten wirtschaftlicher Prosperität dem Wachstum des Staates kaum Grenzen gesetzt, so sieht er sich heute dem Verwurf einer aufgeblähten und ineffizienten Bürokratie ausgesetzt. Abgeleitet von den für die Wirtschaft entwickelten Modellen eines „Lean Management" wird heute der schlanke Staat gefordert. Die Übertragung privatwirtschaftlicher Formen der Aufgabenerfüllung stößt jedoch an

Grenzen, die in der Besonderheit der staatlichen Aufgaben begründet sind. Zwar ist die Forderung nach einer Reform der Verwaltung keineswegs neu - entsprechende Gremien auf Bundesebene wurden schon vor über 25 Jahren eingerichtet - und auch im internationalen Vergleich ist der bundesdeutsche Staat eher führend in Sachen Effizienz. Dennoch sind sich die meisten Akteure in Politik und Gesellschaft darin einig, daß die derzeitige Situation verbesserungswürdig ist.

2. *Reformfähigkeit und -akzeptanz*: In Sachen Innovations- und Modernisierungsstrategien des öffentlichen Sektors gehört Deutschland eher zu den Schlußlichtern unter den OECD-Staaten. Während anderswo mehrere Reformschübe zu verzeichnen sind, scheint in Deutschland „Durchwursteln" ohne Vision und Konsequenz das Motto zu sein (Naschold 1995a: 9). Dies mag zum einen an der mangelnden Fähigkeit der politischen Akteure liegen, zu einer entschiedenen Willensbildung zu gelangen und diese gegenüber der Verwaltung durchzusetzen. Aber auch außerhalb der Verwaltung stoßen Reformprojekte - etwa von Fachbehörden - in der Regel auf heftigen Widerstand der betroffenen Interessengruppen.

3. *Aufgabenkritik und Legitimation*: Darüber hinaus ist das Thema eng mit der grundsätzlichen Frage nach dem Verständnis des Staates verbunden. Der „selbstbeschränkte Staat", der sich mehr in einer Moderatorenrolle sieht und danach strebt, durch die Stärkung der Selbstverantwortlichkeit und der Selbstorganisationskräfte der Gesellschaft die Eigenerstellung von Aufgaben abzugeben, benötigt eine andere Verwaltung als ein Wohlfahrtsstaat, der sich für alle Belange seiner Bürger verantwortlich fühlt. So wenig, wie diese Diskussion von demokratietheoretischen Prämissen lösgelöst werden kann, so wenig kann sie von der Diskussion um andere Bereiche unseres Staatswesens getrennt behandelt werden. An erster Stelle ist hier das Rechtssystem zu nennen, das wesentlich das Verwaltungshandeln determiniert. Schließlich ist die Reform auch im Hinblick auf die Legitimation des demokratischen Staates von Bedeutung, da hinter Schlagworten wie dem von der Politikverdrossenheit nicht nur die Frustration über die Politik im engeren Sinne steckt, sondern ebenso die Frustration über den Staat und seine Diener. Die entstehende Politik- und Staatsverdrossenheit kann wiederum die Handlungsspielräume der Politik weiter vermindern.

4. *Integrationsprobleme*: Unter Gesichtspunkten der Nachhaltigkeit als Problem der mangelnden Integration verschiedener Aspekte der gesellschaftlichen Entwicklung gerät schließlich das Ressortprinzip der öffentlichen Verwaltung ins Blickfeld. Daher sollte die Implementation integrierter Planungsabläufe in einer Verwaltungsreform berücksichtigt werden.

Alternativen/Optionen

Die gegenwärtige Debatte wird wesentlich von folgenden Fragen bestimmt:

* Wie können die Kosten auf Seiten des Staates reduziert werden bzw. wie kann die Effizienz staatlichen Handelns erhöht werden?
* Wie kann die Zufriedenheit des Bürgers verbessert werden?
* Wie lassen sich Erfahrungen aus der Wirtschaft auf den Verwaltungsbereich übertragen?

Damit sind die wesentlichen Ziele der Verwaltungsreform formuliert. Weniger Bürokratie, mehr Transparenz, größere Bürgernähe, Einsparung von Ressourcen - das alles sind Ziele, die allgemeine Zustimmung finden. Im Hinblick auf den richtigen Weg, diese zu erreichen, werden verschiedene Modelle diskutiert und in der Praxis erprobt. Sie reichen von Steuerungsmaßnahmen auf der Makroebene, etwa eine Beschränkung des Staates auf rein hoheitliche Aufgaben und eine Reform des Beamtenrechts bis hin zur Frage der Motivation des einzelnen Verwaltungsmitarbeiters auf der Mikroebene.

Die Frage der Verwaltungsreform kann allerdings nicht nur im Hinblick auf die unmittelbaren Effekte von Veränderungen diskutiert, sondern sie muß vielmehr im Kontext ihrer gesamtgesellschaftlichen Auswirkungen reflektiert werden. So hat die „Verschlankung" der Verwaltung durch Personalabbau weitreichende beschäftigungspolitische und soziale Folgen, die in die Gesamtbewertung eines Reformmodells einbezogen werden müssen. Wo dies unterbleibt, kann ein unmittelbar positiver Effekt in der Summe seiner Wirkungen negativ sein. Der Versuch, durch eine Neuregelung der staatlichen Zuschüsse für witterungsbedingte Ausfälle im Baugewerbe ist ein aktuelles Beispiel solcher negativen Effekte: Durch die Streichung des sogenannten Schlechtwettergeldes zum 1.1.1996 und die Umlage der Kosten auf die Arbeitgeber sollten Einsparungen von 800 Mio. DM erreicht werden. Da die Arbeitgeber ihrerseits diesen Kosten nicht übernehmen wollten, kam es zu einem zeitlich befristeten Anstieg der Arbeitslosigkeit im Baugewerbe und zu Mehrkosten für den Staat in Höhe von 1,2 Mrd DM.

In der Diskussion um die Reform des öffentlichen Sektors werden verschiedene Ansätze unterschiedlicher Reichweite diskutiert, die sich teilweise in ihren Inhalten überschneiden. Einige dieser Ansätze werden nachfolgend kurz skizziert.

Neues Steuerungsmodell: Die Kommunale Gemeinschaftsstelle (1991; 1995) hat ein neues Steuerungsmodell erarbeitet, in dessen Zentrum die dezentrale Ressurcenverantwortung steht. Ausgangspunkt der Überlegung ist, daß die Trennung von Leistungen und Ressourcenverantwortung eine der wesentlichen Schwachstellen der gegenwärtigen Verwaltungsstruktur darstellt. Statt durch den Einsatz einzelner Instrumente (zum Beispiel des Controlling) das gegenwärtige Steuerungssystem mit sehr begrenzten Wirkungen nur zu optimieren, soll dieses grundlegend umgestaltet werden. Das neue Modell zielt darauf ab, daß die Steuerung nicht primär durch Ressourcen, sondern vielmehr durch die Vorgabe von Zielen und Ergebnissen erfolgt.

Privatisierung: Zu den umstrittensten Reformstrategien gehört die Forderung nach einer Privatisierung öffentlicher Leistungen. Dahinter steht die Annahme, das in vielen Bereichen private Träger effizienter arbeiten als die öffentliche Hand. Durch die Privatisierung wird in den jeweiligen Bereichen ein neuer Markt geschaffen, dessen Wettbewerbsstruktur die Möglichkeit bietet zwischen konkurrierenden Anbietern zu wählen. Kritik an dieser Strategie wird besonders von Seiten der Angestellten- und Beamtenverbände geübt. Sie befürchten einerseits den Verlust von Arbeitsplätzen und stellen andererseits die höhere Effizienz in Frage.

Schlanker Staat: Unter dem Stichwort vom schlanken Staat werden Reformen vorgeschlagen, die sich im Bereich der Wirtschaft bewährt haben oder zumindest dort umgesetzt wurden (Metzen 1994; Struwe 1995). Lean Administration orientiert sich wie Lean Management am Abbau ineffizienter Strukturen durch eine Reduzierung der Hierachieebenen, an der Stärkung von Eigenverantwortung und Dezentralisierung von Entscheidungsprozessen. Als eine zentrale Voraussetzung wird die Abkehr von der Kameralistik und die Einführung der doppelten Buchführung als Bilanzierungsprinzip angesehen.

Das Motto lautet: Lernen durch transparente Vergleiche. Eine transparente Vergleichbarkeit ist mit einem Kennzahlensystem (KGSt/IKO-Netz 1996) umsetzbar, das die einzelnen Tätigkeitsfelder einer kommunalen Verwaltung differenziert erfaßt. Das System leistet Hilfestellung bei:

- einer Erhöhung der Transparenz verwaltungspolitischen Handelns,
- einer Erhöhung des Gestaltungsspielraumes,
- einer verbesserten Finanzkontrolle,
- einer marktgerechteren Planung,
- der Einführung von dezentraler Ressourcenverantwortung.

Die Kennzahlensysteme müssen in den Gemeinden optimiert werden. Kommunale Mitarbeiter und zum Teil auch schon Bürger sind in die Aufstellung der Kennzahlen und auch in die spätere Evaluation miteinbezogen. Dies erst gewährt die adäquate und effektive Durchführung der Vergleiche. Kennzahlensysteme sind „Maßanzüge", indem sie individuell auf eine Kommune abgestimmt sind. Sie erleichtern die Steuerung und dürfen nicht zu einem starren Evaluationsschema werden.

Konkrete Inhalte sind kostengünstige und bürgerfreundliche Verwaltung, Kooperationsnetzwerke, Prozesse der regionalen Kompetenzbildung, lebendige Austauschprozesse zwischen Bürgern untereinander und zu Unternehmen und Verwaltung. Vorbild ist die Verleihung des Carl Bertelsmann Preises 1993 an die Städte Phoenix, USA und Christchurch, Neuseeland für die bestgeführte Verwaltung sowie der von der Bertelsmann Stiftung und dem Land Saarland durchgeführte Wettbewerb der bestgeführten kommunalen Dienstleistungsunternehmen.

Empfehlungen

Es wird folgendes empfohlen, um eine Verwaltungsreform durchzuführen, die die Effizienz steigern, die Aufgabenerfüllung verbessern und eine erhöhte Bürgernähe implementieren möchte - mit den deutlicher nachhaltigkeitsorientierten Erfordernissen auf der Ebene der Einzelzielen und auf der Ebene einer nachhaltigkeitsorientierten Struktur mit integrierten Planungsprozessen:

1. *Herstellung eines gemeinsamen Orientierungsrahmens und Reformfolgenabschätzung*: Im Hinblick auf die zahlreichen Reformvorschläge ist eine Reformfolgenabschätzung notwendig, um die Umsetzung von für das Gesamtsystem letztlich kontraproduktiven Konzepten zu verhindern. Die Beteiligten - Verwaltung, Parlament (je nach Ebene Bundestag, Landtag oder Gemeinderat), Anspruchsgruppen und Bürger sollten sich in einer gut vorbereiteten Konferenz zur Eröffnung des Reformprozesses auf einen gemeinsamen Orientierungsrahmen verständigen. Wesentliches strukturelles Ziel sollte hierbei die Einführung effizienter integrierter Planungsprozesse sein.
2. Zur Sicherstellung einer laufenden Supervision des Reformprozesses sollte entweder ein *Ausschuß* bei dem jeweils zuständigen parlamentarischen Gremium eingerichtet oder ein externer Berater beauftragt werden.
3. *Detaillierte Regelungs- und Verordnungskritik*: Um die Ziele der Reform nicht additiv zu den bestehenden Regelwerken zu implementieren, sollten folgende Schritte unternommen werden:

   - partizipative und transparente Erstellung eines Kriterienkatalogs
   - Bestandsaufnahme und Kritik aller Verordnungen unter dem Gesichtspunkt, inwieweit sie nachhaltigkeitsorientiertes Handeln in der Verwaltung behindern.

4. *Personalschulung*: Parallel zur Entrümpelung des Vorschriftenbestands müssen die Angehörigen der Verwaltung in die Lage versetzt werden, die entstehenden Handlungsspielräume im Sinne der Nachhaltigkeit zu nutzen. Dazu gehören folgende Elemente:

   - Information über das Konzept nachhaltiger Entwicklung, die zugrundeliegenden Problemlagen und seine Bedeutung für die jeweilige Verwaltung.
   - Befähigung zum schonenden Umgang mit Ressourcen. Die Unterstützung einer nachhaltigen Entwicklung durch die Verwaltung hat mehrere Dimensionen. Zum einen geht es darum, wie Verhaltens- und Einstellungsänderungen der Beschäftigten erreicht werden können, damit beispielsweise innerhalb der Verwaltung schonend mit Ressourcen umgegangen wird, Motivation und Innovation gefördert und die Partizipation der Bürger unterstützt wird. In diesem Bereich ist die Fort- und Weiterbildung von zentraler Bedeutung (Kühnlein/Wohlfahrt 1995; Möller 1995). Da in den kommenden Jahren ein Ausbau des Personalbestands nicht zu erwarten ist, müssen Einstellungsveränderungen über diesen Bereich in die Verwaltung getragen

werden. Zum anderen geht es aber auch um die Auswirkungen von Verwaltungshandeln, in Form von Verordnungen, Verfahrensweisen u.ä.

- Befähigung zum Umgang mit partizipativen und kooperativen Formen des Verwaltungshandelns. Wesentlicher Bestandteil einer reformierten Personalschulung sollte es auch sein, die Mitarbeiter der Verwaltung in die Lage zu versetzen, mit den neuen Formen der partizipativen Einbindung von Bürgern in die Erstellung öffentlicher Güter und Leistungen effektiv umzugehen. Eine solche Schulung müßte von Fragen des Verständnisses für nicht verwaltungsförmig-hierarchische Abstimmungsprozesse über den Umgang mit heterogenen und widersprüchlichen Problemdefinitionen bis hin zur Schulung in Fähigkeiten der Rhetorik und Verhandlungsführung reichen.

5. *Iterative Evaluation*: Ergänzend zur üblichen verwaltungsinternen Berichterstattung und den parlamentarischen Formen der Verwaltungskontrolle sollte ein laufendes feedback aus dem Umfeld der Verwaltung sichergestellt werden. Dazu dient die oben erwähnte einzusetzende externe Begleitung. Diese sollte aber durch authentische Rückmeldungen weiterer Kreise ergänzt werden. Das könnte etwa folgendermaßen aussehen: Die inzwischen relativ weit verbreiteten Bürgerbüros können als Anlaufstelle genutzt werden, um über behördeninterne Abstimmungsprozesse hinaus Rückmeldungen zu sammeln und eine Arbeitskonferenz vorzubereiten, die der Evaluation und dem Anstoß kontinuierlicher Verbesserungen dient und durch einen externen Berater transparent aufbereitet wird. Die Verwaltung nimmt im Vorfeld der Arbeitskonferenz Stellung, welche Hindernisse es für eine Umsetzung nach dem Kriterienkatalog gibt, und was sie gegebenenfalls unternommen hat. In einer gemeinsamen Arbeitskonferenz mit Klienten, Anspruchsgruppen und Verwaltung - etwa einmal pro Jahr - werden Kritik, Stellungnahme und Lösungsmöglichkeiten diskutiert und nach Möglichkeit vereinbart. Eine solche Arbeitskonferenz sollte an einem Wochenende stattfinden, um möglichst vielen Interessierten die Teilnahme zu ermöglichen.

Wenn man Reform in diesem Sinne als einen kontinuierlichen Prozeß versteht, dann bedarf es nicht eines großen Reformprojektes, das möglichst alles abdeckt und daher nie zur Umsetzung kommt. Vielmehr gilt es die in der Praxis bewährten Ansätze zügig zu realisieren. Voraussetzung dafür ist allerdings, die Zielen zu bestimmen, die einerseits einen Orientierungsrahmen bieten und anderseits aber auch offen für Änderungen sind.

Ressortübergreifende Projektteams

Eine Organisationskultur mit authentischer Kommunikation und einem modernen Informationsmanagement steigert nicht nur die Innovationsfähigkeit in privaten Unternehmen, sondern auch im öffentlichen Sektor. Dabei ist vor allem auch an eine stärkere Vernetzung der staatlichen Politikbereiche zu denken. Die derzeitige Aufteilung in Forschungs-, Technologie-, Wirtschafts-, Umwelt- und Sozialpolitik ist im Sinne eines integrativen Ansatzes hemmend. Dies kann kein Plädoyer für ein Superministerium sein. Eine integrative Politik muß aber die Politiken stärker aufeinander beziehen und Informationen über die Zusammenhänge liefern, die jenseits der einzelpolitischen Zielsetzungen wirksam werden können (Metzen 1994: 16; Budäus 1995; Naschold 1995b).

Ressortübergreifende Projektteams im öffentlichen Sektor stellen für die Entwicklung innovativer Vorhaben eine Alternative zur traditionellen Ressortabstimmung dar (Naschold 1993: 77). Damit einhergehend ist auch ein flexiblerer Personaleinsatz anzustreben. Traditionell sind Personalfragen in der öffentlichen Verwaltung Dienstrechtsfragen und werden juristisch abgehandelt. Der öffentliche Sektor aber braucht moderne Konzepte des Personalmanagements und der Personalentwicklung. Motivations- und Leistungsanreize müssen einen höheren Stellenwert erhalten (Kühnlein/Wohlfahrt 1995). Die abteilungsübergreifende Zusammenarbeit erleichtert es, den öffentlichen Auftrags zu erfüllen:

- Die Arbeit in unterschiedlichen Teams führt zu größerer gedanklicher Offenheit gegenüber gesellschaftlichen Prozessen. Dies zu erkennen und aktiv zu begleiten entspricht dem Verwaltungsauftrag.
- Die dialogbetonte Zusammenarbeit in Teams schult das Verwaltungspersonal in seiner kommunikativen Kompetenz und erleichtert den Umgang mit dem Kunden „Bürger". Eine funktionierende moderne Verwaltung lebt und zeichnet sich durch ihren konstruktiven und offenen Dialog mit der Öffentlichkeit aus (Metzen 1994:125).

Um dies zu erreichen, sind folgende Reformen in Angriff zu nehmen:

- Verwaltungsangestellte erhalten eine Zusatzqualifikation als Moderatoren und Mediatoren. Dies geschieht bereits auf breiter Basis in den USA, z.B. bei der nationalen Umweltbehörde, der Environmental Protection Agency.
- Interne Beförderungen, Gelder und Projektzuweisungen sollten sich verstärkt an den Aufgaben und den Leistungen eines Teams orientieren (Budäus 1995: 58ff).

Eine funktionierende interne Kommunikation und Organisationsentwicklung ist ein erster wichtiger Schritt hin zum konstruktiven offenen Dialog nach außen.

Literatur/Quellen

Bertelsmann Stiftung (Hrsg.) (1994): Carl Bertelsmann Preis 1993. Demokratie und Effizienz in der Kommunalverwaltung. Bd. 2: Dokumentation zu Symposium und Festakt. Gütersloh

Bertelsmann Stiftung (Hrsg.) (1995): Neue Steuerungmodelle und die Rolle der Politik. Dokumentation eines Symposiums, 2. Auflage. Gütersloh

Bertelsmann Stiftung (Hrsg.) (1996): Carl Bertelsmann Preis 1993. Demokratie und Effizienz in der Kommunalverwaltung. Bd. 1: Dokumentationsband zur internationalen Recherche, 4. Auflage. Gütersloh

Bertelsmann Stiftung; Saarländisches Ministerium des Inneren (Hrsg.) (1996): Kommunales Managment in der Praxis. Bd.1: Gesamtkonzeption des Wettbewerbs. Gütersloh

Bertelsmann Stiftung; Saarländisches Ministerium des Inneren (Hrsg.) (1996): Kommunales Managment in der Praxis. Bd.4: Budgetierung und Dezentrale Ressourcenverantwortung. Gütersloh

Bertelsmann Stiftung; Saarländisches Ministerium des Inneren (Hrsg.) (1996): Kommunales Managment in der Praxis. Bd.5: Controlling und Berichtswesen. Gütersloh

Biedenkopf, K. (1994): Regierungs- und Verwaltungsprobleme in einem neuen Bundesland. Speyerer Vorträge 26. Speyer

Budäus, D. (1994): Public Management. Konzepte und Verfahren zur Modernisierung öffentlicher Verwaltungen. Berlin

Hill, Hermann (1993): Verwaltung neu denken. VOP (1), 15-20

Kommunale Gemeinschaftsstelle (KGSt) (1991): Dezentrale Ressourcenverantwortung. Überlegungen zu einem neuen Steuerungsmodell. Bericht Nr. 12. Köln

Kommunale Gemeinschaftsstelle (KGSt) (1995): Das neuere Steuerungsmodell in kleineren und mittleren Gemeinden. Bericht Nr. 8. Köln

Kühnlein, G.; Wohlfahrt, N. (1995): Leitbild lernende Verwaltung? Situation und Perspektiven der Fortbildung in westdeutschen Kommunalverwaltungen. Berlin

Metzen, H. (1994): Schlankheitskur für den Staat. Lean Management in der öffentlichen Verwaltung. Frankfurt am Main New York

Möller, H.-W. (1995): Verwaltungsreform durch Bildungsreform. Eine kritische Analyse der Curricula für die Beamtenausbildung an den Fachhochschulen für öffentliche Verwaltung. Baden-Baden

Morath, K. (Hrsg.) (1994): Wirtschaftlichkeit der öffentlichen Verwaltung. Reformkonzepte, Reformpraxis. Bad Homburg

Müller, U. (1995): Controlling als Steuerungsinstrument der öffentlichen Verwaltung. Aus Politik und Zeitgeschichte (Beilage zur Wochenzeitung 'Das Parlament') 5, 11-19

Naschold, F. (1993): Modernisierung des Staates. Zur Ordnungs- und Innovationspolitik des öffentlichen Sektors. Berlin

Naschold, F. (1995b): Ergebnissteuerung, Wettbewerb, Qualitätspolitik. Entwicklungspfade des öffentlichen Sektors in Europa. Berlin

Naschold, F. (1995a): Einführung zum Thema. In: Naschold, F.; Pröhl, M. (Hrsg.) (1995): Produktivität öffentlicher Dienstleistungen. Bd. 2: Dokumentation zum Symposium. Gütersloh

Naschold, F.; Pröhl, M. (Hrsg.) (1994): Produktivität öffentlicher Dienstleistungen. Bd. 1: Dokumentation einer wissenschaftlichen Diskurses zum Produtivitätsbegriff. Gütersloh

Rürup, B. (1995): Controlling als Instrument effizienzsteigender Verwaltungsreformen? Aus Politik und Zeitgeschichte (Beilage zur Wochenzeitung 'Das Parlament') 5, 3-10

Schmithals, E.; Hegemann, G. (1996): KGSt Projekt „Katalog kommunaler Aufgaben und Produkte". Bericht vom 29.2. 1996. Köln

Struwe, J. (1995): Lean Administration und Verwaltungscontrolling. Das Instrumentarium. Aus Politik und Zeitgeschichte (Beilage zur Wochenzeitung 'Das Parlament') 5, 20-32

Tondorf, K. (1995): Leistungszulagen als Reforminstrument? Neue Lohnpolitik zwischen Sparzwang und Modernisierung. Berlin
Unruh, G.Ch.v. (1989): Die kommunale Selbstverwaltung. Recht und Realität. Aus Politik und Zeitgeschichte (Beilage zur Wochenzeitung 'Das Parlament') 30-31, 3-13

10.4.2
Neue Steuerungsmodelle in der Umweltpolitik

Hauptstoßrichtung: Ausgleich und Konfliktregelung

Ausgangslage

Mit der Schaffung eigener Umweltressorts verband man die Hoffnung, daß der Umweltgedanke im Rahmen der Regierungstätigkeit besser verankert wird und dadurch an Bedeutung gewinnt. Herder Dorneich (1988) bestätigt denn auch, daß mit der Gründung des Bundesumweltministeriums 1986 eine deutliche Steigerung der umweltpolitischen Aktivitäten der Regierung einherging. So ist zum Beispiel durch das Umweltministerium eine permanente und prominente Präsenz von Umweltanliegen im Kabinett und in der Öffentlichkeit erzielt worden. Erst durch ein eigenständiges Ressort war es möglich, Umweltanliegen im politischen System Gehör zu verschaffen. Damit die Umweltpolitik jedoch nicht bei der Bewußtseinsbildung aufhört - die zweifellos notwendig ist -, sondern auch entsprechende umweltpolitische Maßnahmen bewirken kann, ist es wichtig, daß die Kompetenzen der Umweltbehörden entsprechend ausgestaltet sind. Inwieweit das bereits der Fall ist, wird im folgenden untersucht. Für die dabei aufgezeigten Problembereiche werden Reformansätze dargelegt, die auf unterschiedlichen Ebenen ansetzen.

Probleme/Herausforderungen

Es stellt sich die Frage, inwiefern diese Institution tatsächlich die in sie gesetzten Hoffnungen erfüllt und inwieweit sie reformiert werden kann. Grundsätzliche Bedenken ergeben sich vor allem aus der Perspektive der Neuen Politischen Ökonomie:
Eine Auskopplung der ökologischen Anliegen aus anderen Politikbereichen kann zu einer de-facto-Schwächung dieser Anliegen führen, weil die anderen Politikbereiche ihre Handlungsspielräume erhöhen können, indem sie die umweltpolitische Verantwortung an die Umweltbehörde delegieren. Aus diesem Blickwinkel erscheint die Umweltpolitik als eine end-of-pipe Politik, die versucht, die umweltrelevanten Auswirkungen der Politikmaßnahmen der anderen Ressorts einzudämmen. Eine Umweltpolitik, die bei den Ursachen ansetzt und integrative Lösungen anstrebt, erscheint dabei nicht möglich.
Eine eigene Umweltbehörde hat ein *Interesse an Macht- und Bedeutungserhalt*, d.h. an einer Maximierung des Budgets und einer Ausweitung diskretionärer Spielräume (⇒Verwaltungsreform). Dies ist möglich, wenn das Aktivitätsniveau

erhöht wird. Daher bestehen Anreize, administrative Maßnahmen mit Handlungs-spielräumen in der Vollzugsphase zu ergreifen, da diese das Aktivitätsniveau und somit die Macht und Bedeutung steigern - im Gegensatz zu Strategien der Grob-steuerung und der marktwirtschaftlichen Instrumentierung. Damit hängt die Vor-liebe für die ordnungsrechtliche Lösung von vielen Detailproblemen zusammen, und es kann erklärt werden, warum die wenigen zentralen Grobsteuerungsberei-che anderen Ressorts überlassen werden.

Wenn sich die Umweltpolitik aber auf eine *Feinsteuerung* konzentriert, benö-tigt sie Detailwissen und sachspezifische Informationen, die zum großen Teil nur die betroffenen Akteure besitzen, d.h. vor allem die Informationsträger der Wirt-schaft. Eine Umweltbehörde bzw. das Umweltministerium ist somit abhängig von den Adressaten der PolitikMaßnahmen. Daraus resultiert ein starkes Interesse der Umweltbehörde an Konfliktvermeidung, und den Normadressaten wird damit eine starke Verhandlungsposition verschafft. Diese Konstellation führt schließlich zu der Gefahr, daß die Umweltbehörde *Konzessionen* zugunsten „einvernehmlicher Lösungen" eingeht. Insofern ist eine Umweltbehörde strukturell benachteiligt.

Alternativen/Optionen

Damit stellt sich die Frage, wie die aufgezeigten strukturellen Probleme erfolg-reich angegangen werden können. Im folgenden werden einige Möglichkeiten erläutert, die in der Literatur vorgeschlagen werden. Dabei wird zwischen eher allgemeinen, flankierenden und direkt das Umweltressort betreffenden Maßnah-men unterschieden.

Allgemeine, flankierende Maßnahmen:

1. *Flankierung.* Das *Wachstums- und Stabilitätsgesetz* könnte revidiert werden (Binswanger/Bonus/Timmermann 1981: 57ff.). Das bisherige magische Drei-eck der Wirtschaftspolitik umfaßt folgende Ziele: 1. Stabilität des Preisniveaus, 2. hoher Beschäftigungsstand, 3. außenwirtschaftliches Gleichgewicht und das übergeordnete Ziel eines stetigen und angemessenen Wachstums, das quantita-tiv im Sinne einer Steigerung des Bruttosozialprodukts verstanden wird. Da das Ziel des außenwirtschaftlichen Gleichgewichts mit dem Übergang zu flexiblen Wechselkursen dem Marktprozeß überlassen wurde, ist eine Ecke des bisheri-gen magischen Dreiecks frei. An diese Stelle könnte nach Binswan-ger/Bonus/Timmermann (1981) das Ziel der Umweltstabilisierung treten. Zu-dem kann das übergeordnete Ziel des quantitativen Wachstum durch das Ziel der nachhaltigen Entwicklung ersetzt werden.

2. *Druck von außen.* Das Umweltressort stellt eine Errungenschaft dar, dessen ökologisches Gestaltungspotential durch noch zu erläuternde Reformen ver-größert werden kann. Trotzdem stellt sich die Frage, ob diese Reformen ausrei-chend sind bzw. ob es nicht zusätzlich des Drucks von außen bedarf. Dieser Druck könnte zum Beispiel durch ⇒ direktdemokratische Elemente, einen ⇒ Nachhaltigkeitsausschuß oder einen ⇒ Nachhaltigkeitsrat erfolgen.

Maßnahmen, die direkt das Umweltressort betreffen:

1. *Große Vernetzung.* Vor dem Hintergrund der oben aufgezeigten Probleme erscheint eine Neuorientierung der Umweltpolitik in Richtung auf eine integrierte Politik der Nachhaltigkeit ratsam (⇒Grobsteuerung). Dies bedingt eine „große Vernetzung" im Sinne des oben vorgeschlagenen nachhaltigkeitsorientierten Zieldreiecks, die die Auskopplung der Umweltanliegen aus den anderen Ressorts verhindert und somit eine end-of-pipe Politik ausschließt oder zumindest auf ein problemadäquates Ausmaß reduziert. So wären integrative Lösungen möglich, die bei den Ursachen ansetzen.

   Wie kann eine große Vernetzung „erzwungen" werden? Beispielsweise könnte ein Nachhaltigkeitsausschuß diese Aufgabe übernehmen - gegebenenfalls ergänzt durch einen ⇒ Nachhaltigkeitsrat oder einen ⇒ Staatsminister für Nachhaltigkeit. Um aber die Umweltpolitik i.e.S. zu entlasten, wären darüber hinaus strategische politische Kooperationen zwischen den Ressorts Wirtschaft, Finanzen, Soziales, Energie und Verkehr zu institutionalisieren. Jänickes Vorschläge gehen in diese Richtung (1993: 167). Eberhardt schlägt konkretisierend vor (1996: 190), den Umweltminister mit einem Veto-Recht im Kabinett auszustatten, womit er ein gewisses Druckpotential hätte. Auch wäre es denkbar, ein obligatorisches Umweltkapitel in jeder Kabinettsvorlage einzuführen, wie Großbritannien es bereits getan hat (Eberhardt 1996: 190).

   Die Umweltpolitik kann weiterhin verbessert werden, indem sie durch flankierende Regeln der interpolicy-cooperation institutionell in anderen Politikbereichen verankert wird. Eberhardt (1996: 187f.) führt in diesem Zusammenhang das Beispiel von task forces an, die für bestimmte Problembereiche auf einen absehbaren Zeithorizont gegründet werden. Dabei hat sich in der Vergangenheit gezeigt, daß diese i.d.R. nur erfolgreich sind, wenn die Teilnehmer einer task force weitgehend von ihrer normalen Tätigkeit freigestellt sind, da sie sonst versuchen, die gesamte Arbeitsbelastung niedrig zu halten.

   Auch wäre denkbar, in jedem Ressort einen Umweltbeauftragten (vgl. a. Ombudsmänner in den Ministerien) mit starken Befugnissen einzusetzen. Diesem könnte bei bestimmten Entscheidungen ein Veto-Recht zukommen, das nur durch die Behördenspitze überstimmt werden kann, die dann für die Entscheidung die alleinige Verantwortung tragen würde (Eberhardt 1996: 189).

2. *Dezentralisierung.* Wenn der Umweltpolitik verstärkt die Aufgabe der Grobsteuerung zukommt und entsprechende institutionelle Maßnahmen, wie oben beschrieben, ergriffen werden, dann kann es sinnvoll sein, die Feinsteuerung bzw. die Lösung von Detailproblemen an regionale Umweltbehörden zu dezentralisieren (Minsch u.a. 1996: 120f. und Jänicke 1993: 167). Dabei müßte jedoch der Gefahr einer blossen Problemverschiebung auf untere Ebenen vorgebeugt werden. Eine Dezentralisierung sollte aus diesem Grund im Sinne des Subsidiaritätsprinzips bzw. der Regeln des Föderalismus erfolgen (⇒funktionaler Föderalismus). Wird eine Dezentralisierung vorgenommen, dann sollte sie begleitet sein von:

3. *Transparenz und Partizipation.* Die einseitige Abhängigkeit der Umweltbehörden vom Know-how der betroffenen Akteure der Wirtschaft kann durch einen systematischen Einbezug der NGOs gelockert werden. Müller (1990) betont, daß die Stärkung der politischen Macht des Umweltressorts als alleinige Strategie nicht überbewertet werden darf, da auch ein mächtiger Umweltminister die Komplexität der Problemstellung zu beachten habe. Aus diesem Grunde erscheint eine Partizipation nicht ausschließlich wirtschaftlicher Akteure von hoher Bedeutung.

Grundsätzlich gelangt man nicht nur aus einer allgemein gesellschaftlichen Perspektive zu dem Ergebnis, daß vermehrt Partizipation nötig ist (vgl. Kapitel 2.2.1.). Auch Analysen der Umweltpolitik i.e.S. kommen zu diesem Resultat. So spricht Jänicke allgemein von einem Paradigmenwechsel bei den politischen Steuerungsmechanismen und fordert verstärkt partizipative Elemente und Verhandlungslösungen (1993: 200).

Empfehlungen

Umwelt als eigenes Ressort stellt zwar eine große Errungenschaft dar, die aber nicht die einzige bleiben sollte. Insbesondere die Integrationsbestrebungen sind zu forcieren. Die Umweltpolitik muß von einer Feinsteuerung Abstand nehmen, d.h. der Lösung von Detailproblemen, und zu einer Politik der Grobsteuerung übergehen (Minsch u.a. 1996: 120ff.). Dieses Ziel wäre durch eine Integration auf verschiedenen Ebenen zu verfolgen:

1. Das bisherige Zieldreieck sollte zu einem neuen magischen Dreieck weiterentwickelt werden mit Umweltstabillisierung im Sinne der ökologischen Managementprizipien als neue „Zielecke" und mit nachhaltiger Entwicklung als übergeordnetem Ziel.
2. Auf höchster Ebene sollte eine große Vernetzung erreicht werden, die ein Nachhaltigkeitsausschuß vornehmen kann, der von einem Nachhaltigkeitsrat unterstützt wird. Damit für die Umweltpolitik eine Grobsteuerung der Rahmenbedingungen möglich ist, sind strategische Kooperationen zwischen Umweltressort und den übrigen Ressorts nötig, die zu institutionalisieren wären. Eine weitergehende Vernetzung ist durch die institutionelle Verankerung der Umweltpolitik in anderen Politikbereichen möglich und erstrebenswert.
3. Bei einer allfälligen weiteren Dezentralisierung der Feinsteuerung müßte der Gefahr einer bloßen Problemverschiebung vorgebeugt werden.
4. Eine Partizipation der relevanten Akteure am Politikfindungsprozeß ist aufgrund der Komplexität der Problemstellungen anzustreben.

Literatur/Quellen

Binswanger, H.Ch.; Bonus, H.; Timmermann, M. (1981): Wirtschaft und Umwelt. Möglichkeiten einer ökologieverträglichen Wirtschaftspolitik. Berlin
Eberhardt, A. (1996): Umweltschutz als Integrationsaufgabe. Ein Leitfaden für Verwaltung, Politik und Wirtschaft, Bonn
Herder-Dorneich, Ph. (1988): Systemdynamik. Baden-Baden
Jänicke, M. (1993): Über ökologische und politische Modernisierungen. Zeitschrift für Umweltpolitik und Umweltrecht 16, 159-175
Minsch, J.; Eberle A.; Meier B.; Schneidewind, U. (1996): Mut zum ökologischen Umbau. Innovationsstrategien für Unternehmen, Politik und Akteursnetze. Basel Berlin Boston
Müller, E. (1990): Umweltreparatur oder Umweltvorsorge? Bewältigung von Querschnittsaufgaben der Verwaltung am Beispiel des Umweltschutzes. Zeitschrift für Beamtenrecht (6), 165-174

10.4.3
Integrierte Planungsabläufe

Hauptstoßrichtungen: Ausgleich und Konfliktregelung, Reflexivität, Innovation

Ausgangslage

Da Nachhaltigkeitsprobleme häufig auf mangelnde Integration vernachlässigter Aspekte in den Prozeß der gesellschaftlichen Entwicklung zurückzuführen sind, gerät der Staat mit seiner „Gesamtverantwortung" in den Blick. Aufgabe der staatlichen Verwaltungen ist es, die verschiedenen Partialinteressen im Zuge von Planungsprozessen in eine Gesamtperspektive zu integrieren und Fehlentwicklungen, die auf der Vernachlässigung bestimmter Aspekte beruhen, gemäß dem Vorsorgeprinzip möglichst frühzeitig zu korrigieren. In der Nachhaltigkeitsdiskussion wird daher das Ressortprinzip der öffentlichen Verwaltung kritisiert.

Empirische Studien über die deutsche Ministerialbürokratie konnten zwar feststellen, daß sich die einzelnen Ministerien und ihre Abteilungen die Sichtweisen und Interessen ihrer Klientel zu eigen machen und häufig auf deren Informationen und Expertise angewiesen sind. Dennoch ließen sich Mechanismen identifizieren, mit deren Hilfe es zu einer Abstimmung der Ressortpolitiken im Rahmen einer Kabinettspolitik kommt (Mayntz/Scharpf 1975; Scharpf 1977).

Das generelle Koordinationsmuster innerhalb der Verwaltung folgt dem Muster der „Verhandlungen im Schatten der Hierarchie". Verschiedene Abteilungen und Ministerien suchen bei interdependenten Aufgaben, die ihre gemeinsame Mitwirkung erfordert, nach einvernehmlichen Lösungen, die anschließend der übergeordneten Ebene, dem ersten gemeinsamen Vorgesetzten in der Hierarchie, zur Entscheidung vorgelegt werden. Dabei sind die Muster der positiven und der negativen Koordination zu unterscheiden (Scharpf 1972). „Inhaltlich kann man die positive Koordination als Versuch beschreiben, die Effektivität und Effizienz der Regierungspolitik insgesamt durch die Nutzung der gemeinsamen Handlungsoptionen mehrerer Abteilungen oder Ressorts zu steigern ... Im Gegensatz dazu erscheint das Anspruchsniveau der negativen Koordination begrenzter. Ihr Ziel ist die Vermeidung der Störungen, welche die ausschließlich an den eigenen Zielen orientierten Programminitiativen einer spezialisierten Einheit in den Zuständigkeitsbereichen anderer Einheiten auslösen könnten.

Prozedural läuft positive Koordination fast immer auf mulitlaterale Verhandlungen in intra- oder interministriellen Arbeitsgruppen hinaus, deren Mandat die Berücksichtigung aller Handlungsoptionen aller beteiligten Einheiten einschließt. Im Gegensatz dazu erfolgt negative Koordination typischerweise durch bilaterale 'Abstimmung' zwischen der an einer Programminitiative arbeitenden Einheit und anderen Einheiten, deren Zuständigkeitsbereich potentiell betroffen sein könnte - wobei deren Handlungsoptionen in der Regel nicht zur Disposition stehen" (Scharpf 1993: 69).

Probleme/Herausforderungen

Generell sind positive und negative Koordinationen als Mechanismen der horizontalen „Selbstkoordination im Schatten der Hierarchie" durchaus geeignet, die grundlegenden Probleme hierarchischer Koordination durch Weisung (Sicherung gegen opportunistisches Verhalten und drohende Überlastung der höheren Ebenen durch zuviel Information) und nicht eingebetteter horizontaler Koordination (psychologisches Verhandlungsdilemma zwischen kooperativer Problemlösung und kompetitiver Verteilungsorientierung sowie bei größerer Zahl der Beteiligten zu hohe Komplexität) zu mildern (Scharpf 1993).

Die Berücksichtigung gesellschaftlicher Interessen wird zudem dadurch hergestellt, daß die Angehörigen der Verwaltung dauerhafte Beziehungen zu ihrer jeweils relevanten gesellschaftlichen Umwelt aufbauen. Die Investitionen in solche Netzwerke würden gefährdet, wenn deren Interessen und Anliegen im Prozeß der verwaltungsinternen Koordination nicht angemessen vertreten würden.

Diesen Vorteilen steht eine Reihe von Kritikpunkten gegenüber:

1. Koordination im Modus der negativen Koordination und iterativer Entscheidungsprozesse führt zur Dominanz inkrementalistischer Vorgehensweisen und verhindert weitergehende Reformschritte.
2. Um „große Sprünge" zu ermöglichen, kann zwar auf den Modus positiver Koordination umgeschaltet werden. Dies umgeht jedoch nicht das auch demokratietheoretische Problem, daß das Zusammenwirken von verwaltungsinternen Verhandlungen und der Netzwerkbezug der Abteilungen tendenziell zur Bevorzugung von Interessenlagen führt, die in den der Administration angelagerten Netzwerken oder durch Einfluß auf die personelle Besetzung „ihrer" Abteilung gut vertreten sind (Scharpf 1993).
3. Bezweifelt wird daher insgesamt, ob Mechanismen positiver Koordination hinreichen, um integratives staatliches Handeln im Sinne der Nachhaltigkeit zu ermöglichen oder gar sicherzustellen.

Alternativen/Optionen

1. Will man nicht das Prinzip der ressortbezogenen Aufgabenzuweisung prinzipiell in Frage stellen, was schwierige verfassungsrechtliche Fragen aufwerfen würde, käme zunächst eine Veränderung des Ressortzuschnitts in Frage, zum Beispiel durch Bildung eines Nachhaltigkeits-Superministeriums. Nachhaltigkeit ist jedoch dermaßen umfassend, daß eine hinreichend kompetente Bearbeitung der einzelnen Aspekte nicht auf das Prinzip der fachlich Kompetenten und damit ressortförmig organisierten Verwaltung verzichten kann.
2. Im Rahmen des Ressortprinzips wäre für „große Sprünge" in Richtung Nachhaltigkeit die Entscheidung erforderlich, Nachhaltigkeitsprobleme im Modus der positiven Koordination zu bearbeiten. Dies setzt eine entsprechende Thematisierung des Themas auf der Leitungsebene voraus - aufgrund des umfassenden Charakters von Nachhaltigkeit müßte dies regelmäßig die Chef-Ebene sein. Aufgrund der Probleme des hohen Aufwands und der Komplexität ist dieser Weg nur für ausgewählte Themen und Programminitiativen praktikabel.
3. Unterhalb dieser für die tägliche Routine zu aufwendigen Ebene können im Modus der negativen Koordination die Durchsetzungschancen nachhaltigkeitsorientierter Programminitiativen durch erhöhte Begründungspflicht für Veto-Optionen gestärkt werden, was jedoch ebenfalls verfassungsrechtliche Konflikte aufwerfen könnte.
4. Umgekehrt kann die Berücksichtigung von Nachhaltigkeitsbelangen im Modus der negativen Koordination durch obligatorische Beteiligung und durch Berichtspflichten gestärkt werden. Dies geschieht offenbar bereits zunehmend.
5. Schließlich sollte der Blick auf die der innerstaatlichen Koordination vorgelagerten Prozesse der Netzwerkbildung erweitert werden. Hier wäre der Ansatzpunkt, die Bedingungen zur Ausbildung von Netzwerkbeziehungen für schlecht organisierbare Nachhaltigkeitsinteressen zu verbessern. Daß der Staat sich seine Ansprechpartner in der Gesellschaft selbst schafft, ist im Bereich der Wirtschaftssteuerung ein durchaus übliches Vorgehen (Czada 1991; Lindberg/Campbell 1991). Dabei entsteht jedoch das Problem der Schwächung entgegenstehender Interessen und damit der Parteilichkeit eines solchen Vorgehens. Zudem ist fraglich, ob der Staat überhaupt Interessen schaffen oder nur deren allgemeine Artikulationsfähigkeit stärken kann. Zweckmäßig und legitim ist daher allenfalls die Verbesserung der Rahmenbedingungen für die Organisation und Artikulation nachhaltigkeitsorientierter Interessen, zum Beispiel durch ⇒ Stiftungstätigkeit.

Empfehlungen

Die Berücksichtigung von Nachhaltigkeitsbelangen in staatlichen Planungsabläufen sollte in eine allgemeine ⇒ Verwaltungsreform integriert werden. Wesentliche institutionelle Elemente wären nachhaltigkeitsorientierte Berichts- und Beteiligungspflichten.

Darüber hinaus sollten die Rahmenbedingungen für die Einbindung von gesellschaftlichen Akteuren, die sich für Nachhaltigkeitsbelange einsetzen, in die Netzwerke der Verwaltungseinheiten, der Fachbehörden und Ressorts, verbessert werden.

Literatur/Quellen

Czada, R. (1991): Regierung und Verwaltung als Organisatoren gesellschaftlicher Interessen. In: Hartwich, H.-H.; Wewer, G. (Hrsg.): Regieren in der Bundesrepublik Deutschland III. Systemsteuerung und „Staatskunst". Opladen

Lindberg, L.N.; Campbell, J.L. (1991): The State and the Organization of Economic Activity. In: Campbell, J.; Hollingsworth, R.J.; Lindberg, L.N. (Hrsg.): Governance of the American Economy. Cambridge

Mayntz, R.; Scharpf, F.W. (1975): Policy-Making in the German Federal Bureaucracy. Amsterdam

Scharpf, F.W. (1972): Komplexität als Schranke der politischen Planung. Politische Vierteljahresschrift, Sonderheft 4: Gesellschaftlicher Wandel und politische Innovation, 168-192

Scharpf, F.W. (1977): Does Organization Matter? Task Structure and Interaction in the Ministerial Bureaucracy. In: Organization and Adminstrative Sciences 8, 149-168

Scharpf, F.W. (1993): Positive und negative Koordination in Verhandlungssystemen. In: Héritier, A. (Hrsg.): Policy-Analyse. Kritik und Neuorientierug. PVS-Sonderheft 24. Opladen

11 Innovationsstrategien

Institutionelle Reformen einer Politik der Nachhaltigkeit stellen selbst ein umfassendes Innovationsprojekt dar. Neben technisch-ökonomischen Innovationen ist eine zukunftsfähige Gesellschaft insbesondere auf soziale und institutionelle Innovationen angewiesen, die ihre Entwicklungsfähigkeit in Richtung Nachhaltigkeit sicherstellen. Ein derart weites Innovationsverständnis (Minsch u.a. 1996: 2 ff.) bietet die Grundlage dafür, äußere Restriktionen zu überwinden, die eine Nachhaltige Entwicklung heute noch blockieren. Die Breite des Innovationsbegriffes sowie die unterschiedlichen Formen von Innovationsanreizen führen in der Studie zu fünf Substrategien der Innovationsförderung.

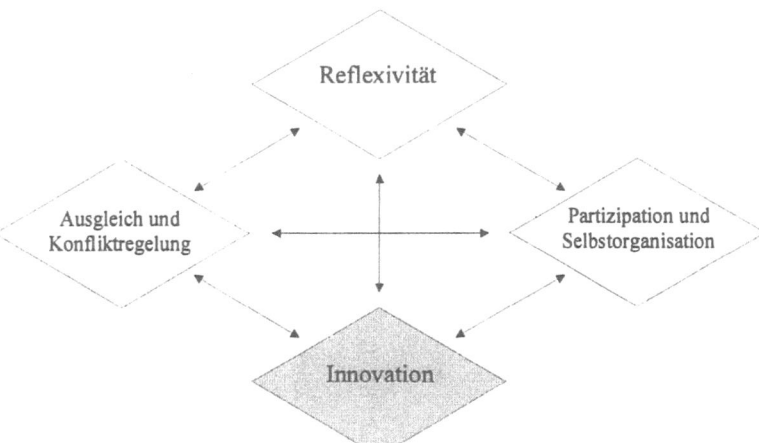

Internalisierungsstrategien zielen darauf ab, heute externalisierte ökologische und soziale Effekte in die Handlungskalküle der Akteure einzubeziehen. Insbesondere eine Nachhaltige Finanzreform und eine entsprechende Ausgestaltung des Haftungsrechtes leisten hier wichtige Beiträge.

Kooperations- und Integrationsstrategien mobilisieren das innovative Potential von Innovationskooperationen. Die moderne Kooperationsforschung sensibilisiert dafür, wie wichtig Akteurskooperationen für die Innovationsentwicklung sind.

Informationsstrategien dienen nicht ausschließlich einer höheren Reflexivität von Akteuren, sondern können unmittelbar Innovationsimpulse auslösen, beispielsweise wenn sie als Rankings oder als Systeme der kontinuierlichen Verbesserung ausgelegt sind.

Strategien des institutionellen Wettbewerbs sind ein Weg zur Förderung sozialer Innovationen, indem unterschiedliche institutionelle Designs die Möglichkeit erhalten, ihre Überlegenheit im unmittelbaren Wettbewerb zu beweisen, z.B. zwischen Gebietskörperschaften.

Förderstrategien zielen schließlich auf die unmittelbare Förderung ganz konkreter Innovationen durch die Bereitstellung von finanziellen Mitteln.

Die vorgestellten Innovationsstrategien sind zum großen Teil komplementär und entfalten ihr Potential gerade in der Kombination der unterschiedlichen Strategien.

11.1
Internalisierungsstrategien

Umfaßt die Institutionen:

1. Haftungsrecht
2. Nachhaltigkeitsorientierte Finanzordnung
3. Dynamisierung im Umweltrecht

11.1.1
Haftungsrecht

Hauptstoßrichtung: Innovation, Ausgleich und Konfliktregelung

Ausgangslage

Das Haftungsrecht ist ein zentrales Element im institutionellen Rahmen einer marktwirtschaftlichen Ordnung. Insofern ist es eine etablierte Institution, die neuerdings im Hinblick auf die Umweltfrage im Rahmen des neuen deutschen Umwelthaftungsgesetzes von 1991 weiterentwickelt und spezifiziert wurde. Es kann also von der generellen Einsicht in die Notwendigkeit und in die Funktion des Haftungsrechts als Instrument der Umweltpolitik ausgegangen werden. Konfrontiert man es mit den Erkenntnissen und Empfehlungen der ökonomischen Analyse des Rechts (Endres 1991 und Kirchgässner/Vallender 1994), dann offenbaren sich einige wichtige weiterführende Fragen und Problembereiche, die Ansatzpunkte für eine weitere Perfektionierung des Umwelthaftungsrecht darstellen können.

Zuerst sei jedoch aus ökonomischer Sicht die umweltpolitisch wichtige doppelte Funktion des Haftungsrechts in Erinnerung gerufen: Es ist dies einerseits die Lösung der *Verteilungsfrage* im Falle bereits entstandener Schäden und andererseits die *allokative Funktion*, das heißt, im Sinne des präventiven Umweltschutzes sind Anreize zu setzen, damit solche Schäden so selten wie möglich auftreten. Diese letztere Funktion macht das Haftungsrecht insbesondere auch im Hinblick auf eine nachhaltige Entwicklung wichtig. Außerdem kann das Haftungsrecht als marktwirtschaftliches Instrument des Umweltschutzes charakterisiert werden, näherhin: des privatrechtlichen Umweltschutzes. Im Gegensatz zu den bekannten marktwirtschaftlichen Instumenten wie beispielsweise Umweltabgaben oder Umweltlizenzen, die im Dienste des öffentlichrechtlichen Umweltschutzes stehen und ein Aktivwerden einer hoheitlichen umweltpolitischen Instanz im Sinne eines (wenngleich im Einzelfall marktkonformen) Eingriffs erforderlich machen, kann sich im Falle des Haftungsrechts die Umweltpolitik auf die Rolle einer Regeln setzenden Instanz zurückziehen. Insofern beinhaltet dieser privatrechtliche Zugang zum Umweltschutz ein erwünschtes Entlastungspotential für die staatliche Umweltpolitik.

Probleme/Herausforderungen

Neben diesen Vorzügen birgt das Haftungsrecht grundsätzlich und in bezug auf die konkrete Ausgestaltung als umweltpolitisches Instrument auch gewisse Probleme. Zuerst zu einem grundsätzlichen, dann zu einigen ausgewählten Aspekten der Ausgestaltung: Die haftungsrechtliche Ausgestaltung des Umweltschutzes ist ein *„Spiel unter Anwesenden".* Das Haftungsrecht hat demnach einen blinden Flecken. Wenn auch unter Nachhaltigkeitsaspekten die präventive Anreizwirkung des Haftungsrechts bedeutsam ist, so muß doch spezifiziert werden: Es besteht der Anreiz, keine Schäden entstehen zu lassen, die via Haftungsrecht sanktioniert werden können! Dies aber heißt auch, daß langfristige Überlegungen, die z.B die Interessen der zukünftigen Generationen betreffen, systematisch im Kalkül der potentiellen Schädiger nur dann eine Rolle spielen, wenn die potentielle Klage zeitlich den Schädiger/die Schädigerin noch „erreichen" kann. Damit fallen Handlungen, deren schädigende Auswirkungen erst in der langen Frist manifest werden, aus dem Wirkungsbereich des Haftungsrechts. Die Prävention in diesem Bereich bleibt genuine Aufgabe des öffentlich-rechtlichen Umweltschutzes, will man nicht durch Einrichtung vorgelagerter ökologischer Rechtsgüter schon heutigen Schädigungen haftungsrechtliche Relevanz zusprechen.

Bei Gefährdungen andererseits, die sich kurzfristig in *Großereignissen* manifestieren können und die langfristige schädliche Wirkungen entfalten, kann das Haftungsrecht auch aus Nachhaltigkeitsgesichtspunkten eine bedeutende präventive Anreizfunktion ausüben. Diese wird allerdings dann teilweise wiederum rückgängig gemacht, wenn die rechtliche Ordnung *Haftungsbegrenzungen* vorsieht, was den erwarteten zu tragenden Schaden verringert und das Kalkül des potentiellen Schädigers beeinflußt, in ökonomischer Terminologie: verzerrt. Es besteht der systematische Anreiz, Risiken in Größenordnungen einzugehen, wie es unter den Bedingungen unbegrenzter Haftung nicht möglich wäre - also unter marktlichen Bedingungen, denn Haftungsbegrenzungen stellen im Grunde eine Externalisierung von Risikofolgen dar! In den Bereichen Chemie, Transport von gefährlichen Gütern, neue Organismen bzw. Gentechnik und Kernkraft wird diese Problematik besonders deutlich.

Ein weiterer wichtiger Aspekt ist die Versicherungsfrage. Werden die Schäden versichert, so endet die Haftung nicht an der Vermögensgrenze des/der Versicherten. Dies ist umweltpolitisch grundsätzlich positiv zu bewerten. Denn eine Versicherung, die in einer solchen Höhe abgeschlossen wird, daß die möglichen Schäden tatsächlich unbegrenzt ersetzt werden können, hat entsprechend hohe Prämien zur Folge mit den umweltpolitisch erwünschten - und marktlich korrekten - Auswirkungen auf die Produktpreise. Infolge der principal-agent-Konstellation zwischen Versicherungsgesellschaft und Versicherten besteht jedoch eine prinzipielle Informationsasymmetrie zuungunsten der Versicherungsgesellschaft, so daß in vielen Fällen keine verursacherorientierten Prämien möglich sind. Sind jedoch die Prämie und die Zahlungsverpflichtung der Versicherung unabhängig von der Sorgfalt des potentiellen Schädigers, dann hat dieser keinen bzw. nur einen geringeren Anreiz, Vermeidungskosten auf sich zu nehmen. Die daraus resultierende sogenannte *moral-hazard-Problematik* führt zur Tendenz bei den Versicherungsnehmern, Risiken einzugehen, die über den verhandelten liegen.

Ein weiterer wichtiger Aspekt der konkreten Ausgestaltung ist die Unterscheidung zwischen *Gefährdungs- und Verschuldenshaftung*. Bei der Verschuldenshaftung muß der Schädiger dann für den entstandenen Schaden haften, wenn er die Sorgfaltspflichten verletzt hat, die vom Gesetzgeber oder von den Gerichten verlangt werden. Bei der Gefährdungshaftung hingegen haftet er für von ihm verursachte Schäden immer; Schadenminderungs- oder -ausschließungsmöglichkeiten bestehen nur bei einem gleichzeitigen Sorgfaltsverstoß des Geschädigten. Hypothetisch würden beide Haftungsarten zum gleichen (aus umweltpolitischer Sicht unmittelbar interessierenden) allokativen Ergebnis führen, wenn die Sorgfaltsniveaus in „optimaler" Weise festgelegt werden, das heißt so, daß die gesellschaftlichen Kosten minimiert würden (Kirchgässner, 1995: 285). Neben anderen Voraussetzungen würde dies bedingen, daß den öffentlichen Entscheidungsträgern die Sorgfaltsmöglichkeiten der beteiligten Parteien bekannt sind, was in aller Regel, insbesondere natürlich im Falle von Umweltschäden, nicht der Fall ist. Dies gilt bei Störfällen und meistens auch dann, wenn im behördlich genehmigten Normalbetrieb Schadstoff in die Umwelt abgegeben werden. In solchen Situationen ist die Gefährdungshaftung der Verschuldenshaftung überlegen. Aus der Rechtsprechung zur Produkthaftung ist im übrigen bekannt, daß sich durch eine Erhöhung der Sorgfaltspflichtsanforderungen, verbunden mit einer Beweislastumkehr, im Ergebnis eine Art von Gefährdungshaftung entwickeln kann.

Aufgrund der hohen Komplexität ökologischer Problemlagen sei schließlich auf die *Kausalitätsproblematik* hingewiesen. Kausalbeweisführungen, d.h. das Aufzeigen von Ursache-Wirkungs-Zusammenhängen, sind bei Umweltproblemen in jener Exaktheit prinzipiell unmöglich, wie sie im gegenwärtigen politischen Diskurs gewünscht und von der Rechtsprechung noch verlangt wird. Zentrale ökologische Probleme bleiben unter diesen institutionellen Bedingungen gewissermassen „*institutionell unsichtbar*" (Minsch 1988) und können somit einer haftungsrechtlichen Lösung nicht zugeführt werden.

Alternativen/Optionen

Aus den obigen Erläuterungen ergeben sich zahlreiche Reformansätze für ein Haftungsrecht im Dienst der Nachhaltigkeit. Stichwortartig zusammengestellt sind dies:

- Das Haftungsrecht stellt für den Aufbau nachhaltiger Rahmenbedingungen eine wichtige Institution dar. Selbstverständlich kann es jedoch kein Ersatz für andere Institutionen einer Politik der Nachhaltigkeit sein (Führ 1993: 109). Öffentlich-rechtlicher Umweltschutz bleibt unverzichtbar. Insbesondere braucht es Institutionen, die die Interessen zukünftiger Generationen vertreten (wie zum Beispiel Nachhaltigkeitsausschuss und Nachhaltigkeitsrat, nachhaltigkeitsorientierte Finanzordnung - vgl. die Ausführungen zu den entsprechenden Institutionen). Dagegen ist das Haftungsrecht geeignet, die Umweltpolitik im engeren Sinne in gewissem Maße zu entlasten.

- Primäre Haftungsart im Bereich der Umweltpolitik sollte die *Gefährdungshaftung* sein. Auf diese Weise hätte der/die Verursacher/in einen Anreiz, Sorgfalt über ein festgelegtes Sorgfaltsmaß hinaus walten zu lassen und zweitens verstärkt Forschungsanstrengungen zur permanenten Minimierung von Risiken zu betreiben (Führ 1993: 104).
- Zu tiefe bzw. nicht nachhaltige *Haftungsobergrenzen* sollten *aufgehoben* werden, um somit die systematischen Anreize zu vermindern, sehr hohe bzw. nicht tragbare Risiken einzugehen.
- Die *Versicherungsprämien* könnten näher auf den Verursacher zugeschnitten sein, indem sie in Abhängigkeit von den Vermeidungsanstrengungen berechnet werden und Selbstbehaltsklauseln vorsehen.
- Um die Effektivität des Haftungsrechts zu erhöhen, könnten Beweiserleichterungen eingeführt werden zum Beispiel indem der *Kausalitätsbegriff* für komplexe Umweltprobleme neu definiert wird. Bei realisierten Problemen wäre von *epidemiologisch-statistischen Wahrscheinlichkeitsaussagen* auszugehen, bei potentiellen Problemen stehen *modelltheoretische Wahrscheinlichkeiten* zu Gebote (Minsch 1988). So wurde zum Beispiel in Japan bei Umwelthaftungsfällen ein epidemiologisch-statistischer Kausalitätsnachweis anerkannt, was unter anderem Ursache für eine stärkere Stellung der Kläger war (Führ 1993: 105). Schließlich können auch verschiedene Varianten einer Umkehr der Beweislast in Betracht gezogen werden.
- Darüber hinaus wäre zu prüfen, inwieweit im deutschen Recht eine *Kreditgeberhaftung* (lenders liability) nach US-amerikanischem Vorbild eingeführt werden kann. Danach wäre in bestimmten Fällen für Umweltschäden auch der Kreditgeber haftbar zu machen, was insbesondere die Banken betreffen würde (Führ 1993: 119ff.). Eine Kreditgeberhaftung könnte dahin wirken, daß die Kreditgeber verstärkt die Tätigkeiten des Kreditnehmers auf ihre Umweltverträglichkeit hin untersuchen und, vermittels ihrer Marktmacht, entsprechende Ökologisierungsanstrengungen veranlassen. Ein Problem ist die mögliche Rechtsunklarheit bezüglich des Umfangs einer potentiellen Haftung (Führ 1993: 120).
- Unter Zugrundelegung der im deutschen Rechtssystem vorhandenen und teilweise bewährten Modelle könnten allerdings schuldrechtliche Instrumente einen vergleichbaren Effekt erzielen. Dies gilt zunächst für die Verpflichtung zur Gründung von Haftungspools, zweitens die Einforderung entsprechend umfangreicher Versicherungsnachweise, drittens schließlich die alternative Beibringung von Bürgschaften oder Schuldbeitrittserklärungen potenter Kreditgeber. All dies würde gewisse Rückgriffsmöglichkeiten in Fällen insolventer primärer Haftungsschuldner gewährleisten.

Empfehlungen

- Die generelle Einführung der Gefährdungshaftung im Rahmen des neuen Umwelthaftungsrechts ist als wichtige Errungenschaft zu würdigen - die Haftung bezieht sich nur auf Schäden, die einzelnen Personen entstehen; ökologische Schäden werden nur insofern erfaßt, als sie Schäden an einer Sache im Besitz einer Person sind.
- Problematisch sind die niedrigen *Haftungshöchstgrenzen*; sie betragen heute 160 Mio. DM (Kirchgässner, 1995: 289).
- Für Störfälle findet eine *Umkehr der Beweislast* statt, falls 'eine Anlage nach den Gegebenheiten des Einzelfalles geeignet ist', 'den entstandenen Schaden zu verursachen' (§ 6 Abs. 1 UmweltHG). Dies gilt allerdings nicht für den behördlich genehmigten Normalbetrieb, soweit dort alle entsprechenden Vorschriften eingehalten wurden. Bei einem Störfall kann die Kausalitätsvermutung dadurch widerlegt werden, daß der potentielle Schädiger aufzeigt, daß 'ein anderer Umstand nach den Gegebenheiten des Einzelfalls geeignet ist, den Schaden zu verursachen (§ 7. Abs. 1 u. 2). Unter diesen Bedingungen hat daher der Geschädigte den Nachweis zu führen. Im Falle einer begründeten Vermutung steht ihm allerdings ein Auskunftsanspruch sowohl gegenüber dem Inhaber einer Anlage (§ 8) als auch gegenüber den verantwortlichen Behörden (§9) zu, soweit dem nicht andere gesetzliche Grundlagen entgegenstehen (Kirchgässner, 1995: 289). Problematisch ist die Begrenzung der Beweislastumkehr auf Störfälle, ferner ihre fehlende Anwendbarkeit unter den oben erwähnten Bedingungen. Bezüglich letzterem sind die relevanten Formulierungen allerdings relativ offen. Sie gewähren der Rechtsprechung einen erheblichen Spielraum, so daß sich erst bei der Anwendung dieses Gesetzes bzw. wenn die entsprechenden höchstrichterlichen Entscheidungen ergangen sind, die diesen Spielraum ausfüllen, zeigen wird, „ob dieses Gesetz ein 'spitzes' oder ein 'stumpfes' Instrument zum Schutz der Umwelt darstellt" (Kirchgässner, 1995: 289).

Literatur/Quellen

Eberhardt, A. (1996): Umweltschutz als Integrationsaufgabe. Ein Leitfaden für Verwaltung, Politik und Wirtschaft. Bonn

Endres, A. (1991): Ökonomische Grundlagen des Haftungsrechts. Heidelberg

Endres, A. (1992): Umwelthaftung zur Harmonisierung von unternehmerischer Risikopolitik und Internalisierung externer Effekte. In: Wagner, G.R.: Ökonomische Risiken und Umweltschutz, München

Führ, M. (1993): Ansätze für proaktive Strategien zur Vermeidung von Umweltbelastungen im internationalen Vergleich. Fulda

Kirchgässner G.; Vallender, K.A. (1994): Zum Vergleich des schweizerischen mit dem deutschen Umwelthaftungsrecht. (Vortrag im Rahmen der Umweltrechtstage NRW über „Umwelthaftung aus juristischer und ökonomischer Sicht", Düsseldorf, 20./21.10.1993, revidierte schriftliche Fassung St. Gallen)

Kirchgässner, G. (1995): Umwelthaftung. In: Junkernheinrich, M.; Klemmer, P.; Wagner, G.R. (Hrsg.): Handbuch zur Umweltökonomie. Berlin
Minsch, J. (1988): Ursache und Verursacherprinzip im Umweltbereich. Zur theoretischen Fundierung einer verursacherorientierten Umweltpolitik. St. Gallen

11.1.2
Nachhaltigkeitsorientierte Finanzordnung

Hauptstoßrichtung: Innovation, Reflexivität, Ausgleich und Konfliktregelung

Ausgangslage und Probleme/Herausforderungen

Die Idee, individuelles Verhalten durch die Erhebung einer staatlichen Abgabe zu verändern, geht auf *Pigou* anfangs dieses Jahrhunderts zurück. Angesichts der ökologischen Krise wurde diese Idee wieder aufgegriffen und als eine Besteuerung des Produktionsfaktors „Natur" zur Diskussion gestellt bei gleichzeitiger Entlastung des Produktionsfaktors „Arbeit". Dieser Vorschlag stammt ursprünglich von Binswanger/Frisch/Nutzinger (1983) und wurde unter der Bezeichnung ökologische Steuerreform zwischenzeitlich konkretisierend weiterentwickelt (vgl. beispielsweise Teufel 1988 und 1989; Nutzinger/Zahrnt 1989; Mauch/Iten/von Weizsäcker/Jesinghaus 1992).

Diese Idee löste in der Wirtschaft und in der Politik einen bis heute nicht abgeschlossenen Diskussions- und Lernprozeß aus. Inzwischen wird nicht mehr nur über die Erhebung neuer Steuern diskutiert, sondern darüber hinaus über eine weitergehende nachhaltigkeitsorientierte Finanzreform. Diese umfaßt auch die Aufhebung von ökologisch und sozial - vor allem beschäftigungspolitisch kontraproduktiven „Subventionen" und Privilegien und zielt auf eine Erhöhung der Wettbewerbsfähigkeit der Unternehmen. Aus ökologischer Sicht wird dabei der Subventionsbegriff allerdings unterschiedlich weit gefaßt und beinhaltet in seiner stärksten Variante jegliche Subventionierung eines übermäßigen Ressourcenverzehrs (Minsch u.a. 1996: 207ff).

Angesichts der Fülle von Reformvorschlägen und der Literatur, soll hier auf die Ausarbeitung eines eigenständigen Vorschlages zu einer „nachhaltigkeitsorientierten Finanz(neu)ordnung" verzichtet werden. Vielmehr werden einige zentrale Probleme und Argumente, die die Ausgestaltung und politische Durchsetzbarkeit eines solchen Vorhabens betreffen, beleuchtet und auf diesen Überlegungen aufbauend Empfehlungen für die Inangriffnahme eines solchen Vorhabens in der Bundesrepublik Deutschland abgegeben. Entsprechend der thematischen Vorgabe beschränken sich die folgenden Passagen auf die ökologischen Aspekte dieser Finanzordnung.

Alternativen/Optionen

Abbau von Subventionen und weiterer „nichtmarktlicher Privilegien": Es gibt
gute Gründe, insbesondere die Aufrechterhaltung der Wettbewerbsfähigkeit der
Wirtschaft und die Schaffung eines ausgeglichenen Budgets, um primär Ausgaben
zu senken und nicht Steuererhöhungen anzustreben. Dieses Ansinnen kann mit
ökologischen Strategien sinnvoll verknüpft werden. Konkret geht es um Subventionsabbau, Finanzausgleich und Privatisierungen. Die politische Umsetzung
solcher Forderungen wird zwar schwierig, sobald die Vorschläge im Detail vorliegen. Daß eine Umsetzung dennoch möglich ist, zeigt ein Beispiel aus der
Schweiz:
Angesichts leerer Bundeskassen modifizierte der Gesetzgeber 1987 im *Gewäs-
serschutzgesetz* die Subventionsbestimmung. Für Bau und Unterhalt von Abwas-
serhauptsammelkanälen entfallen fortan Bundesbeiträge. Abgeltungen für Leitun-
gen und Anlagen zur Beseitigung oder Verwertung fester Abfälle werden nur
noch an finanziell mittelstarke und schwache Kantone geleistet. Insgesamt konnten so die Beiträge im Vergleich zu 1986 um ein Drittel reduziert werden. Die
Aufhebung der Subventionen in diesen staatlich dominierten Aufgabenbereichen
zwang die Betreiber dazu, für die gleichen Entsorgungsleistungen höhere, nunmehr verursachergerechte Gebühren zu erheben.
Zur Identifizierung weiterer Möglichkeiten zum Subventionsabbau ist die Interpretation des Subventionsbegriffes von entscheidender Bedeutung. Berücksichtigt man auch indirekte „Subventionen", die durch den Verzicht auf Einnahmen
oder die Erteilung besonderer Privilegien entstehen, so fallen darunter bspw. auch
die Mineralölsteuerbefreiung für die Luftfahrt oder die Abzugsmöglichkeit einer
Fahrtkostenpauschale in der Steuerrechnung (Huckestein 1996: 398, Minsch u.a.
1996: 207ff)

1. *Abbau ökologisch kontraproduktiver Subventionen*: Eine konsequente nachhaltigkeitsorientierte Wirtschaftspolitik zielt letztlich auf den Abbau von ökologisch kontraproduktiven Subventionen *in allen Bereichen der Ökologischen
   Grobsteuerung*. Auch hier kann ein zweifaches erreicht werden: erstens eine
   substantielle Entlastung des öffentlichen Budgets und zweitens das Setzen wir-
   kungsvoller Anreize in Richtung Nachhaltige Entwicklung. Der „Suchbereich"
   für solche Strategien umfaßt prinzipiell alle Grobsteuerungsbereiche, vor allem
   aber:

   - die Energiepolitik (insbesondere Elektrizität)
   - die Material- beziehungsweise Ressourcenpolitik (insbesondere Abfall)
   - die Verkehrspolitik (inkl. Infrastrukturpolitik)

   Grundsätzlich geht es darum, diese Grobsteuerungsbereiche nach ökologisch
   problematischen Subventionen zu durchforsten und deren Streichung zu diskutieren. Wenn dann entsprechende Mittel eingespart werden, können diese unmittelbar *an die Bevölkerung* weitergegeben werden, zum Beispiel über eine
   Reduktion der direkten Steuern oder über eine Reduktion der Lohnnebenko-

sten. Eine weitere wichtige Möglichkeit bestünde aber auch darin, die eingesparten Mittel, zumindest zum Teil, zur Abfederung sozial- und regionalpolitischer Härtefälle zu verwenden.

2. *Abbau ökologisch kontraproduktiver Steuer-, Zoll- und Haftungsprivilegien:*
Schwieriger greifbar sind jene Vergünstigungen oder Privilegien, die ausgewählten Akteuren gewährt werden und sich nicht in effektiven staatlichen Ausgaben äußern, sondern in einem Verzicht von Einnahmen. Auch diese versteckte Spielart einer Subvention verbilligt bestimmte Prozesse und/oder Produkte relativ zu anderen, nichtprivilegierten Prozessen und Produkten, die ökologisch möglicherweise günstiger zu bewerten wären. Als primäres Suchraster seien auch hier die Grobsteuerungsbereiche empfohlen, insbesondere:

- die Energiepolitik
- die Material- bzw. Ressourcenpolitik
- die Mobilitätspolitik und
- die Politik der „Risikoübernahmegarantie ".

Ökologisch äußerst problematisch - und ökonomisch innerhalb einer Marktwirtschaft nicht zu begründen - ist beispielsweise der Verzicht auf eine Besteuerung der Treibstoffe im Luftverkehr und bei landwirtschaftlichen Fahrzeugen (vgl. die Übersicht bei Huckestein 1996: 389). Ein weiteres sowohl den Postulaten der Nachhaltigen Entwicklung als auch den Prinzipien der Marktwirtschaft widersprechendes Privileg sind die Haftungsobergrenzen (Obergrenzen des zu versichernden Schadens) bei bestimmten großtechnologischen Produktionsverfahren, zum Beispiel bei der Kernenergie (Minsch u.a. 1996: 118ff.).

3. *Gefahr der Problemverschiebung:* Der Abbau von Subventionen und Steuer-, Zoll- und Haftungsprivilegien macht ökonomisch und ökologisch grundsätzlich Sinn. Teillösungen dürfen aber nicht zu Problemverschiebungen führen. Werden lediglich einzelne Subventionen abgebaut, ändern sich die relativen Preise der einzelnen Güter. Damit besteht für die Konsumentinnen und Konsumenten der Anreiz, von den durch Subventionsabbau nunmehr teurer gewordenen Gütern oder Diensten auf billigere Substitutionsgüter auszuweichen. Ob damit tatsächlich die umweltverträglicheren Güter die ökologisch problematischeren verdrängen, ist beim Vorliegen negativer externer ökologischer Effekte unbestimmt. Externe Effekte - beziehungsweise in Geldwerten ausgedrückt: externe Kosten - stellen ebenfalls eine Art von Subventionen dar. Die geschädigten Akteure heute oder - bei Langzeitschäden wie beispielsweise beim „Treibhauseffekt" - die zukünftigen Generationen subventionieren gewissermaßen die schädigenden Aktivitäten. Wie bei Subventionen sind die Produkte zu billig, folglich werden sie stärker genutzt, als es wirtschaftlich effizient wäre.

Damit wird klar: Werden nur die „offiziellen" Subventionen abgebaut, also jene, die unmittelbar mit budgetrelevanten Geldzahlungen verbunden sind, externe Kosten (bisweilen auch „Schattensubventionen" genannt) jedoch vernachlässigt, dann bleibt der ökologische Nutzen der ausgelösten wirtschaftlichen Anpassungsreaktionen fraglich. Oftmals ist gar mit einer ökologischen Verschlechterung zu rechnen. Zu gleichen Schlußfolgerungen gelangt man bei einem Abbau von Steuer-, Zoll- und Haftungsprivilegien, der die Externalitätenfrage nicht berücksichtigt.

Die Gefahr solcher Problemverschiebungen ist jedoch kein Argument gegen den Abbau ökologisch bedenklicher Subventionen und Privilegien. Gefordert werden muß vielmehr, daß ihr Abbau mit der Beseitigung der „Schattensubventionen" (ökologisch negativen Externalitäten) einher geht.

Nachhaltigkeitsorientierte Steuerreform in der Kontroverse: Die *ökologische Problematik* hat sich insgesamt weiterhin verschärft. Daßelbe gilt für die *Beschäftigungslosigkeit*, die heute dramatische Formen angenommen hat (vgl. Kapitel 3.3). Empirische Untersuchungen zeigen, daß nicht nur im Industriesektor (wie seit einiger Zeit schon), sondern zunehmend auch im Dienstleistungssektor das *Wirtschaftswachstum beschäftigungsunwirksam verläuft* („jobless growth"). Verschärft wird das Problem durch den wirtschaftlichen Globalisierungsprozeß. Die Arbeitslosigkeit ist deshalb weiterhin - und zunehmend - eine *der* großen wirtschaftspolitischen Herausforderungen unserer Zeit. Zunehmende Arbeitslosigkeit ist sozial-, wirtschaftspolitisch und insbesondere auch finanzpolitisch nicht zu verkraften, denn eine auf dem Wege der traditionellen Mittelbeschaffung (vornehmlich über Lohnnebenkosten) nicht mehr zu finanzierende Arbeitslosenversicherung zwingt am Ende zum Rückgriff auf staatliche Steuermittel oder zur Reduktion des Versicherungsschutzes. Beides ist in größerem Umfange nicht machbar.

1. *Energie verteuern - Arbeit entlasten!* Um die Chancen der Arbeit als Produktionsfaktor im Wirtschaftsprozeß abzuschätzen, ist es wichtig, die tatsächlichen Arbeitskosten zu kennen. Diese setzen sich aus den Direktentgelten (welche annäherungsweise den Reallöhnen entsprechen) und den Lohnnebenkosten zusammen. Seit Mitte der achziger Jahre ist ein stärkeres Wachstum der Arbeitsproduktivität (Wertschöpfung über Beschäftigung) als der Reallöhne festzustellen. Berücksichtigt man, daß sich die Arbeitsproduktivität sowohl bei Entlassungen als auch bei tatsächlichen Produktivitätsfortschritten der arbeitenden Menschen erhöht, so kommt man zum Schluß, daß die steigenden Reallöhne ein wesentlicher Grund für die Erhöhung des Indikators Arbeitsproduktivität gewesen sein dürften (und nicht umgekehrt): Sie erzwangen Rationalisierungsinvestitionen mit entsprechenden Entlassungen (BIZ 1994: 25f).

Beschäftigungspolitisch bedeutsam sind jedoch die effektiven Arbeitskosten, weshalb auch die Lohnnebenkosten zu berücksichtigen sind. Die gesamten Arbeitskosten sind demnach stärker gestiegen, als es der Anstieg der Reallöhne vermuten läßt. Da die Beiträge für Altersvorsorge und Arbeitslosenunterstützung häufig über Lohnprozente direkt dem Faktor Arbeit angelastet werden und ein Teil dieser Abgaben, wie dies meist der Fall ist, von den Arbeitgebern bezahlt werden muß, wird durch diese Finanzierungsart der Faktor Arbeit systematisch verteuert. Der Einsatz des Faktors Arbeit wird für die Unternehmen damit - insbesondere auch im bisher boomenden Dienstleistungsbereich - zusehends unattraktiv.

Der im Vergleich zu den Löhnen nur geringe Anstieg der Energiepreise führte zu einer wesentlich geringeren Erhöhung der Energieproduktivität im Vergleich zur Arbeitsproduktivität (vgl. Binswanger 1994 in einer Untersuchung für die Schweiz). Die plötzlichen starken Erhöhungen der Erdölpreise in den siebziger Jahren drosselten deutlich, allerdings nur vorübergehend, den Erdölverbrauch. Der Preis für Elektrizität, ein von staatlichen Monopolbetrieben vornehmlich nach politischen Kriterien gesetzter Preis, ist seit 1970 real mehr oder weniger konstant geblieben. Dies führte zwischen 1978 und 1986 zu einer relativen Verbilligung der Elektrizität gegenüber Heizöl und Industriegas. Diese relative Verbilligung der Elektrizität dürfte wesentlich zum starken Anstieg des Elektrizitätsverbrauchs beigetragen haben. Seit Mitte der achtziger Jahre hat der Energieverbrauch insgesamt wieder zugenommen.

Die bisherigen Ausführungen zeigen, daß bis heute die Erhöhung der Arbeitsproduktivität gegenüber der Erhöhung der Energieproduktivität eindeutig Vorrang hatte - sowohl beschäftigungspolitisch wie umweltpolitisch ein Weg in die falsche Richtung! Die Strategieempfehlung lautet daher: Die Energie verteuern und gleichzeitig die finanzielle Belastung der Arbeit reduzieren.

Im Zusammenhang mit dem Subventionsabbau wurde auf die Gefahr der *Problemverschiebung* hingewiesen und damit auf die Notwendigkeit, gleichzeitig mit dem Abbau von Subventionen die „Schattensubventionen" (externe ökologische Effekte) zu beseitigen. Dabei wäre es verfehlt, in eine „end-of-pipe-Politik" der „Feinsteuerung" zurückzufallen. Im Sinne der Ökologischen Grobsteuerung gilt es, einen auch tatsächlich praktikablen Weg einzuschlagen, d.h. sich auf wenige, ökologisch zentrale Faktoren zu konzentrieren. Dies ist gleichzeitig auch ein Funktionserfordernis der ökologischen Steuerreform: Ihre Sache ist ebenfalls nicht die Feinsteuerung, sondern die Konzentration auf die Größe, die den Produktionsfaktor Natur möglichst gut „repräsentiert": die Energie. Daraus folgt: Die Energiesteuer entspricht der Vorgabe einer Grobsteuerungs-Strategie zum Abbau der „Schattensubventionen".

Von den verschiedenen Vorschlägen zu einer ökologischen Steuerreform (vgl. Nutzinger/Zahrnt 1989, Hohmeyer 1995 oder Schlegelmilch 1996 für einen Überblick) sei hier nur auf solche Bezug genommen, die obiges Postulat - Energie verteuern und Arbeit entlasten - unmittelbar aufnehmen: Eine Energiesteuer, die gleichzeitig die Kosten des Produktionsfaktors Arbeit reduziert. Dabei referieren diese Studien ausschließlich die wissenschaftlich dokumentierten Konzeptionen. Die zahlreichen Modifikationen und Kombinationen von Ansätzen die sich in den derzeitigen politischen Entwürfen aus Parteien und Ministerien in Deutschland finden, bleiben außer Acht.

2. *Eckpunkte einer Ausgestaltung*: Seit 1991 sind einige interessante Vorschläge für die Ausgestaltung ökologischer Steuern oder gar nachhaltigkeitsorientierter Finanzreformen mit dem Fokus auf Energiebesteuerung und Entlastung bei der

Arbeit erarbeitet worden (Kommission der Europäischen Gemeinschaften (Kommission 1991), Deutsches Institut für Wirtschaftsforschung (DIW 1994) und Förderverein ökologische Steuerreform (FÖS 1994); alle zitiert nach einem Vergleich in Koschel/Weinreich 1995 sowie FÖS (1996) und die bereits realisierten Öko-Steuer-Konzepte in Dänemark (Danish Ministry 1995) und den Niederlanden (Ministry 1996); alle zitiert nach einem Vergleich in Schlegelmilch 1996). Im Laufe der Argumentation wird verschiedentlich exemplarisch auf eine neue Gleichgewichtsanalyse für die Schweiz verwiesen werden (Meyer zu Himmern 1997), wobei die Frage Übertragbarkeit auf die Bundesrepublik Deutschland mit ihrer anderen Wirtschaftsstruktur zu beachten ist. Nachfolgend sollen zusammenfassend die wichtigsten Eckpunkte der verschiedenen Vorschläge skizziert werden:

- Besteuerungsgrundlage

  - Im Zentrum steht zumeist eine Steuer auf Primärenergieträger (Erdgas, Steinkohle, Braunkohle) und/oder Sekundärenergieträger unter Ausschluß einer Doppelbesteuerung, mit entsprechenden Differenzierungen des Steuersatzes. (Kommission 1991, DIW 1994, FÖS 1994/1996, Ministry 1996).
  - Eine Besteuerung regenerativer Energieträger ist meist nicht vorgesehen.
  - Einzelne Vorschläge sehen sogar flankierende Steuern vor, z.B. Danish Ministry (1995): chlorhaltige Lösungsmittel, Nickel-Cadmium-Batterien, Verpackungen und Wasser).
  - Praktisch in allen Vorschlägen wird die Steuer über einen bestimmten Zeitraum hinweg von einem relativ geringen Steuersatz (zum Beispiel 9 DM pro Gigajoule) ausgehend kontinuierlich angehoben (zum Beispiel 5-7% pro Jahr) um Anpassungsleistungen zu vereinfachen (FÖS 1994/1995, DIW 1994, Ministry 1996, Danish Ministry 1995).
  - Mit der Besteuerung können angestrebt werden:

    - ein Mengenreduktionsziel, z.B. 10% Reduktion des Energieverbrauchs
    - ein Finanzierungsziel, z.B. die vollständige Finanzierung oder eine bestimmte Teilfinanzierung der Arbeitgeberbeiträge an die Altersvorsorge durch die Energiesteuer

- Rückerstattung, Entlastung

  - Ein allgemein akzeptiertes Erfordernis, das sich in durchwegs allen Vorschlägen wiederfindet ist die Aufkommensneutralität der Steuer. Die Staatsquote darf nicht tangiert werden, da die Politik ansonsten an Glaubwürdigkeit und Akzeptanz verlöre (Koschel/Weinreich 1995: 22ff.).

- Ursprünglich wurde eine gleichmässige allokationsneutrale Rückverteilung in die Bevölkerung diskutiert (Elemente dieses „Öko-Bonus"
finden sich noch beim Vorschlag des DIW 1994). Ansonsten wird jedoch durchgehend eine Kompensation stärker verzerrender Steuern
oder Belastungen (Kirchgässner 1996a: 2, Koschel/Weinreich 1995:
23) vorgeschlagen, womit - im Sinne einer Vernetzung - neben dem
ökologischen Ziel auch ein Betrag zu einem wirtschaftspolitischen Ziel
geleistet werden soll: Die Kompensation der Lohnnebenkosten, die
auch Gegenstand der meisten Vorschläge ist, läßt positive Wirkungen
auf das Beschäftigungsproblem vermuten. Einen guten Überblick über
die internationale wissenschaftliche Diskussion zur Erklärung der Be-
schäftigungswirkungen findet sich bei Kirchgässner (1996a). Die Ergebnisse der neuesten Simulationsstudien zu Deutschland und der EU
zusammenfassend, kommt er zum Schluß: „[...] daß dann, wenn die
Einnahmen aus der Ökosteuer zur Reduktion der Lohnnebenkosten
verwendet werden, ein Anstieg der Beschäftigung zu erwarten ist. [...]
Sieht man einmal von den sehr optimistischen Simulation des DIW und
von B.MEYER und G.EWERHART (1996) ab, so ist gemessen an der Höhe der heutigen Arbeitslosigkeit der von diesen Modellen prognosti-
zierte Beschäftigungsanstieg freilich nicht sehr ausgeprägt. Der Beitrag,
welcher eine solche Steuerreform zum Abbau der Arbeitslosigkeit leisten kann, ist damit zwar positiv, aber eher bescheiden. Die eigentlichen Anstöße zum Abbau der heutigen Arbeitslosigkeit müssen von
anderswo her kommen." (Kirchgässner 1996a: 22f.). Trotzdem wird es
Gewinner- und Verliererbranchen geben, und ebenso ernstzunehmende
regionale Auswirkungen, die mit diesen Simulationsmodellen nicht in
jener „Feinkörnigkeit" herausgearbeitet werden, wie dies für den politischen Prozeß wünschbar wäre. Diesen Umständen wird bei den Empfehlungen besondere Berücksichtigung zukommen.
- Das Aufkommen muß aus Gerechtigkeitsgründen, aber auch aufgrund
politökonomischer Überlegungen „fair", d.h. möglichst verteilungs-
neutral zurückverteilt werden. Die Rückverteilung über einen Öko-
Bonus würde sicherlich das „fairste" Ergebnis liefern. Allerdings ist
der Öko-Bonus aus beschäftigungspolitischer Sicht weniger interessant
(Kirchgässner 1996a: 31). Wird also eine Rückverteilung über die
Kompensation der Lohnnebenkosten angestrebt, so ist zu berücksichtigen, daß das Aufkommen, das von Konsumentenseite erhoben wurde,
wieder in den Bereich der Haushalte zurückzufliessen hat
(Kirchgässner 1996a: 31).

• Sicherung der Wettbewerbsfähigkeit

- Die Idee der ökologischen Steuerreform hat in Wirtschaftskreisen starke Befürchtungen bezüglich der negativen Auswirkungen auf die internationale Wettbewerbsfähigkeit ausgelöst, die nicht unberechtigt sind.

Vor allem für die energieintensiven Branchen könnten sich Nachteile im internationalen Wettbewerb ergeben. In den meisten Vorschlägen wird deshalb auch eine Entlastung von Teilen des Unternehmensbereiches vorgeschlagen, insbesondere für energieintensive Branchen (FÖS 1996).

- In Dänemark gelang der Einstieg in die Energiesteuer über eine fast ausschließliche Besteuerung des Konsums bzw. durch eine fast vollständige Entlastung des gesamten Unternehmensbereichs aufgrund sehr differenzierter Steuersätze (Schlegelmilch 1996: 136f., Mez 1995). Diese Entlastung wird nun langsam an bestimmte Auflagen (Teilnahme am Öko-Auditing-System) gebunden und durch eine unterschiedliche Steigerung der Steuersätze kontinuierlich eingeschränkt.
- Da eine reine Besteuerung des Konsums für die Zukunft alleine ökologisch nicht zielführend sein dürfte (Meyer zu Himmern 1997: 159), wird empfohlen, mit der Zeit auch eine Besteuerung des Unternehmensbereiches einzuführen. Im politischen Diskurs stehen dem allerdings Interessen der Wirtschaft entgegen.

Empfehlungen

Die intensiv geführten Debatten wurden in diesem Kapitel nur in Kürze angerissen und nicht im einzelnen wiederholt - sie sind bekannt. Vielmehr bleibt als Fazit festzuhalten, daß diese Kontroverse bisher weder in der Wissenschaft noch in der Politik aufgelöst werden konnte. Vielmehr zogen sich die Konfliktlinien auch durch das Projektteam der vorliegenden Studie.
Angesichts der hohen politischen Konflikthaftigkeit der Thematik, besteht die Gefahr, daß auch die nachfolgend formulierten Empfehlungen für eine nachhaltigkeitsorientierte Finanzreform ein ähnliches Schicksal ereilen könnten, wie ihre Vorgänger, die angesichts

- festgefahrener politischer Konfliktlinien
- einer Vermischung von Wahrheits- und Wertfragen
- eines Austauschs von Argumenten überwiegend über die Medien
- fehlender Möglichkeiten zur Klärung von Argumentationsgrundlagen und
- fehlender Suche nach gesellschaftlich tragfähigen Kooperations- oder Konsenslinien

die vorhandene Politikblockade nicht überwinden konnten. Aus diesem Grund bietet es sich an, das Projekt einer ökologischen Steuerreform im engeren Sinne im Rahmen einer ⇨ Konsensuskonferenz mit Betroffenen, Beteiligten und Experten gemeinsam in offener Form zu diskutieren und mit Hilfe dieses modernen Kommunikationsinstruments systematisch nach Kooperations-, Konsens- oder Kompromißlinien zu suchen. Dabei kann natürlich das Ergebnis einer Konsensuskonferenz auch darin bestehen, daß kein Konsens gefunden werden konnte. Auf alle Fälle gewährleistet ein derartiges Vorgehen jedoch, daß über die tatsächlich vorhandenen Konflikte und nicht über medial vermittelte Scheinkonflikte gesprochen wird und daß eine systematische und kommunikativ optimale Suche nach möglicherweise vorhandenen Konsenslinien erfolgt. Mit der Initiierung einer derartigen Konferenz bietet sich der Enquete-Kommission die Chance, sich als innovativer Vorreiter in der Gestaltung politischer Prozesse zu profilieren und das umstrittene Thema im Interesse aller Beteiligten endlich zu einer klaren Entscheidung zuzuführen.

Folgende Punkte seien der Konsensuskonferenz zu einer nachhaltigkeitsorientierten Finanzreform konkret als Traktanden empfohlen:

1. Erstes wichtiges Element ist die Abschaffung der aus Nachhaltigkeitssicht problematischen Subventionen. Der Subventionsbegriff ist dabei umfassend zu verstehen. Er beinhaltet sowohl

   • offiziell ausgewiesene Beihilfen, als auch die
   • indirekte Subventionierung über Steuerprivilegien.
   • Insbesondere ist aber auch die „Subventionierung" durch eine „Nicht-Internalisierung externer Effekte" zu berücksichtigen (⇨ Offenlegung von Subventionspraktiken).

2. Die ökologische Steuer ist auf den zentralen Input, die Energie, zu erheben und bringt eine breite Internalisierung externer Effekte mit sich. Eine Besteuerung der Energie hat umfassend zu erfolgen und schließt sowohl konventionelle Produktionsarten, als langfristig auch die alternative Energiegewinnung mit ein! Sie muß schrittweise eingeführt werden.

   Die Einführung der Steuer könnte vorerst auf den Konsumbereich beschränkt sein. Als Vorbild kann dabei die Einführung einer Energiesteuer in Dänemark dienen (Schlegelmilch 1996, Mez 1995).

3. Längerfristig wird aber auch die Frage einer Besteuerung der Produktion nicht auszuklammern sein. Dabei setzt allerdings das Problem der Wettbewerbsfähigkeit Grenzen, denen mit folgenden Überlegungen Rechnung getragen werden sollte:

   • Für besonders energieintensive oder in ihrer Wettbewerbsfähigkeit besonders betroffene Branchen sollte zumindest eine anfängliche Ausnahmeregelung vorgesehen sein. Zudem könnte es den Unternehmen durch die Erfüllung von bestimmten Auflagen bzw. durch die Ausweisung ökologischer Leistungen (gemäß dem dänischen Modell zum Beispiel durch die Teilnahme an einem Öko-Auditing-System) möglich sein, Ausnahmeregelungen zu erlangen.

   Die „first mover"-Vorteile einer Vorreiterstrategie sollten aufgrund der zu erwartenden dynamischen Innovationseffekte nicht unterschätzt werden (Conseil 1997; Kirchgässner 1996a: 23). Durch eine Fixierung einer Steuersatzhöchstgrenze (Minsch u.a. 1996: 222.) könnte eine nationale Vorreiterrolle möglich sein - allerdings mit dem deutlichen Signal, daß ein unter den Staaten koordiniertes Vorgehen erforderlich wäre.

- Es bleibt die Notwendigkeit, die Einführung einer solchen Steuer auf europäischer Ebene voranzutreiben. Dazu könnten die verschiedenen Akteure in Politik, Wirtschaft und Umweltorganisationen in Deutschland gemeinsam vorgehen, um die Fragen einer europaweiten oder gar weltweiten Energiesteuer, z.B. im Rahmen der G7-Staaten, auf die Agenden der Weltpolitik zu setzen.

4. Das Aufkommen aus der Steuer ist aufkommensneutral und „fair" zurückzuverteilen. Beschäftigungspolitisch scheint eine Kompensation im Bereich der Lohnnebenkosten am vorteilhaftesten. Die „unfaire" Regressivität der neuen Steuer wäre insofern nicht nachteilig, als sie eine ebenfalls regressiv wirkende Steuer ablöst (Lohnnebenkosten) (Kirchgässner 1996a: 31ff.). Die breite Durchsetzung derartiger Steuern würde den ökologischen Effekt vergrössern und Wettbewerbsverzerrungen vermindern.

5. Bei der Erhebung einer Ökosteuer hat das Mengenziel (Reduktion des Umweltverbrauchs) längerfristig absolute Priorität.

6. Ein innovativer, aber noch näher zu prüfender Ansatz ist der ⇨ „funktionale Föderalismus". Auf die Ökosteuer angewandt hieße dies, die Unternehmen hätten die Wahl zwischen dem traditionellen oder einem neuen Steuersystem. Diese Überlegungen könnten vor allem deshalb Bewegung in die derzeit festgefahrenen Diskussionen bringen, weil sie zu einer Klärung der argumentativen Grundlagen sowohl von Befürwortern als auch von Gegnern der Steuerreform führen würde.

Literatur/Quellen

BIZ (Bank für Internationalen Zahlungsausgleich) (1994): 64. Jahresbericht. Basel

Binswanger, H.Ch.; Frisch, H.; Nutzinger, H.G. (1983): Arbeit ohne Umweltzerstörung. Strategien einer neuen Wirtschaftspolitik. Frankfurt/a.M.

Binswanger, M. (1994): Ökologisch relevante Trends des wirtschaftlichen Strukturwandels und ihre Auswirkungen auf den Energieverbrauch. Analyse der Entwicklungen in der Schweiz seit den 70er Jahren. Diskussionsbeitrag Nr. 16 des IWÖ-HSG, Universität St.Gallen

Benkert, W.; Bunde, J.; Hansjürgens, B. (1995): Wo bleiben die Umweltabgaben. Erfahrungen, Hindernisse, neue Ansätze. Marburg

Conseil du développement durable (1997): Nachhaltige Entwicklung. Aktionsplan für die Schweiz. BUWAL, Bern

Danish Ministry of Taxation (1995): Energy Taxation on Industry in Denmark, Copenhagen

DIW (Deutsches Institut für Wirtschaftsforschung) (1994): Ökosteuer - Sackgasse oder Königsweg? Berlin

Fös (Förderverein Ökologische Steuerreform) (1996): Vorschlag für einen Einstieg in eine Ökologische Steuerreform. Neuere Überlegungen des Fördervereins Ökologische Steuerreform, Manuskript. Zitiert nach: Schlegelmilch 1996.

Frey, B.S.; Oberholzer-Gee, F. (1996): Zum Konflikt zwischen intrinsischer Motivation und umweltpolitischer Instrumentenwahl. In: Siebert, H. (Hrsg.). Elemente einer rationalen Umweltpolitik. Expertisen zur umweltpolitischen Neuorientierung. Tübingen

Görres, A.; Ehringhaus, H.; Weizsäcker, E.U. (1994): Der Weg zur ökologischen Steuerreform. Das Memorandum des Fördervereins ökologische Steuerreform. München (Zitiert nach Schlegelmilch 1996)

Hohmeyer, O. (Hrsg.) (1995): Ökologische Steuerreform. Baden-Baden

Huckestein, B. (1996): Ökologische Steuerreform und nachhaltige Entwicklung. Ansatzpunkte und Bestandteile einer Nachhaltigen Finanzreform. Zeitschrift für Umweltpolitik und Umweltrecht. 19 (3), 387-408

Jochimsen, M.; Kirchgässner, G. (Hrsg.) (1995): Schweizerische Umweltpolitik im internationalen Kontext. Basel Boston Berlin

Kirchgässner, G. (1996a): Ökologische Steuerreform. Utopie oder realistische Alternative? Forschungsgemeinschaft für Nationalökonomie, Diskussionspapier 9621, Universität St.Gallen

Kommission der Europäischen Gemeinschaften (1991): Eine Gemeinschaftsstrategie für weniger Kohlendioxidemissionen und mehr Energieeffizienz. Mitteilung der Kommission an den Rat, SEK(91) 1744 endg., Brüssel. Zitiert nach Koschel/Weinreich 1995.

Koschel H.; Weinreich S. (1995): Ökologische Steuerreform auf dem Prüfstand. Ist die Zeit reif zum Handeln? In: Hohmeyer, O. (Hrsg.). Ökologische Steuerreform. Baden-Baden, 9-38

Linscheidt, B.; Truger A. (1996): Ökologische Steuerreform. Ein Konzept mit vielen ungeklärten Fragen? In: Köhn, J.; Welfens, J.M.. Neue Ansätze in der Umweltökonomie. Marburg

Meyer zu Himmern, A.-Ch. (1997): Strukturelle Auswirkungen umweltpolitischer Maßnahmen zur Bekämpfung des Treibhauseffektes. Eine Allgemeine Gleichgewichtsanalyse für die Schweiz. Dissertation der Universität St.Gallen, Winterthur

Mez, L. (1995): Erfahrungen mit der ökologischen Steuerreform in Dänemark. In: Hohmeyer, O. (Hrsg.). Ökologische Steuerreform. Baden-Baden, 9-38

Ministry of Housing, Spatial Planning and Environment (1996): The Netherlands' Regulatory Tax on Energy. Questions and Answers, Den Haag (Zitiert nach Schlegelmilch 1996)

Minsch, J.; Eberle A.; Meier B.; Schneidewind, U. (1996): Mut zum ökologischen Umbau. Innovationsstrategien für Unternehmen, Politik und Akteursnetze. Basel Berlin Boston

Nutzinger, H.G.;Zahrndt, A. (1989): Öko-Steuern. Umweltsteuern und -abgaben in der Diskussion. Karlsruhe

OECD (1997): Umweltsteuern und ökologische Steuerreform. Paris

ötv-magazin (1997): Ökologischer Umbau ist unabdingbar. Forum ökologische Steuerreform der Gewerkschaft ÖTV in Saalfeld. Nr . 1

Schlegelmilch, K. (1996): Einstieg in die ökologische Steuerreform? Ein Vorschlag zur Überwindung der politischen Pattsituation. In: Köhn, J.; Welfens, J.M. (Hrsg): Neue Ansätze in der Umweltökonomie. Marburg

Spengel, Ch.; Wünsche, A.'(1995): Umweltschutz durch Abgaben. Eine juristische und ökonomische Beurteilung von Umweltabgaben. In: Hohmeyer, O. (Hrsg.): Ökologische Steuerreform. Baden-Baden

Tiepelmann, K.; Frick, S. (1996): Der Ökoparafiskus-Vorschlag. In: Köhn, J.; Welfens, J.M. (Hrsg.): Neue Ansätze in der Umweltökonomie. Marburg

Voss, G. (1995): Folgen ökologisch motivierter Energiesteuern. In: Hohmeyer, Olaf (Hrsg.). Ökologische Steuerreform. Baden-Baden, S. 9-38

Zimmermann, H. (1996): Öko-Steuern. Ansätze und Probleme einer „ökologischen Steuerreform". In: Siebert, H. (Hrsg.). Elemente einer rationalen Umweltpolitik. Expertisen zur umweltpolitischen Neuorientierung. Tübingen

Zittel, T. (1997): Die Politik der Umweltabgabe in der Bundesrepublik Deutschland. Zeitschrift für Umweltpolitik und Umweltrecht 20 (1), 71-100

11.1.3
Dynamisierung im Umweltrecht

Hauptstoßrichtung: Innovationen

Ausgangslage

Eine Reihe von Umweltgütern - Luft, Wasser, Boden, Artenvielfalt und Land-schaft, insbesondere Naturschönheiten - weisen den Charakter öffentlicher Güter auf: Im Rahmen bestimmter Grenzen besteht Nichtrivalität im Konsum, das heißt, daß zwar die Nutzung dieser Güter ihre Qualität beziehungsweise Funktionsfähig-keit beeinträchtigt, das Gut sich von solchen Beeinträchtigungen jedoch hinrei-chend regeneriert. Belastende Nutzungen, die die Qualität oder Funktionsfähigkeit dieser Güter beeinträchtigen oder den Nutzungswert für Dritte herabsetzen, sind Emissionen bzw. der Eintrag von Schadstoffen, die Nutzung von Böden oder die touristische „Nutzung" landschaftlicher Schönheiten. Während die Nutzung die-ser Güter derzeit weit über dem Grad liegt, der eine Aufrechterhaltung ihrer ge-genwärtigen Nutzungsqualität auf lange Sicht ermöglicht, kollidiert eine plötzli-che, abrupte Minderung der Nutzung mit anderen gesellschaftlichen Zielen. Daher werden seit einiger Zeit Instrumente eingesetzt, deren Wirkung sich im Zeitablauf zunehmend dynamisch entfalten sollen.

Probleme/Herausforderungen

Die Verhinderung einer weiter erhöhten Nutzungsintensität von Böden, Gewäs-sern, Luft und Landschaft ist nach wie vor ein dringendes Erfordernis, ebenso die Verhinderung einer Problemverschiebung zwischen den Umweltmedien und über die nationalen Grenzen hinweg, wie etwa im Bereich der Entsorgung.

Grundsätzlich werden die Lösungsansätze von Preislösungen, einer Verknap-pung der Mengen bzw. Nutzungsintensität, z.B. die Deckelung von Emissionen, und ordnungsrechtliche Ansätze (Ge- und Verbote) unterschieden (Wicke 1989). Während lange über Preismechanismen wirkende Lösungen favorisiert wurden, weil sie Anreize zu Innovationen setzen und Verknappungen dynamisch wider-spiegeln, stoßen mit zunehmenden internationalen Wettbewerb ordnungsrechtli-che Instrumente wieder auf mehr Interesse. So bildeten sich in den letzten Jahren im deutschen Umweltrecht eine Reihe von Regelungsformen heraus, deren er-klärtes Ziel es ist, die Übernutzung von Umweltgütern zu vermindern (vgl. van den Daele 1996b):

• Dynamische Vorsorgestandards, die die laufende Anpassung von Schutzmaß-nahmen an den Stand der Technik vorschreiben.
• Relativierung des Bestandsschutzes für Investitionen gemäß § 7 Wasserhaus-haltsgesetz (Genehmigung von Nutzungen nur unter Vorbehalt) und § 17 Bun-desimmissionsgesetz (Ermöglichung nachträglicher Auflagen bis zur Grenze der Unzumutbarkeit).

- Bewirtschaftungsregime für öffentliche Umweltgüter in den Bereichen Wasser (Wasserhaushaltsgesetz, seit jeher Konzessionsvorbehalt, vgl. Kloepfer 1989) und Boden (Genehmigungsvorbehalt). In Japan ist inzwischen auch im Bereich Luft mit der Kontingentierung von Emissionen ein Bewirtschaftungssregime entstanden (Weidner 1996: 209-223).
- Einstieg in marktwirtschaftliche Instrumente, wie im Abwasserabgabengesetz und mit der Einführung einer verschuldensunabhängigen privatrechtlichen Haftung (Gefährdungshaftung) im Umwelthaftungsgesetz von 1990, die sich jedoch derzeit auf die Verletzung individueller Rechtsgüter beschränkt;
- Ansätze zu einem integrierten Umweltschutz durch Einführung einer umfassenden Produktverantwortung (Beckmann 1996) im Kreislaufwirtschafts- und Abfallgesetz von 1996.

Trotz der vielfältigen rechtlichen Ansätze zur Bekämpfung von Umweltproblemen wird man „die Entwicklung des Rechts nicht mit der Entwicklung der Gesellschaft gleichsetzen dürfen" (van den Daele 1996b: 435). Beklagt werden nach wie vor erhebliche Vollzugsdefizite (SRU 1996). Kontrollprobleme liegen im Charakter von öffentlichen Gütern (Ostrom 1990). Eine Verschärfung der Kontrollen würde vermutlich auf Akzeptanzprobleme stoßen, ebenso eine Ausweitung der Berichtspflichten der Betriebe zur Kontrolle von Stoffströmen und zur Emissionsmessung. Angesichts der gegenwärtig schwierigen wirtschaftlichen Lage und der ökonomischen Globalisierung erhält das Kostenargument bekanntlich wachsendes Gewicht.

Daher kann es sinnvoll sein, das Ausmaß der durch das Ordnungsrecht induzierten Anpassungsdynamik zum Gegenstand von Aushandlungsprozessen zu machen, in denen Abwägungen mit anderen gesellschaftlichen Zielen mehr oder minder explizit vorgenommen werden. Es ist zugleich hilfreich und problematisch, daß gerade diejenigen Rechtsformeln, die dynamisierende Elemente in den ordnungsrechtlichen Rahmen einbringen sollen, wie z.B. „Stand der Technik" und „Grenze der Zumutbarkeit", vom Gesetzgeber offen gehalten werden. Daß der Gesetzgeber hier einen anderen gesetzestechnischen Weg geht, als den der gerichtlich überprüfbaren unbestimmten Rechtsbegriffe, ist allerdings kaum denkbar.

Prinzipiell besteht gerichtliche Überprüfbarkeit aller technischer Gegebenheiten. Entscheidend für die tatsächlich entfaltete Dynamik unbestimmter Rechtsbegriffe ist daher die Besetzung und Arbeitsweise der Gremien, denen die Konkretisierung dieser Formeln obliegt. Hier besteht das Dilemma, daß die Beurteilung des Stands der Technik nur durch Fachleute kompetent vorgenommen werden kann. Die mangelnde Transparenz dieser Prozeduren führte zum Vorwurf eines „Kartells der Ingenieure". Um sicherzustellen, daß tatsächlich eine Abwägung gesellschaftlicher Werte und nicht ein Abgleich eines gesamtgesellschaftlichen Regelungsbedarfs mit kooptierten Partialinteresen stattfindet, besteht ein Bedarf an Erhöhung der Transparenz.

Alternativen/Optionen

Stichprobenartige Evaluation von Bestimmungen des Stands der Technik könnten punktuelle Einblicke in die Normungspraxis geben. Das Problem besteht hier in der Bestellung der Evaluatoren. Wenn diese ebenfalls dem „Kartell der Ingenieure" angehören oder ein entsprechender Eindruck entsteht, dann würde sowohl das Ziel einer erhöhten Transparenz wie das der Vertrauensbildung in die Normungsprozesse verfehlt.

Denkbar wäre daher ein „adversariales" Modell, demzufolge regelmäßig kritische Fachleute als Gegenexperten eingeladen und finanziert werden, um mögliche Schwach- und Blindstellen bei der Bestimmung des Stands der Technik aufzudecken. In der Logik dieses Modells läge es auch, die Optionierung von Umweltverbänden bei der Bestimmung des Stands der Technik und der Grenzen der Unzumutbarkeit anzudenken.

Die dritte Möglichkeit schließlich wäre eine systematische Öffnung der Bestimmungsverfahren für Gegenexperten und gesellschaftliche Anliegen. Ein offen gestalteter Konsensfindungsprozeß bei strittigen Fragen der außergerichtlichen Normkonkretisierung unter Beteiligung von Kritikern und wichtigen Anspruchsgruppen könnte hier wegweisend sein für die Überbrückung der entstehenden Legitimations-und Akzeptanzprobleme. Das Modell der ⇒ Konsensuskonferenzen erscheint hier vielversprechend. Konsensuskonferenzen wären auch dazu geeignet, sowohl wissenschaftlich als auch gesellschaftlich artikulierten Handlungsbedarf zu klären, zügig in die rechtliche Praxis zu überführen und damit das Anliegen dynamischer Standards umzusetzen.

Empfehlungen

1. Die Bestimmung unbestimmter Rechtsbegriffe technischen Inhalts ist ein den eigentlichen juristischen Fragen vorgelagertes Feld. Der Gesetzgeber kann hier eine entsprechende Öffnung im Bereich der Normsetzung veranlassen.
2. In Bereichen, die besonderer gesellschaftlicher Akzeptanz bedürfen, wie im Bereich des Bundesimmissionsschutzgesetzes oder bei der Festlegung von Sicherheitsstandards für großtechnische Anlagen, sollten im Auftrag des Gesetzgebers in regelmäßigen Abständen (etwa alle fünf Jahre) Konsensuskonferenzen zur Ausfüllung konkretisierungsbedüftiger rechtlicher Formeln wie „Stand der Technik" und „Grenzen der Zumutbarkeit" durchgeführt werden.
3. Um die Eignung des entsprechenden Justizpersonals in Verfahren mit ausgeprägter wissenschaftlich-technischer Komponente zu erhöhen, wäre - ähnlich den Patentjuristen - eine technisch-juristische Mischausbildung zu verlangen.

Literatur/Quellen

Beckmann, M. (1996): Produktverantwortung. Umwelt- und Planungsrecht, 41-50

Daele, W.v.d. (1996b): Soziologische Beobachtung und ökologische Krise. In: Diekmann, A.; Jaeger, C.C. (Hrsg.): Umweltsoziologie. Koeln

Kloepfer, M. (1989): Umweltrecht. München

Ostrom, E. (1990): Governing the Commons. The Evolution of Institutions for Collective Action. Cambridge

SRU (Rat von Sachverständigen für Umweltfragen) (1996): Umweltgutachten 1996. Zur Umsetzung eine dauerhaft umweltgerechten Entwicklung. Stuttgart

Weidner, H. (1996): Basiselemente einer erfolgreichen Umweltpolitik. Eine Analyse und Evaluation der Instrumente der japanischen Umweltpolitik. Berlin

Wicke, L. (1989): Umweltökonomie. München

11.2
Kooperations- und Integrationsstrategien

Dieses Kapitel umfaßt die Institutionen:

1. Kooperative Entwicklung der regionalen Ebene
2. Intermediäre Kooperationen zwischen Politik, Wirtschaft, Wissenschaft und Gesellschaft
3. Staatliche Förderung von Innovationsunternehmen

11.2.1
Kooperative Entwicklung der regionalen Ebene

Hauptstoßrichtungen: Innovation, Partizipation/Selbstorganisation

Ausgangslage

Im Zuge der wirtschaftlichen Globalisierung und der Europäisierung der staatlichen Ebene erscheinen Regionen zunehmend als eine Ebene, auf der gezielt Handlungsspielräume für Formen der kooperativen Steuerung gewonnen werden können. Die Hoffnung auf Regionen speist sich aus ihrer relativen Übersichtlichkeit, der Existenz von Fühlungsvorteilen, der Bedeutung als Verbundstandort (Porter 1990) sowie als traditioneller Identifikationsraum.

Probleme/Herausforderungen

Die bestehenden Strukturen und Instrumente der Regionalplanung und der regionalen Zusammenarbeit sind den aktuellen Herausforderungen vielfach nicht angemessen, weshalb neue Informations- und Kooperationsstrukturen erforderlich erscheinen. In Ergänzung zu den bestehenden Strukturen wird daher nach neuen institutionellen Strukturen und Handlungsansätzen gesucht. Kooperationen und Netzwerke in Verbindung mit Verfahrensinnovationen gelten als wichtige Elemente, um Regionen zu stärken. Insbesondere Ansätze, die Regionen als „innovative Kooperationsräume" verstehen, zielen auf die Ergänzung bestehender institutioneller Strukturen. Angesichts der zunehmenden Dominanz globaler Entwicklungen muß jedoch nicht nur die sozio-ökonomische Basis, sondern auch die regionale Identität aktiv gepflegt werden.

Die Herausforderung liegt in der Herausbildung intermediärer Organisationen im Aushandlungsdreieck zwischen Staat, Markt und privaten Akteuren. Diese Institutionen sollten so gestaltet werden, daß sie Chancen für die Ergänzung der Regionalplanung durch innovative Impulse, für eine Öffnung regionaler Kooperationsvorgänge für bewohnerorientierte Interessengruppen sowie für die Mobilisierung endogener Potentiale bieten (Knieling 1994).

Tatsächlich erweisen sich neue kooperative Strategien auf regionaler Ebene in der Regel als erfolgreich - trotzdem spezifische Gestaltungsprobleme im Spannungsfeld von Kooperation und Konkurrenz bestehen, beispielsweise aufgrund mangelnder Vertrauensbasis, Lokalegoismen und Verteilungskonflikten, und auch administrative Hemmnisse existieren, wie z.B. administrative Regionenabgrenzungen, Autonomieängste der Kommunen (Fürst 1995: 254). Das wichtigste Erfolgskriterium besteht darin, den Prozeß der Abgrenzung des Kooperationsraumes und das Ausloten von potentiellen Kooperateuren als Suchprozeß zu gestalten.

Alternativen/Optionen

Für die Umsetzung in die Praxis sind folgende Möglichkeiten besonders hervorzuheben:

• *Regionale Entwicklung von Leitbildern*: Eine Politik der Nachhaltigkeit muß darauf Rücksicht nehmen, daß das Verhältnis zwischen den verschiedenen Zieldimensionen der Nachhaltigkeit sektoral und regional deutlich differieren kann. Daher bietet es sich an, Ziele und Projekte regional zu entwickeln. Die Integration der regionalen Kräfte über Leitbilder gilt inzwischen als wichtiger Ansatz, um Handlungskapazitäten wiederzugewinnen. Sie setzt die aktive Beteiligung weiter Kreise voraus. Die Entwicklung regionaler Entwicklungsleitbilder und Strategien könnte eingebettet werden in den Prozeß der Entwicklung einer nationalen Nachhaltigkeitsstrategie. Methodisch bieten die „Visioning"-Prozesse amerikanischer Kommunen und Regionen (Danke 1997b) ein gutes Modell für die gemeinsame Erarbeitung von Leitbildern, die anschließende Diskussion von Qualitätszielen und die Begleitung und Realisierung regionaler oder lokaler Entwicklungskonzepte.
• *Benchmark der Regionen*: Ein Benchmarking zwischen Regionen kann diesen helfen, ihre Stärken und Schwächen leichter zu erkennen und Optimierungsmöglichkeiten genauer zu fassen. Mit einem Benchmarking der Regionen kann die Modernisierung der Verwaltung, eine bewußtere Gestaltung gesellschaftlicher Interaktionen sowie eine Optimierung von regionalen Kooperationen flächendeckend angeregt werden. Die Vergleichsstudien dienen zudem als Modellfälle für andere Regionen. Daher ist auf ihren Modellcharakter (Übertragbarkeit) zu achten. Die aus den Vergleichsstudien gewonnenen Ergebnisse können andernorts Innovationen stimulieren. Beste Projekte werden ausgezeichnet und können damit Leitbildcharakter erlangen. Bei den Leistungswettbewerben geht es gerade nicht darum, daß Kommunen in einen verschärften Konkurrenzkampf eintreten. Vielmehr soll der Leistungsvergleich Verbesserungspotentiale aufdecken.
• *Kooperationen der Wirtschaft*: Die regionale Kooperation von Unternehmen und gegebenenfalls ihre Einbindung in ein regionales Netzwerk mit dem Ziel des Informations- und Technologietransfers, der Erweiterung von Handlungsspielräumen sowie gemeinsamer Problembearbeitung, eröffnet Chancen, auf

neue Anforderungen zu reagieren. Beispiele für diesen innovativen Ansatz lassen sich im Bergischen Land als Kooperation zwischen Chemieunternehmen bzw. im Bereich der Automobilindustrie (vgl. Lucas 1997) anführen.

• *Städtenetze*: Städtenetze bezeichnen neben funktionalen Netzen insbesondere strategische Netze im Sinne von städtischen Allianzen, um netzinterne Vorteile zu erreichen (vgl. Priebs 1996: 36). Mit der Stärkung und dem weiteren Ausbau der dezentralen Siedlungsstruktur geht es konkret darum, die regionalen und großräumigen Standortbedingungen zu verbessern (Baumheier 1994: 384). Zur Zeit wird vom Bundesministerium für Bauen und Wohnen ein Forschungsfeld im Bereich „Exemplarischer Wohnungs- und Städtebau-Programm" (ExWoSt) zum Thema Städtenetze bearbeitet. Die Auswertung bezieht sich auf 11 Modellvorhaben, die über ganz Deutschland verteilt sind (vgl. Adam 1994).

• *Regionale Entwicklungskonzepte und Regionalkonferenzen*: Das Aufzeigen von Entwicklungsmöglichkeiten und die dezentrale Mitentscheidung regionaler Entscheidungsträger sowie Regionalkonferenzen als neue Kooperationsform sind wesentlicher Ausgangspunkt einer strategischen Neuordnung der Regionalpolitik (Hartke 1995: 220). „Die Gesprächsrunden dienen der Organisation des Dialogs zwischen den beteiligten Gruppen aus Wirtschaft, Wissenschaft, Gewerkschaften, Kammern und Politik zur Erarbeitung integrierter Regionalprogramme und -konzepte der Wirtschafts- und Strukturpolitik" (HILL 1993: 973). Das Konzept ist bisher in Nordrhein-Westfalen am weitesten entwickelt (vgl. WANIEK 1990) und findet zunehmend Resonanz und Nachahmer.

• *Stadt-Umland-Kooperationen und Regionalforen*: Kooperationen zwischen den Akteuren von Stadt und Umland ermöglichen eine kommunale und regionale Steuerung und Koordination. Zu den aktuellen Beispielen gehören unter anderem der Verband Region Stuttgart oder das Regionalforum Hannover (Weck 1996: 88-102). Unter Gesichtspunkten der Nachhaltigkeit sind sie besonders geeignet, die Austauschverhältnisse zwischen Städten und ihrem ländlichen Umland zu verdeutlichen.

• *Regionalmanagement*: Regionalmanagement bezeichnet ein über strategische Planung und pragmatisches Vorgehen organisiertes Verfahren der Steuerung der Raumentwicklung. Es ist handlungsorientiert und auf Kompromißstrategien angelegt. Gegenüber den Regionalkonferenzen hat Regionalmanagement den Vorteil, die Akteure dafür zu mobilisieren und zu koordinieren, auf Regional- und Kommunalebene sowie über Sektorengrenzen hinweg gemeinsam vorzugehen (Fürst 1995: 253).

• *Regionale Kooperation von Wirtschaft und Politik*: In einigen Regionen entwickelten sich intensive und institutionalisierte Formen der Kooperation zwischen den relevanten regionalen Akteuren aus Politik und Wirtschaft. Dafür geben besonders drängende und von einzelnen Akteuren alleine nicht zu bewältigende Problemlagen Anlaß. Zum Beispiel entstand die Aktion Ruhrgebiet als Reaktion auf die gravierenden wirtschaftlichen Strukturprobleme und die Initiative Rhein-Neckar-Dreieck bildete sich infolge der spezifischen Lage des

Wirtschaftsraumes, der über drei Ländergrenzen hinweg den Akteuren beträchtliche politische Steuerungsprobleme bescherte.

Empfehlungen

Die Kompetenz des Bundes für die Entwicklung der Regionen ist eingeschränkt. Dafür kommen eher die EU (insbesondere durch den EU-Strukturfonds), vor allem aber die Länder in Frage. Um die zukünftige Entwicklung jedoch aktiv zu beeinflussen, kann der Bund Anreizstrukturen schaffen, die den aktuellen Suchprozeß unterstützen, lenken und ein Lernen der Akteure ermöglichen. Anreizstrukturen können sich hierbei auf Fördermittel und motivierende, bewußtseinsschaffende Maßnahmen beziehen. Der Bund kann vor allem Strukturen der regionalen Kooperation stimulieren, indem er eine intermediäre Benchmarking-Agentur für die Regionen einrichtet oder Wettbewerbe nach dem Vorbild des BioRegio-Wettbewerbs durchführt. In der Ausschreibung sollte dabei besonderes Gewicht auf eine Langfristorientierung der Aktivitäten, auf transparente Strukturen und eine breite Beteiligung gelegt werden.

Literatur/Quellen

Adam, B. (1994): Städtenetze. Ein neues Forschungsfeld des experimentellen Wohnungs- und Städtebaus. Informationen zur Raumentwicklung, 513-520

Baumheier, R. (1994): Städtenetze. Raumordnungspolitische Ziele und Anforderungen. In: Raumforschung und Raumordnung und Civil Society - Was können wir von den USA lernen? Rissener Rundbrief (2/3), 57-70

Danke, W. (1997b): Re-Engineering Verwaltungshandeln. Neue Formen von Kommunikation und Bürgermitwirkung. Deutsches Verwaltungsblatt, 973-982

Fürst, D. (1995): Ökologisch orientierte Umsteuerung in Landkreisen durch Regionalmangement. Raumforschung und Raumordnung (4), 253-259

Hartke, S. (1995): Endogene Potentiale. In: Akademie für Raumforschung und Landesplanung (Hrsg.): Handwörterbuch der Raumordnung. Hannover

Hill, H. (1993a): Integratives Verwaltungshandeln. Neue Formen von Kommunikation und Bürgermitwirkung. Deutsches Verwaltungsblatt, 973-982

Knieling, J. (1994): Intermediäre Organisationen und kooperative Regionalentwicklung. Raumforschung und Raumordnung (2), 117-126

Lucas, R. (1997): Ökologische Werkstoffentwicklung im regionalen Netzwerk. Ansatzpunkte für Kooperationen im bergischen Städtedreieck. (Vortrag gehalten auf dem Workshop „Innovation durch Entwicklung von Regionen" am 4.2.1997 in Bonn)

Porter, M.E. (1990): The Competitive Advantage of Nations. New York

Priebs, A. (1996): Städtenetze als Raumordnungspolitischer Handlungsansatz. Gefährdung oder Stütze des Zentrale-Orte-Systems? Erdkunde 50, 35-45

Waniek, R.W. (1990): Die Zukunftsinitiative für die Regionen Nordrhein-Westfalens, Bochum

Weck, S. (1995): Neue Kooperationsformen in Stadtregionen. Eine regulations-theoretische Einordnung. Dortmund

11.2.2
Intermediäre Kooperationen zwischen Politik, Wirtschaft, Wissenschaft und Gesellschaft

Ausgangslage

Die Chancen einer Politik der Nachhaltigkeit hängen in besonderer Weise von Vernetzungen und Kooperationen verschiedener gesellschaftlicher Akteure ab. Diese Erkenntnis in praktische Politik umzusetzen, heißt aber nicht nur, daß der Staat vornehmlich als „Kooperations-Mittler" (vgl. Götzelmann 1992: 112) agiert. Vielmehr bedarf eine Politik der Nachhaltigkeit der Kooperation zwischen Politik und anderen gesellschaftlichen Teilbereichen. Dieser Anspruch läßt sich mit der Diskussion um eine Reorganisation des öffentlichen Sektors zusammenführen.

Probleme/Herausforderungen

Dabei wird vor allem die Diskussion über die Aufgabenbestimmung des öffentlichen Sektors und damit über die Frage der privaten und öffentlichen Dienstleistungsproduktion wieder virulent. Die Verwaltungswissenschaft unterscheidet verschiedene Arten von Aufgaben, die teilweise in Kooperation mit gesellschaftlichen Akteuren gelöst werden können (Naschold u.a. 1996):

- Staatliche Kernaufgaben können gemäß allgemeinem Konsens allein von staatlichen Institutionen erbracht werden. Dies betrifft Hoheitsaufgaben wie äußere und innere Sicherheit, Überwachung der Rahmenordnung oder die öffentlichen Finanzen.
- Staatliche Gewährleistungsaufgaben müssen vom Staat dauerhaft zugesichert und gewährleistet werden, wie beispielsweise Bildung. Hier kann jedoch geprüft werden, ob sie effizienter und kostengünstiger durch öffentliche und private Anbieter erfüllt werden.
- Staatliche Annex- oder Ergänzungsaufgaben, wie beispielsweise die Straßeninstandhaltung, Gebäudereinigung und Grünflächenpflege, muß nicht der Staat selbst verrichten, sondern diese Aufgaben kann die Privatwirtschaft vielfach wirtschaftlicher vornehmen.
- Private Aufgaben schließlich haben primär keinen systematischen Gemeinwohl-Bezug.

Alternativen/Optionen

Für die Umsetzung in die Praxis bieten sich insbesondere an:

- *Kooperative Beratungsgremien*: Der öffentliche Sektor sollte offensiv als potentieller Kooperationspartner auftreten. Ein positives Beispiel stellt der Beraterkreis umweltrelevanter Altstoffe (BUA) dar. Der BUA als Kooperation zwischen Politik, Wissenschaft und Wirtschaft ist in erster Linie als ein Expertengremium zu sehen, in dem sich Wirtschaft und Wissenschaft beraten (vgl. BDI 1992: 112) Da jedoch gesellschaftliche Anspruchsgruppen nicht nur betroffen sind, sondern das Handeln gegen ihre Interessen auf Dauer sogar der Wertschöpfung abträglich ist, könnte dieses Gremium in einen Gesamtprozeß der integrierten naturwissenschaftlichen und politischen Bewertung eingebunden werden. Denkbar wäre ein mehrstufiges Vorgehen, bei dem in einem ersten Schritt wie bisher die Ergebnisse vorlegt werden, die in einem zweiten Schritt im Rahmen eines Panels den gesellschaftlichen Anspruchsgruppen vorgestellt, diskutiert und bewertet werden. Will man langfristig denken, muß dem ersten Schritt noch ein Schritt vorangestellt werden: Die Auswahl der zu behandelnden Themen müßte bereits durch Anspruchsgruppen getroffen werden. Ein solches Modell könnte auch auf andere Themen- und Aufgabenbereiche übertragen werden.

- *Public Private Partnership*: Als Zwischenform zwischen öffentlicher und privatwirtschaftlicher Leistungserstellung zeichnen sich der Public Private Partnership-Ansatz, die Zusammenarbeit von öffentlichen und privatwirtschaftlichen Akteuren, durch eine hohe Flexibilität aus. Es sind eine Reihe situationsabhängiger Kombinationen aus privatrechtlichen Konstrukten und öffentlich-rechtlichem Handeln denkbar. Typische Beispiele sind:

  - Private Vorfinanzierung einer staatlichen Leistungserstellung
  - Privater Betrieb einer Anlage der öffentlichen Hand
  - Leasing- und Franchisingmodelle
  - Erstellung einer Leistung bzw. Erstellung und Betrieb einer Anlage durch privatwirtschaftliche Aufgabenträger, wobei diese Leistungsprozesse traditionell zum Aufgabenbereich des öffentlichen Sektors zählten.

  Erfolgreiche Beispiele des Public Private Partnership:

1. *Regional- und Stadtentwicklung:* Im Rahmen der internationalen Bauausstellung Emscher Park arbeiten öffentliche und private Akteure in einer stark vom Strukturwandel geprägten Region zusammen. Herausragend sind die Konversionsprojekte der ehemaligen Industrieanlagen (Hill 1996). Beispielgebend auch zwei Kooperationsprojekte in Frankfurt am Main (Westhafen und der Wohn- und Büropark am Rebstock): Zwei ehemals gewerblich genutzte Recyclingflächen werden einer kombinierten Wohn- und Büronutzung zugeführt. Dabei setzen die Kooperationspartner im Interesse einer nachhaltigen Stadtentwicklung und einer langfristigen Standortsicherung auf eine gleichgewichtige Verteilung von Risiko- und Gewinnchancen (Wentz 1995).

2. *Innovative Kleintechnologien bei Handwerkern:* Das kleingewerbliche Schuhmachergewerbe steckt in einer durch Billigproduzenten ausgelösten Krise. Ökologische Nachteile schließen sich an, da die billigen Schuhe „Einweg-Artikel" sind. Ein Ausweg sind maßgeschneiderte Schuhe. Um die Preise dieser langlebigen Produkte mit hohem Marktpotential zu senken, müßte in jedem Betrieb ein computergesteuerter Scanner stehen, um Leisten für die Schuhe anzufertigen. Das nötige Kapital könnte allerdings nur durch staatliche Förderung

zusammenkommen. Die bisherige Förderpolitik mit ihrer Ausrichtung an Großtechnologien und hohem Verwaltungsaufwand für den Antragsteller übersieht das Innovationspotential in der Schuhmacherbranche. Eine *Public Private Partnership* zwischen Staat und Schuhmachern - bzw. Handwerk (Ax 1997a: 6) generell - soll jetzt dabei helfen, wirtschaftlich profitable, sozial wünschenswerte und ökologisch verträgliche Produkte auf dem Markt zu etablieren (Ax 1997b: 29).

3. *Öffentlicher Personennahverkehr:* Unternehmen wie Ikea, Herlitz oder Gruner & Jahr bessern ihr ökologisches Profil mit kooperativen Investitionen in den öffentlichen Nahverkehr auf. Ikea investierte anteilig in eine zusätzliche Buslinie zu ihrem Markt (Ökologische Briefe 1996a: 15). Herlitz baute eine S-Bahn-Station für seine Mitarbeiter. Ebenso fügen sich das Jobticket oder Betriebsfahrpläne in diesen Kontext. In den Niederlanden verfügen bereits 10% aller Betriebe über derartige Fahrpläne, die zu einer 26-prozentigen Verringerung der Fahrleistung geführt haben (Ökologische Briefe 1996b: 13). Erstrebenswert ist die Aufnahme solcher Maßnahmen in die Umweltberichte. Interessante Ausweitungen der Programme bieten sich im Logistikbereich an.

4. *Gegenseitige Leistungen:* In Boston (USA) müssen Immobiliengesellschaften auch in den sozialen Wohnungsbau vor Ort investieren, um die Genehmigung für den Bau von Büroraum zu erhalten. Dies trägt wesentlich zur Belebung der Innenstadt bei (Osborne/Gaebler 1992: 341).

5. *Schul- und Hochschulprojekte:* Über Nachbarschaftsforen der Industrie wirken in den USA Firmen an Schulprojekten in Form von Unterrichtsbegleitung und lokaler Kultur mit. Auch mit Universitäten bestehen entsprechende Kooperationen. Neben den Aktivitäten der Chemieindustrie verfolgt in Deutschland insbesondere Siemens neue Wege interdisziplinärer und intersektoraler Forschung (Kunerth 1996).

6. *Entsorgungswirtschaft:* Große Unternehmen und die Kommunen ihrer Umgebung nutzen häufig die Vorteile partnerschaftlicher Entsorgungslösungen, zum Beispiel in der Abwasserreinigung, bei Recyclingprojekten oder beim Bau von Entsorgungsanlagen.

Empfehlungen

Das vorhandene Fachwissen in den verschiedenen Ressorts sollte ressortübergreifend verknüpft werden, um systematisch nach Kooperationsmöglichkeiten mit Unternehmen oder zivilgesellschaftlichen Akteuren zu suchen. Insbesondere in Bereichen, in denen der Staat an seine Grenzen stößt wie in der Sozialpolitik, könnten kooperative Lösungsstrategien mit intermediären Institutionen gangbare Auswege aufzeigen.

Tendenzen zum Aufbau eines Wettbewerbsumfelds und zum Abbau staatlicher Aufgaben, die in der Gesellschaft besser erfüllt werden, können gezielt unterstützt werden. Entsprechende Ansätze verfolgt bereits Schleswig-Holstein: Die Landesregierung zielt bei der Neupositionierung und Modernisierung des öffentlichen Sektors zunehmend auf gemeinsame Unternehmungen mit der Privatwirtschaft (Wewer 1995:40). Ein Mittel dazu stellen Public Private Partnership-Projekte dar. Im Vergleich zu herkömmlichen Formen der öffentlich-rechtlichen Leistungserstellung werden allerdings Mängel im Bereich der Leistungskontrolle kritisiert, weil die privaten Rechtsformen des Public Private Partnership nicht den öffentlich-rechtlichen Kontrollverfahren unterliegen, wie Amtszeitbegrenzungen, Rechnungshofkontrolle, Abberufungsverfahren. Durch die vertragliche Beteiligung der öffentlichen Hand ist hingegen die Kontrolle durch den Wettbewerb ebenfalls eingeschränkt. Daher sollte die Transparenz bei Public Private Partnership-Aktivitäten sichergestellt und geeignete Kontroll- und Sanktionsmechanismen weiterentwickelt werden, etwa durch eine Modifikation der öffentlich-rechtlichen Kontrollverfahren oder durch geeignete Vertragsmechanismen (Wolff 1996: 257).

Literatur/Quellen

Ax, Ch. (1997a): „Global player" oder „local joker"? Politische Ökologie, Sonderheft 9, 6-9

Ax, Ch. (1997b): Schuster, bleib bei deinen Leisten. Politische Ökologie, Sonderheft 9, 29-33

Erd, R. (1995): Privatisierung öffentlicher Dienstleistungen. Stärken und Schwächen. In: Hewel, B. (Hrsg.): Verwaltung reformieren. Öffentlich-private Partnerschaften. Management-Beispiele aus der Praxis. Frankfurt a.M.

Hill, H. (Hrsg.) (1996): Dialoge über Grenzen. Kommunikation bei Public Private Partnership. Reihe Staatskommunikation. Bd. 3. Köln Berlin Bonn München.

Kunerth, W. (1996): Hochschulen als Kooperationspartner für die Wirtschaft. (Vortrag bei der Hanns-Seidel-Stiftung vom 30.9.96. in München)

Naschold, F. (1993): Modernisierung des Staates. Zur Ordnungs- und Innovationspolitik des öffentlichen Sektors. Berlin

Naschold, F. et al. (1996): Leistungstiefe im öffentlichen Sektor. Erfahrungen, Konzepte, Methoden. Berlin

Ökologische Briefe (1996a): Pläne für Busse und Fahrgemeinschaften. Nr. 20, 15

Ökologische Briefe (1996b): Betriebsverkehrsplan nach holländischem Vorbild. Nr. 25/26, 13

Osborne, D.; Gaebler, T. (1992): Reinventing Government. Reading/MA. u. a.

Wentz, M. (1995): Perspektiven der Stadtentwicklung durch Public Private Partnership. In: Hewel, B. (Hrsg.): Verwaltung reformieren. Öffentlich-private Partnerschaften. Management-Beispiele aus der Praxis. Frankfurt a.M.

Wewer, G. (1995): Privatisieren oder modernisieren? Reform des öffentlichen Sektors in Schleswig-Holstein. In: Hewel, B. (Hrsg.): Verwaltung reformieren. Öffentlich-private Partnerschaften. Management-Beispiele aus der Praxis. Frankfurt a.M.

Wolff, B. (1996): Public Private Partnership. In: Schenk, K.-E.; Schmidtchen, D.; Streit, M.E. (Hrsg.): Jahrbuch für Neue Politische Ökonomie. Vom Hoheitsstaat zum Konsensualstaat: Neue Kooperationen zwischen Staat und Privaten. Band 15. Tübingen

11.2.3
Staatliche Förderung von Innovationsbündnissen

Hauptstoßrichtung: Innovation, Förderstrategien, Selbstorganisation

Ausgangslage

Chancen für nachhaltigkeitsorientierte Innovationen liegen vor allem in unternehmensübergreifenden Kooperationen, die entweder branchenbezogen mit anderen Unternehmen oder branchen- und akteursgruppenübergreifend mit gesellschaftlichen Akteuren eingegangen werden. Das Überschreiten der jeweils eigenen Wertschöpfungsstufe, die Einbeziehung der Kunden, der Betroffenen und anderer gesellschaftlicher Akteursgruppen in Innovationsprozesse sowie die Bildung von Netzwerkstrukturen in der Gesellschaft fördern das für Nachhaltigkeit erwünschte Denken in ganzheitlichen Prozessen und Kreisläufen. Entsprechend wird vielfach die Neuorientierung der öffentlichen Förderpolitik diskutiert und vereinzelt auch schon praktiziert (vgl. die skandinavischen Netzwerkprogramme oder die Forschungskooperationsprogramme des BMBF). Kooperationen und die mit ihnen verbundene Zusammenführung spezifischer Kompetenzen und Ressourcen eröffnen durch die Zusammenarbeit verschiedener Akteure neue Handlungs- und Gestaltungsräume, erweitern gleichzeitig deren Nutzungsmöglichkeiten und ermöglichen effizientere Lösungen (vgl. Aulinger 1996: 31).

Probleme/Herausforderungen

Die Förderung nachhaltigkeitsorientierter Innovationen ist nicht allein über die Förderung vermeintlich zukunftsweisender Technologien zu erreichen. Technologieförderung wird immer von einem hohen Grad an Unwissenheit über die geeignete Förderungsrichtung geprägt sein. Die Technologien von morgen lassen sich ebenso schwer vorhersagen, wie die Bedürfnisse künftiger Generationen. Technologieförderung aber orientiert sich an vermeintlich richtigen Technologie-Trends, an sogenannten Schlüsseltechnologien. Gefördert wurden aber auch „Schlüsseltechnologien" wie beispielsweise die Schwerindustrie, die in der Folge beträchtliche weltweite Überkapazitäten entwickelte. Da sich nach dem Ausweis eines „Schlüsselbereichs" typischerweise viele Nationen dieser Förderung anschließen und ebenfalls in diese Richtung investieren, besteht die Gefahr, andere Wissenschafts- und Technikbereiche und damit die möglicherweise „morgen" tatsächlich relevanten Technologien zu vernachlässigen - während in den Schlüsselbereichen Überkapazitäten vorauszusehen sind (Staudt u.a. 1993).

Alternativen/Optionen

Ziel nachhaltigkeitsorientierter Forschungspolitik sollte die Gewährleistung von Zukunftsoffenheit und Vielfalt sowie die Stärkung der Anwendungs- und Problemorientierung sein. Gefordert ist daher eine Stimulierung der generellen Innovationsfähigkeit und eine Stärkung der Infrastrukturförderung, damit aber insbesondere eine stärkere Förderung von Innovationsbündnissen, Netzwerken und Kooperationen (Zundel/Robinet 1995). Zwar sind die neuen Handlungs- und Gestaltungsräume, die sich durch Kooperationen eröffnen (vgl. auch Aulinger 1996: 31), weitgehend unbestritten, doch können kooperative Ansätze in der Praxis scheitern, wenn

- die Befürchtung von Wettbewerbsnachteilen, zum Beispiel durch Informationsabfluß, Übervorteilung, Mißerfolge durch ungenügende Zusammenarbeit bei den Akteuren dominiert,
- die Akteure das Innovationspotential von Kooperationen nicht erkennen, oder
- sie sich in Unkenntnis über geeignete Partner befinden.

Daher sollte der Staat die Funktion eines „Kooperations-Mittlers" übernehmen (vgl. Götzelmann 1992: 112). Dazu stehen eine Reihe von Handlungsoptionen zur Verfügung:

- Rechtliche Rahmenbedingungen (Götzelmann 1992: 118f): Eventuelle Risiken einer Kooperation können durch die Erarbeitung von allgemeinen Gestaltungsvorschlägen (zum Beispiel in Form unverbindlicher Checklisten oder von Musterverträgen) oder durch die Schaffung einer Schiedsstelle reduziert werden.
- Initiierung von Kooperationen: Potentielle Kooperationspartner können zusammengeführt werden. Mögliche Kooperationsforen wären spezielle Veranstaltungen wie neu zu etablierende Kooperationsbörsen, handlungsorientierte und problembezogene Diskurse, staatliche Koordinationsstellen, Datenbanken oder Publikationen. Diese Handlungsoption wäre - insbesondere auf regionaler Ebene - auch bei eingeschränkten finanziellen Mitteln realisierbar und könnte eine wichtige Komponente der Förderung von Wirtschaft, Umweltschutz oder Sozialvermögen werden.
- Förderprogramme nach dem „Bio-Regio"-Vorbild: Der Staat könnte aber auch im Rahmen bestehender Förderprogramme für einzelne Gesellschafts- und Wirtschaftsbereiche Kooperationen effektiv fördern. So sollten Fördermittel an Kooperationen geknüpft werden. Da sich in Kooperationen die Ressourcen, das Fachwissen und die Kompetenz verschiedener Akteure ergänzen sollen und so die Erfolgsaussichten der Kooperation gegenüber Einzelakteuren deutlich höher ist, würde eine derartige Vergabepraxis für Fördergelder auch einen effizienteren Einsatz öffentlicher Mittel ermöglichen. Ein gutes Beispiel in dieser Richtung ist das Vorgehen des Bundesministeriums für Bildung, Wissenschaft, Forschung und Technologie (BMBF) beim Bioregio-Projekt, das als Vorbild für weitere Projekte dienen kann. Die Erfahrungen damit sollten ausgewertet

werden, um mögliche Verbesserungspotentiale zu ermitteln. Auch auf anderen Politikebenen kann die Vergabe öffentlicher Gelder an kooperative Strukturen des Auftragnehmers gekoppelt werden. Diskutiert wird zum Beispiel auch, EU-Subventionen künftig an Regionen statt an Betriebe zu vergeben.

- Auftragsvergabe an Kooperationen: Der Staat kann zudem bestehende Kooperationen verschiedener gesellschaftlicher Akteure systematisch und gezielt unterstützen. Die Vergabe von Aufträgen an förderungswürdige Kooperationen wie zum Beispiel die Gütegemeinschaften (Umweltbundesamt 1995) würde diese finanziell fördern und einen zusätzlichen Anreiz für neue Kooperationen setzen. Durch entsprechende Vergabe- oder Förderkriterien der öffentlichen Hand können Kooperationen zwischen gesellschaftlichen Akteuren zur Erreichung von Nachhaltigkeit gefördert und damit nicht-kooperative Ansätze sanktioniert werden.

- Stiftungen: Des weiteren könnte der Staat durch Stiftungen, die er allein oder in Zusammenarbeit mit anderen gesellschaftlichen Akteuren fördert, Kooperationen schaffen. Dies wäre insbesondere in Bereichen notwendig, in denen es keine kurzfristigen wirtschaftlichen Anreize für Kooperationen (zum Beispiel im Umweltschutzbereich oder soziale Verbesserungen zugunsten von Arbeitnehmern) gibt oder in denen die Kooperationspartner nur über geringe finanzielle Mittel (zum Beispiel bei Selbsthilfeorganisationen im Sozialbereich) verfügen.

Fallbeispiele erfolgreicher staatlicher Kooperationsförderung

Die folgenden Beispiele erfolgreicher Kooperationsförderung - wobei dieser Begriff sehr weit gefaßt wird und von finanzieller Unterstützung bis direkter Kooperationsbeteiligung reicht - belegen die Bandbreite staatlicher Handlungsmöglichkeiten:

- Förderung der Umweltzentren des Handwerks durch die Deutsche Bundesstiftung Umwelt (1994, 1995, 1996): Die staatsnahe Stiftung fördert damit den Aufbau von acht Umweltzentren des Handwerks in verschiedenen Regionen durch eine Anschubfinanzierung. Die Zentren beruhen auf einer Kooperation des Zentralverbands des Deutschen Handwerks mit den Handwerksorganisationen (Klinge 1997: 44-46). Auf diese Weise soll das Potential des Umweltschutzes für den ökonomischen Erfolg von Handwerkern verdeutlicht und konkrete Geschäftserfolge in dieser Richtung angestoßen werden.

- Umweltgemeinschaften des Handwerks: Auch im Handwerksbereich beginnt zunehmend die Bildung von Gütegemeinschaften, häufig motiviert vom Gedanken einheitlicher Umweltstandards der Gemeinschaft.

- Bioregio-Projekt des BMBF: Das BMBF hat die Vergabe von Mitteln für die Bio- und Gentechnologie davon abhängig gemacht, daß innerhalb einer Region von Wirtschaft, Wissenschaft und Politik ein gemeinsames Vorgehen erarbeitet und beantragt wird. Die beträchtliche Resonanz auf diese Ausschreibung bewirkte nach Einschätzung aller Beteiligten eine beträchtliche Stimulation der wirtschaftlichen und wissenschaftlichen Aktivitäten zur Bio- und Gentechnologie in Deutschland. Unabhängig vom konkreten Erfolg im Wettbewerb, aus dem nur drei Regionen als Sieger hervorgingen, bewerteten auch die unterlegenen allein ihre Teilnahme schon als Gewinn.

- Gütegemeinschaften der verschiedenen Branchen: In zahlreichen Branchen (zum Beispiel in der Nahrungsmittel- oder der Textilindustrie, bei den Automobilzulieferern oder im Dienstleistungsbereich) existieren inzwischen Gütegemeinschaften, die untereinander gemeinsame verbindliche Güte- und Qualitätskriterien vereinbart haben und diese ihren Kunden zusichern.
- Kooperative Wirtschaftsförderung gehört zu den klassischen Kooperationsformen. Jüngstes Beispiel, das als besonders vorbildlich hervorgehoben werden sollte, ist die gemeinsame Initiative „Rhein-Neckar-Dreieck" von Wirtschaft und Politik im Dreiländereck zwischen Hessen, Rheinland-Pfalz und Baden-Württemberg. Diese hat zu umfangreichen kooperativen Projekten in Wirtschaft, Wissenschaft, Kultur, Sport oder Politik geführt und sich damit zu einem bedeutsamen Faktor entwickelt (Meister 1997b).
- Klimabündnis Heidelberg als Beispiel für eine institutionenübergreifende Kooperation, in der sich Handwerker, Architekten, Umweltorganisationen, Stadt, Stadtwerke, Wohnbaugesellschaften und Mietervereine zusammengeschlossen haben und gemeinsame Projekte zur Reduzierung der CO_2-Emissionen durchführen (IFOK 1997a). Bei der Auszeichnung der Stadt Heidelberg als Deutschlands Umwelthauptstadt 1996 wurde dieses Vorgehen als eine wesentliche Begründung der Jury für die Verleihung des Preises angeführt.

Literatur/Quellen

Aulinger, A. (1996): (Ko-)Operation. Marburg
Deutsche Bundesstiftung Umwelt (1996): Jahresbericht. Osnabrück
Deutsche Bundesstiftung Umwelt (1995): Jahresbericht. Osnabrück
Deutsche Bundesstiftung Umwelt (1994): Jahresbericht. Osnabrück
Götzelmann, F. (1992): Umweltschutzinduzierte Kooperationen der Unternehmung: Anlässe. Typen und Gestaltungspotentiale. Frankfurt/a.M. u.a.
IFOK (1997a): Bausteine für ein zukunftsfähiges Deutschand. Wiesbaden
Kaufmann, F.; Kokalj, L. (1996): Risikokapitalmärkte für mittelständische Unternehmen. Stuttgart
Klinge, G. (1997): Praktischer Lobbyismus. Politische Ökologie 15, Sonderheft 9, 44-46
Lütz, S. (1993): Die staatlich-industrielle Forschungskooperation. Funktionsweise und Erfolgsbedingungen des staatlichen Förderinstruments Verbundforschung. Frankfurt a.M.
Meister, H.-P. (1997b): Mündliche Stellungnahme auf dem IG Chemie-Workshop „Innovationen durch die Entwicklung von Regionen" vom 4.02.1997 in Bonn
Staudt, E. et al. (1993): Anreizsysteme als Instrument des betrieblichen Innovationsmanagements. In: Albach, H. (Hrsg.): Industrieller Management-Reader zur Industriebetriebslehre. Wiesbaden
Zundel, S.; Robinet, K. (1995): Innovationsbündnisse schaffen. Zu den Erfolgsaussichten einer ökologischen Technologiepolitik. Politische Ökologie, Sonderheft 7, 23-26

11.3
Informationsstrategien

Umfaßt die Institutionen:

1. Unternehmensrankings und Benchmarks
2. Weiterentwicklung des Öko-Audit

11.3.1
Unternehmensrankings und Benchmarks

Hauptstoßrichtungen: Innovation, Reflexivität

Ausgangslage

Die Ermittlung von unternehmens- und branchenbezogenen Benchmarks hat sich seit Ende der 70er-Jahre bewährt, um kontinuierliche Verbesserungsprozesse in Unternehmen zu fördern. Die Orientierung an den Leistungskennziffern der besten Unternehmen einer Branche oder sogar branchenübergreifend hilft Unternehmen, ihre eigenen Prozesse und Produkte zu überdenken und aufgrund von Lerneffekten neu zu gestalten. Die Ermittlung von ökologischen Benchmarks, d.h. Leistungskennziffern, die geeignet sind, ökologische Lernprozesse in Unternehmen auszulösen, stehen erst am Anfang. Ähnliches gilt auch für Nachhaltigkeits-Benchmarks, die auch die soziale Dimension unternehmerischen Handelns berücksichtigen. Bisher beschränkt sich zum Beispiel die Umweltberichterstattung im wesentlichen auf die Wiedergabe einzelner absoluter Emissionszahlen, die aufgrund von Branchen- und Größenunterschieden für ein Benchmarking nicht geeignet sind. Unternehmensrankings sind ein Weg, um zu komplexeren Kennziffern und Orientierungsgrößen zu gelangen, die einen Vergleich unterschiedlicher Unternehmen sowie die Auslösung ökologischer Lernprozesse ermöglichen. Auch hierzu liegen bisher erst erste Versuche vor, wie das Top 50-Ranking der 50 weltweit größten Chemieunternehmen durch das Hamburger Umweltinstitut sowie zum Beispiel das Ranking von Computerfirmen durch den BUND. Beide Ansätze weisen allerdings noch zahlreiche methodische Mängel auf, sind daher weiter zu entwickeln und insbesondere transparenter zu gestalten.

Probleme/Herausforderungen

Ökologisches Benchmarking steht vor der Herausforderung, daß bei der Ermittlung der Kennziffern normative Urteile zugrundegelegt werden müssen: Während klassische ökonomische Benchmarks darüber Auskunft geben, inwiefern bestimmte Ausprägungen von Leistungsindikatoren zu einem höheren ökonomischen Erfolg der Unternehmen beitragen, muß im Rahmen des ökologischen Benchmarkings das Ziel selbst erst definiert werden (Ist die Senkung von Abwasser-

oder Luftbelastungen die ökologisch bessere Leistung?). Ein weiteres Problem stellen die Datengrundlagen für Benchmarkings und Unternehmensrankings dar. Während beim klassischen Benchmarking seit ca. 20 Jahren entsprechende Leistungskennziffern entwickelt sowie von spezialisierten Beratern und Instituten erhoben und verwaltet werden, steht die Erhebung ökologischer Vergleichskennziffern erst am Anfang: Viele Angaben liegen nicht vor, andere sind für Adressaten außerhalb von Unternehmen und Behörden nicht verfügbar.

Alternativen/Optionen

Unternehmensrankings können sowohl selbstorganisiert als auch intermediär vermittelt erstellt werden.

• Beispiele für selbstorganisierte Rankings sind das Chemieranking des Hamburger Umweltinstituts sowie das Computerranking des BUND. Sowohl die Bewertungsmethodik als auch die Datengrundlagen wurden vom Ranking-Organisator selbst erstellt und auch die Form der Veröffentlichung selbständig gewählt.

• Eine besondere Form des selbstorganisierten Rankings stellen die Bemühungen zu einer ökologischen Unternehmensbewertung von Banken und Anlageunternehmen dar. Da Anleger zunehmend Interesse an Aktienanlagen besitzen, die nicht nur eine hohe ökonomische Leistung aufweisen, sondern vermehrt auch in Unternehmen mit hohen ökologischen Standards investieren möchten, arbeiten derzeit zum Beispiel Schweizer Banken und Institute an Kriterien zur ökologischen Leistungsmessung, die einem ökologischen Benchmarking in Branchen gleichkommen.

• Intermediäre Formen eines Unternehmensrankings greifen auf staatlich normierte Datenbasen bzw. normierte Kennziffern zurück. Eine bedeutende Form einer normierten Datenbasis ist zum Beispiel das Toxic Release Inventory (TRI) in den USA, das die Emissions- und Abfalldaten einzelner Unternehmen für über 300 Substanzen enthält, wenn gewisse Emissions-Mindestmengen überschritten werden. Ähnliche Register werden derzeit auf der Ebene der OECD (Pollutant Release and Transfer Registers, PRTR) und der EU (Pollutant Emissions Register, PER) diskutiert. Die Rohform der Daten und die EDV-technische Verfügbarkeit gewährleistet vielfältige Auswertungsmöglichkeiten. Insbesondere Umweltschutzorganisationen in den USA haben die TRI-Daten daher schon zu unterschiedlichen Formen von Unternehmensrankings genutzt. Im Rahmen der privatwirtschaftlichen ISO-Normierung wird derzeit ebenfalls an der Erarbeitung von Environmental Performance Indicators im Rahmen einer Environmental Performance Evaluation (EPE, Committee-Draft liegt seit Dezember 1996 vor) gearbeitet. Die dort erarbeiteten Normen könnten erheblich zur Standardisierung von ökologischen Unternehmensrankings beitragen.

Empfehlungen

Unternehmensrankings können ein wirksames Instrument sein, um Lernprozesse in Richtung einer nachhaltigen Entwicklung in Unternehmen und Branchen zu fördern. Daher ist es wünschenswert, solche Rankings zu verbreiten und zu professionalisieren. Insbesondere sind die bisherigen ökonomischen und ökologischen Rankings um integrierte Nachhaltigkeitsrankings zu ergänzen. Grundsätzlich sollte die Entstehung von Rankings und Bewertungsmethoden dem Wettbewerb unterschiedlicher Organisationen überlassen bleiben, da in Nachhaltigkeits-Rankings immer normative Urteile einfließen, die sich nicht standardisieren lassen. Die Weiterentwicklung von Benchmarks und Rankings sollte diese zugrundeliegenden normativen Urteile transparent machen, indem partizipative Verfahren unter Einschluß aller gesellschaftlichen Anspruchsgruppen integriert werden. Allerdings sind die mit Rankings verfolgten Lernziele teilweise auch unterschiedlich, so daß ein möglichst großer Pluralismus wünschenswert ist. Die Normierungen auf ISO-Ebene sind hierbei durchaus förderlich, da sie die profunde Diskussion über begründete Kennziffern fördern.

Rankings sind jedoch in jedem Fall auf ausführliche Datengrundlagen angewiesen. Der Bundesregierung ist daher zu empfehlen, das von der OECD vorgeschlagene PRTR in Deutschland einzuführen und die Daten in unaufbereiteter Form allen Interessenten zugänglich zu machen.

Literatur/Quellen

Dyllick, Th.; Schneidewind, U. (1995): Ökologische Benchmarks. Erfolgsindikatoren für das Umweltmanagement von Unternehmen. Diskussionsbeitrag Nr. 26 des IWÖ-HSG, Universität St. Gallen
Schneidewind, U. (1996): Ökologische Benchmarks. Katalysatoren für ein ökologisches Lernen in Unternehmen und Branchen. UmweltWirtschaftsForum 4 (3), 36-42

11.3.2
Weiterentwicklung des Öko-Audit

Hauptstoßrichtung: Innovation, Selbstorganisation

Ausgangslage

Aufgrund der EG-Verordnung 1836/93 wurde in den Mitgliedsländern ein „Gemeinschaftssystem für das Umweltmanagement und die Umweltbetriebsprüfung" aufgebaut, an welchem sich gewerbliche Unternehmen mit einem oder mehreren Standorten freiwillig beteiligen können. Im ersten Jahr nach dem Gültigwerden (erste Validierungen in Deutschland Ende 1995) der Verordnung haben sich in Deutschland etwa 400 Unternehmen von zugelassenen Umweltgutachtern die Übereinstimmung ihres Umweltmanagementsystems (UMS) mit den Anforderungen der Verordnung zertifizieren lassen. Die Verordnung bzw. das damit ins

Leben gerufene institutionelle System wird bisweilen als Paradebeispiel für eine neue Form von Umweltpolitik herangezogen, welche den Unternehmen stärkere Eigenverantwortung überträgt. Diese kommt vor allem durch die Anforderung der Verordnung zum Ausdruck, daß sich die Unternehmen neben der Einhaltung der Gesetze eigenständige Ziele für eine kontinuierliche Verbesserung des betrieblichen Umweltschutzes setzen müssen.

Probleme/Herausforderungen

Mit dem EG-Öko-Audit entstand ein neuer Ansatz der Institutionalisierung von Umweltschutz in Unternehmen. Dies erzeugt folgende Konfliktpunkte in Abgrenzung zu den bisherigen Formen: Einerseits wird kritisiert, daß die Teilnahme am Öko-Audit nur freiwillig ist und die Systeme nur relative Verbesserungen verlangen. In dieser Hinsicht ist das Öko-Audit einer klassischen ordnungsrechtlichen Regulierung unterlegen. Andererseits empfinden viele Unternehmen das Öko-Audit als eine zusätzliche Kostenbelastung, die nur in Einzelfällen positive ökonomische Konsequenzen hat. Sie befürchten eine zusätzliche innerorganisatorische Bürokratisierung.

Auch der institutionelle Rahmen des gesamten EG-Öko-Audit-Systems wirft zahlreiche Fragen auf: So ist die Anwendung des Systems heute noch auf Industriebranchen beschränkt, während die ISO 14001-Norm zum Beispiel auch eine Zertifizierung für Dienstleistungsbranchen ermöglicht. Die Zulassungsbedingungen für externe Umweltgutachter sowie die Zertifizierungspraxis ist teilweise umstritten. Trotz der weiten Akzeptanz in Deutschland (dort haben die bisher mit Abstand meisten Zertifizierungen in Europa stattgefunden) ist auch hier der Anteil der zertifizierten Unternehmen an allen Unternehmen noch äußerst gering.

Alternativen/Optionen

Das Öko-Audit stellt eine typische Form einer intermediären Institution dar. Durch die Setzung geeigneter Rahmenbedingungen will sie Selbstorganisationsprozesse und ökologische Verbesserungsprozesse in der Wirtschaft fördern. Für die Weiterentwicklung des EG-Öko-Audits gilt es, diesen intermediären Charakter so zu stärken, daß die Selbstorganisationspotentiale in Unternehmen und Branchen möglichst weitgehend mobilisiert werden, ohne die Einhaltung ökologischer Handlungsziele zu gefährden.

Empfehlungen

Vor dem Hintergrund dieser Vorgaben bieten sich folgende Weiterentwicklungen der Öko-Audit-Verordnung an:

• Ausweitung auf weitere Branchen (über Industriebranchen hinaus)

- Erarbeitung von Indikatoren zur ökologischen Leistungsmessung (Environmental Performance Indicators), um neben dem Zeitvergleich in einzelnen Unternehmen auch Branchenvergleiche zu ermöglichen
- Stärkere Einbindung von Arbeitnehmern und ihrer Vertreter in die Umsetzungsprozesse von Umweltmanagementsystemen, um die Mitarbeiterbeteiligung und -identifikation zu erhöhen
- Ausschöpfen der Möglichkeiten des Staates als Nachfrager von Leistungen, indem staatliche Auftragsvergaben an die Durchführung eines Öko-Audits gekoppelt werden
- Auswertung der Erfahrungen, die im Rahmen des Umweltpaktes Bayern gemacht wurden, das Öko-Audit als Ansatzpunkt für eine Deregulierung von Umweltschutzbestimmungen zu nutzen, ohne materielle Schutzziele zu verringern
- Übertragung des Institutionendesigns der EG-Öko-Audit-Verordnung (zum Beispiel Deutsche Akkreditierungs- und Zulassungsgesellschaft für Umweltgutachter/DAU, etablierte Ausbildungs- und Prüfungsrichtlinien) auf andere Anwendungsfelder, wie z.B. akkreditierte Öko-Label-Institute.

Literatur/Quellen

Dyllick, Th. (1995): Die EU-Verordnung zum Umweltmanagement und zur Umweltbetriebsprüfung (EMAS-Verordnung). Darstellung, Beurteilung und Vergleich mit der geplanten ISO-Norm 14001. Diskussionsbeitrag Nr. 20 des IWÖ-HSG. Universität St. Gallen
Fichter, K. (Hrsg.) (1995): Die EG-Öko-Audit-Verordnung. München Wien

11.4
Strategien des institutionellen Wettbewerbs

Umfaßt die Institution

1. Funktionaler Föderalismus

11.4.1
Funktionaler Föderalismus

Hauptstoßrichtung: Innovation

Ausgangslage/Probleme/Herausforderungen

Föderalistische Strukturen sind ein hervorstechendes Merkmal des Staatsaufbaus der Bundesrepublik Deutschland. Die „Arbeitsteilung" zwischen Bund, Ländern und Kommunen gestattet je ausgeprägte autonome Handlungsspielräume, wie sie in dieser Konsequenz in Europa (zusammen wahrscheinlich mit der Schweiz) einzigartig sind. Das übereinstimmende Resultat der „Föderalismusforschung" lautet: Föderale Strukturen gestatten bei geeigneter Ausgestaltung einen (horizontalen) institutionellen Wettbewerb zwischen Körperschaften um effiziente Problemlösungen - beinhalten also ein erhebliches innovatives Potential. Damit hängt die Tatsache unmittelbar zusammen - durchaus einen eigenen Wert darstellend -, daß föderale Strukturen in vielen Fällen eine größere Problemnähe und unmittelbarere Partizipationsmöglichkeiten der gesellschaftlichen Akteure erlauben.

In der Bundesrepublik Deutschland ist die dezentrale Aufgabenerfüllung daher einerseits auf der Ebene der Normsetzung (Ländergesetzgebung, Selbstverwaltungsaufgaben der Kommunen), andererseits auf der Ebene der Implementation (Auftragsverwaltung) vorgesehen. Unterschiede zwischen den Standorten kommen daher nicht nur durch unterschiedliche gesetzliche Regelungen zustande, sondern auch infolge unterschiedlicher Ausfüllung von Ermessensspielräumen etwa bei Genehmigungsverfahren. Die unterschiedliche Ausfüllung des Ermessens gilt als grundsätzliches Problem im Föderalismus. Unternehmen nehmen dies bei ihren Ansiedlungsentscheidungen zwischen benachbarten Bundesländern zur Kenntnis.

Als interessantes Beispiel der innovativen Kraft föderaler Strukturen sei aus dem Umweltbereich das in den Kantonen Basel-Land und Basel-Stadt (Schweiz) im Alleingang eingeführte Emissions-Gutschriftensystem im Bereich der Luftreinhaltepolitik erwähnt. Dieser ausserhalb der Vereinigten Staaten unseres Wissens einmalige Ansatz eines Zertifikatesystems in der Luftreinhaltung wäre gesamtschweizerisch noch nicht realisierbar gewesen. Die spezifischen Voraussetzungen in den beiden Kantonen erlaubten jedoch dieses Experiment. Die Umsetzbarkeit solcher Ansätze im deutschen Rechtskreis ist aber noch nicht geklärt, setzen Zertifikatslösungen doch u.a. die Definition neuartiger Eigentumsrechte voraus. Zu dieser Frage wird derzeit eine Studie beim UBA erstellt.

Alternativen/Optionen: Funktionaler Föderalismus

Kernidee des „funktionalen Föderalismus" ist es, die Entscheidung ökonomischer Akteure für ihnen geeignet erscheinende rechtliche Rahmenbedingungen von der Entscheidung für einen räumlichen Standort zu entkoppeln. Auf diese Weise soll der Wettbewerbsmechanismus einer föderalistischen Staatsstruktur in neuartiger Form genutzt werden.

Der Vorschlag eines funktionalen Föderalismus zielt auf eine allgemeine (produktunabhängige) Innovationsförderungsstrategie zuhanden der politischen Akteure. Ausgangspunkt ist die Frage, ob die innovative Kraft des Föderalismusgedankens nur in der Form genutzt werden kann, wenn die politische Gestaltungskompetenz bezüglich Rahmenbedingungen von der nationalen Politik auf die Regionen (zum Beispiel Bundesland) delegiert wird. Konkret: Ist es zwingend, daß unterschiedliche Rahmenbedingungen zwar gleichzeitig existieren können, aber nur in unterschiedlichen Regionen? Wäre nicht vielmehr eine „Koexistenz" unterschiedlicher zur Auswahl und damit in institutioneller Konkurrenz stehender Rahmenbedingungen innerhalb der gleichen Gebietskörperschaft (zum Beispiel Bundesrepublik) vorstellbar (Minsch u.a. 1996: 205f.)?

Die kreative Suche nach einer Antwort könnte in folgende Richtung gehen: Geeignete Elemente neuer rechtlicher Rahmenbedingungen könnten von der (nationalen) Politik als Angebot oder Option offeriert werden, die zu beanspruchen bzw. unter deren Regime sich zu begeben der Freiheit der Wirtschaftsakteure überlassen bliebe. Die zentrale Herausforderung wird es sein, diese neuen, in Richtung Nachhaltigkeit wirkenden „Politikprodukte" so auszugestalten, daß sich mit der Zeit immer mehr Akteure diesem Nachhaltigkeitsregime anschliessen - und einem Abbau der alten, bezüglich Nachhaltigkeit dysfunktionalen Rahmenbedingungen weniger Hindernisse entgegenstehen, als dies heute der Fall ist. Ziel sollte es also sein, Rahmenbedingungen der Nachhaltigkeit dadurch bessere Implementationschancen zu verschaffen, daß diese nicht schon zu Beginn gewissermaßen „en bloc" von allen Akteuren akzeptiert werden müssen, sondern indem sie primär die Pionier-Akteure bei der Integration sozialer, ökologischer und ökonomischer Aspekte anspricht und ihnen die Gelegenheit gibt, zum Beispiel ökologische Handlungsräume zu erweitern, Erfahrungen zu sammeln und sich im Sinne eines Lernprozesses schrittweise auf eine nachhaltigkeitsgerechtere Form der Leistungserstellung einzurichten. Dies böte Anschauungsmaterial für Nachahmer. Die Vorbildfunktion von Nachhaltigkeits-Initiativen einzelner Unternehmungen kann einen gesellschaftlichen Lernprozeß in Richtung nachhaltige Entwicklung auslösen bzw. beschleunigen.

Es finden sich zwei mögliche Ansatzpunkte für einen so verstandenen funktionalen Föderalismus im Regierungssystem der Bundesrepublik:

1. Im Bereich der Bundesauftragsverwaltung: Der Bund erstellt die Optionen, die zur Auswahl stehen, und überwacht die Ausführung durch die Länder und Gemeinden.
2. Im Bereich der Landeskompetenzen für die Gesetzgebung besteht die Möglichkeit (und Realität) unterschiedlicher Landesgesetze. Für die Einrichtung eines funktionalen Föderalismus wäre eine Einigung der Länder über verschiedene Optionen erforderlich. Ansonsten besteht eine Standort-Differenz zwischen den Ländern im Rahmen des herkömmlichen Föderalismus.

Denkanstoß: Optionale Energiesteuer mit gleichzeitiger Entlastung bei anderen Steuern:

Bei der optionalen Energiesteuer mit gleichzeitiger Entlastung bei anderen Steuern ist den Wirtschaftssubjekten freigestellt, ihrer Pflicht zur Entrichtung von Steuern entweder im Rahmen des traditionellen, gegenwärtig gültigen Steuersystems nachzukommen (bspw. durch Entrichtung von Einkommens- und Vermögenssteuern bei natürlichen Personen und durch Körperschaftssteuern bei juristischen Personen) oder durch Entrichtung einer vorgegebenen, aber optionalen Energiesteuer bei gleichzeitiger Entlastung bei den anderen Steuern im Umfang der bezahlten Energiesteuer. Diese Summe wird als Prozentsatz der gesamten traditionell errechneten Steuerrechnung ausgewiesen und gilt im folgenden für eine bestimmte Anzahl weiterer Steuerperioden. Damit ist sichergestellt, daß tatsächlich ein Anreiz besteht, Energiesparanstrengungen einzuleiten, um sich damit über eine Reduktion der Energiesteuerrechnung eine Reduktion der gesamten Steuerbelastung zu erarbeiten. Damit reduziert sich allerdings gesamtwirtschaftlich das Steueraufkommen. Dies kann im Sinne einer allgemeinen Revitalisierung der Wirtschaft als positiver Nebeneffekt begrüsst werden. Bei finanzpolitisch „allzu erfolgreichen" Energieeffizienzerhöhungen besteht aber auch die Möglichkeit, die traditionellen Steuern im finanzpolitisch notwendigen Ausmass zu erhöhen. Diese Erhöhung trifft sämtliche Wirtschaftssubjekte - jene, die sich für das traditionelle, nicht ökologisierte Steuersystem entschieden haben, aber entsprechend mehr als die Pioniere, die sich der Energiesteuer unterstellt haben.

Empfehlungen

Die Möglichkeiten und Grenzen eines funktionalen Föderalismus im Sinne der als Denkanstoß formulierten Politik der optionalen Rahmensetzung sollten in rechtlicher und finanzwissenschaftlicher Hinsicht überprüft werden.

Literatur/Quellen

Hansjürgens, B. (1995): Föderalismustheorie und europäische Umweltpolitik. In: Postlep, R.-D. (Hrsg.): Aktuelle Fragen zum Föderalismus, Marburg

Hansmeyer, K.-H.; Kops, M. (1984): Die Kompetenzarten der Aufgabenzuständigkeit und deren Verteilung im föderativen Staat. Hamburger Jahrbuch für Wirtschafts- und Gesellschaftspoliltik 29, 127-140

Huckestein, B. (1993): Umweltpolitik und Föderalismus. Ökonomische Kriterien für umweltpolitiche Kompetenzen der Europäischen Gemeinschaft. Zeitschrift für angewandte Umweltforschung 6, 330-339

Junkernheinrich, M. (1995): Föderalismus und Umweltschutz. In: Junkernheinrich, M; Klemmer, P.; Wagner, G.R. (Hrsg.): Handbuch zur Umweltökonomie. Band 2. Berlin

Oates, W.E. (1972): Fiscal Federalism. New York

Olson, M. (1969): The Principle of „Fiscal Equivalenz". The Division of Responsabilities Among Different Levels of Government. American Economic Review 59, 479-487

Scheele, M. (1993): Raumwirksamkeit der Umweltpolitik als Kriterium subsidiärer Kompetenzverteilung. Wirtschaftsdienst 73, 424-487

Zimmermann, K.W.; Kahlenborn, W. (1994): Umweltföderalismus. Berlin

11.5
Förderstrategien

Umfaßt die Institutionen

1. Nachhaltigkeitsorientierte Ausweitung der Förder- und Stiftungstätigkeit
2. Förderung von Risikokapital für nachhaltigkeitsorientierte Unternehmen
3. Nachhaltigkeitsorientierte Direktzahlungen
4. Nachhaltigkeitsorientierte Innovationsförderung durch Netzwerke

11.5.1
Nachhaltigkeitsorientierte Ausweitung der Förder- und Stiftungstätigkeit

Hauptstoßrichtung: Innovation, Ressourcenausgleich

Ausgangslage

Die Finanzierung von ökologischen, sozialen sowie sonstigen nachhaltigkeitsorientierten Projekten stellt heute bereits einen wichtigen Ausgabeposten des Staates und privater Akteure dar. Die Finanzierung muß dabei einigen grundsätzlichen Kriterien gehorchen, wie beispielsweise politische Mehrheitsfähigkeit, Gleichberechtigung im Zugang oder relativ sicheres Wissen um die Wirkung der eingesetzten Mittel. Die Einhaltung dieser Kriterien führt dazu, daß für viele Akteure keine Möglichkeiten und Anreize bestehen, innovative Lösungen für Nachhaltigkeitsprobleme zu entwickeln. Stiftungen sind ein Weg, jenseits der Formen der standardisierten Finanzierung finanzielle Mittel auch für innovative Problemlösungen zu mobilisieren. Durch eine stiftungsfreundliche Ausgestaltung der rechtlichen Rahmenbedingungen besteht zudem die Möglichkeit, zusätzliche Mittel für Nachhaltigkeitsbelange von privaten Trägern freizusetzen.

Die Bedeutung der Stiftungstätigkeit ist im ökologischen Kontext heute schon sehr hoch. Prominentes Beispiel ist die Deutsche Bundesstiftung Umwelt (DBU), deren Stiftungskapital aus dem Erlös der Salzgitter AG stammt und die durch Beschluß des deutschen Bundestages 1990 gegründet wurde (Aufnahme der Fördertätigkeit am 1. März 1991). Mit einem Stiftungskapital von 2,5 Milliarden DM und Erträgen aus dem Stiftungsvermögen von jährlich etwa 150 Millionen DM ist die DBU eine der größten Stiftungen der Welt. Ein bedeutender Teil der deutschen Umweltforschung wird heute über diese Stiftung finanziert.

Für den Bereich der sozialen Nachhaltigkeit wird derzeit ein Stiftungsmodell noch bedeutenderer Größenordnung in der Schweiz erörtert. Im Zuge der Diskussion um einen Solidaritätsfond für die Holocaust Opfer entstand im März 1997 der Vorschlag, einen solchen Fond über die Neubewertung der (heute unterbewerteten) Goldreserven der Schweizer Nationalbank zu finanzieren. Der hierdurch zu erzielende Erlös von 14 Mrd. Schweizer Franken sollte zu einer Hälfte dem ge-

planten Solidaritätsfond zugute kommen, zur anderen Hälfte in eine Stiftung eingehen, die der Unterstützung von sozialen Härtefällen und anderen sozialen Projekten in der Schweiz dient. Die konkrete Umsetzung dieser Idee wurde zum Zeitpunkt der Studienerstellung in der Schweiz noch intensiv diskutiert. In jedem Fall
zeigt sie, daß analog zum DBU-Modell ähnliche Lösungen auch im sozialen Bereich vorstellbar sind.

Probleme/Herausforderungen

Stiftungen eignen sich in der Regel nicht zur Dauerförderung fester Maßnahmen.
Um innovative Impulse auszulösen, sind Stiftungsgelder zur Förderung begrenzter
Projekte einzusetzen. Dadurch sind Stiftungen immer nur eine ergänzende, nie
eine substituierende Form der Finanzierung für ökologische, soziale und ökonomische Belange. Die Herausforderung ist vor allem, den von ihnen verfolgten
Stiftungszweck zu formulieren sowie die Kriterien und Entscheidungsmechanis-
men für die Mittelvergabe festzulegen. Je nach Stiftungsdesign entfalten Stiftungen einen unterschiedlich innovativen Charakter.

Alternativen/Optionen

Stiftungen können sowohl staatlich (Fremdsteuerung) als auch vollkommen privat
initiiert (Selbststeuerung) werden. Neben den oben zitierten staatlichen Stiftungen
findet sich heute in Deutschland eine breite Palette privater Stiftungen, bei denen
die Stifter Privatpersonen, große Unternehmen, aber zum Beispiel auch Gewerkschaften oder private Institute sind. Formen der intermediären Steuerung von
Stiftungen ergeben sich durch die Ausgestaltung der institutionellen Anreize für
Stiftungstätigkeiten - hierzu gehören insbesondere Steuererleichterungen.
    Neben der Trägerschaft unterscheiden sich Stiftungen auch in der Art, wie sie
Nachhaltigkeitsbelange fördern. Neben einer klassischen Projektförderung lassen
sich andere Formen beobachten: zum Beispiel die Vergabe von Stipendien, die
Gewährleistung von Hilfen in persönlichen Härtefällen oder die Ausschreibung
von Umweltpreisen. Insbesondere die Ausschreibung von Preisen zielt explizit auf
die Förderung von Innovationen.

Empfehlungen

Die Stiftungstätigkeit für Nachhaltigkeitsfragen sollte in Deutschland zunehmend
gefördert werden. Die Vergabekriterien bestehender Stiftungen, wie zum Beispiel
der DBU, sind einem integrativen Nachhaltigkeitsansatz anzupassen.
    Die Vergabe von finanziellen Mitteln über Stiftungen vergrößert das Innovati-
onspotential und die Problemverarbeitungskapazitäten in der Gesellschaft. Durch
die feste Definition von Stiftungszwecken und transparenten Vergabemechanis-
men gewährleisten Stiftungen zudem eine öffentlich nachvollziehbare Form der
finanziellen Förderung. Je nach Problemsituation bedarf es jedoch unterschiedli-

cher Ausgestaltungsformen von Stiftungen. Es ist daher darauf zu achten, daß sich eine möglichst vielfältige Stiftungslandschaft in Deutschland entwickelt, die insbesondere von privater Hand getragen wird. Hierzu sind die Rahmenbedingungen für die private Stiftungstätigkeit in Deutschland zu überprüfen und gegebenenfalls anzupassen - u.a. durch einen Vergleich mit dem "stiftungsfreundlicheren" Klima in den USA.

11.5.2
Förderung von Risikokapital für nachhaltigkeitsorientierte Unternehmen

Hauptstoßrichtung: Innovation

Ausgangslage

Die Diskussion um „venture capital" ist in jüngster Zeit von den USA nach Europa übergeschwappt. Auf der Suche nach Möglichkeiten, neue Arbeitsplätze zu schaffen, registrierte man in Deutschland und in der Schweiz, daß in den USA im Unterschied zu Europa kleine und mittlere Unternehmen in bedeutendem Umfange Arbeitsplätze schaffen. Der Grund wird vor allem in der Förderung junger, innovativer Unternehmen mit venture capital, sogenanntem Wagnis- oder Risikokapital, gesehen. Es bleibt nun zu prüfen, inwieweit mittels venture capital nachhaltigkeitsorientierte Projekte gefördert werden können, wie es zum Beispiel Schmidheiny/Zorraquín (1996: 94) und Clement/Vahrenholt (1997) fordern.
Die folgenden Abschnitte legen zunächst die Diskussion um venture capital und deren Ergebnisse dar, beschreiben Erfahrungen und laufende Projekte und zeigen schließlich auf, inwieweit das Innovationspotential bei nachhaltigkeitsorientierten Projekten noch unausgeschöpft ist. Abschließend werden dann konkrete Möglichkeiten der Förderung beschrieben.

Probleme/Herausforderungen

Die Diskussion um venture capital und ihre Ergebnisse: Im Gegensatz zu Europa wurden in den letzten vier Jahren in den USA mehr Arbeitsplätze geschaffen als abgebaut - netto 8,3 Millionen (Comtesse, 1996). Neben einer Reihe von Faktoren, wie zum Beispiel ein niedriger Dollar und relativ niedrige Löhne, wird in jüngster Zeit das Innovationspotential kleiner und mittlerer Unternehmen dafür verantwortlich gemacht. So bauten in den letzten vier Jahren die großen amerikanischen Unternehmen zwar 3,8 Millionen Arbeitsplätze ab, gleichzeitig schufen die kleinen und mittleren aber mehr als 12 Millionen neue Jobs. Entgegen dem Vorurteil, dies seien lediglich unterbezahlte „Hamburger-Jobs", kommt die Small Business Administration zum Schluß, der Stundenlohn der neuen Jobs liege um 5,3 Prozent höher als der Durchschnittslohn (Comtesse, 1996).

Die Diskussion in Deutschland und der Schweiz dreht sich daher um die Frage, warum kleinere und mittlere Unternehmen hier nicht in einem ähnlichen Maße Arbeitsplätze schaffen. Dem wurde zum Beispiel in einer Ringvorlesung mit internationalen Experten im Wintersemester 96/97 nachgegangen, die die Universität St. Gallen zusammen mit der Eidgenössischen Technischen Hochschule Zürich organisierte. Deren Ergebnisse sollen hier wegen ihrer Anschaulichkeit stellvertretend für den aktuellen Stand der Diskussion wiedergegeben werden. Leuenberger (1997) formulierte folgendes Fazit: In der Schweiz ist grundsätzlich ein ausreichendes Innovationspotential vorhanden, dieses wird jedoch nur ungenügend ausgeschöpft, wofür vor allem folgende Ursachen anzuführen sind:

- Die Innovations- und Risikokultur ist nur schwach ausgeprägt.
- Die öffentlichen Forschungsinstitutionen zeichnen sich durch ein zu geringes unternehmerisches Denken aus.
- Es fehlt ein transparenter Forschungsmarkt.
- Nach dem bisherigen Insolvenzrecht bestand für Unternehmer die Gefahr, daß sie bei einer möglichen Pleite bis an ihr Lebensende Schuldner sind. Diesem Problem schafft das neue Insolvenzrecht teilweise abhilfe. Danach kann ein Pleitier bereits nach sieben Jahren wieder schuldenfrei sein (Schwarte 1997).
- Es gibt zu wenig praktische Beratungs- und Begleitungsangebote.
- Die Strukturen, um venture capital beschaffen zu können, sind nicht vorhanden, insbesondere bei geringen Summen bis ca. 2 Mio. DM, da hier die Transaktionskosten für die Banken zu hoch sind.
- Bislang fehlte die Börsenfähigkeit bzw. Handelbarkeit der Anteile, was sich durch den „Neuen Markt" an der Frankfurter Börse ändern könnte (http://www.exchange.de/neuer-markt.html).

Aus den Ausführungen von Müller (vgl. 1997) geht hervor, daß diese Diagnose keinesfalls nur für die Schweiz gilt, sondern auch auf Deutschland zutrifft. Als Konsequenz daraus wird deutlich, daß die Bereitstellung von venture capital allein nicht genügt, um das vorhandene Innovationspotential auszuschöpfen. Vielmehr ist neben ausreichendem Kapital technisches Know-how sowie unternehmerisches Denken und Handeln notwendig. Wie im folgenden zu zeigen ist, wird diese Folgerung durch die Erfahrungen in den USA bestätigt.

Erfahrungen und laufende Projekte: Schon einfache Internetabfragen zum Stichwort „venture capital" vermitteln einen Eindruck von der Bedeutung dieser Art der Förderung in den USA. Dieser nur wage Eindruck wird durch Comtesse bestätigt (Comtesse 1996). Er führt z.B. das SBIR an, das Small Business Innovation and Research Programm, das mit 1 Milliarde US$ kleine und mittlere Unternehmen fördert. Von grösserer Brisanz sind für Comtesse aber die sogenannten „Angels"; private Geldgeber, die sich in Clubs organisieren und Startkapital für neue Unternehmen zur Verfügung stellen. Diese Art der Förderung ist keinesfalls eine der vielen kleinen Anekdoten über die Art, wie die US-Amerikaner Marktwirtschaft betreiben. Vielmehr investieren die „Angels" jährlich in Höhe von 15 Milliarden US$ und unterstützen damit 25'000 Unternehmen. Dabei wird nicht nur mit Kapital ausgeholfen, sondern die jungen Unternehmer können auch von dem Wissen und den Beziehungen ihrer „Angels" profitieren.

Zudem besteht in den USA ein bedeutender Unterschied zur europäischen Risikomentalität: „Es werden in der Regel solche Personen bevorzugt, die sich zuvor schon einmal durch eine Niederlage 'ausgezeichnet' haben, denn negative Erfahrungen zählen bei den Angels mehr als positive" (Comtesse 1996).

Wenn man diese Erfahrungen mit den von Leuenberger aufgezeigten Barrieren vergleicht, die die Ausschöpfung des Innovationspotentials verhindern, dann zeigt sich: In den USA wird nicht nur venture capital bereitgestellt, sondern auch mit unternehmerischem Know-how und Beratung ausgeholfen. Zudem ist eine wesentlich risikofreudigere Mentalität von Unternehmern wie Förderern zu verzeichnen.

Unausgeschöpftes Innovationspotential bei nachhaltigkeitsorientierten Projekten: In den letzten Jahren entstanden zwar zahlreiche ökologische Innovationen sowohl auf der Ebene der Produktionsprozesse als auch der Produkte. Allerdings wird seitens vieler Anbieter beklagt, daß trotz zahlreicher ökologischer Innovationen kleiner und mittlerer Unternehmen, die zum Beispiel Weizsäcker (vgl. 1995) aufzeigt und die auf vielen Messen zu besichtigen sind, es nicht zu einem wirtschaftlichen Durchbruch gekommen sei. Ursache hierfür scheinen zum einen die oben aufgeführten Barrieren zu sein, die auf der Angebotsseite liegen. Zum anderen sind aber auch Ursachen aufzuführen, die für ökologische Innovationen spezifisch sind. Diese sind vornehmlich auf der Nachfrageseite zu finden. Aus verschiedenen Gründen ist oftmals der Absatzmarkt zu klein; aufgrund ungünstiger Markt- und/oder Rahmenbedingungen rechnen sich für viele Unternehmen Investitionen in Umweltschutzgüter nicht. Auch sind bislang die Endkonsumenten trotz ihres hohen Umweltbewußtseins nur geringfügig bereit, einen Mehrpreis für umweltfreundlichere Produkte zu bezahlen. Ebenfalls ist vielfach nicht die Bereitschaft vorhanden, Gewohnheiten zu ändern, die ökologische Funktionsinnovationen von den Konsumenten abverlangen würden, wie zum Beispiel der Verzicht auf das eigene Auto und der Umstieg auf Car-Sharing (Minsch u.a. 1996: 85).

Somit zeigt sich folgendes Bild: Zu den angebotsseitigen Faktoren, die in der allgemeinen Diskussion um venture capital angeführt werden, treten spezifische nachfrageseitige Faktoren hinzu. Folglich liegt die Herausforderung bei einer Förderung von nachhaltigkeitsorientierten Projekten darin, einerseits die amerikanischen Erfahrungen mit venture capital zu berücksichtigen, andererseits aber nicht die spezifischen nachfrageseitigen Faktoren zu vernachlässigen.

Alternativen/Optionen

Allgemein läßt sich aus dem bisher Gesagten schließen: Um das vorhandene ökologische Innovationspotential zu nutzen, muß neben die Bereitstellung von Risikokapital eine ausreichende unternehmerische Beratung vorhanden sein. Dabei wird davon ausgegangen, daß bei einer zunehmenden Internalisierung der externen Kosten, zum Beispiel durch eine ökologische Grobsteuerung (vgl.

Minsch u.a. 1996, 89ff.), die Anreize für die Unternehmen und Konsumenten steigen, umweltfreundlichere Investitionen zu tätigen und Produkte nachzufragen.

Grundsätzlich sind zwei Arten der Förderung nachhaltigkeitsorientierter Projekte mittels venture capital denkbar: 1. Förderung von *explizit* nachhaltigkeitsorientierten Projekten, d.h. Projekte, die den Schutz der Umwelt zum Ziel haben, wie zum Beispiel Umweltschutz- bzw. end-of-pipe Technologien. 2. Förderung von *implizit* nachhaltigkeitsorientierten Projekten, d.h. Projekte, die die Befriedigung eines menschlichen Bedürfnisses bezwecken, dabei aber hohe Umweltstandards berücksichtigen. Es ist zu erörtern, inwieweit diese beiden Arten der Förderung zum Ziel der nachhaltigen Entwicklung beitragen und welche Kosten damit einhergehen.

Explizit nachhaltigkeitsorientierte Projekte: Wenn explizit nachhaltigkeitsorientierte Projekte gefördert werden, dann wird dies vor allem end-of-pipe Technologien betreffen. Aufgrund der steigenden Umweltgesetzgebung der letzten Jahre in Deutschland wurde auf diesem Gebiet bereits viel unternommen. Konzentriert man daher die Förderung primär auf diesen Bereich, dann besteht die Gefahr, daß mit hohen Kosten versucht wird, weitere immer kleiner werdende Verbesserungen zu erzielen - es besteht die Gefahr, daß die Kosten pro Einheit Umweltverbesserung enorm steigen. Vor diesem Hintergrund erscheint eine starke Forcierung dieser Art der Förderung nicht ratsam.

Weitet man andererseits den Blick aus und beachtet die Entwicklung in den aufstrebenden neuen Industriestaaten, vor allem in Südostasien, dann könnte es sinnvoll sein, aufgrund des dort in Zukunft vermutlich steigenden Absatzmarktes für Umweltschutztechnologien ihrer angemessenen Förderung dennoch die nötige Aufmerksamkeit zu schenken, um zum einen einen Beitrag zur dortigen Umweltverbesserung zu leisten und zum anderen hier Arbeitsplätze zu sichern.

Implizit nachhaltigkeitsorientierte Projekte: Da die Potentiale, mittels End-of-pipe Technologien in Deutschland Umweltverbesserungen zu geringen Kosten zu erzielen, weitgehend ausgeschöpft sind, scheint eine Förderung von Projekten sinnvoller zu sein, die die Befriedigung bestehender Bedürfnisse auf gänzlich neue Art und Weise anstreben. Hier ist vor allem an Funktionsinnovationen zu denken (Minsch u.a. 1996: 67f.). Im Vordergrund steht dann zum Beispiel nicht das Ziel, eine neue energie- und ressourcensparende Glühbirne zu entwickeln, sondern das Bedürfnis nach Licht intelligent auf andere Art zu befriedigen.

In der Tat scheint hier das bessere Kosten/Nutzen-Verhältnis für Umweltverbesserungen zu liegen, da in diesem Bereich bisher kaum Innovationen getätigt wurden. Und auch mit Blick auf die Arbeitsplatzfrage und die Wettbewerbsfähigkeit der deutschen Industrie auf dem Weltmarkt befinden sich hier vermutlich große Potentiale, denn warum sollte zum Beispiel China kostenintensivere End-of-pipe Technologien einkaufen, wenn auf dem Markt Möglichkeiten angeboten werden, die gleichen Bedürfnisse auf neue, kostengünstigere und umweltfreundlichere Art zu befriedigen?

Wie könnte eine solche Förderung gestaltet sein? Wiederum sind zwei Arten denkbar. Erstens kann der Staat die bisherige Subventionspraxis ändern. Neben dem Abbau unökologischer Subventionen (Minsch u.a. 1996: 207ff.) und der Umorientierung zu ökologischen Direktzahlungen kann der Staat zwei neue Wege einschlagen: Zum einen kann er direkt *Risikokapital* für nachhaltige Projekte zur Verfügung stellen oder zum anderen indirekt *Sicherheiten* gewähren, wenn von privater Seite Risikokapital für nachhaltigkeitsorientierte Projekte bereit gestellt wird. Für die Kontrolle bzw. Messung der Umweltleistung nachhaltigkeitsorientierter Projekte könnten ⇒ *ökologische Benchmarks* hilfreich sein, wie sie derzeit beispielsweise am IWÖ entwickelt werden (Dyllick/Schneidewind 1995). Beantragt demnach ein junges Unternehmen venture capital, dann muß es nachweisen, inwieweit seine Innovation vorhandene ökologische Benchmarks übertrifft. Allerdings ist bei dieser Art zu prüfen, in welchem Verhältnis eine mögliche Förderung von staatlicher Seite im Vergleich zur allgemeinen, d.h. nicht umweltorientierten, privaten Förderung steht.

Daher bleibt zweitens die Frage, wie von staatlicher Seite Maßnahmen ergriffen werden können, die auch *private Förderung an ökologische Standards* bindet. Hier ist ein direkter und ein indirekter Weg möglich. Beim direkten würde den privaten Anlegern mittels Gesetz vorgeschrieben werden, zum Beispiel ökologische Benchmarks zu berücksichtigen. Dabei tritt neben das Problem der Durchsetzbarkeit das Problem der Operationalisierung und Kontrolle der Umweltstandards. Diese Hindernisse könnten durch das Einschlagen eines indirekten Vorgehens umgangen werden. Wenn mittels einer ökologischen Grobsteuerung (vgl. Minsch u.a. 1996, 89ff.) Anreize für die Unternehmen gesetzt werden, nachhaltiger zu wirtschaften, dann haben die privaten Anleger ein Eigeninteresse, daß ihr Kapital in Unternehmen fließt, die sich an ökologischen Benchmarks orientieren. Somit müßte die Politik nicht direkt in den Markt eingreifen, sondern würde lediglich Rahmenbedingungen setzen, die das Ausschöpfen des Innovationspotentials unterstützen.

Empfehlungen

Eine Förderung nachhaltigkeitsorientierter Projekte mittels venture capital ist zu empfehlen. Dabei ist allerdings folgendes zu berücksichtigen: Die staatliche Förderung mittels venture capital ist nicht hinreichend, sie muß durch *unternehmerische Beratung* ergänzt werden. Zudem sollte nicht vornehmlich die Förderung von explizit nachhaltigkeitsorientierten Projekten, d.h. von End-of-pipe Technologien, forciert werden, sondern statt dessen die Unterstützung von *implizit nachhaltigkeitsorientierten Projekten*, d.h. von Projekten, die bestehende Bedürfnisse auf umweltfreundliche Weise befriedigen. Um auch Anreize für private Anleger zu setzen, bei der Vergabe von venture capital Umweltstandards zu berücksichtigen, kann der Staat zum einen *Sicherheiten* bereitstellen und zum anderen eine *ökologische Grobsteuerung* verfolgen. Werden diese Faktoren bei dem Design der Förderungsarchitektur berücksichtigt, dann könnte sich dieses Instrument als äußerst erfolgreich erweisen.

Darüber hinaus sind verstärkt die amerikanischen und deutschen Erfahrungen im Umgang mit venture capital zu beobachten. Darauf aufbauend müssen vermehrt Forschungsanstrengungen ergriffen werden, um zu evaluieren, wie groß das ökologische Innovationspotential ist, inwieweit eine Förderung mittels venture capital hilft, dieses Potential verstärkt auszuschöpfen und wie eine Förderung konkret ausgestaltet sein kann.

Literatur/Quellen

Clement, W.; Vahrenholt, F. (1997): Wider die Technikphobie. Die Zeit 18.04.1997 (Nr. 17), 30

Comtesse, X. (1996): Innovation nach amerikanischer Manier. Neue Zürcher Zeitung 2./3.11.1996 (Nr. 256), 27

Dyllick, Th.; Schneidewind, U. (1995): Ökologische Benchmarks. Erfolgsindikatoren für das Umweltmanagement von Unternehmen, IWÖ-Diskussionspapier Nr. 26, IWÖ-HSG, Universität St. Gallen

Lattmann, M.S. (1997): In der Technologie-Industrie sind 30000 neue Arbeitsplätze entstanden. Interview. Handelszeitung, 13.03.1997 (Nr. 11), 4

Lerner, J. (1996): The government as venture capitalist. The long-run impact of SIBIR program. Cambridge/Mass.

Leuenberger, Th. (1997): Thema „Venture capital". HSG Information, 14.04.1997 (Nr. 3), 2

Libecap, G.D. (Hrsg.) (1986): Entrepreneurship and innovation. The impact of venture capital on the development of new enterprise. Greenwich

Minsch, J.; Eberle A.; Meier B.; Schneidewind, U. (1996): Mut zum ökologischen Umbau. Innovationsstrategien für Unternehmen, Politik und Akteursnetze. Basel Berlin Boston

Müller, M. (1997): Riskante Feigheit. Die Zeit, 7.03.97 (Nr. 11), 35

Scheidegger, A.; Hofer, H.; Scheuenstuhl, G. (Hrsg.) (1998): Innovation - Venture Capital - Arbeitsplätze : Antworten zu Kernfragen. Bern Stuttgart Wien

Schmidheiny, S.; Zorraquín, F. (1996): Finanzierung des Kurswechsels. Zürich

Schwarte, G. (1997): Erlösung nach den Plagen. Die Zeit , 14.11.1997 (Nr. 47), 38

Weiss, B. (Hrsg.) (1991): Praxis des Venture Capital. Landsberg am Lech

Weizsäcker, E.U.v; Lovins, A.B.; Lovins, L.H. (1995). Faktor Vier. Doppelter Wohlstand. Halbierter Naturverbrauch. Der neue Bericht an den Club of Rome, München

11.5.3
Nachhaltigkeitsorientierte Direktzahlungen

Hauptstoßrichtung: Innovation

Ausgangslage

Aufgrund der Erfahrungen mit Abgabenlösungen, die sich bislang als politisch schwer durchsetzbar erwiesen, kam in der Umweltpolitik ein Interesse an fördernden Instrumenten in der Umweltpolitik auf. In der Schweiz werden Direktzahlungen in der Landwirtschaft eingesetzt. Sie lösen die früheren GATT-inkonformen Subventionen über garantierte Preise ab. Die Bauern werden nun vielmehr *direkt* mit individuellen Einkommenstransfers subventioniert, daher der Name Direktzahlung. Diese Art der Subventionierung wird von der internationalen Handelsordnung toleriert. Direktzahlungen scheinen aber noch einen weiteren Vorteil aufzuweisen: Sie können an ökologische Leistungsausweise der Empfänger gebunden werden. Direktzahlungen stellen dann gewissermaßen das Pendant zu den Umweltabgaben dar, da sie ein bestimmtes Verhalten belohnen bzw. subventionieren.

Im folgenden werden die Vor- und Nachteile ökologischer Direktzahlungen dargelegt und darauf aufbauend der Anwendungsraum dieses Instruments abgesteckt.

Probleme/Herausforderungen

Als Vorteile ökologischer Direktzahlungen sind folgende Aspekte anzuführen: Direktzahlungen erweisen sich i.d.R. als politisch leicht durchsetzbar (Binswanger/Bonus/Timmermann 1981: 138 und Wicke 1989: 336), was aus politökonomischer Sicht wie folgt erklärt werden kann (vgl. Kap. 3.4): Im Gegensatz zu den Umweltabgaben stoßen Subventionslösungen bei den Empfängern auf keinen Widerstand, im Gegenteil. Außerdem sind im Gegensatz zur großen und heterogenen Gruppe von Zahlenden die Nutznießer i.d.R. eine kleine homogene Gruppe (Landwirtschaftslobby). Diese läßt sich relativ leicht organisieren, um gemeinsam eine solche Subventionslösung durchzusetzen.

Wie zahlreiche Beispiele zeigen, kann die Erreichung umweltpolitischer Ziele daher mit ökologischen Direktzahlungen relativ pragmatisch gefördert werden (Wicke 1989: 336), so zum Beispiel beim Bau von Kläranlagen in der Schweiz oder beim rasanten Ausbau von Windenergieanlagen in Deutschland. Diese Erfahrungen lassen erkennen, daß mit Direktzahlungen Entwicklungen auf breiter Front in relativ kurzer Zeit vorangetrieben werden können.

Je nach Ausrichtung bzw. Gestaltung der ökologischen Direktzahlungen kann - zumindest theoretisch und unter bestimmten Voraussetzungen - das Umweltziel zudem ökonomisch effizient, d.h. zu minimalen volkswirtschaftlichen Kosten erreicht werden (Baur 1995: 97). Diesen Vorteilen stehen jedoch nicht zu unterschätzende Nachteile gegenüber: Insbesondere vor dem Hintergrund knapper Staatsfinanzen stellt sich die Finanzierungsfrage (Binswanger/Bonus/Timmermann 1981: 139). Sollen Direktzahlungen wirksam sein, muß ihre Höhe die Kosten einer Verhaltensanpassung übersteigen, d.h. der Akteur muß einen Nettoertrag erzielen können. Damit dies der Fall ist, müssen die Direktzahlungen unter Umständen sehr hoch angesetzt werden.

Auch sind in den meisten Fällen Mitnahmeeffekte nicht zu vermeiden (Wicke 1989: 336), d.h. Firmen nehmen die Subvention für Maßnahmen in Anspruch, die sie ohnehin unternommen hätten.

Zudem zeichnen sich Direktzahlungen lediglich durch eine statische Effizienz aus (Baur 1995: 111). So wird mit Direktzahlungen ein bestimmtes Verhalten oder eine bestimmte Technik gefördert. Ein darüber hinaus gehendes Verhalten oder eine weitergehende Technik unterliegt aber der gleichen Förderungshöhe. Somit besteht kein Anreiz, nach neuen Verhaltensmustern oder neuen Techniken zu suchen. Es fehlt eine dynamische Effizienz - Direktzahlungen können sogar strukturerhaltend wirken.

Die Förderung von bestimmten Verhaltensänderungen oder Technologien über Direktzahlungen kann im kleinen Rahmen oder im Sinne einer zeitlich befristeten Impulsgebung gesamtgesellschaftlich als sinnvoll erscheinen. Im großen Rahmen stellt sich diese jedoch oftmals als ineffizient heraus; der Staat setzt sich der Gefahr aus, eine Suboptimierung zu betreiben. Bspw. kann die Förderung einer bestimmten Technologie mittels Direktzahlungen die Verbreitung dieser Technologie derart beschleunigen, so daß nicht erwünschte negative Effekte die positiven erwünschten überwiegen. Binswanger (1995) hat diese Problematik am Beispiel der Windenergie gezeigt. Im kleinen erscheint deren Förderung durchaus sinnvoll. Aufgrund der Direktzahlungen setzte aber ein Boom im Bau von Windkraftanlagen ein. Dieser Boom führte zum einen zu hohen Kosten für den Staat, und zum anderen wird es von vielen Seiten als unästhetisch angesehen, wenn die Landschaft mit Windparks zugebaut wird. Vor allem zeigt Binswanger, inwieweit mit den gleichen Kosten eine wesentlich größere Menge an CO_2-Reduktionen erzielt werden kann, wenn verstärkt Energiesparmaßnahmen gefördert würden (Binswanger 1995: 18).

Des weiteren kann die Ausgestaltung von Direktzahlungen bewirken, daß das Verursacherprinzip verletzt wird, zu dem sich die OECD-Länder seit 1972 bekennen (Baur 1995: 97). Wenn bspw. eine Umweltschutztechnologie mittels Direktzahlungen gefördert wird, dann kommt dafür nicht der Verursacher auf, sondern es findet das Gemeinlastprinzip Anwendung, d.h. die Steuerzahler finanzieren die Vermeidung von Umweltbelastungen. Somit wird implizit dem Verursacher das Recht auf Verschmutzung zugesprochen. Diese Problematik tritt allerdings nur auf, wenn die Vermeidung von Umweltbelastungen subventioniert wird. Werden dagegen positive ökologische Leistungen per Direktzahlungen unterstützt, wie zum Beispiel das Schaffen ökologischer Ausgleichsflächen, dann trifft diese Kritik nicht zu, da die Ausgleichsflächen ein öffentliches Gut darstellen, das von der Allgemeinheit getragen werden kann. (Baur 1995: 114)

Aufgrund der aufgezählten Nachteile sind ökologische Direktzahlungen keine verallgemeinerbare Strategie, mit der die gesamte Wirtschaft „ökologisiert" werden könnte. Nicht zuletzt die Finanzknappheit der öffentlichen Haushalte setzt der Anwendung enge Grenzen.

Schließlich zeigt die Erfahrung, daß Subventionen leicht zu einem sozialen Besitzstand werden. Aus den gleichen Gründen, aus denen Direktzahlungen als politisch leicht durchsetzbar gelten, sind sie auch schwer wieder abzuschaffen. „Sie sind insofern einem Medikament vergleichbar, das in bestimmten Notfällen wirksam hilft, das aber zugleich bei Daueranwendung immer höher dosiert werden muß und schließlich tödlich wirkt" (Binswanger/Bonus/Timmermann 1981: 139).

Empfehlungen

Aufgrund der zahlreichen und schwergewichtigen Nachteile sind Direktzahlungen äußerst vorsichtig anzuwenden. Wenn die Politik entweder das Ziel verfolgt, bestimmte Entwicklungen in einem großen Rahmen und innerhalb eines kurzen Zeitraums voranzutreiben, oder eine zeitlich befristete Impulsgebung anstrebt, dann können ökologische Direktzahlungen ein durchaus empfehlenswertes Instrument darstellen. Allerdings sollten sie in einem solchen Fall nur für einen kurzen Zeitraum eingesetzt werden, und ihr Ende muß von Beginn an festgelegt sein. Wenn dies nicht erfolgt, besteht die Gefahr, soziale Besitzstände zu schaffen, wie es zum Beispiel anhand der Kohlepolitik deutlich wird. Weiterhin ist genau zu prüfen, daß mögliche gesamtgesellschaftliche Ineffizienzen bzw. Suboptimierungen und Strukturerhaltungseffekte vermieden werden. Bedenkt man zudem den knappen Spielraum öffentlicher Finanzen, dann stellt sich der Anwendungsbereich ökologischer Direktzahlungen als äußerst klein dar bzw. reduziert sich auf ein Maß, daß tatsächlich nur zeitlich befristete, gut begründete Impulse zuläßt.

Literatur/Quellen

Baur, P. (1995): Ökologische Direktzahlungen. Ein Diskussionsbeitrag aus ökonomischer Sicht. Agrarwirtschaft und Agrarrecht (2), 88-115
Binswanger, H.Ch.; Bonus, H.; Timmermann, M. (1981): Wirtschaft und Umwelt. Möglichkeiten einer ökologieverträglichen Wirtschaftspolitik. Berlin
Binswanger, H.Ch. (1995): Windenergie. Eine falsche Alternative. Süddeutsche Zeitung, 8.08.1997, 18
Wicke, L. (1989): Umweltökonomie. Eine praxisorientierte Einführung, München

11.5.4
Nachhaltigkeitsorientierte Innovationsförderung durch Netzwerke

Hauptstoßrichtung: Innovation, Selbstorganisation

Ausgangslage

Diskurse und Kooperationen werden in vernetzten Innovationssystemen zunehmend an Bedeutung gewinnen. Entsprechend wird auch vielfach die Neuorientierung der öffentlichen Förderpolitik diskutiert und vereinzelt auch schon praktiziert. Die Förderung nachhaltigkeitsorientierter Innovationen wird demnach vor allem einen Schwerpunkt auf die unterstützende Mitwirkung bei der Implementation nachhaltiger Innovationen und der Schaffung bzw. Verbesserung der Rahmenbedingungen für Innovationen legen.

Probleme/Herausforderungen und Alternativen/Optionen

In der Literatur wird immer wieder eine zu weitgehende Regulierung im For-
schungsbereich kritisiert. Diese stellten - so die Denkschrift der Deutschen Forschungsgemeinschaft (DFG) vom Mai 1996 - eine Bedrohung der Freiheit für die
Wissenschaft in Deutschland dar. Dies birgt die Gefahr, daß sich Wissenschaftler
entweder resignierend anderen, weniger regulierten Themen zuwenden oder ihre
Aktivitäten ins Ausland verlagern. Damit ginge aber der Vorsprung in vielen
Forschungsfeldern verloren. In der Fachliteratur wird entsprechend von einer
Stimulierung der generellen Innovationsfähigkeit und einer Stärkung der Infrastrukturförderung gesprochen, insbesondere einer stärkeren Förderung von Inno-
vationsbündnissen und Netzwerken (Zundel/Robinet 1995).

Damit sollte auch eine Abkehr von zentralistischer Steuerung einhergehen, von
Einzeleingriffen und Detailsteuerung „von oben". Eine dezentrale Ressourcenverantwortung würde eine größere Eigenverantwortung der zuständigen Einheiten
erlauben. In den USA wird staatliche Förderung oft in Form von „Block Grants"
vergeben, die bloß die Zielsetzung festschreiben, den Empfängern jedoch frei-
stellen, wie sie das Ziel erreichen (US Government 1995; Annual Report of the
council of economic advisors 1996). Damit könnten folgende Kritikpunkte angegangen werden:

• ein als undurchschaubar erlebtes Förderungslabyrinth;
• das Fehlen von arbeitsmarktpolitischen Flankierungen des Existenzgründerge-
  schehens;
• Erhaltungssubventionen sowie eine Subventionspolitik, die Großunternehmen
  begünstigt;
• eine als übermäßig empfundene staatliche Regulierung.

Empfehlungen

Die Rolle des Staates wird in der Förderung des Innovationsprozesses folglich
über die hinlänglich bekannten Steuerungsmöglichkeiten hinausweisen müssen.
Dem Staat kommt vor allem die Aufgabe zu, Netzwerke stärker zu fördern. Dies
kann seinen Ausgang nehmen mit einer Förderung unterschiedlicher Arten von
Forschungskooperationen (Lütz 1993):

• Gemeinschaftsforschung (collective research): Organisation in industriellen
  Verbänden, die Forschungsprojekte von branchenweitem Interesse oder entlang
  von Querschnittstechnologien organisieren
• gemeinsame Auftragsforschung (co-operative research): Unternehmenskoope-
  rationen (beispielsweise von Unternehmen einer Produktkette) bei der Vergabe
  von Aufträgen an Forschungsinstitute (vgl. Forschungskooperationsprogramm
  des BMBF)

- zwischenbetriebliche Forschungszusammenarbeit (collaborative research): Unternehmen legen ihre internen F+E Ressourcen zusammen (vgl. skandinavische Netzwerkprogramme, Forschungskooperationsprogramm des BMBF)

Die angemahnte Verlagerung der gezielten Technologieförderung hin zu einer Förderung der Kapitalausstattung innovativer Unternehmen sollte sich aber auch auf die Rahmenbedingungen für die Bereitstellung des Kapitals konzentrieren:

- Indirekte staatliche Förderungen (zum Beispiel steuerliche Abschreibungsmodalitäten für Investitionen im F&E -Bereich) sind gegenüber direkten staatlichen Eingriffen vorzuziehen.
- Die Förderung darf lediglich einen Anschubcharakter haben, da ansonsten der Auslesemechanismus des Wettbewerbs unterlaufen würde. Alle Formen der staatlichen Förderung sind zeitlich zu begrenzen (zum Beispiel auf einen bestimmten Zeitraum nach der Unternehmensgründung oder nach der Investition).
- Die Instrumente der Förderung sind in festgelegten Zeitabständen auf ihre Zielführung und Effizienz zu überprüfen.
- Mitarbeiterbeteiligungen sind zu forcieren. Als Ausdruck einer partnerschaftlichen Beziehung zwischen Unternehmen und Mitarbeitern und ökonomisches Anreizinstrument unterstützen sie die Identifikation der Mitarbeiter mit ihrem Unternehmen und wirken positiv auf die Motivation und damit das Innovationspotential der Mitarbeiter. Die Kapitalbeteiligung der Mitarbeiter steigert daher sowohl die finanzielle Innovationsfähigkeit als auch die Innovationskraft der Unternehmen.

Trotz der beschriebenen Bedenken gegen eine reine Technologieförderung kann es aus Nachhaltigkeitserwägungen durchaus sinnvoll sein, einzelnen Technologien eine Starthilfe zu geben. Die Auswahl dieser Technologien müßte allerdings in einem offenen und transparenten Prozeß geschehen, der sich an folgenden hinreichend abstrakten Kriterien orientieren könnte, die in ihrer Auswahl nicht schon eine Richtungsentscheidung in sich tragen:

- keine Verschließung anderer technischer Optionen/Offenhalten verschiedener Optionen
- möglichst effizienter Ressourceneinsatz
- möglichst Einsatz regenerierbarer Ressourcen
- möglichst dezentrale Technologie
- möglichst wenig Erzeugung toxischer Stoffe (wenn dann als Kreislaufwirtschaft)
- nicht akkumulierbar
- prospektive Arbeitsplatzwirkung
- Abschätzung der mit der Technik kompatiblen sozialen Praktiken
- Absehbarkeit der wirtschaftlichen Eigenständigkeit/Förderungsende

Literatur/Quellen

Annual Report of the Council of Economic Advisers (1996): Economic Report of the President. Washington

Kaufmann, F.; Kokalj, L. (1996): Risikokapitalmärkte für mittelständische Unternehmen. Stuttgart

Lütz, S. (1993): Die staatlich-industrielle Forschungskooperation. Funktionsweise und Erfolgsbedingungen des staatlichen Förderinstruments Verbundforschung. Frankfurt a.M.

Staudt, E. et al. (1993): Anreizsysteme als Instrument des betrieblichen Innovationsmanagements. In: Albach, H. (Hrsg.): Industrieller Management-Reader zur Industriebetriebslehre. Wiesbaden

US Government (1995): Reinventing Environmental Regulation. Washington D.C.

Zundel, S.; Robinet, K. (1995): Innovationsbündnisse schaffen. Zu den Erfolgsaussichten einer ökologischen Technologiepolitik. Politische Ökologie, Sonderheft 7, 23-26

Literatur

Ackermann, B.; Hassler, G. (1981): Clean Coal, Dirty Air. New Haven

Adam, B. (1994): Städtenetze. Ein neues Forschungsfeld des experimentellen Wohnungs- und Städtebaus. Informationen zur Raumentwicklung, 513-520

Adorno, T.W. (1968): Negative Dialektik. Frankfurt/a.M.

Akademie für Technikfolgenabschätzung in Baden-Württemberg (1994): Bürgerbeteiligung an der Abfallplanung für die Region Nordschwarzwald. Bürgergutachten Teil I: Restabfallmengenprognose. Band 1: Empfehlungen. Band 2: Dokumente. Stuttgart

Akademie für Technikfolgenabschätzung in Baden-Württemberg (1995/96): Bürgerbeteiligung an der Abfallplanung für die Region Nordschwarzwald. Bürgergutachten Teil II: Technik der Restabfallbehandlung. Band 1: Empfehlungen. Band 2: Dokumente. Stuttgart

Akademie für Technikfolgenabschätzung in Baden-Württemberg (1996): Bürgerbeteiligung an der Abfallplanung für die Region Nordschwarzwald, Bürgergutachten Teil III: Standortauswahl, Band 1: Empfehlungen. Stuttgart

Annual Report of the Council of Economic Advisers (1996): Economic Report of the President. Washington

Apel, H. (1991): Die deformierte Demokratie. Parteienherrschaft in Deutschland. München

Arbeitsgruppe ökologische Wirtschaftspolitik (1996): Gleiche Zielvorgaben und gemeinsame Gutachten für eine dauerhaft umweltgerechte Entwicklung. Zur Arbeit der bundesdeutschen Sachverständigenräte. Zeitschrift für angewandte Umweltforschung 9 (4), 441-453

Arnim, H.H.v. (1991): Die Partei, der Abgeordnete und das Geld. Mainz

Arnold, M. (1993): Wachstum und ökologisches Gleichgewicht. Frankfurt/a.M. Bern

Arrow, K.J. (1951): Social Choice and Individual Values. New York London.

Aulinger, A. (1996): (Ko-)Operation. Kooperationen im Rahmen ökologischer Unternehmenspolitik. Marburg

Ax, Ch. (1997a): 'Global player' oder 'local joker'? Politische Ökologie, Sonderheft 9, 6-9

Ax, Ch. (1997b): Schuster, bleib bei deinen Leisten. Politische Ökologie, Sonderheft 9, 29-33

Balks, M. (1995): Umweltpolitik aus Sicht der neuen Institutionenökonomik. Wiesbaden.

Bammerlin, R. (1996): Kirchen als Nichtregierungsorganisationen in der Umweltpolitik. Ungeheure Chancen. Politische Ökologie (48), 55-58

Barbian, T.W.J.; Zilleßen, H. (1992): Neue Formen der Konfliktregulierung in der Umweltpolitik. Aus Politik und Zeitgeschichte (Beilage zur Wochenzeitung 'Das Parlament') 39-40, 14-23

Barthe, S.; Dreyer, M.; Eder, K. (1995): Reflexive Institutionen? Eine Untersuchung zur Herausbildung eines neuen Typus instituioneller Regelungen im Umweltbereich. Zwischenbericht des Projekts. MPS-Texte 5/1995

Baumheier, R. (1994): Städtenetze. Raumordnungspolitische Ziele und Anforderungen. In: Raumforschung und Raumordnung und Civil Society. Was können wir von den USA lernen? Rissener Rundbrief (2/3), 57-70

Baur, P. (1995): Ökologische Direktzahlungen. Ein Diskussionsbeitrag aus ökonomischer Sicht. Agrarwirtschaft und Agrarrecht (2), 88-115

Bayertz, K. (1987): Naturphilosophie als Ethik. Zur Vereinigung von Natur- und Moralphilosophie im Zeichen der ökologischen Krise. Philosophia Naturalis 24, 158-185

BDI (1992): Freiwillige Kooperationslösungen im Umweltschutz - Ergebnisse eines Gutachtens und Workshops. Köln.

BDI (1997): Entlasten statt entlassen. Für eine Trendwende am Arbeitsmarkt. 14. Januar 1997, Köln

Beck, U. (1986): Risikogesellschaft. Auf dem Weg in eine andere Moderne. Frankfurt

Beck, U. (1991): Der Konflikt der zwei Modernen. In: Zapf, W. (Hrsg.): Die Modernisierung moderner Gesellschaften. Verhandlungen des 25. Deutschen Soziologentages in Frankfurt/a.M.

Beck, U. (1993): Die Erfindung des Politischen. Zu einer Theorie reflexiver Modernisierung. Frankfurt

Beck, U. (1996): Weltrisikogesellschaft, Weltöffentlichkeit und globale Subpolitik. Ökologische Fragen im Bezugsrahmen fabrizierter Unsicherheiten. In: Diekmann, A.; Jaeger, C.C. (Hrsg.): Umweltsoziologie. Sonderheft 36 der Kölner Zeitschrift für Soziologie und Sozialpsychologie. Opladen

Beck, U.; Beck-Gernsheim, E. (1994): Riskante Freiheiten. Frankfurt/a.M.

Beck, U.; Giddens, A.; Lash, S. (1996): Reflexive Modernisierung. Frankfurt/a.M.

Beckmann, M. (1996): Produktverantwortung. Umwelt- und Planungsrecht, 41-50

Bendix, R. (1968): Modernisierung und soziale Ungerechtigkeit. In: Fischer, W. (Hrsg.): Wirtschafts- und sozialgeschichtliche Probleme der frühen Industrialisierung. Berlin

Benkert, W. (1994): Warum sind Umweltabgaben ebenso populär wie selten? Ein Beitrag zur Theorie der umwelt- und finanzpolitischen Willensbildung In: Mackscheidt, K. ; Ewringmann, D.; Gawel, E. (Hrsg.): Umweltpolitik mit hoheitlichen Zwangsabgaben. Karl-Heinrich Hansmeyer zur Vollendung seines 65. Lebensjahres, Berlin

Benkert, W.; Bunde J.; Hansjürgens, B. (1995): Wo bleiben die Umweltabgaben. Erfahrungen, Hindernisse, neue Ansätze. Marburg

Benz, W. (1997): Reformvorschläge des Wissenschaftsrates. Politische Studien, Sonderheft 1: Die deutsche Hochschule. Unbeweglicher Koloß oder kaum genutztes Potential? 57-66

Berger, J. (1988): Modernitätsbegiffe und Modernitätskritik in der Soziologie In: Soziale Welt 39, 224-236

Berger, P.L.; Luckmann, T. (1972): Die gesellschaftliche Konstruktion der Wirklichkeit. Eine Theorie der Wissenssoziologie. Frankfurt/a.M.

Berger, P.L.; Luckmann, T. (1995): Modernität, Pluralismus und Sinnkrise. Die Orientierung des modernen Menschen. Gütersloh

Bertelsmann Stiftung (Hrsg.) (1994): Carl Bertelsmann Preis 1993. Demokratie und Effizienz in der Kommunalverwaltung. Bd. 2: Dokumentation zu Symposium und Festakt. Gütersloh

Bertelsmann Stiftung (Hrsg.) (1995): Neue Steuerungmodelle und die Rolle der Politik. Dokumentation eines Symposiums, 2. Auflage. Gütersloh

Bertelsmann Stiftung (Hrsg.) (1996): Carl Bertelsmann Preis 1993. Demokratie und Effizienz in der Kommunalverwaltung. Bd. 1: Dokumentationsband zur internationalen Recherche, 4. Auflage. Gütersloh

Bertelsmann Stiftung; Saarländisches Ministerium des Inneren (Hrsg.) (1996): Kommunales Managment in der Praxis. Bd.1: Gesamtkonzeption des Wettbewerbs. Gütersloh

Bertelsmann Stiftung; Saarländisches Ministerium des Inneren (Hrsg.) (1996): Kommunales Managment in der Praxis. Bd.4: Budgetierung und Dezentrale Ressourcenverantwortung. Gütersloh

Bertelsmann Stiftung; Saarländisches Ministerium des Inneren (Hrsg.) (1996): Kommunales Managment in der Praxis. Bd.5: Controlling und Berichtswesen. Gütersloh

Betz, H.-G. (1993): Krise oder Wandel? Zur Zukunft der Politik in der postindustriellen Moderne. Aus Politik und Zeitgeschichte (Beilage zur Wochenzeitung 'Das Parlament') 11, 3-13

Beyme, K.v. (1986): Neue soziale Bewegungen und politische Parteien In: Aus Politik und Zeitgeschichte (Beilage zur Wochenzeitung 'Das Parlament') 44, 30-39

Beyme, K.v. (1991): Theorie der Politik im 20. Jahrhundert. Von der Moderne zur Postmoderne. Frankfurt/a.M.

Beyme, K.v. (1994): Politikverdrossenheit und Politikwissenschaft In: Leggewie,C. (Hrsg.): Wozu Politikwissenschaft? Über das Neue in der Politik. Darmstadt

Biedenkopf, K. (1989): Zeitsignale. Parteienlandschaft im Umbruch. München

Biedenkopf, K. (1994): Regierungs- und Verwaltungsprobleme in einem neuen Bundesland. Speyerer Vorträge 26. Speyer

Billharz; Moldan (Hrsg.) (1996): Scientific Workshop on Indicators of Sustainable Develoment. Wuppertal, Germany, November 15-17

Binswanger, H.Ch. (1994): Europäische Umweltunion. GAIA 3, 2-3

Binswanger, H.Ch. (1995): Windenergie. Eine falsche Alternative. Süddeutsche Zeitung, 8.08.1997, 18

Binswanger, H.Ch.; Bonus, H.; Timmermann, M. (1981): Wirtschaft und Umwelt. Möglichkeiten einer ökologieverträglichen Wirtschaftspolitik. Berlin

Binswanger, H.Ch.; Frisch, H.; Nutzinger, H.G. (1983): Arbeit ohne Umweltzerstörung. Strategien einer neuen Wirtschaftspolitik. Frankfurt/a.M.

Binswanger, H.Ch.; Geissberger, W.; Ginsburg, T. (1978): Der NAWU-Report. Wege aus der Wohlstandsfalle. Frankfurt/a.M.

Binswanger, M. (1994): Ökologisch relevante Trends des wirtschaftlichen Strukturwandels und ihre Auswirkungen auf den Energieverbrauch. Analyse der Entwicklungen in der Schweiz seit den 70er Jahren. Diskussionsbeitrag Nr. 16 des IWÖ-HSG, Universität St.Gallen

Birnbacher, D. (1991): Mensch und Natur. Grundzüge der ökologischen Ethik. In: Bayertz, K. (Hrsg., 1991): Praktische Philosophie. Grundorientierungen angewandter Ethik. Hamburg

Birzer, M. (1994): Problemlösung durch Dialog. Das Buxtehuder Modell. Vierteljahresschrift für Sicherheit und Frieden (S+F) 12, 154-158

Birzer, M.; Feindt, P. H.; Spindler, E.A. (Hrsg.) (1997): Nachhaltige Stadtentwicklung. Bonn

Bischoff, A.; Selle, K.; Sinning, H. (1996): Informieren, Beteiligen, Kooperieren.Kommunikation in Planungsprozessen. Eine Übersicht zu Formen, Verfahren, Methoden und Techniken. Dortmund

BIZ (Bank für Internationalen Zahlungsausgleich) (1994): 64. Jahresbericht. Basel

Bizer, J.; Ormond, T.; Riedel, U. (1990): Die Verbandsklage im Naturschutzrecht. Taunusstein

Blum, F. (1993): Die Instrumente der Umweltpolitik im Lichte der Neuen Politischen Ökonomie. Diplomarbeit am Fachbereich Wirtschaftswissenschaften der Fern-Universität Hagen, Hagen

Bohne, E. (1982): Der informelle Rechtsstaat. Berlin

Bohnet, I.; Frey, B.S. (1994): Direct-democratic rules: the role of discussion. Kyklos 47, 355-383

Böhret, C. (1990): Folgen. Entwurf für eine aktive Politik gegen schleichende Katastrophen. Opladen

Böhret, C. (1991): Nachweltschutz. Sechs Reden über politische Verantwortung. Frankfurt Bern New York Paris

Bonus, H. (1996): Institutionen und institutionelle Ökonomik. Anwendungen für die Umweltpolitik. Diskussionspapier Nr. 231 des Institut für Genossenschaftswesen. Westfälische Wilhelms-Universität Münster

Bosselmann, K. (1992): Im Namen der Natur. Der Weg zum ökologischen Rechtsstaat. Bern München Wien

Brand, K.-W. (1982): Neue soziale Bewegungen. Entstehung, Funktion und Perspektive neuer Protestpotentiale. Opladen

Brand, K.-W. (Hrsg.) (1985): Neue soziale Bewegungen in Westeuropa und den USA. Ein internationaler Vergleich. Frankfurt New York

Brand, K.-W.; Büser, D.; Rucht, D. (1986): Aufbruch in eine andere Gesellschaft. Neue soziale Bewegungen in der Bundesrepublik. Frankfurt New York

Braun, D. (1992): Probleme und Perspektiven der Gesundheitsforschung in den Vereinigten Staaten, Frankreich und England. Schriftenreihe zum Programm der Bundesregierung Forschung und Entwicklung im Dienste der Gesundheit. Band 23. Bonn

Braun, D. (1993): Zur Steuerbarkeit funktionaler Teilsysteme. Akteurstheoretische Sichtweisen funktionaler Differenzierung moderner Gesellschaften In: Héritier, A. (Hrsg.): Policy-Analyse. Kritik und Neuorientierung. PVS-Sonderheft 24. Opladen

Braun, J.; Kettler, U. (Hrsg.) (1996): Selbsthilfe 2000. Perspektiven der Selbsthilfe und ihrer infrastrukturellen Förderung. Leipzig

Braun, J.; Kettler, U.; Becker, I. (1996): Selbsthilfe und Selbsthilfeunterstützung in der Bundesrepublik Deutschland. Leipzig

Brockmann, K.L.; Hemmelskamp, J.; Hohmeyer, O. (1996): Zertifiziertes Tropenholz und Verbraucherverhalten. Einfluß einer Zertifizierung von Tropenholz aus nachhaltig und umweltgerecht bewirtschafteten Wäldern auf das Nachfrageverhalten in der Bundesrepublik Deutschland. Heidelberg

Brookmann-Nooren, C.; Grieb, I.; Raapke, H.-D. (Hrsg.) (1996): Handreichungen für die nebenberufliche Qualifizierung (NQ) in der Erwachsenenbildung. 2. Aufl., Bonn

Brundtland-Bericht (1987): Unsere gemeinsame Zukunft. Der Brundtland-Bericht der Weltkommission für Umwelt und Entwicklung. Hrsg. von Volker Hauff, Greven

Buchanan, J.M.; Tollison, R.D.; Tullock, G.(Hrsg.) (1980): Toward a Theory of a Rent Seeking Society. College Station/Tex.

Buchanan, J.M.; Tullock, G. (1975): Polluters' Profits and Political Response. Direct Controls versus Taxes. American Economic Review 65, 139-14

Budäus, D. (1994): Public Management. Konzepte und Verfahren zur Modernisierung öffentlicher Verwaltungen. Berlin

Bundesarbeitgeberverband Chemie; IG Chemie-Papier-Keramik; Verband der Chemischen Industrie (Hrsg.) (1995): Stärkung der universitären Ausbildung und Forschung im Fach Chemie vor dem Hintergrund des Strukturwandels in der Wirtschaft. Memorandum

Bundesministerium für Umwelt, Naturschutz und Reaktorsicherheit (Hrsg.) (o.J.): Umweltpolitik. Konferenz der Vereinten Nationen für Umwelt und Entwicklung im Juni 1992 in Rio de Janeiro. Agenda 21. Bonn.

Bundesregierung (1997): Information über die Stiftung Warentest auf http://www.bundesregierung.de/.bin/lay/inland/bpa/bro/wegweis/00000178.htm am 03.04.1997

Bundesumweltministerium: Information über Umweltzeichen auf http://www.bmu.de/-ordner/J2_D.HTM am 03.04.1997

Bundeszentrale für politische Bildung (Hrsg.) (1995): Verantwortung in einer unübersichtlichen Welt. Aufgaben wertorietierter politischer Bildung. Bonn

Burkart, R. (1983): Kommunikationswissenschaft. Wien / Köln.

Bürklin, W. (1993): Wahlverhalten und Wandel der politischen Kultur, in: Bürklin, Wilhelm / Roth, Dieter: Das Superwahljahr. Deutschland vor unkalkulierbaren Mehrheiten? Köln, S. 27-53.

Bürklin, W.; Klein, M.; Ruß, J. (1996): Postmaterieller oder anthropozentrischer Wertewandel? Eine Erwiderung auf Ronald Inglehart und Hans-Dieter Klingemann, Politische Vierteljahresschrift 37, 517-536

Burns, T.R.; Ueberhorst, R. (1988): Creative Democracy. Systematic Conflict Resolution and Policymaking in a World of High Science and Technology. London

Busch-Lüty, Ch. (1994): Ökonomie als Lebenswissenschaft. In: Busch-Lüty, Ch.; Jochimsen M.; Knobloch, U.; Seidl L. (Hrsg): Vorsorgendes Wirtschaften. Politische Ökologie, Sonderheft 6, 12-17

Cansier, D. (1993): Umweltökonomie. Stuttgart Jena

Cansier, D. (1996): Ökonomische Indikatoren für eine nachhaltige Umweltnutzung. In: Kastenholz, Hans G. et al. (Hrsg.): Nachhaltige Entwicklung: Zukunfts-Chance für Mensch und Umwelt. Berlin Heidelberg New York

Carius, R. et al. (1997): Bürger gestalten ihre Region. Am Beispiel der Bürgerbeteiligung an der Abfallplanung für die Region Nordschwarzwald. In: Birzer, M.; Feindt, P.H.; Spindler, E.A. (Hrsg.): Nachhaltige Stadtentwicklung. Konzepte und Projekte. Bonn

Casella, A.; Frey, B.S. (1992): Federalism and Clubs. Towards an Economic Theory of Overlapping Political Jurisdictions. European Economic Review 36, 639 - 646

CASS/ProClim (1997): Visionen der Forschenden. Bern

Chrobok, R.; Ellringmann, H. (1997): Umweltschutzmanagement. Teil der Verwaltungsreform?. Kommunale ökologische Briefe 6, I-IV

Claus, F.; Wiedemann, P.M. (Hrsg.) (1994): Umweltkonflikte. Vermittlungsverfahren zu ihrer Lösung. Taunusstein

Clausen, J.; Rubik, F. (1996): Von der Suggestivkraft der Zahlen. Ökologisches Wirtschaften (1), 13-15

Clement, W.; Vahrenholt, F. (1997): Wider die Technikphobie. Die Zeit 18.04.1997 (Nr. 17), 30

Coates, V. (1995): On the Demis of OTA. TA-Datenbank-Nachrichten 4 (4), 13-15

Coleman, J.S. (1990): Foundations of Social Theory. Cambridge

Comtesse, X. (1996): Innovation nach amerikanischer Manier. Neue Zürcher Zeitung, 2./3.11.1996 (Nr. 256), 27

Conrad, J. (1997): Nachhaltige Entwicklung. Ein ökologisch modernisiertes Modell der Moderne? In: Brand, Karl-Werner (Hrsg.): Nachhaltige Entwicklung. Eine Herausforderung an die Soziologie. Opladen

Conseil du développement durable (1997): Aktionsplan für eine Nachhaltige Entwicklung in der Schweiz. EMDZ, Bern

Coote, A.; Kendall, E.; Stewart, J. (1995): Citzen's Juries. London

Cube, F.v.; Storch, V. (Hrsg.) (1988): Umweltpädagogik. Ansätze, Analysen, Ausblicke. Heidelberg

Czada, R. (1991): Regierung und Verwaltung als Organisatoren gesellschaftlicher Interessen. In: Hartwich, H.-H.; Wewer, G. (Hrsg.): Regieren in der Bundesrepublik Deutschland III. Systemsteuerung und „Staatskunst". Opladen

Daele, W.v.d (1996b): Soziologische Beobachtung und ökologische Krise. In: Diekmann, A.; Jaeger, C.C. (Hrsg.): Umweltsoziologie. Koeln

Daele, W.v.d. (1996a): Objektives Wissen als politische Ressource. Experten und Gegenexperten im Diskurs. In: van den Daele, W.; Neidhardt, F. (Hrsg.): Kommunikation und Entscheidung. Politische Funktionen öffentlicher Meinungsbildung und diskursive Verfahren. WZB-Jahrbuch 1996, Berlin

Daele, W.v.d.; Neidhardt, F. (Hrsg.) (1996): Kommunikation und Entscheidung. Politische Funktionen öffentlicher Meinungsbildung und diskursive Verfahren. WZB-Jahrbuch 1996, Berlin

Daele, W.v.d.; Pühler, A.; Sukopp, H. (1996): Grüne Gentechnik im Widerstreit. Modell einer partizipativen Technikfolgenabschätzung. Weinheim

Dally, A.; Weidner, H.; Fietkau, H.-J. (1993): Mediation als politischer und sozialer Prozeß. Loccumer Protokolle 73, Rehburg-Loccum

Daly, H.E. (1992): Steady-State Economics. London

Dangschat, J (1996): Sozialwissenschaftliche Aspekte der Nachhaltigkeit. (Vortrag am 22. Oktober 1996 auf dem Hamburger Forschungskolloquium Technik, Gesellschaft und Umwelt)

Dänhardt, W. (1995): Das gute Volksempfinden. Der Spiegel, Nr. 20 (15. Mai 1995), 44-54

Danish Ministry of Taxation (1995): Energy Taxation on Industry in Denmark, Copenhagen

Danke, W. (1997a): Re-Engineering und Civil Society - Was können wir von den USA lernen? Rissener Rundbrief 2, 57-70

Danke, W. (1997b): Re-Engineering Verwaltungshandeln. Neue Formen von Kommunikation und Bürgermitwirkung. Deutsches Verwaltungsblatt, 973-982 de Haan, G. (1977): Paradigmenwechsel. Von der schulischen Umwelterzeihung zur Bildung für Nachhaltigkeit. Politische Ökologie 51 , 22-26

de Man, R. (1996): Lernprozeß für Staat und Wirtschaft. Zwischenbilanz zum Erfolg des Stoffstrommanagements in Deutschland. Ökologisches Wirtschaften 5, 10-12

Decker, F. (1994): Staatsversagen. Eine materielle Regierbarkeitsanalyse. Opladen

Deewes, D.N. (1983): Instrument Choice in Environmental Policy. Economic Inquiry 21, 53-71

deLeon, P. (1992): The Democratization of the Policy Sciences. Public Administration Review 52, 125-129

deLeon, P. (1993): Demokratie und Policy-Analyse. Ziele und Arbeitsweise. In: Héritier, A. (Hrsg.): Policy-Analyse. Kritik und Neuorientierung. PVS-Sonderheft 24. Opladen

Deutsche Bundesstiftung Umwelt (1994): Jahresbericht. Osnabrück

Deutsche Bundesstiftung Umwelt (1995): Jahresbericht. Osnabrück

Deutsche Bundesstiftung Umwelt (1996): Jahresbericht. Osnabrück

Deutscher Bundestag Enquete-Kommissionsdrucksache 13/3a (1996): Stellungnahmen zum Thema „Kommunen und nachhaltige Entwicklung. Beiträge zur Umsetzung der Agenda 21". Bonn

Deutscher Städtetag (1996): Mitteilungen des Deutschen Städtetages Nr. 605/96 vom 10.7. 1996

Die Gruppe von Lissabon (1997): Grenzen des Wettbewerbs. Globalisierung der Wirtschaft und die Zukunft der Menschheit. München

Diefenbacher, H. (Hrsg) (1991): Wachstum und Wohlstand. Neuere Konzepte zur Erfassung der Sozial- und Umweltverträglichkeit. Marburg

Diekmann, A.; Jaeger, C.C. (Hrsg.) (1996): Umweltsoziologie. Sonderheft 36 der Kölner Zeitschrift für Soziologie und Sozialpsychologie. Opladen

Dienel, P.C. (1992): Die Planungszelle. Eine Alternative zur Establishment-Demokratie. 3. Auflage. Opladen

Dienel, P.C. (1996): Das "Bürgergutachten" und seine Nebenwirkungen. In:Feindt, P.H.; Gessenharter, W.; Birzer, M.; Fröchling, H. (Hrsg.) (1996): Konfliktregelung in der offenen Bürgergergesellschaft. Dettelbach

Dieren, W.v. (1995): Mit der Natur rechnen. Der neue Club-of-Rome-Bericht. Basel Boston Berlin

DIHT (Deutscher Industrie- und Handelstag) (Hrsg.) (1995): Klimaschutzpolitik. Globale Strategien und nationale Anstrengungen zur Verminderung der CO2-Emissionen, Bonn

Dittberner, J.; Ebbighausen, R. (Hrsg.) (1973): Parteiensystem in der Legitimationskrise. Opladen

DIW (Deutsches Institut für Wirtschaftsforschung) (1994): Ökosteuer. Sackgasse oder Königsweg? Greenpeace Studie, Berlin

Döhler, M.; Manow, Ph. (1995): Staatliche Reformpolitik und die Rolle der Verbände im Gesundheitssektor In: Mayntz, R.; Scharpf, F.W. (1995a): Gesellschaftliche Selbstregelung und politische Steuerung. Frankfurt/a.M. New York

Dow, G.K. (1994): Stable Social Conventions in Fluctuating Pay-Off Environments. Structural Change and Economic Dynamics 5, 243 - 272

Dror, Y. (1995): Ist die Erde noch regierbar? Ein Bericht an den Club of Rome. München

Dröscher, M. (1996): Eco-Profiles. Das Dateninventar für Kunststoffe. Ökologisches Wirtschaften 1/96, 25

Dryzek, J. (1989): Policy Sciences of Democracy. Polity 22/1, 97-118

Durkheim, E. (1961): Die Regeln der soziologischen Methode. Hrsg. von Rene König, 2. Aufl. Berlin [Erstveröffentlichung: Les règles de la méthode sociologique, Paris 1895]

Durkheim, E. (1996): Über die soziale Arbeitsteilung. Studie über die Organisation höherer Gesellschaften. Hrsg. von Luhmann, N.; Müller, H.-P.; Schmid, M. 2. Aufl., Frankfurt [Erstveröffentlichung: De la division du travail social, Paris 1930]

Dyllick, Th. (1995): Die EU-Verordnung zum Umweltmanagement und zur Umweltbetriebsprüfung (EMAS-Verordnung). Darstellung, Beurteilung und Vergleich mit der geplanten ISO-Norm 14001. Diskussionsbeitrag Nr. 20 des IWÖ-HSG. Universität St. Gallen

Dyllick, Th.; Schneidewind, U. (1995): Ökologische Benchmarks. Erfolgsindikatoren für das Umweltmanagement von Unternehmen. Diskussionsbeitrag Nr. 26 des IWÖ-HSG, Universität St. Gallen

Easton, D. (1979): A Systems Analysis of Political Life. London

Eberhardt, A. (1996): Umweltschutz als Integrationsaufgabe. Ein Leitfaden für Verwaltung, Politik und Wirtschaft, Bonn

Eberle, A. (1996): Das Minimalkostenprinzip beim Ausbau staatlicher Infrastrukturleistungen. Optimierung zwischen Finanz- und Umweltknappheit, Diskussionsbeitrag Nr. 33 des IWÖ-HSG, St. Gallen

Edelman, M. (1964): The Symbolic Uses Of Politics. Illinois

Edelman, M. (1976): Politik als Ritual. Frankfurt/a.M.

Eisenstadt, S.N. (1985). Systemic Qualities and Boundaries of Societies. Some Theoretical Considerations In: Alexander, J.C. (ed.): Neofunctionalism. Beverly Hills

Ellwein, Th.; Hesse, J.J. (1994): Der überforderte Staat. Baden-Baden

Emslander, T.; Morasch, K. (1996): Verpackungsverordnung und Duales Entsorgungssystem. Eine spieltheoretische Analyse. Zeitschrift für Umweltpolitik & Umweltrecht 19, 209-225

Endres, A. (1991): Ökonomische Grundlagen des Haftungsrechts. Heidelberg

Endres, A. (1992): Umwelthaftung zur Harmonisierung von unternehmerischer Risikopolitik und Internalisierung externer Effekte. In: Wagner, G.R.: Ökonomische Risiken und Umweltschutz, München

Endres, A.; Finus, M. (1996): Umweltpolitische Zielbestimmung im Spannungsfeld gesellschaftlicher Interessengruppen. Ökonomische Theorie und Empirie. In: Siebert, H. (Hrsg.): Elemente einer rationalen Umweltpolitik. Expertisen zur umweltpolitichen Neuorientierung, Tübingen

Enquete-Kommission „Schutz des Menschen und der Umwelt. Bewertungskriterien und Perspektiven für Umweltverträgliche Stoffkreisläufe in der Industriegesellschaft" (1984): Die Industriegesellschaft gestalten. Perspektiven für einen nachhaltigen Umgang mit Stoff- und Materialströmen. Bonn

Enquete-Kommission „Schutz des Menschen und der Umwelt. Ziele und Rahmenbedingungen einer nachhaltig zukunftsverträglichen Entwicklung" (1997): Konzept Nachhaltigkeit. Zwischenbericht. Fundamente für die Gesellschaft von morgen.

Erd, R. (1995): Privatisierung öffentlicher Dienstleistungen. Stärken und Schwächen. In: Hewel, B. (Hrsg.): Verwaltung reformieren. Öffentlich-private Partnerschaften. Management-Beispiele aus der Praxis. Frankfurt/a.M.

Erichsen, H.-U. (1996): Reform der Bildungspolitik. In: Bertelsmann Stiftung; Heinz Nixdorf Stiftung; Ludwig-Erhard-Stiftung (Hrsg.): Offensive für mehr Beschäftigung. Ordnungspolitische Leitlinien für den Arbeitsmarkt. Gütersloh

Eucken, W. (1952/90): Grundsätze der Wirtschaftspolitik, Tübingen

Europäische Kommission (1994): Weißbuch der EU zu Wachstum, Wettbewerbsfähigkeit, Beschäftigung. Herausforderungen der Gegenwart und Wege ins 21. Jahrhundert. Luxemburg

Europäische Kommission (1995): Grünbuch zur Innovation. Brüssel

Ewers, O. (1997): Nichtstaatliche Akteure in der internationalen Politik. Das Problem der Durchsetzbarkeit von Normen mittels initiierter Konflikte. Magisterarbeit, LMU München

Falter, J.W., Schumann S. (1993): Nichtwahl und Protestwahl. Zwei Seiten einer Medaille. Aus Politik und Zeitgeschichte (Beilage zur Wochenzeitung 'Das Parlament') 11, 3-13

Farago, P. (1996): Wahlen 95. Zusammensetzung und politische Orientierungen der Wählerschaft an den eidgenössischen Wahlen 1995. Bern

Feindt, P.H. (1994): Das Dialogische Verfahren. Konfliktlösung durch Anerkennung. Vierteljahresschrift für Sicherheit und Frieden 12, 158-163

Feindt, P.H. (1996a): Dialogical policy making. Comparative case studies from Germany. (Paper presented at the 1996 Annual Meeting of the American Political Science Association, Hilton and Towers, San Francisco)

Feindt, P.H. (1996b): Rationalität durch Partizipation? Das Mehrstufige Dialogische Verfahren als Antwort auf gesellschaftliche Differenzierung. In:Feindt, P.H.; Gessenharter, W.; Birzer, M.; Fröchling, H. (Hrsg.) (1996): Konfliktregelung in der offenen Bürgergesellschaft. Dettelbach

Feindt, P.H. (1997): Kommunale Demokratie im Umweltschutz. Neue Beteiligungsmodelle. In: Aus Politik und Zeitgeschichte (Beilage zur Wochenzeitung 'Das Parlament' vom 27. Juni 1997), S. 39-46

Feindt, P.H.; Fröchling, H. (1994): Die offene Bürgergesellschaft oder Vielfalt statt Einfalt in der politischen Mitte. In: Vierteljahresschrift für Sicherheit und Frieden 12, 148-153

Feindt, P.H.; Gessenharter, W.; Birzer, M.; Fröchling, H. (Hrsg.) (1996): Konfliktregelung in der offenen Bürgergesellschaft. Dettelbach

Ferber, C.v. (1996): Selbsthilfe und soziales Engagement in Deutschland. Die gesellschaftliche Bedeutung der Selbsthilfe. In: Braun, J.; Kettler, U.; Becker, I. (Hrsg.): Selbsthilfe und Selbsthilfeunterstützung in der Bundesrepublik Deutschland. Leipzig

Fichter, K. (Hrsg.) (1995): Die EG-Öko-Audit-Verordnung. München Wien

Fietkau, H.-J. (1996): Kommunikationsmuster und Kommunikationserwartungen in Mediationsverfahren. In: van den Daele, W.; Neidhardt, F. (Hrsg.): Kommunikation und Entscheidung. Politische Funktionen öffentlicher Meinungsbildung und diskursive Verfahren. WZB-Jahrbuch 1996. Berlin

Fischer, F. (1993a): Bürger, Experten und Politik nach dem „Nimby"-Prinzip: Ein Plädoyer für die partizipatorische Policy-Analyse. In: Héritier, A, (Hrsg.): Policy-Analyse. Kritik und Neuorientierung. PVS-Sonderheft 24. Opladen

Fischer, F. (1993b): Citizen Participation and the Democratization of Policy Expertise. Policy Sciences 26, 165-187

Fischer, F. (1993c): Bürger, Experten und Politik nach dem „Nimby"-Prinzip. Ein Plädoyer für die partizipatorische Policy-Analyse In: Héritier, A. (Hrsg.): Policy-Analyse. Kritik und Neuorientierung. PVS-Sonderheft 24. Opladen

Fishkin, J. (1995): The Voice of the People. New Haven u.a.

Flanagan, S.C. (1987): Value Change in Industrial Societies. American Political Science Review 81, 1303-1319

Flechsig, K.-H. (1996): Kleines Handbuch didaktischer Modelle. Eichenzell

Forschungsjournal (1996): Forschungsjournal Neue Soziale Bewegungen. Soziale Bewegungen und Nicht-Regierungsorganisationen. Heft 2, Opladen

Forschungsstelle Bürgerbeteiligung & Planungsverfahren (1987): Bürgergutachten Regelung sozialer Folgen neuer Informationstechnologien. Bergische Universität, Gesamthochschule Wuppertal

Forum für verantwortbare Anwendung der Wissenschaft (1995): Das Modell von Flüh. Ein Zukunftsrat als Dritte Parlamentskammer. Skizze eines Modells zur Wahrung der Interessen der zukünftigen Bewohnerinnen und Bewohner der Schweiz in der politischen Willensbildung, Langenbruck

FÖS (Förderverein Ökologische Steuerreform) (1996): Vorschlag für einen Einstieg in eine Ökologische Steuerreform. Neuere Überlegungen des Fördervereins Ökologische Steuerreform, Manustript. Zitiert nach: Schlegelmilch 1996.

Fraunhofer Institut (1994): Weiterentwicklung von Indikatorsystemen für die Umweltberichterstattung. Karlsruhe

Frey, B.S. (1971/92): Umweltökonomie. Göttingen

Frey, B.S. (1981): Theorie demokratischer Wirtschaftspolitik, München

Frey, B.S. (1992): Efficiency and Democratic Political Organisation. The Case for the Referendum. Journal of Public Policy 12, 209-222

Frey, B.S. (1994): The role of democracy in securing just and prosperous societies. Direct Democracy. Politico-economic lessons from swiss experience. American Economic Review 84, 338-342

Frey, B.S.; Kirchgässner, G. (1994): Demokratische Wirtschaftspolitik. Theorie und Anwendung. München

Frey, B.S.; Oberholzer-Gee, F. (1996): Zum Konflikt zwischen intrinsischer Motivation und umweltpolitischer Instrumentenwahl. In: Siebert, H. (Hrsg.): Elemente einer rationalen Umweltpolitik. Expertisen zur umweltpolitischen Neuorientierung. Tübingen

Frey, B.S.; Osterloh, M. (1997): Motivation. Der zwiespältige Produktionsfaktor. Hohe Bedeutung der Mitarbeiteridentifikation mit dem Unternehmen. Neue Zürcher Zeitung vom 29./30.3.1997, 29

Führ, M. (1993): Ansätze für proaktive Strategien zur Vermeidung von Umweltbelastungen im internationalen Vergleich. Fulda

Führ, M. (1994): Ansätze für proaktive Strategien zur Vermeidung von Umweltbelastungen im internationalen Vergleich. In: Enquete-Kommission "Schutz des Menschen und der Umwelt" (Hrsg.): Umweltverträgliches Stoffstrommanagement. Band 2: Instrumente. Bonn

Fürst, D. (1995): Ökologisch orientierte Umsteuerung in Landkreisen durch Regionalmangement. Raumforschung und Raumordnung (4), 253-259

Gabriel, O.W. (Hrsg.) (1989): Kommunale Demokratie zwischen Politk und Verwaltung. München

Gaßner, H.; Holznagel, B.; Lahl, U. (1992): Mediation. Verhandlungen als Mittel der Konsensfindung bei Umweltstreitigkeiten. Bonn

Gawel, E. (1992): Die mischinstrumentelle Strategie in der Umweltpolitik. Ökonomische Betrachtungen zu einem neuen Politikmuster. Jahrbuch für Sozialwissenschaft43, 67-286

Gawel, E. (1994a): Umweltpolitik zwischen Verrechtlichung und Ökonomisierung. Konkurrierende Ordnungsentwürfe für die Allokation knapper Umweltressourcen. Ein Lagebericht. Ordo 45, 63-103

Gawel, E. (1995a): Staatliche Steuerung durch Umweltverwaltungsrecht. Ene ökonomische Analyse. Die Verwaltung 25, 201-224

Gawel, E. (1995b): Zur Politischen Ökonomie von Umweltabgaben. Walter Eucken Institut. Vorträge und Aufsätze 146. Tübingen

Gawel, E. (Hrsg) (1994b): Umweltpolitik durch hoheitliche Zwangsabgaben? Karl-Heinrich Hansmeyer zur Vollendung seines 65. Lebensjahres. Berlin

Gebers, B.; Jülich, R.; Küppers, P.; Roller, G. (1996): Beteiligungsrechte im Umweltschutz. Öko-Institut. Freiburg Darmstadt Berlin

Geddert-Steinacher, T. (1995): Staatsziel Umweltschutz. Instrumentelle oder symbolische Gesetzgebung. In: Nida-Rümlin, J.; Pfordten, D.v.d. (Hrsg.) (1995): Ökologische Ethik und Rechtstheorie. Baden-Baden

Gehlen, A. (1964): Urmensch und Spätkultur, 2. Auflage, Frankfurt/a.M. [Erstveröffentlichung 1956]

Gerhard, U.; Derlien, H.-U.; Scharpf, F.W. (1994): Einführung. In: Gerhard, U.; Derlien, H.-U.; Scharpf, F.W. (Hrsg.): Festschrift für Renate Mayntz. Baden-Baden

Gerken, L.; Renner, A. (1996): Der Wettbewerb der Ordnungen als Entdeckungsverfahren für eine nachhaltige Entwicklung, In: Gerken, L. (Hrsg.): Ordnungspolitische Grundfragen einer Politik der Nachhaltigkeit. Baden Baden

Gerlach, I.; Konegen, N.; Sandhövel, A. (1996): Der verzagte Staat. Policy-Analysen. Sozialpolitik, Staatsfinanzen, Umwelt. Opladen

Gessenharter, W. (1996): Warum neue Beteiligungsmodelle auf kommunaler Ebene? Kommunalpolitik zwischen Globalisierung und Demokratisierung. Aus Politik und Zeitgeschichte (Beilage zur Wochenzeitung 'Das Parlament') 50, 3-13

Gessenharter, W.; Birzer, M.; Feindt, P.H.; Fröhling, H.; Geismann, U.M. (1994): Zusammenleben mit Ausländern. Eine empirische Studie. Hamburg

Giddens, A. (1984): The Constitution of Society. Cambridge

Giddens, A. (1990): The Consequences of Modernity. Stanford

Glotz, P. (1996): Im Kern verrottet? Fünf vor Zwölf an Deutschlands Universitäten. Stuttgart

Görres, A.; Ehringhaus, H.; Weizsäcker, E.U. (1994): Der Weg zur ökologischen Steuerreform. Das Memorandum des Fördervereins ökologische Steuerreform. München (Zitiert nach Schlegelmilch 1996)

Götzelmann, F. (1992): Umweltschutzinduzierte Kooperationen der Unternehmung: Anlässe. Typen und Gestaltungspotentiale. Frankfurt/a.M. u.a.

Greiwe, U.; Kämper, A.; Körbel, A. (1992): Zukunftswerkstatt. Entwurfs- und Zielfindungsmethode in der Projektarbeit. Materialien zur Projektarbeit, Dortmund

Greve, U. (1993): Parteienkrise. CDU am Scheideweg. Frankfurt/a.M. Berlin.

Greven, M.Th.; Kühler, P.; Schmitz, M. (Hrsg.) (1994): Politikwissenschaft als Kritische Theorie. Festschrift für Kurt Lenk. Baden-Baden

Gross, P. (1995): Die Multioptionsgesellschaft. Frankfurt/a.M.

Guggenberger, B.; Kempf, U. (Hrsg.) (1978): Bürgerinitiativen und repräsentatives System. Opladen

Günther, K. (1996): ASU-Benchmarking. Ein praktikables Instrument. Ökologisches Wirtschaften (1), 20-21

Habermas, J. (1973): Legitimationsprobleme im Spätkapitalismus. Frankfurt/a.M..

Habermas, J. (1981): Theorie des kommunikativen Handelns. Frankfurt/a.M.

Habermas, J. (1992): Faktizität und Geltung. Frankfurt/a.M.

Hadden, S.G. (1989): A Citizen's Right to Know. Risk Communication and Public Policy. Boulder

Hamm-Brücher, H. (1983): Der Politiker und sein Gewissen. Eine Streitschrift für mehr Freiheit. München

Hamm-Brücher, H. (1990): Der freie Volksvertreter - eine Legende? München

Hamm-Brücher, H. (1993): Wege aus der Politik(er)verdrossenheit. Aus Politik und Zeitgeschichte (Beilage zur Wochenzeitung 'Das Parlament') 31, 3-6

Hanesch, W. (1996): Krise und Perspektiven der sozialen Stadt. Aus Politik und Zeitgeschichte (Beilage zur Wochenzeitung 'Das Parlament') 50, 21-31

Hansen, U. (1995): Verbraucher- und umweltorientiertes Marketing. Spurensuche einer dialogischen Marketingethik. Stuttgart

Hansjürgens, B. (1995): Föderalismustheorie und europäische Umweltpolitik. In: Postlep, R.-D. (Hrsg.): Aktuelle Fragen zum Föderalismus, Marburg

Hansmeyer, K.-H.; Kops, M. (1984): Die Kompetenzarten der Aufgabenzuständigkeit und deren Verteilung im föderativen Staat. Hamburger Jahrbuch für Wirtschafts- und Gesellschaftspoliltik 29, 127-140

Hartke, S. (1995): Endogene Potentiale. In: Akademie für Raumforschung und Landesplanung (Hrsg.): Handwörterbuch der Raumordnung. Hannover

Hartwich, H.-H. (Hrsg.) (1989): Macht und Ohnmacht politischer Institutionen. Opladen

Haungs, P.; Jesse, E. (Hrsg.) (1987): Parteien in der Krise? Köln

Hayek, F.A.v (1969): Der Wettbewerb als Entdeckungsverfahren. In: ders.: Freiburger Studien. Tübingen

Hederer, J. (1992): Umwelterziehung. München

Hegele, I. (Hrsg.) (1993): Freie Arbeit. Unterrichtsbeispiele aus der Grundschule. 3. Auflage. Weinheim/Basel

Hegele, I. (Hrsg.) (1994): Lernziel: Offener Unterricht. Unterrichtsbeispiele aus der Grundschule. Weinheim/Basel

Hellenbrandt, S.; Rubik, F. (1994) (Hrsg.): Produkt und Umwelt. Anforderungen, Instrumente und Ziele einer ökologischen Produktpolitik. Marburg

Hennen, L. (1996): Das Ohr an der Basis? Konsensus Konferenzen helfen Politikern, die Anschauungen von Laien über neue Techniken zu ermitteln. Politische Ökologie 46, 44-45

Henseling, O. (1996): Die Rolle des Staates. Bestandteil vorsorgender und nachhaltiger Umweltpolitik. Ökologisches Wirtschaften 5, 13-14

Herder-Dorneich, Ph. (1988): Systemdynamik. Baden-Baden

Héritier, A. (Hrsg.) (1993): Policy-Analyse. Kritik und Neuorientierung, Politische Vierteljahresschrift, Sonderheft 24. Opladen

Hesse, J.J. (Hrsg.) (1987): Zur Situation der kommunalen Selbstverwaltung heute. Stadtpolitik und kommunale Selbstverwaltung im Umbruch. Baden-Baden

Hesse, J.J.; Zöpel, Ch. (Hrsg.) (1990): Der Staat der Zukunft. Baden-Baden

Hill, H. (1982): Einführung in die Gesetzgebungslehre. Heidelberg

Hill, H. (1993a): Integratives Verwaltungshandeln. Neue Formen von Kommunikation und Bürgermitwirkung. Deutsches Verwaltungsblatt, 973-982

Hill, H. (1993b): Verwaltung neu denken. VOP (1), 15-20

Hill, H. (Hrsg.) (1996): Dialoge über Grenzen. Kommunikation bei Public Private Partnership. Reihe Staatskommunikation. Bd. 3. Köln Berlin Bonn München.

Hingel, A. (1993): European consensus conferences - a new tool for policy making. Futures 25, 472-476

Hinterberger, F. (1996): Brauchen wir einen Sachverständigenrat für Umwelt und Wirtschaft? Zeitschrift für angewandte Umweltforschung 9 (4), 441-453

Hirschman, A.O. (1989): Having Opinions. One of the Elements of Well-Being? American Economic Review 79, 75-79

Hirschmann, A.O. (1970): Exit, Voice and Loyalty. Responses to Decline in Firms, Organisations and States. Cambridge [dt. Abwanderung und Widerspruch, Tübingen 1974]

Hofmann, G.; Perger, W.A. (1992b): Richard von Weizsäcker im Gespräch. Frankfurt

Hofmann, G.; Perger, W.A. (Hrsg.) (1992a): Die Kontroverse. Weizsäckers Parteienkritik in der Diskussion. Frankfurt

Hohmeyer, O. (Hrsg.) (1995): Ökologische Steuerreform. Baden-Baden

Hohmeyer, O.; Ottinger, R.L.; Rennings, K. (Eds.) (1996): Social costs and sustainability. Valuation and implementation in the energy and transport sector. Berlin u.a.

Holtz-Bacha, Ch. (1990): Ablenkung oder Abkehr von der Politik. Opladen

Holzinger K.; Weidner, H. (Hrsg.) (1996): Alternative Konfliktregulierungsverfahren bei der Planung und Implementation großtechnischer Anlagen. Discussion paper FS II 96-301, Wissenschaftszentrum Berlin für Sozialforschung, Berlin

Holzmann, U. (1997): UVP auch für Pläne und Programme?Kommunale ökologische Briefe 19.3.1997 (6), 15

Holznagel, B. (1990): Konfliktlösung durch Verhandlungen. Aushandlungsprozesse als Mittel der Konfliktverarbeitung, Baden-Baden

Homann, K. (1980): Die Interdependenz von Zielen und Mitteln. Tübingen

Homann, K. (1996a): Sustainability: Politikvorgabe oder regulative Idee? In: Gerken, L. (Hrsg.): Ordnungspolitische Grundfragen einer Politik der Nachhaltigkeit. Baden Baden

Homann, K. (1996b): Unternehmensethik und Korruption. Ingolstadt (unveröffentlichtes Manuskript)

Homann, K. (1996c): Kooperation und Wettbewerb zwischen Unternehmen im Dienst der Nachhaltigkeit. (Vortrag beim 2. Workshop am 18.10.1996 in Bad Münder)

Homann, K.; Blome-Drees, F. (1992): Wirtschafts- und Unternehmensethik. Göttingen

Homann, K.; Pies, I. (1991): Wirtschaftsethik und Gefangenendilemma. WiSt (12), 608-614

Horbach, J. (1992): Neue Politische Ökonomie und Umweltpolitik. Frankfurt a. Main New York

Huber, J. (1995): Nachhaltige Entwicklung. Strategien für eine ökologische und soziale Erdpolitik. Berlin

Huckestein, B. (1993): Umweltpolitik und Föderalismus. Ökonomische Kriterien für umweltpolitische Kompetenzen der Europäischen Gemeinschaft. Zeitschrift für angewandte Umweltforschung 6, 330-339

Huckestein, B. (1996): Ökologische Steuerreform und nachhaltige Entwicklung. Ansatzpunkte und Bestandteile einer Nachhaltigen Finanzreform. Zeitschrift für Umweltpolitik und Umweltrecht 19 (3), 387-408

Hunold, Ch.; Young, I. (1995): Justice, Democracy, and Hazardous Siting. (Paper prepared for presentation at the Annual Conference of the American Political Science Association, August 31 - September 3 1995. Chicago)

IFOK (1997a): Bausteine für ein zukunftsfähiges Deutschand, Wiesbaden

IFOK (1997b): Das Responsible Care-Programm als Katalysator für Lernprozesse zur Nachhaltigkeit. In: IFOK (1997): Bausteine für ein zukunftsfähiges Deutschland. Wiesbaden

IFOK (1997c): Strategische Planung. (Veranstaltung mit Bürgermeistern, Landräten und Dezernenten aus Südhessen, 7. Februar 1997)

Illich, Ivan (1984): Entschulung der Gesellschaft. Entwurf eines demokratischen Bildungssystems. Reinbek

Informationsvorlage von Umweltbürgermeister Schaller an den Umweltausschuß der Stadt Heidelberg. Kommunale Naturhaushaltswirtschaft vom 14.05.96. Unveröffentlicht

Inglehart, R. (1977): The Silent Revolution. Changing Values and Political Styles Among Western Publics. Princeton/NJ

Inglehart, R. (1981): Post-Materialism in an Environment of Insecurity. American Political Science Review 75, 880-900

Inglehart, R. (1989): Kultureller Umbruch. Wertwandel in der westlichen Welt. Frankfurt/a.M. New York

Inglehart, R. (1990): Culture Shift in Advanced Industrial Society. Princeton/NJ

Inglehart, R.; Abramson, P.R. (1994): Economic Security and Value Change. American Political Science Review 88, 336-354

International Council for Local Environmental Initiatives (ICLEI) (1996): Demonstrationsvorhaben Kommunale Naturhaushaltswirtschaft. Freiburg

IPCC (Intergovernmental Panel on Climate Change) (1996): Zweiter umfassender IPCC-Bericht. Zusammenfassungen für politische Entscheidungsträger und Synthesebericht. Deutsche Übersetzung. Bern Bonn

Ismayr, W. (1997): Enquete-Kommissionen des Deutschen Bundestages. Aus Politik und Zeitgeschichte (Beilage zur Wochenzeitung 'Das Parlament') 27, 29-41

Iyengar, S.; Kinder, D.R. (1987): News That Matters. Chicago London

Jaedicke, W.; Ruhland, K.; Wachendorfer, U.; Wollmann, H.; Wonnenberg, H. (1991): Lokale Politik im Wohlfahrtsstaat. Zur Sozialpolitik der Gemeinden und ihrer Verbände in der Beschäftigungskrise. Opladen

Jänicke, M. (1986): Staatsversagen. Die Ohnmacht der Politik in der Industriegesellschaft. München Zürich

Jänicke, M. (1993): Über ökologische und politische Modernisierungen. Zeitschrift für Umweltpolitik und Umweltrecht 16, 159-175

Jänicke, M. (1995): Über Ziele und Mittel der Umweltpolitik. Zehn Thesen wider den ökonomischen Instrumentalismus. IÖW-Informationsdienst (2), Berlin, 6-7

Jänicke, M. (1996a): In: Holzinger K.; Weidner, H. (Hrsg.) (1996): Alternative Konfliktregulierungsverfahren bei der Planung und Implementation großtechnischer Anlagen. Discussion paper FS II 96-301, Wissenschaftszentrum Berlin für Sozialforschung, Berlin

Jänicke, M. (Hrsg.) (1996b): Umweltpolitik der Industrieländer. Entwicklung, Bilanz, Erfolgsbedingungen. Berlin

Jänicke, M. (1997): The Political System's Capacity for Environmental Policy. Jänicke, M.; Weidner, H. (Hrsg.): National Environmental Policies. A Comparative Study of Capacity-Buildung. Berlin u.a.

Jänicke, M.; Jörgens, H. (1996): National Environmental Policy Plans and Long-term Sustainable Developmet Strategies. Learning from International Experiences. FFU-report 96-5.

Jänicke, M.; Weidner, H. (Hrsg.) (1995): Successful Environmental Policy. A Critical Evaluation of 24 Cases. Berlin u.a.

Jänicke, M.; Weidner, H. (Hrsg.) (1997): National Environmental Policies. A Comparative Study of Capacity-Buildung. Berlin u.a.

Jansen, M. M. (Hrsg.) (1991): Umwelterziehung. Anregungen und Überlegungen für Kindergärten, Kindertagesstätten und Schulen. Wiesbaden

Jochimsen, M.; Kirchgässner, G. (Hrsg.) (1995): Schweizerische Umweltpolitik im internationalen Kontext. Basel Boston Berlin

Jonas, H. (1993): Das Prinzip Verantwortung. Versuch einer Ethik für die technologische Zivilisation, Frankfurt/a.M.

Jungk, R.; Müllert, N.R. (1989): Zukunftswerkstätten. Mit Phantasie gegen Routine und Resignation. 5. Auflage, München

Junkernheinrich, M. (1995): Föderalismus und Umweltschutz. In: Junkernheinrich, M; Klemmer, P.; Wagner, G.R. (Hrsg.): Handbuch zur Umweltökonomie. Band 2. Berlin

Kaase, M.; Klingemann, H.-D. (1994): Wahlen und politisches System. Analysen aus Anlaß der Bundestagswahl 1990. Opladen

Katz, C. (1996): Zur Rolle der Wissenschaft bei (umwelt-)technologiepolitischen Entscheidungen. In: Köstern, B.; Vogt, M. (Hrsg.): Mensch und Umwelt. Eine komplexe Beziehung als interdisziplinäre Herausforderung. Dettelbach

Kaufmann, F.; Kokalj, L. (1996): Risikokapitalmärkte für mittelständische Unternehmen. Stuttgart

Kerber, M.C. (1997): Wachstum und Konsolidierung. Ein Vorschlag zur Reform von Wirtschaft und Staatsfinanzen. Berlin New York

Kirchgässner G.; Vallender, K.A. (1994): Zum Vergleich des schweizerischen mit dem deutschen Umwelthaftungsrecht. (Vortrag im Rahmen der Umweltrechtstage NRW über „Umwelthaftung aus juristischer und ökonomischer Sicht", Düsseldorf, 20./21.10.1993, revidierte schriftliche Fassung St. Gallen)

Kirchgässner, G. (1995): Umwelthaftung. In: Junkernheinrich, M.; Klemmer, P.; Wagner, G.R. (Hrsg.): Handbuch zur Umweltökonomie. Berlin

Kirchgässner, G. (1996a): Ökologische Steuerreform. Utopie oder realistische Alternative? Diskussionspapier 9621 der Forschungsgemeinschaft für Nationalökonomie, Universität St.Gallen

Kirchgässner, G. (1996b): Nachhaltigkeit in der Umweltnutzung: Einige Bemerkungen. Diskussionspapier Nr. 9608 der Forschungsgemeinschaft für Nationalökonomie. Universität St. Gallen

Kirsch, G. (1996): Umwelt, Ethik und individuelle Freiheit. Eine Bestandesaufnahme. In: Siebert, H. (Hsg.): Elemente einer rationalen Umweltpolitik. Expertisen zur umweltpolitischen Neuorientierung,Tübingen

Kiwit, D.; Voigt, S. (1995): Überlegungen zum institutionellen Wandel unter der besonderen Berücksichtigung des Verhältnisses interner und externer Institutionen. Ordo 46, 117-147

Klages, A.; Paulus, P. (1996): Direkte Demokratie in Deutschland. Impulse aus der deutschen Einheit. Marburg

Kleivane, T. (1996): Environmental Performance Evaluation. Ökologisches Wirtschaften (1), 16

Klemmer, P.; Wink R.; Benzler, G.; Halstrick-Schwenk, M. (1996): Mehr Nachhaltigkeit durch Marktwirtschaft. Ein ordnungspolitischer Ansatz.. In: Gerken, L. (Hrsg.): Ordnungspolitische Grundfragen einer Politik der Nachhaltigkeit. Baden Baden

Klinge, G. (1997): Praktischer Lobbyismus. Umweltzentren im Handwerk. Bindeglied zwischen Politik und Wirtschaft. Politische Ökologie 15, Sonderheft 9, 44-46

Klingemann, H.-D.; Hofferbert, R.I.; Budge, I. (1994): Parties, Policies, and Democracy. Boulder u.a.

Kloepfer, M. (1989): Umweltrecht. München

Kloepfer, M. (Hrsg) (1989): Umweltstaat. Berlin u.a.

Kloepfer, M. (1991): Zu den neuen umweltrechtlichen Handlungsformen des Staates. Juristen Zeitung 46 (15/16), 737-744

Kloepfer, M. (1995): Anthropozentrik versus Ökozentrik als Verfassungsproblem. In: Kloepfer, M. (Hrsg.) (1995): Anthropozentrik, Freiheit und Umweltschutz in rechtlicher Sicht, Bonn

Knemeyer, F.-L. (1996): Bürgerbegehren und Bürgerentscheid in Bayern. Modell für mehr Demokratie und Stärkung kommunaler Selbstverwaltung. Stuttgart u.a.

Knieling, J. (1994): Intermediäre Organisationen und kooperative Regionalentwicklung. Raumforschung und Raumordnung (2), 117-126

Knoblauch, Th. (1996): Die Möglichkeit des Neuen. Innovation in einer lernenden Unternehmung. Stuttgart

Knoepfel, P. (1991): Umweltpolitik zwischen Akzeptanz und Vollzugskrise. Zum Stand der Umsetzung der Umweltgesetzgebung in Industrie und Gewerbe, Landwirtschaft und in der staatlichen Infrastrukturpolitik. Cahiers de l'IDHEAP Nr. 70. Lausanne

Kohlhaas, M.; Praetorius, B. (1994): Selbstverpflichtungen der Industrie zur CO_2-Reduktion, Berlin

Kommission der Europäischen Gemeinschaften (1991): Eine Gemeinschaftsstrategie für weniger Kohlendioxidemissionen und mehr Energieeffizienz. Mitteilung der Kommission an den Rat. SEK (91) 1744 endg. Brüssel (Zitiert nach Koschel/Weinreich 1995)

Kommission Petitpierre (1998): Konzept Umwelt- und Nachhaltigkeitsforschung. Vorschläge der Kommission Umweltforschung und Nachhaltige Entwicklung. Hrsg. vom Schweizerischen Wissenschaftsrat. Bern

Kommunale Gemeinschaftsstelle (KGSt) (1991): Dezentrale Ressourcenverantwortung. Überlegungen zu einem neuen Steuerungsmodell. Bericht Nr. 12. Köln

Kommunale Gemeinschaftsstelle (KGSt) (1995): Das neuere Steuerungsmodell in kleineren und mittleren Gemeinden. Bericht Nr. 8. Köln

Kommunale Naturhaushaltswirtschaft vom 14.05.96. Unveröffentlicht (Stadt Heidelberg)

Kommunale Umwelt-Aktion U.A.N. (Hrsg.) (1996): Dörverden 2020. Auf dem Weg zu einer nachhaltigen Gemeinde - Agenda 21 im ländlichen Raum. Hannover.

Korff, W. (1991): Die Wirtschaft vor den Herausforderungen der Umweltkrise. In: Zur christlichen Berufsethik. Kirche im Gespräch. Bochum

Koschel H.; Weinreich S. (1995): Ökologische Steuerreform auf dem Prüfstand. Ist die Zeit reif zum Handeln? In: Hohmeyer, O. (Hrsg.). Ökologische Steuerreform. Baden-Baden, 9-38

Kronenberg, I. (1996): Mit kooperativer Planung aus der Krise? Verkehrsforen in Deutschland. Diplomarbeit an der Fakultät für Raum- und Städteplanung der Universität Dortmund

Krüssel, P. (1996): Ökologieorientierte Entscheidungsfindung in Unternehmen als politischer Prozess. Interessengegensätze und ihre Bedeutung für den Ablauf von Entscheidungsprozessen. München Mehring

Kuhn, H.-W.; Massing, P. (Hrsg.) (1990): Politische Bildung in Deutschland. Entwicklung, Stand, Perspektiven. Opladen

Kühnlein, G.; Wohlfahrt, N. (1995): Leitbild lernende Verwaltung? Situation und Perspektiven der Fortbildung in westdeutschen Kommunalverwaltungen. Berlin

Kunerth, W. (1996): Hochschulen als Kooperationspartner für die Wirtschaft. (Vortrag bei der Hanns-Seidel-Stiftung vom 30.9.96. in München)

Kunkel, M. (1994): Arbeits- und sozialpolitische Initiativen der Europäischen Kommission. Arbeit 3 (4), 368-387

Kurz R.; Volkert, J.; Helbig, J. (1996): Nachhaltigkeitspolitik. Ordnungspolitische Konsequenzen und Durchsetzbarkeit. In: Gerken, L. (Hrsg.): Ordnungspolitische Grundfragen einer Politik der Nachhaltigkeit. Baden-Baden

Kurz, R.; Volkert, J. (1996): Konzeption und Durchsetzungschancen einer ordnungskonformen Politik der Nachhaltigkeit. Tübingen

La Porte, T.R. (1975): Complexity. Explecation of a Concept. In: ders. (Hrsg.): Organized Social Complexity. Challenge to Politics and Policy. Princeton/N.J.

Lange, K.; Schatz, H. (Hrsg.) (1982): Aktuelle Probleme und Entwicklungen im Massenkommunikationssystem der BRD. Frankfurt

Lattmann, M.S. (1997): In der Technologie-Industrie sind 30000 neue Arbeitsplätze entstanden. Interview. Handelszeitung, 13.03.1997 (Nr. 11), 4

Leggewie,C. (Hrsg.) (1994): Wozu Politikwissenschaft? Über das Neue in der Politik. Darmstadt

Lehmann, M. (1996): Verpackungswahl und Netzwerkexternalitäten. Zur Effizienz von Verpackungsabgaben und DSD-Gebüren. Zeitschrift für Umweltpolitik & Umweltrecht 19 (2), 227-241

Lehmann, S.; Clausen, J. (1992): Umweltberichterstattung von Unternehmen. Schriftenreihe des IÖW 57/92, Berlin

Lehner, F. (1989): Vergleichende Regierungslehre. Opladen

Leimbrock, H. (1997): Entwicklungs-, Planungs- und Partizipationsprozesse in ostdeutschen Mittelstädten. Aus Politik und Zeitgeschichte (Beilage zur Wochzeitung 'Das Parlament') 17, 30-37

Leipert, Ch. (1989): Die heimlichen Kosten des Fortschritts. Wie Umweltzerstörung das Wirtschaftswachstum fördert. Frankfurt/a.M.

Lerner, J. (1996): The government as venture capitalist. The long-run impact of SIBIR program. Cambridge/Mass.

Leuenberger, Th. (1997): Thema „Venture capital". HSG Information, 14.04.1997 (Nr. 3), 2

Libecap, G.D. (Hrsg.) (1986): Entrepreneurship and innovation. The impact of venture capital on the development of new enterprise. Greenwich

Lijphart, A. (1996): Unequal Participation. Democracy's Unresolved Dilemma. American Political Science Review 91, 1-14

Lindberg, L.N.; Campbell, J.L. (1991): The State and the Organization of Economic Activity. In: Campbell, J.; Hollingsworth, R.J.; Lindberg, L.N. (Hrsg.): Governance of the American Economy. Cambridge

Linder, W. (1994): Swiss Democracy. Possible Solutions to Conflict in Multicultural Societies. New York

Linscheidt, B.; Truger A. (1996): Ökologische Steuerreform. Ein Konzept mit vielen ungeklärten Fragen? In: Köhn, J.; Welfens, J.M.. Neue Ansätze in der Umweltökonomie. Marburg

Loew, T.; Kottmann, H. (1996): Kennzahlen im Unternehmen. Ökologisches Wirtschaften (1), 10-12

Loske, R. (1996): Der Charme des Ökorats. Die politischen Reformvorschläge der Studie „Zukunftsfähiges Deutschland". Politische Ökologie 14 (46), 53-56

Lucas, R. (1997): Ökologische Werkstoffentwicklung im regionalen Netzwerk. Ansatzpunkte für Kooperationen im bergischen Städtedreieck. (Vortrag gehalten auf dem Workshop „Innovation durch Entwicklung von Regionen" am 4.2.1997 in Bonn)

Lugger, B. (1994): Woher nehmen? Weniger Geld für die Umweltverbände vom Staat. Politische Ökologie 39, 71

Luhmann, N. (1968): Legitimation durch Verfahren. Frankfurt/a.M.

Luhmann, N. (1975): Soziologische Aufklärung. Band 2, Opladen

Luhmann, N. (1981): Politische Theorie im Wohlfahrtsstaat. München Wien

Luhmann, N. (1984): Soziale Systeme. Frankfurt/a.M.

Luhmann, N. (1986): Ökologische Kommunikation. Kann die moderne Gesellschaft sich auf ökologische Gefährdungen einstellen? Opladen

Luhmann, N. (1988): Die Wirtschaft der Gesellschaft, Opladen

Luhmann, N. (1991): Soziologie des Risikos. Berlin

Luthardt, W. (1994): Direkte Demokratie. Ein Vergleich in Westeuropa. Baden-Baden

Lütz, S. (1993): Die staatlich-industrielle Forschungskooperation. Funktionsweise und Erfolgsbedingungen des staatlichen Förderinstruments Verbundforschung. Frankfurt/a.M.

Magat, W; Krupnick, A.; Harrington, W. (1986): Rules in the Making. A Statistical Analysis of Regulatory Agency Behavior. Washington/D.C.

396   **Literatur**

Maier-Rigaud, G. (1995): Für eine ökologische Wirtschaftsordnung. In: Altner, G. (Hrsg.): Jahrbuch Ökologie 1996. München

Malinowski, B. (1951): Die Dynamik des Kulturwandels, Wien [Erstveröff.: The Danymics of Cultural Change. An Inquiry into Race Realtions in Africa. New Haven, 1946]

Malinowski, B. (1988a): Die Funktionaltheorie (Erstveröffentlichung: The Functional Theory, 1939). In: ders.: Eine wissenschaftliche Theorie der Kultur und andere Aufsätze. 3. Aufl., Frankfurt/a.M.

Marcinkowski, F. (1993): Publizistik als autopoietisches System. Opladen

Margedant, U. (1987): Entwicklung des Umweltbewusstseins in der Bundesrepublik Deutschland. Aus Politik und Zeitgeschichte (Beilage zur Wochenzeitung 'Das Parlament') 29, 15-28

Marin, B.; Mayntz, R. (1991): Policy Networks. Empirical Evidence and Theoretical Considerations. Frankfurt/a.M. Boulder/Col.

Marsh, A.; Kaase, M. (1979): Background of Political Action. In: Barnes, S.H.; Kaase, M. (Hrsg.): Political Action. Mass Participation in Five Western Democracies. Beverly Hills

Martin, H.-P.; Schumann, H. (1996): Die Globalisierungsfalle. Der Angriff auf Demokratie und Wohlstand. 4. Aufl., Reinbek

Massarat, M. (1996): Baustein für eine Demokratie der Zukunft. Dritte Kammern für Nichtregierungsorganisationen. Politische Ökologie 14 (46), 49-52

Mathes, R.; Rudolph, C (1991): Who Sets the Agenda? Party and Media Influences on Shaping the Campaign Agenda in Germany. Television and Election Campaigns. In: Mathes, R.; Semetko, H. (ed.): Political Communication and Persuasion. Band 8, 183-200

Mauch, S.P.; Iten, R.; von Weizsäcker, E.U.; Jesinghaus, J. (1992): Ökologische Steuerreform. Europäische Ebene und Fallbeispiel Schweiz. Chur Zürich

Mayer-Tasch, C. (1985): Die Bürgerinitiativbewegung. Der aktive Bürger als rechts- und politikwissenschaftliches Problem. 5. Auflage, Reinbek.

Mayntz, R. (1978): Soziologie der öffentlichen Verwaltung. Heidelberg

Mayntz, R. (1987): Politische Steuerung und gesellschaftliche Steuerungsprobleme. Anmerkungen zu einem theoretischen Paradigma. Jahrbuch zur Staats- und Verwaltungswissenschaft 1, 89-110

Mayntz, R. (1988): Funktionelle Teilsysteme in der Theorie sozialer Differenzierung. In: Mayntz, R.; Rosewitz, B.; Schimank, U.; Stichweh, R. (Hrsg.): Differenzierung und Verselbständigung. Zur Entwicklung gesellschaftlicher Teilsysteme. Frankfurt/a.M. New York

Mayntz, R. (1994): Politikberatung und politische Entscheidungsstrukturen. Zu den Voraussetzungen des Poltikberatungsmodells. In: Murswieck, A. (Hrsg.): Regieren und Politikberatung. Opladen

Mayntz, R. (Hrsg.) (1980): Implementation politischer Programme. Opladen

Mayntz, R. (Hrsg.) (1992): Interessenverbände und Gemeinwohl. Gütersloh

Mayntz, R.; Scharpf, F.W. (1975): Policy-Making in the German Federal Bureaucracy. Amsterdam

Mayntz, R.; Scharpf, F.W. (1995a): Steuerung und Selbstorganisation in staatsnahen Sektoren. In: dies. (Hrsg.): Gesellschaftliche Selbstregelung und politische Steuerung. Frankfurt/a.M. New York

Mayntz, R.; Scharpf, F.W. (1995b): Der Ansatz des akteurzentrierten Institutionalismus.In: dies. (Hrsg.): Gesellschaftliche Selbstregelung und politische Steuerung. Frankfurt/a.M. New York

Mayntz, R.; Scharpf, F.W. (Hrsg.) (1973): Planungsorganisation. Die Diskussion um die Reform von Regierung und Verwaltung des Bundes. München

Mayntz, R.; Scharpf, F.W. (Hrsg.) (1995c): Gesellschaftliche Selbstregelung und politische Steuerung. Frankfurt

McCombs, M.; Shaw, D.L. (1972): The agenda-setting function of mass media. Public Opinion Quarterly 36, 176-187

Meadows, D.L.; Meadows, D.H.; Randers, J.; Behrens III, W.W. (1972): Die Grenzen des Wachstums. Bericht des Club of Rome zur Lage der Menschheit. Stuttgart [Original: The Limits to Growth. A Report for The Club of Rome's Project on the Predicament of Mankind. Universe Books. New York, 1972]

Mediator GmbH (1996): Mediation in Umweltkonflikten. Verfahren kooperativer Problemlösungen in der BRD. Oldenburg

Meister, H.-P. (1996a): Ethische Anforderungen in der industriellen Praxis. Diskurse in der Wirtschaft. In: Köstner, B.; Vogt, M. (Hrsg.): Mensch und Umwelt. Eine komplexe Beziehung als interdisziplinäre Herausforderung. Dettelbach

Meister, H.-P. (1996b): Community Advisory Panels in den USA. In: Hill, H. (Hrsg.) (1996): Dialoge über Grenzen. Kommunikation bei Public Private Partnership. Reihe Staatskommunikaton. Band 3., Köln u.a.

Meister, H.-P. (1997a): The role of international industry associations in the development and implementation of corporate ethics. The case of the chemical industry and 'Responsible Care'. In: Ethik im internationalen Management. Nürnberg

Meister, H.-P. (1997b): Mündliche Stellungnahme auf dem IG Chemie-Workshop „Innovationen durch die Entwicklung von Regionen" vom 4.02.1997 in Bonn

Meister, H.-P. (1997c): Energie-Tische. Innovation durch Partizipation im kommunalen Klimaschutz. In: Birzer, M.; Feindt, P.H.; Spindler, E.A. (Hrsg.): Nachhaltige Stadtentwicklung. Konzepte und Projekte. Bonn

Meister, H.-P.; Pinkepank, T.; Staudacher, R. (1996a): Community Advisory Panels (CAP) in den U.S.A. In: Feindt, P.H.; Gessenharter, W.; Birzer, M.; Fröchling, H. (Hrsg.): Konfliktregelung in der offenen Bürgergesellschaft. Dettelbach

Meister, H.P.; Pinkepank, T.; Staudacher, R. (1996b): Konfliktvermeidung durch Partizipation. In: Feindt, P.H.; Gessenharter, W.; Birzer, M.; Fröchling, H. (Hrsg.): Konfliktregelung in der offenen Bürgergesellschaft. Dettelbach

Messner, D.; Nuscheler, F. (1996): Global Governance. Policy Paper der Stiftung Entwicklung und Frieden. Bonn

Metzen, H. (1994): Schlankheitskur für den Staat. Lean Management in der öffentlichen Verwaltung. Frankfurt am Main New York

Meulemann, H. (1996): Werte und Wertewandel. Weinheim München

Meyer zu Himmern, A.-Ch. (1997): Strukturelle Auswirkungen umweltpolitischer Massnahmen zur Bekämpfung des Treibhauseffektes. Eine Allgemeine Gleichgewichtsanalyse für die Schweiz. Dissertation der Universität St.Gallen. Winterthur

Mez, L. (1995): Erfahrungen mit der ökologischen Steuerreform in Dänemark. In: Hohmeyer, O. (Hrsg.): Ökologische Steuerreform. Baden-Baden

Michaelowa, A. (1997): Lotterien als Finanzierungsinstrument der Umweltpolitik. (Vortrag anläßlich des Kolloquiums "Ökologischer Strukturwandel" der Studienstiftung des Deutschen Volkes, Wuppertal 29.-30.01.1997. Paper in Vorbereitung, Vortragsmanuskript über den Autor am HWWA, Hamburg).

Michelsen, G. (1997): Große Herausforderung. Entwicklung, Stand und Perspektiven der Umweltbildung in Deutschland. Politische Ökologie 51, 33-37

Michelsen, G.; Siebert, H. (1985): Ökologie lernen. Anleitung zu einem veränderten Umgang mit der Natur. Frankfurt

Miegel, M. (1997): Der wuchernde Staat als Folge eines falschen Individualismus. Eine Absage an die übertriebene Kommerzialisierung menschlicher Beziehungen. Neue Zürcher Zeitung vom 29./30.03.1997, 79

Migué, J.-L.; Bélanger, G. (1974): Toward a General Theory of Managerial Discretion. In: Public Choice 17, 27-43

Ministry of Housing, Spatial Planning and Environment (1996): The Netherlands' Regulatory Tax on Energy. Questions and Answers, Den Haag (Zitiert nach Schlegelmilch 1996)

Minsch, J. (1988): Ursache und Verursacherprinzip im Umweltbereich. Zur theoretischen Fundierung einer verursacherorientierten Umweltpolitik. St. Gallen

Minsch, J. (1994): Ökologische Grobsteuerung. Konzeptionelle Grundlagen und Konkretisierungsschritte, Diskussionsbeitrag Nr. 17 des IWÖ-HSG, Universität St. Gallen

Minsch, J.; Baur, P.; Giannini, P.; Rigendinger, L. (1995): Schritte zur Ökologisierung des Welthandels. Diskussionsbeitrag Nr. 1 des Fachausschuss Ökonomie der Schweizerischen Gesellschaft für Umweltschutz (SGU), Zürich

Minsch, J.; Eberle A.; Meier B.; Schneidewind, U. (1996): Mut zum ökologischen Umbau. Innovationsstrategien für Unternehmen, Politik und Akteursnetze. Basel Berlin Boston

Möller, H.-W. (1995): Verwaltungsreform durch Bildungsreform. Eine kritische Analyse der Curricula für die Beamtenausbildung an den Fachhochschulen für öffentliche Verwaltung. Baden-Baden

Moore, G.E. (1903): Principia Ethica. London

Morath, K. (Hrsg.) (1994): Wirtschaftlichkeit der öffentlichen Verwaltung. Reformkonzepte, Reformpraxis. Bad Homburg

Mottier, V. (1993): La structuration sociale de la participation aux votations féderales. In: Kriesi, H. (Hrsg.): Citoyenneté et démocratie directe. Compétence, participation et décision des citoyens et citoyennes suisse. Zürich

Müller, E. (1990): Umweltreparatur oder Umweltvorsorge? Bewältigung von Querschnittsaufgaben der Verwaltung am Beispiel des Umweltschutzes. Zeitschrift für Beamtenrecht (6), 165-174

Müller, M. (1997): Riskante Feigheit. Die Zeit, 7.03.97 (Nr. 11), 35

Müller, U. (1995): Controlling als Steuerungsinstrument der öffentlichen Verwaltung. Aus Politik und Zeitgeschichte (Beilage zur Wochenzeitung 'Das Parlament') 5, 11-19

Müller-Böling, D. (1997): Mehr Freiheit für die Uni.ۦ.ۣۙۦⅼۦⅼat. Die Zeit, 21.2.1997

Münch, Richard (1992): Dialektik der Kommunikationsgesellschaft. Frankfurt/a.M.

Murswick, D. (1995): Umweltschutz als Staatszweck. Die ökologischen Legitimitätsgrundlagen des Staates, Bonn

Naschold, F. (1987): Technologiekontrolle durch Technikfolgenabschätzung? Entwicklung, Kontroversen, Perspektiven der Technologiefolgenabschätzung und -bewertung. Köln

Naschold, F. (1993): Modernisierung des Staates. Zur Ordnungs- und Innovationspolitik des öffentlichen Sektors. Berlin

Naschold, F. (1995a): Einführung zum Thema. In: Naschold, F.; Pröhl, M. (Hrsg.) (1995): Produktivität öffentlicher Dienstleistungen. Bd. 2: Dokumentation zum Symposium. Gütersloh

Naschold, F. (1995b): Ergebnissteuerung, Wettbewerb, Qualitätspolitik. Entwicklungspfade des öffentlichen Sektors in Europa. Berlin

Naschold, F. et al. (1996): Leistungstiefe im öffentlichen Sektor. Erfahrungen, Konzepte, Methoden. Berlin

Naschold, F.; Pröhl, M. (Hrsg.) (1994): Produktivität öffentlicher Dienstleistungen. Bd. 1: Dokumentation einer wissenschaftlichen Diskurses zum Produtivitätsbegriff. Gütersloh

Naschold, F.; Pröhl, M. (Hrsg.) (1995): Produktivität öffentlicher Dienstleistungen. Bd. 2: Dokumentation zum Symposium. Gütersloh

Niclauß, K. (1997): Vier Wege zur unmittelbaren Bürgerbeteiligung. Aus Politik und Zeitgeschichte (Beilage zur Wochenzeitung 'Das Parlament') 14, 3-12

Nida-Rümlin, J.; Pfordten, D.v.d. (Hrsg.) (1995): Ökologische Ethik und Rechtstheorie. Baden-Baden

Niskanen, W.A. (1971): Bureaucracy and Representative Government, Chicago

Niskanen, W.A. (1993): The reflection of a grump. Public Choice 77, 151-158

Nitze, A. (1991): Die organisatorische Umsetzung einer ökologisch bewussten Unternehmensführung. Bern Stuttgart

Norgaad, R. (1994): Development Betrayed. The end of Progress and a Coevolutionary Revisioning of the Future. London New York

Nutzinger, H.G. (1996): Ökologische Ordnungspolitik. Nachhaltigkeit und Rahmenordnung. IWÖ-Informationsdienst (1), 9-11

Nutzinger, H.G.;Zahrndt, A. (1989): Öko-Steuern. Umweltsteuern und -abgaben in der Diskussion. Karlsruhe

NZZ (Neue Zürcher Zeitung) (1996): Sozialhilfe mit Hamburgs Spendenparlament, 21.08.1996

NZZ (Neue Zürcher Zeitung) (1998): Rat für nachhaltige Entwicklung. 26.02.1998

Oates, W.E. (1972): Fiscal Federalism. New York

OECD (1996a): Die OECD-Beschäftigungsstrategie. Beschleunigte Umsetzung der Strategie. Bonn

OECD (1996b): Pollutant Release and Transfer Registers (PRTRs). A Tool for Environmental Policy and Sustainable Development. Guidance Manual for Governments. Paris

OECD (1997): Umweltsteuern und ökologische Steuerreform. Paris

Offe, C. (1987): Die Staatstheorie auf der Suche nach ihrem Gegenstand. Jahrbuch zur Staats- und Verwaltungswissenschaft 1, 309-320

Öko-Institut (1996): Bürgerrechte im Umwelschutz. Impulse für eine Konzept zur Stärkung der Beteiligungsrechte im Umweltverfahren.Werkstattbericht Nr. 97. Darmstadt

Ökologische Briefe (1996a): Pläne für Busse und Fahrgemeinschaften. Nr. 20, 15

Ökologische Briefe (1996b): Betriebsverkehrsplan nach holländischem Vorbild. Nr. 25/26, 13

Olson, M. (1965): Die Logik des kollektiven Handelns: Kollektivgüter und die Theorie der Gruppen. Tübingen [Original: The Logic of Collective Action, Public Goods and the Theory of Groups. Harvard University Press, Cambridge/Mass.]

Olson, M. (1969): The Principle of „Fiscal Equivalenz". The Division of Responsabilities Among Different Levels of Government. American Economic Review 59, 479-487

Olson, M. (1990): Umfassende Ökonomie. Tübingen

Olson, M. (1991): Aufstieg und Niedergang von Nationen. 2. Aufl, Tübingen

Ormond, T. (1995): Deutsche Verbandsklagemöglichkeiten im Wasserrecht. Brasilien ist schon weiter. Politische Ökologie 42, 87-88

Ortwin R.; Thomas W. (1994): Konfliktbewältigung durch Kooperation in der Umweltpolitik. Theoretische Grundlagen und Handlungsvorschläge. In: oikos - Umweltökonomische Studenteninitiative an der Universität St. Gallen (Hrsg.): Kooperationen für die Umwelt. Im Dialog zum Handeln. Zürich

Osborne, D.; Gaebler, T. (1992): Reinventing Government. Reading/MA. u. a.

Ostrom, E. (1990): Governing the Commons. The Evolution of Institutions for Collective Action. Cambridge

ötv-magazin (1997): Ökologischer Umbau ist unabdingbar. Forum ökologische Steuerreform der Gewerkschaft ÖTV in Saalfeld. Nr . 1

Palzer-Rollinger, B. (1995): Zur Legitimität von Mehrheitsentscheidungen. Die Legitimitätsproblematik von Mehrheitsentscheidungen angesichts zukunftsgefährdender Beschlüsse. Baden-Baden

Pappi, F.U. (1995): Zur Anwendung von Theorien rationalen Handelns in der Politikwissenschaft. In: Beyme, K.v.; Offe, C. (Hrsg.): Politische Theorie in der Ära der Transformation. PVS-Sonderheft 26, Opladen

Parsons, T. (1951): The Social System, New York

Parsons, T. (1968): The Social System. 4. Aufl., New York.

Parsons, T. (1976): Zur Theorie der sozialen Systeme. Hrsg. von Jensen, S..Opladen

Perrow, Ch. (1988): Normale Katastrophen. Die unvermeidlichen Risiken der Großtechniken. 2. Auflage, Frankfurt/a.M. New York

Petermann, T. (1991a): Technikfolgen-Abschätzung als Technikforschung und Politikberatung. Frankfurt/a.M. New York

Petermann, T. (1991b): Technikfolgen-Abschätzung im Deutschen Bundestag. Ein Institutionalisierungsprozeß. In: Petermann, T. (1991a): Technikfolgen-Abschätzung als Technikforschung und Politikberatung. Frankfurt/a.M. New York

Petersen, H.-G. (1989): Sozialökonomik. Stuttgart

Petschow, U.; Dröge, S.; Meyerhoff, J.; Hübner, K. (coll.) (1996): Auswirkungen der Triebkräfte und Trends der Globalisierung auf eine nationale Politik der Nachhaltigkeit. Studie im Auftrag der Enquete-Kommission „Schutz des Menschen und der Umwelt". Institut für ökologische Wirtschaftsforschung. Berlin

Pfordten, D.v.d. (1996): Ökologische Ethik. Zur Rechtfertigung menschlichen Verhaltens gegenüber der Natur. Reinbeck

Pfriem, R. (1995): Unternehmenspolitik in sozialökologischen Perspektiven. Theorie der Unternehmung. Band I. Marburg

Philipp, A. (1993): Duales System. Rücknahmepflicht und Pfandregelung: eine vergleichende Untersuchung unter besonderer Berücksichtigung des Einzelhandels. Dissertation, Universität Mainz

Pies, I. (1993): Normative Institutionenökonomik. Tübingen

Pies, I.; Blome-Drees, Franz (1993): Was leistet die Unternehmensethik? Zur Kontroverse um die Unternehmensethik als wissenschaftliche Disziplin. Zeitschrift für betriebswirtschaftliche Forschung 45, 748-768

Pinkepank, T.(1997): Energie-Tische zur Partizipation im kommunalen Umweltmanagement. Kommunale Ökologische Briefe (7), 1-4

Plessner, H. (1965): Die Stufen des Organischen und der Mensch. 2. Aufl., Berlin.

Popper, K.R. (1980): Die offene Gesellschaft und ihre Feinde. 6. Aufl., Tübingen

Porter, M.E. (1990): The Competitive Advantage of Nations. New York

Preuss, U.K. (1990): Revolution, Fortschritt und Verfassung. Zu einem neuen Verfassungsverständnis. Berlin

Priddat, B.P. (1996): Die Zeit der Institutionen. Regelverhalten und Rational Choice. In: Birger, P.P.; Wegner G.: Zwischen Evolution und Institution. Neue Ansätze in der ökonomischen Theorie. Marburg

Priebs, A. (1996): Städtenetze als raumordnungspolitischer Handlungsansatz. Gefährdung oder Stütze des Zentrale-Orte-Systems? Erdkunde 50, 35-45

Prittwitz, V.v. (1994): Politikanalyse. Opladen

Putnam, R. (1993): Making Democracy Work. Civic Traditions in Modern Italy. Princeton University Press

Räder, G. (1979): Das Medienpublikum als Publikum veröffentlichter Politik. Empirische Sekundäranalysen zum Zusammenhang von Mediennutzung und politischem Verhalten. München

Rammstedt, O. (1978): Soziale Bewegungen. Frankfurt

Raschke, J. (1980): Politik und Wertewandel in westlichen Demokratien. Aus Politik und Zeitgeschichte (Beilage zur Wochenzeitung 'Das Parlament') 36, 23-45

Raschke, J. (1988): Soziale Bewegungen: ein historisch-systematischer Grundriß. 2. Aufl., Frankfurt/a.M. New York

Rattinger, H.(1993): Abkehr von den Parteien? Dimensionen der Parteiverdrossenheit. Aus Politik und Zeitgeschichte (Beilage zur Wochenzeitung 'Das Parlament') 11, 24-35

Rauberger, R. (1996): Umweltkennzahlen bei Banken: Standardisierung erwünscht. Ökologisches Wirtschaften (1), 17-19

Reese-Schäfer, W. (1992): Luhmann zur Einführung. Berlin

Regens, J.L.; Rycroft, R.W. (1989): The Acid Rain Controversy, Pittsburgh

Renn, O. (1991): Risikokommunikation. Bedingungen und Probleme eines rationalen Diskurses über die Akzeptabilität von Risiken. In: Schneider, J.(Hrsg.): Risiko und Sicherheit technischer Systeme. Auf der Suche nach neuen Ansätzen. Basel

Renn, O. (1993): Technik und gesellschaftliche Akzeptanz. Herausforderungen der Technikfolgenabschätzung. GAIA 2, 67-83

Renn, O.; Albrecht, G.; Kotte, U.; Peters, H.P.; Stegelmann, H.U. (1985): Sozialverträgliche Energiepolitik. Ein Gutachten für die Bundesregierung. München

Renn, O.; Webler, Th. (1994): Konfliktbewältigung durch Kooperation in der Umweltpolitik. Theoretische Grundlagen und Handlungsvorschläge. In: oikos - Umweltökonomische Studenteninitiative an der Hochschule St. Gallen (Hrsg.), Kooperationen für die Umwelt. Im Dialog zum Handeln. Zürich

Renn, O.; Webler, Th.; Rakel, H.; Dienel, P.C.; Johnson, B. (1993): Public Participation in Decision Making.A Three-Step Procedure. Policy Sciences 26, 189-214.

Rennings, K. (1994): Indikatoren für eine dauerhaft-umweltgerechte Entwicklung. Stuttgart

Rennings, K.; Brockmann K.L.; Bergmann H. (1996): Selbstverpflichtungen im Umweltschutz. Kein marktwirtschaftliches Instrument. GAIA 5, 152-165

Rennings, K.; Brockmann, K.L.; Koschel, H.; Bergmann, H.; Kühn I. (1996): Nachhaltigkeit, Ordnungspolitik und freiwillige Selbstverpflichtungen. Ordnungspolitische Grundregeln für eine Politik der Nachhaltigkeit und das Instrument der freiwilligen Selbstverpflichtung im Umweltschutz, Heidelberg

Rennings, K.; Brockmann, K.L.; Koschel, H.; Kühn, I. (1996): Ein Ordnungsrahmen für eine Politik der Nachhaltigkeit. Ziele, Institutionen und Instrumente. Studie des Zentrums für Europäische Wirtschaftsforschung, Mannheim. In: Gerken, L. (Hrsg.): Ordnungspolitische Grundfragen einer Politik der Nachhaltigkeit. Baden Baden

Rheinisch-Westfälisches Institut (1995): Ordnungspolitische Grundfragen einer Politik der Nachhaltigkeit. Gutachten. Essen

Richter, H.-E. (1991): Die hohe Kunst der Korruption. Erkenntnise eines Politik-Beraters. München

Richter, R, Furubotn, E. (1996): Neue Institutionenökonomik. Eine Einführung und kritische Würdigung. Tübingen

Rifkin, J. (1995): The end of work. The decline of the global labor force and the dawn of the postmarket era. New York

Rodenburg, E.; Tunstall, D.; van Bolhius, F.; Simonis, U.E. (1996): Umweltindikatoren und globale Kooperation. WZB discussion paper, FS II 96-403

Röhrs, H. (1991): Die Reformpädagogik und ihre Perspektiven für eine Bildungsreform. Donauwörth

Rolf, A. (1997): Vorüberlegungen zu einem Umweltmanagement an der Universität Hamburg. (Referat auf der Fachtagung „Umweltmanagement an Hamburger Hochschulen - Ein Beitrag der Hochschulen zur Hamburger Agenda 21" am 10. April 1997 in Hamburg)

Ronneberger, F. (1977): Leistungen und Fehlleistungen der Massenkommunikation. In: Langenbucher, W.R. (Hrsg.): Politik und Kommunikation. München Zürich

Roth, R. (1985): Politische Korruption in der Bundesrepublik. Notizen zu einem verdrängten Thema In: Fleck, Ch.; Kuzmics, H. (Hrsg.): Korruption. Zur Soziologie nicht immer abweichenden Verhaltens. Königstein

Roth, R. (1994a): Lokale Demokratie „von unten". Bürgerinitiativen, städtischer Protest und neue soziale Bewegungen. In: Roth, R.; Wollmann, H. (Hrsg.): Kommunalpolitik. Politisches Handeln in den Gemeinden. Bonn

Roth, R. (1994b): Demokratie von unten. Neue soziale Bewegungen auf dem Weg zur politischen Institution. Köln.

Roth, R.; Rucht, D. (Hrsg.) (1987): Neue soziale Bewegungen in der Bundesrepublik Deutschland. Bonn

Rubik, F.; Teichert, V. (1997): Ökologische Produktpolitik. Von der Beseitigung von Stoffen und Materialien zur Rückgewinnung in Kreisläufen. Stuttgart

Rucht, D. (1988): Gegenöffentlichkeit und Gegenexperten. Zur Institutionalisierung des Widerspruchs in Politik und Rechtssoziologie 9, 90-305

Rucht, D. (1994): Modernisierung und neue soziale Bewegungen. Deutschland, Frankreich und USA im Vergleich. Frankfurt/a.M. New York

Rucht, D. (1996): Protest in der Bundesrepublik. Ein Überblick In:Feindt, P.H.; Gessenharter, W.; Birzer, M.; Fröchling, H. (Hrsg.) (1996): Konfliktregelung in der offenen Bürgergesellschaft. Dettelbach

Runge, B.; Vilmar, F. (1988): Handbuch der Selbsthilfe. Frankfurt

Rürup, B. (1995): Controlling als Instrument effizienzsteigender Verwaltungsreformen? Aus Politik und Zeitgeschichte (Beilage zur Wochenzeitung 'Das Parlament') 5, 3-10

Rüter, G. (Hrsg.) (1996): Repräsentative oder plebiszitäre Demokratie. Baden-Baden

Rütters, J. (1994): Erneuerung aus der Mitte. Aus Politik und Zeitgeschichte(Beilage zur Wochenzeitung 'Das Parlament') 15, 3-7

Saladin, P.; Praetorius, I. (1996): Die Würde der Kreatur. Schriftenreihe Umwelt Nr. 260 des Bundesamtes für Umwelt, Wald und Landschaft (BUWAL), Bern

Saladin, P.; Zenger, C.A. (1988): Die Natur, und damit der Boden, als Rechtssubjekt. Basel

Sarcinelli, U. (1987): Symbolische Politik. Zur Bedeutung symbolischen Handelns. Opladen

Sarcinelli, U. (Hrsg.) (1990): Demokratische Streitkultur. Theoretische Grundpositionen und Handlungsalternativen in Politikfeldern. Bonn

Saretzki, T. (1996): Technologiefolgenabschätzung. Ein neues Verfahren der demokratischen Konfliktregelung? In: Feindt, P.H.; Gessenharter, W.; Birzer, M.; Fröchling, H. (Hrsg.): Konfliktregelng in der offenen Bürgergesellschaft. Dettelbach

Schäffler, H. (1996): Bekenntnisse verpflichten. Heidelberg arbeitet an einer lokalen Agenda 21. Politische Ökologie 45 , 67

Scharpf, F.W. (1972): Komplexität als Schranke der politischen Planung. Politische Vierteljahresschrift, Sonderheft 4: Gesellschaftlicher Wandel und politische Innovation, 168-192

Scharpf, F.W. (1977): Does Organization Matter? Task Structure and Interaction in the Ministerial Bureaucracy. In: Organization and Adminstrative Sciences 8, 149-168

Scharpf, F.W. (1987): Sozialdemokratische Krisenpolitik in Europa. Frankfurt/a.M.

Scharpf, F.W. (1989): Politische Steuerung und politische Institutionen. In: Hartwich, H.-H. (Hrsg.): Macht und Ohnmacht politischer Institutionen. Tagungsbericht des 17. wissenschaftlicher Kongreß der DVPW 12.-16. September 1988 in der Technischen Hochschule Darmstadt. Opladen

Scharpf, F.W. (1993): Positive und negative Koordination in Verhandlungssystemen In: Héritier, A. (Hrsg.): Policy-Analyse. Kritik und Neuorientierug. PVS-Sonderheft (24), Opladen

Scheele, M. (1993): Raumwirksamkeit der Umweltpolitik als Kriterium subsidiärer Kompetenzverteilung. Wirtschaftsdienst 73, 424-487

Scheidegger, A.; Hofer, H.; Scheuenstuhl, G. (Hrsg.) (1998): Innovation - Venture Capital - Arbeitsplätze : Antworten zu Kernfragen. Bern Stuttgart Wien

Schelsky, H. (1965): Über die Stabilität von Insitutionen, besonders Verfassungen. Kulturanthropologische Gedanken zu einem rechtssoziologischen Thema. In: ders.: Gesammelte Aufsätze. Düsseldorf

Scheuch, E.K.; Scheuch, U. (1992): Cliquen, Klüngel und Karrieren. Über den Verfall der politischen Kultur. Eine Studie. Reinbek

Schily, K. (1986): Politik in bar. Flick und die Verfassung unserer Republik. München

Schimank, U. (1989): Wechselseitige Erwartungen und Steuerung: Die forschungspolitische Steuerung des Technologietranfers von Großfoschungseinrichtungen der Wirtschaft. In: Glagow, M.; Willke, H.; Wiesenthal, H. (Hrsg.): Gesellschaftliche Steuerungsrationalität und partikulare Handlungsstrategien. Pfaffenweiler

Schimank, U. (1992): Steuerungstheorie als Akteurtheorie. In: Bußhoff, H. (Hrsg.): Politische Steuerung. Steuerbarkeit und Steuerungsfähigkeit. Beiträge zur Grundlagendiskussion. Baden-Baden

Schimank, U. (1995): Hochschulforschung im Schatten der Lehre. Frankfurt/a.M.

Schlegelmilch, K. (1996): Einstieg in die ökologische Steuerreform? Ein Vorschlag zur Überwindung der politischen Pattsituation. In: Köhn, J.; Welfens, J.M. (Hrsg): Neue Ansätze in der Umweltökonomie. Marburg

Schleicher, K. (Hrsg.) (1993): Zukunft der Bildung in Europa. Nationale Vielfalt und europäische Einheit. Darmstadt

Schmalz-Bruns, R. (1990): Neo-Institutionalismus. Jahrbuch für Staats- und Verwaltungswissenschaft 4, 315-337

Schmalz-Bruns, R. (1995): Reflexive Demokratie. Die demokratische Transformation moderner Politik. Baden-Baden

Schmalz-Bruns, R. (1996): Demokratietheoretische Aspekte einer ökologischen Modernisierung der Politik. In: Feindt, P.H.; Gessenharter, W.; Birzer, M.; Fröchling, H. (Hrsg.) (1996): Konfliktregelung in der offenen Bürgergesellschaft. Dettelbach

Schmidheiny, S.; Zorraquín, F. (1996): Finanzierung des Kurswechsels. Zürich

Schmidt-Bleek, F. (1994): Wieviel Umwelt braucht der Mensch? MIPS. das Mass für ökologisches Wirtschaften. Berlin Basel Boston

Schmithals, E.; Hegemann, G. (1996): KGSt Projekt „Katalog kommunaler Aufgaben und Produkte". Bericht vom 29.2. 1996. Köln

Schneider, H. (1997): Stadtentwicklungspolitik und lokale Demokratie in vier Großstädten. Eine empirische Untersuchung. Aus Politik und Zeitgeschichte(Beilage zur Wochenzeitung 'Das Parlament') 17, 15-23

Schneidewind, U. (1996): Ökologische Benchmarks. Katalysatoren für ein ökologisches Lernen in Unternehmen und Branchen. UmweltWirtschaftsForum 4 (3), 36-42

Schneidewind, U.; Hummel, J.; Belz, F. (1997): Company oriented Sustainability (COSY). Zur Initiierung wettbewerbsgerechter und nachhaltiger Wandlungsprozesse in Unternehmen und Branchen. Diskussionsbeitrag Nr. 43 des IWÖ-HSG. Universität St. Gallen

Scholz, R. (1997): Der Sachverständigenrat „Schlanker Staat". Auftrag und Perspektiven. (Rede auf dem Kongreß „Schlanker Staat" des Sachverständigenrats „Schlanker Staat" am 19.2.1997 in Düsseldorf)

Schrader, C. (1997): Juristische Stellungnahme im Anhang der vorliegenden Studie

Schulz, W. (1976): Die Konstruktion von Realität in den Nachrichtenmedien. Analyse der aktuellen Berichterstattung. Freiburg

Schulze, G. (1992): Die Erlebnisgesellschaft, Frankfurt/a.M.

Schulze, G. (1996): Die Wahrnehmungsblockade. Vom Verlust der Spürbarkeit der Demokratie. In: Weidenfeld, W. (Hrsg.): Demokratie am Wendepunkt. Die demokratische Frage als Projekt des 21. Jahrhunderts. Berlin

Schwarte, G. (1997): Erlösung nach den Plagen. Die Zeit , 14.11.1997 (Nr. 47), 38

Schwarze, R. (1996): Präventionsdefizite der Umwelthaftung und Lösungen aus ökonomischer Sicht, Bonn

Scott, R.W. (1981): Organisations. Rational, Natural and Open Systems. Engelwood Cliffs/N.J.

Seel, A. (1993): Zur ökonomischen Effizient der Umweltpolitik. Die Sicht der ökonomischen Theorie der Politik. Dissertation an der Technischen Universität München

Seibel, W. (1988): Funktionaler Dilettantismus. Baden-Baden

Seifert, E. (1997): Die Rolle der Hochschulen im Hamburger Agenda 21-Prozeß. (Referat auf der Fachtagung „Umweltmanagement an Hamburger Hochschulen - Ein Beitrag der Hochschulen zur Hamburger Agenda 21" am 10. April 1997 in Hamburg)

Sellnow, R. (1994):Verkehrsforum Heidelberg. In: Claus, F.; Wiedemann, P.M. (Hrsg.): Umweltkonflikte. Vermittlungsverfahren zu ihrer Lösung. Praxisberichte, Taunusstein

Siebert, Horst (Hrsg., 1996): Elemente einer rationalen Umweltpolitik. Expertisen zur umweltpolitischen Neuorientierung. Tübingen

Sjöstrand, S.-E. (1993): Institutions as Infrastructures of Human Interaction. In: Sjöstrand, Sven-Erik (ed.): Institutional Change. Theory and Empirical Findings, Armonk New York

SKILL-Autorenteam (1995): Kreativ lehren und lernen. Offenbach

Spengel, Ch.; Wünsche, A. (1995): Umweltschutz durch Abgaben. Eine juristische und ökonomische Beurteilung von Umweltabgaben. In: Hohmeyer, O. (Hrsg.): Ökologische Steuerreform. Baden-Baden

Spiller, A. (1996): Umweltkennzahlen für eine zukunftsfähige Unternehmenspolitik. Ökologisches Wirtschaften (1), 22-24

Spitzer, H. (1997): Fünf Ebenen der Nachhaltigkeit. In: Birzer, M.; Feindt, P.H.; Spindler, E.A. (Hrsg.): Nachhaltige Stadtentwicklung. Bonn

Sprenger, R.-U. u.a. (1987): Die Wirkungen der Umweltpolitik auf dem Markt von Umweltschutzeinrichtungen. Manuskript, München

SRU (Rat der Sachverständigen für Umweltfragen) (1994): Umweltgutachten 1994. Wiesbaden

SRU (Rat der Sachverständigen für Umweltfragen) (1996): Umweltgutachten 1996. Zur Umsetzung einer dauerhaft-umweltgerechten Entwicklung. Wiesbaden

Staab, J. (1990): Nachrichtenwert-Theorie. Formale Struktur und empirischer Gehalt. München

Stadtblatt 27 / 04.04.96: Kommunale Naturhaushaltswirtschaft. Heidelberg nimmt teil.

Stappen, R.K. (1995): Mit Gottes Hilfe. Konsultation europäischer Kirchen über Umwelt und Enwicklung. Politische Ökologie 43, 92

Starzacher, K.; Schacht, K.; Friedrich, B.;Leif, Th. (Hrsg.) (1992): Protestwähler oder Wahlverweigerer. Krise der Demokratie? Köln

Staudt, E. et al. (1993): Anreizsysteme als Instrument des betrieblichen Innovationsmanagements. In: Albach, H. (Hrsg.): Industrieller Management-Reader zur Industriebetriebslehre. Wiesbaden

Stephan, G.; Wiedmer, Th. (1993): Zur Durchsetzbarkeit von Umweltabgaben. Eine wirtschaftswissenschaftliche Betrachtung. Diskussionsbeiträge der Abt. für Angewandte Mikroökonomie. Universität Bern

Stiftung Mitarbeit (1996): Bürgergutachten ÜSTRA, Bonn

Stratman-Mertens, E. (Hrsg.); Hinckel, R. (Co-Hrsg.) (1991): Wachstum. Abschlied von einem Dogma. Kontroverse über eine ökologisch-soziale Wirtschaftspolitik. Frankfurt/a.M.

Struck, P. (1994): Erziehung gegen Gewalt. Ein Buch gegen die Spirale von Aggression und Haß. Neuwied Kriftel Berlin

Struck, P. (1995): Schulreport. Zwischen Rotstift und Reform oder Brauchen wir eine andere Schule? Reinbek

Struwe, J. (1995): Lean Administration und Verwaltungscontrolling. Das Instrumentarium. Aus Politik und Zeitgeschichte (Beilage zur Wochenzeitung 'Das Parlament') 5, 20-32

Stubbe-Da Luz, H. (1994): Parteiendiktatur. Die Lüge von der „innerparteilichen Demokratie". Frankfurt Berlin

Szelenyi, A. (1996): Zwischen Anspruch und Wirklichkeit. Münchens Weg zur Zukunftsfähigkeit. Politische Ökologie 45, 68-69

Teufel, D. (1988): Öko-Steuern als marktwirtschaftliches Instrument im Umweltschutz. Vorschläge für eine ökologische Steuerreform. UPI-Bericht Nr. 9, Heidelberg

Teufel, Dieter (1989): Öko-Steuer. Vorschlag des UPI. Reaktionen, Argumente, Diskussionen. UPI-Bericht Nr. 13, Heidelberg

Thierse, W. (1993): Politik- und Parteienverdrossenheit. Modeworte behindern berechtigte Kritik. Aus Politik und Zeitgeschichte (Beilage zur Wochenzeitung 'Das Parlament') 31, 19-25

Tiepelmann, K.; Frick, S. (1996): Der Ökoparafiskus-Vorschlag. In: Köhn, J.; Welfens, J.M. (Hrsg.): Neue Ansätze in der Umweltökonomie. Marburg

Tondorf, K. (1995): Leistungszulagen als Reforminstrument? Neue Lohnpolitik zwischen Sparzwang und Modernisierung. Berlin

Töpfer, K. (1994): Kooperation von Staat und Wirtschaft zur Sicherung der Umwelt. Rahmenbedingungen und Perspektiven. In: Schmalenbach-Gesellschaft; Deutsche Gesellschaft für Betriebswirtschaft e.V. (Hrsg.): Unternehmensführung und externe Rahmenbedingungen. Kongress-Dokumentation. 47. Deutscher Betriebswirtschafter-Tag 1993, Stuttgart

Tullock, G. (1983): Economics of Income Redistribution. Kluwer Academic Publishers, Dortrecht

UBA (Umweltbundesamt) (1996): Stoffflüsse ausgewählter chemischer Stoffe. Beispiele für ein Produktliniencontrolling. Texte Nr. 80/96, Berlin

Ulrich, P. (1997): Integrative Wirtschaftsethik. Grundlagen einer lebensdienlichen Ökonomie. Bern Stuttgart Wien

ULSG (Umweltliberale Bewegung des Kantons St. Gallen) (1997): Nachhaltigkeit als Staatsziel und Schaffung eines Rates für nachhaltige Entwicklung. Forderung der ULSG vom November 1997. St. Gallen

UNCED (United Nations Conference on Environment and Development) (1992): Agenda 21. Hrsg. vom Bundesumweltministerium. Bonn.

UNCSD (1996a): Work Program on Indicators of Sustainable Development. New York

UNCSD (1996b): Indicators of Sustainable Development. Framework and Methodologies. New York

UNEPIE (United Nations Environment Programme Industry and Environment) (1994): Company Environmental Programme. A Measure of the Progress of Business & Industry Towards Sustainable Development. Technical Report No. 24, Paris

Unruh, G.Ch.v. (1989): Die kommunale Selbstverwaltung. Recht und Realität. Aus Politik und Zeitgeschichte (Beilage zur Wochenzeitung 'Das Parlament') 30-31, 3-13

US Government (1995): Reinventing Environmental Regulation. Washington/D.C.

Verba, S.; Nie, N.H.; Kim, J.-O. (1978): Participation and Political Equality. A Seven-Nation Comparison. Cambridge

Vogt, M. (1997a): Sozialdarwinismus. Wissenschaftstheoretische, politische und theologisch-ethische Aspekte der Evolutionstheorie. Freiburg

Vogt, M. (1997b): Ökologische und ethische Aspekte nachhaltiger Entwicklung (Referat auf der Tagung „Nachhaltige Entwicklung in der Region Bodensee-Oberschwaben" am 17./18. Januar 1997 in Weingarten bei Ravensburg, Ms.)

Vogt, M. (1997c): Institutionen als Integrationsformen menschlicher Handlungsfelder In: Handbuch der Wirtschaftsethik.

Vogt, M. (1997d): Gerechtigkeit als Explikation der Strukturelemente gesellschaftlicher Interaktion. In: Handbuch der Wirtschaftethik.

Voigt, R. (1996): Des Staates neue Kleider. Entwicklungslinien moderner Staatlichkeit, Baden-Baden

Voigt, R. (Hrsg.) (1993): Abschied vom Staat. Rückkehr zum Staat? Baden-Baden

Voss, G. (1995): Folgen ökologisch motivierter Energiesteuern. In: Hohmeyer, O. (Hrsg.). Ökologische Steuerreform. Baden-Baden.

Walk, H.; Brunnengräber, A. (1996): Der Mythos NGO. Was ist dran an der Kraft der Nicht-Regierungsorganisationen? Politische Ökologie 49, 63-66

Walzer, M. (1992): Zivile Gesellschaft und amerikanische Demokratie. Hrsg. von Otto Kallscheuer. Berlin

Waniek, R.W. (1990): Die Zukunftsinitiative für die Regionen Nordrhein-Westfalens, Bochum

WBGU (Wissenschaftlicher Beirat der Bundesregierung Globale Umweltveränderungen) (1996): Welt im Wandel. Herausforderungen für die deutsche Wirtschaft. Jahresgutachten. Heidelberg

Weber, B. (1996): Schreiben zum ICLEI Demonstrationsvorhaben „Kommunale Naturhaushaltswirtschaft" vom 16.09.96. Unveröffentlicht

Weber, M. (1972): Wirtschaft und Gesellschaft. 5. Aufl., Tübingen [Erstveröffentlichung 1921]

Weck, S. (1995): Neue Kooperationsformen in Stadtregionen. Eine regulations-theoretische Einordnung. Dortmund

Weck-Hannemann, H. (1994): Die Politische Ökonomie der Umweltpolitik. In: Bartel, R. (Hrsg.): Einführung in die Umweltpolitik, München

Wegner, G. (1994): Marktkonforme Umweltpolitik zwischen Dezisionismus und Selbststeuerung, Tübingen

Wegner, G. (1996): Wirtschaftspolitik zwischen Selbst- und Fremdsteuerung. Ein neuer Ansatz. Baden-Baden

Wehling, P. (1997): Sustainable development. Eine Provokation für die Soziologie? In: Brandt, K.-W. (Hrsg.): Nachhaltige Entwicklung. Eine Herausforderung an die Soziologie. Opladen

Weidner, H. (1996a): Freiwillige Kooperationen und alternative Konfliktregelungsverfahren in der Umweltpolitik. Auf dem Weg zum ökologisch erweiterten Neokorporatismus? In: van den Daele, W.; Neidhardt, F. (Hrsg.): Kommunikation und Entscheidung. Politische Funktionen öffentlicher Meinungsbildung und diskursive Verfahren. WZB-Jahrbuch, Berlin

Weidner, H. (1996b): Umweltmediation. Entwicklung und Erfahrung im In- und Ausland. In: Feindt, P.H.; Gessenharter, W.; Birzer, M.; Fröchling, H. (Hrsg.) (1996): Konfliktregelung in der offenen Bürgergesellschaft, Dettelbach

Weidner, H. (1996c): Basiselemente einer erfolgreichen Umweltpolitik. Eine Analyse und Evaluation der Instrumente der japanischen Umweltpolitik. Berlin

Weiss, B. (Hrsg.) (1991): Praxis des Venture Capital. Landsberg am Lech

Weizsäcker, E.U.v. (1992): Erdpolitik. Ökologische Realpolitik an der Schwelle zum Jahrhundert der Umwelt. Darmstadt

Weizsäcker, E.U.v.; Lovins, A.B.; Lovins, L.H. (1995). Faktor Vier. Doppelter Wohlstand. Halbierter Naturverbrauch. Der neue Bericht an den Club of Rome, München

Welsch, W. (1985): Unsere postmoderne Moderne. Weinheim

Wentz, M. (1995): Perspektiven der Stadtentwicklung durch Public Private Partnership. In: Hewel, B. (Hrsg.): Verwaltung reformieren. Öffentlich-private Partnerschaften. Management-Beispiele aus der Praxis. Frankfurt/a.M.

Wepler, C. (1995): Umweltschutz und politische Entscheidungsprozesse. Zu den institutionellen Bedingungen einer nachhaltigen Entwicklung. Diskussionsbeitrag Nr. 24 des IWÖ-HSG, Universität St.Gallen

Wewer, G. (1995): Privatisieren oder modernisieren? Reform des öffentlichen Sektors in Schleswig-Holstein. In: Hewel, B. (Hrsg.): Verwaltung reformieren. Öffentlich-private Partnerschaften. Management-Beispiele aus der Praxis. Frankfurt/a.M.

WICE (World Industry Council for the Environment): Umweltkommunikation. Ein Leitfaden für Unternehmerinnen und Unternehmer zur Umweltberichterstattung. Paris

Wicke, Lutz (1989/1993): Umweltökonomie : eine praxisorientierte Einführung, München

Wiedemann, P.M.; Karger, C.R., Claus, F. (1995): Mediationsverfahren. Dialog im Widerspruch. In: IZE (Informationszentrale der Elektrizitätswirtschaft e.V.) (Hrsg.): Erfolgreich Kommunizieren, Ratgeber für die Öffentlichkeitsarbeit der EVU. Band 2. Frankfurt/a.M.

Wiesenthal, H. (1990): Ist Sozialverträglichkeit gleich Betroffenenpartizipation? Soziale Welt 41, 28-46

Wiesenthal, H. (1993): Lernchancen der Risikogesellschaft. Über gesellschaftliche Innovationspotentiale und die Grenzen der Risikosoziologie. Leviathan 22, 135-159

Willke, H. (1992a): Prinzipien politischer Supervision. In: Bußhoff, H. (Hrsg.): Politische Steuerung. Steuerbarkeit und Steuerungsfähigkeit. Beiträge zur Grundlagendiskussion. Baden-Baden

Willke, H. (1992b): Ironie des Staates. Grundlinien einer Staatstheorie polyzentrischer Gesellschaft. Frankfurt/a.M.

Willke, H. (1996): Wissensbasierung und Wissensmanagement als Elemente reflektierter Modernität sozialer Systeme. Clausen, L. (Hrsg.): Gesellschaft im Umbruch. Verhandlungen des 27. Kongresses der Deutschen Gesellschaft für Soziologie in Halle an der Saale 1995. Frankfurt/a.M.

Windhoff-Héritier, A. (1987): Policy Analyse. Eine Einführung. Frankfurt New York

Wink, R. (1996): Sachverständigenräte. Diskussionen im Elfenbeinturm oder Lotsen im gesellschaftlichen Wandlungsprozess? Zeitschrift für angewandte Umweltforschung 9 (4), 441-453

Wolf, Ch. (1993): Markets or Governments. Choosing between Imperfect Alternatives. Cambridge/Mass.

Wolff, B. (1996): Public Private Partnership. In: Schenk, K.-E.; Schmidtchen, D.; Streit, M.E. (Hrsg.): Jahrbuch für Neue Politische Ökonomie. Vom Hoheitsstaat zum Konsensualstaat: Neue Kooperationen zwischen Staat und Privaten. Band 15. Tübingen

Wollmann, H. (1990): Politik- und Verwaltungsinnovation in den Kommunen? Eine Bilanz kommunaler sozial- und Umweltpolitik. Jahrbuch zur Staats- und Verwaltungswissenschaft 4, 69-112

World Bank (1995): Social Indicators of Development. Washington

Wuppertal Institut für Klima, Umwelt, Energie (1996): Zukunftsfähiges Deutschland. Ein Beitrag zu einer global nachhaltigen Entwicklung. Hrsg. von BUND/Misereor. Basel

Yandle, B. (1989): The Political Limits of Environmental Regulation, Westport

Zapf, W. (1991): Die Modernisierung moderner Gesellschaften. Frankfurt/a.M.

Zapf, W. (1994): Modernisierung, Wohlfahrtsentwicklung und Transformation. Soziologische Aufsätze 1987 bis 1994. Berlin

Zapf, W. (1996): Modernisierungstheorien in der Transformationsforschung. In: von Beyme, K.; Offe, C. (Hrsg.): Politische Theorien in der Ära der Transforation, PVS-Sonderheft 26, 169-181

Zehetmair, H. (1997): Hochschulen als Zukunftspotential. Politische Studien, Sonderheft 1: Die deutsche Hochschule. Unbeweglicher Koloß oder kaum genutztes Potential? 6-13

ZEW (Zentrum für Europäische Wirtschaftsforschung GmbH) (1996): Möglichkeiten und Grenzen von freiwilligen Umweltschutzmaßnahmen der Wirtschaft unter ordnungspolitischen Aspekten. Endbericht zum Forschungsvorhaben im Auftrag des Bundesministeriums für Wirtschaft. Mannheim

Zilleßen, H.; Dienel, P.C.; Strubelt, W.; (Hrsg.) (1993): Die Modernisierung der Demokratie. Internationale Ansätze. Opladen

Zimmermann, H. (1996): Öko-Steuern. Ansätze und Probleme einer „ökologischen Steuerreform". In: Siebert, H. (Hrsg.): Elemente einer rationalen Umweltpolitik. Expertisen zur umweltpolitischen Neuorientierung. Tübingen

Zimmermann, K. (1981): Umweltpolitik und Verteilung. Eine Analyse der Verteilungswirkungen des öffentlichen Gutes Umwelt, Köln

Zimmermann, K.W.; Kahlenborn, W. (1994): Umweltföderalismus. Berlin

Zipperling GmbH (1997): Information über die Ahrensburger Impulse. http://www.zipperling.de/Environment/dialog2.html am 05.04.1997

Zirkwirtz, H-W (1997): IFOK-Gespräch mit Dr. H.-W. Zirkwirtz, Zuständiger für den Naturhaushaltswirtschaftsplan, Amt für Umweltschutz und Gesundheitsförderung der Stadt Heidelberg. März 1997.

Zittel, T. (1997): Die Politik der Umweltabgabe in der Bundesrepublik Deutschland. Zeitschrift für Umweltpolitik und Umweltrecht 20 (1), 71-100

Zitzlsperger, H. (1993): Ganzheitliches Lernen. Welterschließung über alle Sinne. 3. Auflage, Weinheim Basel

Zundel, S.; Robinet, K. (1995): Innovationsbündnisse schaffen. Zu den Erfolgsaussichten einer ökologischen Technologiepolitik. Politische Ökologie, Sonderheft 7, 23-26

Anhang I

Anhang I.I

Tabelle 9. Teilnehmer der Expertenworkshops

Teilnehmer an den workshops		
Universität Witten/Herdecke Projektbüro Kulturland Dr. T. Bahner	SRU. Externer Gutachter Dipl.-Theol. R. Bämmerlin	Zentrum für Europäische Wirtschaftsforschung (ZEW) Dipl.-Vw. K.L. Brockmann
Akademie für Technikfolgen-abschätzung, Stuttgart Dipl.-Ing. R. Carius	Universität Münster, Freiherr von Stein Institut Dr. A. Faber	Universität/Gesamthochschule Essen, FB Philosophie Dr. Ch. Illies
FU Berlin, Forschungsstelle für Umweltpolitik Prof. Dr. M. Jänicke	Wuppertal Institut für Klima, Umwelt, Energie Dr. C. Kutzbach	Universität Köln, FB Politische Wissenschaft A. Osiander M.A.
Walter-Eucken-Institut, Freiburg Dipl.-Vw. A. Renner	Universität Hamburg, FB Rechtswissenschaft 2 T. Rückert	Universität Hohenheim Prof. Dr. G. Scherhorn
Universität Konstanz Dr. C. Ulbert	Universität München Dr. M. Vogt	Universität Witten/Herdecke Dr. G. Wegner
Universität Stuttgart, Institut für Sozialforschung Dipl.-Soz. K. Weinmüller		

Tabelle 10. Interviews / begleitender fachlicher Input

Interviews / begleitender fachlicher Input		
Universität Witten/Herdecke Projektbüro Kulturland Dr. T. Bahner	Hochschule für Verwaltungs-wissenschaften Speyer Prof. Dr. C. Böhret	Universität der Bundeswehr Hamburg Prof. Dr. W. Gessenharter
Universität / Gesamthoch-schule Essen Prof. Dr. V. Hösle	FU Berlin, Forschungsstelle für Umweltpolitik Prof. Dr. M. Jänicke	Universität / Gesamthoch-schule Kassel Prof. Dr. H.-J. Nutzlnger
Akademie für Technikfolgen-abschätzung, Stuttgart Prof. Dr. O. Renn	Walter Eucken Institut, Freiburg Dipl.-Vw. A. Renner	Zentrum für Europäische Wirtschaftsforschung (ZEW) Dr. K. Rennings
Wuppertal Institut für Klima, Umwelt, Energie Prof. Dr. E.U. von Weizsäcker		

Anhang I.II

Tabelle 11. Zuordnung der Institutionen zu den einzelnen Akteurebenen

Institutionenübersicht	Aufteilung nach Ebene				
	Pa[a]	Re[b]	Lä[c]	Ko[d]	An[e]
Reflexivitätsstrategien					
Nachhaltigkeitsorientierte Systeme der Berichterstattung					
• Diskursive Erarbeitung einer nationalen Nachhaltigkeitsstrategie	x	x			x
• Partizipative Erarbeitung und Auswahl von Nachhaltigkeitsindikatoren		x			
• Ökologische und soziale Produktkennzeichnungen (Label)		x			
• Nachhaltigkeitsorientierte Haushaltspläne der öffentlichen Hand				x	
• Nachhaltigkeitsberichte von Ministerien		x			
Satelliteninstitutionen					
• Expertengremien zur Gesetzesvorbereitung	x				
• Technikfolgenabschätzung: von der Politik- zur Gesellschaftsberatung	x				
• Bürgerforen für Politiker und Gremien	x	x	x		
Verbesserte Strukturierung von Informationen in Entscheidungsprozessen					
• Gesetzesfolgenabschätzung im Sinne der Nachhaltigkeit	x				
• Konsensuskonferenzen		x			
• Diskursive Weiterentwicklung des Instituts Enquete-Kommission	x				
• Transparenz durch Subventionsberichte	x	x	x		
Nachhaltigkeitsorientierte Forschung, Bildung und Wissenschaft					
• Nachhaltigkeitsorientierte Forschungspolitik	x				
• Zukunftsfähige Reform des Bildungswesens				x	

[a]Bundestag (Nationales Parlament) [b]Bundesregierung [c]Länderparlamente und -regierungen [d]Kommunen [e]Andere Akteure wie Unternehmen, Umweltschutzorganisationen, Bürgerinitiativen, etc.

Tabelle 11. Zuordnung der Institutionen zu den einzelnen Akteurebenen (Fortsetzung)

Institutionenübersicht	Aufteilung nach Ebene				
	Pa[a]	Re[b]	Lä[c]	Ko[d]	An[e]
• Netzwerke von Wissenschaft und Politik	x	x	x		
Partizipations- / Selbstorganisationsstrategien					
Selbstorganisation					
• Regelverantwortung der Wirtschaft durch Selbstverpflichtungen und Vorreiterfunktion					x
• Prospektive Intervention und marktliche Akteursnetze	x	x	x		
• Branchendiskurse					x
• Stärkung der kommunalen Ebene	x		x		
• Lokale Agenden 21				x	
• Spendenparlamente					x
• Ehrenamt, Selbsthilfe und Eigenarbeit	x	x	x	x	x
Beteiligungsrechte					
• Öffentlichkeitsrechte bei Verwaltungshandeln	x		x		
• Direktdemokratische Elemente	x		x		
• Wahlpflicht	x		x		
Diskursive Beteiligungsmodelle					
• Mediation				x	
• Planungszellen/Bürgergutachten				x	
• Partizipative Projektentwicklung nach dem Energie-Tisch-Modell				x	
• Mehrstufige Dialogische Verfahren				x	
• Stadt- und Verkehrsforen				x	
• Weitere diskursive Verfahren				x	

[a]Bundestag (Nationales Parlament) [b]Bundesregierung [c]Länderparlamente und -regierungen [d]Kommunen [e]Andere Akteure wie Unternehmen, Umweltschutzorganisationen, Bürgerinitiativen, etc.

Tabelle 11. Zuordnung der Institutionen zu den einzelnen Akteurebenen (Fortsetzung)

Institutionenübersicht	Aufteilung nach Ebene				
	Pa^a	Re^b	$Lä^c$	Ko^d	An^e
Ausgleich und Konfliktregelungsstrategien					
Advokatorische Institutionen					
• Nachhaltigkeitsausschuß des Deutschen Bundestages	x				
• Nachhaltigkeitsrat bei der Bundesregierung	x	x			
• Staatsminister im Bundeskanzleramt für Nachhaltigkeit und Ombudsleute in den Ministerien	x				
Ressourcen- und Machtausgleich					
• „Nachhaltigkeitsdienst" in anerkannten Organisationen	x				
• Nachhaltigkeitslotterie	x		x		
• Ökologische Grundrechte	x				
• Freedom of information Act	x	x	x		
• Entgelt und Finanzierung von NGO's für Beratungsdienstleistungen und Gremienteilnahmen			x	x	
• Ausgleich von Ungleichgewichten im Bereich der Werbung					x
• Monopolkontrolle	x				
Öffnung von Normbildungsprozessen					
• Stärkere Einbindung von NGOs in nationale und internationale Verhandlungsprozesse	x	x			
• Diskursive Öffnung von Gesetzgebungsverfahren	x		x		
• Verbandsbeschwerderechte und Verbandsklagerechte	x		x		
• Gremienbesetzung: Vorschlagsrecht von NGO's	x		x		
Administrative Integrationsstrategien					
• Verwaltungsreform		x	x	x	
• Neue Steuerungsmodelle in der Umweltpolitik	x		x		
• Integrierte Planungsabläufe		x	x	x	

^{a}Bundestag (Nationales Parlament) ^{b}Bundesregierung ^{c}Länderparlamente und -regierungen ^{d}Kommunen ^{e}Andere Akteure wie Unternehmen, Umweltschutzorganisationen, Bürgerinitiativen, etc.

Tabelle 11. Zuordnung der Institutionen zu den einzelnen Akteurebenen (Fortsetzung)

Innovationstrategien	Pa[a]	Re[b]	Lä[c]	Ko[d]	An[e]
Internalisierungsstrategien					
• Haftungsrecht	x				
• Nachhaltigkeitsorientierte Finanzordnung	x				
• Dynamisierung im Umweltrecht	x				
Kooperations- und Integrationsstrategien					
• Kooperative Entwicklung der regionalen Ebene			x	x	x
• Intermediäre Kooperationen zwischen Politik, Wirtschaft, Wissenschaft und Gesellschaft			x	x	
• Staatliche Förderung von Innovationsbündnissen			x	x	
Informationsstrategien					
• Unternehmensrankings und Benchmarks					x
• Weiterentwicklung des Öko-Audits	x				
Strategien des institutionellen Wettbewerbs					
• Funktionaler Föderalismus	x		x		
Förderstrategien					
• Nachhaltigkeitsorientierte Ausweitung der Förder- und Stiftungstätigkeit	x		x		
• Förderung von Risikokapital für nachhaltigkeitsorientierte Unternehmen	x	x	x		
• Nachhaltigkeitsorientierte Direktzahlungen	x	x	x		
• Nachhaltigkeitsorientierte Innovationsförderung durch Netzwerke	x	x	x	x	

[a]Bundestag (Nationales Parlament) [b]Bundesregierung [c]Länderparlamente und -regierungen [d]Kommunen [e]Andere Akteure wie Unternehmen, Umweltschutzorganisationen, Bürgerinitiativen, etc.

Anhang I.III

Tabelle 12. Kriterien-Cluster aus den Workshops

Kriterium (Formulierung Experten-Workshop)	Rang Ex-WS	Rang - EK-WS	Punkte Ex-WS	Punkte EK-WS	Kriterium (Formulierung EK-WS)
Transparenz, Nachvollziehbarkeit, Legitimation	1	7	12	7	Transparenz
Bottom-up-Orientierung, Partizipation, Beteiligung der Betroffenen, Minderheitenverträglichkeit, Waffengleichheit	2	9	12	6	Partizipation
Flexibilität, Fehlerfreundlichkeit, expliziter Experimentiercharakter, Reversibilität, Offenheit für neue Entwicklungen, Innovation (11 Punkte); Flexibilität der Strukturen (1 Punkt)	3	4	12	9	Flexibilität, Innovation
Fairneß, intergenerative Gerechtigkeit	4	5	9	9	Fairneß, Intergenerative Gerechtigkeit
Orientierungsstiftende Kraft, Wissenstransfer, Aufhebung von Wahrnehmungsblockaden, Ermöglichung von Wissenstransfer, Aufdeckung informierter Präferenzen	5	28	8	0	Orientierungsstiftende Kraft, Wahrnehmungsbarrieren überwinden
Netzfähigkeit, Integrationsprinzip, interpolicy, Politikfelder vernetzend	6	12	8	5	Integration
Institutionelle Offenheit, prozeßualer und innovativer Charakter, Pionier- und Vorbildfunktion	7	18	8	2	Institutionelle Offenheit
Ursachen- und Verursacherorientierung, keine End-of-Pipe-Institutionen, Repolitisierung	8	10	8	6	Verursachungsorientierung

Tabelle 12. Kriterien-Cluster aus den Workshops (Fortsetzung)

Kriterium (Formulierung Experten-Workshop)	Rang Ex-WS	Rang EK-WS	Punkte Ex-WS	Punkte EK-WS	Kriterium (Formulierung EK-WS)
Rückbindung an demokratische Legitimation, Stärkung des parlamentarischen Prozesses	9	14	7	4	Stärkung des parlamentarischen Prozesses
Konsistenz zu bestehenden Institutionen, Möglichkeit an traditionelle Sittlichkeit anzuknüpfen, Marktkompatibilität	10	3	6	10	Marktkompatibilität
Allgemeine Zustimmungsfähigkeit, Akzeptanz	11	13	6	5	Akzeptanz, allgemeine Zustimmungsfähigkeit
Subsidiarität, Stärkung der Selbstorganisationskräfte der Zivilgesellschaft	12	15	5	4	Stärkung der Selbstorganisationskräfte der Zivilgesellschaft
Langfristperspektive	13	11	5	6	Langfristperspektive
Dauerhaftigkeit, Ausgleich zwischen Dauerhaftigkeit und Flexibilität	14	1	5	14	Dauerhaftigkeit, Berechenbarkeit
Pluralismus, Interessensoffenheit, Chancengleichheit, Machtausgleich gewährleistend	15	29	5	0	Pluralismus
Effektivität (auch ökologische Effektivität)	16	6	5	9	Effektivität
Vielfalt der Institutionenlandschaft, Kreativität	17	30	4	0	Vielfalt der Institutionenlandschaft

Tabelle 12. Kriterien-Cluster aus den Workshops (Fortsetzung)

Kriterium (Fomulierung Experten-Workshop)	Rang Ex-WS	Rang EK-WS	Punkte Ex-WS	Punkte EK-WS	Kriterium (Formulierung Enquete-Workshop)
Effizienz (Kosteneffizienz, Transaktionskostenarm)	18	2	3	14	Effizienz; Verhältnis Aufwand/Wirkung (10 Punkte)
Adressierung konkreter Akteure	19	25	3	1	Adressierung konkreter Akteure
Sicherung der Vielfalt an Problemlösungen, Institutionenwettbewerb, Regionalisierung, Dezentralisierung	20	20	3	2	Sicherung der Vielfalt an Problemlösungen
Anreizsetzung zur Bildung informeller, privater, nachhaltiger Strukturen	21	31	2	0	Anreizsetzung zur Bildung informeller, privater, nachhaltiger Strukturen
Nicht nur indirekte Betroffenheit bei den Reformern	22		1	--	-------
Verhinderung der Bildung institutioneller Eigeninteressen (außer wenn mit Sachbelangen verknüpft)	23	16	1	4	Verhinderung der Bildung institutioneller Eigeninteressen
wechselseitige Vorteilhaftigkeit, win-win-Lösungen ermöglichen	24	17	1	3	Wechselhafte Vorteilhaftigkeit
Aufzeigen der Folgen von Nicht-Handeln	25	8	1	7	Aufzeigen der Folgen von Nicht-Handeln
Strategic Environmental Assessment	26		1	--	-------

Tabelle 12. Kriterien-Cluster aus den Workshops (Fortsetzung)

Kriterium (Formulierung Experten-Workshop)	Rang Ex-WS	Rang EK-WS	Punkte Ex-WS	Punkte EK-WS	Kriterium (Formulierung Enquete-Workshop)
Nur gleichzeitige Stärkung von Rechten und Pflichten, Zusammenlegung von Entscheidung, Budget und Verantwortung	27	32	1	0	Zusätzliche Aufgaben nur bei gleichzeitiger Erhöhung der Budgets und umgekehrt
Geringe Implementations- und Sanktionskosten (handhabbare Vollzugsprobleme)	28	33	1	0	Geringe Implementations- und Sanktionskosten
Fähigkeit zur Entscheidungsfindung hinsichtlich Kosteneffizienz und Prioritätensetzung, Raum-,/Regionenbezug, Verantwortung/Folgen	29	26	1	1	Fähigkeit zur Entscheidungsfindung unter Kosten- und Prioritätengesichtspunkten
keine gesellschaftlich desintegrierenden Wirkungen (Keine Polarisierung, Stigmatisierung)	30	34	0	0	Keine Polarisierung, Stigmatisierung
Wettbewerbliche Offenheit (Verhinderung von wettbewerbsbeschränkendem Mißbrauch)	31	35	0	0	Wettbewerbliche Offenheit
Nachhaltigkeit als Prämisse, nicht nur als Nebenprodukt	32	36	0	0	Nachhaltigkeit als Prämisse und nicht als Abfallprodukt politischer Willensbildung
Unabhängigkeit der Institutionen	33	21	0	2	Unabhängigkeit der Institutionen
Globale Vernetzung, keine räumliche Problemverschiebung	34	22	0	2	Globale Vernetzung

Tabelle 12. Kriterien-Cluster aus den Workshops (Fortsetzung)

Kriterium (Fomulierung Experten-Workshop)	Rang Ex-WS	Rang EK-WS	Punkte Ex-WS	Punkte EK-WS	Kriterium (Formulierung Enquete-Workshop)
Offenheit der Wahrnehmung	35	37	2	0	Offenheit der Wahrnehmung
In der Wissenschaft Interdisziplinarität, problemori-entierte Änderung der Förderinteressen	36	39	2	0	Interdisziplinarität
---	--	19	--	2	Re-Politisierung
---	--	23	--	2	Selbstverstärkung im Regelkreislauf
---	--	24	--	2	Reaktion in der Zeitachse
---	--	27	--	1	Kompatibilität mit EU-Regeln
---	--	38	--	0	Einführungsgeschwindigkeit

Anhang II:
Kurzstudie zur rechtlichen Einbindung von Selbstverpflichtungen, Verbraucherschutz- und Wettbewerbsrecht in die Umweltpolitik

Prof. Dr. Christian Schrader, Fulda/Göttingen, 21. April 1997

Ordnungsrecht ist aus vielen Gründen unverzichtbar und in mancher Richtung sogar auszubauen.[1] Doch der Zeitgeist lenkt das umweltrechtliche Augenmerk in eine andere Richtung. Gefordert wird ein entschlacktes, entbürokratisiertes, effizienteres Instrumentarium.[2] Das Ordnungsrecht als verwaltungsfixiertes Recht wird zum einen durch Elemente kooperativer Risikosteuerung ergänzt, hier sind die private technische Normung, Verfahrensbeteiligungen, das sog. informale, konsensuale Verwaltungshandeln und insbesondere Selbstverpflichtungen zu nennen. Daneben verlagert das Recht in einer rekursiven Risikosteuerung die Problematik stärker in das Wirtschaftssystem bzw. in das Entscheidungsfeld privater Akteure.[3] Hier rückt marktbezogenes Recht in den Vordergrund, das zum Beispiel Abgaben, Umweltinformationen und betriebliche Selbstüberwachung vorgeht. Aus diesem Feld soll überblicksartig das Verbraucherschutzrecht sowie ansatzweise das Wettbewerbsrecht vorgestellt werden.

---

[1] Öko-Institut: Bürgerrechte im Umweltschutz, Freiburg, 1996.
[2] Lutz Wicke: Neue Ziele, neuer Schwung, DIE ZEIT vom 14.3.1997.
[3] Zu dieser Aufteilung: Wolfgang Köck: Das Pflichten- und Kontrollsystem des Öko-Audit-Konzepts nach der Öko-Audit-Verordnung und dem Umweltauditgesetz, Verwaltungsarchiv 1996, 644, 647 f.

II.1
Selbstverpflichtungen

Wirtschaftserklärungen mit dem Ziel, gesetzliche Vorschriften abzuwenden, sind seit langem und nicht nur im Umweltrecht zu finden.[4] Seit kurzem werden sie in Deutschland[5] wie in Europa[6] als ein zentrales Instrument der Umweltpolitik diskutiert. Die Koalitionsvereinbarung zur 13. Legislaturperiode des Deutschen Bundestages sieht vor, daß zur Umsetzung des Kreislaufwirtschaftsgesetzes die Produktverantwortung der Wirtschaft insbesondere für Altautos, Elektronikschrott und Batterien zu regeln ist und zwar vorrangig über Selbstverpflichtungen.[7]

In Selbstverpflichtungen erklären die Verbände einer Wirtschaftsbranche gegenüber einer staatlichen Stelle, daß ihre Mitglieder in Eigenverantwortung ein bestimmtes Ziel erreichen wollen.[8] Als Vorteile von Selbstverpflichtungen werden Freiwilligkeit, Marktkonformität, die Schnelligkeit ihrer Entstehung und der fehlende ordnungsrechtliche Vollzugsaufwand genannt. Rund 80 Selbstverpflichtungen liegen vor,[9] zur Produktverantwortung unter anderem für Altpapier,[10] Altautos[11] und Bauabfälle[12].

Im Gegenzug verzichtet die staatliche Seite auf ein gesetzgeberisches Tätigwerden. Die Erklärungen besitzen politisches Gewicht, da aber beiden Seiten ein Rechtsbindungswille fehlt, sind sie nicht rechtlich verbindlich und erzwingbar.[13] Der Wirtschaftsverband kann nicht gezwungen werden, den Umwelterfolg zu erreichen. Die staatliche Stelle kann trotz akzeptierter Selbstverpflichtung eine

---

[4] Janbernd Oebbecke: Die staatliche Mitwirkung an gesetzesabwendenden Vereinbarungen, Deutsches Verwaltungsblatt (DVBl.) 1986, 793 mit Beispielen zur Zigarettenwerbung und zum Kommunalrecht.

[5] Rede von Bundesumweltministerin Angela Merkel: Der Stellenwert von umweltbezogenen Selbstverpflichtungen der Wirtschaft im Rahmen der Umweltpolitik der Bundesregierung, in: Umwelt (BMU) 1997, 88 ff.

[6] Mitteilung der Kommission der Europäischen Gemeinschaften über Umweltvereinbarungen, KOM(96)561 = BR-Drs. 20/97.

[7] Umwelt (BMU) 1995, 7: „Koalitionsvereinbarung für die 13. Legislaturperiode des Deutschen Bundestages".

[8] Zur Begriffsbildung und Abgrenzung vgl. Rat von Sachverständigen für Umweltfragen (RSU): Umweltgutachten 1996, Tz. 160.

[9] BT-Drs. 13/5309, Tz. 94; Auflistung in: Bundesverband derDeutschen Industrie: Freiwillige Vereinbarungen und Selbstverpflichtungen der Industrie im Bereich des Umweltschutzes, 1996.

[10] Vgl. BT-Drs. 13/5309, Tz. 93; Handelsblatt vom 17.1.1997, S. 6.

[11] „Freiwillige Selbstverpflichtung zur umweltgerechten Altautoverwertung (PKW)"; beziehbar beim Verband der Automobilindustrie e.V., Westendstr. 61, 60325 Frankfurt/Main. Dazu: Schrader, Müllmagazin Heft 4/1996, S. 64 ff.

[12] „Freiwillige Selbstverpflichtung der am Bau beteiligten Wirtschaftszweige und Verbände zur umweltgerechten Verwertung von Bauabfällen", beziehbar durch Kreislaufwirtschaftsträger Bau, Postfach 201455, 53144 Bonn. Dazu: FAZ vom 12.11.1996, S. 18.

[13] Merkel, Umwelt (BMU) 1997, 88, 89; Oebbecke, DVBl. 1986, 793, 795; Günter Hartkopf/ Eberhard Bohne: Umweltpolitik,1983, S. 457; Werner Rengeling: Das Kooperationsprinzip im Umweltrecht, 1988, S. 169 ff.

hoheitliche Maßnahme erlassen. Enthalten Selbstverpflichtungen somit keine gegenseitigen Rechtspflichten, so ergehen sie jedoch nicht in einem rechtsfreien Raum. Jede Seite hat die für sie geltenden juristischen Rahmenbedingungen zu betrachten.

II.1.1
Rechtsrahmen für den sich verpflichtenden Wirtschaftsverband

II.1.1.1
Verbandskompetenz

Die Wirtschaftsverbände sind als Vereine organisiert, denen Firmen einer be-stimmten Branche als Mitglieder beitreten können. Verbandsaufgabe ist unter anderem, die Mitgliederinteressen nach außen, insbesondere gegenüber staatlichen Stellen zu vertreten. Somit ist die Kompetenz des Verbandes gegeben, in Bezug auf seine Branche umweltpolitische Erklärungen abzugeben.

II.1.1.2
Keine Erzwingbarkeit des Erfolgs außerhalb und innerhalb des Verbands - Erklärung der Allgemeinverbindlichkeit?

Erklärungen des Wirtschaftsverbandes reichen nur so weit, wie er den betreffen-den Wirtschaftszweig vertritt. Dem Verband nicht beigetretene Unternehmen stehen außerhalb, profitieren allerdings als „free rider" von abgegebenen Selbst-verpflichtungen. Innerhalb des Verbands hat die Geschäftsführung des Verbandes vereinsrechtlich keine Möglichkeit, ein bestimmtes umweltpolitisches Verhalten ihrer Mitglieder zu erzwingen. Für die Umsetzung der Selbstverpflichtung müssen die Mitglieder geworben und überredet werden, eine rechtliche Verpflichtung besteht nicht.

Einen Ausweg aus diesem Vollzugsdilemma könnte es darstellen, wenn abge-gebene Selbstverpflichtungen durch staatliche Stellen für allgemeinverbindlich erklärt würden, so daß sie als Rechtsnormen gegenüber jedem Unternehmen der Branche erzingbar würden. Das Modell ist aus dem kollektiven Arbeitsrecht zum Beispiel bei Tarifvereinbarungen bekannt. Für Selbstverpflichtungen erscheint es kaum geeignet. Es wäre zunächst aufgrund des rechtsstaatlichen Ge-setzesvorbehalts eine gesetzliche Rechtsgrundlage erforderlich in Form eines „Gesetzes zur Allgemeinverbindlicherklärung von Selbstverpflichtungen". Diese zusätzliche, mit rechtlichen Risiken behaftete Rechtsaufblähung hätte nur bei besonderer Ausgestaltung Vorteile gegenüber dem vom KrW-/AbfG vorgese-henen Weg des Erlasses von Rechtsverordnungen. Vor einer Allgemeinverbind-lichkeit müßte die auf eine Branche bezogene Selbstverpflichtung auf die einzel-nen Unternehmen der Branche heruntergebrochen werden. Fraglich ist, ob dies anhand leicht ermittelbarer Kriterien wie etwa des Umsatzes geschehen kann, da der Umsatz keine unmittelbare Beziehung zu den Umweltauswirkungen eines Unternehmens enthält. Müßte die Zuordnung anhand der konkreten Umweltauswirkungen jedes Unternehmens erfolgen, würden der Ermittlungsaufwand und seine Kosten die Vorteile der Selbstverpflichtung auffressen. Gleiches gilt für die zur Durchsetzung der Allgemeinverbindlichkeit erforderlichen Sanktionen, wenn sie durch staatliche oder beliehene Stellen ausgesprochen würden. Ein selbstregulativer Ansatz könnte jedoch darin liegen, die Kontrolle der für allgemeinverbindlich erklärten Selbstverpflichtungen über zivilrechtliche Klagen sicherzustellen (siehe Kapitel Verbraucher- und Wettbewerbsrecht).

II.1.2
Rechtsrahmen für die die Selbstverpflichtung entgegennehmende staatliche Stelle

Im Rechtsstaat ist jedes staatliche Handeln rechtlichen Bindungen unterworfen. Sie sind eng, wenn die staatliche Stelle Handlungsformen wählt, die Rechtsbindungen auslösen. Ein Verwaltungshandeln, das nicht in Ausübung obrigkeitlicher Gewalt erfolgt, wird als sog. schlichtes Verwaltungshandeln bezeichnet. Hier läßt sich sagen, daß die rechtlichen Bindungen weniger eng, aber dennoch vorhanden sind. Dieser Rechtsrahmen ist alles andere als schlicht beschaffen. Hier liegt ein komplexer Bereich vor aus verfassungs- und verwaltungsrechtlichen, teils noch wenig geklärten[14] Grundsatzfragen.[15]

II.1.2.1
Zuständigkeit

Es muß diejenige staatliche Stelle handeln, die die Zuständigkeit für den Erlaß der abgewendeten Regelung besitzt. Damit sind Aufteilungen im Bund-Länder-Verhältnis entsprechend der Art. 70, 83 ff. Grundgesetz sowie zwischen Gesetz- und Verordnungsgeber zu beachten. Da inzwischen die meisten umweltrechtlichen Materien bundesrechtlich geregelt und zumeist mit Verordnungsermächtigungen allein zugunsten der Bundesregierung ausgestattet sind, ist im Regelfall die Verbandskompetenz des Bundes gegeben. Anders kann es jedoch liegen in nicht gesetzlich ausgefüllten Materien der konkurrierenden oder der Rahmengesetzgebungskompetenz[16] oder wenn auch den Ländern Verordnungsermächtigungen verliehen sind.[17]

---

[14]   Im Auftrag des Umweltbundesamtes wird derzeit durch das Institut für Umweltmanagement, Berlin, eine Studie zu diesen Fragen erarbeitet.

[15]   Vgl. Stelkens in: Stelkens/Bonk/Sachs: Verwaltungsverfahrensgesetz, 4. Aufl. 1993, § 9 Rdnr. 114.; Hans Uwe Erichsen (Hrsg.): Allgemeines Verwaltungsrecht, 10. Aufl. 1995, § 35 Rdnr. 3; Hartmut Maurer: Allgemeines Verwaltungsrecht, 10. Aufl. 1995, § 9 Rdnr. 114.

[16]   So derzeit noch im Bereich des Bodenschutzrechts, diese Lücke würde gefüllt bei Verabschiedung des Entwurfs eines Bundes-Bodenschutzgesetzes, BR-Drs. 702/96.

[17]   So § 23 Abs. 2 BImSchG.

II.1.2.2
Gesetzgebungspflichten, Gesetzesvorbehalt

Eine Untätigkeit des Gesetzgebers ist dann rechtswidrig, wenn eine Pflicht zur Gesetzgebung besteht. Diese Pflicht kann aus der verfassungsrechtlichen Schutzpflicht zugunsten der Grundrechte oder aus der Staatsaufgabe Umweltschutz folgen. Da nach der Rechtsprechung des Bundesverfassungsgerichts ein weiter gesetzgeberischer Spielraum besteht,[18] der erst bei evidenter Unzulänglichkeit verletzt ist, dürfte angesichts der bestehenden Ausdehnung des ordnungsrechtlichen Umweltschutzes nur selten eine Pflicht zum Tätigwerden bestehen.

Der rechtsstaatliche Gesetzesvorbehalt ist dann bedeutsam, wenn in der Selbstverpflichtung ein bestimmtes, ordnungsrechtliches Tätigwerden verlangt wird. Nach der Wesentlichkeitstheorie muß der Gesetzgeber alle wesentlichen Festlegungen für Eingriffe in Grundrechte selbst treffen und darf sie nicht der Verwaltung überlassen.[19] Im Ergebnis greift dieses Kriterium meist nicht durch, weil der Gesetzgeber mit dem KrW-/AbfG ausreichend gehandelt und die Ausfüllung auf die Verordnungsebene delegiert hat.

II.1.2.3
Unzulässiger Gesetzgebungsvertrag

Eine rechtlich verbindliche Abmachung, daß auf eine gesetzliche Regelung verzichtet wird, ist als unzulässiger Gesetzgebungsvertrag nichtig.[20] Dies ist ein Grund, weswegen die Vereinbarungen in Deutschland im Gegensatz zu den Niederlanden nicht in Vertragsform ergehen.[21] Doch eine staatliche Verpflichtung ist mit Verträgen nicht zwingend verbunden, denn denkbar sind auch einseitig zu Lasten der Wirtschaft bindende Verträge.

II.1.2.4
Rechtsstaatsprinzip

Aus dem Rechtsstaatsprinzip werden Anforderungen an ein faires Verfahren hergeleitet. Selbstverpflichtungen werden in Deutschland wirtschaftsintern formuliert und allein mit der Bundesregierung abgestimmt. Darin liegen Gefahren, daß Interessenten einen so starken Einfluß nehmen, daß das öffentliche Interesse auf der Strecke bleibt und daß Drittrechte unterlaufen werden.[22]

---

[18] Darstellung und - berechtigte - Kritik an dieser Zurückhaltung der Rechtsprechung: Rudolf Steinberg: Verfassungsrechtlicher Umweltschutz durch Grundrechte und Staatszielbestimmung, Neue Juristische Wochenschrift (NJW) 1996, 1985, 1988 ff.

[19] Zum Gesetzesvorbehalt vgl. Klaus Lange: Staatliche Steuerung durch offene Zielvorgaben im Lichte der Verfassung, Verwaltungsarchiv 1991, 1, 12 f.

[20] Oebbecke, DVBl 1986, 793, 795 m.w.N.

[21] Merkel, Umwelt (BMU) 1997, 88, 89

[22] Lange, Verwaltungsarchiv 1991, 1, 14.

Zur Beurteilung von Selbstverpflichtungen sind neben diesen verfassungsrechtlichen Gesichtspunkten solche aus dem einfachen Recht heranzuziehen. Dies
können spezialgesetzliche Formerfordernisse sein oder Bedingungen, die mit dem
Instrumente Selbstverpflichtung zur Abwehr seiner spezifischen Probleme verbunden sind. In diesem Zusammenhang sind Glaubwürdigkeit zur Erreichung der
gesellschaftlichen Akzeptanz, aus ökologischer Sicht ein hinreichender Grad an
umweltpolitischer Zielerreichung und aus rechtsformaler Sicht Rechtsver-
bindlichkeit und Beachtung der Rechtsordnung zu nennen. Andererseits dürfen
Selbstverpflichtungen nicht zu stark reglementiert werden, um den Anreiz zur
Beteiligung nicht zu verlieren. Neben den vorgenannten Bedingungen stehen
daher prozedurale Elemente im Vordergrund.[23] Zu nennen sind klare, überprüfba-
re und mit Fristen versehene Ziele in der Selbstverpflichtung,[24] die Einbindung
betroffener Gruppen bei der Erarbeitung,[25] die Veröffentlichung als Voraussetzung für öffentliche Nachprüfung, ein Monitoring durch ein unabhängiges, plura-
listisches Gremium mit effektiven Kontrollrechten[26] sowie Sanktionen für den Fall
der Zielverfehlung.[27]

II.1.2.5
Spezialgesetzliches Formerfordernis

Für bestimmte Handlungen ist der Verwaltung gesetzlich zwingend eine bestimmte Form oder ein bestimmtes Verfahren vorgeschrieben. Die umweltrechtlichen Ermächtigungen, durch Rechtsverordnungen nähere Vorschriften zum Beispiel zur Produktverantwortung zu erlassen, enthalten dagegen kein Erfordernis,
nur in dieser Verordnungsform zu handeln. Denn freiwillige Lösungen sind dem
Gesetz nicht suspekt, wie die nach § 25 KrW-/AbfG möglichen, unterstützenden
Zielfestlegungen belegen. Des weiteren enthält eine Verordnungsermächtigung einen Gestaltungsspielraum, ob und wie der Verordnungsgeber handeln will. Wird
die Verordnungsform nicht benutzt, laufen allerdings die in §§ 23, 24, 59 und 60
KrW-/AbfG normierten Mitwirkungsrechte der beteiligten Kreise und des Bun-
destages leer.
Am Beispiel der Altautoentsorgung soll die Beachtung dieses und der anderen
Kriterien stichpunktartig dargestellt werden.

---

[23] Michael Kloepfer, DVBl. 1996, 972. Umfassend: Hagenah: Prozeduraler Umweltschutz,
      1996, S. 165 ff.
[24] Martin Führ: Ordnungsrahmen für nachhaltige Unternehmen, in: Schlacke (Hrsg.): Neue
      Konzepte im Umweltrecht, 1996, S. 187, S. 200.
[25] Martin Führ: Ansätze für proaktive Strategien zur Vermeidung von Umweltbealstungen im
      internationalen Vergleich, in: Enquete-Kommission Schutz des Menschen und der Umwelt
      des Deutschen Bundestages (Hrsg.): Studienprogramm Umweltverträgliches Stoffstromma-
      nagement, Band 2 Instrumente, 1995, S. 143.
[26] Vgl. RSU: Umweltgutachten 1996, Tz. 168.
[27] Eine ähnliche Kriterienliste enthält die Empfehlung der Kommission vom 27.11.1996 über
      Umweltvereinbarungen zur Durchführung von Richtlinien der Gemeinschaft, K(96)3235
      endg.

II.1.3
Das Beispiel Altautoentsorgung

II.1.3.1
Problem und vorgesehene Lösung

In Deutschland sind knapp 40 Millionen PKW im Gebrauch.[28] Jährlich werden 100 000 Autowracks wild abgestellt, die mehrheitlich auf Kosten öffentlich-rechtliche Entsorgungsträger entsorgt werden müssen.[29] Bis zum Altautosog in Richtung Osteuropa waren es etwa 2,6 Millionen PKW pro Jahr, die von einem der über 5000 Verwertungsbetriebe zu 70 bis 75 Gewichtsprozent verwertet werden. Bei den verbleibenden 500 000 Tonnen „Shredderleichtfraktion" aus Kunststoffen, Gummi und anderen Resten, die mit Altölen und polychlorierten Biphenylen (PCB) verunreinigt sind,[30] ist eine Steigerung auf eine Million Tonnen zu erwarten.[31] Umweltpolitischer Handlungsbedarf besteht in vier Bereichen:[32] Einer lebensdauerverlängernden und recyclinggerechten Konstruktion, der Vermeidung wild abgestellter Autowracks bzw. der Kostentragung für ihre Entsorgung, der Minimierung bisher nicht verwertbarer Shredderrückstände sowie der Vermeidung künftiger Altlasten an Shredderstandorten durch Anhebung der Umweltschutzstandards.

Einen Verordnungsentwurf auf Grundlage des § 14 AbfG legte das Bundesministerium für Umwelt, Naturschutz und Reaktorsicherheit (BMU) am 18.8.1992 vor.[33] Knapp vier Jahre später, am 21. Februar 1996, stellten 15 an der Autoproduktion und am Autorecycling beteiligte Verbände eine „Freiwillige Selbstverpflichtung zur umweltgerechten Altautoverwertung (Pkw) im Rahmen des Kreislaufwirtschaftsgesetzes" vor.[34] Die Wirtschaftsverbände sagen zu, spätestens zwei Jahre nach Schaffung von rechtlichen Rahmenbedingungen eine flächendeckende Verwertungsstruktur aufzubauen, die Verwertungsquoten für das Gesamtauto auf 95 % im Jahre 2015 zu steigern und all das über einen Koordinierungskreis beim

---

[28] Statistisches Bundesamt: Statistisches Jahrbuch 1995, S. 318.
[29] Eike Sackofsky: Anmerkungen zu verschiedenen Konzepten einer Neuregelung der Altautoentsorgung, ZfU 1996, 99, 100. Die Kostentragung ist jetzt ausdrücklich geregelt in § 15 Abs. 4 KrW-/AbfG.
[30] Zahlen nach: Bericht "Die Industriegesellschaft gestalten" der Enquete-Kommission "Schutz des Menschen und der Umwelt - Bewertungskriterien und Perspektiven für umweltverträgliche Stoffkreisläufe in der Industriegesellschaft", BT-Drs. 12/8260, S. 133; vgl. auch Härdtle u.a.: Altautoverwertung, 1994.
[31] Vgl. Umwelt (BMU) 1996, 76.
[32] Vgl. Umwelt (BMU) 1996, 76; Umweltbundesamt: Jahresbericht 1995, S. 331.
[33] Zum Inhalt siehe Sackofsky, ZfU 1996, 99, 101; ähnlich der Vorschlag des RSU in: Umweltgutachten 1996, Tz. 192; Michael Kloepfer/Bernd Ochtendung: Wohin mit dem „Shreder-Rest"?, Umwelt- und Planungsrecht (UPR) 1995, 420, 421; Umweltbericht 1994 der Bundesregierung, BR-Drs. 849/94, S. 128.
[34] Zur Vorgeschichte: Zimmermann: Verordnungen gemäß § 14 AbfG - Altautos, in: Werner Rengeling (Hrsg.): Kreislaufwirtschafts- und Abfallrecht, 1994, S. 97, 99 ff.; Sackofsky, ZfU 1996, 99, 102.

Verband der Automobilindustrie zu kontrollieren. Ohne den Kontrollmechanismus sagen die Autohersteller und -importeure darüber hinaus zu, „die Verwer-
tungseigenschaften ihrer Erzeugnisse im Rahmen ihrer Produktverantwortung
kontinuierlich zu verbessern" und Altautos über von ihnen bestimmte Stellen
zurückzunehmen.[35] Die Bundesregierung akzeptierte die Selbstverpflichtung[36] und
legte im Herbst 1996 den Entwurf der gewünschten Rechtsverordnung vor.[37] Er
enthält drei Elemente: In der Straßenverkehrs-Zulassungsordnung wird verankert,
daß bei der PKW-Abmeldung ein Verwertungsnachweis erforderlich ist. Nur
bestimmte Altauto-Verwertungsbetriebe, die die im Anhang der Altautoverordnung definierten Umweltkriterien erfüllen, dürfen den Verwertungsnachweis
ausstellen. Ohne Verwertungsnachweis wird eine erhöhte Abmeldegebühr fällig
und eventuell ein Bußgeldverfahren eingeleitet.

Selbstverpflichtung und Rechtsverordnung sowie ihre tandemartige Verknüpfung sind kritisch zu würdigen.

II.1.3.2
Altauto-Selbstverpflichtung

a) *Zeitaspekte.* Das Aushandeln der Selbstverpflichtung hat bei Altautos zu über
vierjähriger Verzögerung geführt. Sie greift erst zwei Jahre nach Schaffung
der rechtlichen Rahmenbedingungen. Von einer Schnelligkeit der Entstehung
von Selbstverpflichtungen kann keine Rede sein.[38] Die Wirkung der Altauto-
Selbstverpflichtung wird voraussichtlich nur von kurzer Dauer sein. Die EG
wird in naher Zukunft einen eigenen Regelungsvorschlag zur Altautoentsorgung vorlegen.[39] Ist die EG-Maßnahme als EG-Richtlinie gefaßt, kann die un-
verbindliche Selbstverpflichtung eine derartige EG-Richtlinie in Deutschland
nicht umsetzen. Spätestens dann muß eine rechtsverbindliche Lösung gefunden werden.

---

[35] Für die Rücknahme hat der Letzthalter marktübliche Preise, derzeit sind das 50 bis 250 DM,
      zu zahlen. Ab dem Jahr 2009 werden bis zu 12 Jahre alte Altautos kostenlos zurückgenom-
      men, wenn sie für Deutschland produziert wurden, das letzte halbe Jahr in Deutschland zu-
      gelassen waren und von physisch guter Beschaffenheit sind, insbesondere nach Herstelleran-
      gaben gewartet wurden.
[36] Umwelt (BMU) 1996, S. 157.
[37] Entwurf einer Verordnung über die Entsorgung von Altautos und die Anpassung straßenver-
      kehrsrechtlicher Vorschriften, BT-Drs. 13/5998 sowie BR-Drs. 984/96, vgl. auch BT-Drs.
      13/6517 und 13/5984. Bei Abschluß des Manuskripts war der Entwurf vom Bundesrat noch
      nicht behandelt worden.
[38] So auch RSU: Umweltgutachten 1996, Tz. 165.
[39] Vgl. Stoff-Enquete, BT-Drs. 12/8260, S. 156; RSU: Umweltgutachten 1996, Tz. 392; Mit-
      teilung der Kommission vom 10.7.1996 „Die europäische Automobilindustrie 1996", KOM
      (96)327 endg., S. 22.

b) *Umweltpolitische Zielerreichung.* Die umweltpolitischen Ziele werden nur mangelhaft erreicht.[40] Weder werden Kriterien einer lebensdauerverlängernden und recyclinggerechten Konstruktion oder einer umweltverträglichen Verwertung[41] vorgegeben. Noch sind wirksame Mechanismen zur Vermeidung wild abgestellter Autowracks oder eine Kostentragung für ihre Entsorgung enthalten. Die zugesagte Erhöhung der Verwertungsquote wird bei weiter steigenden Zulassungszahlen die absolute Menge an Shredderabfällen nicht verringern. Die Quote entspricht, wie die parallele europäische Entwicklung zeigt, dem technischen Entwicklungsstand. Bei der Spitzenstellung der deutschen Automobilindustrie dürfte der gesamteuropäische Standard nicht das Ende technischer Entwicklung darstellen.[42] Dies illustriert ein grundsätzliches Problem der Ineffizienz von Verbandsinitiativen: Nicht der technische Fortschritt, sondern das technisch rückständigste Verbandsmitglied bestimmt das Konvoitempo. Damit wirkt auch die Selbstverpflichtung innovations- und wettbewerbshemmend; ein Effekt, der sonst dem Ordnungsrecht vorgehalten wird. Insgesamt ist, gemessen am Verordnungsentwurf von 1992, eine erhebliche Abschwächung der Regelungsinhalte eingetreten. Der selbst auferlegte Vorrang von Selbstverpflichtungen entzog der Bundesregierung die Basis für wirkungsvolle umweltpolitische Verbesserungen.

c) *Verfahrensanforderungen.* Die Verfahrensanforderungen an Selbstverpflichtungen werden nicht erfüllt. Die unmittelbar betroffenen Gruppen, wie etwa Verbraucher-, Verkehrs- und Umweltschutzverbände sind nicht beteiligt worden. Die Selbstverpflichtung ist nicht veröffentlicht worden, sondern nur auf Anfrage beim Verband der Automobilindustrie erhältlich. Für die Rücknahmezusage gegenüber dem individuellen Autobesitzer fehlt ein Kontrollmechanismus, wie er in sonstigen Verbraucherangelegenheiten durch vorgerichtliche, überparteiliche Schiedsstellen gegeben ist.[43] Um im übrigen ein effektives Monitoring zu attestieren, fehlen dem „Koordinierungskreis beim Verband der Automobilindustrie" die klare und pluralistische Zusammensetzung, definierte Informationsbefugnisse und die Pflicht zur Veröffentlichung der Ergebnisse. Sanktionen, auf die Autobesitzer oder die Bundes-

---

[40] Dazu ausführlich: Christian Schrader: Freiwillig dem Minimum verpflichtet, Müllmagazin Heft 4/1996, 64, 66 f..

[41] Daher bietet der Einsatz von Shredderrückständen in Hochöfen für die Automobilwirtschaft die „Chance zur vollständigen wirtschaftlichen Autoverwertung", FAZ vom 19.11.1994, S. 16: „Die Schrottwirtschaft will einen Verwertungsnachweis durchsetzen."; vgl. auch Umwelt (BMU) 1996, 76.

[42] Zum Stand in der deutschen Automobilindustrie siehe Stark/Jochum: Produktverantwortung und Selbstkontrolle am Beispiel Mercedes-Benz, Manuskript der Fachtagung „Das Kreislaufwirtschafts- und Abfallgesetz" des Umweltinstituts Offenbach vom 19. - 20.9.1996; Franze: Ganzheitliche Produktverantwortung; Seminar „Produktverantwortung und Kreislaufwirtschaft" im Rahmen der UTECH BERLIN '97, S. 27 ff.

[43] Vgl. Niedersächsisches Justizministerium: Konfliktschlichtung - außergerichtliche Streitvermittlung in Niedersachsen, Hannover 1992.

regierung im Falle von Schwierigkeiten pochen könnten, enthält die Selbstverpflichtung nicht.

d) *Kartellfragen.* Zur allgemeinen kartellrechtlichen Problematik von Selbstverpflichtungen siehe unten im Kapitel Wettbewerbsrecht. Speziell zur Altautoentsorgung ist zu bedenken, daß die bedingungslose Rücknahmezusage eines
Automobilherstellers nur für Autos eigener Marke und von ihm benannte
Rücknahmestellen gilt. Damit schafft die Automobilindustrie ein System, in
dem sie eine Marktverengung auf die von ihr bestimmten Betriebe vornimmt.[44]
Die Entsorgungsstruktur kann indirekt von der Automobilindustrie bestimmt
werden.[45] Ferner fließen beim Ausschlachten von Fahrzeugen immerhin 10
Gewichtsprozent in den Gebrauchtteilemarkt.[46] Da die Autohersteller künftig
die Rücknahmestellen benennen werden, können sie den Gebrauchtteilemarkt
unter ihre Kontrolle bringen. Durch die weitere Bedingung, daß ein Fahrzeug
nach Herstellerangaben gewartet sein muß, um eine Prüfung der kostenlosen
Rücknahme entbehrlich zu machen, erhalten Vertragswerkstätten eine wesentlich höhere Bedeutung. Das Bundeskartellamt wird voraussichtlich das von der
Selbstverpflichtung geschaffene Konditionenkartell unter der Maßgabe dul-
den, daß auch eine Wartung in freien Werkstätten möglich ist.[47] Mit weiteren
unveröffentlichten Erklärungen wird die Regelung für den Verbraucher allerdings noch unübersichtlicher.[48]

II.1.3.3
Beachtung der Verordnungsermächtigung des KrW-/AbfG

Die Altautoverordnung enthält eine Pflicht zur Rückgabe. Nach § 24 II Nr. 3
KrW-/AbfG ist es möglich vorzuschreiben, daß Besitzer von Abfällen diese einem
nach § 24 I zur Rücknahme Verpflichteten zu überlassen haben. Jedoch, die Al-
tautoV sieht die eben erwähnte Pflicht zur Rück*nahme* nicht vor. Eine verord-
nungsrechtliche Rücknahmepflicht hat die Automobilwirtschaft durch die Selbst-

---

[44]   Zwar besteht nach Punkt 3.1 letzter Satz der Selbstverpflichtung ein „freier Zugang zu die-
        sem System für alle Fachbetriebe, sofern die Kriterien für Anerkennung oder Zertifizierung
        erfüllt werden". Doch davon getrennt („darüber hinaus") besteht nach Punkt 4 der Selbstver-
        pflichtung die Rücknahmezusage nur „über die dazu vom Hersteller genannten Stellen". Da-
        mit behält sich die Automobilindustrie eine Verengung auf genehme Verwerter vor.

[45]   Daher nimmt der Fachverband der bisherigen Autoverwerter sehr kritisch Stellung, vgl.
        Arbeitsgemeinschaft Deutscher Autorecyclingbetriebe GmbH (Hrsg.): autorecycling 1/96.

[46]   Stoff-Enquete, BT-Drs. 12/8260, S. 121.

[47]   Zur Problematik kartellrechtlicher Duldungen: Helmut Köhler: Abfallrückführungssystem
        der Wirtschaft im Spannungsfeld von Umweltrecht und Kartellrecht, Betriebs-Berater 1996,
        2577, 2578.

[48]   Mittels dieser kartellrechtlich bedenklichen Vereinbarungen ergibt sich ein Konjunkturpro-
        gramm für die Automobilwirtschaft in Deutschland: Sie erhält Wettbewerbsvorteile, da die
        kostenlose Rücknahme nicht für Grauimporte und nur bei Wartung nach Herstellerangaben
        gilt, weil der Ersatzteilemarkt über den Schrottplatz bisheriger Prägung wegfallen wird und
        weil die kostenlose Rücknahme nur für bis zu 12 Jahre alte Autos gilt - bei einer heutigen
        durchschnittlichen Lebensdauer eines PKW von 12,6 Jahren.

verpflichtung abgewendet. Damit ist die Überlassungspflicht der Autobesitzer ohne Gegenpart. Falls die Automobilverbände ihr Rücknahmeangebot nicht wahrnehmen wollen oder können, droht dem Autobesitzer, der ohne Verwertungsnachweis sein Auto abmelden will, nach der Verordnung eine erhöhte Abmeldegebühr. Um solche Ergebnisse zu vermeiden, ist die Überlassungspflicht nach § 24 II Nr. 3 KrW-/AbfG zwingend mit einer korrespondierenden Rücknahmepflicht verbunden worden. Sind nur die Konsumenten zur Überlassung verpflichtet, wird nicht die Produktverantwortung geregelt, sondern eine Verpflichtung der Produktgebraucher. Dies ist von den Regelungen der Produktverantwortung nicht gewollt und nicht gedeckt.

II.1.3.4
Zusammenspiel Selbstverpflichtung - Verordnung

Bisherige Selbstverpflichtungen waren verordnungsersetzend, sie verlangten als staatliche Gegenleistung den Verzicht auf Regelungen.[49] Die Selbstverpflichtung Altautos ist demgegenüber verordnungsfordernd. Sie erfordert und verlangt zu ihrer Wirksamkeit eine neue, abgestimmte staatliche Rechtssetzung. Dadurch treten verstärkte Bindungen auf. Der Staat muß eine Verordnung „auf Bestellung" abliefern. Nach ihrem Erlaß kann er nicht außenstehend die innerwirtschaftlichen Bemühungen beobachten und bei Mißerfolg eingreifen. Der Staat ist auf dem Rücksitz von Altautos, die von der Automobilwirtschaft gelenkt werden.

Diese Bindung ist an verfassungsrechtlichen Prinzipien zu messen. Das Demokratieprinzip verlangt, daß alle für das Gemeinwesen rechtlich verbindlichen Entscheidungen von demokratisch legitimierten Organen getroffen werden.[50] Auch für die parlamentarisch legitimierte Regierung gilt, daß sie Gesetzgebungsspielräume unabhängig ausschöpfen muß. Von einem gesetzgeberischen Gestaltungsspielraum, in dem alle Interessen abgewogen und zu einem Ausgleich gebracht werden, kann nicht mehr gesprochen werden, wenn sich der Vorschriftengeber bereits gebunden hat. Darüber gehen Vorfestlegungen durch gesetzerfordernde Selbstverpflichtungen noch hinaus. Hier ist der Staat nicht einmal Vertragspartner der Vorfestlegung gewesen. Die Wirtschaft gibt die zu regelnden Inhalte vor. Diese zugunsten einseitiger Interessen formulierte Verbandsmeinung ist in Verordnungsgehalt umzusetzen. Das ist mit dem Demokratieprinzip nicht vereinbar.[51]

Rechtsstaatliche Bedenken werden zuweilen geäußert, weil über Hoheitsrechte verhandelt, künftiges Recht als Tauschobjekt behandelt und potentiell die Zielerreichung abgesenkt wird. Diese Bedenken sind jedoch nicht durchschlagend, wenn der Staat nur zur Schaffung der Bedingungen mitwirkt, unter denen sein

---

[49]   Lautenbach/Steger/Weihrauch: Freiwillige Kooperationslösungen im Umweltschutz, in: Bundesverband der Deutschen Industrie (Hrsg.): BDI-Drucksache Nr. 249, 1992.
[50]   Hans D. Jarass, in: Jarass/Pieroth: Grundgesetz, 3. Aufl. 1996, Art. 20 Rdnr. 8; Sachs: Grundgesetz, 1996, Art. 20 Rdnr. 25.
[51]   Man könnte allenfalls an eine Heilung denken durch die - verfassungsrechtlich zweifelhafte - Beteiligung des Bundestages nach § 59 KrW-/AbfG.

Eingreifen verzichtbar ist.[52] Angesichts vielfältiger Aushandlungsprozesse vor normalen Gesetzgebungsverfahren ist nicht jede Verhandlung über künftiges Recht als rechtsstaatswidrig anzusehen. In Verhandlungen wird auch stets eine Änderung und Absenkung von Regelungsinhalten zu verzeichnen sein. Die bei Selbstverpflichtungen zwangsläufige Absenkung der Zielerreichung ist indes an den verfassungsrechtlichen Umweltschutzpflichten des Staates zu messen. Das aus den grundrechtlichen Schutzpflichten des Staates folgende Untermaßverbot,[53] dessen Schutzniveau nicht unterschritten werden darf, dürfte selten eingreifen, da die Produktverantwortung weit vor der Schwelle konkreter Gefahrenentstehung ansetzt. Aus Art. 20a GG, der Staatszielbestimmung Umweltschutz, folgt die Pflicht, effektive Abfallvermeidungsregelungen zu schaffen.[54] Dafür steht dem Gesetzgeber ein weiter Einschätzungsspielraum zur Verfügung, der nur bei evident unterlassener oder unzulänglicher Regelung überschritten sein dürfte. Doch sowohl aus dem Rechtsstaatsprinzip mit seinem Gedanken des fairen Verfahren als auch aus den umweltbezogenen Vorschriften folgen Verfahrensgarantien.[55] Angesichts dessen ist es bedenklich, wenn der Staat sich mit einzelnen Interessengruppen über deren interne Regelungen verständigt und das Ergebnis in späteren Normierungen lediglich festschreibt.

Zusammenfassend ist die Produktverantwortung des KrW-/AbfG ein umweltpolitisch halbherziger Schritt in Richtung auf eine Stofflußwirtschaft. Zur Konkretisierung der latenten Grundpflicht des § 22 I 1 KrW-/AbfG ist der Erlaß von Rechtsverordnungen erforderlich. Bei Beachtung bestimmter Voraussetzungen kann der Erlaß von Rechtsverordnungen durch Selbstverpflichtungen ergänzt werden. Am Beispiel der Altautoentsorgung zeigt sich allerdings, daß die Selbstverpflichtung diesen Voraussetzungen nicht gerecht wird. Der Staat zieht sich so weit aus seiner Gestaltungsaufgabe zurück, daß ihm durch Selbstverpflichtungen unzulässig Vorgaben zugunsten von Partikularinteressen gemacht werden.

II.2
Zivilrecht als Instrument des Umweltschutzes

Unter den politischen Vorzeichen der Deregulierung ist ein schlanker Staat im Blick, der im Zusammenwirken mit den gesellschaftlichen Beteiligten lediglich Rahmenbedingungen setzt und bei Konflikten für Lösungsmechanismen, z.B. über die Gerichte, sorgt. Für die Umweltpolitik werden Parallelen zu Rechtsgebieten interessant, die zur Regelung strukturell ähnlicher Bereiche vorwiegend auf zivilrechtliche Instrumente setzen. Insofern sollen nach einem Problemaufriß

---

[52]   Vgl. Eckart Rehbinder: Flexible Instrumente des Abfallrechts, in: Werner Rengeling (Hrsg.): Kreislaufwirtschafts- und Abfallrecht, 1994, S. 109, 128.

[53]   BVerfGE 88, 201, 254.

[54]   Ulrich Becker: Die Berücksichtigung des Staatsziels Umweltschutz beim Gesetzesvollzug, DVBl. 1995, 713.

[55]   So Steinberg, NJW 1996, 1985, 1988 ff. im Anschluß an BVerfGE 88, 201, 262 f, 269.

zivilrechtlicher Instrumente Ziele, Funktionen und Instrumente des Verbraucherschutzrechts sowie des Wettbewerbsrechts auf ihre Beziehungen zum Umwelt-
schutzrecht untersucht werden.

II.2.1
Haftungsrecht

Umweltpolitisch wurde bislang fast nur das Haftungs- und das ihm folgende Ver-
sicherungssystem beachtet. 1984 hatte der Bundesgerichtshof (BGH) im Ku-
polofenurteil Beweiserleichterungen für Ansprüche nach dem Bürgerlichen Gesetzbuch (BGB) entwickelt.[56] Als 1990 das Umwelthaftungsgesetz (UmweltHG)
und das Produkthaftungsgesetz (ProdHG) verabschiedet wurden, schien das Haftungsrecht eine umweltpolitisch zentrale Rolle übernehmen zu können. Heute,
1997, ist die Bilanz ernüchternd. Die deliktische Haftung nach dem BGB kommt
selten zur Anwendung, nach dem Umwelthaftungsgesetz ist sieben Jahre nach
dem Inkrafttreten kaum ein Fall entschieden worden. Woran liegt das?

Grundlegend ist festzustellen, daß das Haftungsrecht traditionell dem Ausgleich bereits eingetretener Schäden dient. Die Präventivfunktion, wonach wegen
drohender Haftungsfolgen vorbeugend Umweltschutzmaßnahmen ergriffen werden, ist lediglich ein überschätzter[57] zusätzlicher Zweck, der zudem nur eintreten
kann, wenn das Haftungsrecht in hoher Eintrittswahrscheinlichkeit empfindliche
Sanktionen bereitstellt. Genau das ist nicht der Fall:[58]

Das Haftungsrecht, sowohl des BGB wie des UmweltHG und des ProdHG, setzen Schäden an einem individuell zugeordneten Rechtsgut voraus. Ökologische
Schäden, also Schäden an natürlichen Wirkungszusammenhängen, sind entweder
nicht eigentumsrechtlich zugeordnet oder für Eigentümer irrelevant, so daß sie
daraufhin keine Ansprüche erheben.[59] Das UmweltHG gilt zudem nur für einen
begrenzten Katalog bestimmter Anlagen, nicht für alle umweltrelevanten Anlagen
oder Handlungen. Das ProdHG sanktioniert Schäden durch fehlerhafte Produkte
und ist nur im Umweltzusammenhang nur relevant, wenn der Produktfehler über
den Umweltpfad Schäden hervorruft.

Haftungsansprüche müssen individuellen Verursachern zugeordnet werden
können. Für diese Kausalität trägt, trotz der Beweiserleichterungen bei der BGB-
Haftung und der verschuldensunabhängigen Haftung nach dem UmweltHG und
dem ProdHG, der Geschädigte die Beweislast. Bei summierten, multikausalen
oder Fernwirkungen ist dieser Nachweis nicht zu führen. Auch der Staat haftet für
Waldschäden nicht nach staatshaftungsrechtlichen Regeln aufgrund unterbliebe-

---

[56] BGH, NJW 1985, 47, 48.
[57] Thomas M. Lappe: Zur ökologischen Instrumentalisierbarkeit des Wettbewerbsrechts, Wett-
       bewerb in Recht und Praxis (WRP) 1995, 170, 172.
[58] Vgl. Rat von Sachverständigen für Umweltfragen: Umweltgutachten 1996, Tz. 117.
[59] Die halbherzige Ausgleichsnorm des § 16 UmweltHG für ökologische Schäden läuft deshalb
       leer.

ner Gesetzgebung.[60] Die Beweisanforderungen als Kardinalproblem[61] des Umwelthaftungsrechts sollten durch eine Ursachenvermutung nach § 6 Abs. 1 UmweltHG erleichtert werden. Sie enthält indes immer noch derart viel Beweisanforderungen für den Geschädigten, daß sie faktisch dem Vollbeweis nahekommt[62] und zudem durch § 6 Abs. 4 und § 7 UmweltHG derart durchbrochen ist, daß sie keine Wirksamkeit entfaltet.

Die scheinbar revolutionäre Fortentwicklung des UmweltHG und des ProdHG, daß anstelle eines schwierigen Verschuldensnachweises nunmehr eine verschuldensunabhängige Gefährdungshaftung eingeführt wurde, bewirkt keine entscheidende haftungsrechtliche Verbesserung. Denn zum einen hat die Rechtsprechung zur Deliktshaftung nach dem BGB bereits zu ähnlichen Beweiserleichterungen geführt[63] und zum anderen scheitern Ansprüche in aller Regel bereits an davorliegenden Nachweisen der Kausalität.

Diese juristisch ernüchternde Lage wird empirisch belegt durch Umfragen, wonach das umweltbezogene Haftungsrecht nahezu keinen Einfluß auf umweltrelevante Unternehmensentscheidungen ausübt.[64]

Um dem überbewerteten Haftungsrecht zu mehr Wirksamkeit zu verhelfen, sind folgende Schritte erforderlich: Für überindividuelle (ökologische) Schäden und für Schäden, die nicht einem individuellen Verursacher zugeordnet werden können (Verkehrsemissionen) sind Fonds einzurichten, in die alle potentiellen Verursacher Fondsbeiträge entrichten und aus denen, subsidiär zur individuellen Haftung, sonst nicht verfolgbare Schäden beglichen werden. Der Ersatz ökologischer Schäden könnte überindividuellen Klageberechtigten übertragen werden. Entsprechend den unten darzulegenden Modellen der zivilrechtlichen Verbandsklage müßte für Umwelthaftungsfälle eine Verbandsklage eingerichtet werden.[65] Zur Erleichterung individueller Ansprüche sind weitergehende Beweiserleichterungen aufzunehmen.

II.2.2
Bislang unbeachtete zivilrechtliche Umweltschutzaspekte

Die Fokussierung auf das Haftungsrecht hat andere zivilrechtliche Möglichkeiten überstrahlt. Die ökologische Wirksamkeit anderer Privatrechtsmaterien kann hier nur stichpunktartig angedeutet werden:

- Das Gesellschaftsrecht stellt einerseits die Rechtsformen für die Firmen bereit, die den stark angewachsenen Markt an Umwelttechnik bedienen. Mit diesen

---

[60]   BGH, NJW 1988, 478.
[61]   Peter Salje: Umwelthaftungsgesetz, 1993, § 6 Rdnr. 6.
[62]   Peter Salje: Umwelthaftungsgesetz, 1993, § 6 Rdnr. 8 m.w.N.
[63]   BGH, NJW 1985, 47, 48.
[64]   Georg Küppper: Welchen Einfluß haben Haftung und Versicherung auf die Investitionstätigkeit der Unternehmen im Umweltbereich?, Betriebs-Berater 1996, 541, 542 ff..
[65]   So auch Gerhard Wagner: Umweltschutz mit zivilrechtlichen Mitteln, Natur und Recht 1992, 201, 209 f.

Rechtsformen lassen sich zuweilen nur schwer die innovativen, dezentralen, stark mitbestimmungsorientierten Überlegungen von Teilen der Umweltschutzbewegung organisieren, wie sich an der Entstehung der Öko-Bank zeigte. Zum anderen verursachen gerade die großen Unternehmen in bedeutendem Maße Umweltveränderungen, so daß überlegt wurde, ihnen an die Rechtsform[66] oder an die Emissionsverursachung[67] geknüpfte Informationspflichten aufzuerlegen. An diese ökologischen Bilanzierungspflichten könnten gesonderte ökologische Antragsrechte angeknüpft werden.

- Nicht ausgelotet sind bislang die ökologischen Potentiale des Stiftungsrechts bzw. des Erbrechts, obwohl die großen Vermächtnisse der „Erbengeneration" nicht nur in die traditionellen mildtätigen Zwecke, sondern mittlerweile in erheblichem Maße zugunsten ökologischer Zwecke fließen.

- Die sachenrechtliche Zuordnung von Eigentumsrechten wird zum einen von Naturschutzverbänden genutzt, indem sie „Sperrgrundstücke" zur Erlangung der ansonsten fehlenden verwaltungsrechtlichen Klagebefugnis einsetzen. Andererseits entledigen sich manche Altlastverantwortliche der Zustandsverantwortung, indem sie belastete Grundstücke an mittellose Tochterunternehmen übertragen. Zur Sicherheit des Rechtsverkehrs kann an grundbuchrechtliche Altlasthinweise gedacht werden.

- Das bekannteste privatrechtliche Modell des Interessenausgleichs ist das Aushandlungsmodell in Form von schuldrechtlichen Verträgen. Die juristische Durchdringung dieses Bereichs steht erst am Anfang.[68] Wieweit hier ökologische Inhalte zum Beispiel in Beschaffungs- oder Pachtverträgen mit vereinbart werden, kann nur vermutet werden; eine empirische Rechtstatsachenforschung fehlt. Die Vorschrift der Wärmeschutzverordnung, für Neubauten einen Wärmepaß vorzuschreiben, kann auf andere Grundstücks- und Hauseigenschaften erweitert werden und eine verbesserte Kaufentscheidung unter ökologischen Kriterien herbeiführen. Als Vertragstype für den Bereich der Produktverantwortung wird zunehmend der Miet- und der Leasingvertrag[69] diskutiert, weil hier die Eigentümerverantwortung nicht übergeht, sondern bestehenbleibt. Bereits weit genutzt werden Verträge im sog. Vertragsnaturschutz, in dem Naturschutzleistungen in gegenseitigen Verträgen anstelle hoheitlicher Anordnungen bzw. staatlicher Eigendurchführung geregelt werden.

---

[66] So § 14 (Umweltrechnungslegung in Unternehmen) des sog. Professorenentwurfs für ein Umweltgesetzbuch, Umweltbundesamt-Berichte 7/90.

[67] So § 11a der Störfallverordnung und Art. 15 Abs. 3 der sog. IVU-Richtlinie

[68] Zu nennen ist hier Klaus Meier: Ökologische Aspekte des Schuldvertragsrechts, 1995; Günter Hager: Ökologisierung des Verbraucherschutzrechts, UPR 1995, 401, 403 f..

[69] H. Bender: Elemente eines Öko-Leasing als innovatives Finanz-Marketing, Finanzberater, Beilage 18 zu Heft 45/1996 der Zeitschrift Betriebsberater, S. 4, 5; Institut für ökologische Wirtschaftsforschung: Elemente volkswirtschaftlichen und innerbetrieblichen Stoffstrommanagements, in: Enquete-Kommission Schutz des Menschen und der Umwelt des Deutschen Bundestages (Hrsg.): Studienprogramm Umweltverträgliches Stoffstrommanagement, Band 2, Bonn 1995, S. 38 ff..

II.3
Verbraucherschutzrecht

Um ökologische Potentiale des Verbraucherrechts zu entwickeln, soll es im folgenden jeweils im Vergleich zum Umweltrecht charakterisiert werden.

Ziele

Das Verbraucherrecht zielt auf den Schutz der wirtschaftlich schwächeren im Marktgeschehen. Neben dem Schutz individueller Güter will es allgemeine Strukturen wie etwa einen funktionierenden und verbrauchergerechten Wettbewerb erhalten, die für den Verbraucherschutz unerläßlich sind. Das Umweltrecht entwickelte sich ebenfalls aus dem Schutz individueller Rechtsgüter, die durch Umweltveränderungen bedroht sind. Sodann wurden allgemeine Umweltgüter in die Zielkataloge mit aufgenommen. Als Schnittmenge läßt sich festhalten, daß sowohl individuelle wie auch generelle Ziele verfolgt werden, die sich dort überschneiden, wo die Umwelt als Transportmedium für Schadensverursachung, als dem einzelnen zugeordnetes Gut oder als langfristige Voraussetzung wirtschaftlichen Handelns ins Spiel kommt.

Gegenstand

Das Verbraucherrecht geht aus von der Stellung der Verbraucher im Markt und hat primär den Schutz vor schädlichem Verhalten von Marktteilnehmern im Blick. Das Umweltrecht schützt nicht die Umwelt an sich, sondern die dem Menschen dienende und einzelnen Menschen durch die Rechtsordnung zugeordnete Umwelt. Diese Ausschnitte sollen vor schädlichen anthropogenen Umweltveränderungen geschützt werden. Im Hintergrund stehen bei beiden Materien öffentliche Güter: beim Umweltschutz die Umwelt und die Volksgesundheit, beim Verbraucherschutz der Schutz sozialer Interessen, die funktionierende Marktwirtschaft und die Volksgesundheit. Letztlich geht es bei beiden meist um die Frage, welche Aspekte dieser öffentlichen Güter als individuelle Rechte von der Rechtsordnung zugewiesen werden.

Kennzeichen

Verbraucher- wie Umweltschutz betreffen öffentliche Güter. Daraus folgt zweierlei: Als öffentliche Güter werden sie nicht im betriebswirtschaftlichen Eigeninteresse von der Wirtschaft selbst verfolgt, sondern müssen durch staatliche Regelungen in die wirtschaftlichen Entscheidungsprogramme eingefügt werden.[70] Des weiteren sind öffentliche Güter tendenziell politisch schwach repräsentiert, da ihnen das Individualinteresse als Anreiz für politische Organisierung und Interes-

---

[70]   Hager, UPR 1995, 401, 406.

senverfolgung fehlt. Beide Kennzeichen verlangen damit nach staatlicher Einflußnahme, da ansonsten Verbraucher- wie Umweltschutz in wirtschaftlich regulierten Systemen nicht genügend abgebildet werden.

Eigenständiges Rechtsgebiet, Materien

Die Eigenständigkeit als Rechtsgebiet und damit die juristisch systembildende Kraft wurde dem Umweltrecht in den siebziger Jahren noch abgesprochen, heute dagegen allgemein anerkannt, obwohl Unschärfen bei der Zuordnung einzelner Rechtsgebiete bleiben. Das Verbraucherrecht betrifft wie das Umweltrecht eine Querschnittsmaterie, die sich nicht ausschließlich einzelnen Gesetzen zuweisen läßt, sondern von der viele andere Rechtsmaterien berührt sind. Die verbraucher- und umweltrechtlichen Kernmaterien sind nicht in einem Gesetzbuch zusammengefaßt, sondern zersplittert auf viele Einzelgesetze. Der These vom besonderen Schutzbedürfnis der Verbraucher[71] folgend wird das Verbraucherrecht vorwiegend in besonderen Gesetzen außerhalb des BGB verortet.[72] Ebenso ist das Hauptaugenmerk des Umweltrechts auf spezialgesetzliche Vorschriften gerichtet. Die Entdeckung der ökologischen Wirksamkeit bestehender allgemeiner Regelungen steht weitgehend noch aus.[73] Dem Verbraucherrecht wird die Eigenschaft als eigenständiges Rechtsgebiet teils noch abgesprochen, da die Grundbegriffe („Verbraucher") nicht überall einheitlich verwendet werden[74] und sich nur ein Kernbestand unzweifelhafter Verbraucherschutzgesetze ausmachen läßt;[75] während die Zuordnung ansonsten stark variiert.[76] Ein weiterer Unterschied ist der Schwerpunkt und die Sichtweise, die beim Verbraucherrecht vom Zivilrecht ausgeht[77], dagegen beim Umweltrecht vom öffentlichen Recht. Diese Schwerpunktbildung und selektive Wahrnehmung hat den Blick auf Gemeinsamkeiten oft verstellt.

Derartige Gemeinsamkeiten sind auch, daß neben dem materiellen Recht besondere verfahrensrechtliche Bedürfnisse gesehen und gesetzlich berücksichtigt

---

[71] Dieter Medicus: Schutzbedürfnisse (insbesondere der Verbraucherschutz) und das Privatrecht, Juristische Schulung (JuS) 1996, 761 ff.

[72] Medicus, JuS 1996, 761, 767

[73] Vgl. K. Meier: Ökologische Aspekte des Schuldvertragsrechts, 1995.

[74] So Medicus, JuS 1996, 761, 766 f.

[75] Produkthaftungsgesetz, Gesetz über Allgemeine Geschäftsbedingungen, Verbraucherkreditgesetz; Kennzeichnungsrecht, Prozeßkostenhilfe und Rechtsberatungsgesetz, Organisationsrecht.

[76] Vgl. Eike von Hippel: Verbraucherschutz, 3. Aufl. 1985; Peter Hommelhoff: Verbraucherschutz im System des deutschen und europäischen Privatrechts, Karlsruhe 1996; Günter Borchert: Verbraucherschutzrecht, 1994; Rainer Kemper: Verbraucherschutzinstrumente,1993, bei denen als behandelte Rechtsbereiche manchmal, aber nicht immer auftauchen: Datenschutz, Lebensmittelrecht, Arzneimittelrecht, Reisevertragsrecht, Wettbewerbsrecht, Allgemeines Schuldrecht des BGB, Kauf-, Werkvertrags- und Mietrecht, Versicherungsrecht, Zahlungssysteme, gefährliche Stoffe, Verpackungen, Klagebefugnis.

[77] Zum öffentlichen Recht aber: Matthias Sprissler: Öffentlich-rechtlicher Verbraucherschutz, Diss. Tübingen 1992.

wurden. Der individualrechtliche Schutz ist jeweils unzureichend wegen der öffentlichen Schutzgüter, die individualrechtlich nicht völlig abbildbar sind. Zum Ausgleich erhält die Beteiligung in Verfahren besonders Gewicht, beim Umweltrecht zum Beispiel in Zulassungsverfahren, beim Verbraucherrecht etwa in der Anhörung der betroffenen Kreise vor einer Kartellanmeldung, § 2 Abs. 2 GWB. Dies setzt sich jeweils prozeßrechtlich fort, im Umweltrecht ansatzweise mit der naturschutzrechtlichen Verbandsklage, im Verbraucherrecht mit zivilrechtlichen Verbandsklagen nach §§ 13 Abs. 2 UWG, 13 Abs. 2 AGB-Gesetz. [78] Weitere fruchtbare Parallelen ließen sich für die Diskussion um konsensuale Konfliktstrategien im Umweltbereich aus den verbraucherbezogenen Erfahrungen mit Schlichtungsstellen[79] ziehen.

Europäische Verankerung

Unter anderem die verfahrensrechtlichen Tendenzen erhalten derzeit einen Schub durch die entsprechenden programmatischen Bemühungen auf europäischer Ebene. Beide Rechtsgebiete sind europarechtlich stark geprägt, vgl. Art. 130 r-t und Art. 129a EG-Vertrag mit dem entsprechenden Sekundärrecht.[80] Die darauf gestützte Programmatik der europäischen Kommission weist gegenseitig aufeinander hin, indem etwa eine verbraucherpolitische Priorität 1996 - 1998 in der Förderung eines auf Dauer umweltverträglichen Konsums besteht.[81] Die Kommission unterrichtet darüber, daß sie ihre bisherigen, vorwiegend auf umweltbezogene Verbraucherinformation gezielten Aktivitäten weiterentwickeln will, zum Beispiel das EG-Umweltzeichen[82] und die EG-Etikettierung über den Energieverbrauch.[83] Umgekehrt wird zur verbesserten Durchsetzung des europäischen Umweltrechts überlegt, entsprechend den zivilrechtlichen Verbandsklagen in Verbrauchersachen[84] auch auf umweltrechtlichem Feld Verbandsklagen in den Mitgliedsstaaten zu eröffnen.[85]

---

[78] Harald Koch: Verbraucherprozeßrecht, Heidelberg 1990.
[79] Dazu: Rainer Miletzki: Formen der Konfliktregelung im Verbraucherrrecht, Bielefeld 1982.
[80] Dazu: Ludwig Krämer: EWG-Verbraucherrecht, 1985; Norbert Reich: Europäisches Verbraucherrecht, 3. Aufl. 1996; Klaus Tonner: Die Rolle des Verbraucherrechts bei der Entwicklung eines europäischen Zivilrechts, Juristen-Zeitung 1996, 533.
[81] Kommissions-Mitteilung „Verbraucherpolitischen Prioritäten 1996 - 1998", KOM(95)519 endg. vom 31.10.1995.
[82] Verordnung (EWG) Nr. 880/92 des Rates vom 23.3.1992 betreffend ein gemeinschaftliches System zur Vergabe eines Umweltzeichens, EG-ABl. Nr. L 99/1 vom 11.4.1992. Zu dieser Verordnung: Roller, EuZW 1992, 499; Diederichsen, RIW 1993, 224.
[83] Vgl. den umsetzenden Entwurf eines Energieverbrauchkennzeichnungsgesetzes: BR-Drs. 824/96
[84] Die nach dem Vorschlag für eine Richtlinie betreffend Unterlassungskalgen auf dem Gebiet des Schutzes der Verbraucherinteressen, KOM(95)712 endg., europaweit harmoinisiert werden sollen.
[85] Mitteilung der Kkommission „Durchführung des Umweltrechts in der Gemeinschaft", KOM(96)500 endg. = BR-Drs. 917/96.

Instrumente

Beiden Rechtsgebieten ist eigen, daß sie bereits im Vorfeld staatlicher Reglementierung ansetzen. Zentral für die Verbraucheraufklärung ist eine gute Information über Preise und Produkteigenschaften, um als Marktteilnehmer gut entscheiden zu können. Dieses Informationsrecht bildet über Instrumente wie Kennzeichnungsregeln, behördliche Warnungen und Empfehlungen, Umwelt- bzw. Verbraucherberatungen, die Umweltzeichen oder über Werberegeln[86] eine Brücke zum Umweltrecht. Das Umweltrecht ergänzt diesen Verbraucheransatz im Informationssektor mit Instrumenten wie dem freien Zugang zu Umweltinformationen oder Emissionsveröffentlichungspflichten der Unternehmen. Eine weitere Brücke bilden Selbstregulierungen der Anbieterseite,[87] die derzeit bei umweltbezogenen Selbstverpflichtungen aktuelle Nachahmer finden.

Zum Ausgleich entstandener Schäden sind besondere Haftungsregeln installiert, die beim Umwelt- wie beim Produkthaftungsgesetz eine verschuldensunabhängige und damit erleichterte Haftung einführen sollen. Eine weitere Brücke könnten Benutzervorteile für Verbraucher mit umweltfreundlicheren Produkten sein.[88] Auf die parallelen Diskussionen zur erleichterten Rechtsdurchsetzung wurde bereits hingewiesen.

Organisatorische Verklammerungen

Im staatlichen Bereich sind in Deutschland Verbraucher- und Umweltschutz getrennt. Während der Umweltschutz in eigenen Ressorts mit eigenem behördlichen Unterbau betrieben wird, ist der Verbraucherschutz oft lediglich als eine Aufgabe innerhalb der Wirtschaftsressorts angesiedelt. Diese schwächere administrative Verankerung bestand auch auf EG-Ebene, bis 1995 der Verbraucherpolitische Dienst zu einer eigenen Generaldirektion aufgewertet wurde, die 1997 infolge des Skandals um BSE-verseuchte britische Rinder zusätzliche lebensmittelrechtliche Kompetenzen erhielt. Das Europäische Parlament und der Wirtschafts- und Sozialausschuß haben Umwelt- und Verbraucherschutz in jeweils einem Ausschuß zusammengefaßt, woraus sich eventuell das besondere Gewicht der Auffassungen des Europäischen Parlaments im BSE-Skandal mit erklärt.

Im gesellschaftlichen Bereich öffnen sich Umweltverbände dem Verbraucherschutz, indem sie wie der BUND verbraucherschutztypische Warentests unternehmen („Computer-Umwelt-Test 1996") und sogar in ihre Satzung den Zweck des Verbraucherschutzes aufnehmen (§ 1 der Satzung des BUND). Umgekehrt hat es die Stiftung Warentest durch eine Änderung ihrer Satzung 1985 ermöglicht, in

---

[86] Dazu: Hager, UPR 1995, 401 ff sowie die Ausführungen unten im Kapitel Leuterkeitsrecht.
[87] Dazu Michael Kloepfer: Produkthinweispflichten bei Tabakwaren als Verfassungsfrage, Berlin 1991; Renate Philipp: Staatliche Verbraucherinformation im Umwelt- und Gesundheitsrecht, Köln 1989; Kemper, Verbraucherschutzinstrumente, S. 102 ff. mit vielen Beispielen aus Großbritannien und Frankreich.
[88] Hager, UPR 1995, 401, 407.

den Tests auch die Umweltverträglichkeit als ein Kriterium zu berücksichtigen. Verbraucherschutzvereine führen auf örtlicher Ebene Umweltberatungen durch. Viele rechtspolitische Aktionen führen Umwelt- und Verbraucherverbände gemeinsam durch, aktuell etwa zur Kennzeichnung gentechnisch veränderter Lebensmittel.

Tabelle 13. Strukturelle Verwandtschaft von Umweltrecht und Verbraucherrecht

	Umweltrecht	**Verbraucherrecht**
Ziele	Schutz individueller Positionen, insb. Gesundheit Schutz überindividuelles Gut Umwelt	Schutz individueller Positionen, insb. Gesundheit; Schutz überindividuelles Gut Wettbewerb
Gegenstand	Schutz vor schädlichen anthropogenen Umweltveränderungen	Schutz vor schädlichem Verhalten von Marktteilnehmern
Kennzeichen	wegen Charakter öffentliches Gut: schwache politische Untersetzung durch Verbände, nicht im betriebswirtschaftlichen Eigeninteresse der Wirtschaft	wegen Charakter öffentliches Gut: schwache politische Untersetzung durch Verbände, nicht im betriebswirtschaftlichen Eigeninteresse der Wirtschaft
Eigenständiges Rechtsgebiet?	Querschnittsmaterie. Dennoch Eigenständigkeit bejaht. Schwerpunkt Öffentliches Recht	Querschnittsmaterie. Eigenständigkeit noch umstritten. Schwerpunkt Privatrecht
Erscheinung	zersplittert auf EG-Bund-Land, Verursachungen und Auswirkungen, Umweltmedien, materielles und Prozeßrecht, europäische Prägung	zersplittert auf EG-Bund-Ebene, auf Verursachungen und Auswirkungen, materielles und Prozeßrecht, europäische Prägung
Instrumente	Informationsverbesserung: Umweltberatung, staatliche Information, Informationszugang besondere Haftungsregeln; besondere Regeln für Rechtsdurchsetzung wegen unzureichendem Individualrechtsschutz	Informationsverbesserung: Verbraucherberatung, staatliche Information, Informationszugang besondere Haftungsregeln; besondere Regeln für Rechtsdurchsetzung wegen unzureichendem Individualrechtsschutz
Organisatorisch	eigenes Ressort, eigener Behördenunterbau	Deutschland: im Wirtschaftsressort angesiedelt, kein Behördenunterbau Europa: Eigenes Ressort, im Parlament mit Umwelt in einem Ausschuß

Im Ergebnis zeigen sich Unterschiede, aber auch deutliche Parallelen und An-
näherungen von Umwelt- und Verbraucherrecht. Ausgehend von ähnlichen Ge-
genständen und Zielen bemühen sich beide Bereiche verstärkt um Steuerungsmit-
tel wie Information, Selbstregulation, Kooperation und verfahrensrechtliche Ein-
fügung kollektiver Interessen. In diesem Modell regulierter Selbstregulation[89]
stellt der Staat nicht mehr vorrangig selbst lebensgerechte Umweltverhältnisse
her, sondern er aktiviert gezielt gesellschaftliche Steuerungen. Die beiderseitigen
Lern- und Synergieeffekte von Umwelt- und Verbraucherrecht sollten genutzt
werden. Allerdings lehrt die oft nur marginale Wirkung des Verbraucherrechts,
daß diese Steuerungen kraftvoll ausgestaltet und von einer notwendig bleibenden
Garantielinie des Ordnungsrechts begleitet bleiben müssen.

II.4
Wettbewerbsrecht

Das Wettbewerbsrecht hat zwei verschiedene Aufgaben. Zum einen soll es den
Bestand des Wettbewerbs schützen und Strukturen erhalten, die ein freies marktwirtschaftliches Verhalten der Marktteilnehmer erwarten lassen. Als Rechtsgebiete sind das Gesetz gegen Wettbewerbsbeschränkungen (GWB) und das Kartellrecht der EG zu nennen (im folgenden unter I.). Zum anderen enthält das Wettbewerbsrecht Vorschriften zur Bekämpfung von unlauteren Wettbe-
werbshandlungen. Dieses sog. Lauterkeitsrecht ist insbesondere im Gesetz gegen
den unlauteren Wettbewerb (UWG) enthalten (im folgenden unter II.).

II.4.1
Kartellrecht

Die Sicherung des Wettbewerbs ist seit dem Zweiten Weltkrieg ein traditionelles
Ziel staatlicher Wirtschaftspolitik. Das GWB enthält ein grundsätzliches Kartell-
verbot mit Differenzierungen für bestimmte Kartellarten bei fortbestehender Miß-
brauchsaufsicht durch das Bundeskartellamt. Aus überwiegenden Gründen der
Gesamtwirtschaft und des Gemeinwohls kann ein Kartell durch eine Erlaubnis des
Bundesministers für Wirtschaft zugelassen werden.

---

[89] Hager, UPR 1995, 401, 407 m.w.N.

Wenn staatliche Vorgaben durch Selbstverpflichtungen ersetzt werden, sind diese Verbändeverpflichtungen wettbewerbshindernde Abkommen, die mit dem Kartellverbot des § 1 GWB kollidieren.[90] Das kartellrechtliche Problem entfällt nicht dadurch, daß ein ebenso gleichgerichtetes Verhalten ansonsten durch das Ordnungsrecht erzwungen werden könnte.[91] Diese Kollision wurde in der Vergangenheit durch die nach §§ 2 bis 8 mögliche Legalisierung von Kartellen und durch eine großzügige Auslegung des behördlichen Aufgreifermessens gemildert.[92] Gegen dieses kartellrechtliche Zurückweichen wurde bereits früh ein Klagerecht der Verbraucherverbände im Kartellrecht befürwortet.[93] Seitdem durch § 6 Verpackungsverordnung mit der Duales System Deutschland GmbH jedoch ein bundesweiter Monopolist für die Entsorgung von Verpackungen aufgebaut wurde, ist das Bundeskartellamt weniger gewillt, zugunsten des Umweltschutzes Wettbewerbseinschränkungen hinzunehmen.[94]

Durch das Kartellrecht werden somit Umweltschutzmaßnahmen der Unternehmen behindert. Das gleiche Ergebnis zeigt sich nach dem parallel anwendbaren europäischen Kartellrecht der Art. 85 ff. EG-Vertrag. Um dieses Ergebnis zu vermeiden, stehen drei Wege zur Verfügung:

- Der juristisch sauberste Weg für eine generelle Entschärfung des Konflikts ist, das GWB und den EG-Vertrag zugunsten von Umweltvereinbarungen zu entschärfen. Dieser auch von Bundesumweltministerin Merkel erhobenen Forderung wird jedoch berechtigt widersprochen, da nach dieser Logik jeder betroffene Politikbereich seine Ausnahmen fordern könnte und das wettbewerbsichernde Kartellrecht und damit der Wettbewerb als Grundlage einer freien Marktwirtschaft ausgehöhlt würde.
- Andere Überlegungen gehen dahin, umweltmotivierte Unternehmensabsprachen im geltenden Recht zu privilegieren. Durch die Betonung von Umweltschutz als Rechtsgut wird eine Rechtsgüterabwägung zwischen Umweltschutz und Wettbewerb legitimiert, die zu einer Tatbestandsrestriktion des Kartellverbots nach § 1 GWB[95] bzw. des EG-Kartellrechts[96] führt. Dem ist jedoch entgegenzuhalten, daß das GWB ein striktes Verbot ohne eine Abwägungsmöglichkeit enthält. Würde die Abwägungsmöglichkeit eröffnet, wären letztlich zugunsten aller Gemeinwohlbelange Wettbewerbseinschränkungen möglich. Eine im Regelfall legale Kartellbildung steht jedoch im scharfen Gegensatz zum Wert des freien Wettbewerbs in einer marktwirtschaftlichen Ord-

---

[90] Gutachten der Monopolkommission 1996, BT-Drs. 13/5309, Tz. 96.
[91] So aber Merkel, Umwelt (BMU) 1997, 88, 90.
[92] W. Kartte/J. Fried: Wettbewerbsrecht, in: Handwörterbuch des Umweltrechts, 1986, Spalte 1159.
[93] v.Hippel: Verbraucherschutz, S. 120, 122.
[94] Wolf, in: Dokumentation zur 20. wissenschftlichen Fachtagung der Gesellschaft für Umweltrecht e.V., Berlin 1997.
[95] Nachweise bei Lappe, WRP 1995, 170, 173.
[96] Dazu: Köhler, Betriebs-Berater 1996, 2577, 2579; Walter Frenz: Nationalstaatlicher Umweltschutz und EG-Wettbewerbsfreiheit, 1997.

nung. Die Tatbestandsreduktion durch Rechtsgüterabwägung ist daher abzu-
lehnen.

- Es bleiben die Legalisierungsmöglichkeiten des geltenden Kartellrechts. Mit
ihnen wird derzeit entschieden, ob das durch die Selbstverpflichtung der Automobilwirtschaft zur Altautoentsorgung gebildete Konditionenkartell durch
Maßnahmen der Kartellbehörde nach § 12 GWB legalisiert werden kann. Ist
dies nicht möglich, bleibt immer noch die Ministererlaubnis nach § 8 GWB.

II.4.2
Lauterkeitsrecht

Funktion des UWG ist es, einen Vergleich zwischen Leistungen der Marktteilnehmer zu ermöglichen, der frei ist von Verfälschungen, Irreführungen, Behinde-
rungen und anderem mehr.

Das UWG enthält spezielle Vorschriften für bestimmte Verkaufsarten (z.B.
Sonderverkäufe, Räumungsverkäufe, Sonderangebote) und bestimmte Werbungs-
formen (Schneeballsystem, mengenmäßig beschränkte Angebote). Die meisten
Fallgestaltungen werden jedoch mit Hilfe der Generalklauseln des UWG gelöst,
von denen sich § 3 UWG gegen irreführende Angaben und § 1 UWG gegen sit-
tenwidrige Handlungen wendet. Diese Generalklauseln sichern die Anwendbarkeit
des UWG auf die dynamischen Veränderungen des Wettbewerbs. Jedoch führen
sie nicht zu gesetzlicher Rechtsklarheit, sondern in ein Dickicht aus fast einhun-
dertjähriger Rechtsprechung. Verstöße gegen die Bestimmungen des UWG können zu Unterlassungs- und Schadensersatzansprüchen führen. Klagebefugt sind
Konkurrenten, aber wegen des überindividuellen, öffentlichen Interesses an einem
funktionsfähigen Wettbewerb ist die Klagebefugnis auch rechtsfähigen Verbänden
zur Förderung gewerblicher Interessen, den Industrie- und Handelskammern, den
Handwerkskammern sowie, wenn wesentliche Belange der Verbraucher berührt
sind, den Verbraucherverbänden verliehen worden, § 13 UWG.

II.4.2.1
Verbandsklagebefugnis

Im letzteren zeigt sich, daß unsere Rechtsordnung keineswegs zwingend immer
eine individuelle Klagebefugnis verlangt. Die Durchbrechung dieses Grundsatzes
ist zur Verfolgung überindividueller grundlegender Rahmenbedingungen möglich.
Während dies im Verwaltungsprozeßrecht mit der naturschutzrechtlichen Verbandsklage nur äußerst bruchstückhaft und mühsam zugunsten der Umwelt ermöglicht wird, ist die Verbandsklage im Wettbewerbsschutz ein anerkanntes
Instrument. Wenn auch Auswüchse durch sog. Abmahnvereine, die sich als vor-
gebliche Wettbewerbshüter über Abmahnungen glänzend finanzierten, gesetzlich
eingedämmt werden mußten, ist die Berechtigung überindividueller Klagebefugnis im Wettbewerbsrecht nicht grundsätzlich umstritten. Umweltverbänden steht
die Klagebefugnis nicht zu. Sofern sie sich satzungsmäßig der Aufklärung und

Beratung der Verbraucher verschreiben, könnten jedoch auch sie die Klagen wahrnehmen. Für eine gewisse ökologische Wirksamkeit der wettbewerbsrechtlichen Verbandsklage sorgen bereits die klassischen Verbraucherverbände, die wegen des weiten Überschneidungsbereichs von Verbraucher- und Umweltschutz viele Umweltaspekte mit verfolgen. Es sollte überlegt werden, die Klagebefugnis allgemein den Umweltverbänden zuzuerkennen, da der Umweltschutz ein gleichwertiges Rechtsgut im Vergleich zum Verbraucherschutz darstellt.

Vergleichbares gilt für die Verbandsklagebefugnis für Verbraucherverbände nach § 13 des Gesetzes zur Regelung des Rechts der Allgemeinen Geschäftsbedingungen (AGB-Gesetz). Durch AGB können in mannigfacher Weise umweltschädliche Handlungen vorgeschrieben werden, zum Beispiel eine fehlerhafte Sache mehrfach zu Nachbesserungsversuchen über weite Entfernungen an den Verkäufer zurücksenden zu müssen. Die ökologische Wirksamkeit des AGB-Gesetzes ist bislang nicht untersucht worden. Im Folgenden sollen die lauterkeitsrechtlichen Vorschriften darauf untersucht werden, inwieweit sie Umweltschutzwirkungen entfalten können.

II.4.2.2
Umweltaspekte im Lauterkeitsrecht

Umweltbezogene Werbung

Die meistdiskutierte und bereits vielfach entschiedene Fallgruppe betrifft umweltbezogene Werbung. Es ist ein geflügeltes Wort, daß nicht überall „öko" drin ist, wo „öko" draufsteht.[97] Nicht nur wegen solcher Auswüchse hat die Rechtsprechung enge Grenzen für umweltbezogene Werbung gezogen.

Umweltbezogene Werbung wird gemessen an § 3 UWG, dem Verbot irreführender Angaben. Die Voraussetzungen, daß durch Umweltwerbung „im geschäftlichen Verkehr zu Zwecken des Wettbewerbs über geschäftliche Verhältnisse, insbesondere über .. den Ursprung, die Herstellungsart ... Angaben" gemacht werden, liegen zweifellos vor. Fraglich ist, wann derartige Angaben „irreführend" sind.[98]

Die Rechtsprechung orientiert sich dafür an der Verbrauchererwartung im Adressatenkreis der jeweiligen Werbung. Ging sie früher davon aus, daß der Hinweis auf die Umweltverträglichkeit eines Produkts nur gegeben werden dürfe, wenn das Produkt absolut umweltverträglich ist, so reicht es heute aus, wenn das Produkt in der beworbenen Eigenschaft relativ, also im Vergleich zu anderen Produkten, umweltverträglicher ist. Diese Rücknahme der Rechtsprechung ist zu begrüßen, da die Verbraucher wissen, daß jedes Produkt Umweltauswirkungen hat

---

[97] Ein abschreckendes Beispiel für marktschreierische gefühlsbetonte Umweltwerbung zitiert Marcel Kisseler: Wettbewerbsrecht und Umweltschutz, WRP 1994, 149, 153.

[98] Zum Folgenden ausführlich: Andreas Wiebe: Zur „ökologischen Relevanz" des Wettbewerbsrechts, WRP 1995, 1014 ff.; Kisseler, WRP 1994, 149, mit vielen Beispielsschilderungen S. 151 ff.

und daß es keine absolute Umweltverträglichkeit gibt. Wünschenswert ist es jedoch, wenn nicht nur die beworbene Eigenschaft betrachtet, sondern ein ganzheitlicher Ansatz verlangt würde, der den gesamten Produktweg „von der Wiege bis zur Bahre" einbeziehen muß.[99] Neuerdings geht die Rechtsprechung zuweilen dazu über, daß Umweltschutzangaben stark die emotionalen Saiten der Empfänger ansprechen und daß die beworbenen Aussagen („umweltfreundlich") zu unbestimmt und nicht exakt belegbar seien, so daß bei derartiger Werbung strenge Maßstäbe und gegebenenfalls zusätzliche aufklärende Hinweise gegeben werden müßten, worin die behauptete Umweltfreundlichkeit besteht.

Ob die Verbrauchererwartung getäuscht wird, wird konkret, gegebenenfalls durch Beweiserhebungen anhand demoskopischer Umfragen festgestellt. Diese Beweisanforderungen, die Kosten von mehreren 10 000,- DM verursachen können, stellen eine unangemessene und abschreckende Behinderung von Verbraucherverbandsklagen dar. Hier sollten, über die noch zu besprechenden Erleichterungen durch das europäische Wettbewerbsrecht hinaus, gesetzlich leichtere Beweisanforderungen eingeführt werden.

Für die Frage, wieviele der jeweiligen Adressatenkreise irregeführt sein müssen, orientiert sich die deutsche Rechtsprechung am Leitbild des „flüchtigen Verbrauchers", der ohne viel Vorwissen und Zeit den Wahrheitsgehalt einer Werbeaussage nur flüchtig prüft und deshalb vor beeinflussender Werbung besonderes zu schützen ist. Daher reicht es aus, wenn nur 5 bis 10% der angesprochenen Verkehrskreise irregeführt werden können.[100]

Vor allem anhand dieser Regeln wurden auch (umweltbezogene) Warentests und die Verwendung von Umweltzeichen (Blauer Engel, eigene Logos) bewertet.[101] Diese strengen Maßstäbe der Rechtsprechung werden kritisiert, weil sie den Unternehmen den Anreiz nehmen, ihre Produkte stärker ökologisch auszurichten und damit werben zu können.[102]

Eine Lockerung der strengen Maßstäbe wird zuweilen aus dem EG-Recht hergeleitet.[103] Nach bisheriger, allerdings seit der sog. Keck-Entscheidung relativierter,[104] Rechtsprechung des Europäischen Gerichtshofes (EuGH) konnten auch Werbeeinschränkungen verbotene Handelshemmnisse im Sinne des Art. 30 EG-Vertrag darstellen. Sie wären europarechtlich nur toleriert, wenn sie zugunsten zwingender Erfordernisse des Gesundheits-, Verbraucher- oder des Umweltschutzes[105] erforderlich wären, Art. 36 EG-Vertrag. Der EuGH kann die deutschen

---

[99] Wiebe, WRP 1995, 798, 800, 802. Ein Weg dafür wäre ein „Produktliniencontrolling", vgl. Umwelt (BMU) 1997, 137 f.

[100] Hans W. Michlitz: Umweltwerbung Im Binnenmarkt, WRP 1995, 1014, 1015 m.w.N.

[101] Dazu: Wiebe, WPR 1993, 798, 805 ff.

[102] Lappe, WRP 1995, 170.

[103] Vgl. Michlitz, WRP 1995, 1014, 1016 ff.; weniger weitgehend: Andreas Wiebe: EG-rechtliche Grenzen des deutschen Wettbewerbsrechts am Beispiel der Umweltwerbung, Europäische Zeitschrift für Wirtschaftsrecht 1994, 41, 45 f.

[104] Dazu Michlitz, WRP 1995, 1014, 1016.

[105] Der Umweltschutz ist in Art. 36 EG-Vertrag nicht ausdrücklich enthalten und wurde erst aufgrund der Rechtsprechung des EuGH als Ausnahmegrund anerkannt.

Werbeeinschränkungen umso weniger nachvollziehen, als das europäische Recht -
nach nahezu unbestrittener Auffassung - in diesem Bereich nicht von einem leicht
irrezuführenden, flüchtigen Verbraucher ausgeht. Es verfolgt das Leitbild des
„mündigen" Verbrauchers, der mit mehr Zeit und Kenntnissen sich ein genaueres
Bild von Werbeaussagen machen kann. Insofern sind die strengen deutschen
Werbemaßstäbe europarechtlich wohl in Teilen nicht mehr tragbar. Eine genaue
Grenzziehung durch Entscheidungen des EuGH steht noch aus.

Lauterkeitsrechtliche Klagen wegen Verstößen gegen Umweltordnungsrecht

Ein Verstoß gegen § 1 UWG liegt vor, wenn im geschäftlichen Verkehr zu Zwek-
ken des Wettbewerbs Handlungen vorgenommen werden, die gegen die guten
Sitten verstoßen. Ein lauterkeitsrechtlich einklagbarer Verstoß gegen die guten
Sitten wird diskutiert, wenn das Produkt oder seine Herstellung gegen verwal-
tungsrechtliche Umweltschutzbestimmungen verstößt. Beim allseits beklagten
Vollzugsdefizit des Ordnungsrechts würde ein enormer Erfolg für die Umwelt
erzielt, wenn der Verstoß gegen diese Bestimmungen über das Lauterkeitsrecht
sanktioniert werden könnte. Dieser Weg hätte den vom Zeitgeist erwünschten
Vorteil der Staatsferne: Nicht Behörden erzwingen hier den Vollzug des Umwelt-
ordnungsrechts, sondern Mitbewerber oder klagebefugte Verbände.
    In der Rechtsprechung ist anerkannt, daß ein Verstoß gegen Rechtsvorschriften
einen Sittenverstoß im Wettbewerbsverhalten bedeuten kann. Allerdings ist nicht
jeder Verstoß nach dem UWG verfolgbar; bei der verletzten Rechtsvorschrift muß
es sich um eine sittlich fundierte bzw. wertbezogene Norm handeln im Gegensatz
zu einer wertneutralen Norm. Sind wertneutrale Normen verletzt, folgt daraus
nicht bereits die Sittenwidrigkeit, sondern es müssen zusätzliche besondere Umstände hinzutreten, um die Handlung als sittenwidrig zu bewerten.[106] Als wertbezogene und damit wettbewerbsrechtlich relevante Vorschriften wurden Normen
der Rechtspflege oder Volksgesundheit anerkannt.[107] Aufgrund der hohen Bedeutung für das Allgemeinwohl können auch umweltrechtliche Vorschriften wertbe-
zogen sein. Allerdings wird dies stark differenziert[108] und von der Rechtsprechung
wurden trotz der Einstufung von § 5 Abs. 1 Nr. 2 BImSchG als wertbezogener
Norm zusätzliche besondere Umstände verlangt, als Plastiktüten in den Handel
gebracht wurden, die auf einer umweltrechtswidrig betriebenen Druckmaschine
bedruckt worden waren.[109] Der Umstand, daß durch den Umweltrechtsverstoß
gegenüber gesetzestreuen Konkurrenten Kosten in großer Höhe eingespart wurden, hat dem Gericht nicht ausgereicht, um das Verhalten als sittenwidrig erscheinen zu lassen. Angesichts der seit 1994 bestehenden verfassungsrechtlichen Ver-

---

[106] BGHZ 44, 208, 209; BGHZ 81, 130, 132.
[107] Zum Vorstehenden: Thilo Brandner/Gerhard Michael: Wettbewerbsrechtliche Verfolgung
von Umweltrechtsverstößen, NJW 1992, 278, 279; Lappe, WRP 1995, 170, 177 ff.
[108] Brandner/Michael, NJW 1992, 278, 280 f.; Lappe, WRP 1995, 170, 177f. hält Verstöße
gegen die TA Luft für lauterkeitsrechtlich verfolgbar.
[109] OLG Köln, Betriebs-Berater 1993, 1387.

ankerung des Umweltschutzes in Art. 20a Grundgesetz, die als Staatszielbestimmung auch die Rechtsprechung bindet, ist diese Rechtsprechung nicht mehr aufrechtzuerhalten. Vielmehr sind die Umweltvorschriften verfassungsrechtlich derart in Werte gesetzt worden, daß ein Verstoß gegen sie von der Rechtsprechung ohne weiteres als sittenwidrig angesehen werden muß.

Insbesondere: Lauterkeitsrechtliche Klagen wegen Verstößen gegen die EG-Öko-Audit-Verordnung?

Gewerbliche Unternehmen können freiwillig ein Umweltmanagement- und Umweltbetriebsprüfungssystem nach der gleichnamigen sog. EG-Öko-Audit-Verordnung110 durchführen. Sie müssen sich unter anderem zur Einhaltung der einschlägigen Umweltvorschriften und zur angemessenen kontinuierlichen Verbesserung des betrieblichen Umweltschutzes verpflichten. Die Beteiligung deutscher Unternehmen an diesem System ist vergleichsweise groß, der tatsächliche Erfolg für den Umweltschutz und die Einhaltung aller Vorschriften wird allerdings von manchen bezweifelt. Es stellt sich die Frage, ob die nach der Verordnung durch Umweltgutachter durchzuführende Kontrolle über lauterkeitsrechtliche Klagen ergänzt werden kann, wenn Unternehmen unberechtigt mit der Teilnahmeerklärung werben.

Die nach § 3 UWG erforderliche Verbrauchervorstellung von staatlicher Aufsicht, unabhängiger Kontrolle und Einhaltung der Vorschriften ist erfüllt.[111] Wird die Vertrauenswürdigkeit der in der Werbung herausgestellten Teilnahmeerklärung durch falsche Informationen enttäuscht, greift das Irreführungsverbot des § 3 UWG ein.[112] Über die lauterkeitsrechtlichen Klagen muß sich die Teilnahme am EG-Öko-Audit-System somit im Wettbewerb bewähren. Die bezweckte Verbesserung des betrieblichen Umweltschutzes wird durch Marktkräfte kontrolliert und gefördert. Die umweltpolitisch bislang zu wenig genutzte Konkurrensituation wird für den Umweltschutz fruchtbar gemacht.

---

[110] Verordnung (EWG) N. 1836/93 des Rates vom 39.7.1993, EG-ABl. Nr. L 168//93.
[111] Andreas Wiebe: Umweltschutz durch Wettbewerb, NJW 1994, 289, 292.
[112] Wiebe, NJW 1994, 289, 194.

MIX
Papier aus verantwortungsvollen Quellen
Paper from responsible sources
FSC® C105338

If you have any concerns about our products,
you can contact us on
ProductSafety@springernature.com

In case Publisher is established outside the EU,
the EU authorized representative is:
Springer Nature Customer Service Center GmbH
Europaplatz 3, 69115 Heidelberg, Germany

Printed by Libri Plureos GmbH
in Hamburg, Germany